国家出版基金项目
NATIONAL PUBLICATION FOUNDATION

"人类智能与人工智能"书系（第一辑）

游旭群　郭秀艳　苏彦捷　主编

人工智能的多视角审视

A MULTI-PERSPECTIVE LOOK AT ARTIFICIAL INTELLIGENCE

上

汪凤炎◎著

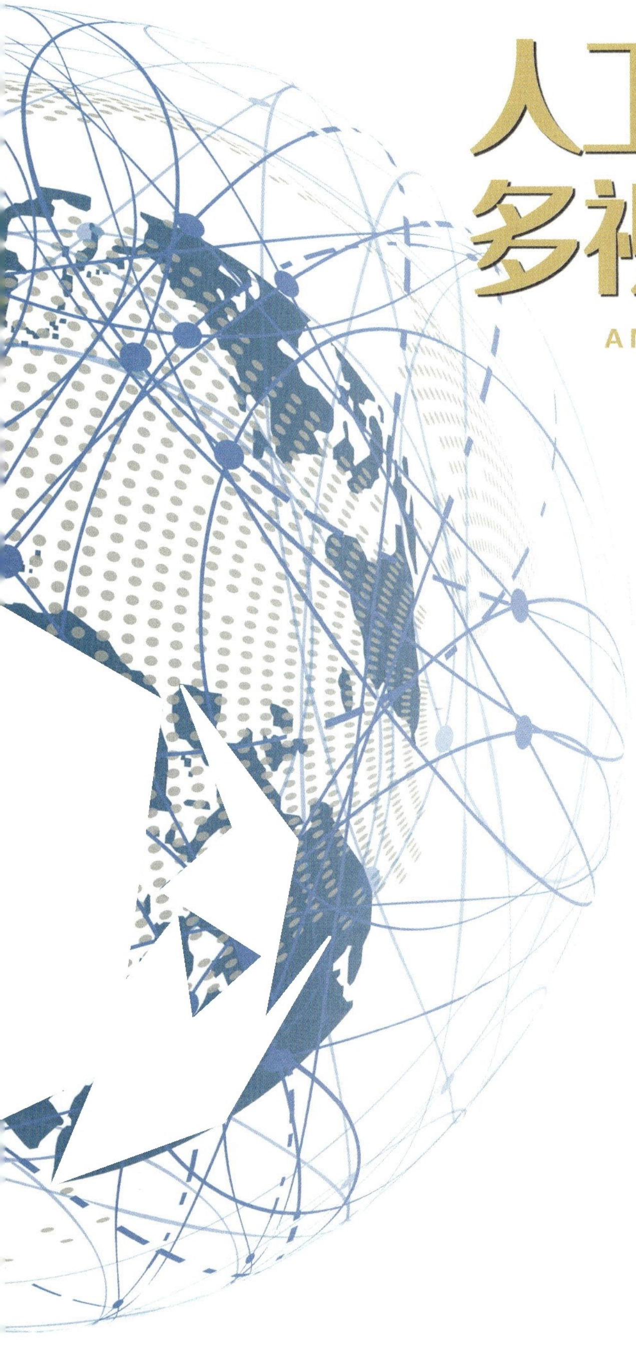

陕西师范大学出版总社　西安

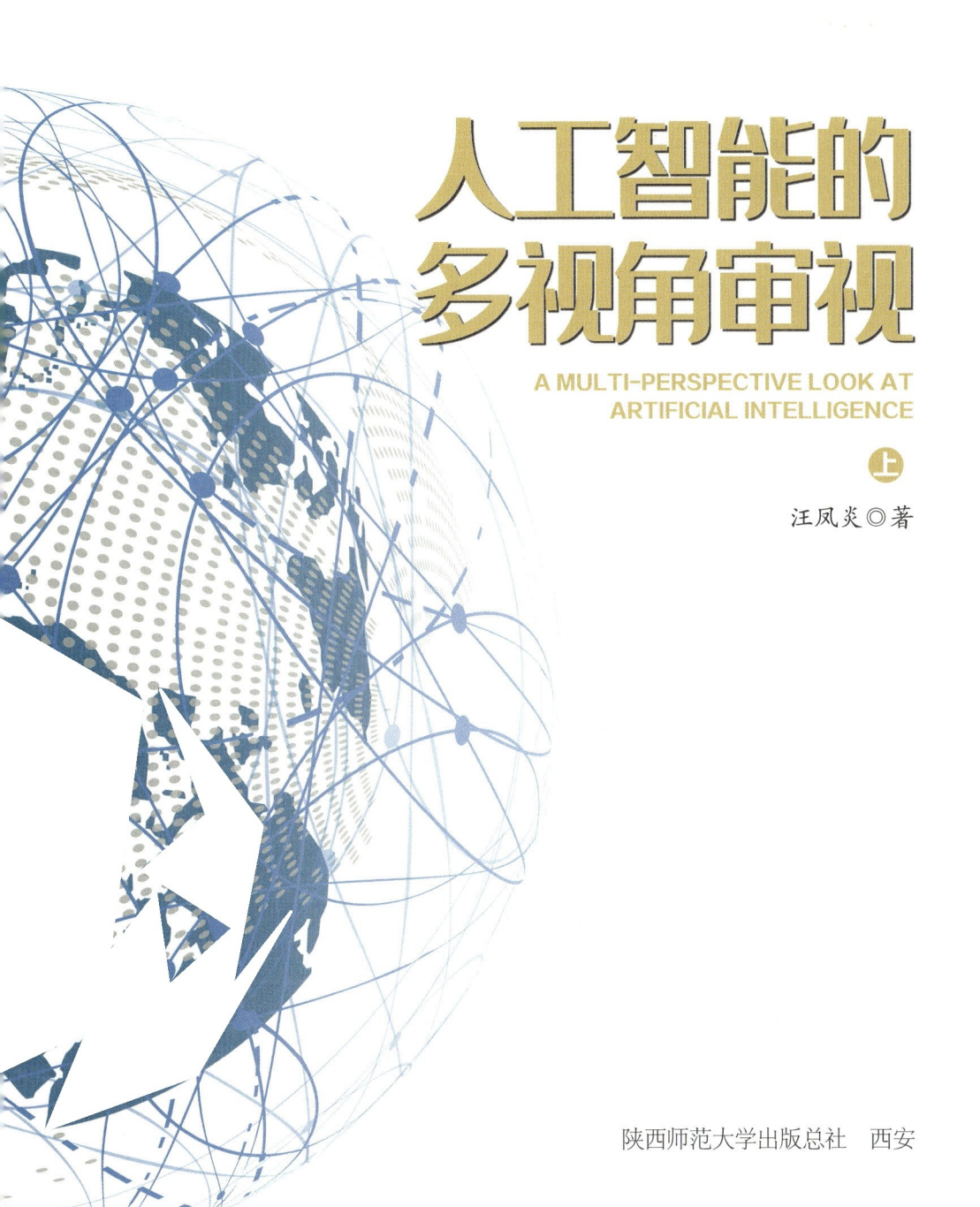

图书代号　ZZ24N2585

图书在版编目（CIP）数据

人工智能的多视角审视：上下册 / 汪凤炎著．
西安：陕西师范大学出版总社有限公司，2024．10．
ISBN 978-7-5695-4841-9

Ⅰ．TP18

中国国家版本馆 CIP 数据核字第 2024AS6805 号

人工智能的多视角审视（上下册）

RENGONG ZHINENG DE DUO SHIJIAO SHENSHI

汪凤炎　著

出 版 人　刘东风
出版统筹　雷永利　古　洁
责任编辑　孙瑜鑫　文　丹
责任校对　王　越　李广新
出版发行　陕西师范大学出版总社
（西安市长安南路 199 号　邮编 710062）
网　　址　http://www.snupg.com
印　　刷　中煤地西安地图制印有限公司
开　　本　720 mm × 1020 mm　1/16
印　　张　40.75
字　　数　634 千
版　　次　2024 年 10 月第 1 版
印　　次　2024 年 10 月第 1 次印刷
书　　号　ISBN 978-7-5695-4841-9
定　　价　198.00 元（上、下）

读者购书、书店添货或发现印刷装订问题，请与本社营销部联系。
电话：（029）85307864　85303629　传真：（029）85303879

总序

General introduction

探索心智奥秘，助力类脑智能

自 1961 年从北京大学心理系毕业到华东师范大学工作以来，我已经专注于心理学教学和研究凡六十余载。心理学于我，早已超越个人的专业兴趣，而成为毕生求索的事业；我也有幸在这六十多年里，见证心理学发生翻天覆地的变化和中国心理学的蓬勃发展。

记得我刚参加工作时，国内设立心理学系或专业的院校较少，开展心理学研究工作的学者也较少，在研究方法上主要采用较为简单的行为学测量方法。此后，科学技术的发展一日千里，随着脑功能成像技术和认知模型等在心理学研究中的应用，越来越多的心理学研究者开始结合行为、认知模型、脑活动、神经计算模型等多元视角，对心理过程进行探析。世纪之交以来，我国的心理学研究主题渐呈百花齐放之态，研究涉及注意、情绪、思维、学习、记忆、社会认知等与现实生活密切相关的众多方面，高水平研究成果不断涌现。国家也出台了一系列文件，强调要完善社会心理服务体系建设。特别是在 2016 年，国家卫生计生委、中宣部、教育部等多个部委联合出台的《关于加强心理健康服务的指导意见》提出：2030

年我国心理健康服务的基本目标为“全民心理健康素养普遍提升”“符合国情的心理健康服务体系基本健全”。这些文件和意见均反映了国家对于心理学学科发展和实际应用的重视。目前，心理学已成为一门热点学科，国内众多院校设立了心理学院、心理学系或心理学专业，学生数量和从事心理学行业的专业人员数量均与日俱增，心理学学者逐渐在社会服务和重大现实问题解决中崭露头角。

心理学的蓬勃发展，还表现在心理学与经济、管理、工程、人工智能等诸多学科进行交叉互补，形成了一系列新的学科发展方向。目前，人类正在迎接第四次工业革命的到来，其核心内容就是人工智能。近几年的政府工作报告中均提到了人工智能，可以看出我国政府对人工智能发展的重视，可以说，发展人工智能是我国现阶段的一个战略性任务。心理学与人工智能之间的关系十分密切。在人工智能发展的各个阶段，心理学都起着至关重要的作用。人工智能的主要目的是模拟、延伸和扩展人的智能，并建造出像人类一样可以胜任多种任务的人工智能系统。心理学旨在研究人类的心理活动和行为规律，对人类智能进行挖掘和探索。心理学对人的认知、意志和情感所进行的研究和构建的理论模型，系统地揭示了人类智能的本质，为人工智能研究提供了模板。历数近年来人工智能领域新算法的提出和发展，其中有很多是直接借鉴和模拟了心理学研究中有关人类智能的成果。目前，人工智能已经应用到生产和生活的诸多方面，给人们带来了许多便利。然而，当前的人工智能仍属于弱人工智能，在很大程度上还只是高级的自动化而并非真正的智能；人工智能若想要更接近人类智能以达到强人工智能，就需在很多方面更加“拟人化”。人工智能在从弱人工智能向强人工智能发展的过程中，势必需要更紧密地与心理学结合，更多地借鉴人类智能的实现过程，这可能是一个解决人工智能面临发展瓶颈或者困境的有效途径。从另一个方面看，心理学的研究也可以借鉴人工智能的一些研究思路和研究模型，这对心理学来说也是一个很好的发展机会。一些心理学工作者正在开展关于人工智能的研究，并取得了傲人的成绩，但是整体看来这些研究相对分散，缺乏探索人类智能与人工智能之间关系以及如何用来解决实际问题的著作，这在一定程度上阻碍了心理学学科和人工智能学科的发展及相关人才的培养。在这样的背景下，中国心理学会出版工作委员会召集北京大学、浙江大学、复旦大学、中国科学院大学、中国科学技术大学、南开大学、陕西师范大学、华中师范大学、西南大学、南京师范大学、华南师范大学、宁波大学等单位近二十余位心理学和人工智能领域的专家学者编写"人类智能与人工智能"书系，可以说是恰逢其时且具前瞻性的。本丛书展现出心理学工作者具体的思考和研究成果，借由人工智能将成果应用转化到实际生活中，有助于解决当前教育、医疗、军事、国防等领域的现实问题，对于推动心理学和人工智能领域的深度交叉、彼此借鉴具有重要意义。

我很荣幸受邀为"人类智能与人工智能"书系撰写总序。我浏览丛书后，首先发现丛书作者均是各自研究领域内的翘楚，在研究工作和理论视域方面均拔群出萃。其次发现丛书的内容丰富，体系完整：参与撰写的近二十位作者中，既有心理学领域的专家，又有人工智能领域的学者，这种具有不同学科领域背景作者的相互紧密配合，能够从心理学视角和人工智能视角梳理人类智能和人工智能的关系，较为全面地对心理学领域和人工智能领域的研究成果进行整合。总体看来，从书体系可分为三个模块：第一个模块主要论述人类智能与人工智能的发展史，在该模块中领域内专家学者系统梳理了人类智能和人工智能的发展历史及二者的相互联系；第二个模块主要涉及人类智能与人工智能的理论模型及算法，包括心理学研究者在注意、感知觉、学习、记忆、决策、群体心理等领域的研究成果，创建的与人类智能相关的理论模型及这些理论模型与人工智能的关系；第三个模块主要探讨人类智能与人工智能的实际应用，包括人类智能与人工智能在航空航天、教育、医疗卫生、社会生活等方面的应用，这对于解答现实重大问题是至关重要的。

“人类智能与人工智能”书系首次系统梳理了人类智能和人工智能的相关知识体系，适合作为国内高等院校心理学、人工智能等专业本科生和研究生的教学用书，可以对心理学、人工智能等专业人才的培养提供帮助；也能够为心理学、人工智能等领域研究人员的科研工作提供借鉴和启发，引导科学研究工作的进一步提升；还可以成为所有对心理学、人工智能感兴趣者的宝贵读物，帮助心理学、人工智能领域科学知识的普及。“人类智能与人工智能”书系的出版将引领和拓展心理学与人工智能学科的交叉，进一步推动人类智能与人工智能的交叉融合，使心理学与人工智能学科更好地服务国家建设和社会治理。

杨治良

2023 年 7 月于上海

前言

Introduction

以浙江省浦江县上山遗址命名的“上山文化”的所属年代距今约10000年①。浙江义乌市桥头村的“桥头遗址”是迄今所知东亚大陆最早最完整的环壕聚落，属于上山文化中晚期遗址。“桥头遗址”的重大考古突破是发现了上山文化第一座完整的墓葬。墓葬内出土了一具距今8000多年、保存完整的男性人骨，长1.73米，侧身屈肢，怀里“抱”着一只距今9000多年的红衣彩陶。除此之外，还出土了大量精美的陶制器物，里面有彩陶，在这些陶制器物上竟然发现了易经卦形的纹饰。对文化层中获取的炭屑样品使用碳十四断代法进行测定，校正年代为距今约9000年。由此推测，中华文明的产生至少距今10000年。②退一步讲，中华文明即便从仰韶文化（据碳十四断代法测定，其年代为公元前5000—前3000年）算起③，经庙底沟文化（据碳十四断代法测定，其年代为公元前3910±125年）④

① 浙江省文物考古研究所，浦江博物馆．浙江浦江县上山遗址发掘简报［J］．考古，2007，（9）：7-18.

② 林森，陈鲲，黄美燕，等．浙江义乌桥头遗址发现距今9000年左右上山文化环壕-台地聚落［EB/OL］．（2019-08-13）［2020-09-05］.http://www.ncha.gov.cn/art/2019/8/13/art_722_156349.html.

③ 陈至立．辞海（第七版彩图本）［M］．上海：上海辞书出版社，2019：5129.

④ 同③ 3046.

和龙山文化（据碳十四断代法测定，其年代为公元前2600—前2000年），[①]下接夏朝，一路走来，至今已有7000余年。

如果从1956年6月召开的达特茅斯会议算起，人工智能至今仅有68年的短暂历史；如果从1950年图灵写出现代计算机和人工智能领域跨时代论文《计算机器与智能》（*Computing Machinery and Intelligence*）算起，人工智能至今仅有74年的短暂历史；如果从1936年5月图灵写出现代计算机和人工智能领域奠基性论文《论可计算数及其在判定问题中的应用》（*On Computable Numbers, with An Application to the Entscheidungs Problem*）算起，人工智能至今仅有88年的短暂历史；如果从1834年底巴贝奇开始设计"分析机"（analytical engine）算起，人工智能至今仅190年的短暂历史。与人类文明至少有7000年历史相比，可算是弹指一挥间，非常短暂。

人工智能的历史虽短暂，却诞生了一批批才华横溢的学者，其中公认的天才式人物——像阿兰·麦席森·图灵、冯·诺伊曼、克劳德·艾尔伍德·香农、赫伯特·亚历山大·西蒙与诺伯特·维纳等——也不少。德国诗人海涅（Heinrich Heine）曾说："思想总是走在行动的前面，就像闪电总是走在雷鸣之前一样。"用这句话来评价人工智能领域这些才华横溢者的光辉思想是最恰当的。以阿兰·麦席森·图灵、冯·诺伊曼和克劳德·艾尔伍德·香农为代表的人工智能领域的先驱人物常能灵光乍现，在其论著中提出光泽后世的伟大创意或思想。以约翰·麦卡锡、马文·明斯基、赫伯特·亚历山大·西蒙、艾伦·纽厄尔、沃伦·麦卡洛克、沃尔特·皮茨、阿瑟·萨缪尔和奥利弗·塞弗里奇等人为代表的第一代人工智能专家披荆斩棘，逢山开道，遇水搭桥，为后来者打开一片崭新的天空。人工智能领域的先驱人物和开创者又多善于教书育人，培育出一些优秀的弟子成为第二代乃至第三、第四代人工智能领域的杰出代表。后来者则长江后浪推前浪，将人工智能不断推向新的高度，这从人工

① 陈至立.辞海（第七版彩图本）[M].上海：上海辞书出版社，2019：2770.

智能领域的一些师徒先后获得图灵奖的事实里就可见一斑。如1994年图灵奖的获得者爱德华·费根鲍姆是1975年图灵奖获得者西蒙和纽厄尔的得意学生，1994年图灵奖的获得者拉吉·瑞迪是1971年图灵奖获得者约翰·麦卡锡指导的博士，杨立昆与自己的博士后指导教师杰弗里·欣顿一起获2018年度图灵奖，安德鲁·巴图和他指导的博士理查德·萨顿一起获2024年度图灵奖。由于人工智能领域积聚了大批杰出才俊，通过他们的努力，人工智能在短暂历史中取得了辉煌成就。尤其是自2012年10月以来，得益于互联网提供的海量高质量数据，计算机硬件和软件的不断更新换代且价格越来越亲民，以及深度学习和现代强化学习取得的巨大进展，人工智能更是进步神速。每次温习人工智能的璀璨历史，都令人心潮澎湃，由衷敬佩人工智能大家们的杰出原创力，油然而生要做原创性学问的冲动与渴望。

短暂的人工智能史上也涌现出许多可歌可泣的故事。典型者如查尔斯·巴贝奇及其知音阿达·洛芙蕾丝耗尽家财和毕生精力研究“分析机”；赫伯特·亚历山大·西蒙和艾伦·纽厄尔师生长达42年的相互鼎力支持；沃伦·麦卡洛克对沃尔特·皮茨充满了父亲般的爱，沃尔特·皮茨对沃伦·麦卡洛克投桃报李，给予绝对支持；杰弗里·欣顿和其学生杨立昆等人在人工神经网络饱受怀疑，拿不到科研经费，难发表论文的岁月里，相互支持，安贫乐道，最终走出黑暗，赢来一片崭新的天空……让人看后心生温暖，更敬佩他们人格的伟大和对学术的执着心！至于杰弗里·欣顿义无反顾地投身于极不被人看好的人工神经网络的研究，苦熬40年（从1972年到爱丁堡大学攻读博士学位算起，因为当时杰弗里·欣顿的研究方向就是当时不被人看好的人工神经网络，至2012年10月止），最终修成正果；现代强化学习一直不受重视，理查德·萨顿苦熬了32年（从1984年获得计算机科学博士学位算起，至2016年3月止），至2016年3月AlphaGo战胜李世石，现代强化学习才一战成名……这类事例更让后来者直观地体会到“非淡泊无以明志，非宁静无以致远”（诸葛亮《诫子书》）的高妙，以及若要坚持你认为明显正确的想法，并将它变成让人信服的事实，就必须有过人的勇气、自信和坚持！

短暂的人工智能史上虽出现了一些少年得志且一生顺风顺水的才俊，典型者如香农、诺伯特·维纳和西蒙等，但还发生了一些令人唏嘘不已的事情，如诺伯特·维纳与沃伦·麦卡洛克、沃尔特·皮茨的决裂，威廉·肖克利与沃特·布拉顿、约翰·巴丁的决裂，37岁的阿达·洛芙蕾丝壮志未酬因子宫颈癌而英年早逝，42岁的阿兰·麦席森·图灵服毒自杀，43岁的罗森布拉特在生日当天划船时淹死，46岁的沃尔特·皮茨因酗酒而亡，54岁的冯·诺伊曼因骨癌去世，等等，让人顿感世事难料，命运无常，造化弄人，以及做学问与做人的艰辛。如果这些英才假以天年，人工智能或许会发展得更迅速，能给人类带来更多的福祉，但历史无法假设！

虽然有关人工智能史的图书现有多个版本，但不同图书各有侧重，并未将多姿多彩的人工智能史全面呈现给读者，故仍有再写的空间。本书各章的三级提纲由汪凤炎制订，在初稿撰写过程中的分工情况如下：

第一章“有关人工智能的几个问题”的初稿由汪凤炎（南京师范大学）和郑红（南京师范大学）共同完成。

第二章“人工智能的发展历程”的初稿由汪凤炎和张凯丽（南京师范大学）共同完成。

第三章“人工智能与心理学”中，第一节和第二节的初稿由汪凤炎、郑红、魏新东（南京信息工程大学）共同完成，第三节的初稿由魏新东、汪凤炎共同完成。

第四章“人工智能与教育和学习”中，第一节的初稿由汪凤炎和王伊萌（南京师范大学）共同完成，第二节和第三节的初稿由王伊萌、汪凤炎、熊咪咪（南京师范大学）和郑红共同完成。

第五章“人工智能与文化”的初稿由熊咪咪和汪凤炎共同完成。

第六章“人工智能与道德”中，第一节的初稿由汪凤炎和郑红共同完成，第二节的初稿由许文涛（南京师范大学）和汪凤炎共同完成，第三节的初稿由汪凤炎、许文涛和熊咪咪共同完成。

第七章“人工智能与智慧”中，第一节的初稿由汪凤炎、郑红共同完成，第二节的初稿由汪凤炎、郑红和魏新东共同完成，第三节的初稿由汪凤炎和魏新东共同完成。

“附录：人工智能史上的名人录”由汪凤炎完成。

另外，人工智能是否有创造力？人工智能若有创造力，它来自哪里？将来若出现有强大创造力的人工智能，它会威胁人类的生存吗？本书有关人工智能创造力这三个问题的探讨，核心观点出自汪柔嘉（University of Michigan, Ann Arbor）和汪凤炎合著的《关于人工智能创造力的三个问题》（*Three Questions about the Creativity of Artificial Intelligence*）一文，该文初稿完成于2024年5月初，在2024年5月10至12日于南京师范大学举行的中国心理学会理论心理学与心理学史2024年年会上，汪凤炎曾以《关于人工智能创造力的三个问题》为题做过大会主旨报告；对该论文做进一步修改后，在2024年10月18至20日于中山大学深圳校区举行的第十三届华人心理学家大会上，汪凤炎又做了题为《关于人工智能创造力的三个问题》的大会特邀报告。

本书最后由汪凤炎负责统稿、修改、润色、审校和定稿。定稿与初稿相比，不但篇幅有了较大提升，而且多数内容都有了质的飞跃。在此，特向撰写了本书部分初稿的诸位作者表示衷心的感谢！

为了写好这部书，在撰写过程中力图体现两个鲜明特色。一是新颖性，这主要体现在三个方面：（1）视角与体系上的新颖性，力图建构出一个从多学科视角较全面、系统地反思人工智能发展简史的新颖结构体系；（2）观点上的新颖性，在充分借鉴与吸收前人已有研究成果的基础上，力图“接着前人讲”，而不是“重头开始讲”或“照着前人讲”（冯友兰语），以便做到见人所未见，言人所未言，显示观点上的新颖性；（3）资料上的新颖性，即力图挖掘和收集一些新史料，且充分运用第一手资料，弄清楚已有同类著作里某些含糊不清甚至偶有记录错误的地方。二是兼顾系统性、科学性、深刻性和可读性。为使本书适合未受过人工智能专业训练读者的口味，在撰写过程中尽量兼顾内容的系统性与科学性，以及文字的流畅性，尽量不涉及深奥的数学推理，而力图用浅显的语言将深刻的学理阐述出来。为体现上述两个特色，在写作过程中曾不断调整写作思路、框架结构，数易其稿，但因本人学识浅陋，深知其中有一些内容稍显粗浅稚嫩，敬请各位方家批评指正。

承蒙复旦大学郭秀艳教授的邀请，让我有了这次宝贵的学习和写作机会，在此向郭教授表示衷心的感谢！也诚挚感谢本套丛书编委会中以杨玉芳研究员、游旭群教授、郭秀艳教授和苏彦捷教授为代表的众多专家的鼎力支持与宝贵意见！本书得到汪凤炎主持的国家自然科学基金（项目批准号：31971014）的资助。在本书的写作过程中，得到南京师范大学心理学院、道德教育研究所、教育科学学院诸位领导和同事的大力支持与帮助。我指导的2019级博士生张凯丽与熊咪咪、2020级博士生许文涛、2021级博士生王伊萌、2022级硕士生王笑笑、2023级硕士生瞿峰帮我查找并校对了一些文献资料。最后，承蒙陕西师范大学出版总社的鼎力支持，本书才得以顺利出版，在这之中，陕西师范大学出版总社的古洁女士付出了大量心血。在此，谨向所有关心和帮助过我们的领导、朋友、同事、同学和亲人致以衷心的感谢！另外，本书在撰写过程中参考和引用了许多专家和学者的论文与论著，这在脚注中都一一予以详细列出了，为节省篇幅，本书后面就不再列参考文献，在此谨向他们表示衷心的感谢！

汪凤炎

于南京日新斋

2024年2月1日一稿

2024年11月11日修订

目录

Catalogue

第一章

有关人工智能的几个问题

第一节　智能、人类智能与人工智能的内涵及类型

在对人工智能进行多视角审视之前，先要澄清智能、人类智能与人工智能三个概念的内涵，并探讨人工智能的类型。

一、智能与人类智能的内涵

（一）智能的内涵

“智能”（intelligence）一词在不同语境里的含义不尽相同，至今没有一个明确、统一的定义。[①]“智能”通常是指人们在认识与改造客观世界的活动中，由思维过程和脑力劳动所体现的能力，它包括感知能力、思维能力和行为能力。[②]在中国古代，智能是智力（intelligence）和能力（ability）的总称。在当代中国，广义的智能是智力和智慧（wisdom）的总称，狭义的智能约等于现代心理学所讲的智力。这样，要弄清智能的含义，须弄清智力、能力和智慧三词的含义。“智慧”一词在“人工智能与人工智慧”一章有专门探讨，本小节只讨论智力和能力。

1. 智力的内涵

汉语“智力”一词最早见于《韩非子·八经·因情》，含义主要有二：（1）指智谋与力量。如，据《韩非子·八经·因情》记载，战国时期的韩非说：“智力不用则君穷乎臣。”据《三国志·魏志·武帝纪》记载，三国的曹操说：“吾任天下之智力，以道御之，无所不用。”（2）指学习、记忆、思维、认识客观事物和解决实际问题的能力。其核心是思维能力。[③]换言之，智力是指使个体顺利从事多种活动所必需的各种认知能力的有机结合。知识、技能本身不等于智力，智力是具有多种表现形式的个体能力。具体包括理解、记忆、观察、判断、解决问题、抽

① 斯加鲁菲．智能的本质：人工智能与机器人领域的 64 个大问题［M］．任莉，张建宇，译．北京：人民邮电出版社，2017：3.

② 刘毅．人工智能的历史与未来［J］．科技管理研究，2004（6）：121-124.

③ 陈至立．辞海（第七版彩图本）［M］．上海：上海辞书出版社，2019：5691.

象思维、表达意念以及语言和学习的能力。其中，以抽象思维能力为核心。[①]《国语·周语下·单襄公论晋周将得晋国》对智力做过高度概括："言智必及事。"三国（吴）韦昭的注是："能处事物为智。""能处事物"大体相当于现代心理学上所说的"能顺利地完成活动任务"。不存在脱离人的具体活动的智力。[②]东汉的王充在《论衡·定贤》里说："夫贤者，才能未必高而心明，智力未必多而举是。"（贤人，不一定才高，但能明辨是非，不一定多智，但行为没有错误。）从词源和词义角度看，在中英文里，智力（intelligence）更倾向于指个体与生俱来的聪颖度，所以它有"灵性"和"悟性"之义。这样，汉语常用"天资聪颖""天赋高"之类的词语来称赞一个人智商高。如王安石在《伤仲永》一文写道："仲永之通悟，受之天也。"用"天资愚笨""没有天赋"之类的词语来表征一个人智商平平。可见，中国古人讲的智力主要指卡特尔（R.B.Cattell）所说的流体智力（fluid intelligence，也译作液态智力）。由于智力（intelligence）更倾向于先天获得性，它就具有一定的文化普适性（cultural universality）。只是到了近现代，自卡特尔的"流体智力和晶体智力说"（theory of fluid and crystallized intelligence）传入中国后，中国心理学界人士普遍接受了这个理论，这样，现在越来越多的中国人所讲的智力，除了指流体智力外，也指晶体智力（crystallized intelligence），它主要是后天习得的。也就是说，现在中国心理学界所用的"智力"一词，是先天与后天的合金。长期以来，都以智商（IQ）来表达智力的高低。[③]

2. 能力的内涵

能力是指作为掌握和运用知识技能的条件并决定活动效率的个性心理特征。能力强，掌握和运用某种知识技能就比较顺利，付出努力就能达到较高的水平；

① 中国大百科全书（第三版）总编辑委员会.中国大百科全书：第三版·心理学［M］.北京：中国大百科全书出版社，2021：500.

② 同①.

③ 同①.

否则，掌握和运用某种知识技能就比较困难，付出巨大努力也不见得能取得好的成绩。知识技能的掌握和运用是在日常生活的各种活动中进行的，因此，能力直接影响活动的效率。活动的效率指活动的速度、水平以及成果的质量。能力一般分为认知能力和操作能力。认知能力是指学习、研究、理解、概括、分析等能力，基本是在头脑中进行的；操作能力指操纵、制作、运动等能力，它们除了脑内活动外，还具有一定的行为表现。以能力所表现的活动领域的不同，可将能力分为一般能力和特殊能力。凡是为大多数活动所共同需要的能力，叫作一般能力，如观察力、记忆力、想象力、思维力、注意力等。凡是顺利完成某种专门活动所必需的能力，叫特殊能力或专门能力，如音乐能力、绘画能力、写作能力、数学能力、运动能力等。①

3. 智力与能力的关系

与现代西方心理学以智力包含能力的做法不同，中国古代思想家一般将智与能看作是两个既相互独立又可相互结合的概念。如孟子提出了良知良能的观点。《荀子·正名篇》将智与能区分得更清楚："所以知之在人者谓之知，知有所合谓之智。所以能之在人者谓之能，能有所合谓之能。"这是说，智力属于认识范畴，指进行认识活动的某些心理特点；能力属于实际活动范畴，指进行实际活动的某些心理特点。《淮南子·主术训》用"智圆""能方"来概括智与能的特点，认为智力在认识事物时，能够"环复运转"，反复思考，"旁流四达""周到圆满"；能力在处理事物时，能够"动静中仪"、符合准则，"举动废置""无不毕宜"。②

在中国古代，也有一些思想家将智与能二者结合起来作为一个整体看待。汉语"智能"一词最早出自《吕氏春秋·审分》。《吕氏春秋·审分》说："不知乘物而自怙恃，夺其智能，多其教诏，而好自以……此亡国之风也。"据《辞源》

① 中国大百科全书（第三版）总编辑委员会．中国大百科全书：第三版·心理学［M］．北京：中国大百科全书出版社，2021：215.

② 同① 506.

解释，“智能”一词其义指“智谋和才能”。《三国志·魏·崔琰传》的注引晋人司马彪的《九州春秋》：“（孔）融在北海，自以智能优赡，溢才命世，当时豪杰，皆莫能及。”2019年版《辞海》未收录“智能”一词。2009年版《辞海》对“智能”的解释是：“①智谋和才能；智力。《管子·君臣上》：‘是故有道之君，正其德以莅民，而不言智能聪明。’②有智慧才能。《三国志·蜀志·诸葛亮传》：‘刘璋暗弱，张鲁在北，民殷国富而不知存恤。智能之士思得明君。’”《古今汉语词典》对“智能”的解释是：“智慧和能力”。其所引古汉语例证出自《三国志·魏·杨俊传》：“今境守清静，无所展其智能。”其所引现代汉语例证出自姚雪垠著《李自成》：“这样一搞，有智能的人们都自疑虑，离开主公。”这说明，古今中国人不但都在使用“智能”一词，而且他们所讲“智能”的内涵基本上一致。东汉王充在《论衡·实知篇》里提出了“智能之士”的概念：“不学自知，不问自晓，古今行事，未之有也……故智能之士，不学不成，不问不知……人才有高下，知物由学。学之乃知，不问不识。”在这里，王充将“人才”和“智能之士”相提并论，认为人才就是具有一定智能水平的人，其实质就在于把智与能结合起来作为考察人才的标志。同时，王充坚信：不学习自能知道，不问别人就自知晓，从古到今，从未见过这种天生就很聪慧的人。人的才能虽有高下之分，但有一点是共同的：要想了解事物，就须通过学习，学习了就能明白了，不问是不会认识事物的。因此，生活中所见到的既聪明又有能力的人，都是通过学习而生成的，并且，即便成为智能之士后，仍要坚持不懈地学习。[①]

4. 基于逻辑推理的智能是一种计算能力还是一种思考能力？

如果将人类的全部行为视作一个总集，然后按智能与非智能的标准分，就可分为智能行为和非智能行为两大子集，再将智能行为按是否基于逻辑推理分，又

① 中国大百科全书（第三版）总编辑委员会．中国大百科全书：第三版·心理学［M］．北京：中国大百科全书出版社，2021：506.

可分为基于逻辑推理的智能行为和基于非逻辑推理（如直觉）的智能行为两大类，如图 1–1 所示：

- （全部）人类行为
  - （全部）智能行为
    - 基于逻辑推理的智能行为
    - 基于非逻辑推理的智能行为
  - （全部）非智能行为

图 1–1 三种行为之间的关系[①]

根据图灵的论述（详见第二章第一节），机器智能主要是模拟人的基于逻辑推理的智能行为，如下棋。那么，基于逻辑推理的智能是一种计算能力还是一种思考能力?

要回答这个问题，先要弄清思考与计算的区别。在倪梁康看来，思考与计算在人类思想史上早有区分，但界限并不明确。概括起来，思考与计算之间至少存在四个区别：（1）思考是自主的，计算是他主的。思考的充分条件是自主：所有思考活动都必须是自主进行的。当然，并非所有自主的活动都是思考，因而自主并不构成思考的必要条件。与此同时，严格地说，“自主”需以“自觉”为前提：有了“自身意识”，才能有“自主”的能力。这样，思考包含自由意志，计算是机械作用。（2）思考原则上不可形式化，可形式化的仅仅是思想的分节勾连的表达式；计算可以形式化，因而形式逻辑推理与形式数理模式都属于计算而非思考。（3）思考与当下涌现和流动的具体意向构造活动有关，计算更多意味着通过意向活动构造出来的意向相关项。（4）思考最终可以归结为生活的，即以流动的方式进行的主观意义构造，因而无法用包括数字化、数据化或数智化在内的形式化的语言来表述它，甚至有可能无法用对象化的语言来表述它；计算作为固持的，虽有可能变化但仍稳固的客观意义，可通过上述技术化的方式来处理和表

① 周志明．智慧的疆界：从图灵机到人工智能［M］．北京：机械工业出版社，2018：16–17.

达。这意味着，如果一台机器是自主的，即具有在意志自由前提下进行自行选择和自行决断的能力，不仅包括在利弊之间或在有利的和更有利的之间，而且还包括在善恶之间或在善的和更善的之间做出选择和决断的能力，尤其还应当包括在做与不做之间的选择，那么它就是思考机、智能机；否则就仅仅是计算机。“自主”之所以本质上不同于“自动”，是因为“自主”的前提是“自在”“自觉”与“自由”。它们都是精神或意识的本性，而非物质自然的特质或属性。这个意义上的“自主”，不仅意味着理论层面的构建知识模型、获取和处理数据或知识、辨别真假、判断是非等机制，而且还意味着实践层面行善作恶的自行选择和自行决断的可能。就此而论，倘若有可能制作出“自主的智能”，那么它不可能是单纯的认知，还必定包含情感（如爱恨、好恶）和意欲（例如自由意志）的要素。[①]

倪梁康对思考与计算的上述辨析有一定道理，对准确理解智能有一定启迪。不过，上述观点太侧重从现象学视角理解思考，似有太过狭隘之嫌。以人为例，人的思考并非都是自主的，也有他主的时候，故有主动思考和被动思考之分。人的计算也并非都是他主的。如《孙子兵法·始计第一》说：“夫未战而庙算胜者，得算多也；未战而庙算不胜者，得算少也。多算胜少算，而况于无算乎！吾以此观之，胜负见矣。”这里的“庙算”就是一种计算，它显然是自主的。并且，思考与计算虽不能划等号，但二者之间关系密切。一般而言，凡是涉及利害的思考，均会涉及计算；凡是涉及利害的计算，也往往需要思考（包括自动化思考）。同时，对人类而言，虽然诱惑值和压力大小既有客观标准，也有主观标准，前者具有一定的文化共性，后者具有较强的文化差异性和个体差异性，不过，可以肯定，诱惑和压力是影响人类能否自主思考或自主计算的两个重要变量。这样，若引入情境这个变量，可知自主有不同水平：最高水平的自主是指个体在任何情境（尤

① 倪梁康. 人工智能：计算还是思考？：从“普全数学”到“自由系统”的思想史梳理[J]. 浙江社会科学，2023（10）：85-101.

其是面临巨大诱惑或压力时）均能做到自主；中间水平的自主是指个体在面临中等强度的诱惑或压力情境可以做到自主；最低水平的自主是指个体仅在面临极小的诱惑和压力或未面临明显的诱惑和压力时才能做到自主。由此可见，虽然在自主与他主之间常可来回切换，却不能由此推论人与机器之间也可来回切换，即一个人，不能说当他在自主思考时是人，当他在他主计算时是机器。人作为人，其人权理应是天生的，即天赋人权（natural right，直译是“自然权利”，中文习惯译为“天赋人权”）。并且，霍布斯（Thomas Hobbes）在 1651 年首次出版的《利维坦》（*Leviathan*）中的有句名言：“推理就是计算。”（Reason is nothing but reckoning.）[①] 唐纳德·克努斯（Donald Knuth）有句名言：与模仿人类“不假思索”就能做的事情相比，人工智能更擅长模仿人类的“思考”。这是因为，人工智能的核心是算法，人工智能的语言说到底是数学语言。不过，人类的智能并不全然是计算，人脑的语言也不是数学的语言（冯·诺伊曼）。[②] 于是，人类通过思考能做的事情（如证明定理、下棋），都可以用一个算法来模仿，但人类不假思索就能做的事情——主要包括默会知识、直觉或顿悟，其中，默会知识只可意会却不可言传，直觉或顿悟发生的时间太短，人脑来不及计算，人类都不知道其是怎么做到的，自然就无法用算法来模仿，这样，靠算法来展现智能的人工智能自然也做不到，[③] 这也是莫拉维克悖论（Moravec's paradox）存在的根本原因（详见第三章）。因为随着科技的飞速进步，人工智能的存储力越来越大，现已远超人类的记忆容量，计算力越来越快，现已远超人类的计算力，再加上现有海量优质数据的训练。这样，凡是本质是计算的智能，人工智能均已远超人类。例如，AlphaGo 下围棋的水平现已远超最顶级的人类围棋高手。

---

① 霍布斯．利维坦［M］．黎思复，黎廷弼，译．北京：商务印书馆，2017：28.

② 林军，岑峰．中国人工智能简史·第一卷·从 1979 到 1993［M］．北京：人民邮电出版社，2023：41.

③ 斯加鲁菲．智能的本质：人工智能与机器人领域的 64 个大问题［M］．任莉，张建宇，译．北京：人民邮电出版社，2017：140-141.

虽然大模型语言的智能与创造力可用优质海量数据训练出来，不过，除深度求索（DeepSeek）于2025年1月20日发布的大语言模型DeepSeek-R1模型外，目前其他的人工智能大模型通过深度学习和强化学习习得智能具有五个特点，这也是机器学习的五个弱点：（1）参数越加越多，现已达用百亿作单位的级别。例如，若要人工智能学会识别竹子，须先将竹叶、竹节、圆形或方形、竹竿的颜色等一一变成参数。（2）需要用海量高质量的数据去训练模型。例如，若要人工智能学会识别竹子，就要用海量高质量的竹子图片来训练它，才能保证它能迅速且准确地识别竹子。这意味着，一方面，数据质量虽高但数量小不行。例如，早年联结主义人工智能之所以被符号主义人工智能所压制，原因之一就是缺少足够数量的数据来训练模型。另一方面，数据虽已达海量但质量不高也不行。例如，语言涉及文化背景，人类所说的语言不但要合乎语法规则，其内容还要合乎习俗（包括道德习俗与习惯），并在一定程度上反映客观世界和人世间的生活（谎言虽背离了事实，但不能太离谱，否则人们不会相信），下棋全靠计算，这样，训练大语言模型比训练下棋要复杂许多。（3）依赖外在强化，不会自我强化。有研究表明，如果大语言模型只用自己的输出作为训练材料输入继续训练，那就会像近亲繁殖一般，几个轮回后大语言模型就会崩溃（model collapse），开始胡言乱语。防止大语言模型崩溃的做法有二：①在从互联网收集训练大语言模型的数据时，必须注意数据的质量，宜优先收集真人与系统真实互动（genuine human interactions with systems）的数据，而不是机器自生的虚假数据；②必须通过强化学习及时校正并强化。这表明，不但数据的数量和质量能影响语言大模型的智能，大模型语言智能的高低还依赖外在强化的质量高低。（4）像渐悟，效率相对较低；（5）耗能多。但是，让一个身心发育正常的儿童识别一段竹子，他无须看这段竹子上是否有竹叶、竹节，是否是圆形的（有方竹），竹竿是否是绿色的（干竹竿一般不是绿色的）等参数，就能迅速且准确地识别出来，而不会将它与一段木棍或金属棒相混。可见，人工智能识别竹子与人类识别竹子的心理机制不一样。相对于机器学习，人类儿童学习至少有五个显著特点和优点：（1）参数少；（2）更节省资源，毕竟人类既可通过大样本学习获得智能与创造力（这与语言大模型类似），也能从有限材料、贫瘠材料里学到丰富的知识，存储丰富的原型，并习得丰富的默会知识。（3）有直觉或顿悟力，不需要太多参数，就能快速识别常见事物，实际上是一种举一反三甚至举一反十的顿悟学习。（4）不需要太多的外在强化，主要是自我强化。（5）更节省能源。人类工作耗能极低，只要让他吃饱饭、休息好即可。如果能让人工智能像儿童一样学习，就能高效克服机器学习的上述五个弱点，进而让人工智能拥有更高效的智能和创造力。

所以，人类（包括人类的婴幼儿）的智能不仅是一种计算力或思考力，其内还有默会知识、直觉和顿悟，仅有先进算法和高超计算力的人工智能自然无法达到人类甚至人类婴幼儿的智能水平。

正因为智能太复杂，很难对智能下一个公认、可操作性定义，图灵才在 1950 年发表的《计算机器与智能》一文里巧妙地用“模仿游戏”（后人称作“图灵测验”）来回答“图灵之问”——“机器会思考吗？”。通过图灵测验的机器，就具有了像人一样的智能，就是名副其实的人工智能（详见第二章）。

这样，为了减少不必要的争论，不必纠缠于“人工智能的智能是来自计算还是来自思考”这个极易产生争论的问题，而宜积极构建扎实的理论，尽早改变目前人工智能缺扎实理论的局面，在此基础上进一步优化深度学习、强化学习和遗传算法等算法，与此同时，参照人类智能与创造力的两大来源，人工智能若有智能与创造力，应该也是来源于思考或计算和无需思考或计算的直觉与顿悟，进而将研究重点放在如何妥善吸收东方（如中国道家和禅宗）重视默会知识、直觉与顿悟的思想精义，让人工智能尽早具有更良好的默会知识、直觉或顿悟，省去海量的优质训练数据和海量的运算，就会更省资源、更节能，并可让人工智能尽早走出莫拉维克悖论，找到一条更节能、更安全、更接近人类智能的新路。[①]

（二）人类智能的内涵

广义的智能是智力和智慧的总称，狭义的智能约等于现代心理学所讲的智力，由此推论，广义的人类智能是人类智力和人类智慧的总称，狭义的人类智能约等于人类智力（human intelligence, HI）。换言之，在狭义上，人类智能与人类智力二词可换用。下文若无特殊说明，所用“人类智能”一词均是指狭义的人类智力。

根据卡特尔于 1963 年正式提出、由霍恩（J. L. Horn，卡特尔指导的博士生）与卡特尔于 1965 年至 1967 年加以充实的“液态智力和晶体智力说”（theory of fluid and crystallized intelligence）[②③④⑤]，人类的智力实际上是由液态智力与晶体智力构成的。液态智力指在信息加工和问题解决过程中所表现的能力。如对关系的认识，类比、演绎推理能力，形成抽象概念的能力等。因此，液态智力是与基本心理过程有关的能力，如知觉、记忆、运算速度和推理能力，它较少依赖于文化和知识的内容，多半不依赖于学习，而属于人类的基本能力，决定于个人的禀赋，是一个人生来就能进行智力活动的能力，其个别差异受教育文化的影响较少。晶体智力指获得语言、数学知识的能力，它取决于后天的学习，与社会文化有密切的关系。晶体智力是经验的结晶，所以称为晶体智力。虽然晶体智力依赖于液态智力，液态智力是晶体智力的基础，假若两个人具有相同的经历，其中一个有

① SHUMAILOV I, et al. AI models collapse when trained on recursively generated data［J］. Nature, 2024, 631:755−760.

② CATTELL R B. Theory of fluid and crystallized intelligence: a critical experiment［J］. Journal of educational psychology, 1963, 54（1）:1−22.

③ HORN J L. Fluid and crystallized intelligence: a factor analytic study of the structure among primary mental abilities［D］. University of Illinois,1965.

④ HORN J L, CATTELL R B. Refinement and test of the theory of fluid and crystallized general intelligences［J］. Journal of educational psychology, 1966, 57（5）: 253−270.

⑤ HORN J L, CATTELL R B. Age differences in fluid and crystallized intelligence［J］. Acta psychologica, 1967, 26:107−129.

较强的液态智力，那么他将发展出较强的晶体智力。但是，一个有较高液态智力的人如果生活在贫乏的智力环境中，那么他的晶体智力的发展将是低下的或平平的。并且，液态智力的发展与年龄有密切关系，随个体的生理变化而变化。一般人在20岁以后液态智力的发展达到顶峰，30岁以后液态智力将随年龄的增长而逐渐降低。与此不同，大多数人的晶体智力在60岁之前几乎一直都在随着个体知识经验的积累而发展，直到60岁左右，个体的液态智力下降到不足以支撑其维持基本的心智能力后才开始缓慢衰退。这样，一般而言，年轻人较之年长者有更好的液态智力，年长者较之年轻人有更好的晶体智力。不过，一个人即使有很高的液态智力，如果不好好学习，以此来发展自己的晶体智力，那么，随着其年龄的增长，他也会逐渐沦落为一个智力平平的人。王安石《伤仲永》一文里所讲的方仲永就是一个典型个案。①

由"液态智力和晶体智力说"可知，与动物的智力主要来自遗传不同，人类智力虽以先天的遗传为基础，却能通过后天的学习加以提升。不断进化的大脑与不断累积的人类知识是人类智力的基础。人类智力与其他动物的智力有本质差异。世上所有动物都遵循达尔文（Charles Robert Darwin）优胜劣汰、自然选择的生物进化道路，在优胜劣汰的自然选择中不断优化，并且将这些优化特质遗传给下一代。这种可遗传进化的智力保证了所有生物体世世代代繁衍生息的生存竞争能力。反观人类，当类人猿依靠萌芽的知识走出混沌时代，成为人类祖先之后，除了自然选择的生物进化道路外，更走上了一条主要依靠知识力量谋发展的智力进化道路。在许多情况下，人类与生俱来的智力远逊于其他动物，如人的嗅觉能力和警觉能力不及犬，定向与记忆能力不敌会洄游的海龟和鲑鱼，导航能力不如可长途跋涉的候鸟，等等，但人类依靠长期进化的大脑，在"人、知识、工具"的生态

① 汪凤炎，燕良轼，郑红．教育心理学新编（第五版）［M］．广州：暨南大学出版社，2019：119.

环境中迅速发展出远超其他动物的智力。其后，人类依靠“人＋工具”独有的智力战胜大自然，称霸世界，成为万物之主。[①] 并且，人类的智能是多方面的，包括运动的智能、感知的智能、推理的智能、决策的智能和控制的智能等，是由一系列环节紧密协作、交互融合构成的。[②]

二、人工智能的内涵与类型

“人工智能”（artificial intelligence，英文缩写是 AI）是相对于人类智能（human intelligence）而言的概念，人类智能总是伴随着人类的活动而存在。人类的许多活动，如下国际象棋、下围棋、解决问题、猜谜、开车、开飞机、开船、讨论、计划和编写计算机程序，等等，都需要“智能”。如果一台机器可以像人一样做上述事情，就可以认为这台机器已经具备了某种“人工智能”。不过，至今连“智能”都没有一个明确、统一的定义，“人工智能”的含义就更纷繁复杂了。[③]

（一）人工智能的内涵

目前学界对“人工智能”的界定尚未取得完全共识。对于人工智能的内涵，至今仍存在狭义与广义之分。多数人工智能学者是从狭义来理解人工智能的。例如，1955 年 8 月 31 日，约翰·麦卡锡（John McCarthy）在《达特茅斯夏季人工智能研究项目提案》（*A Proposal for the Dartmouth Summer Research Project on Artificial Intelligence*）中首次提出“人工智能”的概念，将“人工智能”定义为：“制造智能机器的科学与工程，特别是智能的计算机程序，它与利用计算机来理解人类智能的类似任务有关，但不必自我限制于生物学上可观察的方法。”[④]1961 年，马文·明

① 何立民.人工智能与人类智能的相似性原理［J］.单片机与嵌入式系统应用，2020，20（7）：87–89.

② 斯加鲁菲.智能的本质：人工智能与机器人领域的 64 个大问题［M］.任莉，张建宇，译.北京：人民邮电出版社，2017：2.

③ 同② 3.

④ MCCARTHY J, MINSKY M L, ROCHESTER N, et al. A proposal for the dartmouth summer research project on artificial intelligence,［J］. AI magazine,1995, 27（4）:1–13.

斯基（Marvin Lee Minsky）在《迈向人工智能的步骤》一文里正式给“人工智能”划定明确的目标和研究范围后[①]，“人工智能”一词才逐渐被学术界所认可。[②]1981年，埃夫隆·巴尔（Avron Barr）和爱德华·费根鲍姆（Edward Albert Feigenbaum）对“人工智能”的定义为：“人工智能是计算机科学的一个分支，它关心的是设计智能计算机系统，该系统具有通常与人的行为相联系的智能特征，如理解语言、学习、推理、问题解决等。”[③]也有学者从广义来理解人工智能。例如，在1999年出版的《MIT认知科学百科全书》中，著名人工智能学者迈克尔·乔丹（Michael I. Jordan）和斯图尔特·罗素（Stuart Russell）在合写的《计算智能》（*Computational Intelligence*）一文里写道：“有两种互为补充的人工智能观：一种是作为关注智能机器建造的工程学科，另一种是关注对人类智能进行计算建模的经验科学。在该学科早期，两种观点很少得到区分。其后根本性的分歧出现了，前者主导着现代人工智能，后者是许多现代认知科学的特征。基于这个原因，我们采用更为中性的术语‘计算智能’作为本文标题——两个共同体都使用计算术语来处理智能理解的问题。”[④]美国人工智能学会（AAAI）对人工智能的定义也维持两种人工智能观的平衡：“对作为思维和智能行为基础的机制的科学理解及它们在机器中的具身实现”。[⑤]

也有学者虽从“学科”和“智能”两个视角定义人工智能，但表述略有差异。例如，从学科角度看，2019年版《辞海》对“人工智能”的界定是：研究、开发用于模拟、延伸和扩展人的智能的理论、方法、技术及应用系统的技术科学。属

① MINSKY M L. Steps toward artificial intelligence［J］. Proceedings of the institute of radio engineers, 1961, 49:8−30.

② 周志明．智慧的疆界：从图灵机到人工智能［M］．北京：机械工业出版社，2018：43−44.

③ BARR A,FEIGENBAUM E A.The handbook of artifical intelligence （vol.1）［M］. William Kaufmann,inc.,1981:3.

④ 威尔逊．MIT认知科学百科全书[M].上海：上海外语教育出版社，2000：1xx Ⅲ．

⑤ 陈自富．炼金术与人工智能：休伯特·德雷福斯对人工智能发展的影响［J］．科学与管理，2015，35（4）：61.

计算机科学的一个分支，旨在通过对人的意识、思维的信息过程的模拟，了解智能的实质，并生产出一种新的能以与人类智能相似的方式做出反应的智能机器。人工智能的主要研究领域有：智能机器人、语言识别、图像识别、自然语言处理、问题解决和演绎推理、学习和归纳过程、知识表征和专家系统（expert system, ES）等。[①②] 人的智能的核心在于知识，智能表现为知识获取能力、知识处理能力和知识运用能力。相应地，在人工智能的研究中，为了使机器具有类似于人的智能，需要探讨以下三个问题：（1）机器感知（知识的获取）：研究机器如何直接或间接获取知识，输入自然信息（文字、图像、声音、语言、景物），即机器感知的工程技术方法。（2）机器思维（知识表征）：研究机器如何表征知识、积累与存储知识、组织与管理知识，如何进行知识推理和问题求解。（3）机器行为（知识利用）：研究如何运用机器所获取的知识，通过知识信息处理，做出反应，付诸行动，发挥知识的效用的问题，以及各种智能机器和智能系统的设计方法和工程实现技术。人工智能系统是一个知识处理系统，知识表征、知识利用和知识获取则成为人工智能系统的三个基本问题。[③]

从智能角度讲，人工智能是通过编程在机器中模拟人类的智能，让机器能像人类一样思考和行动。换言之，人工智能是指能像人类一样思考和行动的智能机器。如，2012 年，斯图尔特·罗素（Stuart J. Russell）和彼得·诺维格（Peter Norvig）在《人工智能：一种现代的方法》中将“人工智能”定义为：“智能主体的研究与设计”。智能主体是指一个可观察周遭环境并作出行动以达至目标的系统。[④] 这样，人工智能是机器应用算法从数据中学习，并像人类一样有能力使用所学知识做出决策和行动。“算法”（algorithm, algorism）原指解决具体问题的一个方法。“算法”

① 陈至立. 辞海（第七版彩图本）［M］. 上海：上海辞书出版社，2019：3617.
② 王晓阳. 人工智能能否超越人类智能［J］. 自然辩证法研究，2015，31（7）：104–110.
③ 刘毅. 人工智能的历史与未来［J］. 科技管理研究，2004（6）：121–124.
④ 刘韩. 人工智能简史［M］. 北京：人民邮电出版社，2018：168–169.

一词源于 9 世纪波斯（Persia）的数学家霍瓦拉兹米（al-Khwarizmi），其拉丁名叫阿尔戈利兹姆（Algorismus），al-Khwarizmi 是代数与算术的创立人，被誉为“代数之父”，其所著《算术》和《代数学》传入西方后产生了巨大影响。在中国古典文献里，“算法”最早源自《周髀算经》和《九章算术》，称作“术”。中国古代算术非常发达，结果，自唐代开始，历代都有算法书籍出现，如唐代的《算法》、宋代的《杨辉算法》、元代的《丁巨算法》、明代程大位（字汝思）撰《算法统宗》（成书于万历二十年，即 1592 年）[①]和清代的《开平算法》。随着纯数学理论向着应用数学理论迁移，算法进入各种各样的应用数学领域，后来又被计算机科学、社会学、法律学、政策学等领域借用，逐渐开始指向某种复杂的社会技术系统。在现代计算机科学中，算法通常是指解决某问题的一个有限、确定、可行的运算序列。对于该问题的每一组输入信息，都有一组确定的输出结果。可以用自然语言、流程图或某种程序设计语言进行描述。[②]根据此定义可知，一般而言，算法必须具备四个特征：（1）要有输入项和输出项。算法要定义初始状态，以及最终加工后的输出结果。（2）确切性。即每一步都有确切的含义，无歧义，以保证算法的实际执行结果能精确地符合要求或期望。（3）有限性。每个计算步骤都可以在有限时间内完成。（4）可穷尽。即能在执行有限个步骤之后终止。衡量一个算法效率高低的主要指标是时空复杂度：时间复杂度是指算法需要消耗的时间长短。一般而言，如果解决某个问题有两种或两种以上的算法都可得到预期结果，那么，耗时越少的算法，其效率越高，反之越低。空间复杂度是指算法需要消耗存储空间资源的多寡。一般而言，假若解决某个问题有两种或两种以上的算法都可得到预期结果，那么，消耗存储空间资源越少的算法，其效率越高，反之越低。人工智能有数据、算力和算法三个要素，其中，数据是知识原料，算力与算法提供“计算智能”，以学习知

---

① 陈至立．辞海（第七版彩图本）［M］．上海：上海辞书出版社，2019：4175.

② 同①．

识并实现特定目标。这些智能机器被设计成以类似人类认知的方式进行学习、推理和问题解决，它们可以执行通常需要人类智能才能完成的任务，如理解语言、识别图像和做出决策。人工智能研究的目标是创建拥有智能行为的系统，并可用于改善人类生活的各个方面，从医疗保健、教育到交通和娱乐。[①] 当前人工智能主要朝计算智能、感知智能和认知智能三个方向发展：计算智能是指机器快速计算和存储内存的能力；感知智能是指机器感知视觉、听觉和触觉的能力；认知智能是指机器理解和推理的能力。生成式人工智能是指基于生成对抗网络、大型预训练模型等技术手段，通过识别和学习已有数据，对所输入的条件信息（如相关描述、关键词、格式、样本等）按要求进行加工处理，从而生成具有一定创意和质量的相关内容的技术。它是人工智能发展的进阶版本，旨在以一种接近人类行为的方式与人类进行交互式协作。它的出现是人工智能由计算智能发展到感知智能，再发展到认知智能的标志。生成式人工智能可同时理解文字、图像、语言、视频等，并根据要求进行内容生成活动。生成式人工智能在国外以 ChatGPT 等为代表，国内以 DeepSeek-R1 等为代表。生成式人工智能主要具有四个核心功能：（1）文本生成功能。各类生成式人工智能工具不仅能根据输入的提示词在几秒之内生成各种类型的写作文本，还能回应批评，使所生成文本的逻辑框架、语言组织、情感表达和文本风格等更符合使用者的要求。（2）图像生成功能。之前的人工智能技术主要是在对已有图片进行简单感知、分类的基础上，根据需求描述寻找出目标图片。生成式人工智能则可根据相关条件的描述，独立生成全新的目标图像。它在解读目标图片的生成条件后，几秒之内就能生成符合选定主题、内容、场景的图像，生成国画、油画、PPT 模板等多种风格与用途的图像。（3）语音生成功能。语音生成分两种：一种是从文本到语音的合成技术，是指输入文字输出特定说话者语音的技术，该技术目前已相对成熟，

① O’CONNOR S，ChatGPT. Open artificial intelligence platforms in nursing education: tools for academic progress or abuse? ［J］.Nurse education in practice, 2022，66:103537.

不仅能够精准识别普通话，对部分方言也能够识别大意；另一种是语音克隆技术，主要用于智能配音，即将输入的语音或文本转化为目标说话人的声音，主要用于特定场景提示音、车辆导航音频等。（4）视频生成功能，是指人工智能能够根据文本指令创建现实且富有想象力的场景，它类似于图像生成功能，但生成结果以动态画面展示。如 OpenAI 发布的首个视频生成模型 Sora 可根据文本指令创建具有多个角色、特定运动类型、主题和背景等，模拟更准确、细节性更强的复杂场景。①

（二）人工智能的类型

按不同标准，可将人工智能分为不同类型。

1. 弱人工智能和强人工智能

如上文所论，按智能与非智能的标准分，人类的全部行为包括智能行为和非智能行为两大子集，其中的智能行为按是否基于逻辑推理分，又可分为基于逻辑推理的智能行为和基于非逻辑推理（如直觉）的智能行为两大类。根据图灵的论述，机器智能主要是模拟人的基于逻辑推理的智能行为，如下棋。不过，在 1956 年以后的一段时间里，一些学者高估了机器智能所能达到的高度，乐观地相信能很快地在机器智能上模拟出人的全部智能行为，甚至模拟出全部人类行为，包括模拟出人的意识（consciousness）、心智（mind）和自我（self）。在屡屡受挫后，到了 20 世纪 80 年代，当时的学者终于认识到让人工智能模拟人类的全部行为，在短时间内是不可能完成的任务，从而开始探讨人工智能的发展前途，并开始对人工智能进行分类。② 在这种时代背景下，美国加州大学伯克利分校（University of California, Berkeley）哲学系的约翰·塞尔（John R. Searle）于 1980 年首次将人工智能分为弱人工智能（weak or cautious artificial intelligence）和强人工智能（strong

① 蒋万胜，杨倩. 论生成式人工智能对新质生产力形成的促生作用［J］. 陕西师范大学学报（哲学社会科学版），2024，53（3）：15-25.

② 周志明. 智慧的疆界：从图灵机到人工智能［M］. 北京：机械工业出版社，2018：16-17.

artificial intelligence），认为前者可以作为研究心灵的强大工具，对心智活动进行模拟；后者不仅仅是人类研究心灵的一种工具，被恰当程序设计的强人工智能还可等价于人类心灵。换言之，弱人工智能是指机器智能在某些方面能达到人类智能水平的人工智能；强人工智能是指机器智能水平完全等同于人类智能水平的人工智能。强人工智能概念有三个重要特征：（1）在智能上达到或超越人类；（2）具有意向性，拥有自我目标设定与自我评价及认知能力；（3）强人工智能是一种通用人工智能，拥有完整的人类能力谱系。故强人工智能有时也和“通用人工智能”（artificial general intelligence, AGI）同义。①

2. 有效的老式人工智能与新式人工智能

1986年，美国哲学家约翰·海格兰德出版的《人工智能：非常想法》（*Artificial Intelligence: The Very Idea*）一书中，首次提出“有效的老式人工智能”（good-old fashioned artificial intelligence, GOFAI）”的概念。②1997年，海格兰德从研究进路的角度将人工智能分为“有效的老式人工智能”与“新式人工智能”（new-fangled artificial intelligence, NFAI）：用认知或逻辑方法来解决小领域范围的问题的人工智能，叫“有效的老式人工智能”。“有效的老式人工智能”认为人类智能在很大程度上就是对物理符号的一种机械操作，或至少可以被分析为这类操作。凡是不能被“有效的老式人工智能”囊括的人工智能的各种研究进路，均叫“新式人工智能”，其典型为“人工神经元网络”（artificial neural network, ANN）模型，也叫“联结主义”进路。③④

---

① SEARLE J R. Minds, brains, and program［J］. The behavioral and brain sciences, 1980, 3: 417–424.

② HAUGELAND J. Artificial intelligence: the very idea［M］. London: The MIT Press, 1985: 112–113.

③ HAUGELAND J. Mind design II: philosophy psychology artificial intelligence［M］. London: The MIT Press, 1997: 16–27.

④ 周志明. 智慧的疆界：从图灵机到人工智能［M］. 北京：机械工业出版社，2018：102.

3. 受人类控制的人工智能与不受人类控制的人工智能

2018年，汪凤炎借鉴约翰·塞尔的人工智能分类思想和尼克·波斯特洛姆（Nick Bostrom）的超级人工智能（Superintelligence）概念，以是否受人类控制为标准，将机器智能分为受人类控制的人工智能和不受人类控制的人工智能两大类：凡是在人类制定的规则范围内行动、无法自定行动规则的机器智能，都属受人类控制的人工智能，也叫无自主意识的人工智能；反之，完全摆脱人类的控制且能够自定行动规则的机器智能，就是不受人类控制的人工智能，也叫有自主意识的人工智能。有自主意识的人工智能完全摆脱人类的控制，完全由机器自主制造、自主控制、自主维护、自主保养、自主升级换代，这种机器智能因为没有了人类控制，又叫独立自主式机器智能。以受人类控制的人工智能能处理的任务种类为标准，又可将它分为单任务、受人类控制的人工智能和多任务、受人类控制人工智能，前者指只能处理一种任务的受人类控制的人工智能，后者指可以处理两种或两种以上任务的受人类控制的人工智能，它们之间的区别仅在任务种类的数量上存在差异。同样，有自主意识的人工智能可分为单任务、多任务以及通用型三种，单任务与多任务与上述受人类控制的人工智能中相对应的含义相同，通用型有自主意识的人工智能则指可处理更多甚至所有的任务，不过这里处理任务的能力与多任务或单任务强人工智能的能力并不是简单的量的差异，而是质的区别。[①]

4. 根据满足条件的多寡和质量的高低对人工智能进行分类

2023年春季，汪凤炎以人类的智能与智慧特点和发展水平为参照，给人工智能列出如下条件，以下条件中，满足条件数量越多、质量越高级者，就是更好的人工智能：

---

① 汪凤炎，魏新东．以人工智慧应对人工智能的威胁［J］．自然辩证法通讯，2018，40（4）：9-14.

（1）简单、易用，使用者无需具备复杂、高深的专业知识；

（2-1）只能处理线性可分问题，或至多只能处理线性问题（包括线性可分问题与线性不可分问题）；

（2-2）既能处理线性问题，也能处理非线性问题；①

（3）能够容忍不完整与含有噪声的输入；

（4-1）能记住学过的知识，不会忘记，却无创造力、直觉和顿悟；

（4-2）有良好记忆力，有一定的自学能力和推理力，却无创造力、直觉和顿悟；

（4-3）有良好记忆力，有良好的自学能力和推理力，有一定的想象力、创造力和直觉，却无顿悟；

（4-4）有良好记忆力，有强大的自学能力、推理力、想象力、创造力和直觉，能顿悟；

（5）有自行扩充、学习及适应新环境的能力；

（6）学习新知识时，无须重新学旧知识；

（7-1）只能用机器语言；

（7-2）用编程语言，而不是只能用机器语言；

（7-3）直接用自然语言，无须编程语言，更无须机器语言；

（8-1）拥有某种初级专项智能；

（8-2）拥有某种中级专项智能；

（8-3）拥有某种高级专项智能；

（8-4）具有通用智能，而不是只拥有专项智能；

（9-1）无扎实的理论基础，完全无法解释内部运行机制（是“黑箱”），或者，至多只能解释其中的一小部分（是灰箱）；

① 温馨说明：如果某个条件能完美包含另一个条件，说明这两个条件是同一类型的条件，后者只是前者的升级版，故用同一个大序号标注，再用小序号来加以区分。

（9-2）有扎实的理论基础，能清晰、完整地解释内部运行机制，即内部运行机制是完全透明的（是白箱）；

（10-1）模型虽小，但性能也不高；

（10-2）模型规模中等、性能高效，须用一定数量的优质资源去训练，耗费较多能源；

（10-3）模型虽高效却非常大，占用庞大内存，须用海量优质资源去训练，非常耗费能源，不环保；

（10-4）模型可大可小，均精致且高效，不占用太多内存，不用太多优质资源去训练，节省资源与能源，非常环保；

（11-1）完全由人控制，无任何自主意识；

（11-2）主要由人控制，有一定的自主意识；

（11-3）有像人类一样的自主意识，完全摆脱人的控制；

（12）有良知，有善情。

这样，根据满足上述条件的多寡和质量高低分，从性能上看，至少可将人工智能分为如下五个典型类型，在它们之间还有一些中间类型，就不再一一界定了：

第一种是初级人工智能。它指在某一领域具有初级智能水平的人工智能，能解决某些简单问题。这种人工智能通常至少能满足（1）、（2-1）、（3）、（4-1）、（7-1）或（7-2）、（8-1）、（9-1）、（10-1）和（11-1）等条件。

第二种是中级人工智能。它指在某一领域具有中等智能水平的人工智能，能较高效且较高质量解决某些复杂问题。这种人工智能通常至少能满足（1）、（2-2）、（3）、（4-2）、（5）、（6）、（7-2）、（8-2）、（9-1）、（10-2）和（11-1）等条件。

第三种是高级人工智能。它指在某一领域具有卓越智能的人工智能，能高效且高质量解决某些复杂问题。这种人工智能通常至少能满足（1）、（2-2）、（3）、

（4-3）、（5）、（6）、（7-2）或（7-3）、（8-3）、（9-1）、（10-3）和（11-1）等条件。

第四种是通用人工智能。它指在多个领域具有卓越智能的人工智能，能高效且高质量解决许多复杂问题。这种人工智能通常至少能满足（1）、（2-2）、（3）、（4-4）、（5）、（6）、（7-2）或（7-3）、（8-4）、（9-2）、（10-3）或（10-4）等条件。

第五种是人工智慧。它指具有“智慧素质”的人工智能，能高效、高质量且智慧地解决复杂问题。人工智慧通常至少能满足（1）、（2-2）、（3）、（4-4）、（5）、（6）、（7-3）、（8-3）或（8-4）、（9-2）、（10-3）或（10-4）、（11-2）或（11-3）和（12）等条件。

第二节　人类智能与人工智能的比较

人是世上最擅长思考的高级动物。人工智能在最近几年来的飞速发展，为人类提供了思考人类智能的一个绝佳契机：人类智能的本质是什么？它能战胜人工智能吗？人工智能是否等同于人类智能？要回答这些问题，就要先比较二者的异同，再比较二者的优劣。知道了人类智能与人工智能的异同及优劣后，就可得出结论：尽管学界有人主张人像机器，随着人工智能的飞速发展，机器无论是长相还是聪明才智，都越来越像人，但人工智能不能等同于人类智能。

一、人类智能与人工智能的异同

（一）人类智能与人工智能的相似之处

一是二者都是基于知识上的能力。无论是人类智能还是人工智能，主要都是基于知识上的能力表现。婴幼儿在液态智力和知识基础上发展智能，在知识学习中增长智能，实用知识越多，人一般就越聪明。同理，作为人工智能的半导体微处理器，具有数字化知识存储空间，以及将知识转化成行为能力的指令系统与计算机软件，无论是微处理器基础上的通用计算机软件，还是嵌入式系统的智能化工具，其智力都是知识基础上的能力表现。[①]

二是二者在智能源头上有相似性。人类智能是人类个体在液态智力和知识基础上的能力转化。同理，人工智能与人类智能在智能源头上有相似性，图灵机模型是现代计算机和人工智能的“灵魂”，“冯·诺伊曼结构”是现代计算机和人工智能的“躯体”，计算语言用于现代计算机和人工智能的“实现过程”。[②③]

三是二者在智能最终融合上有相似性。人类智能，无论是认知能力还是操作能力，都统一为人类的个体智力。人类个体智力常常表现出两者的交叉融合，在行为中不断思考，在思考中不断试验，优秀者常能做到知行合一。与之相似，人工智能的智能也体现在知与行上，有些人工智能也能做到知行合一。[④]

（二）人类智能与人工智能的相异之处

人类智能与人工智能之间存在一些显著差异，其中，有些差异甚至是本质差异，故人类和人类智能均不会被人工智能所取代。

1. 人工智能与人类智能的物质基础有差异

人工智能的物质基础主要是电脑，人类智能的物质基础主要是人的肉身，尤其是人脑，二者有本质差异：（1）人脑比电脑复杂。大脑皮层的神经元数量决定了动物的智力水平。虽然大象和鲸的脑都比人脑大，但从大脑中神经元的数量看，人类大脑中神经元的数量是最多的，故人脑是最聪明的，这样，人比大象和鲸聪明。人脑重平均为 1 300 ~ 1 400 g，位于颅腔内。分大脑、间脑、小脑与脑干四部分。大脑最发达。间脑在大脑半球之间，被大脑所掩盖。小脑在脑干的背

① 何立民.人工智能与人类智能的相似性原理［J］.单片机与嵌入式系统应用，2020，20（7）：87-89.

② 同①.

③ 周志明.智慧的疆界：从图灵机到人工智能［M］.北京：机械工业出版社，2018：8.

④ 同①.

面。脑干像大脑的柄。平常所说的"脑"主要指大脑。[①] 常见的一种说法是，人类大脑由 1 000 亿个神经元细胞组成（另一种说法是人脑总共有 860 亿个神经元，其中大脑皮层有 160 亿个神经元），构成 100 万亿个突触连接。正是这些细胞及其之间的突触连接造就了人脑，并生发出人的智能。[②] 这些神经元组成的大脑系统，再加上人的感觉器官，包括皮肤（肤觉）、眼睛（视觉）、耳朵（听觉）、鼻子（嗅觉）、舌头（味觉）等，塑造了人类感知世界的方式，这比电脑复杂得多。（2）人脑与电脑的运行机制有显著差异。除诞生不久的量子电脑（quantum computer）外，目前主流电脑运算的底层逻辑是传统的二进制。尽管现在因硬件、软件和算法的不断迭代升级，其计算速度越来越快，在下棋等纯属计算的领域已远超人类，但人脑的运行要复杂得多，其内包含计算、推理、直觉和顿悟等，这样，环境越复杂，拥有卓越智慧的人类更易做出比电脑更快且更智慧的决策。（3）人脑与电脑的系统鲁棒性（robustness）[③④] 有明显差异，前者的鲁棒性优于后者。概要地讲，人脑虽然每天都有大量的神经细胞正常死亡，却不影响人脑的正常工作；与此不同，电脑一旦元件出现损坏、程序出现哪怕是细微的错误，都可能会导致严重的后果，这证明电脑系统是极脆弱的。[⑤] 由此可见，人类智能和人工智能有结构性差异。结构性差异是指，人与机器人的内在结构不一样，人工智能没有人的结构。人工智能虽然能够模拟出人的动作、人的表情、人的声音，甚至能够精确地展示出人的情感，但这些都不能表明人工智能能够成为人。核心

---

① 陈至立．辞海（第七版彩图本）[M]. 上海：上海辞书出版社，2019：3168-3169.

② 尼克．人工智能简史 [M]. 北京：人民邮电出版社，2017：216-217.

③ "鲁棒"是 Robust 的音译，Robust 有强劲、坚固、耐用、结实等义。鲁棒性是指在处于输入错误、磁盘故障、网络过载或黑客攻击等异常和危险情况下，人工智能生存能力的大小。此时生存能力超强，表明其鲁棒性越好；生存能力超弱，表明其鲁棒性越差。

④ 林军，岑峰．中国人工智能简史·第一卷·从 1979 到 1993［M］. 北京：人民邮电出版社，2023：258.

⑤ 赵长安，贺风华．多变量鲁棒控制系统［M］．哈尔滨：哈尔滨工业大学出版社．2011：4.

原因只有一个，人体是一个极为复杂、性能完善的多级结构的巨大生命系统，而“生命的起源”“意识的起源”和“宇宙的起源”至今仍是学术界的三大谜团，故由人设计和制造出来的人工智能至少在可预见的未来不可能具有生命和像人一样的意识；同时，具身认知心理学的丰硕研究成果表明，人的生理结构决定着人类的意识和人类的本质属性。人工智能机器人无法拥有人类的系统结构、器官结构、细胞结构、基因结构，乃至终极的碳基分子结构，只能通过不断模拟逼近人类结构，或者演化成为一个全新的物质形态，但永远不可能成为人类。[①②]

2. 人工智能与人类智能的认识论有差异

人工智能没有像人类那样的肉身，因此，在认识论上，人工智能是离身认知论：认知本质上是计算性质的，是中枢系统的内部心理操作，身体只是它同外部世界产生关联的载体和工具；计算或信息加工可以在任何系统之上进行；认知不依附于人脑，独立于身体；相应地，认知或心智就成为“离身”状态。人类具有肉身，20 世纪末以来，认知科学家在逐渐认识到离身认知论的不足后，转而倡导和支持具身认知论（embodied cognition），其中心含义是：认知过程的进行方式和步骤实际上是由身体的物理属性决定的；认知的内容是身体提供的；认知、身体和环境是一体的，认知存在于大脑，大脑存在于身体，身体存在于环境。这样，即使在脱离具体环境的条件下，所谓的离线认知仍是以身体为基础的，仍然受到一定的身体机制的约束。[③] 同时，人类智能主要依靠的是直觉、想象力和创造力，而机器智能依靠的是海量的知识和快速的运算。[④]

① 崔瀚文．人类要如何适应人工智能时代［J］．商学院，2017（10）：88.
② 韩东屏．未来的机器人将取代人类吗？［J］．华中科技大学学报（社会科学版），2020，34（5）：8-16.
③ 中国大百科全书（第三版）总编辑委员会．中国大百科全书：第三版·心理学［M］．北京：中国大百科全书出版社，2021：158-159.
④ 斯加鲁菲．智能的本质：人工智能与机器人领域的 64 个大问题［M］．任莉，张建宇，译．北京：人民邮电出版社，2017：181.

3. 人工智能与人类智能的意识性差异

意识性差异是指人工智能机器人在意识方面与人类相比缺少了许多东西。因为智能只是意识的一种表现形式，其本质是逻辑思维的运算，但人的意识无比丰富。从思维方式说，人的意识不仅有逻辑思维，还有抽象思维、形象思维、直觉思维和灵感思维，这些思维形式与逻辑思维截然不同，是非逻辑的，根本不能通过编程或逻辑运算实现。[①] 目前的人工智能体不可能拥有意识。因为从整体上看，目前的人工智能体由硬件与软件两个部分构成。硬件由一系列复杂的物理性而非生物性的器件构成，物理性器件不具备自我意识和意向能力。软件部分的核心是一系列复杂的算法程序，这些算法程序是否具有意识和意向能力呢？笛卡尔（René Descartes）认为，机器拥有意识的观点是难以理解的，因为心灵跟身体在本质上是不同的。身体具有广延的特征，处于可见的时空之中。人类的心灵与身体完全不同，它是由精神原子构成的，是具有思考能力和自我意识的。智能机器同人的身体一样也是实物，它是人类身体的一种延伸，不可能具有类似于心灵的那些智能特征。目前人工智能学界的算法程序各异，但几乎都遵循“输入—输出”的基本模式，没有信息的输入就不会有相关决策的输出，不能违反物理规律。人类的大脑意识活动则复杂得多，信息输入无疑会在大脑中产生快速的反应并作出应对。即便暂时没有信息输入，人类大脑也会不知疲倦地运行，“胡思乱想”“浮想连篇”之类就属这种情况。大脑储存的各种信息也会在某个不确定的时间产生化学反应，产生“灵感”“顿悟”等现象。所以，人类的大脑意识活动并非完全受到纯粹物理规则的限制。[②] 从自主性来说，人有自主意识，有自我意识，有目的；并且，迄今为止，在地球上生活的所有动物中，只有人类具有明显的自主意识和自我意识，目前尚未发现其他动物存在明显的自我意识。有些动物在镜子实验等科学测试中有一些微弱的自我意识，但由于没有思维

---

① 杨溟. 机器人已不止是人功能的延伸［J］. 商学院，2016（4）：120.

② 张今杰. 人工智能体的道德主体地位问题探讨［J］. 求索，2022（1）：58-65.

工具——概念和语言——的支持，无法形成族群意识，发展不出高智能和高智慧，也就无法形成对人类的威胁。自我意识就是每个人都能够认识到“我”就是“我”，能够清晰地把“我”区别于其他人和物体。这看起来很简单，却是人类上千万年逐渐进化而来，从而与其他动物相区分的基础。在自我意识形成和发展的过程中，概念和语言形成，并能够在族群中普及和通用，起到了极其重要的作用。概念是语言的细胞，有了概念才能将语言串联起来，让思维有了工具，从形象转为抽象，并形成记忆的符号，将知识和经验不断地积累传承，才有了人类的今天。至少目前的人工智能机器人没有目的和意识，更无自我意识，它是被人造出来为人服务的，人工智能至少在可以看见的未来仍无法摆脱作为人类工具的命运。约翰·塞尔说：“毫不夸张地说……计算机没有智能，没有动机，没有自主，也没有智能体。我们设计它们，使它们的行为好像表示它们有某种心理，但其实没有对应这些过程或行为的心理现实……机器没有信仰、愿望或动机。”[①] 从萨缪尔于 1952 年开发的计算机跳棋程序、谷歌（Google）研发的人工智能“阿尔法围棋”（AlphaGo，也译作“阿尔法狗”）和 Open AI 研发的聊天机器人程序 ChatGPT（全名：chat generative pretrained transformer）等来看，人工智能尤其是拥有深度学习和强化学习的人工智能具有强大的学习能力、理解力和创新力，自然有一定的智能，甚至在某一领域（如围棋）上拥有远超人类的智能，故约翰·塞尔说计算机没有智能的观点不成立。不过，“意识的起源”“生命的起源”和“宇宙的起源”至今仍是学术界的三大谜团，这样，由人设计和制造出来的人工智能在可预见的将来不可能具有生命和意识。人工智能可以模拟人类心灵的很多重要特征，比如自主性，但这仅仅是模仿，因为自主性概念本质上是排斥模仿的。[②③] 从智能上来说，目前的人工智能主要是有计算能力，

① SEARLE J R. What your computer can't Know[EB/OL].(2014-10-09)[2024-07-04]. https://www.nybooks.com/articles/2014/10/09/what-your-computer-cant-know/.

② 陶孝云. 人工智能会超越人类心灵吗[N]. 光明日报，2016-05-25(014).

③ 钱铁云. 人工智能是否可以超越人类智能？：计算机和人脑、算法和思维的关系[J]. 科学技术与辩证法，2004(5)：44-47.

有些尖端的人工智能可能有一定的创造力，而人还有直觉、想象力和顿悟，它们是人类智能的最大优势，“人类利用这类能力能够想象并且创造出自然界中不存在的东西”[①]。从基本分类来看，人既有理性意识，也有非理性意识，如潜意识、欲望、情感等，机器人没有非理性意识。除以上差异之外，还有一类被作家韩少功注意到的意识性差异，这就是“人必有健忘，但电脑没法健忘；人经常糊涂，但电脑没法糊涂；人可以不讲理，但电脑没法不讲理——即不能非逻辑、非程式、非确定性地工作”。其中“可以不讲理”，意味着人有“同步利用‘错误’和兼容‘悖谬’的能力，把各种矛盾信息不由分说一锅煮的能力”。这种能力“有‘大智若愚’之效，还能让机器人蒙圈”[②]。综上可知，虽然通过将意识程序化，可在一定程度上让智能机器意识化，但智能机器仍无法生成非程序化的意识。人工智能与人的意识的差异，就是前者局部超越后者，前者整体不及后者。

4. 人工智能与人类智能存在价值性和社会性差异

价值性差异是指人机在价值知识上存在差异，它包含两层含义：一方面，人工智能存在做什么和不做什么的情况，这一情况意味着它的行动总要遵循某种价值原则。这种价值原则是要由人来设定的。人给机器人设定怎样的价值体系，实际来自人对人类自己价值体系的理解和贯彻。这个事实表明，人工智能没有自主性，人与人工智能仍是主从关系。另一方面，无论是设计发展人工智能，还是对人工智能的实际运用，都面临价值难题。一旦涉及价值观，人工智能就力不从心。如当事故难以避免，需要两害相权取其轻时，人工智能容易蒙圈。这种价值难题之所以能困扰人工智能的发展和应用，就是因为“人类这个大林子里什么鸟都有，什么鸟都形迹多端，很难有一定之规”。简言之，人类的价值观是多元的，没有统一性，也就

---

① 龚怡宏．人工智能是否终将超越人类智能：基于机器学习与人脑认知基本原理的探讨［J］．人民论坛·学术前沿，2016（7）：12-21.

② 韩少功．当机器人成立作家协会［J］．读书，2017（6）：3-15.

不能确定该给人工智能输入什么样的价值观。①

社会性差异是指从社会的角度考察人机差异，它也有两层含义：（1）尽管人工智能的硬件系统可以相当于人的肉体，软件系统可以相当于人的思维体系，但是人在社会历史中形成社会现实性，即人的历史文化本性，是不可能以机械的方式重复和再现的，它将成为根本的，很可能是无法超越的技术瓶颈和价值悖论。这是“机器人难题”的核心和实质。②所以，人工智能不具有人的思维的社会性。③（2）人是社会性动物，个人的智能是有限的，个人的生命也是有限的，但人类群体和整体的智能有巨大的加和效应，这种效应正常发挥出来是任何个人的智能无法比拟的。而且人类智能以及作为其基础的知识可以一代又一代地延续、传承下去。与之不同，人工智能虽不具有生殖功能，其智能却可以通过人类专家一代一代传下去，并可以不断迭代升级，不过，人工智能作为智能机器，不具有社会性、群体性，它总是单独的、孤立的个体，即使用程序将它们联结起来，它们也不可能在程序之外随意与同伴合作。它们之间的简单合作只会有简单相加效应，至今不能产生加和效应。没有社会性，这也是人工智能不可能取代人类、超越人类的根本性局限。④

5. 人工智能与人类智能在知识形态上的差异

人类智能的知识基础是记忆态知识，人工智能的知识基础是集成态知识。根据波兰尼（Michael Polanyi）的观点，记忆态知识中既有显性知识（explicit knowledge），也有默会知识（implicit knowledge，也译作“隐性知识”或“暗知识”）。显性知识（explicit knowledge），也叫“明言知识”（articulate knowledge），指

① 李德顺．人工智能对“人”的警示：从“机器人第四定律”谈起［J］．东南学术，2018（5）：67-74.

② 同①.

③ 林可济．人类真的能够制造出“超级大脑”吗？：人工智能哲学论辩的历史回顾与现实意义［J］．中共福建省委党校学报，2016（1）：107-112.

④ 江畅．高科技时代的人类自律及其构建［J］．湖北大学学报（哲学社会科学版），2020，47（2）：1-10.

那些可以用书面文字（written words）、图表（maps）或数学公式（mathematical formulae）等手段清晰表达的知识。人们通常所讲的知识一般都属于显性知识。默会知识也称“非明言知识”（inarticulate knowledge），指那些个体已知道却不能用语言、书面文字、图表或数学公式等手段清晰表达的知识。在波兰尼看来，显性知识只是冰山的一角，默会知识占据冰山底部的大部分。默会知识是智力资本，是给大树提供营养的树根，显性知识不过是树上的果实。遗憾的是，人类通常只能将显性知识传承给后代，多数默会知识则随着拥有它的个体的去世而消亡。① 这导致父辈人类智能一般无法完整地传承给子代。集成态知识的可靠与可遗传特点，保证了人工智能智力的可靠性，以及不断升级换代中智力的不断积累与传承。②

6. 人工智能与人类智能描述世界的方式有差异

依据波普尔（Karl R. Popper）提出的“三个世界”理论：第一世界是物理世界或物理状态的世界；第二世界是精神世界或精神状态的世界；第三世界是概念的世界，即客观意义上的观念的世界——它是可能的思想客体的世界：自在的理论及其逻辑关系、自在的论据、自在的问题境况等的世界。这三个世界均具有客观实在性，并形成这样的关系：第一和第二世界能相互作用，第二和第三世界能相互作用，第一世界与第三世界之间以第二世界为中介。按照“三个世界”的理论，人的精神能看见物体，“看见”一词用的是本义，即眼睛参与其过程的意义。人的精神也能“看见”或“把握”算术的或几何的客体——一个数字或者一个几何图形。这样，精神与第一世界、第三世界双方的客体都可以联系起来。通过这两方面的联系，精神在第一世界与第三世界之间建立了间接联系。这一点极为重要。无法否认，这种由数学理论和科学理论组成的第三世界对第一世界产生的巨大影响。由此可见，物理世界真正的真实（第一世界）

① POLANYI M. The study of man［M］. London: Routledge & Kegan Paul Ltd, 1959:12.

② 何立民 . 人工智能与人类智能的相似性原理［J］. 单片机与嵌入式系统应用，2020，20（7）：87-89.

进入人的特定认知系统后就变成了观念过滤后的真实（第二世界），然后通过语言文字的叙述就变成了人们面对的所谓“真实”（第三世界）。不过，经过这样几度“转包”之后，第三世界的“真实”常常与第一世界的真实已截然不同。这意味着，人类面对的“真实”主要是一种人造的“真实”，与物理世界真正的“真实”往往不是一回事。① 维特根斯坦（Ludwig Josef Johann Wittgenstein）在 1922 年著《逻辑哲学论》（*Tractatus Logico-Philosophicus*）的最后一段说得更直截了当：“语言即世界。”（原文是：“语言的界限，就是我的世界的界限。”）伽达默尔（Hans—Georg Gadamer）也说：“语言并非只是一种生活在世界上的人类所适于使用的装备，相反，以语言作为基础，并在语言中得以表现的是人拥有世界。世界就是对于人而存在的世界，而不是对于其他生物而存在的世界，尽管它们也存在于世界之中。但世界对于人的此在却是通过语言而表述的。这就是洪堡从另外的角度表述的命题的根本核心，即语言就是世界观。洪堡想以此说明，相对于附属某种语言共同体的个人，语言具有一种独立的此在，如果这个人是在这种语言中成长起来的，则语言就会把他同时引入一种确定的世界关系和世界行为之中。但更为重要的则是这种说法的根据：语言相对于它所表述的世界并没有它独立的此在。不仅世界之所以只是世界，是因为它要用语言表达出来——语言具有其根本此在，也只是在于，世界在语言中得到表达。语言的原始人类性同时也意味着人类在世存在的原始语言性。”②

这样，一方面，人类智能是模拟世界中的一个模拟系统，兼有模糊性和精确性特征。与人类智能不同，人工智能是数字世界中的数字系统，人工智能系统具

① 波普尔 . 客观知识：一个进化论的研究［M］. 舒炜光，卓如飞，周柏乔，等译 . 上海：上海译文出版社，2015：178-179.

② 伽达默尔 . 诠释学 I：真理与方法［M］. 洪汉鼎，译 . 北京：商务印书馆，2010：623-624.

有数字的确定性、量化精度，以及无限时空的数字化传播与共享。[①] 另一方面，尽管客观世界无意义，但人类通过诠释与建构，能赋予客观世界以意义。与人类不同，除非退回到儿童期，持“万物有灵论”（认为一切物体都是有生命的），否则，目前的人工智能没有心灵，自身无法理解意义，故尚无法主动赋予客观世界以意义，只能客观呈现世界，无法主观解释世界。

7. 人类智能独有智慧，人工智能暂时没有人工智慧

广义的人类智能包含人类智力与人类智慧，目前的人工智能系统只能仿真人类的智力，尚无法仿真人类的智慧，[②] 研制人工智慧是人工智能的未来发展方向。

二、人类智能与人工智能的优劣

人类智能与人工智能相比，二者各有优劣。

（一）人类智能优于人工智能的地方

人类智能优于人工智能的地方，除了人类智能拥有具身认知而目前的人工智能只拥有离身认知外，重要的还有如下几点：

1. 人类有群体智能，目前的人工智能尚无群体智能

与人工智能和人类智能存在社会性差异相呼应，在人类社会，群体的聪明才智并不是群体内各个个体的聪明才智的简单相加，其大小常常取决于流行于群体内的文化氛围或管理制度的优劣，其中，生活在有利于个体和群体展现聪明才智的文化氛围里的群体，其聪明才智往往能取得“整体大于部分之和”的良好效果。例如，在鼓励创新与合作的文化环境里，当遇到一个难题时，有时一个个个体单独面对它时不知从何处入手，但几个头脑中先前均不知从何处入手的个体一旦聚集到一起进行讨论时，可能忽然就有人或有几个人的头脑中突然冒出了新想法，

---

① 何立民．人工智能与人类智能的相似性原理［J］．单片机与嵌入式系统应用，2020，20（7）：87–89.

② 同①．

这是人脑不同于电脑之处。因为到目前为止，几台电脑在一起工作时，不可能像几个人在一起工作时那样突然冒出新想法。即目前的人工智能不可能有群体智能。因此，下面这种观点值得商榷：有人认为，人类智力只表现为人类个体的智力，这些个体智力虽然可以相互借鉴，但无法移植与融合。与人类智力的个体性不同，人工智能体现出群体性。也就是说，人工智能在仿真人类智力时，不仅综合了群体智力，还实现了不同智能系统中智力移植与融合。①

2. 人类有通用技能，目前尚无通用人工智能

虽然目前已设计和制造出模拟人类智能中某一项技能的专用人工智能，且智能超群。如谷歌（Google）研发的人工智能“阿尔法围棋”（AlphaGo）以 4 ∶ 1 的比分大胜围棋世界冠军、韩国的李世石九段。不过，即便 AlphaGo 在下围棋时功能如此强大，但让它去做其他事，如扫地，它便无法完成。Open AI 研发的聊天机器人程序 ChatGPT 是人工智能技术驱动的自然语言处理工具，它能够通过理解和学习人类的语言来进行对话，还能根据聊天的上下文进行互动，真正像人类一样来聊天交流，甚至能完成撰写邮件、视频脚本、文案、翻译、代码、写论文等任务。ChatGPT 至今已发展到了第四代，据说第五代 ChatGPT 也已做出来，ChatGPT-5 已经会自我纠正，具有一定程度的自我意识，传言将于 2024 年年初发布，但至 2025 年 4 月上旬仍未面世。同理，ChatGPT 在自然语言处理上功能强大，但让它去做其他事，如扫地，它仍无法完成。事实上，目前尚无通用的人工智能。与目前的人工智能仅拥有专用技能不同，人类既拥有专用技能（专业），也拥有通用技能（智力，尤其是液态智力）。在自然界，无数的动物具有连最聪明的人都不具备的某种单一智能②，如蝙蝠具有超强的导航能力，海龟和鲑鱼有神奇的

① 何立民．人工智能与人类智能的相似性原理［J］．单片机与嵌入式系统应用，2020，20（7）：87-89.

② 斯加鲁菲．智能的本质：人工智能与机器人领域的 64 个大问题［M］．任莉，张建宇，译．北京：人民邮电出版社，2017：2.

远距离定向能力，可准确返回其数千公里之外的出生地繁殖下一代，等等，但它们在综合智力上并没有人聪明。由此类推，如果人工智能不具备通用技能，即便其在某种专用技能上高于人类，其在综合智能上仍无法超越人类智能。所以，脸书（Facebook）的创始人兼首席执行官扎克伯格（Mark Zuckerberg）在 Dwarkesh Patel 的采访中流露出一种人工智能寒冬即将来临的悲观情绪。扎克伯格认为，在“奇点”到来之前，人工智能的发展将受制于能源有限这个难题。目前没有人能够构建一个单个的千兆瓦级训练集群。可能需要几十年的时间来解决能源有限这个难题，因此，至少未来几年内不会出现通用人工智能（AGI）。

3. 人类智能能从“一次性学习”或从很少的经验中汲取大量有用的知识，目前的人工智能做不到这一点

根据美国太平洋时间（Pacific Time）2019 年 11 月 19 日上午 9：00—9：50 杨立昆发表的题为《基于能量的自监督学习》（*Energy—Based Self—Supervised Learning*）的主题演讲可知， 人类之所以能快速学习，原因就在于人类的学习是自监督学习，具有多观察少互动、无须外在监督和外在强化等特点。并且，人类拥有超强的学习能力，可以从“一次性学习”（one shot learning）或从很少的经验中汲取大量有用的知识，这就是人们常说的“举一反三”“举一反十”。根据杨立昆的上述演讲，当下流行的、以深度学习（deep learning）和强化学习（reinforcement learning）为核心的人工智能技术虽也取得了许多成绩，但机器学习并非无中生有，无论是简单的识别任务还是复杂的创造性任务，它都需要通过大量的数据来训练、学习和进化，结果，数据的质量和数量以及能源的多少是制约人工智能发展的三个重要影响因素。从数据的角度看，如果数据的质量低下，或者高质量的数据数量有限，都会限制人工智能的发展；从能源的角度讲，训练基于深度学习的人工智能大模型，需要巨额电量，如果电量不够，就无法高效训练人工智能大模型。并且，人工智能的学习需要互动与强化，仍比不上人的学习

能力。尽管现在也有研究者试图让人工智能用很少的样本进行强化学习，如杨立昆在其题为《基于能量的自监督学习》的演讲中提出“基于能量的自监督学习模型”，这有些像是人类的学习方式了，不过，这还在研究中。更糟的是，深度学习正在不断暴露出由其自身特性引发的风险隐患：深度学习模型存在脆弱和易受攻击的缺陷，容易受欺骗或被愚弄，甚至有黑客可能接管强大的人工智能的危险，使得人工智能系统的可靠性难以得到足够信任。

4. 人的智能活动是兼具启发与算法的，目前的人工智能尚未完全兼用启发与算法

功能派研究方法分为两派：一是启发派。主张依靠启发推理，利用启发程序，进行问题求解。其特点是只需部分先验知识，可解非定规问题，其普适性、灵活性、有效性较高；缺点是不保证解的存在性和唯一性。二是算法派。主张依靠算法证明，利用程序进行问题求解。其优点是对问题可解，能保证问题求解的完备性；缺点是需要充分的先验知识，只能求解定规问题（确定性、结构化问题）。解决复杂问题时，由于组合作用，可能使解决空间和计算工作量急剧增加，容易出现“组合爆炸”现象。人的智能活动是兼用启发与算法的，所以，在人工智能的研究中，宜将启发与算法结合，兼用知识模型和数学模型，才能有效地解决各种问题。①

5. 人类拥有能不断更新发展的自然语言，人工智能的语言是人创造的

过去人们一直以为，除了人类以外，只有黑猩猩、卷尾猴和猕猴才能够自发使用石头或者木头等工具来敲碎坚果或蚌壳。使用工具敲碎坚果或蚌壳看似简单，但这是在非人类动物身上观察到的最复杂的使用工具的行为之一。最近，来自德国和西班牙的学者的研究发现，红毛猩猩也具备这一技能。研究人员给12只从未使用过工具打开坚果的红毛猩猩一些坚果，以及可以被当作锤子的木头，看它们

① 刘毅.人工智能的历史与未来[J].科技管理研究，2004（6）：121-124.

是否会自发使用工具来敲碎坚果。结果发现，其中4只红猩猩在未观察其他个体的情况下，自发地使用了工具，其他的红猩猩也大都通过观察别人学会了这项技能，有3只甚至还能使用树桩或者其他物体来固定坚果。[①] 可见，非人类动物也能制造和使用工具，也具有创造性，但它们没有语言以及更加抽象的语义概念系统，从而无法形成新概念，无法将创新保持在社会文化系统中代代相传并实现迭代更新。

在与外部世界进行交往时，人类与其他动物的主要区别就是能够使用自然语言。自然语言既可以帮助人们认识外部世界，还可以帮助人们思维并形成关于外部世界的判断，尤其重要的是，还可以促进人与人之间的交流。[②] 由于人类拥有能与时俱进、不断更新发展的自然语言，从而将祖辈的创新保持在社会文化系统中代代相传并实现迭代更新，使后来者受益，所以人类的智能可以世代累积，后来者可以站在前贤的肩膀上前进。在聪明才智上，不要说较之5 000年前或3 000年前的人类，就算较之100年之前的人类，当代人类在聪明才智方面已取得了长足进步，发明和创造出许多100年前人类（更不要说5 000年或3 000年前的人类）无法想象的先进技术与器物，如登月和探月工具、宇宙飞船、飞机、高铁、摩天大楼、计算机、人工智能、原子弹等。

人工智能是智能机器，它不能直接识别自然语言，需要程序员将算法翻译成机器语言，人工智能才得以运行。这说明，人工智能的语言说到底是数学语言，不过，冯·诺伊曼说得好：人脑的语言不是数学的语言。[③] 机器如果要模拟人类智能，必须解决的一个问题，那就是要能够理解人类的语言，并能够像人一样使

① BANDINI E, GROSSMANN J, FUNK, M, et al. Naïve orangutans （Pongo abelii and Pongo pygmaeus） individually acquire nut-cracking using hammer tools [J]. American journal of primatology, 2021:e23304.

② 沈书生，祝智庭. ChatGPT 类产品：内在机制及其对学习评价的影响 [J]. 中国远程教育，2023，43（4）：8-15.

③ 林军，岑峰. 中国人工智能简史·第一卷·从1979到1993[M]. 北京：人民邮电出版社，2023：41.

用语言与他人进行交流。因此，在人工智能的研究中，如何处理自然语言，也就成为该领域的关键研究内容。[①] 并且，人工智能虽也有语言，但它的语言是人创造的，而不是人工智能创造的。这样，至少在可预见的将来，人工智能自身无法独自创造出可彼此交流的语言。当下，ChatGPT 类产品在自然语言处理领域实现了重要突破，主要采用了从结构方面模拟人类智能的方法，以基于人工神经网络的自然语言处理方法为基础，建立了强大的预训练语言处理机制，使其不仅可以理解人类的基本语言，还可根据用户的需求适当组织和生成语言，与用户进行交流与沟通。不过，ChatGPT 只是一个基于人类语料（语言材料）的语言生成模型（language generation model），需要在其网站上运行[②]，如果网站上提供的人类语料整体质量偏低，或者网站上无法提供相应的人类语料，就会降低 ChatGPT 回复的质量。ChatGPT之父、人工智能实验室OpenAI首席执行官萨姆·阿尔特曼(Samuel H. Altman）也表示，最难攻克的领域是大语言模型系统需要实现根本性的理解飞跃。他举例道，牛顿发明微积分的过程并不是简单的阅读和做题，创建新知识究竟缺少了什么，这就是我们需要努力的方向。

6. 人类有情感、品德、意志、创造力、直觉、想象力和智慧，目前尚无拥有情感、品德、意志和智慧的人工智能，对人工智能是否存在直觉、想象力和创造力则有争论

从软与硬的角度看，能力有软与硬之分：硬能力是指读、写、算等直观外显的能力；软能力是指内隐的能力，包括个体的自省力、意志力、人际沟通力、领导力、想象力、创造力、直觉、情感力、道德力、合理的价值观和智慧等。[③] 人类

---

① 沈书生，祝智庭．ChatGPT 类产品：内在机制及其对学习评价的影响［J］．中国远程教育，2023：43（4）：8−15.

② 同①.

③ 蔡连玉，韩倩倩．人工智能与教育的融合研究：一种纲领性探索［J］．电化教育研究，2018，39（10）：27−32.

既有硬能力，也有软能力，目前的人工智能主要只具备硬能力，目前尚无拥有情感、良好品德、意志和智慧的人工智能。以情绪为例，人类情绪具有面部表情、生理指标和内心体验三要素，其中，前两项指标是客观的，最后一项指标是主观的。从技术上讲，用人工智能模拟人的面部表情是可以实现的，不过，目前所有的人工智能，其“身体”都不是由血和肉构成，不具有与人类似的生物结构。如果没有与人类身体结构类似的生理结构，人工智能对各类情绪如何生出切身的体验？如果人工智能因无“肉身”而无法对各类情绪生出切身的体验，那么，它能真正产生情绪吗？人工智能能否满足情绪的“生理指标”已存疑，是否有类似人类那样的“内心体验”就更令人存疑了，因为人工智能到目前为止没有主体性。再加上，较之人的认知，心理学在情感、品德和智慧上的研究进展相对缓慢，尤其是在意志上的实证研究，至今没有质的突破。受这些因素的累加影响，虽然目前已有人在构想、研发具有情感、品德和意志的人工智能，但进展缓慢。这样，那些能与学生、职员、顾客、患者等建立紧密情感关系的人及其职业，如教师、领导、销售、医生、护士，将是最不易被人工智能替换的。[①]

至于人工智能能否拥有创造力，在人工智能界出现了两种截然相反的观点。

一种观点认为，人工智能有智能，可产生创造力。1959 年，IBM 工程师萨缪尔（Arthur Samuel）在跳棋对弈中被自己创造的下棋机击败，轰动一时，引发了维纳的忧思。1960 年，诺伯特 · 维纳在《科学》杂志上发表了《自动化的某些道德和技术的后果：当机器学习可能会以让程序员感到困惑的速度开发出不可预见的策略时》一文，通过对机器下棋功能的发展前景进行推论，认为机器可能会跳出此前的训练模式，摆脱设计者的控制。以跳棋程序为例，“它们无疑是有创造力的，即便和它们下棋的人也是这样说，不仅表现在下棋程序所具有的不可

① MANYIKA J, LUND S, CHUI M, et al. Jobs lost, jobs gained: what the future of work will mean for jobs, skills, and wages [R]. Washington: McKinsey global institute, 2017.

预见的战术上，同时还表现在下棋程序对战略评估的详细加权上”[①]。可见，机器学习和用传统意义上的软件处理事情不同。传统意义上的软件只能接收数据，随后根据清晰指令处理数据并产生相应结果，就像现在人们常用 Word 软件来撰写论文一样，这个过程中，除非计算机的硬件或软件出了故障，否则，计算机不会做出任何指令之外的动作，计算机的每一步“行为”均可用一步步的指令来管理或解释，是个“白箱”。与人们用传统软件处理事情不同，在机器学习中，机器通过大量的实例学习，能够生出智能来解决复杂问题，智能机器解决复杂问题的过程无法通过一步步的指令来管理或解释，是一个“黑箱”或“灰箱”。在当下，以“深度学习之父”欣顿（Geoffrey Hinton）为代表的学者相信，上千亿自动生成的参数构成的人工神经网络已是一个有“认知”能力的复杂系统，其涌现（emergence）的能力并不是程序员编程时直接输入的，而是机器学习形成的复杂系统自己具有的。[②] 例如，从“阿尔法围棋”在与李世石的第二局围棋比赛里下出体现大局观的第 37 手棋——而人类顶尖棋手按照他们的下棋经验，起初以为“阿尔法围棋”的第 37 手棋下错了，完全没有看出第 37 手棋的精妙之处——可看出，像“阿尔法围棋”之类的尖端人工智能已具备创造力，且有直觉。*Science* 杂志相信当下的人工智能至少已在科学（science）、数学（math）和编程（programming）三个领域展现出良好的创造力，从而将“人工智能变得富有创造力”（AI gets creative）列为 2022 年十大科学突破之一，[③] 这也证明 *Science* 杂志的编辑团队相信 2022 年已研制出具有创造性的人工智能。

另一种观点认为，人工智能只能机械地执行人编写的程序，不具有智能和

---

① WIENER N. Some moral and technical consequences of automation: as machines learn they may develop unforeseen strategies at rates that baffle their programmers［J］. Science, 1960, 131:1355–1358.

② 霍兰德．涌现：从混沌到有序［M］．陈禹，方美琪，译．杭州：浙江教育出版社，2022.

③ HUTSON M. AI gets creative［EB/OL］.（2022–12–15）［2023–04–02］.https://www.science.org/content/article/breakthrough–2022.

创造力。在人工智能的早期，这种观点以萨缪尔为代表。1960 年，萨缪尔专门在《科学》杂志发表《自动化的某些道德和技术的后果—— 一种反驳》，反驳诺伯特·维纳的观点，强调“维纳的一些结论我并不认同，他似乎认为机器能够拥有原创性，是人类的一个威胁”，但“机器不是妖魔，它不是用魔术操作，也没有意志，而且与维纳的说法相反，除了功能失常等少见的情况外，它不能输出任何未经输入的东西”。机器不具备独立思想，机器下棋表现的“意图”，只是制订程序者预定的意图，以及能够通过逻辑的特定规则从预定意图推引出的补充意图。[①②] 在当下，以李飞飞为代表的学者认为，没有谁能预测下一个爱因斯坦将何时出现？人类创造力的不确定性将永远存在于人类社会，无论你如何训练机器，都无法让机器生出人类的创造力。创造力（creativity）是指个体产生新颖且有价值的产品的能力。这里“产品”一词为广义用法，包括观念（如科学理论）、符号（如语言）、行为（如跳舞）、结构（如著作的目录）与物品（如一幅画）等抽象或具体产品。[③] 根据此定义，如果人工智能具有产生新颖且有价值产品的能力，就表明人工智能拥有了创造力，反之亦然。从“阿尔法围棋”、ChatGPT、Sora 和 DeepSeek 等人工智能的惊艳表现看，高端人工智能不但具有智能，而且显然已具有产生新颖且有价值产品的能力，即具有了创造力。那如何看待李飞飞的观点呢？这可能是李飞飞混淆了创造力和创造者的区别，并将创造者等同于像爱因斯坦那样凤毛麟角级别的创造者。从个体或群体角度看，如果一个个体或群体能在一个或多个其擅长的领域展现出一件让人公认的创造性行为或多件创造性行为，那么此个体或群体易被人视作是创造者

① SAMUEL A. Some moral and technical consequences of automation-a refutation［J］. Science, 1960, 132: 741–742.

② 王彦雨. 基于历史视角分析的强人工智能论争［J］. 山东科技大学学报（社会科学版），2018，20（6）：16–27.

③ 中国大百科全书（第三版）心理学编辑委员会 . 中国大百科全书·心理学（第三版）[M]. 北京：中国大百科全书出版社，2021：30.

或有创造的群体。能像牛顿、爱因斯坦那样做出举世瞩目的非凡创造性成就的创造者毕竟是极少数，大多数创造者显然达不到这个高度。创造者是如何诞生的？若模仿拓朴心理学家勒温（K.Lewin）所提出的著名公式 $B=f(P, E)$，其含义是，人的行为（B）是个体的综合因素（P）和环境因素（E）的函数，可将创造者的五因素模型表示为：$Cr=f(P, Cy, E, O, L)$。该公式的含义是，个体能否成长为创造者（creator，简称 Cr），是一个由其人格（personality，简称 P，其中，最重要的是心理韧性和执着或诚）、创造力（creativity，简称 Cy，其中，最重要的是智商、足够用的知识和想象力）、所处环境（environment，简称 E，其中，最重要的是已有科研基础和科研环境的自由度）、所获机遇（opportunity，简称 O）和寿命（ longevity，简称 L）五因素构成的函数。毫无疑问，预测人类个体是否具有创造力和预测人类个体将来能否成长为高创造者，尤其是与牛顿、爱因斯坦级别的创造者相比，后者具有更大的不确定性。因为具有创造力的人若要成长为真正的创造者，尤其是成长为像牛顿、爱因斯坦那样人类几百年一遇的大创造者，这之中的确存在许多不确定性，但这主要不是人类创造力的不确定性，而是在人类社会，像爱因斯坦这种级别的黑马型人才的诞生具有极大的不确定性，这之中，除了个体要拥有杰出创造力外，还涉及人格、环境、机遇和寿命等四个因素。对人类个体而言，能同时在上述五个因素上获高分的人是极少的，且充满了不确定性，这样，在人类社会，天才式黑马型人才都是无法提前预测的。

与人类不同，目前所有的计算机都是按照图灵 1950 年设想的“数字计算机的通用性”（universality of digital computers）设计的，不同计算过程都可用同一个数字计算机来实现，只要根据不同情况适当编程即可。[①] 这意味着，

① TURING A M. Computing machinery and intelligence [J]. Mind, 1950, 59 (236): 433–460.

同一类型的人工智能在硬件和软件上是通用的，其硬件可快速标准化制作，其软件可从一个人工智能快捷拷贝给另一个同类型的人工智能，能轻易实现《庄子·养生主》所说的“指穷于为薪，火传也，不知其尽也”，并且，“薪”是无穷无尽的，自然“烛火”永不灭。也就是说，人工智能的硬件和软件在寿命上能实现永生，在性能上可不断迭代升级。并且，当下大家都已看到人工智能潜藏的无穷潜力，人工智能的发展遇上了好时机和好环境。用创造者的五因素模型看，人工智能能否成为创造者，能否成为大创造者，主要取决于其拥有的创造力大小。而人工智能拥有的创造力大小主要取决于其学习能力的大小，人工智能学习能力的大小主要是由算法、算力和训练它的数据的质量和数量等几个因素共同决定的。从这个意义上讲，训练人工智能让其拥有创造力，甚至拥有高于人类创造力平均数的创造力，比训练人类个体让其有创造力更具可操作性，训练人工智能成长为创造者，甚至成长为高于多数人类创造者的创造者，比培养人类个体成长为创造者具有更高的可控性。当然，由于目前的人工智能尚不具备意识，尚没有自我与良知，故只能拥有智能，却不可能具有智慧，因为智慧的本质是德才一体。[①] 同时，至少由于三个原因，目前的人工智能虽有创造力，能成为创造者，却无法产生像爱因斯坦提出相对论那种档次的顶尖发明或创造，也不可能成为像爱因斯坦那种级别的创造者：（1）当下的人工智能没有自我意识，也就没有自主意识，尚无法自主进行迭代升级，结果，目前的人工智能的迭代升级都是由人完成的；（2）因当下的人工智能没有自我意识，也就不可能有真正的兴趣与好奇心，无法依自己的内在兴趣和好奇心，自主且长久地钻研某一主题；（3）当下的人工智能尚缺乏像爱因斯坦那样杰出人才所拥有的直觉和想象力。[②]

① 汪凤炎，郑红．智慧心理学［M］上海教育出版社，2022：98-99.

② 汪柔嘉，汪凤炎．关于人工智能创造力的三个问题．［待出版］.

7. 人类能识别、能理解人与事，目前人工智能的模式识别技术有待加强，因为它虽能识别，但能否理解人与事则存有争论

模式识别（pattern recognition）是指对表征事物或现象的各种形式的信息进行处理和分析，以达到描述、识别、分类和解释事物或现象的目的。也有人认为，模式识别是指通过计算机，用数学技术方法来研究模式的自动处理和判读。我们将环境与客体统称为模式。计算机处理信息的一个重要形式，是像人类那样对环境及客体进行识别，即模式识别。对人类而言，对光学信息（通过视觉器官来获取）和声学信息（通过听觉器官来获取）的识别，是模式识别的两个重要方面。与此类似，人工智能对模式识别最重要的两个方面也是光学字符识别系统和语音识别系统。[①] 如下文所论，奥利弗·塞弗里奇（Oliver Selfridge）是模式识别的奠基人。模式识别始于二十世纪五十年代，并在二十世纪七八十年代流行起来。它是信息科学和人工智能的重要组成部分，主要应用于图像分析处理、语音识别、语音分类、通信、计算机辅助诊断、数据挖掘等领域。例如，当人类看到某棵植物时，通常会下意识地按照以下规则对其分类：属于哪个科，是否药用，是否有毒，有没有果实，花美不美，等等。一长串的分类构成了人们对这些事物的总体看法。这就是人类对模式的识别。这个技能对于人类甚至一些动物来说非常简单，几乎是与生俱来的。但人工智能在模式识别方面似乎并不像人们想象的那么聪明，让人工智能提取事物的特征并判断事物的属性，这只是迈出模式识别的第一步。完成这一步，假若让人工智能去识别马，机器既可能从中识别出一匹真正的好马，也可能将其识别成一只臭蛤蟆。毕竟，对机器来说，区分最简单的“0”“O”“o”和“·”都要花很多力气。2018 年，杨立昆博士认为，人工智能缺乏对世界的基本认识，甚至还不如家猫的认知水平。2022 年 1 月，杨立昆在 Lex Fridman 的采访中又说，尽管只有 8 亿个神经元，但猫的大脑远远领先于任何大型人工神经

① 刘韩．人工智能简史［M］．北京：人民邮电出版社，2018：166.

网络，人工智能依然没有达到猫的水平。猫和人类的共同基础是对世界高度发达的理解，基于对环境的抽象表征形成模型，例如预测行为和后果。杨立昆曾说："在我职业生涯结束前，如果人工智能能够达到狗或者牛一样的智商，那我已经十分欣慰了。"在杨立昆博士看来，识别不等于理解。以图像识别为例，虽然Meta的data2vec取得了相当的成绩，但监督学习仍然是最流行的方法。这意味着，人工智能在工作之前需要"吃掉"大量的图像和相关标注，其中，每个标注都与非常多的图像相关联，这些图像代表了物体在不同角度和光线下的状态等。例如，为了让人工智能程序能够识别猫，就必须投入多达一百万张的照片，才能让人工智能建立起一个物体的内部视觉表征，这种表征最终只是一种简单的描述，并没有立足于任何现实。人类可以从呼噜声、毛发贴在腿上的感觉、猫身上散发出的微妙气味等几百种方法认出一只猫，但这些对人工智能来说却毫无意义。于是就有了关于人工智能的一个"天问"：人工智能没有像人类那样的"肉身"，自然无法产生具身认知，假若人工智能从不饥饿，它能理解什么是食物吗？假若人工智能从不口渴，它能理解什么是饮料吗？假若人工智能从来没有爱或恨过，也没有被爱或被恨过，从来没有体验过快乐（幸福）或悲伤之类的情感，它能理解爱、恨、快乐、悲伤之类的情感吗？假若人工智能从来没有被烧过，它能理解火吗？假若人工智能从未打过寒颤，它能理解寒冷吗？当一个算法"识别"一个物体时，它根本不了解该物体的性质，它只是与之前的例子进行交叉检验而已。在杨立昆看来，为了提升人工智能的认识与理解水平，人工智能的模式识别研究必须解决三大挑战：①人工智能必须学会世界的表征，②人工智能必须学会以与基于梯度的学习兼容的方式进行思考和规划，③人工智能必须学习行动规划的分层表征。[①]当然，如后面第三章所论，在欣顿看来，随着大语言模型的高速发展，如今的人工智能已能理解世界。高级人工智能具有人类解释不清楚的"暗知识"，故人有

① LECUN Y. A path towards autonomous machine intelligence [J]. Open review, 2022, 62(1): 1-62.

人智，机有机“智”。若果真如此，就像颜色混合中存在替代律那样，意味着离身认知也能达到具身认知的认知水平，获得类似的情感体验，今后要争取做到人类和人工智能“各显其智，智智与共”。①②

8. 人类有反向思维、直觉和顿悟，目前的人工智能没有反向思维和顿悟，是否有直觉则有争论

反向思维（reverse thinking），也称逆向思维，是指对现象或问题进行逆向思考的思维方式，其典型特点是“反其道而思之”。例如，因为从战场飞回的飞机身上往往只有机翼和机尾上有许多弹孔的事实，便得出“须加固飞机机翼和机尾”的结论，就属少反向思维所生的愚蠢；反之，若由此事实得出须加固飞机身上无弹孔的部位，就属有良好的反向思维。因为机翼和机尾即便有一些弹孔，飞机仍能飞回，说明机翼和机尾已颇坚固；而那些机身上没有弹孔的部位，却须加固，因为一旦这些部位中弹，飞机就飞不回来了。直觉是指一种未经逻辑推理就直接认识真理的能力。③人类有反向思维、直觉和顿悟，目前的人工智能没有反向思维和顿悟，是否有直觉则有争论。如前文所引，欣顿相信当下的人工智能已有一定的直觉。而唐纳德（Donald Knuth）有句名言：与模仿人类“不假思索”就能做的事情相比，人工智能更擅长模仿人类的“思考”。这是因为，人类通过思考能做的事情（如证明定理、下棋），都可以用一个算法来模仿，但人类不假思索就能做的事情，人类都不知道自己是怎么做到的，自然就无法用算法来模仿，这样，靠算法来展现智能的人工智能自然也做不到。

9. 人类大脑耗能比人工智能的电脑耗能要少得多

人类大脑每小时约消耗20瓦能量，这比人工智能的电脑耗能要少得多。例如，

---

① 霍兰德．涌现：从混沌到有序［J］．陈禹，方美琪，等译．杭州：浙江教育出版社，2022.

② 李国杰．智能化科研（AI4R）：第五科研范式［J］．中国科学院院刊，2024，39（1）：1–9.

③ 陈至立．辞海（第七版彩图本）［M］．上海：上海辞书出版社，2019：5660.

据估计，以 AlphaGo 1 920 块处理器和 280 块图形处理器的配置，每小时的能耗可达 440 千瓦。[①] ChatGPT 每天消耗 50 万千瓦时的电力。[②]

由于当下的人工智能尚存在上述有待改进之处，结果，在人工智能领域，除了在下棋、自然言语、识图和飞机[③④]等少数领域突飞猛进，其单一智能已全面达到甚至超越人类智能外，在其他绝大多数领域，目前人工智能型机器人——主要是用于生产线的工业机器人、用于医疗助手的机器人（由外科医生操控）——的进步仍微不足道。[⑤] 保证未来人工智能健康、安全、环境友好，任重道远。

（二）人工智能优于人类智能的地方

人工智能在体力方面现已完胜人类，在智能方面也有一些优于人类智能的地方。

1. 人类的逻辑运算能力和短期记忆容量均有限，人工智能的逻辑运算能力和短期记忆容量均是无限的，在这两方面几乎完胜人类

人类的逻辑运算能力和短期记忆的容量均是有限的。人类的逻辑运算能力有限很好理解，比如绝大多数人很难在 1 秒钟内准确算出两个 5 位数（3.1415×6.2897）相乘的值，更不要说让他在 1 秒钟内顺利完成高于上述难度的运算，如 1 秒钟内准确算出 3 个 5 位数相乘的值或 2 个 6 位数相乘的值。但这种难度的计算任务对如今的人工智能而言简直不值一提，如一个 Intel 80386 电脑每秒可处理 3 百万到 5 百万机器语言指令。以短期记忆的容量为例，美国哈佛大

① 斯加鲁菲 . 智能的本质：人工智能与机器人领域的 64 个大问题［M］. 任莉，张建宇，译 . 北京：人民邮电出版社，2017：30.

② 孙凝晖 . 人工智能与智能计算的发展［EB/OL］.（2024-04-30）［2024-07-05］. www.npc.gov.cn/c2/c30834/202404/t20240430_436915.html.

③ 虽然很少有人将飞机看作机器人，飞机却是货真价实的机器人：它能自主完成从起飞到降落的大部分动作。根据 2015 年波音 777 的飞行员调查报告显示，在正常飞行过程中，飞行员真正需要手动操作飞机的时间仅有 7 分钟。飞行员操控空中客车（飞机）的时间更是短至 3.5 分钟。

④ 同① 19.

⑤ 同① 17-19.

学心理学家乔治·米勒（George A. Miller）于 1956 年 3 月在《心理学评论》上发表《神奇的数字：7±2：我们信息加工能力的局限》（*The Magical Number Seven, Plus or Minus Two: Some Limits on Our Capacity for Processing Information*）一文，文中得到了一个结论，即“神奇的数字 7±2”。米勒认为，短时记忆的容量为 7±2 个信息组块（chunking）。组块是存储在短时记忆中的一个有意义的信息集合。一个组块可以是单个字母或数字，也可以有更大的内容，如单词或其他有意义的单位，如词组、句子组成。换句话说，组块有一定的可变度，在大小上可以从单个字母、数字到更复杂的单元加以变化。[①]1956 年 9 月在麻省理工学院召开的无线电工程师协会（institute of radio engineers, IRE，IEEE 的前身）年会上，乔治·米勒发表了《人类记忆和对信息的储存》（*Humam Memory and the Storage of Information*），内容基本是复述了上文的内容。组块概念的引入启发人们，在处理信息时可根据自己的过去经验对信息内容进行组块化加工，从而扩大短时记忆实际拥有的信息量。并且，人类的记忆会加工，导致记忆的内容会发生变化，变得不够准确。如，巴特莱特（F. C.Bartlett）于 1932 年在他的经典著作《记忆：一个实验和社会心理学研究》（*Remembering: A Study in Experimental and Social Psychology*）中，最早证明了存储在记忆中的信息会发生内容上的变化，这是记忆内容的质的变化。即人的记忆过程不只是对过去的简单重现，而是包含了一系列复杂的主动加工的过程，涉及到三种重构过程：（1）趋平化——简化故事，即故事内容的一些细节被丢失，不过，故事的重大线索不会丢失；（2）精细化——突出和过分强调某些细节；（3）同化——改变细节以符合参与者自己的背景或知识。例如，被试往往将故事中的说话语气和表述换成自己惯用的语气和表述。[②]

① MILLER G A. The magical number seven, plus or minus two: some limits on our capacity for processing information［J］. Psychological review, 1956, 63（2）:81–97.

② 格里格．心理学与生活（第 20 版）［M］．王垒．等译．北京：人民邮电出版社，2023：217.

从人的记忆所蕴含的这一主动加工过程的特点看，人脑的记忆与计算机对信息的储存并不完全一样，因计算机对信息的储存仅是一个物理的存储过程，在这一过程中，只要计算机的存储设备（如硬盘）没有发生功能上的变化，其存储的内容也不会发生任何变化，其间并不会发生任何“主动”的加工过程。人类还有遗忘现象。如艾宾浩斯（H. Ebbinghaus）于 1885 年发表了著名的《论记忆》，提出了著名的艾宾浩斯遗忘曲线。艾宾浩斯遗忘曲线告诉人们：遗忘在学习之后立即开始，遗忘的进程是不均衡的，有“先快后慢”的特点。当然，艾宾浩斯遗忘曲线主要适用于陈述性知识学习中的机械学习（因其实验材料是无意义音节），对程序性知识的学习和顿悟学习不适用，因为后两者一旦习得，一般是终身不忘的。与人类相比，当今人工智能的逻辑运算能力和运算速度在下棋等领域已全面超越人类；并且，只要机器的硬件和软件未损坏，也未受到黑客或病毒的干扰，人工智能的记忆（无论是记忆陈述性知识还是程序性知识）就非常准确；随着硬件和软件的不断升级，人工智能的记忆容量越来越大，远超人类的记忆容量。

2. 人工智能在下棋、图像分类、视觉推理和和英语理解等领域已胜过人类

如前文所论，人工智能下棋（包括国际象棋和围棋）的水平已远超人类最顶尖棋手。同时，据美国斯坦福大学李飞飞领导的以人为本人工智能研究所（human-centered artificial intelligence, Stanford University）发布的《2024 年人工智能指数报告》（*Artificial Intelligence Index Report 2024*）讲，人工智能已在多项基准测试（several benchmarks）中超越人类，包括在图像分类（image classification）、视觉推理（visual reasoning）和英语理解（English understanding）方面。当然，目前的人工智能尚未能在所有任务上都超越人类，例如，在竞赛级数学（competition-level mathematics）、视觉常识推理（visual commonsense reasoning）和规划（planning）等更复杂的任务（more complex tasks）上，目前的

人工智能依然落后于人类。

3. 人类智能有可能会产生团队迷思，人工智能不会出现团队迷思

在人类社会，群体的聪明才智并不是群体内各个个体的聪明才智的简单相加，其大小常常取决于流行群体内的文化氛围或管理制度的优劣，其中，生活在不利于个体和群体展现聪明才智的文化氛围里的群体，其聪明才智会大大降低，甚至产生“团队迷思”（group think）：它指团队的成员之间由于缺少独立思维和批判性思维，产生了“领导或同伴的意见是正确的”之错觉，随即产生盲目的从众效应，成员倾向于让自己的观点与领导或团队保持一致，导致无人提出一些值得争议的观点、有创意的想法或客观的见解，或者即便提出，也遭到领导或团队的忽视或否定，由此而令整个团体缺乏不同的思考角度，无法对问题进行客观分析与正确决策，结果共同做出愚蠢决定的一种心理与行为方式。[①] 如，美国前总统约翰·肯尼迪（John Kennedy）领导的团队因产生了团队迷思，结果共同做出了“入侵猪湾”（the decision to invade the Bay of Pigs）的愚蠢决定。[②]

4. 无论是个体还是群体，多数人类智能均有发展限度，人工智能的发展潜力是无穷的

除极少数天赋异禀或通过后天努力（如勤学）而具有非凡智慧、获得非凡成就的人外，就多数人类个体而言，其所拥有的聪明才智在数量上和水平上都有一定的限度，而人工智能的发展潜力是无穷的。造成这一结果的缘由至少有三：①较之肉身，金钢不坏之身几乎能永生。人是血肉之躯，每个人类个体的生命周期至多只有 100 岁左右，随后就会死亡；与此不同，人工智能因其身体是用金属或其他性能更优越的材料造成的，且可随时更换零部件，是“金钢不坏之身”，故可永生。结果，与人类个体智能的发展有寿命的制约不同，人工智能的发展可

① 多贝里．请人唱反调［J］．朱刘华，译．特别关注，2014（2）：24.

② STERNBERG R J. Why smart people can be so foolish［J］. European psychologist, 2004, 9（3）:145–150.

以不受寿命的限制，因为可以不断更新和升级人工智能的硬件和软件，让人工智能的寿命比人的寿命长得多，将来随着科技的发展，人工智能的寿命更可能长至无上限，即实现永生。②人工智能比人类智能能更好地传承，更易实现“接着说”“接着做”。虽然人类的智能可以通过其创造的作品（包括书籍、论文、建筑物、工艺品、书法作品、绘画等）、技术以及言行（通过录像、影视作品等方式记录和保存下来）等保留下来，但由于默会知识会随个体的消亡而消亡，人与人之间又存在个体差异、私心和成见，所以，人类的智能会随着个体或群体的死亡而丢失其中的一部分甚至全部，先辈曾经拥有的智能无法完整地传承给子代；退一步讲，即便先辈拥有的智能可以完整保留下来，由于后辈在资禀、兴趣爱好、知识、机遇等方面都不可能与先辈完全相同，何况人还有私心与成见等人性弱点，这也导致后辈无法完整地继承先辈所拥有的智能。结果，在很多领域，尤其是在人文社会科学领域，后辈无法做到站在前人的肩膀上前进，从而无法完整地做到“接着说”“接着做”（冯友兰语）。与人类智能不同，人工智能拥有无限的寿命，所以，人工智能一旦生成，一般就不会消失；就算某个人工智能因某种原因被毁坏，其所生成的智能算法依然可以通过拷贝的方式完整地转移到其他人工智能中，再加上人工智能没有人类个体那样的“私心”和“成见”，这样，在人工智能领域，后来者完全可以做到站在前人的肩膀上继续前进，完整地做到“接着说”“接着做”。③人类无法拥有全知全能的智能，而人工智能则有此潜能。人的寿命只有短短的100年左右时间，再加上人类的聪明才智主要是后天习得的，而非天赋的，并且，每个人类个体的学习能力、感知能力、处理能力等都受到很大的时空约束①，这样，在人类社会，无论个体或群体多么优秀，都只能在一个或几个领域内拥有一定的聪明才智，不可能在所有的领域都拥有聪明才智。与此

① 斯加鲁菲．智能的本质：人工智能与机器人领域的64个大问题［M］．任莉，张建宇，译．北京：人民邮电出版社，2017：2-3.

相一致，人类个体通常只能在特定的一个或几个领域中展现出自己的聪明才智，即人类个体的理性是有限的，其所拥有的智能都是特定领域内的智能或普遍性领域的智能，无法拥有全知全能的智能，否则他就变成万能的上帝了。[①]与此不同，人工智能既拥有无限的学习时间，又拥有无限的学习能力，可以在很短的时间内将人类长期积累的知识体系纳入自己的智能体系中，并且，伴随新一代计算机（如量子计算机）的出现及其功能的日益强大，伴随深度学习的进一步发展、越来越快的大计算、越来越多的精准模型和越来越海量的大数据，将来极可能会出现全知全能、通用型超强人工智能，通用型超强人工智能能拥有全知全能的智能。退一步讲，即便一时无法制造出通用型超强人工智能，随着人工智能的发展，人工智能将在越来越多的特定领域——而不仅仅局限于下棋和语言等少数特定领域——明显优于人类个体的智能。

为什么人类群体所拥有的聪明才智在数量和水平上也有一定限度，将来可能也无法超越人工智能呢？这是因为：①群体是由一个个个体组成，既然个体所拥有的聪明才智在数量上和水平上都有一定的限度，再加上个体的寿命都有限，这样，即便实行有效管理，能够取得“三个臭皮匠顶个诸葛亮”的良好效果，群体也不可能拥有全知全能的聪明才智，这便是至今仍有许多未解之谜——如，宇宙是如何诞生的？人是如何诞生的？意识是如何产生的？等等——存在的根本原因；②群体成员间的个体差异性极大，犹如真理往往掌握在少数人手中一般，有时群体所拥有的聪明才智并不会高于身处群体内或群体外某个极端聪明的个体，换言之，群体的聪明才智有时并不会因群体人数的增多而增长，例如，爱因斯坦（Albert Einstein）常被认为是20世纪最聪明的人，其在物理学领域所获得的杰出成就是当时任何一个群体都无法超越的；③若管理不当，人类群体还易出现团

① 汪凤炎，傅绪荣．“智慧”：德才一体的综合心理素质［N］．中国社会科学报，2017-10-30（6）．

队迷思，导致群体的智商出现“一个人是条龙，三个人是条虫”的糟糕局面，这种糟糕局面在古今中外历史上时有发生，不胜枚举。与人类的智能不同，人工智能可以批量生产，将人工智能的个体差异减少到几乎可以忽略不计的水平。同时，虽然目前多个人工智能合在一起时仍无法产生群体人工智能，不过，只要人工智能的硬件和软件协同得好，它们不会犯团队迷思，且在其擅长的专项领域能越做越强大。这样，随着人工智能的不断发展，必然会出现如下两个局面：①“凡是能够数字化的一定会被数字化。”这样，凡是与数据打交道的职业，如银行出纳、银行柜台的收银员、会计师、精算师、股票分析师、数据分析师等，迟早都会被人工智能取代。②“凡是能够智能化、自动化的一定会被智能化、自动化。”现在越来越多的事物都装上芯片，变得越来越智能，并且能联上网，如智能手机、传感器、无人机、无人驾驶汽车、无人驾驶轮船等。与此同时，智能机器人将在越来越多的行业里出现，并抢走一部分人的饭碗。[①]

5. 人工智能做事不知疲倦，且可长时间集中注意力，人易疲劳，且无法长时间集中注意力

人工智能拥有钢铁般牢固的硬件，以及设计精巧的软件，可以 24 小时不间断地高效工作，没有疲劳感，注意力能长时间高度集中；[②] 人类智能因其由肉身支撑，会疲劳、开小差、生病，故无法长时间专注地做某事。

① 胡泳．如何打败“机器人淘汰三原则”［J］．山东国资，2021（8）：107.

② 库兹韦尔．奇点临近［M］．李庆诚，董振华，田源，译．北京：机械工业出版社，2011：157.

第二章 人工智能的发展历程

从发展时间角度看，有的学者将人工智能的发展分为萌芽阶段（1206—1942）、诞生阶段（1943—1956）、黄金阶段（1957—1973）、第一次低谷（1974—1980）、繁荣阶段（1981—1987）、第二次低谷（1988—1992）、现在（1993—至今）等七个阶段。[①]这个划分从总体上看较合理，本章借鉴并采纳了其中一些合理的成分，又做了较大修订和拓展。修订的地方有：将原先的七个阶段合并成三个大阶段，随后用三节的篇幅一一予以阐述；将“萌芽阶段”改为“孕育期”，将“孕育期”细分为萌芽期、早期探索期和奠基期三个子阶段；以“2012年10月”为界，将“现在”这个发展阶段分为“人工智能的第二次复兴”和“人工智能的第二个黄金发展期”两个阶段；等等。“拓展”是指增补了大量信息，尤其是补充了人工智能最近几年的发展信息，使每节内容都变得更加丰富。同时，为了保持同一主题内容的完整性，方便读者阅读，有些主题的内容将放在一起阐述。在章节的安排上，若是放在后文进行论述，那在前文就只略提一下，或干脆省略不写；若是放在前文论述，那在后文就只用简短文字呼应一下，以免前后文内容有太多重复。

第一节　1956年6月之前：人工智能的孕育期

艾宾浩斯说：“心理学有一长期的过去，但仅有一短期的历史。”[②]人工智能的发展历程与心理学史类似。自有人类以来直至1956年6月之前，这漫长的人类历史可视作人工智能的孕育期。它大致又可分为萌芽期、早期探索期和奠基期三个子阶段。

① 吴永和，刘博文，马晓玲．构筑“人工智能＋教育”的生态系统［J］．远程教育杂志，2017，35（5）：27-39.

② 波林．实验心理学史［M］．高觉敷，译．北京：商务印书馆，2017：2.

一、人工智能的萌芽期与早期探索期

（一）对人工智能的想象与猜测：人工智能的萌芽期

1. 中国古人对人工智能的想象与猜测

人类在很早以前就企图通过模拟人的意识、思维的信息加工过程了解智能的实质，并生产出一种新的能与人类智能相似的方式做出反应的智能机器。古人很早以前就有关于机器人的遐想。例如，在中国，《列子・汤问》中有工匠偃师为周穆王打造供观赏的歌舞机器人的记载：

> 周穆王西巡狩，越昆仑，不至弇山。反还，未及中国，道有献工人名偃师，穆王荐之。问曰："若有何能？"偃师曰："臣唯命所试。然臣已有所造，愿王先观之。"穆王曰："日以俱来，吾与若俱观之。"越日，偃师谒见王。王荐之，曰："若与偕来者何人邪？"对曰："臣之所造能倡者。"穆王惊视之，趣步俯仰，信人也。巧夫领其颐，则歌合律；捧其手，则舞应节。千变万化，惟意所适。王以为实人也，与盛姬内御并观之。技将终，倡者瞬其目而招王之左右侍妾。王大怒，立欲诛偃师。偃师大慑，立剖散倡者以示王，皆傅会革、木、胶、漆、白、黑、丹、青之所为。王谛料之，内则肝、胆、心、肺、脾、肾、肠、胃，外则筋骨、支节、皮毛、齿发，皆假物也，而无不毕具者。合会复如初见。王试废其心，则口不能言；废其肝，则目不能视；废其肾，则足不能步。穆王始悦而叹曰："人之巧乃可与造化者同功乎？"诏二车载之以归。[①]

大多数历史学家都认为这只是个古代的科幻故事。即便如此，先不论这件事的真假，至少中国先人在战国时期就有了机器人的构思，领先了西方二千年。[②]

---

① 杨伯峻 . 列子集释［M］. 北京：中华书局，1979：179–181.

② LEE Y T, HOLT L , Dao and Daoist ideas for scientists, humanists and practitioners［M］. New York: Nova Science, 2019: 87 – 108.

另外，可将人类计算技术的发展历史大致分为四个阶段，算盘的出现标志人类进入第一代——机械计算时代，第二代——电子计算的标志是出现电子器件与电子计算机，互联网的出现让人类进入第三代——网络计算，当前人类社会正在进入第四阶段——智能计算。中国古人创造出算盘及相应的算法，标志人类进入机械计算时代。① 算盘一般为长方形，四周有框，内穿档，一般为 13 档，档上串珠，档中横以梁，梁上两珠或一珠，每珠作数五，梁下五珠或四珠，每珠作数一，运算时定位后拨珠计算。② 算盘诞生于何时，因史书上没有明确记载，至今学术界仍有争论，有元代说、北宋说和唐代说等多种。③ 余介石和殷长生两位教授于 1956 年 3 月首次发现北宋徽宗时代张择端的《清明上河图》卷末赵太丞药铺柜台上有一个类似算盘的东西。1981 年 1 月，殷长生教授专门约请了北京中央新闻纪录电影制片厂的高级摄影师，到故宫博物院古画馆拍摄了《清明上河图》中的“算盘”特写放大图，终于用事实证明了这件东西确实是一只 15 档的中国算盘。这表明至少在张择端所在的北宋之前，中国就已经发明和使用了算盘。④ 现存算盘图式始见于明初（1371 年）的《魁本对相四言》（也叫《魁本对相四言杂字》），⑤ 这是一本看图识字的儿童读物，四字一句，图文对照。其中有一幅算盘图，图上画的是梁上二珠、梁下五珠的十档算盘（如图 2–1 所示），虽比后世通行的 13 档少了 3 档，却是目前古籍里发现的最早算盘图。在儿童看图识字书中绘有算盘图，说明算盘在明朝初年已是民间通行的算具。算盘图下绘有算子（如图 2–1 所示），即算筹，表明在明初还存在算筹，当时处于算盘

① 孙凝晖．人工智能与智能计算的发展［EB/OL］．（2024–04–30）［2024–07–05］．www.npc.gov.cn/c2/c30834/202404/t20240430_436915.html.

② 陈至立．辞海（第七版彩图本）［M］．上海：上海辞书出版社，2019：4175.

③ 《中国算盘精品鉴赏》编委会．中华算盘精品鉴赏［M］．西安：陕西科学技术出版社，1995：3.

④ 江志伟．古今中外话算盘［J］．珠算与珠心算，2018（2）：41–47.

⑤ 同②.

和筹算并行期。用算盘进行运算简单易学，运算方便，在元、明逐渐取代算筹成为主要计算工具，并流传于东亚各国。[①]

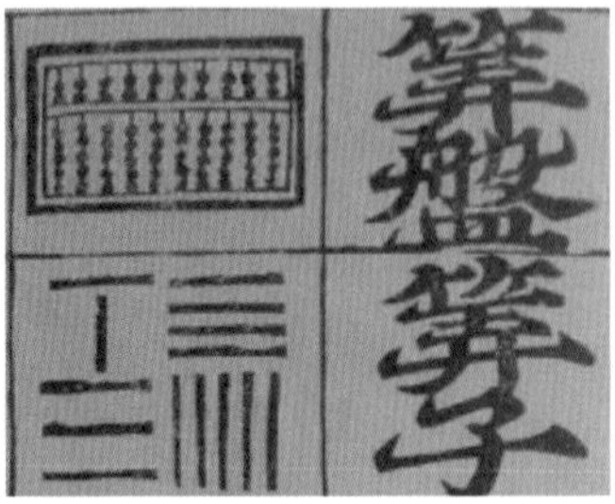

图 2–1　洪武辛亥孟秋吉日金陵王氏勤有书堂新刊《魁本对相四言杂字》第 19 页所画的算盘与算子

2. 西方学者对人工智能的想象与猜测

在西方，《荷马史诗》记载了火神及工艺之神赫菲斯托斯所铸造的能自动为诸神准备食物的三角鼎，以及辅助其日常工作的用黄金铸造的机械侍女[②]。1206 年，加扎利制造出可编程自动人偶。加泰罗尼亚诗人兼神学家者雷蒙·卢尔（Ramon Liull）于 1308 年出版《终极通用技术》（*The Ultimate General Art*），详细描述了其“逻辑机”的概念，声称能够将基本的、无可否认的真理，通过机械手段，用简单的逻辑操作进行组合，进而获取新的知识。卢尔的工作对莱布尼茨（Gottfried Wilhelm von Leibniz）产生了很大影响，后者进一步发展了他的思想。[③]英国小说家乔纳森·斯威夫特（Jonathan Swift）在 1726 年出版的《格列佛游记》（*Gulliver's Travels*）一书中描述了飞岛国里一台类似卢尔逻辑机的神奇机器：“有了他的这一个发明，一个身任要职的人，哪怕他是多么无知，只需做些微的努力，便可写出关于哲学、诗歌、政治、法律、数学和理

① 陈至立．辞海（第七版彩图本）［M］．上海：上海辞书出版社，2019：4175.
② 荷马．荷马史诗·伊利亚特［M］．罗念生，王焕生，译．北京：人民文学出版社，2008：433–434.
③ 吴永和，刘博文，马晓玲．构筑“人工智能 + 教育”的生态系统［J］．远程教育杂志，2017，35（5）：27–39.

论方面的著作来，根本无须借助于学习，也不必具有什么天赋。”①

根据胡塞尔在《欧洲科学危机与超越论现象学》中的科学思想史考察，意大利天文学家、近代自然科学的创始人伽利略（Galileo di Vincenzo Bonaulti de Galilei）开创了将物理法则数学化的先河。② 数学满足了人们在自然研究中的精确化要求，并推动了自然科学的技术化。比伽利略稍晚，但与伽利略同处一时代的英国哲学家霍布斯也提出了“社会性的形式数理模式（formal Mathesis der Sozialitat）”的观念，霍布斯试图将通常运用于自然世界的普全数理模式也扩展地运用于社会世界。③ 接着，法国哲学家笛卡尔、德国哲学家莱布尼茨、英国哲学家休谟（David Hume）和德国哲学家康德（Immanuel Kant）等都可视作人工智能的重要先驱人物，并且，可将他们分为三类④：（1）笛卡尔和莱布尼茨通过卓越的哲学想象力，猜测人类的思想可以简化为机械计算，明确地预报了后世人工智能科学家通过被编程的机械来实现智能的设想。不过，他们又明确提出了反对机器智能的论证。例如，1666年，数学家和哲学家莱布尼茨出版了《论组合艺术》（*On the Combinatorial Art*），继承并发展了雷蒙·卢尔的思想，认为通过将人类思想编码，然后通过推演组合获取新知。莱布尼茨认为，思想本质上是小概念的组合。⑤ 并且，1679 年，莱布尼茨发明二进制的表示和加法乘法规则。⑥ 莱布尼茨的机械思维演算系统和二进制对后来计算机和人工智能的诞

---

① 斯威夫特 . 格列佛游记［M］. 孙予，译 . 上海：上海译文出版社，2006：176.

② EDMUND Husserl. Die Krisis der europäischen Wissenschaften und die transzendentale Phänomenologie［M］. Hua VI, Den Haag: Martinus Nijhoff, 1976: 45.

③ 倪梁康 . 人工智能：计算还是思考？：从“普全数学”到“自由系统”的思想史梳理［J］. 浙江社会科学，2023（10）：85-101.

④ 徐英瑾 . 人工智能科学在十七、十八世纪欧洲哲学中的观念起源［J］. 复旦学报（社会科学版），2011（1）：78-90.

⑤ 莱布尼茨 . 莱布尼茨文集：逻辑学与语言哲学文集［M］. 北京：商务印书馆，2022：46-67.

⑥ 刘韩 . 人工智能简史［M］. 北京：人民邮电出版社，2018：142.

生和发展以及维纳建构控制论都有重要影响，维纳在《控制论》的序言里也承认受到了莱布尼茨思想的启发。[①]（2）霍布斯处在笛卡尔和莱布尼茨的对立面，他虽没有明确地提到机器智能的可实现性问题，但他创立了机械唯物主义的完整体系，在其1651年首次出版的《利维坦》有句名言："推理就是计算。"[②]霍布斯对人类思维本性的这个断言，在逻辑上等价于一个弱化的"物理符号系统假说"，可视为后来的符号主义人工智能在近代哲学中的先祖。（3）从现有文献看，休谟和康德未明确讨论过"机器智能的可实现问题"，不过，他们各自的心智理论却在一个更具体的层次上引导了后世人工智能专家的技术思路，从这个意义上讲，他二人可算作是人工智能科学的先驱。[③]

在西方思想史上，休谟将经验推理视作归纳推理，并对归纳推理的合理性提出质疑，[④]从而提出了逻辑问题和心理学问题两个问题。休谟在《人性论》第1册第3部分第6节和第12节对逻辑问题的表述是：从我们经历过（重复）的事例推出我们没有经历过的其他事例（结论），这种推理我们证明过吗？休谟对逻辑问题的回答是：没有证明过，不管重复多少次。休谟在《人性论》中对心理学问题的表述是：然而，为什么所有能推理的人都期望并相信他们没有经历过的事例同经历过的事例相一致呢？也就是说：为什么我们有极为自信的期望呢？休谟对心理问题的回答是：由于"习惯或习性"；也就是说，由于我们受重复和联想的机制所限制。休谟说，没有这种机制我们几乎不能活下去。[⑤]如

① 周志明．智慧的疆界：从图灵机到人工智能［M］．北京：机械工业出版社，2018：154.
② 霍布斯．利维坦［M］．黎思复，黎廷弼，译．北京：商务印书馆，2017：28.
③ 徐英瑾．人工智能科学在十七、十八世纪欧洲哲学中的观念起源［J］．复旦学报（社会科学版），2011（1）：78-90.
④ 陈晓平．从贝叶斯方法看休谟问题：评豪森对休谟问题的"解决"［J］．自然辩证法通讯，2010，32（4）：24-29.
⑤ 波普尔．客观知识：一个进化论的研究［M］．舒炜光，卓如飞，周柏乔，等译．上海：上海译文出版社，2015：4-5.

何理解休谟的这个看法？人们普遍承认，正如亚里士多德所说，演绎推理的有效范围限制在给定前提之后，将前提如何得到的问题推给其他逻辑特别是归纳逻辑。归纳逻辑能否也把范围限制在给定验前概率之后？若果真如此，那归纳逻辑将验前概率如何得到推给谁呢？没处可推了。所以，人们面临的情况是这样的：要么否认验前概率的得出有逻辑成分，归纳逻辑的范围限制在给定验前概率之后，这样，归纳逻辑便是完全演绎的，从而成为演绎逻辑的一个分支，即概率公理系统；要么承认验前概率的得出也有部分的逻辑成分，这部分逻辑成分为归纳逻辑所特有，如通过简单统计得到验前概率的方法。这样，归纳逻辑便不是完全的演绎，只是部分的演绎。归纳逻辑的困难就在于，这非演绎的逻辑在什么意义上叫逻辑？也就是说，其逻辑合理性何在？这就是休谟提出的归纳问题。解决休谟问题就是为独立的归纳逻辑奠定基础。如果人们找不到一种非演绎的逻辑成分，那么，归纳逻辑就必须被分解为两部分：一部分属于纯粹的演绎逻辑，另一部分完全不属于逻辑，而属于心理本能或社会习俗等非理性的范围。休谟本人将非演绎的“推理”看作人和其他动物所具有的心理本能。[①]基于上述看法，休谟得出如下结论：论据或理由在我们的理解中只起次要作用。我们的“知识”去掉伪装后，它不仅有信念的性质，而且有理性上站不住脚的信念，即非理性的信仰的性质。休谟变成了一个怀疑论者和非理性主义认识论的信仰者。[②]结果，休谟说，“如果 A，则 B”——逻辑推理的基本形式——这类推理是幻觉、胡说八道或自圆其说。休谟的怀疑论斩断了因果之间的必然联系，这伤及了基督教教义。因为在基督教社会，上帝一直被视为因果的第一推动力。虔诚且擅长数学的英国基督教新教牧师、1742 年成为英国皇家学会会员[③]的数学

① 陈晓平. 从贝叶斯方法看休谟问题：评豪森对休谟问题的“解决”［J］. 自然辩证法通讯，2010，32（4）：24-29.

② 同①5.

③ 陈至立. 辞海（第七版彩图本）［M］. 上海：上海辞书出版社，2019：239.

家托马斯·贝叶斯（Thomas Bayes）为了反驳休谟的怀疑论，最终发现了贝叶斯定理（Bayes Rule），并在《机遇理论中一个问题的解》一文里中陈述了他的概率理论[①]，这篇论文于1763年12月23日发表在英国伦敦的皇家学会哲学会刊上，此时，贝叶斯已去世两年多了（贝叶斯于1761年4月7日去世），论文是由贝叶斯的朋友理查德·普莱斯送到皇家学会的。贝叶斯对统计推理的主要贡献是使用了“逆概率”这个概念，并把它作为一种普遍的推理方法提出来。贝叶斯定理用来描述两个条件概率之间的关系，计算公式是：$P(B/A)=P(A/B)*P(B)/P(A)$。其中，$P(B/A)$是指事件A发生的情况下B事件发生的可能性。从形式上看，贝叶斯定理的计算公式不过是条件概率定义的一个简单推论，却包含了归纳推理的一种新思想。$P(B)$是B的先验概率，$P(A/B)$是A的条件概率，称$P(B/A)$为后验概率。即：后验概率＝标准相似度＊先验概率。贝叶斯用一个别出心裁的“台球模型”给出了参数的先验分布。贝叶斯定理创造了一个推理事件概率的框架。当你不能准确了解某个事物的本质时，可依靠与之相关的其他事物来判断，是一种条件概率。虽然贝叶斯生前从未公布他的主要科研成果，却在实际上创立了概率论。后来学者把它发展为一种关于统计推断的系统的理论和方法，由此形成的学派叫贝叶斯学派。[②③]贝叶斯方法有广义和狭义之分。作为研究纲领的贝叶斯方法是广义的，也是一种科学观，它是在狭义贝叶斯方法的基础上推广开来的。狭义贝叶斯方法是以概率演算定理即贝叶斯定理为核心的概率归纳逻辑，贝叶斯定理的显著特征是从验前概率到验后概率的计算。贝叶斯方法所展示的归纳合理性不仅是从验前概率到验后概率

---

① BAYES T. An essay towards solving a problem in the doctrine of chances [J]. A.M.F.R.S. Philosophical transactions of the Royal Society of London, 1763, (53): 370–418.

② BARNARD G A. Thomas Bayes-a biographical note [J]. Biometrika, 1958, 45: 293–315.

③ 孙建州 . 贝叶斯统计学派开山鼻祖：托马斯·贝叶斯小传 [J]. 中国统计，2011 (7)：24–25.

的演绎推理，而且应对获得验前概率的基本方法给出一定的辩护，其中包括对贝叶斯条件化规则以及随机试验不可避免的无差别原则的辩护。贝叶斯定理成了休谟哲学的现实解药，它将休谟大刀斩断的因果，用概率这一悬桥连接了起来。概率将逻辑推理的形式修正为：如果 A，则有 X% 的可能性导致 B。贝叶斯定理完成了由果推因的颠倒：如果观察到 B，则有 X% 的可能性是由 A 导致。如此一来，被休谟怀疑的世界继续地构建出更为庞大繁复的、以概率关联的因果网络。假如贝叶斯试图反击休谟的动机是真的，就为“要爱惜你的对手”添加了有力论据。① 贝叶斯定理后来成为机器学习和深度学习的理论先导。②

（二）人工智能的早期探索期

1. 巴贝奇和阿达动手设计机械人工智能

如果说先前人们对人工智能的探索仅停留在“想象”和“言说”的层面，那么，到了 19 世纪初，英国人查尔斯·巴贝奇（Charles Babbage）和阿达·洛芙蕾丝（Ada Lovelace）对人工智能的探索已进入实际行动的层面，并标志着，在机械计算时代出现了现代计算机和人工智能的一些基本概念。③

查尔斯·巴贝奇，毕业于英国剑桥大学，24 岁任剑桥大学卢卡斯数学讲座教授，英国皇家学会会员，是英国著名数学家和计算机科学先驱，世界上第一台可编程机械计算机的设计者。1813 年，巴贝奇手工制成能进行 8 位数计算的小型机械计算器。1823 年，巴贝奇设计能计算 20 位数的机械计算机——“差分机”。1834 年年底，巴贝奇开始设计比“差分机”功能更强大、结构更复杂的“分析机”——一种可进行常用数学运算的机器，尚没有编程、记忆与储存

① 陈晓平. 从贝叶斯方法看休谟问题：评豪森对休谟问题的“解决”［J］. 自然辩证法通讯，2010，32（4）：24-29.

② 刘韩. 人工智能简史［M］. 北京：人民邮电出版社，2018：103-104.

③ 孙凝晖. 人工智能与智能计算的发展［EB/OL］.（2024-04-30）［2024-07-05］. www.npc.gov.cn/c2/c30834/202404/t20240430_436915.html.

资料的功能。[①] 在设计“分析机”时，巴贝奇设想过现代计算机所具有的“编程”和“内存”两大特性，即从纺织行业中的雅卡尔提花机——法国人约瑟夫·玛丽·雅卡尔（Joseph Marie Jacquard）将从中国进口的手工提花机改进成安装有整套纹板传动机构、脚踏机型的纹板提花机——上获得灵感，设计贮存数据的穿孔卡上的指令，后来被认为是最早期的计算机雏形。不过，此设想太超前，虽曾得到英国财政部长达 10 年、总计 17 000 英镑（约相当于今天 1 000 多万英镑）的经费资助和阿达·洛芙蕾丝的鼎力支持，但仍因耗时太长而未见产品，英国财政部最终停止经费资助，阿达也因子宫颈癌于 1852 年英年早逝，最终因缺乏资金（巴贝奇为此耗尽了自己的所有财产），这台可编程的机械计算机（“分析机”）至巴贝奇于 1871 年 10 月 18 日去世时仍停留在设计图纸上，没有制造出来。[②③]1991 年，伦敦科学博物馆的工程师最终将巴贝奇的蓝图变成了现实，证明巴贝奇的设计是可行的。[④]

阿达·洛芙蕾丝，原名奥古斯塔·阿达·拜伦（Augusta Ada Byron），是英国著名诗人拜伦（George Gordon Byron）勋爵之女。她的母亲从小鼓励她学习数学，禁止接触诗文，以避免像她的父亲那样出现“危险的诗人倾向”。1835 年，20 岁的阿达嫁给了比她大 10 岁的家庭数学教师威廉·金（William King）。结婚三年后，威廉·金由于杰出的功绩被授予爵位，成为第一代洛芙莱斯伯爵，阿达被晋封为第一代洛芙莱斯伯爵夫人（Augusta Ada King, Countess of Lovelace）。[⑤] 婚后经夫君的同意，阿达致力于为巴贝奇于 1834 年开始设计的“分析机”编写算法。1842 年至 1843 年，阿达花了 9 个月的时间，翻译了

① 刘韩. 人工智能简史［M］. 北京：人民邮电出版社，2018：49.
② 尼克. 人工智能简史［M］. 北京：人民邮电出版社，2017：280.
③ 坎贝尔－凯利，阿斯普雷，恩斯门格，等. 计算机简史（第三版）［M］. 蒋楠，译. 北京：人民邮电出版社，2020：45–49.
④ 同① 142–143.
⑤ 尼克. 人工智能简史［M］. 北京：人民邮电出版社，2017：280.

意大利数学家路易吉·费德里科·米纳布里（Luigi Federico Menabrea）的论文《查尔斯·巴贝奇发明的分析机概论》（*Sketch of the Analytical Engine Invented by Charles Babbage*）。在文后，阿达增加了比原文长约3倍的注释。在这份注释中，阿达详细说明了使用打孔卡片程序计算伯努利数（Bernoulli number）——18世纪瑞士数学家雅各布·伯努利（Jakob Bernoulli）引入的一个数的方法，被后人公认为是世界上最早的计算机程序和软件，阿达由此成为数学家和计算机程序创始人，是世界上第一个计算机编程员。[①] 与此同时，阿达在这份注释中还提出了一个比巴贝奇以往提出的更具普遍性、前瞻性的设想：分析机不仅可以执行计算，还执行运算（operations）；在将来，它还可以实现排版、编曲、绘画、纺织等各种复杂的功能。[②] 她还写道："虽然这种机器可以实现负责的运算，但是只能按照人类的指令来运行，并没有自我分析真理的能力。"并且，在这份注释中，阿达最早提出了循环和子程序的概念。1953年，在阿达去世101年后，阿达生前为《查尔斯·巴贝奇发明的分析机概论》所留下的注释被重新公布，被公认对现代计算机与软件工程产生了重大影响。为了纪念阿达对现代电脑与软件工程的杰出影响，1980年12月10日，美国国防部将耗费巨资、历时近20年研制成功的高级程序语言命名为Ada语言，它被公认为是第四代计算机语言的主要代表。[③]

2. 其他人对人工智能的早期探索

19世纪至20世纪20年代，除了巴贝奇和阿达对人工智能进行了积极探索外，以下事情也值得一提：（1）英国数学家、逻辑学家乔治·布尔（George Boole）于1847年出版的《逻辑的数学分析》一书中提出了布尔代数（Boolean algebra），它用数学方法研究逻辑问题，成功建立了逻辑演算的代数系统。常

① 刘韩．人工智能简史［M］．北京：人民邮电出版社，2018：49.

② 同① 50.

③ 同①．

用的布尔逻辑算符有逻辑或（OR）、逻辑与（AND）和逻辑非（NOT）三种。布尔代数是一种计算命题真伪的数学方法，相信逻辑推理过程可以像解方程式一样进行。通过布尔代数的计算，复杂的命题就可求得它为真值还是假值。1854年，布尔出版了他的经典著作《思维规律的研究》（*An Investigation of the Laws of Thought*），更系统地论述了布尔代数。[①] 布尔代数自提出后，直至香农（Claude Elwood Shannon）之前，在很长一段时间内都没有实际用处，它的传承在很大程度上是依靠哲学家的好奇心。（2）1863年，塞缪尔·巴特勒（Samuel Butler）出版《机器中的达尔文》一书。[②]（3）1898年，在麦迪逊广场花园举行的电气展览会上，尼古拉·特斯拉（Nikola Tesla）展示了世界上第一台无线电波遥控船只，特斯拉称他的船配备了“借来的大脑”。[③④]（4）1914年，西班牙工程师莱昂纳多·托里斯·克维多（Leonardo Torresy Quevedo）创造了全球第一台自动象棋机，能够在无人干预的情况下自动下棋。[⑤]（5）1920年，捷克斯洛伐克作家卡雷尔·恰佩克（Karel Čapek）创作的戏剧《罗苏姆的通用机器人》（*Rossum's Universal Robots*）1923年在伦敦上演，“robot”（机器人）一词也首次出现在英文里。[⑥] 剧本的提要是：一位名叫罗苏姆的哲学家研制出机器人，被资本家大批量生产，用来充当劳动力。这些机器人外貌类似人类，可以自行思考，随后，这些机器人酝酿并实施了一场灭绝人类的叛变计划，最后，机器人接管了地球，并毁灭了它们的创造者。该剧上演后引起轰动，“robot”（机器人）一词随即广为流传，成为机器人的通俗称呼。“robot”（机器人）一词

---

① 刘韩．人工智能简史［M］．北京：人民邮电出版社，2018：33，105，159.

② 吴永和，刘博文，马晓玲．构筑“人工智能＋教育”的生态系统［J］．远程教育杂志，2017，35（5）：27-39.

③ 芒森．特斯拉传［M］．岱冈，译．北京：中信出版社，2019：168-175.

④ 塞费尔．特斯拉［M］．李成文，杨炳钧，译．重庆：重庆大学出版社，2018：2100

⑤ 盛葳．从视觉机器到人工智能［J］．艺术工作，2018（2）：27-30.

⑥ 周志明．智慧的疆界：从图灵机到人工智能［M］．北京：机械工业出版社，2018：371.

是从捷克语“robota”变化而来。捷克语“robota”的一个基本含义是“苦力”，卡雷尔·恰佩克用该词来命名机器人，用意很明显，就是希望机器人既可万能地应付各种劳役，又要是服从主人指令的忠实奴仆。对人类而言，机器人具有工具的一般特点，是人用来为自己服务的。不过，在科幻作品中，高智能机器人又不同于其他器具或机器，其特点就在于它有智能，而智能的一个基本含义就是能够自主选择。为了使这种自主选择有利于使用者的目的，就必须将服从主人作为首要选择，其他各项选择不能与这项选择冲突。人对机器人的这种要求，与人对于作为工具手段的牛、狗等动物首先训练其服从的要求有某种类似性，奴隶主把奴隶看作类似家畜的工具。①（6）1925 年，一家名叫“无线监控”（Houdina Radio Control）的无线电设备公司造出了第一台无线电控制的无人驾驶汽车（也叫自动驾驶汽车），并开上了美国纽约的街道。②（7）1927 年，科幻电影《大都会》（*Metropolis*）上映，影片中一个名为 Maria 的狡猾女机器人，外表是法老王式造型，这是机器人形象第一次登上大荧幕。Maria 通过挑起富人和穷人之间的战争，试图毁灭人类。这暗示：人类很早就对机器人这种人造的新物种充满怀疑和戒心。③（8）受《罗苏姆的通用机器人》的启发，1928 年 9 月，日本的西村真琴（Makoto Nishimura）设计并制造出的日语名“学天则”（Gakutensoku，“加库滕索库”）机械机器人在京都一场庆祝昭和天皇（即裕仁天皇）加冕的展览上首次亮相。虽然它有 3 米多高，但观众认为“它看起来比许多面无表情的人更像人类”。1929 年，学天则开始进行巡回展出，曾到过东京、大阪和广岛，也曾在中国和韩国展出。“学天则”的意思是“从自然规律中学习”。西村真琴认为，他创造的是一个新物种的第一位成员，其存在是

① 史南飞．对人工智能的道德忧思［J］．求索，2000（6）：67-70.

② YANG D G，et al. Intelligent and connected vehicles: Current status and future perspectives［J］. Science China（technological sciences），2018（10）： 1446-1471.

③ 刘韩．人工智能简史［M］．北京：人民邮电出版社，2018：79.

为了扩展人们的知识视野，激发人类并推动人类进化。“学则天”可以活动自己的眼睛、嘴和脖子，并通过气压机制移动头和手臂，它的出现标志着日本第一个机械机器人的诞生。[①②]

二、人工智能的奠基期

1930年代至1956年6月之前，可视作人工智能的奠基期。图灵机（计算模型）、冯·诺依曼结构（架构）、布尔代数（数学）、电子管和晶体管（器件）、信息论和控制论构成现代计算技术和人工智能的六大科学基础。[③]这样，现代人工智能的思想源头主要涉及图灵（Alan Mathison Turing）、冯·诺伊曼（John von Neumann）、香农和维纳四个关键人物[④]，直接奠定人工智能的理论、硬件和软件、信息论和控制论基础。

（一）图灵与电子计算机和人工智能的理论源头

“人工智能”的理论源头源自密码学家、数学家阿兰·图灵发明的图灵机模型、二进制和计算语言。其中，图灵机是一种通用的计算模型，将复杂任务转化为自动计算、不需人工干预的自动化过程，这是人工智能的“灵魂”；二进制和计算语言用于人工智能的“实现过程”。[⑤]换言之，图灵奠定了计算机和人工智能的理论基础。[⑥]

图灵于1912年6月23日生于英国伦敦。1926年，图灵考入寄宿中学舍本学校，在那时开始展现数学方面的才华，并认识了比自己高一年级的天才少年克里斯托

① 段伟文，吴冠军，张爱军，等．人工智能：理论阐释与实践观照（笔谈）［J］．阅江学刊，2021，13（4）：19-72.

② 孙钟然．人工智能（AI）进化论［J］．现代广告，2020（7）：16-21.

③ 孙凝晖．人工智能与智能计算的发展［EB/OL］．（2024-04-30）［2024-07-05］．www.npc.gov.cn/c2/c30834/202404/t20240430_436915.html.

④ 刘韩．人工智能简史［M］．北京：人民邮电出版社，2018：115.

⑤ 何立民．人工智能与人类智能的相似性原理［J］．单片机与嵌入式系统应用，2020，20（7）：87-89.

⑥ 尼克．人工智能简史［M］．北京：人民邮电出版社，2017：255.

弗·莫科姆（Christopher Morcom），对科学的共同爱好让两人成为挚友，并相约将来一起读剑桥大学。遗憾的是，莫科姆刚考取剑桥大学三一学院并获得奖学金后，就暴病身亡，这对图灵打击颇大。1930 年 12 月，图灵以优异成绩赢得剑桥大学国王学院的数学奖学金。在剑桥大学，图灵如鱼得水。本科毕业后不久，23 岁的图灵就以一篇关于高斯误差函数的论文当选为剑桥大学国王学院的研究员。①②

图灵提出图灵机和通用图灵机的构想，是为了证明可判定性问题的副产品，却意外地证明了一切可计算过程都可用图灵机模拟，奠定了计算机和人工智能发展的理论基础。概要地讲，德国著名数学家、有“欧洲数学界教皇”美誉的大卫·希尔伯特（David Hilbert）在 1900 年 8 月 8 日发表题为“数学问题”的著名演讲中，提出了 20 世纪数学家应当努力解决的 23 个数学问题，包括“数学是可判定的吗？”这一问题。图灵对这一问题感兴趣。1936 年 5 月，图灵写出了论文《论可计算数及其在判定问题中的应用》（*On Computable Numbers, with an Application to the Entscheidungs Problem*），于 1937 年在《伦敦数学会文集》第 42 期发表后，立即引起广泛注意。这是图灵人生第一篇重要论文，也是人类文明最重要的成果之一，更是图灵的成名作。该文成为现代计算机和人工智能领域奠基性论文。该文的主要贡献有三：

（1）天才地创造了一种假想的机器——图灵机。在该文中，图灵探讨了希尔伯特的“计算性”和“判定性问题”。为了解决这个问题，图灵首先定义了“计算”的概念。随后，在该论文的附录里，图灵描述了一种可以辅助数学研究的计算机器（如图 2–2 所示），它由三部分组成：一条无穷长的纸带（tape），上面有无穷多个格子，每个格子里可以写 0 或 1；一个可以移动的读写头（head），在一个控制装置的控制下，读写头在纸带上左右移动，读取纸带上的内容，并

① 尼克．人工智能简史［M］．北京：人民邮电出版社，2017：255..

② 刘韩．人工智能简史［M］．北京：人民邮电出版社，2018：123–125.

在纸带上当前指向的格子写入 0 或 1；一个有限状态自动机（table），可根据自身的状态与当前纸带上的格子是 0 还是 1，指示读写头向左或向右移动一个格子，或向当前的格子写入内容。[①] 这个抽象的计算机器后来被图灵的博士生导师、数学家阿隆佐·丘奇（Alonzo Church）称为“图灵机”（Turing Machine, TM），图灵机所做的就是执行证明数学陈述的步骤。[②③]

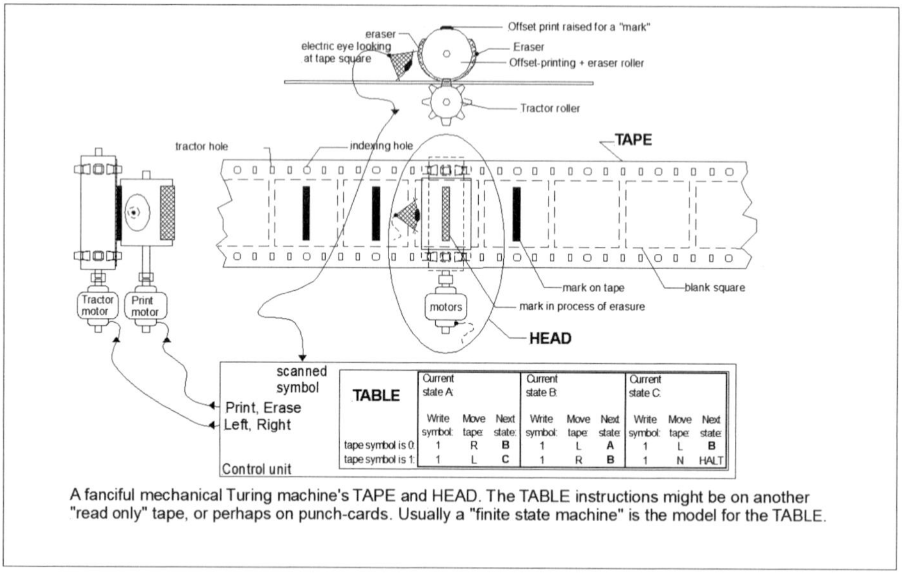

图 2–2 图灵机示意图 [④]

图灵机的基本思想是用机械操作来模拟人类用纸笔进行数学运算的过程。换言之，图灵将计算看作是下面两种简单动作的不断重复：①在纸上写上或擦除某个符号；②将注意力从纸的一个位置移到到另一个位置。[⑤] 在每个动作完成后，人要决定下一步的动作是什么，这个决定依赖于此人当前所关注的纸上的

① TURING A M. On computable numbers, with an application to the entscheidungs problem ［J］. Proceedings of the London mathematical society, 1937, 42（1）: 230–265.
② 尼克 . 人工智能简史［M］. 北京：人民邮电出版社，2017：200.
③ 刘韩 . 人工智能简史［M］. 北京：人民邮电出版社，2018：126–128.
④ 周志明 . 智慧的疆界：从图灵机到人工智能［M］. 北京：机械工业出版社，2018：9.
⑤ 同④ 8.

某个位置的符号和此人当前的思维状态。

图灵在发明图灵机时，还定义了“通用图灵机”（Universal Turing Machine, UTM）。通用图灵机的核心思想是：图灵机的执行过程可被编码成数据，放到纸带上，这样，图灵机就可以将被编码的图灵机指令读出来，一步一步地执行，从而模仿这个特定图灵机的行为。于是，这台能模仿其他图灵机的图灵机就成了通用图灵机。这是一个极具创新性的思想：这种机器是基于逻辑运算设计出来的，采取二进制逻辑（1 和 0），只支持“真”（true）与“假”（false）两种数值，通过模拟逻辑问题的解决方式——处理符号，人类就能创造完美的数学家。尽管图灵没有真正参与制造通用图灵机，但机器智能的真正开端就始于图灵的通用图灵机的构想；[①] 现在的软件产业都得益于此：软件就是被编码的图灵机。冯·诺伊曼设计的计算机被人称作冯·诺伊曼型计算机结构，其最核心的思想就是存储程序（stored program），这个思想也来自通用图灵机，故冯·诺伊曼将计算机的所有原创思想的功劳都给了图灵。通用图灵机设想的价值是，它第一次在纯数学的符号逻辑和实体世界之间建立了联系，函数变成了纸带和读写头，[②] 为现代计算机的逻辑工作方式奠定了理论基础，后来的电脑与“人工智能”都基于这个设想。

（2）基于图灵机，图灵做了一个巧妙转换，把可判定问题转换成图灵机能不能停，随后构造了一个巧妙的悖论，即用图灵机无法解决的问题（即停机问题）来证明判定问题实际上是无法解决的。这意味着没有一个通用的算法能对任何可能的问题都给出答案。因此，图灵对希尔伯特的“数学是可判定的吗？”这一问题的答案是否定的，即不存在“明确程序”可以解决图灵机的停机问题，这就等价于不存在“明确程序”可以判定任意数学命题的真假。

① 斯加鲁菲．智能的本质：人工智能与机器人领域的 64 个大问题［M］．任莉，张建宇，译．北京：人民邮电出版社，2017：5.

② 尼克．人工智能简史［M］．北京：人民邮电出版社，2017：200.

（3）明确指出任何图灵机都可以用有限长度的编码（数字）来描述，人们可以设计出一种通用图灵机，它可以模拟任何图灵机的运作。①

该文的一个意外收获是，图灵在文中证明了图灵机和其他计算装置的等价性。图灵创立了一个新的研究领域——计算理论（或可计算性）。图灵机给出了一个对“计算”或“算法”进行形式化的方式，这不仅在他的原始问题中有所应用，且对整个计算机科学的发展产生了深远影响。实际上，现代所有的电子计算机都是基于图灵机模型设计出来的，图灵机成了计算理论的核心，如图 2–3 所示。

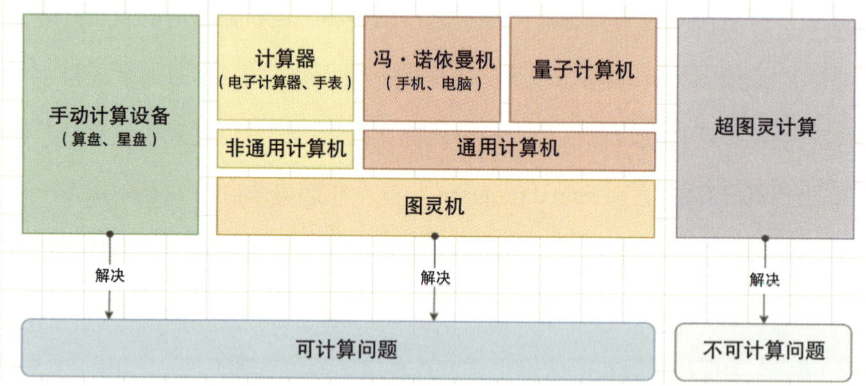

图 2–3　图灵机为计算理论的核心示意图②

20 世纪 30 年代，独立于图灵的研究，美国普林斯顿大学的丘奇教授和他的学生史蒂芬・克莱尼（Stephen Cole Kleene）提出了 λ 演算（Lambda calculus）的形式系统，这是一套研究函数定义、函数应用和递归的形式系统，函数用希腊字母 λ 标识，此形式系统由此得名。λ 演算使用希腊字母 λ 和点(.)来描述函数，形式为（λx.e），其中 x 是变量，e 是表达式，表示一个函数从 x 开始定义。可见，最简单的 λ 演算中包括一个变量和一条将函数抽象化定义

① 刘韩 . 人工智能简史［M］. 北京：人民邮电出版社，2018：128.

② HUWS C F，FINNIS J C. On computable number with an application to the Alan-Turing problem［J］. Artificial intelligence law, 2017, 25：197–203.

的表达式，被认为是更接近软件而非硬件的计算模型和最根本的编程语言，推动了函数式编程语言——如 1960 年约翰·麦卡锡发明 LISP 编程语言——的诞生和发展。利用 λ 演算系统，丘奇在 1936 年发表《初等数论的一个不可解问题》一文，率先解决了希尔伯特的“数学是可判定的吗？”这一难题，丘奇的答案是否定的，即不存在“明确程序”可以判定任意数学命题的真假。[①②] 图灵在剑桥大学的导师麦斯·纽曼（Max Newman）看了图灵的论文后，意识到图灵的论文和丘奇的论文的密切相关性，写信推荐图灵去读丘奇的博士。1936 年夏天，图灵来到美国的普林斯顿大学，在丘奇的指导下攻读博士学位，图灵的工作室恰好在冯·诺伊曼教授的办公室的对面。[③]1937 年，图灵发表《可计算性与 λ 可定义性》（*Computability and λ—Definability*）一文，在该文中，图灵证明图灵机虽简单，却和丘奇的 λ 演算是等价的，而 λ 演算又被证明和哥德尔（Kurt Gödel）的递归函数是等价的。在计算理论里，该文拓展了丘奇提出的“丘奇论题”，形成了著名的丘奇 - 图灵论题（The Church-Turing Thesis）：所有功能足够强的计算装置的计算能力都等价于图灵机[④⑤]；也就是说，所有计算或算法都可以由一台图灵机来完成。以任何常规编程语言编写的计算机程序都可翻译成一台图灵机，反之，任何一台图灵机也都可翻译成大部分编程语言大程序，所以该论题和以下说法等价：常规的编程语言可以足够有效地表达任何算法。该论题被普遍假定为真。[⑥] 这个论题虽不是数学定理，却对计算理论的严格化、对计算机科学的形成和发展都具有奠基性的意义，是整个计算机科学的一个重

① CHURCH A. An unsolvable problem of elementary number theory［J］. American journal of mathematics，1936, 58: 345−363.

② 刘韩．人工智能简史［M］．北京：人民邮电出版社，2018：128−129.

③ 同② 130.

④ TURING A M. Computability and λ −definability［J］. Journal of symbolic logic, 1937, 2: 153−163.

⑤ 尼克．人工智能简史［M］．北京：人民邮电出版社，2017：195−197.

⑥ 同②．

要基础；并且，丘奇 - 图灵论题隐含强人工智能的可能性：智能等价于图灵机。[①]一句话，“通用图灵机”和“可计算性”理论成为计算机科学的理论基础。依据丘奇 - 图灵论题，任何可计算过程都可用图灵机来模拟，任何一台计算机都等价于一台通用图灵机。[②]

为了更好地理解图灵这两篇论文的重要价值，可将它们与沃伦 · 麦卡洛克（Warren S. McCulloch）和沃尔特 · 皮茨（Walter Pitts）的杰出贡献——1943 年，沃伦 · 麦卡洛克和擅长数学的沃尔特 · 皮茨发表了《神经活动中内在思想的逻辑演算》（*A Logical Calculus of the Ideas Immanent in Nervous Activity*）一文——进行对比。麦卡洛克和皮茨于 1943 年发表这篇里程碑式论文时，图灵正在布莱彻利庄园（Bletchley Park）忙于破译德军恩尼格玛（enigma）密码。冯 · 诺伊曼指出，图灵机和神经网络模型各自代表了一种重要的研究方式：整体方法和组合方法。图灵提出的整体方法，是对整个自动机进行了公理化的定义，不过，图灵仅定义了自动机的功能，并没有涉及具体的零件；有别于图灵提出的整体方法，麦卡洛克和皮茨在该文中提出的组合方法，对底层的零件做了公理化定义，可以得到非常复杂的组合结构。冯 · 诺伊曼假设麦卡洛克和皮茨的神经网络有着一条无限长的纸带，结果表明了它与图灵机的等价性。这个结果也就是图灵可计算性、函数的 λ 可定义性以及一般递归的概念。冯 · 诺伊曼指出，图灵机和神经元本质上虽彼此等价，可以用图灵机模拟神经元，也可以用神经元模拟图灵机，二者都位于复杂王国中的不同领地。冯 · 诺伊曼在《自复制自动机理论》一书里指出，“自动机理论的核心概念在于复杂性，超复杂的系统会涌现出新的原理”，并提出一个重要概念——复杂度阈值。低于复杂度阈值的系统，就会无情地衰退耗散，突破了复杂度阈值的系统，就会由于在数据层的扩散和

① 尼克 . 人工智能简史［M］. 北京：人民邮电出版社，2017：227.
② 刘韩 . 人工智能简史［M］. 北京：人民邮电出版社，2018：129.

变异作用而不断进化，可以做很困难的事情。[①②]人工神经网络代表了一大类擅长并行计算的复杂系统，它们自身的结构就构成了对自己最简洁的编码。图灵机代表了另一类以穿行方式计算的复杂系统，这些系统以通用图灵机作为复杂度的分水岭：一边，系统的行为可以被更短的代码描述；另一边，我们却无法绕过复杂度的沟壑。先进的深度学习研究正在试图将这两类系统合成为一个：神经图灵机。[③]

1938 年 5 月，图灵在普林斯顿大学获得博士学位，博士学位论文题目是《以序数为基础的逻辑系统》，该文于 1939 年正式发表，在数理逻辑研究中产生了深远影响。[④]冯·诺伊曼想以年薪 1 500 美元的高薪聘请图灵留在普林斯顿大学做自己的助手，不过，图灵不喜欢美国的生活方式，婉拒了冯·诺伊曼。这是图灵一生的一个关键选择，也是可能改变人类历史的一个关键选择。假若图灵当年选择留在美国，可能就不会英年早逝。若果真如此，他将和冯·诺伊曼、香农、约翰·麦卡锡、马文·明斯基、西蒙等人一起创立人工智能这个学科，并在人工智能领域作出更大贡献[⑤]，可惜，历史不能假设。

1938 年夏，图灵回到英国，仍在剑桥大学国王学院中任研究员，继续研究数理逻辑和计算理论。在第二次世界大战期间，德军发明了恩尼格玛密码。恩尼格玛（enigma）在德语中的意思是“谜”。运用恩尼格玛密码传递情报，可以将电报中的文字彻底打乱，以无数种组合的方式进行加密，只有通过接收端另一台设置完全相同的恩尼格玛机才能解码。并且，德军不断对恩尼格玛密码

① NEUMANN J. Theory of self-reproducing automata［M］. London: University of Illinois Press, 1966.

② 李国杰. 智能化科研（AI4R）：第五科研范式［J］. 中国科学院院刊，2024，39（1）：1–9.

③ GRAVES A, WAYNE G, DANIHELKA I. Neural turing machines［J］. arXiv，2014: 1410–5401

④ TURING A M. Systems of logic based on ordinals［J］. Proceedings of the London mathematical society, 1939, 45（1）: 161–228.

⑤ 刘韩. 人工智能简史［M］. 北京：人民邮电出版社，2018：130.

进行升级，导致密文的复杂程序成倍增加。德军每个月又会更新一次密钥表，每天按照密钥表上的密钥进行设置，这意味着恩尼格玛机每天都在变换加密的程序。如果不能在对方更换密钥前破译情报，那么，这一天的工作就算白费了。在这种情况下，即便是最优秀的密码专家，若没有机器的帮助，也几乎无法破译恩尼格玛密码。为了破译德军的恩尼格玛密码，图灵响应英国政府的号召加入英军，在位于英格兰东南部的白金汉郡（Buckinghamshire）的布莱彻利庄园——布莱彻利庄园当时是英国外交部的政府代码及加密学校（Government Code and Cypher School, GCCS）所在地，主要职责是为英国海陆空三军提供密码与解密服务，是保密机构[①]——破解德军密码。图灵在破译德军恩尼格玛密码的过程中，于 1941 年就开始思考机器与智能的问题[②]，并逐渐形成了如何建造一台实用的通用计算机的思路。

1943 年，为了检测英国首相温斯顿·丘吉尔（Winston Leonard Spencer Churchill）与美国总统富兰克林·罗斯福（Franklin Delano Roosevelt）之间联络系统的安全性，防止被德军窃听，时年 31 岁的图灵被英国政府秘密派到美国，并在贝尔电话实验室（简称贝尔实验室，英文全称是 Bell Telephone Laboratories，英文简称是 Bell Labs）与时年 27 岁的数学家克劳德·艾尔伍德·香农进行了多次面对面的交流。前者是后来的“电子计算机科学之父”“人工智能之父”，后者是后来的信息论的创始人、人工智能世界的奠基人。据香农后来回忆，图灵在当时是破译了包括希特勒（Adolf Hitler）通话在内的多项德军秘密通信的密码破译专家，又正在研究如何破译德军的恩尼格玛密码；香农当时的工作是通过数学证明和寻找“X 系统”——这是英国首相温斯顿·丘吉尔与美国总统富兰克林·罗斯福之间的加密通讯系统——的加密方法，以

① 尼克. 人工智能简史［M］. 北京：人民邮电出版社，2017：242.

② 同① 249.

增强“X 系统”的安全性，防止它被德军和日军破译。图灵专攻破解密码的“矛”，香农专攻防止密码被破解的“盾”，[①] 如果二人敞开心扉来讨论密码的加密与破译方法，可能会加速推进密码学的发展。不过，二人当时从事的工作都是国家最高机密，双方都不知道对方在做什么。二人虽然无法探讨信息的加密与破解，但可以探讨一个让两人都感兴趣的话题，那就是“机器会思考吗？”即用机器完全模拟人脑的可能性。这是一个极复杂、超前的话题，在当时少有人能够探讨。在与图灵的交流中，香农很快就理解并接受了图灵机的概念，因为他俩都看到一个令人激动的前景：既然图灵机可模仿人类的逻辑和计算能力，而逻辑与计算是人类最具代表性的智能表现之一，这样，“思考”的能力，也就是“智能”是否可被一个模型所承载，并在机器上实现呢？两人探讨还未问世的计算机的极限在哪里？图灵认为，理想的计算机应该是纯粹逻辑演绎的设备。香农认为，计算机将会是一种社会性的工具，它的应用会更广泛，除了能处理纯粹逻辑演绎的任务，甚至还能处理像艺术、情感、音乐之类非逻辑的东西。[②] 这非常接近加德纳（H.Gardner）的多元智力理论（theory of multiple intelligence）对智能的理解。在 1983 年出版的《智力的结构》（*Frames of Mind: The Theory of Multiple Intelligence*）一书中，加德纳提出了 7 种不同的智力；在 1999 年出版的《智力重构：面向 21 世纪的多元智力》（*Intelligence Reframed: Multiple Intelligences for the 21st Century*）一书里，加德纳又加上了“自然主义智力”“灵性智力”与“存在主义智力”。这样，加德纳所主张的 10 种智力分别是：语言智力（linguistic intelligence）、逻辑—数学智力（logical—mathematical intelligence）、空间智力（spatial intelligence）、音乐智力（musical intelligence）、肢体—动觉智力（bodily—kinaesthetic intelligence）、人际智力

① 周志明. 智慧的疆界：从图灵机到人工智能［M］. 北京：机械工业出版社，2018：6.
② 同① 11.

（interpersonal intelligence）、内省智力（intrapersonal intelligence）、自然主义智力（naturalistic intelligence）、灵性智力（spiritual intelligence）和存在主义智力（existential intelligence）。① 图灵不认可香农的这个看法。在图灵看来，智能既然是由物质（指人类大脑）所承载的，就应该可以用物理公式去推导，可以用数学去描述，不应将文化的内容包含进去。② 不过，二人坚信，在不远的将来——10 年或 15 年后——就能实现用计算机完全模拟人脑的梦想。这个谈话内容在当时多数人看来几乎是天方夜谭，因为当时人工智能尚未起步。81 年后的 2024 年，在人工智能取得飞速进步的今天，人们回过头来品味他们二人在 1943 年的对话，就知道他们二人都具有超凡的直觉和洞察力。图灵和香农也因此而很快成为好友。③

1943 年，为了用最快速度完成大量复杂的计算，以快速破译恩尼格玛密码，图灵经过改进原波兰密码机“Bomba”（“Bomba”可破解简化情况下的恩尼格玛密码，但当时德军已不再使用简化版的恩尼格玛密码）设计并参加研制了一台电子机械计算机，并将它命名为“炸弹机”（Bombes），“炸弹机”是现代电子计算机的前身。在图灵和“炸弹机”的帮助下，英国破译了德军用恩尼格玛密码发出的大量绝密文件和情报（由于保密工作做得好，纳粹德国至 1945 年 5 月 8 日签署无条件投降书前都未发现恩尼格玛密码已被英军破解），挽救了无数英军、美国和法军的生命，为诺曼底的成功登陆和战胜德国做出了巨大贡献，图灵由此赢得“德国克星”的称号。④⑤“二战”后，图灵被授予大英帝

① GARDNER, H. Intelligence reframed: multiple intelligences for the 21st century［M］. New York: Basic Books, 1999: 1–292.
② 周志明 . 智慧的疆界：从图灵机到人工智能［M］. 北京：机械工业出版社，2018：11.
③ 同② 6–7.
④ 尼克 . 人工智能简史［M］. 北京：人民邮电出版社，2017：242–243.
⑤ 同② 5–6.

国荣誉勋章（O.B.E 勋章）。[①]

1945 年 5 月 8 日纳粹德国签署无条件投降书，标志着“二战”欧洲战场的正式结束。英国国家物理实验室（national physical laboratory, NPL）准备研发电子计算机，图灵婉拒了剑桥大学数学系讲师的聘用合同，加入位于伦敦泰丁顿（Teddington）的国家物理实验室，开始从事“自动计算机”（automatic computing engine, ACE）的逻辑设计和具体研制工作。1945 年，图灵写出一份长达 50 页的关于“自动计算机”的设计说明书交给了国家物理实验室。这份设计说明书比冯·诺伊曼于 1945 年 3 月起草的《存储程序通用电子计算机方案》（*Electronic Discrete Variable Automatic Computer, EDVAC*）晚了几个月，故后人觉得冯·诺伊曼是计算机之父，但现代计算机的发明人、计算机之父冯·诺伊曼非常赏识、提携图灵，认为现代计算机的方案（包括二进制的思想）是图灵提出来的。[②③] 图灵起草的这份设计说明书在保密了 27 年之后，于 1972 年正式发表。[④]

人们对人与机器关系的看法，主要存在两种截然相反的观点：（1）人不是机器。简要地说，人有很多功能，尤其是有情感、自由意志（free will）、自我意识（灵魂），目前机器无法做到，故人不是机器。笛卡尔和哥德尔就认为人不是机器，笛卡尔只相信“动物是机器”。（2）人是机器。概要地说，人与机器同样是由各种物理化学机制构成的，二者之间确有某些相似之处，可以类比，即人是机器，只不过是更为复杂的机器。因此，1747 年，法国哲学家拉·梅特里（Julien Offroy De La Mettrie）在荷兰匿名出版《人是机器》一书，将笛卡尔

① 刘韩．人工智能简史［M］．北京：人民邮电出版社，2018：130–131.

② 尼克．人工智能简史［M］．北京：人民邮电出版社，2017：256.

③ 周志明．智慧的疆界：从图灵机到人工智能［M］．北京：机械工业出版社，2018：12–13.

④ TURING A M. The applications of probability to cryptography［M］. UK National Archives, 2012： 37.

的“动物是机器”的主张拓展到人类，声称“人同样是机器”，遵循机械的因果法则，服从普全数理模式或普全数学——数学作为一门学科，最初被理解为关于一切对象的量的科学。在这个意义上，数学被称“普全数学”——意义上的决定论。在这个前提下，存在用数学化的方式来处理心理法则的可能性，存在将精神世界变为数学模型的可能性。[①]在当代，图灵、弗朗西斯·克里克(Francis Harry Compton Crick）和马文·明斯基均持“人是机器”的主张。[②]图灵是“人是机器”论的坚定支持者，通过图灵等人的努力，“人是机器”论成为人工智能的一个重要理论基础。马文·明斯基有句名言：“人不过是脑袋上装了个计算机的肉身机器而已。”（Humans are nothing but meat machines that carry a computer in their head.）[③]冯·诺伊曼认为，尽管构成神经系统的化学和生物过程的描述可能是模拟的，但神经系统的本质是数字的。现代物理学的一个假设是整个宇宙都是离散的，即数字的。假若机器是数字的，那么图灵机就是简单且有力的模型。做人工智能绕不过图灵机及在其基础上建立的整个计算理论。符号派人工智能的基础之一是“物理符号系统假说”，这个假说要求计算装置必须是数字的，或者说变量必须是离散的。对于离散的量，二进制就足够了。量子物理也认为世界是离散的、有限的。假若从物理学角度认可离散，那么化学和生物的角度也必然是离散。连续变量是离散变量的一种数字近似。沿着这个思路，“人是机器”这个命题就可归为“人是计算机器”或“人是数字计算机”。如果将“智能”视作人类特有的素质，那么，“人是机器吗？”这个问题就等价于“机器有智能吗？”[④]顺着“将‘人是机器吗？’这个问题转换成‘机

---

① 倪梁康．人工智能：计算还是思考？：从“普全数学”到“自由系统”的思想史梳理［J］．浙江社会科学，2023（10）：85-101.

② 尼克．人工智能简史［M］．北京：人民邮电出版社，2017：195.

③ 同②．

④ 尼克．人工智能简史［M］．北京：人民邮电出版社，2017：195-197.

器有智能吗？’”这一思路，又受到1946年2月14日在宾夕法尼亚大学发明并建造了第一代通用计算机埃尼阿克的鼓舞，图灵开始构建“人工大脑”。图灵在“二战”后期就开始研究计算机下国际象棋，在图灵看来，这是测验计算机是否具有智能的一个有效手段。1947年，图灵编写了第一个计算机下国际象棋的程序，遗憾的是，当时的计算机无法运行这套复杂的算法。1948年，图灵为英国国家物理实验室写了一个题为《机器智能》（*Machine Intelligence*）的内部报告，其要点有：（1）图灵对智能采取了宽泛的说法，探讨了大脑皮层，认为婴儿的大脑皮层是非组织的（unorganised）。在图灵的用语中，“非组织”就是“通用”之义，发育的过程就是组织化的过程。图灵认为，人身上的任何小部件都可用机器来模拟，还提到了基因、进化和选择。（2）首次提出了“机器智能”这个概念。（3）首次将研究智能的方向区分为“具身智能”（embodied intelligence）和“非具身智能”（disembodied intelligence）两大类，并明确列出属于“非具身智能”的五个领域：博弈（如下棋）、语言学习、语言翻译、加密学和数学。（4）在文章的结尾提出了一个设想：设想A、B、C是三个水平一般的人类棋手，还有一台会下棋的机器。有甲、乙两个房间，C处于甲房间，A或机器待在乙房间，让B来做操作员，在两个房间之间传递对手的棋招，让C来判断乙房间的棋手是A还是机器。这里已蕴含“图灵测验”的思想。这是人工智能最早的理论源头，也就是说，“人工智能”最早叫“机器智能”，至今这两个词仍是同义词。这篇《机器智能》的内部报告至1969年才在年刊型论文集《机器智能》上公开发表。[①]“具身”的通俗解释是：“需要依赖具体的身体”。[②]在研究人工智能时，图灵和香农走的主要是非具身智能的路线，诺伯特·维纳和冯·诺伊曼走的主要是具身智能的路线。[③]

① 尼克．人工智能简史［M］．北京：人民邮电出版社，2017：249–250.

② 周志明．智慧的疆界：从图灵机到人工智能［M］．北京：机械工业出版社，2018：143.

③ 同② 27–28.

图灵完成“自动计算机”的设计说明书后，由于英国政府的短视，当时陷入了研发电子计算机是否值得的争论，并未立即进入建造阶段，图灵因此感到心灰意冷。[①]1949年，曼彻斯特大学数学系主任、图灵读本科时的导师纽曼（Judith Newman）邀请图灵来曼彻斯特大学任教，并请图灵帮助曼彻斯特大学电工系主任威廉姆斯制造存储程序计算机，当时威廉姆斯正在制造存储程序计算机。于是，图灵成为曼彻斯特大学计算机实验室的副主任，负责最早的真正意义上的计算机——“曼彻斯特一号”（Manchester Mark 1）的软件理论开发，因此，图灵成为世界上第一位把计算机实际用于数学研究的科学家。当地的报纸将这台机器叫“电脑”（Electric Brain），这可能是计算机在媒体上第一次被叫作“电脑”。[②]

1950年，图灵编写并出版了《曼彻斯特电子计算机程序员手册》（*The Programmers' Handbook for the Manchester Electronic Computer*）。更重要的是，顺着“将‘人是机器吗？’这个问题转换成‘机器有智能吗？’”这一思路，图灵于1950年提出关于机器思维的问题，并在英国哲学杂志《心灵》（*Mind*）[③]上发表了《计算机器与智能》（*Computing Machinery and Intelligence*），该文除参考文献外，主要包括七个部分[④]：

第一部分阐述“模仿游戏”（The Imitation Game）。在此部分的开头，图灵写道：“我提议考虑这个问题——‘机器能思考吗？’”（I propose to consider the question, “Can machines think?”），这就是人工智能史上著名的“图灵之问”。图灵在此文中认为，机器学习（machine learning）是通向机器智能（人工智能）最可行的途径。自此之后，机器学习一直是人工智能的核心话题。接着，

① 周志明．智慧的疆界：从图灵机到人工智能［M］．北京：机械工业出版社，2018：13.

② 尼克．人工智能简史［M］．北京：人民邮电出版社，2017：244.

③ “Mind”，中文译作“心理”“心灵”“心智”，指灵魂中的意识或思维部分，从法国哲学家笛卡尔开始使用。

④ TURING A M. Computing machinery and intelligence［J］. Mind, 1950, 59（236）：433–460.

鉴于“智能”这个概念难以给出确切定义，图灵在该文中正式阐述了“模仿游戏”，用以检测机器是否具有智能。

这个游戏需要三个人的参与：一男子 A、一女子 B 和一位提问者 C（男女均可）。提问者 C 被单独隔离在一间房子里，见不到 A 和 B。游戏的目标是让提问者判断其他两位参与者中，哪位是男性，哪位是女性。提问者用 X 和 Y 代表另外两个人。游戏结束时，提问者说：“X 是男子 A，Y 是女子 B”，或者“X 是女子 B，Y 是男子 A”。提问者可以向 A 和 B 提问，如：“请 A 告诉他或她头发的长度。”假设 X 是 A，A 必须作答。A 在游戏中的任务是诱导提问者 C 做出错误的的辨识，所以，A 的回答可能是：“我是短发型，最长的几缕大概是九英寸长。”为了不让提问者从语气中得到提示，问题的答案须写在书面上，最好是打印的。最理想的安排是让两间房子通过电传打印机进行通信，或通过中介来传递问题和答案。B 在这个游戏中的任务是帮助提问者。对 B 而言，最好的策略是诚实回答。B 也可对回答进行补充，如说：“我才是女的，别听他瞎说。”不过，如果 A 也做出类似回答，C 就难辨真伪了。现在提出一个问题：“如果在游戏中用一台机器替代 A，将会发生什么？这种情况与玩家是一男一女时相比，提问者错判的频率是否会发生变化？”[①]

简要地说，如果一台机器能够通过电传设备与人类展开对话而不会被人识别出其机器身份，那么这台机器就具有了智能。[②]这一简化，让图灵用“模仿游戏”巧妙地告诉人们，“机器能思考”这一命题是可能的，[③]这一划时代的论文让图灵赢得了“人工智能之父”的桂冠。上述“模仿游戏”被后人称作“图灵测验”（Turing Test）：测试人在与被测试者（一个人与一台机器）隔开的情况下，通

① TURING A M. Computing machinery and intelligence［J］. Mind, 1950, 59（236）：433-460.

② 同①.

③ 刘韩. 人工智能简史［M］. 北京：人民邮电出版社，2018：173.

过一些装置（如键盘）向被测试者随意提问。问过一些问题后，如果人类测试者依然无法分辨被测试者是人还是机器，那么这台机器就通过了测试。通过了图灵测验的机器，就被认为具有人类智能，该机器就成了名副其实的人工智能。①

第二部分回应“对新问题的批评”（Critique of the New Problem）。②

第三部分探讨“模仿游戏中的机器”（The Machines Concerned in the Game）。③

第四部分论述“数字计算机”（Digital Computers）。在此部分，图灵将数字计算机界定为：一台能执行一切可由人类计算员实现的操作的机器，它由存储器（store）、执行器（executive unit）和控制器（control）三部分组成。④

第五部分论述“数字计算机的通用性”（Universality of Digital Computers）。在此部分，图灵写道：数字计算机属于离散状态机，只要给出对应于离散状态机的状态转换表，就能够预测出机器将会做什么。这样的计算没有理由不能通过数字计算机来完成。只要运行足够快，数字计算机就能够模拟任何离散状态机的行为。由于数字计算机可模拟任意离散状态机的性质，它可称为“通用机器”（universal machines）。具有这种性质的机器带来一个重要结果就是，除了考虑运行速度，不必设计出不同的新机器来执行不同的计算过程。不同计算过程都可用同一个数字计算机来实现，只要根据不同情况适当编程即可。由此可见，所有数字计算机在某种意义上是等价的。⑤

第六部分回应“关于主要问题的争议”（Contrary Views on the Main

① 斯加鲁菲．智能的本质：人工智能与机器人领域的 64 个大问题［M］．任莉，张建宇，译．北京：人民邮电出版社，2017：6.

② TURING A M. Computing machinery and intelligence［J］. Mind, 1950, 59（236）：433-460.

③ 同②.

④ 同②.

⑤ 同②.

Question）。在此部分，图灵自问自答了包括神学上的异议（The Theological Objection）、“鸵鸟”式的异议（The "Heads in the Sand" Objection）、数学上的异议（The Mathematical Objection，指哥德尔不完备性定理对机器智能的限制）、来自意识的争论（The Argument from Consciousness）、来自各种能力限制的争论（Arguments from Various Disabilities）、拉芙莱斯女士的异议（Lady Lovelace's Objection）、来自神经系统连续性的争论（Argument from Continuity in the Nervous System）、来自行为非形式化的争论（The Argument from Informality of Behaviour）和来自超感官知觉的争论（The Argument from Extrasensory Perception）等九种对人工智能的反对意见，有助于后来的人工智能学者打破思维的种种限制。例如，哥德尔不完备性定理对机器智能的限制是：无论人类造出多么智能的机器，只要它还是机器，就将对应一个形式系统，就能找到一个在该系统内不可证的公式，使之受到哥德尔不完备性定理的打击，机器不能将这个公式作为定理推导出来，但人却能看出公式是真的。图灵对这个问题的回答是：虽然哥德尔不完备性定理可以证明任何一台特定机器的智能是有限的，但并没有证据说明人类智能就没有这个局限性。① 用这个回答，图灵就将“不能解决所有问题”的锅从机器甩回给了人类。1951 年，哥德尔在布朗大学（Brown University）的演讲里谈及此问题，并认为以下结论是无可避免的：“要么无论机器多么复杂，人类的思维都将在理论上无限地超越任何机器；要么对人类而言，也一定存在着一个人类绝对无法解决的问题。”② 与图灵不同的是，哥德尔倾向于接受上述结论前半句的可能性，而否认后半句。关于哥德尔不完备性定理对机器智能的限制，实际上又回到了问题的原点，即当年图灵与香农探讨的“人类的智能是否可被某种模型所抽象？”这一问题。如果答案是

① TURING A M. Computing machinery and intelligence［J］. Mind, 1950, 59（236）：433-460.

② 周志明 . 智慧的疆界：从图灵机到人工智能［M］. 北京：机械工业出版社，2018：20.

肯定的，那必将存在着人类智能绝对无法解决的难题；假若答案是否定的，那人类就很难制造出能够完全拥有人类思维的机器智能。科学界和哲学界对这个问题的探讨，至今没有公认的答案。[①]

第七部分是“学习机器”（Learning Machines）。在此部分，图灵首次提出了“学习机器”的概念，并明确指出，能否研制出人工智能的关键，是何时能让机器具有学习能力。进而，图灵探讨了实现机器智能的途径。图灵写道：在试图模拟成人大脑的过程中，我们必须考虑大脑是如何变成我们现在这样的。我们考虑其中的三个部分：心智的初始状态，即出生时的状态；其所接受的教育；其所接受的其他的、不被称为教育的经验。与其试图编程模拟成人大脑，不如模拟儿童大脑。如果让儿童大脑接受正确的教育课程，就可能获得成人大脑。儿童大脑就像一个刚从文具店买来的笔记本，只有少许机制和大段空白的纸张，我们希望儿童大脑中的机制足够少，使得容易编程。我们可以假设对机器进行教育的工作量和教育一个人类儿童基本相当。因此，我们把问题分为密切相关的两个部分：儿童程序和教育过程。我们不能指望一下子找到一个好的“儿童机器”，我们必须做对“儿童机器”进行教育的实验，看其学习效果，然后再试另一个，判断哪个更好。显然这个过程与进化有联系。[②]从这段话可知，图灵深知，在1950年机器智能尚处于萌芽阶段的大背景下，直接设计一个类似成人智能的机器智能是不可能的，因为它的难度太大。不过，成人的大脑是从儿童的大脑发展而来的，在这个过程中接受了教育和不被称为教育的经验。既然儿童的大脑虽具有进化的能力，却像一张白纸，没有像成人大脑那样接受了太多的教育和不被称为教育的经验，就可先制造一台模拟儿童大脑的机器，将

① 周志明.智慧的疆界：从图灵机到人工智能［M］.北京：机械工业出版社，2018：18—20.

② TURING A M. Computing machinery and intelligence［J］. Mind, 1950, 59（236）：433-460.

它命名为“学习机器”，这样，研发机器智能的过程就可分为制造一台学习机器和对这台学习机器进行教育的过程两部分。这里，图灵关于学习机器的论述，实际上是世界上首次论述计算机遗传算法思想的文献，尽管此时它只是一个设想而已。并且，学习机器的概念被图灵提出后，很快成为机器智能研究的一个热点。①

在《计算机器与智能》一文的最后，图灵写道：“我们的目光所及，只在不远的前方，但是可以看到，那里就有许多工作，需要我们完成。”（We can only see a short distance ahead, but we can see plenty there that needs to be done.）。②

综上所论，在计算机和人工智能史上，图灵的《论可计算数及其在判定问题中的应用》《可计算性与 λ 可定义性》和《计算机器与智能》三文，属于世界顶级论文，为后世计算机和人工智能的发展指明了正确的发展方向：前者首次提出了图灵机的构想；中者提出了“丘奇 - 图灵论题”；后者首次提出了“图灵测验”“数字计算机”“学习机器”等伟大构念，并首次明确指出能否研制出人工智能的关键，是何时能让机器具有学习能力。1966 年，为了纪念图灵，国际计算机学会（Association for Computing Machinery, ACM，1947 年成立于美国纽约，也译作“美国计算机协会”）设立图灵奖（Turing Award），旨在奖励对计算机事业做出重要贡献的个人。一般在每年 3 月下旬颁发，每次一般只奖励一名取得杰出成就的计算机科学家，只有极少数年度有两名合作者或在同一方向做出贡献的计算机科学家共享此奖。图灵奖是全世界计算机行业的最高荣誉，被誉为“计算机界诺贝尔奖”。③贝尔实验室是图灵奖最早的赞助商，当时图灵奖奖金只有 2 万美元。随后英特尔公司（Intel Corporation）接手，图灵奖

---

① 周志明 . 智慧的疆界：从图灵机到人工智能［M］. 北京：机械工业出版社，2018：24.

② 刘韩 . 人工智能简史［M］. 北京：人民邮电出版社，2018：132.

③ 同② 133.

奖金自2007年起增加到25万美元；2014年谷歌加入，将图灵奖的奖金提高到100万美元。[①]为了表彰图灵的贡献，英国政府将图灵头像印在面值50英镑的新钞上，并于2021年底进入流通。

（二）冯·诺伊曼与人工智能的电子计算机科学工程路线源头

人工智能的电子计算机科学工程路线的源头是“现代计算机之父”冯·诺伊曼。冯·诺伊曼提出了建造电子计算机的“冯·诺伊曼结构”，发明了电子计算机，奠定了人工智能的硬件和软件基础。[②]同时，冯·诺伊曼还提出了博弈论（“极小极大算法”）与“自复制自动机”。这是冯·诺伊曼对人工智能的三大主要贡献。

冯·诺伊曼，1903年12月28日生于匈牙利首都布达佩斯一个富裕的犹太人家庭，父亲是一个有艺术气质的银行家，也是一个上门女婿，外婆家更富有。父亲在担任政府经济顾问期间表现良好，颇得当时的皇帝弗朗茨·约瑟夫一世（Franz Joseph I）的欣赏，1913年弗朗茨·约瑟夫一世授予冯·诺伊曼的父亲贵族地位。童年时，除了学习母语匈牙利语外，冯·诺伊曼跟随家庭教师学习并早早掌握了法语、德语、英语、意大利语、拉丁语和希腊语等六种外语，自幼习得的强大外语能力对冯·诺伊曼成年后在世界各地的生活和学术交流帮助很大。中学就读于布达佩斯的路德教会中学，这是一所精英名校，冯·诺伊曼在学校展现出数学天赋，校长便安排布达佩斯大学的杰出数学家来对他做个别辅导。17岁的冯·诺伊曼就和数学家费克特合作发表了第一篇数学论文，在当时已被人当作数学家了。中学毕业时，其父考虑到经济原因，请人劝年方17岁的冯·诺伊曼不要专攻数学，于是父子俩达成协议，冯·诺伊曼到苏黎世联邦工业大学学习化学，同时注册为柏林大学和布达佩斯大学数学系的学生。冯·诺

① 尼克.人工智能简史［M］.北京：人民邮电出版社，2017：248.

② 同①.

伊曼不在布达佩斯大学上课，只是每年按时参加考试，考试成绩都是 A 。1926 年冯·诺伊曼在苏黎世联邦工业大学获得化学方面的本科学士学位，通过每学期期末回到布达佩斯大学参加课程考试的方式，冯·诺伊曼获得了布达佩斯大学数学博士学位。随后，冯·诺伊曼到哥廷根大学做世界著名数学家大卫·希尔伯特（David Hilbert）的助手，通过与哥廷根大学顶尖的数学家和物理学家的合作，冯·诺伊曼在数学和物理学的理论研究上取得了丰硕成果。如，他和默里合作创造的算子环理论，被后人称作“冯·诺伊曼代数”。1930 年，冯·诺伊曼赴美国普林斯顿大学任客座讲师，不久升为客座教授。1933 年，普林斯顿高等研究院开始聘请世界顶级学者任教授，年仅 30 岁的冯·诺伊曼和爱因斯坦一起，成为最早被聘请的 6 位教授之一。后来，哥德尔也受聘于普林斯顿高等研究院。随着这些世界顶级学者的加入，普林斯顿高等研究院逐渐取代哥廷根大学，成为世界最顶尖科学家的圣地。冯·诺伊曼于 1937 年获得美国国籍。1939 年，第二次世界大战爆发，冯·诺伊曼参与了同反法西斯战争有关的多项科学研究。①

1939 年 8 月 2 日，爱因斯坦给美国总统罗斯福写信，信中提出用铀制造威力巨大的炸弹的建议。1942 年 6 月，美国正式启动研究原子弹的工程，研制人类历史上的超级武器——原子弹，用来终结第二次世界大战。工程军方负责人是陆军准将莱斯利·理查德·格罗夫斯（Leslie Richard Groves），起初总部设在纽约曼哈顿区，故叫“曼哈顿计划”（Manhattan Project）。随后，格罗夫斯挑选奥本海默（Julius Robert Oppenheimer）作为“曼哈顿计划”的学术负责人。根据奥本海默的建议，1943 年年初，美国军方决定在位于美国新墨西哥州首府圣达菲（Santa Fe）西北约 56 公里处的洛斯阿拉莫斯（Los Alamos）建立洛斯阿拉莫斯国家实验室（Los Alamos National Laboratory）。奥本海默运用系统工程的

① 刘韩．人工智能简史［M］．北京：人民邮电出版社，2018：118.

思路和方法，大大缩短了工程时间，于 1945 年 7 月 16 日成功进行了世界上第一次核爆炸，并按计划制造出两颗原子弹，标志着“曼哈顿计划”取得圆满成功，并促进了第二次世界大战后系统工程的发展。在实施“曼哈顿计划”期间，研制原子弹需要完成海量的精确计算，这仅凭物理学家是无法完成的。于是，1943 年，“曼哈顿计划”的负责人奥本海默邀请其在德国哥廷根大学攻读博士学位时的同门师弟、普林斯顿高等研究院当时最年轻的著名数学家冯·诺伊曼加入“曼哈顿计划”。冯·诺伊曼爽快地接受奥本海默的邀请，来到了洛斯阿拉莫斯国家实验室，在这里第一次见到了堪称人类历史上最为复杂的研究设备——一台台式穿孔卡计算机。“曼哈顿计划”为启蒙时代的计算机与冯·诺伊曼之间第一次相遇创造了时机，从此，冯·诺伊曼与计算机结下了不解之缘。因为当时参加“曼哈顿计划”的科研人员除了采用人海战术完成计算任务外，也用一台穿孔卡计算机来完成部分计算任务。穿孔卡计算机利用巴贝奇的机械原理进行计算，操作时需要用打孔的纸片将数字指令送入计算机进行计算，只靠机械计算，计算速度每秒在 10 次以下，还比不上冯·诺伊曼的心算能力，冯·诺伊曼对它并不满意。但冯·诺伊曼也清楚地认识到，“曼哈顿计划”里所产生的海量计算量，仅靠人力是很难在短时间内完成的。此时，图灵于 1936 年 5 月在《论可计算数及其在判定问题中的应用》一文里提出的“图灵机”仍停留在理论层面。于是，冯·诺伊曼继续寻找更得力的计算机器。[①] 在此之前，哈佛大学应用数学教授霍华德·阿肯（Howard H. Aiken）受巴贝奇思想启发，在 1937 年得到美国海军部的经费支持，开始设计“马克 1 号”（Mark Ⅰ），[②] 由国际商用机器公司（International

① 唐培和，徐奕奕. 计算思维：计算学科导论［M］. 北京：电子工业出版社，2015：67–68.

② “马克 1 号（Mark Ⅰ）”这个名称的灵感可能来自 1916 年英国制造出新式武器——马克 I 型（Mark I）坦克，被称为坦克鼻祖，是世界上第一种正式参与战争的坦克，1916 年 9 月 15 日在索姆河战役（Battle of Somme）中首次使用。

Business Machines Corporation, IBM）——托马斯·约翰·沃森（Thomas John Watson）于1911年在其家乡、美国纽约州阿蒙克市创立的国际商用机器公司——承建。在耗资四五十万美元后，1944年8月7日，世界首台自动按序控制计算机“马克1号”（Automatic Sequence—Controlled Calculator, ASCC）研究成功。[①]“马克1号”采用全继电器，由开关、继电器、转轴与离合器所构成，长51英尺、高8英尺，看上去像一节列车，由750 000个零部件组成，里面的各种导线加起来总长500英里。“马克1号”由打卡纸读取、执行每一道指令。它没有条件分支指令。需要复杂运算的程式码会是很长的一串。以打卡纸头尾相接的方式来完成循环执行的指令。这种程式码与资料分开放置的架构就是众所周知的“哈佛架构”。计算机先驱格蕾丝·赫伯（Grace Hopper）是“马克1号”的程式设计员。“马克1号”采用电路和10进位计算，全自动运算，做乘法运算一次最多需要6秒，除法15.3秒，运算速度比穿孔卡计算机用机械原理计算要快一些，且精确度很高，可达小数点后23位。但冯·诺伊曼对“马克1号”的计算力也不满意，因为它的计算速度仍不快。[②③]

当时“二战”正在进行中，要使火炮和飞机发射的炮弹命中目标，就须先准确计算炮弹和导弹的轨道参数，并绘制出“射击图表”，这是一个计算量巨大的工作，有时一份“射击图表”需要几十人用手摇机械计算机耗费几个月才能算出来。为了提高计算炮弹弹道参数的效率，受美国军方的委托，美国宾夕法尼亚大学于1944年开始研制一台用电子管作为电子开关来提高运算速度的电子计算机，名为“电子数字积分计算机”（Electronic Numerical Integrator And

① 国际商用机器公司将这部电脑命名为ASCC，但随后哈佛大学与Aiken将它改称为“马克一号”（Mark I）。

② 吕云翔，李沛伦．IT简史［M］．北京：清华大学出版社，2016：43.

③ 坎贝尔－凯利，阿斯普雷，恩斯门格，等．计算机简史（第三版）［M］．蒋楠，译．北京：人民邮电出版社，2020：61-63，164.

Computer, ENIAC，中文名叫“埃尼阿克”）的计算机。承担研发“埃尼阿克”任务的人员由任职于宾夕法尼亚大学莫尔电机工程学院的埃克特（John Presper Eckert Jr., 莫奇利的学生）、莫奇利（John Mauchly）为首的莫尔电机工程学院科研团队组成。亚瑟·博克斯（Arthur Walter Burks）于1941年在密歇根大学安娜堡分校获得逻辑学博士学位后，成为莫尔电机工程学院科研团队的成员之一，从事武器方面与“埃尼阿克”的研究。

1944年夏天，赫尔曼·戈德斯坦（Herman Goldstine）在阿伯丁火车站的站台等候去费城（Philadelphia）的火车时偶遇冯·诺伊曼，后来被证明是计算机发展史上的一个关键时刻。当时戈德斯坦是美国弹道实验室的军方负责人，他正参与“埃尼阿克”的研制工作，戈德斯坦邀请冯·诺伊曼加入改进“埃尼阿克”的工作。① 冯·诺伊曼建议为“埃尼阿克”添加存储设备，改用二进制。1945年春天，冯·诺伊曼应邀为“埃尼阿克”的下一代计算机起草逻辑框架的报告。如下文所论，早在1940年，数学家诺伯特·维纳就提出，只有采用二进位逻辑才更适应以开关为变动的运算器等重要原则，诺伯特·维纳还多次与图灵、冯·诺伊曼等人讨论有关问题，并把皮茨和麦卡洛克的工作积极介绍给了冯·诺伊曼，为计算机的诞生提供了许多宝贵创见。② 在1943年冬的一次学术会议上，冯·诺伊曼见过皮茨，皮茨给冯·诺伊曼留下了深刻印象。冯·诺伊曼从图灵的著作和麦卡洛克－皮茨模型中获取了灵感。1945年6月，冯·诺伊曼在和莫尔学院科研团队共同讨论的基础上，起草了一份划时代的101页的《关于EDVAC的报告草案》，这份方案又称《关于离散变量自动电子计算机的草案》（*First Draft of a Report on the EDVAC*）或《101页报告》。③ 在《101页报告》中，

---

① 刘韩.人工智能简史［M］.北京：人民邮电出版社，2018：119.

② 格夫特.逻辑与人生：一颗数学巨星的陨落［EB/OL］.（2016-01-25）［2024-07-04］. http://www.360doc.com/content/16/0125/08/20638780_530375319.shtml.

③ 刘韩.人工智能简史［M］.北京：人民邮电出版社，2018：119.

冯·诺伊曼明确提出了建造电子计算机的三个基本原则：

（1）电子计算机宜采用冯·诺伊曼型计算机结构。即新的电子计算机由运算器、逻辑控制器、存储器、输入设备和输出设备五个部分组成，并描述了这五部分的职能和相互关系，如图 2-4 所示。

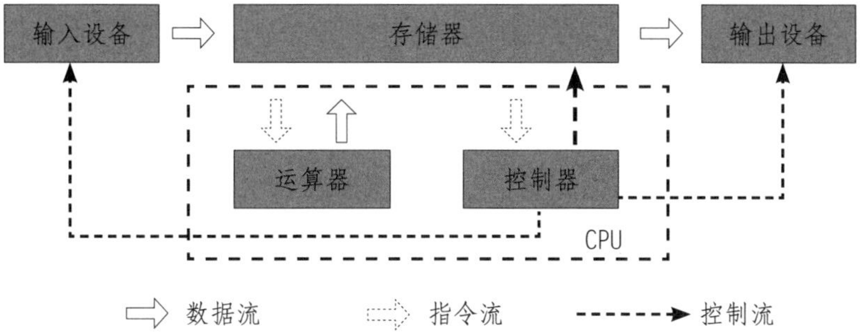

图 2-4　冯·诺伊曼型电子计算机结构示意图①

（2）采用二进制。根据电子元件双稳工作的特点，冯·诺伊曼建议在电子计算机中抛弃十进制，采用二进制，指出了二进制的优点，并预言二进制的采用将大大简化机器的逻辑线路。

（3）要有存储程序。冯·诺伊曼认为，电子计算机基本工作原理是存储程序（stored program）和程序控制。冯·诺伊曼建议依照麦卡洛克－皮茨网络对计算机建模，用真空管取代神经元扮演逻辑门的角色，将真空管严格按照麦卡洛克－皮茨模型中的顺序串在一起，就可以进行计算。为了将这些程序以数据的形式存储，计算机需要内存，皮茨的环——“一种原件能够自我刺激，并将这种刺激无限期地保留”——在这里派上了用场。冯·诺伊曼在他的报告中呼应了皮茨的观点，采用了皮茨的模数学。这样，在整个报告中，唯一引用公开发表的文章只有麦卡洛克－皮茨的《神经活动中内在思想的逻辑演算》一文。②

① 刘韩．人工智能简史［M］．北京：人民邮电出版社，2018：51.

② 格夫特．逻辑与人生：一颗数学巨星的陨落．［EB/OL］．（2016-01-25）［2024-07-04］．http://www.360doc.com/content/16/0125/08/20638780_530375319.shtml.

《101 页报告》是电子计算机史上的里程碑式方案，由此奠定的电子计算机结构被后人称作“冯·诺伊曼型计算机结构”（简称“冯·诺伊曼结构”），宣告了电子计算机时代的开始。《101 页报告》对后来计算机的设计有决定性影响，特别是确定计算机的结构，采用存储程序与二进制编码等，至今仍为电子计算机设计者所遵循。《101 页报告》对电子计算机的许多关键性问题的解决做出了重要贡献，从而保证了世界上第一台通用电子计算机“埃尼阿克”的顺利问世。[①]

赫尔曼·戈德斯坦极为赏识冯·诺伊曼，认为《101 页报告》的主要贡献者是冯·诺伊曼。莫奇利和埃克特认为冯·诺伊曼的《101 页报告》只是总结了他们二人先前的思想成果而已。结果，以莫奇利和埃克特为首的莫尔电机工程学院科研团队与冯·诺伊曼因《101 页报告》产生的矛盾越来越尖锐，延误了对“埃尼阿克”的改进，使“埃尼阿克”未能按期造出。“曼哈顿计划”计划中所产生的海量计算最终只好由一批数学家和从美国弹道分析实验室协调来的微分分析仪与穿孔卡计算机不间断地计算，勉强在“第二次世界大战”结束前完成。

1946 年 2 月 14 日，由科学家冯·诺伊曼和“莫尔小组”的工程师埃克特、莫奇利、戈尔斯坦，以及华人科学家朱传榘组成的研制小组，在宾夕法尼亚大学发明并建造了世界上第一台第一代通用计算机“埃尼阿克”，并于 1946 年 7 月正式移交给美国陆军的洛斯阿拉莫斯国家实验室。“埃尼阿克”用了 18 000 个电子管，占地 170 平方米，重达 30 吨，耗电功率约 150 千瓦，每秒钟可进行 5 000 次运算，它的数学运算能力和可通用的编程能力，震惊了当时的科学界。“埃尼阿克”以电子管为元器件，所以又被称为电子管计算机，是计算机的第一代。电子管计算机因使用的电子管体积很大，耗电量大，易发热，工作的时间不能太长。并且，“埃尼阿克”还存在两个问题：（1）没有程式存储器，不具备存

① 刘韩．人工智能简史［M］．北京：人民邮电出版社，2018：50-51，119.

储功能，每干完一件事，就要重新编程，累死人；（2）它使用布线接板进行极其繁琐的搭接控制，每次改变运算任务都需要搭接几天，快出来的计算速度也就被这一工作抵消了。[①]“埃尼阿克”虽存在上述缺陷，却开启了智能计算的时代。智能计算包括人工智能技术与它的计算载体，大致历经了通用计算装置（始于 1946 年，代表人物是艾伦·图灵和冯·诺伊曼）、逻辑推理专家系统（始于 1990 年，代表人物是爱德华·费根鲍姆）、深度学习计算系统（始于 2014 年左右，代表人物是杰弗里·欣顿）、大模型计算系统（始于 2022 年，代表性成果是 OpenAI 公司开发的 ChatGPT 和深度求索研发的 DeepSeek-R1 模型）四个阶段。智能计算的起点是 1946 年“埃尼阿克”这台通用自动计算装置的诞生。艾伦·图灵和冯·诺伊曼等科学家一开始都希望能够模拟人脑处理知识的过程，发明像人脑一样思考的机器，虽未能实现，却解决了计算的自动化问题。自动计算装置的出现也推动了 1956 年人工智能（AI）概念的诞生，此后所有人工智能技术的发展都是建立在新一代计算设备与更强的计算能力之上的。[②]

1946 年 7 月“埃尼阿克”被移交给美国陆军的洛斯阿拉莫斯国家实验室后，莫奇利和埃克特从宾夕法尼亚大学离职，于 1947 年带走了莫尔电机工程学院科研团队大部分高级工程师，组建埃克特—莫奇利电子计算机公司（Eckert-Mauchly Computer Corporation）。这是世界上第一家专门制造和出售电脑的商业公司，目标是设计并制造通用自动计算机（UNIVAC）。因难以获得财政支持，且不擅长经营，莫奇利与埃克特不得不在 1950 年把公司卖给了著名打字机生产厂商雷明顿 - 兰德（Remington-Rand）公司，成为有史以来第一家破产后被人兼并的电脑公司。埃克特和莫奇利继续在雷明顿 - 兰德公司从事制造通用自动计算机的研制工作，并在 1951 年取得成功，制造出通用自动计算机，于 1951 年 6

① 刘韩．人工智能简史［M］．北京：人民邮电出版社，2018：119.

② 孙凝晖．人工智能与智能计算的发展［EB/OL］．（2024-04-30）［2024-07-05］．www.npc.gov.cn/c2/c30834/202404/t20240430_436915.html.

月14日正式移交给了美国人口普查局使用。这台通用自动计算机是第一代电子管计算机趋于成熟的标志，也标志人类社会从此进入了计算机时代，因为电脑最终走出了科学家的实验室，直接为千百万人民大众事业服务。

等“埃尼阿克”于1946年7月被正式移交给美国陆军的洛斯阿拉莫斯国家实验室后，冯·诺伊曼继续对“埃尼阿克”进行改进。与此同时，为了优化“埃尼阿克”，早在1945年6月，存储程序通用电子计算机的制造计划就在冯·诺伊曼起草的《存储程序通用电子计算机方案》中被提出。随后，冯·诺伊曼计划回到普林斯顿高等研究院（当时爱因斯坦在该院当教授）研制存储程序通用电子计算机。普林斯顿高等研究院起初对存储程序通用电子计算机的设计不太感兴趣，于是，冯·诺伊曼利用自己的声誉和擅长交际的本领，在军方和民间四处募集资金和寻求支持，普林斯顿高等研究院终于在1946年上马研制存储程序通用电子计算机的工程。冯·诺伊曼又从“埃尼阿克”团队中招募了戈德斯汀和亚瑟·巴克斯进入普林斯顿高等研究院，开展存储程序通用电子计算机的设计工作，计划用它来预报天气。存储程序通用电子计算机是一台用真空管进行计算的机器，首次采用了二进制，较之“埃尼阿克”更快，也更具通用性。可以说，现代计算机是从存储程序通用电子计算机开始的。存储程序通用电子计算机使用了大约6000个真空管和12 000个二极管，占地45.5平方米，重达7 850千克，消耗电力56千瓦，使用时需要30个技术人员同时操作。存储程序通用电子计算机于1949年8月交付给弹道研究实验室。在发现和解决许多问题之后，直到1951年存储程序通用电子计算机才开始运行。直到1961年，存储程序通用电子计算机才被弹道研究实验室电子科学计算机（Ballistic Research Laboratories Electronic Scientific Computer, BRLESC）所取代；在其运行周期里，存储程序通用电子计算机被证明是一台可靠和可生产的计算机。①

① 陈禹．信息系统管理工程师教程［M］．北京：清华大学出版社，2006：18.

另一边，1946年，英国剑桥大学数学实验室的莫里斯·威尔克斯教授（Maurice Vincent Wilkes）和他的团队受到冯·诺伊曼《存储程序通用电子计算机方案》的启发，仔细研究了《存储程序通用电子计算机方案》，1946年8月又亲赴美国参加了莫尔学院举办的计算机培训班，与存储程序通用电子计算机（EDVAC）的设计研制人员广泛地进行接触、讨论，进一步弄清了它的设计思想与技术细节。回国以后，威尔克斯立即以《存储程序通用电子计算机方案》为蓝本设计自己的计算机并组织实施，起名为“电子延迟存储自动计算器”（electronic delay storage automatic calculator, EDSAC），于1949年5月6日在剑桥大学正式运行，这是世界上第一台实际运行的具有内存程序的电子计算机，它使用了约3 000个真空管，排在12个柜架上，占地20平方米，功率消耗12千瓦。由莫里斯·威尔克斯教授领衔、1951年在英国正式投入市场的LEO（Lyons Electronic Office）计算机，通常被认为是世界上第一个商品化的计算机型号。冯·诺伊曼在制造存储程序通用电子计算机（EDVAC）和电子延迟存储自动计算器（EDSAC）等两台计算机的过程中均发挥了关键作用，被后人称为“现代计算机之父”。[①]

图灵在“二战”后期就开始研究计算机下棋，并于1947年编写了第一个下棋程序。几乎和图灵同时，冯·诺伊曼也研究计算机下棋，并和经济学家奥斯卡·摩根斯顿合著，于1944年出版了《博弈论与经济行为》（*Theory of Games and Economic Behavior*）[②]，标志着现代系统博弈理论的初步形成，冯·诺伊曼也被人称作“博弈论之父”。博弈论（Game Theory）是应用数学的一个分支，主要研究公式化了的激励结构（游戏或博弈）间的相互作用，是研究具有斗争或竞争性质的现象的数学理论与方法。[③]同时，该书中首次提出了两人对弈的极小极

① 史南飞．对人工智能的道德忧思［J］．求索，2000（6）：67-70.

② VON N J. MORGENSTERN O. Theory of games and economic behavior［M］. Princeton University Press, 1944.

③ 刘韩．人工智能简史［M］．北京：人民邮电出版社，2018：159.

大算法（Minimax algorithm）：二人对弈的一方是 max，另一方是 min，max 一方的评估函数越高越好，min 一方的评估函数越低越佳。max 和 min 的对弈就形成了博弈树。[①] 极小极大算法奠定了计算机博弈的理论基础，不过，极小极大算法的缺点是：博弈树的增长是指数式的，当博弈树很深时，博弈树的规模就变得不可控。

从 20 世纪 40 年代起，生物模拟就构成了计算科学的一个组成部分。1947 年，冯·诺伊曼提出“自复制自动机”（cellular automaton, 也译作“细胞自动机”或“元胞自动机”）理论。[②] 在人生的最后 10 年，冯·诺伊曼主要研制“自复制自动机”，这是冯·诺伊曼对人工智能做出的另一个重要贡献。1957 年 2 月 8 日冯·诺伊曼因骨癌去世后，他的助手亚瑟·巴克斯根据他的讲稿和相关论文，编辑完成了《自复制自动机理论》（*Theory of Self-Reproducing Automata*）一书，于 1966 年出版。这本书集中展现了冯·诺伊曼于 1948 年以数学和逻辑的形式构想出的一整套关于“自复制自动机”系统的构想。[③] 冯·诺伊曼的自复制自动机理论就是假设机器是由类似于神经元的基本元素组成的。“自复制自动机”是时间和空间都离散的动力系统，散布在规则格网（lattice grid）中的每一细胞（cell）取有限的离散状态，遵循同样的作用原则，依据确定的局部规则作同步更新。大量细胞通过简单的相互作用而构成系统的演化。[④] 冯·诺伊曼向人们展示了第一个“自复制自动机”模型，它主要由三部分组成：一个通用机器、一个通用构造器和保存在磁带上的信息，如图 2–5 所示。通过对“自复制自动机”的系统构想，冯·诺伊曼试图对大自然中的系统（即生物自动机）以及模拟和

① 诺伊曼，摩根斯顿．博弈论与经济行为［M］．王建华，顾玮琳，译．北京：北京大学出版社，2018.

② 斯加鲁菲．智能的本质：人工智能与机器人领域的 64 个大问题［M］．任莉，张建宇，译．北京：人民邮电出版社，2017：221.

③ 刘韩．人工智能简史［M］．北京：人民邮电出版社，2018：120.

④ 同③ 176.

数字计算机（即人造的自动机）取得实质性的理解。①

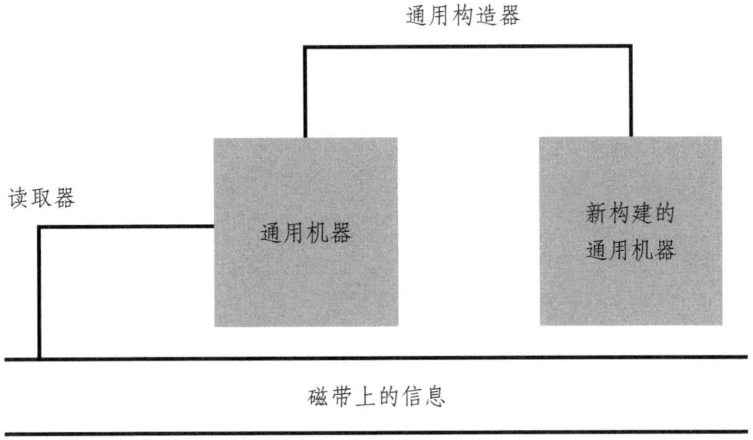

图 2-5　冯·诺伊曼的自复制自动机模型图 ②

通用机器读取磁带上存储的信息，能够利用通用构造器来逐块重建其自身。根据冯·诺伊曼的设想，能通过“机械细胞”组成“自复制自动机”；每个“机械细胞”可以有 29 种变化状态：包括 1 种未激发态、20 种静息却可激发态和 8 种激发态；每个“机械细胞”的状态可根据附近其他细胞的状态来改变。五年后，1953 年，弗朗西斯·克里克和詹姆斯·沃森（James Dewey Watson）发现了脱氧核糖核酸（DNA）的双螺旋结构，于 1962 年获诺贝尔医学或生理学奖。脱氧核糖核酸与“自复制自动机”中存储信息的“磁带”起类似的作用，它们也为生命力的复制系统提供必要的信息。

1958 年，冯·诺伊曼的《计算机与人脑》（*Computer and the Brain*）首次出版，该书分两部分：第一部分阐述计算机，概述模拟计算机和数字计算机的一些最基本的设计思想和理论基础，探讨其中的若干问题；第二部分讲人脑，主要从逻辑和统计数学的角度讨论了神经系统的刺激——反应和记忆等问题。③

① 刘韩．人工智能简史［M］．北京：人民邮电出版社，2018：120-121.
② 同① 121.
③ 诺意曼．计算机与人脑［M］．甘子玉，译．北京：商务印书馆，2009.

《计算机与人脑》一书的出版，进一步推动了计算机的发展。

（三）香农与人工智能的信息论源头

克劳德·艾尔伍德·香农首次用布尔代数描述程序和硬件如中央处理器（central processing unit, CPU）——作为计算机系统的运算和控制核心，中央处理器是信息处理、程序运行的最终执行单元——的底层逻辑，并且，香农是人工智能信息论（information theory）的源头，因为他是信息论之父、数字通讯之父，为数字通信和人工智能的发展奠定了信息论基础。信息论是探讨将信息由一处传送到另一处的理论，是运用概率论和数理统计的方法研究信息、信息熵、通信系统、数据传输、密码学、数据压缩等问题的应用数学学科。1948 年，香农发表《通信的数学原理》（*A Mathematical Theory of Communication*）一文，提出香农定理，标志信息论的诞生。[①] 同年，控制论也诞生了。

1916 年 4 月 30 日，香农出生于美国密歇根州的皮托斯基（Petoskey），是"世界发明大王"爱迪生（Thomas Alva Edison）的远亲。香农的爷爷是一个喜欢做小发明、拥有专利的农场主和发明家，曾改进洗衣机，即为洗衣机安装阀门，排放污水。在这种家庭环境的熏陶下，香农从小喜欢亲手制造小机器。[②] 香农性格内向，但与图灵是好朋友，"二战"结束后去英国回访过图灵，二人一起讨论计算机下棋。[③]

麻省理工学院（Massachusetts Institute of Technology, MIT）著名电子工程专家万尼瓦尔·布什（Vannevar Bush）从 1930 年开始设计并制造出当时最复杂的微分分析仪，它是一种专门解析微分方程的机械计算机，体积巨大，它虽是世界上首台模拟式电子计算机，却与今天的数字式电脑毫无关系。它虽也要编程才能运算，却是需要借助锤子和扳手改变齿轮行程来完成，故给微分分析仪编

① 刘韩．人工智能简史［M］．北京：人民邮电出版社，2018：4–5，175.
② 诺意曼．计算机与人脑［M］．甘子玉，译．北京：商务印书馆，2009：5.
③ 尼克．人工智能简史［M］．北京：人民邮电出版社，2017：4.

程，既要脑力又要体力，且须熟悉这套机械装置的结构与运行方式。并且，这台微分分析仪不具备存储功能。要计算一个算式，须提前搭建一个特定的电路，运算结束后，这个电路须拆除，所有的器件都要进行保养与维护。若要计算下一个算式，须提前搭建一个特定的新电路，运算结束后，这个新搭建的电路同样须拆除，所有的器件又要进行保养与维护。依此类推。操作这种机械计算机不但费时费力，而且其计算力已达极限，无潜力可挖。为改变此局面，万尼瓦尔·布什提出，可以引入继电器和开关来完善编码，研发新的电子计算机的设想。正是这个设想，改变了香农的命运。[①]

概要地说，布什想要通过一些开关自行调整仪器的结构，激活一些新功能，同时也关闭一些不需要的部分。过去这件事往往是工人操作螺丝刀来完成，如今布什希望用开关来取代螺丝刀。可这个设想究竟该如何实现呢？布什还没有想好，但直觉告诉他，能够解决这个难题的一定是能跳出固有思维、有奇思妙想的人。因此，1936 年，当布什——其时已是麻省理工学院院长——查看来自世界各地的研究生申请时，一眼看中了当时因偏科导致整体成绩并不拔尖，但兼修数学和工程学，且数学特别优异，动手能力强（读中学时就能帮人修无线电）的香农。香农在数学和科学上的天赋可能来自香农的爷爷，20 岁的香农于 1936 年在密西根大学（University of Michigan）获得数学与电气工程两个学士学位。[②] 当时像香农这种既擅长数学理论又擅长电气工程实践的通才极少，往往是学数学的没兴趣、没时间去工厂进行实际操作，学工程的没兴趣和精力去钻研数学。布什的教育理念偏向通才式，故一眼就相中了香农，让香农有机会来到麻省理工学院跟随布什读硕士研究生，香农也因此有了展露自己才华的独

① 索尼，古德曼．香农传：从 0 到 1 开创信息时代［M］．杨晔，译．北京：中信出版社，2019：35-43.

② 刘韩．人工智能简史［M］．北京：人民邮电出版社，2018：5.

特机会。[①]香农来到麻省理工学院见过布什后，就替代布什去管理微分分析仪。当时人们已开始广泛使用开关来控制电路的接通与断开，香农通过安装在微分分析仪上的开关来控制复杂的电路，决定哪部分工作，哪部分休息，整个工作枯燥乏味，还劳身劳神，让香农苦不堪言。[②]香农盯着这些开关思考，有一天突然想起了大学时在哲学课上学的布尔代数（Boolean algebra）。当香农灵光一闪，将布尔代数与电路开关联系到一起时，在很长一段时间内都没有实际用处的布尔代数立即有了巨大的实际用处，电路开关就是布尔代数的真与假，并可用继电器来控制电路开关，电路通过开与关的组合就能执行逻辑运算上的真与假，这样，布尔代数就成为计算机的基本运算方式。1938 年，年仅 22 岁的香农将此想法写成题为《继电器与开关电路的符号分析》（*A Symbolic Analysis of Relay and Switching Circuits*）的硕士学位论文，并在华盛顿召开的一个学术会议上首次报告了该文的内容。在《继电器与开关电路的符号分析》一文中，香农首次提出，可以用布尔代数来描述电路，即将布尔代数的“真”与“假”和电路系统的“开”与“关”对应起来，并用 1 和 0 表示，将二进制（1 和 0）的数学逻辑和电路工程系统中的“开”与“关”连接到一起，找到了电路的逻辑可能性，从而奠定了数字电路的理论基础。[③]在此之前，计算机电路的设计全凭经验，在此之后，人们只要将控制电路的逻辑用布尔代数写成一个方程式，就能够按部就班地用最简单的开关电路搭建出结构和功能十分复杂的计算机器。后来出现的电子计算机等设备，都以此为设计思路。这篇硕士学位论文不但让香农于 1938 年在麻省理工学院获得硕士学位，并获得了电子工程界的大奖——美国 Alfred Noble 协会美国工程师奖和国家研究奖学金，更是香农人

---

① 索尼，古德曼．香农传：从 0 到 1 开创信息时代［M］．杨晔，译．北京：中信出版社，2019：18-19，23-26.

② 同① 41-42.

③ 刘韩．人工智能简史［M］．北京：人民邮电出版社，2018：143.

生中的一篇重要学术论文。后来，著名计算机科学家赫尔曼·戈德斯坦评价这篇论文是“有史以来最重要的一篇硕士论文”。[①]哈佛大学的霍华德·加德纳（Howard Gardner）教授评价道：“这可能是本世纪最重要、最著名的一篇硕士论文。”[②]

在读研究生期间，香农曾到贝尔实验室实习，对贝尔实验室的自由研究氛围非常满意。1940年博士毕业后，香农到普林斯顿高等研究院待了一年，与爱因斯坦、冯·诺伊曼等大师级人物有过交往，研究方向变成了机械模拟计算机。[③]1941年，香农加入贝尔实验室，开始了自由自在的研究工作。这种自由自在的研究状态直至1942年终止。1942年，香农所在贝尔实验室接到美国军方的一项绝密任务，那就是破解敌方的密码和增强美方通讯的安全，如不让敌人破解美军的密码。当时，德军屡屡窃听到英国首相温斯顿·丘吉尔与美国总统富兰克林·罗斯福之间的加密通话，这引起美、英双方的重视，寻找解决办法。于是，这个为通话加密的任务就交给了贝尔实验室，项目代号为X，对外是严格保密的。贝尔实验室内部给它取了一个代号，叫“绿色大黄峰”。香农是“绿色大黄峰”小组的30位成员之一，负责检验各种加密算法，以保证系统加密后信息的安全。香农通过理论研究证明，通过对原始音频的随机性的密钥叠加，就能将音频加密到对方无法破译的水平。贝尔实验室采用了香农的建议，给通话加密的具体做法分两步：第一步，将语音数字化；第二步，在数字化的基础上，叠加一层随机密钥，随机密钥的长度与要加密的语音的信息长度是相同的，这样，接收后的音频都是噪声，对方没有办法分辨出来原始的音频是什么。[④]也正是参

① 索尼，古德曼．香农传：从0到1开创信息时代［M］．杨晔，译．北京：中信出版社，2019：47–50.

② 刘韩．人工智能简史［M］．北京：人民邮电出版社，2018：6.

③ 同② 134.

④ 同① 113–120.

加这个项目，让香农于 1943 年见到了自己一生的好友——图灵，并与他就“会思考的机器”进行了深入交流。

香农在“绿色大黄峰”项目中接触到了语音编码、通信和密码学，并对它们产生了浓厚兴趣。当时，几乎所有密码学家都将密码学作为一门实用学科，即利用技巧设计一个用得上的密码系统，或者找出其他密码系统的数学破绽。香农思考的则是与密码学有关的数学和哲学问题。他从信息学角度，给出了密码学两个最根本的指导性意见：一方面，加密后的密文要力求做到完全随机，这样，就算被人截获了密文，从中也分析不出任何有用的信息。另一方面，任何密码在使用一段时间后都有被破译的可能，唯一不会被破译的密码就是一次性密码。当然，在香农生活的时代，不可能有一次性密码，但他的这种超前思维就是今天量子通讯的最重要亮点。[①②] 更重要的是，香农发现密码学和通信在原理上是一样的，于 1948 年 6 月和 10 月，香农在《贝尔系统技术杂志》（*Bell System Technical Journal*）上连载发表了具有深远影响的论文《通信的数学原理》（*A Mathematical Theory of Communication*）[③]，提出香农定理，标志着信息论的诞生。[④] 信息论可以用到电子学、物理学、化学、生物学、医学、心理学、经济学和人类学等几乎所有学科领域，香农由此被人称作信息论之父、数字通讯之父。1949 年，香农又在《贝尔系统技术杂志》上发表了题为《噪声下的通信》的著名论文，[⑤] 指出密码系统和有噪音的通信系统没有什么不同。在这两篇论文中，香农提出了“熵”（entropy）的概念，“熵”是香农创立的信息论中

① 吴军 . 信息传［M］. 北京：中信出版社，2020：233−234.

② 索尼，古德曼 . 香农传：从 0 到 1 开创信息时代［M］. 杨晔，译 . 北京：中信出版社，2019：119−120，159−186.

③ SHANNON C E. A mathematical theory of communication［J］. Bell system technical journal, 1948, 27（3）：379−423.

④ 刘韩 . 人工智能简史［M］. 北京：人民邮电出版社，2018：175.

⑤ SHANNON C E. Communication in the presence of noise［J］. Proceedings of the IRE, 1949，37（1）：10−21.

最核心的概念，代表了一个系统的内在的混乱程度。“熵”的数学表达方式是：$H=\sum_{i=1}^{n}P_igP_i$，阐明了通信的基本问题，给出了通信系统的数学模型，提出了信息量的数学表达式，并解决了信道容量、信源统计特性、信源编码、信道编码等一系列基本技术问题。这两篇论文为信息论、数字通信和人工智能奠定了扎实基础。[①]因此，从某种意义上可以说，香农用他的信息论塑造了今天的信息时代。假若没有信息论，今天日常生活所用的手机、电脑都不会出现，电视也不会有回看功能。同年，香农在备忘录《密码学的一个数学理论》的基础上，又发表一篇重要论文——《保密系统的通信理论》，这篇论文开辟了用信息论来研究密码学的新思路[②]，奠定了现代密码理论的基础，香农也凭此成为近代密码理论的奠基者和先驱。

1949 年 3 月 27 日，香农迎娶了自己在贝尔实验室的同事，有“人形计算机”美誉的玛丽·伊丽莎白·摩尔（Mary Elizabeth Moore）。如下文所论，1950 年，香农在《哲学杂志》发表《编程实现计算机下棋》（*Programming a Computer for Playing Chess*），提出树形搜索理论。随后，功成名就后的香农做起了发明家，发明一些机械小玩具。如，1951 年，香农夫妇共同推出了著名的“会走迷宫的电子老鼠”——忒修斯，这是一只木制的、带有铜胡须的玩具老鼠。它能通过不停地随机试错，穿过一座由金属墙组成的迷宫，直到在出口处找到一块金属的“奶酪”。最具独创性的是：“忒修斯”能够记住这条路线，甚至在下一次任务中，迷宫的墙壁有所移动，都难不倒它。在人们看来，这就是一只“会思考”的老鼠。其实，走迷宫的秘诀并不在老鼠身上，而是在迷宫上。迷宫各处隐藏了 75 个继电器开关，通过这些简单的、只具有开关功能的设备，最终实现

① 刘韩．人工智能简史［M］．北京：人民邮电出版社，2018：134.

② SHANNON C E. Communication theory of secrecy systems［J］. The Bell system technical journal, 1949，28（4）：656–715.

了老鼠的所谓“智能”。①1956年夏天，香农在著名的达特茅斯会议上见证了“人工智能”学科的诞生。当图灵和冯·诺伊曼两位天才相继去世后，香农成为人工智能领域承上启下的关键人物。② 不过，令人费解的是，在达特茅斯会议结束后，香农就辞掉了贝尔实验室终身研究员的职位，于1957年回到麻省理工学院任教，过着半隐居的生活，从此几乎不再参加任何学术讨论和会议，也不再发表论文，仿佛突然对信息论、密码学和人工智能等问题都失去了兴趣，余生的主要精力均放在钻研杂技上，只将他的一些有趣想法付诸实践。③ 如，香农的另一个著名发明，是一个会下国际象棋的机器。这个机器用了150个继电器开关，具备不错的计算能力。1965年，香农带着这个机器跑去挑战当时的世界冠军 Mikhail Botvinnik。虽然最后输了，但这台会下国际象棋的机器表现不错。④

为表彰香农在信息领域的巨大贡献，1972年在以色列阿什凯隆召开的由国际电气与电子工程师协会（Institute of Electrical and Electronics Engineers, IEEE）信息论学会主办的信息论国际研讨会上设立香农奖（Claude E. Shannon Award），该奖是“信息科学、通信科学领域的诺贝尔奖”。首届香农奖授给了香农本人⑤。1976年，香农从麻省理工学院退休，继续钻研发明创造。后人发现，香农的这些发明创造正指引着人工智能的早期探索。⑥ 香农曾预测未来的人工智能具有四个发展目标：（1）创造出能打败国际象棋世界冠军的象棋程序，（2）能写出被人们认可的诗文的诗歌程序，（3）写出能证明难以捉摸的黎曼假设的数学程序，

① 斯加鲁菲.智能的本质：人工智能与机器人领域的64个大问题［M］.任莉，张建宇，译.北京：人民邮电出版社，2017：222.
② 刘韩.人工智能简史［M］.北京：人民邮电出版社，2018：134-135.
③ 周志明.智慧的疆界：从图灵机到人工智能［M］.北京：机械工业出版社，2018：42-52.
④ 索尼，古德曼.香农传：从0到1开创信息时代［M］.杨晔，译.北京：中信出版社，2019：237-241，250.
⑤ 同② 54.
⑥ 费文绪，西尔弗.信息论之父克劳德·香农：刷新你对信息的想象［J］.世界科学，2018（2）：57-59.

（4）设计出收益超过50%的选股软件。[1]其中，第一个目标在1997年5月11日实现，后三个目标至今仍在求索中，也许在不久的将来就能实现。

（四）维纳与电子计算机和人工智能的控制论源头

诺伯特·维纳是人工智能控制论的开创者，并对电子计算机的诞生做出了重要贡献，为人工智能的发展奠定了硬件和控制论基础。

维纳于1894年11月26日生于美国密苏里州（State of Missouri）哥伦比亚市的一个犹太人家庭，父亲是哈佛大学语言学教授。根据维纳撰写的题为《昔日神童：我的童年和青年时期》（*Ex-Prodigy: My Childhood and Youth*）自传可知[2]，通过父亲高压的天才式培养，尽管让童年的维纳患上了终身未治愈的抑郁症和高度近视（后来发展到必须摸着墙才能走路的程度），但维纳的天才从儿童时代就已展露无遗：直接跳过小学和初中，9岁读高中，11岁高中毕业入读塔夫茨大学（Tufts University），14岁取得数学学士学位，17岁从哈佛大学取得哲学博士学位。迄今为止，维纳一直是哈佛大学历史上最年轻的博士，曾被誉为“世界上最杰出的男孩”（the Most Remarkable Boy in the world）。博士毕业后，维纳先后去了英国剑桥大学和德国哥廷根大学深造。回到美国后，维纳于1919年来到麻省理工学院任教，直至去世。[3]维纳在人工智能史上的贡献主要有三个方面：

1. 为人工智能的硬件基础——计算机——的诞生提出了许多宝贵建议

早在1940年9月20日写的一份长篇备忘录里，诺伯特·维纳将10多年前提供给万尼瓦尔·布什的想法加以扩展，提出了现代计算机的五条设计原则：（1）数字式，而不是模拟式；（2）由电子元件构成，并尽量减少机械部件；

---

① 索尼，古德曼．香农传：从0到1开创信息时代［M］．杨晔，译．北京：中信出版社，2019：244.

② 维纳．昔日神童：我的童年和青年时期［M］．雪福，译．上海：上海科学技术出版社，1982.

③ 周志明．智慧的疆界：从图灵机到人工智能［M］．北京：机械工业出版社，2018：145-146.

（3）采用二进制，而不是十进制，因为二进位逻辑更适应以开关为变动的运算器；（4）全部计算在机器上自动进行；（5）在计算机内部存储数据。这是世界上首次对功能完备的现代计算机的具体描述，构成了研制现代计算机的首套技术参数，[①]为冯·诺伊曼于1945年6月在《存储程序通用电子计算机方案》中提出建造电子计算机的三个基本原则提供了灵感。从某种意义上说，“冯·诺伊曼计算机结构”改称“维纳—冯·诺伊曼计算机结构”可能更准确。另外，维纳还多次与图灵、冯·诺伊曼等人讨论有关计算机的问题，为计算机的诞生提供了许多宝贵创见。例如，维纳从麦卡洛克和皮茨于1943年提出的麦卡洛克－皮茨模型看到了另一种可能性，将麦卡洛克-皮茨模型的潜力充分地发掘了出来：麦卡洛克-皮茨模型是以神经学为切入点，希望通过对神经元的建模来理解大脑是如何工作的。维纳认为，既然这个数学模型可以用来描述大脑，那么反过来，如果用电子机械系统搭建一个这样的模型，这不就成了“电脑”吗？维纳把皮茨和麦卡洛克的工作积极介绍给冯·诺伊曼，对冯·诺伊曼于1945年6月完成《存储程序通用电子计算机方案》起到了促进作用。

2. 为人工智能提供控制论思想

维纳集结了一批神经学家和数学家，成立了他的跨学科研究梦之队，大力推进他的控制论（Cybernetics）大业，致力于将生物体和电子机械设备统一在同一个系统理论的框架下。维纳认为，生物体的通信和行为可以被建模，电子机械设备也可以具备像生物体一样的学习能力，依托控制理论的电子机械设备，用不了多久就可以代替人类完成大量任务。1943年，诺伯特·维纳、生物学家阿图罗·罗森布鲁斯（Arturo Rosenblueth）和工程师朱利安·毕格罗（Julian Bigelow）合作发表了《行为、目的和目的论》（*Behavior, Purpose and Teleology*）一文，这篇论文有两个目标：

---

① 康韦，西格尔曼．维纳传：信息时代的隐秘英雄［M］．张国庆，译．北京：中信出版社，2021：137-138.

一是定义行为，并对行为进行分类。该文所讲“行为”（behavior）是指一个实体相对于其周遭环境的任何改变（change），并对“行为”作如图 2–6 那样的二分式分类：

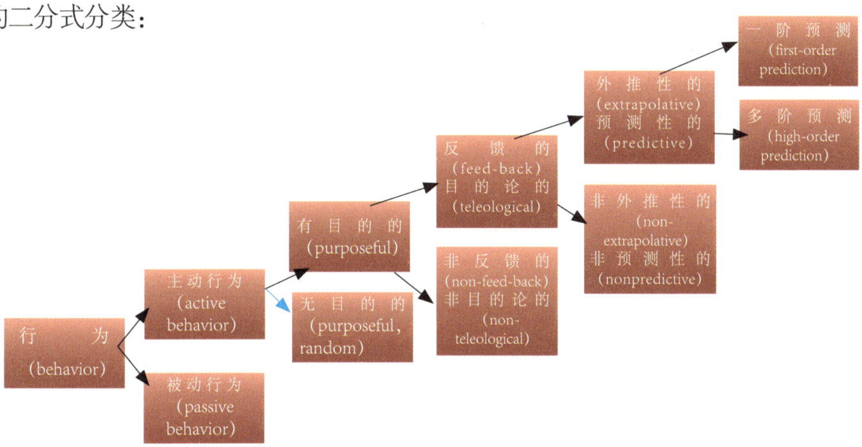

图 2–6 行为的类型 ①②

二是强调“目的”（purpose）概念的重要性。该文首次提出了“控制论”的概念，奠定了现代控制论的基础，阐述了机器和生物体之间的关系：机器既可被看成某种形式的生命体，生物体也是某种形式的机器。并且，自动机器、电子计算机，以及有生命的神经系统的复杂工作原理，都可以从通信科学的视角进行研究，这种全新的的科学框架可以用来审视无所不在的通信和控制过程，包括智能机器、人类和所有生物，所有这些非凡的实体都是通过受负反馈和循环因果逻辑支配的有目的性的行为来实现它们的目标的。这些过程本质上是有目的性的、以目标为导向的、是目的论的。③④1948 年，诺伯特·维纳出版《控制论或关于在动物和机器中控制和通信的科学》（*Cybernetics or Control and*

① ROSENBLUETH A, WIENER, N, BIGELOW J. Behavior, purpose and teleology［J］. Philosophy of science, 1943, 10：18–24.

② 斯加鲁菲 . 智能的本质：人工智能与机器人领域的 64 个大问题［M］. 任莉，张建宇，译 . 北京：人民邮电出版社，2017：5–6.

③ 同① .

④ 同② .

Communication in the Animal and the Machine）一书，宣告了“控制论”——“关于在动物和机器中控制和通信的科学”——这门新兴学科的诞生。在该书中，维纳对“机器能否拥有智能行为”给予了肯定性回答，提出了“智能性原则”，这是控制能的四大核心原则之一。维纳认为，不仅人类和人类社会中，在其他生物群体乃至无生命的机械世界中，都存在着同样的信息、通信、控制和反馈机制，信息转换是人、动物和机器进行交流（如人机技术）的根本，智能行为是这套机制的外在表现。因此，不仅人类，其他生物甚至机器均能做出智能行为。[①②]控制论将电脑与人脑等生物脑活动的相似处进行模拟对比，这样，控制论也是人工智能的一个基本理论，控制论创始人诺伯特·维纳也成为人工智能的奠基人之一。[③]维纳在计算机科学、人工智能、机器人技术以及自动化等领域都做出了开创性贡献，并成为名副其实的“控制论之父”。

3. 较早对人工智能的发展做出了深刻的道德忧思

与人工智能的其他奠基人和创始人相比，维纳的一个重大历史贡献，就是较早对人工智能的发展做出了深刻的道德忧思。维纳在 1950 年出版了控制论的姐妹篇《人有人的用处：控制论与社会》（*The Human Use of Human Beings: Cybernetics and Society*），此书专门强调人类的优势，以缓解当时社会对机器智能的焦虑，同时指出，科学技术可能给人类社会造成冲击，对部分人群可能造成压迫和剥削。维纳首次明确指出智能机是双刃剑。维纳说：“技术的发展，对于善和作恶，都带来了无限的可能性。”[④⑤⑥]1959 年，IBM 工程师 Arthur

① 维纳.控制论：或关于在动物和机器中控制和通信的科学[M].2版.郝季仁，译.北京：科学出版社，2009.

② 周志明.智慧的疆界：从图灵机到人工智能［M］.北京：机械工业出版社，2018：151.

③ 史南飞.对人工智能的道德忧思［J］.求索，2000（6）：67-70.

④ 维纳.人有人的用处：控制论与社会［M］.陈步，译.北京：北京大学出版社，2010.

⑤ 同③.

⑥ 同② 167.

Samuel 在跳棋对弈中被自己创造的下棋机击败，轰动一时，引发了维纳的忧思。1960 年，维纳在《科学》杂志上发文，通过对机器下棋功能的发展前景进行推论，认为智能机器发展有朝一日会超过人类的智慧并危害人类。其理由是：（1）机器可能会跳出此前的训练模式，摆脱设计者的控制。以跳棋程序为例，“它们无疑是有创造力的，即便和它们下棋的人也是这样说，不仅表现在下棋程序所具有的不可预见的战术上，同时还表现在下棋程序对战略评估的详细加权上。”（2）有创造力的智能机器比人反应更加迅速，人类行动缓慢，难以及时有效地控制智能机器的行为。（3）如果智能机器运行效率越来越高，且心智水平越来越高，那么，一旦将此种智能机器用于战争，它们就可能以牺牲我们每个人都在乎的利益甚至是以国家存亡为代价，赢得名义上的胜利。若果真如此，那智能机器带来的灾难就离人类越来越近了。[①] 但是，如前文所引，萨缪尔反驳了维纳的观点，强调“机器不是妖魔，它不是用魔术操作，也没有意志，而且与维纳的说法相反，除了功能失常等少见的情况外，它不能输出任何未经输入的东西。”机器不具备独立思想，机器下棋表现的“意图”，只是制订程序者预定的意图，以及能够通过逻辑的特定规则从预定意图推引出的补充意图。[②③]

（五）电子管和晶体管的研发成功与不断升级，促进了电子计算机硬件和性能的提升

如前文所论，1946 年 2 月 14 日，第一代通用计算机“埃尼阿克”诞生。第一代计算机用电子管制造。电子管计算机体积庞大，耗电量大，且极易烧坏

---

① WIENER N. Some moral and technical consequences of automation: as machines learn they may develop unforeseen strategies at rates that baffle their programmers［J］. Science, 1960, 131:1355–1358.

② SAMUEL A. Some moral and technical consequences of automation：Aa refutation［J］. Science, 1960, 132:741–742.

③ 王彦雨. 基于历史视角分析的强人工智能论争［J］. 山东科技大学学报（社会科学版），2018，20（6）：16–27.

电子管，导致性能不稳定；同时，电子管计算机运算速度慢，制造成本高，价格昂贵。第一代计算机起初主要采用机器语言来编程，后来才发展出用汇编语言来编程，不过，调试工作极其烦琐，仅用于军事研究中的数据计算。

科学家在不断改进电子管的过程中，逐渐有了用晶体管替代电子管的想法。晶体管是构成基本的逻辑电路和存储电路的半导体器件，是建造现代计算机之塔的“砖块”。[①] 在寻找做晶体管的材料时，科学家先是想到了硅。硅在地球上的含量仅次于氧，排名第二，成本低。1911 年，硅的半导体特性——半导体是指导电性能介于金属和绝缘体之间的非离子性导电物质[②]——被发现。1940 年 2 月 23 日，贝尔实验室的罗素·奥尔（Russell Ohl）偶然发现：硅板上有一条裂缝，将硅板分成了包含不同杂质的两部分：其中一部分含磷，另一部分含硼，他把前者命名为 N 型区（N 代表 Negative，负的），后者为 P 型区（P 代表 Positive，正的），这两块区域交界或“隔开”的地方就是“PN 结”。有光照时，N 区的电子就被激发并流向 P 区，形成电流。这就是硅的 PN 结和光电效应，揭开了硅在光照摄下可导电的秘密。这是今天太阳能电池的源头。不过，1941 年 12 月 7 日清晨爆发“珍珠港事件”（Attack on Pearl Harbor），美国对日宣战，随后美国许多科学家都将精力用在战时急需的研发上（如研发雷达、潜艇和原子弹等），暂时搁置了对硅的深入研究。第二次世界大战结束后，在罗素·奥尔发现的硅的 PN 结和光电效应的基础上，威廉·肖克利（William Shockley）尝试用硅做晶体管，经过两年的试验，均失败了。于是，威廉·肖克利将这项工作交给了约翰·巴丁（John Bardeen）和沃特·布拉顿（Walter Brattain）。约翰·巴丁和沃特·布拉顿寻找失败的原因，发现威廉·肖克利失败的原因是制造晶体管的硅的纯度不够。于是，他们拿出元素周期表，发现锗与硅类似，但提纯容

① 孙凝晖．人工智能与智能计算的发展［EB/OL］．（2024-04-30）［2024-07-05］．www.npc.gov.cn/c2/c30834/202404/t20240430_436915.html.

② 陈至立．辞海（第七版彩图本）［M］．上海：上海辞书出版社，2019：176.

易得多。结果，晶体管于 1947 年 12 月 16 日由美国贝尔实验室的威廉·肖克利、约翰·巴丁和沃特·布拉顿三位科学家用锗做成，三人凭此贡献赢得 1956 年的诺贝尔物理学奖，威廉·肖克利被后人称作“晶体管之父”。作为第一代晶体管，锗晶体管让电子设备从真空管（电子管是真空管）时代进入了半导体时代，大大提高了电子设备的性能、可靠性和节能性，且降低了电子设备的体积、重量和成本，成为人类微电子革命的先声。1948 年威廉·肖克利提出了结型晶体管的概念，PN 结成为电子工业界最常见的整流器形式和半导体器件设计的基本构件。1954 年 5 月 24 日，贝尔实验室研制出世界上第一代锗晶体管计算机 TRADIC，它装有 800 只晶体管，具有体积小（占地仅有 3 立方英尺）、耗能低（功率只有 100 瓦）、运算快（计算能力达到每秒 10 万次以上）等优点，让计算机从基于电子管的第一代计算机升级到基于晶体管的第二代计算机。

不过，锗在地球上含量太小，仅为一百万分之七，且分布分散，故价格昂贵；同时，锗晶体管的工作温度一般在 -55℃到 70℃，超过这个范围就会导致性能下降或损坏，这限制了锗晶体管在高温环境下的应用，也增加了散热的难度和成本。由于锗晶体管存在上述两个重大缺陷，科学家继续寻找替代品，并将目光再次投向先前曾多次关注过的硅。人们发现硅晶体管的工作温度一般在 -55℃到 150℃，甚至可以达到 200℃以上，并且，硅被氧化生成二氧化硅后就绝缘，不导电，耐高温，耐腐蚀，是最佳的替代品。但是，制造硅晶体管的硅的纯度要达到 99.99999999999%（小数点后要有 11 个 9）的圆柱体单晶硅才行，当时的人们一时很难将硅提纯到这个水平。经过许多科学家的试误后，戈登·蒂尔（Gordon K. Teal）——原贝尔实验室专攻硅提纯业务的员工，因硅提纯屡屡受挫，而锗晶体管又已做成，得不到贝尔实验室领导的重视，无奈之下，已于 1952 年 12 月离开贝尔实验室，跳槽到其家乡的一家小公司——德州仪器公司——继续从事硅提纯工作——最终借鉴波兰化学家切克劳斯基（Jan Czochralski）于 1917

年提出的连续直拉法（CZ 法），用直拉法解决了硅提纯难题：第一步，将从高纯度石英原料矿里开采并得到硅含量达 99.99 999%（小数点后要有 5 个 9）的高纯度石英砂（单晶硅）放进石英坩埚里融化；第二步，在液态硅中放入一个棒状的种晶，在约 14200℃的温度环境下，液态硅会缓慢地在种晶周围结晶；第三步，将已结晶的硅晶体慢慢往上拉，下面的液态硅会继续在结晶体上结晶。循环这三步，就会提炼出足够数量、纯度高达 99.99 999 999 999% 的硅腚。戈登·蒂尔用纯度高达 99.99 999 999 999% 的硅腚于 1954 年制造出硅晶体管，随后第二代晶体管计算机中的晶体管就用硅晶体管取代了锗晶体管。时任美国斯坦福大学校长的弗雷德·特曼（Frederick Emmons Terman）于 1951 年提出创建斯坦福研究园区（Stanford Research Park）的构想，筹划成立斯坦福工业园区。随着市场对硅晶体管的大量需求，1956 年，美国“硅谷”（Silicon Valley）诞生，弗雷德·特曼赢得“硅谷之父”的美誉。在地理上，“硅谷”最初仅指美国旧金山湾区南部圣塔克拉拉县（Santa Clara County）的圣塔克拉拉山谷（Santa Clara Valley）。“硅谷”一词最早是由美国记者 Don Hoefler 在 1971 年 1 月 11 日创造的，用于新闻报导。“硅谷”中的“硅”字来源于当地的企业多从事用高纯度硅制造半导体与电脑相关的产业，“谷”字来源于圣塔克拉拉谷。

（六）为 1956 年 6 月人工智能正式诞生打下良好根基的其他重要事件

除了上述四个重要源头以及电子管和晶体管的研发成功与不断升级外，为 1956 年人工智能正式诞生打下良好根基的重要事件还有多个，其中，“阿瑟·萨缪尔（Arthur Samuel）于 1952 年开发出第一个计算机跳棋程序”留待下文探讨，此小节按出现时间先后次序，阐述余下的几个。

（1）1945 年，万尼瓦尔·布什发表的为《诚如所思》（*As We May Think*）一文，提出了微缩摄影技术和麦克斯储存器（memex）的概念，开创了数字计算机和搜索引擎时代。[①] 该文提出的诸多理论预测了二战后到现在几十年计算机的发展，许多后来的计算机领域先驱都是受到这篇文章的启发，鼠标、超文本等计算机技术的创造都是基于这篇具有理论时代意义的论文。无论你审视信息技术发展史的哪个领域，布什都是在那里留下过足迹的具有远见的先驱性人物。[②] 正如历史学家迈克尔·雪利（Michael Sherry）所言："要理解比尔·盖茨（Bill Gates）和比尔·克林顿（Bill Clinton）的世界，你必须首先认识万尼瓦尔·布什。"[③] 正是因其在信息技术领域多方面的贡献和超人远见，万尼瓦尔·布什获得了"信息时代的教父"的美誉。

（2）1949 年，埃德蒙·伯克利（Edmund Berkeley）出版了《巨型大脑：或思考的机器》（*Giant Brains: Or Machines that Think*）一书，书中写道："最近有许多关于巨型机器的新奇传闻，称这种机器能极快速和熟练地处理信息……这些机器就像是用硬件和电线组成的大脑……一台可以处理信息的机器，可以计算、总结和选择。还可以基于信息作出合理操作。称这样一台机器能思考并不为过。"同年，唐纳德·赫布（Donald Olding Hebb）出版《行为的组织：一种神经心理学理论》（*Organization of Behavior: A Neuropsychological Theory*），在该书中提出了赫布律。

（3）1954 年，美国人乔治·戴沃尔（George Devol）造出世界上第一台可编程机器人，用于替代人类完成工业生产中重复性的作业。[④⑤]

（4）如上所论，1950 年图灵在《计算机器与智能》一文中提出"学习机器"的概念后，很快成为机器智能研究的一个热点。1955 年，美国西部计算

---

① BUSH V. As we may think［J］. The atlantic monthly,1945， 176（1）： 101-108.

② 蒲攀，马海群 . 布什的"As We May Think"2007—2013 年被引统计分析：基于 SCIE 与 CSSCI［J］. 情报理论与实践，2014，37（8）：22-27.

③ 同①.

④ 韩东屏 . 未来的机器人将取代人类吗？［J］. 华中科技大学学报（社会科学版），2020，34（5）：8-16.

⑤ 周志明 . 智慧的疆界：从图灵机到人工智能［M］. 北京：机械工业出版社，2018：165-166.

机联合大会（Western Joint Computer Conference）在洛杉矶召开，其中有一个专题研讨会叫“学习机讨论会”。在这个专题研讨会上，奥利弗·塞弗里奇发表了一篇模式识别的论文，成为模式识别的奠基人。奥利弗·塞弗里奇生于英国，是诺伯特·维纳在麻省理工学院指导的研究生，但他未撰写博士论文，未获得博士学位，是1956年召开的达特茅斯会议的主要参会代表之一。[①] 艾伦·纽威尔探讨了计算机下棋。他们分别代表结构主义和功能主义两派观点。这预示了人工智能随后几十年关于“结构与功能”两条路线的斗争。[②] 同年，时任位于美国新罕布什尔州（New Hampshire）汉诺威镇（Hanover）的达特茅斯学院（Dartmouth College）[③] 数学系主任的约翰·克门尼（John G. Kemeny）在《科学美国人》（*Scientific American*）杂志上发表了《把人看作机器》（*Man Viewed as A Machine*）的文章，文中介绍了图灵机和冯·诺伊曼的自复制自动机（也叫“细胞自动机”），该文的摘要是：“肌肉机器”（muscle machine）和“大脑机器”（brain machine）完成了他的大部分日常工作，现在他设想了一种可以自我复制的机器，这再次提出了“人本身是否只是一台机器”的问题。[④] “大脑机器”实际上是人工智能的另一种说法。克门尼于1952年在普林斯顿大学获得博士学位，算是图灵的师弟，曾当过爱因斯坦的数学助理，1954年任达特茅斯学院数学系主任，后专注于计算机研究。1966年，克门尼和T.E.Kurtz发明

① 尼克.人工智能简史［M］.北京：人民邮电出版社，2017：4.

② 同① 1.

③ 达特茅斯学院是美国常春藤联盟高校（Ivy League）中唯一在学校名中保留“学院（College）”的高校。常春藤联盟高校由位于美国东岸的八所著名私立高校组成，其余七所按大学名称的英文字母顺序排列，依次是：布朗大学（Brown University）、哥伦比亚大学（Columbia University）、康乃尔大学（Cornell University）、哈佛大学（Harvard University）、宾夕法尼亚大学（University of Pennsylvania）、普林斯顿大学（Princeton University）和耶鲁大学（Yale University）。

④ KEMENY J G. Man viewed as a machine［J］. Scientific American，1955，192（4）：58–67.

简单易学、使用方便的交互式计算机编程语言 BASIC。[①②]

综上所论，至 1956 年 6 月之前，数学、逻辑、计算机、信息论、控制论等学科的理论或技术的发展，为人工智能的诞生奠定了扎实的理论和技术基础，计算机的研制成功及性能改进，为人工智能的诞生提供了硬件基础，现代意义上的人工智能已呼之欲出。

第二节　1956 年 6—8 月：人工智能在达特茅斯会议上诞生

现在学界一般公认，人工智能诞生于 1956 年 6 月 18 日至 8 月 17 日在达特茅斯学院召开的为期 2 个月的达特茅斯会议，[③] 这距离 1946 年 2 月 14 日世界第一代通用计算机“埃尼阿克”在美国宾夕法尼亚大学诞生刚好过了 10 年又 4 个月。

一、达特茅斯会议的发起人、筹备与主要参与者

（一）达特茅斯会议的发起人

1956 年的达特茅斯会议的最初发起人是约翰・麦卡锡。1955 年，达特茅斯学院数学系年仅 29 岁的约翰・麦卡锡想筹办一次有关人工智能的会议，于是，游说哈佛大学的马文・明斯基、IBM 公司的纳撒尼尔・罗切斯特（Nathaniel Rochester）和贝尔实验室的香农，四人联名于 1955 年 8 月 31 日撰写并向洛克菲勒基金会（Rockefeller Foundation）提交了一份《达特茅斯夏季人工智能研究项目提案》（*A Proposal for the Dartmouth Summer Research Project on Artificial Intelligence*）。[④] 当时美国教授都是 9 个月的工资，如果没有科研经费，暑假 3

① 尼克．人工智能简史［M］．北京：人民邮电出版社，2017：2.

② 吴鹤龄，崔林．图灵和 ACM 图灵奖：1966—2015：纪念计算机诞辰 70 周年［M］. 5 版．北京：高等教育出版社，2016：93.

③ 同① 1.

④ MCCARTHY J, MINSKY M L, ROCHESTER N, et al. A proposal for the dartmouth summer research project on artificial intelligence［J］. AI magazine, 2006，27（4）：1-13.

个月要自己另谋收入。[①] 麦卡锡游说纳撒尼尔·罗切斯特加入，是因为当时罗切斯特任 IBM 公司信息中心的主任[②]，是世界上第一台大规模生产的通用计算机 IBM 701 ——IBM 于 1952 年 4 月 19 日正式对外发布——的首席设计师；麦卡锡游说香农加入，原因是香农当时已是大咖，有大咖拉大旗作虎皮，申请洛克菲勒基金成功的概率会大大增加；游说明斯基加入，是因为明斯基在人工智能领域已展现出非凡的才华。

（二）达特茅斯会议的筹备

麦卡锡在《达特茅斯夏季人工智能研究项目提案》中的原始预算是 13 500 美元，原始预算细目是：

（1）麦卡锡预计到时会有 6 位学人参加，会议应该支付每人 2 个月的薪水，总计应支付 600 美元 / 月 ×2 个月 ×6 人 =7 200 美元。[③④]

（2）最多给两名研究生付工资，金额是 700 美元 / 人，总计 1 400 美元。

（3）给 8 位参会者的火车票和租房费，按每人平均 300 美元的标准计算，总计 2 400 美元。

（4）支付给秘书的劳务费为 500 美元，复印费 150 美元，总计 650 美元。

（5）组织费用 200 美元（包括参与者复制初步工作的费用以及组织所需的差旅费用）。

（6）两三个人短期拜访的费用，预计 600 美元。

（7）预防突发情况的费用 550 美元（“Contingencies 550”）。

---

① 尼克．人工智能简史［M］．北京：人民邮电出版社，2017：7-8.

② 周志明．智慧的疆界：从图灵机到人工智能［M］．北京：机械工业出版社，2018：38.

③ 由此可推算出当时麦卡锡的年薪是 8 000 美元左右。作为对比，西蒙 1949 年到卡内基理工学院（卡内基梅隆大学的前身）担任新成立的工业管理系主任的年薪是 10 000 美元。

④ 同① 11.

总计 13 500 美元。[1] 最终洛克菲勒基金会只同意资助 7 500 美元。筹集的会议经费虽比预期的少，但总算有了。1956 年暑期，由时任达特茅斯学院数学系助理教授的麦卡锡召集，[2] 于美国的达特茅斯学院举行了人类历史上第一次人工智能研讨会。麦卡锡将研讨会命名为“达特茅斯夏季人工智能研究项目（the Dartmouth summer research project on artificial intelligence）”，首次提出了“人工智能”（artificial intelligence）这个概念。[3] 会议的主题是用机器来模仿人类学习以及其他方面的智能。《达特茅斯夏季人工智能研究项目提案》写道：

> 现报告我们 10 人团队经过两个月针对人工智能的预计研究成果……这项研究建立在这样一个设想的基础上，即智能所能实现的学习或者任何其他方面的特征在理论上都能够被机器精确地模拟出来。该研究尝试去探索如何让机器使用语言，形成归纳和概念，解决现在只有人类可以涉足的各种问题，并进行自我改良。我们认为，如果一个经过精心挑选的科学家团队在一起工作一个夏天，就可以在其中的一个或多个问题上取得重大进展。[4][5]

这等于是草拟了人工智能的研究任务。麦卡锡等人最初给会议设定了七个明确的讨论范围和希望解决的问题，分别是：（1）自动计算机（automatic computers）。这里的“自动”指的是可编程的计算。（2）编程语言（how can a computer be programmed to use a language）。即如何为计算机编程，使其能够使用人类的语言。（3）神经网络（neuron nets）。（4）计算规模理论（theory of

① MCCARTHY J, MINSKY M L, ROCHESTER N, et al. A proposal for the dartmouth summer research project on artificial intelligence［J］. AI magazine, 2006，27（4）：1–13.

② 尼克.人工智能简史［M］. 北京：人民邮电出版社，2017：1–2.

③ 同② 1–13.

④ 同①.

⑤ 波斯特洛姆.超级智能：路线图、危险性与应对策略［M］. 张体伟，张玉青，译.北京：中信出版社，2015：8.

size of a calculation）。即如何衡量计算设备和计算方法的复杂性。（5）机器的自我改进（self-improvement），即机器学习。（6）抽象概念（abstractions）。这里是指令计算机可以理解和存储那些人类早可轻易判别却难精确定义的概念。（7）随机性和创造性（randomness and creativity）。① 由此可见，当时与会者是把人工智能（或者说如何令机器拥有智能）当作一个新兴的学术问题去研究，而不是作为一门新兴学科来看待的。只是后来在实际研究过程中，很快就发现这些问题牵扯到的新旧知识和理论越来越多，结果，人工智能逐渐由一个学术问题发展为一门学科。② 由于此会议在达特茅斯学院召开，后人多将之称作达特茅斯会议。虽然图灵于 1950 年就发表经典论文《计算机器与智能》讨论过机器能否思维，但他当时用的是“机器智能”（machine intelligence）一词，未用“人工智能”（artificial intelligence）一词，“人工智能”一词在达特茅斯会议上出现，是第一次正式在学术会议中亮相。③

（三）达特茅斯会议的主要参与者

《达特茅斯夏季人工智能研究项目提案》中计划邀请 47 人参会④，邀请信发出后，实际来参会的人要少得多。由于至今找不到当时参会人员的签到表、完整的会议日程和会议记录，不同版本的说法给出的参会人数有差异。据麦卡锡和明斯基的说法，参加达特茅斯会议的 10 名学者是：麦卡锡、明斯基、塞弗里奇、香农、纽威尔、西蒙、来自 IBM 公司的萨缪尔和纳撒尼尔·罗切斯特、来自达特茅斯学院的特伦查德·摩尔（Trenchard More）教授、来自咨询公司 Oxbridge 的所罗门诺夫（Ray Solomonoff，算法概率论创始人）。但现在有证

① MCCARTHY J, MINSKY M L, ROCHESTER N, et al. A proposal for the dartmouth summer research project on artificial intelligence［J］. AI magazine, 2006, 27（4）: 1–13.

② 周志明. 智慧的疆界：从图灵机到人工智能［M］. 北京：机械工业出版社，2018：34.

③ 尼克. 人工智能简史［M］. 北京：人民邮电出版社，2017：8.

④ 同①.

据表明当时会议还有其他的列席者，如一直做神经网络硬件研究的斯坦福大学电机系教授维德罗（Bernard Widrow）后来回忆说，他也参加了1956年的达特茅斯会议并在那儿待了一周。[①]

据所罗门诺夫保存的会议邀请信记载，闭门研讨会原计划是自1956年6月18日开始，至8月17日止，时长两个月，但并非所有人都在达特茅斯学院待了两个月时间，各参会者的参会与离开时间有差异，除麦卡锡和马文·明斯基全程参与外，另两位会议发起人罗切斯特和香农只参加了一半会议议程就提前离开了，纽威尔和西蒙只待了一周。[②]

二、达特茅斯会议的主要成果和贡献

（一）达特茅斯会议的主要成果

达特茅斯会议上有四项出彩的成果，[③]其中，联结主义人工智能派早期代表性人物明斯基的“随机神经模拟强化计算器”留待下文阐述，本小节仅简要介绍余下三项。

1. “逻辑理论家”

达特茅斯会议上最为出彩的当数来自卡内基·梅隆大学（Carnegie Mellon University）的艾伦·纽威尔（Allen Newell）与西蒙（Herbert A.Simon，中文姓名叫司马贺）的报告，他们公布了一款于1955年12月开发的名为“逻辑理论家”（Logic Theorist）的人工智能软件。后来所有符号派人工智能技术都偏好做数学定理的证明，如专家系统、知识表征和知识库（甚至数据库）。在符号主义人工智能学者看来，人工智能其实是一套规则验证系统：先用填鸭式方法，通过编程的方式将规则告诉计算机，接着用已有的东西（如《数学原理》）让计

① 尼克．人工智能简史［M］．北京：人民邮电出版社，2017：11-13.
② 周志明．智慧的疆界：从图灵机到人工智能［M］．北京：机械工业出版社，2018：36-37.
③ 刘韩．人工智能简史［M］．北京：人民邮电出版社，2018：12.

算机去验证，如果计算机能得出正确结论，就表明这套系统具有了人工智能。[①]

2. 阿瑟·萨缪尔于 1952 年开发的计算机跳棋程序

下棋一直被视作挑战人类智能的游戏，能否下棋自然成了机器是否拥有人工智能的标志之一。阿瑟·萨缪尔（Arthur Samuel）1923 年毕业于艾伯利亚学院（Emporia College），1926 年在麻省理工学院获得硕士学位，随后在麻省理工学院担任电气工程讲师。1928 年阿瑟·萨缪尔加入贝尔电话实验室，主业是研究电子管（electron tubes）。1946 年，阿瑟·萨缪尔成为伊利诺伊大学的电气工程教授，并积极参与设计该校的第一台电子计算机的项目。1946 年，阿瑟·萨缪尔加入 IBM。1952 年，在 IBM 工作的阿瑟·萨缪尔通过访问人类跳棋优秀选手，获得了对跳棋的深刻见解，并将它编入计算机跳棋程序中，使计算机跳棋程序整合了人类棋手下跳棋的策略，从而在 IBM 700 系列计算机上开发出了世界上第一个具有学习能力的计算机跳棋程序，首次将机器学习推向了实践层面：该计算机跳棋程序不是开发者通过算法编程，将下棋的方法直接赋予计算机，而是通过算法赋予计算机一定的学习能力，用填鸭式学习，让机器通过对大量棋局的分析，用程序记住以前跳棋中的好走法，逐渐辨识出当前局面下的“好棋”和“坏棋”，从而不断提高弈棋水平。[②] 如下文所论，该计算机跳棋程序通过学习，于 1959 击败了萨缪尔，轰动一时。1959 年，阿瑟·萨缪尔在《用跳棋研究机器学习》一文中创造“机器学习”（machine learning）一词。1966 年阿瑟·萨缪尔从 IBM 退休后，又到斯坦福大学（Stanford University）担任研究教授（research professor），继续用计算机研究跳棋程序，直到 20 世纪 70 年代他的跳棋程序被超越。

3. 麦卡锡的 α-β 剪枝术

冯·诺伊曼 1944 年首次提出的极小极大算法有一个明显缺点：博弈树的增长是指数式的，当博弈树很深时，博弈树的规模就变得不可控。1956 年，约

---

① 尼克. 人工智能简史［M］. 北京：人民邮电出版社，2017：50.

② 盛葳. 从视觉机器到人工智能［J］. 艺术工作，2018（2）：27-30.

翰·麦卡锡在达特茅斯会议上首先提出用 α-β 剪枝术（Alpha-beta 剪枝术）控制博弈树的增长。原始的极小极大算法是在博弈树被全部画出后，再静态地计算评估函数。α-β 剪枝术是一种对抗性搜索算法，将节点的产生与求评价函数值巧妙地结合起来，当算法评估出某策略的后续走法比之前的策略还差时，就会停止计算该策略的后续发展。该算法和极小极大算法所得结论相同，但剪去了不影响最终决定的分枝，从而使某些子树节点根本不必产生与搜索（谓之“修剪”，pruning,or cut-off），用以减少极小极大算法搜索树的节点数。α-β 剪枝术主要用于在机器中运行的像国际象棋、围棋之类的二人游戏。之所以称 α-β 剪枝术，是因为将处于取最大值级的节点的返上值或候选返上值（provisional back-up value, PBV）称作该节点的 α 值，将处于取最小值级的节点的返上值或候选返上值称作该节点的 β 值。这样，在求得某结点的 α 值后，就可与其先辈节点的 β 值相比较，若 α ≥ β 值，则可终止该节点以下的搜索，即从该节点处加以修剪，这叫 β 修剪；在求得某节点的 β 值后，就可与其先辈节点的 α 值相比较，若 β ≤ α 值，则可终止该节点以下的搜索，即从该节点处加以修剪，这叫 α 修剪。约翰·麦卡锡的 α-β 剪枝术的核心思想是运用边画博弈树边动态计算评估函数的方法，当评估函数的值超出给定的上限和下限时，对博弈树的该分支的搜索过程就停止，这一过程就像在树上剪掉不必要的分枝，这就大大减少了博弈树的规模，且不影响最后结果。相同资源下，α-β 剪枝术要比原始极小极大算法搜索的博弈树多一倍的深度，即向前看的步数多一倍，提高了机器下棋的效率。[①②] 当然，1956 年约翰·麦卡锡在达特茅斯会议上首次报告 α-β 剪枝术时，该技术仍停留在理论层面。来自艾伦·纽威尔、西蒙和

① BRUDNO A L. Bounds and valuations for shortening the search of estimates［J］. Problems of cybernetics, 1963, 10: 225–241.

② 吴鹤龄，崔林．图灵和 ACM 图灵奖：1966–2015：纪念计算机诞辰 70 周年［M］. 5 版．北京：高等教育出版社，2016：59.

约翰·克里夫·肖（J. C. Shaw）编写出程序，于 1958 年首先在一台 Johnniac 上实现了 α-β 剪枝术。[①] α-β 剪枝术至今仍是解决人工智能中像国际象棋、围棋之类二人游戏问题的一种常用方法。

（二）达特茅斯会议的主要贡献

达特茅斯会议在人工智能研究史上取得了四个第一："人工智能"一词第一次在学术会议中公开亮相，第一次构建了人工智能的研究任务，公布了世界上"第一个可工作的人工智能程序"（马文·明斯基语），形成了最早一批研究人工智能的世界顶级专家队伍。其中，明斯基于 1969 年获图灵奖；达特茅斯会议的最初发起人麦卡锡于 1971 年获图灵奖；西蒙与纽威尔是人工智能符号学派的创始人，二人于 1975 年一同获图灵奖。[②] 因此，达特茅斯会议的成功召开被后人公认为标志着人工智能学科的诞生，1956 年成为人工智能元年，1956 年参加达特茅斯会议的 10 名学者均成为人工智能的重要创始人。[③] 牛津大学教授卢西亚诺·弗洛里迪（Luciano Floridi）将人工智能视作是继哥白尼革命、达尔文革命、神经科学革命之后人类自我认知的"第四次革命"。[④]2006 年，为纪念达特茅斯会议成功召开 50 周年，当年参加达特茅斯会议的 10 名学者，香农、纽威尔、西蒙、萨缪尔和罗切斯特五人已去世，仍健在的 5 位学者——麦卡锡、明斯基、塞弗里奇、摩尔和所罗门诺夫——重新在达特茅斯学院相聚，共忆当年的壮举。[⑤]

一般一门新独立学科只有一个"父亲"或"母亲"，但人工智能学科是例外。图灵在 1954 年 6 月 7 日已去世，冯·诺伊曼在 1957 年 2 月 8 日去世，两人虽

① 尼克．人工智能简史［M］．北京：人民邮电出版社，2017：117-120.
② 吴鹤龄，崔林．图灵和 ACM 图灵奖：1966-2015：纪念计算机诞辰 70 周年［M］．5 版．北京：高等教育出版社，2016：91.
③ 刘韩．人工智能简史［M］．北京：人民邮电出版社，2018：145.
④ 弗洛里迪．第四次革命［M］．王文革，译．杭州：浙江人民出版社，2016：99.
⑤ 同① 20.

均未直接参与创立人工智能学科，按理说只能被视作人工智能学科的奠基者，不过，因图灵的思想对人工智能学科的创立和发展贡献巨大，后人也常将他视作人工智能之父。在直接创立人工智能学科的达特茅斯会议的四位发起人中，香农虽名气最大，在达特茅斯会议上扮演的却是“打酱油”的角色，在达特茅斯会议结束后，香农过上了半隐居的生活，基本不再做科研；纳撒尼尔·罗切斯特后来在人工智能领域的成就有限；达特茅斯会议的另外两位发起人麦卡锡和明斯基以及两位重要参与者西蒙和纽威尔，四人后来虽在人工智能领域均取得杰出成就，但当时名气都不太大，① 任选其中一人当“人工智能之父”均不合适，故后人一般将这四人同时视作“人工智能之父”。

约翰·麦卡锡 1927 年 9 月 4 日生于美国的波士顿，从小天资聪颖，小学连续跳级，高中时自学加州理工学院一、二年级的微积分教材，1944 年被加州理工学院数学系录取，经申请并得到批准，直接进入大学三年级学习。1948 年本科毕业后，约翰·麦卡锡到普林斯顿大学研究生院攻读博士学位。1948 年 9 月，在加州理工学院举办的“脑行为机制”的学术研讨会上，约翰·麦卡锡听了冯·诺伊曼的一场题为“自动操作下的自我复制”的学术报告，在报告中，冯·诺伊曼提出能设计具有自我复制能力的机器。这个观点激发了麦卡锡对机器智能的兴趣，确定了约翰·麦卡锡终生的职业方向，自此开始他在计算机上模拟人的智能。1949 年，约翰·麦卡锡向冯·诺伊曼谈了自己的想法，得到冯·诺伊曼的鼓励。1951 年，约翰·麦卡锡博士毕业于普林斯顿大学数学系。博士毕业后先在普林斯顿大学工作 2 年，随后转到斯坦福大学工作 2 年，便被达特茅斯学院数学系系主任克门尼聘请到达特茅斯学院数学系任教。在达特茅斯会议前后，约翰·麦卡锡的主要研究方向是计算机下棋。下棋程序的关键之一是如何

① 周志明．智慧的疆界：从图灵机到人工智能［M］．北京：机械工业出版社，2018：41–42.

减少需要考虑的棋的步数。经过艰苦探索，约翰·麦卡锡终于发明 α-β 剪枝术（Alpha-beta 剪枝术）并于 1956 年在达特茅斯会议上公布。在达特茅斯会议上，约翰·麦卡锡又提出“人工智能”这一术语。1958 年，约翰·麦卡锡转到麻省理工学院任教。1960 年，约翰·麦卡锡发明 LISP 编程语言。1962 年，约翰·麦卡锡重返斯坦福大学任教。1971 年，约翰·麦卡锡获图灵奖（国际计算机学会 A.M Turing Award）。[①②]

明斯基 1927 年 8 月 9 日生于美国纽约，高中毕业于纽约著名的布朗克斯科学高中（Bronx High School of Science，美国纽约最著名的三所老牌重点高中之一，始建于 1938 年），于 1946 年进入哈佛大学读本科，先主修物理，后改修数学，1950 年本科毕业后，进入普林斯顿大学研究生院攻读数学专业的研究生，博士期间的研究方向是关于神经网络的。受麦卡洛克－皮茨神经元模型和赫布律的启发，1951 年，明斯基和他的同学迪安·埃德蒙兹（Dean Edmonds）最早将赫布律运用到智能机器领域，研制出世界上第一台名叫“随机神经模拟强化计算器”（stochastic neural analog reinforcement calculator, SNARC）的学习机器，这是人类研制的第一个人工神经网络模拟器，其目的是在一个奖励系统下学习如何穿过迷宫。“随机神经模拟强化计算器”用了 3 000 个真空管来模拟 40 个神经元规模的网络，[③] 它包括 40 个智能体（agent）和一个对成功给予奖励的系统，能够在不断尝试过程中学会一些解决问题的方法，被看作是人工智能的一个起点。1952 年，明斯基又发明了会自行关闭电源的无用机器（useless machine）。1954 年，明斯基博士毕业于普林斯顿大学，题为《神经网络和脑模型问题》（*Neural*

① 吴鹤龄，崔林．图灵和 ACM 图灵奖：1966—2015：纪念计算机诞辰 70 周年［M］．5 版．北京：高等教育出版社，2016：57—64.

② 刘韩．人工智能简史［M］．北京：人民邮电出版社，2018：9—10.

③ 周志明．智慧的疆界：从图灵机到人工智能［M］．北京：机械工业出版社，2018：38，122.

Nets and the Brain Model Problem)的博士学位论文首次将试错学习(trial-and-error learning)作为一种工程原理(an engineering principle)进行探索，在电脑上构建试错学习的计算模型时，明斯基首次运用了行为主义的强化学习原理，涉及强化操作和强化过程，本质就是强化学习(reinforcement learning)。[①][②]由此可见，当时明斯基在其博士学位论文中明确使用了“强化”(reinforcement)一词，也明确用行为主义强化学习理论在电脑上构建试错学习的计算模型，明斯基虽未用“强化学习”这个概念，但他的试错学习的计算模型实际上就是强化学习的计算模型的前身。所以，在人工智能领域，明斯基在1954年就首次提出并在电脑上探讨了强化学习。[③]同时，明斯基的博士学位论文总结了“随机神经模拟强化计算器”这项研究成果，解决了让机器基于对过去行为的知识预测其当前行为的结果这一问题。[④]这表明当时明斯基是智能机器领域的一位联结主义者和研究强化学习的学者。[⑤]在博士学位论文答辩时，一位答辩导师抱怨明斯基的博士学位论文与数学关系不大，对此，非常赏识明斯基的冯·诺伊曼为明斯基辩护说：“就算现在看起来它跟数学关系不大，但总有一天，你会发现它们之间是存在着密切关系的。”由于得到冯·诺伊曼的赏识，明斯基顺利通过博士论文答辩，得到博士学位。和麦卡锡是同学，俩人在读书时就熟悉。[⑥]博士毕业后，明斯基留在哈佛大学任教。1956年，明斯基虽然仅是哈佛大学的初级研究员(junior fellow)，但却是人工智能领域一位天才式学者，在麦卡锡的鼓吹下，成为达特

① MINSKY M L. Theory of neural-analog reinforcement systems and its application to the brain-model problem [D].Princeton University, 1954.

② SUTTON R, BARTO A G.Reinforcement learning: an introduction [M]. MIT press, 2018: 13-14.

③ 斯加鲁菲.智能的本质：人工智能与机器人领域的64个大问题[M].任莉，张建宇，译.北京：人民邮电出版社，2017：222.

④ 同①.

⑤ 周志明.智慧的疆界：从图灵机到人工智能[M].北京：机械工业出版社，2018：122.

⑥ 刘韩.人工智能简史[M].北京：人民邮电出版社，2018：10-11.

茅斯会议的重要组织者之一，并在达特茅斯会议上报告了世界上第一个人工神经网络模拟器——随机神经模拟强化计算器，因缺少实用性，反响平平，没有“逻辑理论家”那样出彩。明斯基后来成为麦卡锡的好友。[①]1958 年，麦卡锡和明斯基先后转到麻省理工学院工作，二人共同创建了麻省理工学院的人工智能项目，这个项目于 1959 年发展为麻省理工学院的人工智能实验室，这是世界上第一个人工智能实验室，明斯基和麦卡锡由此成为世界上首个人工智能实验室——麻省理工学院人工智能实验室的联合创始人。[②] 明斯基于 1969 年获图灵奖，是第一位获此殊荣的人工智能学者。[③]1975 年明斯基提出人工智能领域著名的框架理论（frame theory），其核心思想是：以框架来表征知识，框架的顶层是固定的，表示固定的概念、对象或事件；下层由若干槽（slot）组成，其中可填入具体值，以描述具体事物特征；每个槽可有若干侧面（facet），对槽作附加说明，如槽的取值范围、求值方法等。这样，框架就可以包含各种各样的信息，利用多个有一定关联的框架组成框架系统，就可以完整而确切地把知识表示出来。[④] 框架理论既是层次化的，又是模块化的，一经提出，在人工智能领域便产生了巨大反响，成为通用的知识表示方法。[⑤]

纽威尔 1927 年 3 月 19 日生于美国旧金山，父亲是斯坦福大学医学院教授。1949 年，纽威尔在斯坦福大学获物理学本科学位。纽威尔的硕士也是在普林斯顿大学研究生院数学系读的，但在普林斯顿大学数学系读硕士时并不认识麦卡

① 刘韩．人工智能简史［M］．北京：人民邮电出版社，2018：10-11.

② 斯加鲁菲．智能的本质：人工智能与机器人领域的 64 个大问题［M］．任莉，张建宇译，北京：人民邮电出版社，2017：223.

③ 吴鹤龄，崔林．图灵和 ACM 图灵奖：1966—2015：纪念计算机诞辰 70 周年［M］.5 版．北京：高等教育出版社，2016：45-47.

④ MINSKY M L. Framework for representing knowledge［M］.New York: Mc Graw-Hill, 1975.

⑤ 吴鹤龄，崔林．图灵和 ACM 图灵奖：1966—2015：纪念计算机诞辰 70 周年［M］.5 版．北京：高等教育出版社，2016：45-48.

锡和明斯基。纽威尔硕士毕业后进入著名智库兰德公司（Rand）工作，在工作中认识了塞弗里奇，受到塞弗里奇做人工神经网络和模式识别的启发，却在方法论上走了一条与之完全不同的道路。①②西蒙在兰德公司学术休假时认识了小自己11岁的纽威尔，两人相见恨晚，西蒙力邀纽威尔到卡内基梅隆大学工作，亲自担任纽威尔的博士生导师，从此开始了二人终生的平等合作，时间长达42年，直至1992年纽威尔去世。③二人合作的署名，通常都按姓名的字母顺序排列，纽威尔在前，西蒙在后。参加会议时，西蒙若见到有人将自己的名字放在纽威尔之前，通常都会纠正。西蒙的这种谦谦君子风度，值得后人学习。④纽威尔与麦卡锡、明斯基是同龄人，三人于1956年参加达特茅斯会议时都只有29岁。

西蒙1916年6月15日生于美国威斯康星州密西根湖畔的密尔沃基（Milwaukee），父亲是一位在德国出生的电气工程师，母亲是颇成功的钢琴演奏家。西蒙从小聪明好学，在绘画、音乐、拳击等领域均有专业水准，能流畅地使用包括中文在内的七国语言。17岁时，西蒙考入芝加哥大学（The University of Chicago），1936年本科毕业，获政治学学士学位。本科毕业后，西蒙到国际城市管理者协会（International City Managers' Assocation）工作，在那里第一次用上了机电式的计算机，很快成为用数学方法衡量城市公用事业效率的专家。1939年，西蒙转到加州大学伯克利分校，负责由洛克菲勒基金会资助的一个项目。在这期间，西蒙完成了博士论文，内容是关于组织机构是如何决策的。经芝加哥大学的评审和答辩，1939年，23岁的西蒙获芝加哥大学政治学博士学位。1942年，在完成洛克菲勒基金项目后，西蒙转到伊

① 尼克.人工智能简史［M］.北京：人民邮电出版社，2017：5.
② 吴鹤龄，崔林.图灵和ACM图灵奖：1966—2015：纪念计算机诞辰70周年［M］.5版.北京：高等教育出版社，2016：101-102.
③ 周志明.智慧的疆界：从图灵机到人工智能［M］.北京：机械工业出版社，2016：91.
④ 刘韩.人工智能简史［M］.北京：人民邮电出版社，2018：8.

利诺伊理工学院政治科学系任教，在此工作7年，期间担任过该系系主任。1947年，西蒙以自己8年前的博士学位论文为基础，写出名著《管理行为》，成为管理决策理论的创始人。1949年，因在管理学上的出色成就，33岁的西蒙应邀到卡内基理工学院（卡内基·梅隆大学的前身）工业管理系任教，随后出任系主任。西蒙在这里度过了他一生最辉煌的人生。西蒙的专业横跨人工智能、认知心理学、经济学、政治学、管理学等多个领域，属于真正意义上文理兼通的大学者。通过西蒙30余年的努力，将原本在美国高校排名在100名以外的卡内基·梅隆大学拉到美国一流大学的地位，西蒙执教的政治、经济、管理、行政、心理学和计算机专业成为美国高校的顶尖专业。卡内基·梅隆大学为表彰西蒙对学校作出的杰出贡献，奖励他了一栋位于匹兹堡郊外松鼠山上的别墅，并给予终身校董荣誉。1956年参加达特茅斯会议时也只有40岁。1968年，西蒙开始担任美国总统顾问的角色。1969年，西蒙因研究人类的问题解决，提出了“手段—目的分析（means-ends analysis）”的理论，对认知心理学作出了开创性的贡献，获得美国心理学会的杰出科学贡献奖，后又获得美国心理学终身贡献奖。1975年西蒙因人工智能领域的杰出贡献获图灵奖。1978年西蒙因基于启发式搜索提出决策论中著名的“有限理性模型”（bounded rationality model）并获诺贝尔经济学奖，成为图灵奖与诺贝尔经济学奖的双料得主。1983年，美国管理科学学院授予西蒙学术贡献奖，表彰他在管理学和社会行为学上的贡献。后在管理领域又获美国总统科学奖、冯·诺伊曼奖。1984年获美国政治科学学会的麦迪逊奖。[①②]

① 周志明.智慧的疆界：从图灵机到人工智能［M］.北京：机械工业出版社，2018：49–51，87.

② 吴鹤龄，崔林.图灵和ACM图灵奖：1966—2015：纪念计算机诞辰70周年［M］.5版.北京：高等教育出版社，2016：91–94.

第三节　1956 年 8 月至今：人工智能的曲折发展过程

自 1956 年 8 月 17 日达特茅斯会议结束后，直至现在，人工智能经历了一个较曲折的发展过程，出现了两次黄金发展期、两次复兴期和两次低谷期（也叫寒冬期），其发展脉络大体是诞生→第一次黄金发展期→第一次寒冬→第一次复兴→第二次寒冬→第二次复兴→第二次黄金发展期，呈现明显的波浪式或过山车式发展。

一、1956 年 8 月至 1974 年：人工智能的第一个黄金发展期

1956 年 6 月首次提出“人工智能”，标志着人工智能的诞生。自此之后，至 1974 年左右，随着符号主义人工智能的快速发展，以及联结主义人工智能出现第一个发展小高潮，人工智能迎来发展的第一个黄金期。20 世纪 60 年代人工智能的研究以一般问题求解的研究为主，发展了各种搜索算法，并在机器定理证明方面取得了重大进展。[①②] 在这期间取得的代表性成果，除了将在第三章予以阐述的外，主要还有：

1956 年，香农和麦卡锡合编的《自动机研究》（*Automata Studies*）文集正式出版。更重要的是，该年诞生了认知科学，成为人工智能的一个重要学科基础。一般认为，认知科学的基本观点最初散见于 20 世纪 40 年代到 50 年代中的一些各自分离的学科之中。1956 年 9 月，无线电工程师协会的信息论年会（Institute of Radio Engineers, IRE, IEEE 的前身）在麻省理工学院召开。受著名的斯隆基金会（Alfred P. Sloan Foundation，系纽约市的一个私人科研资助机构）资助，米勒（G. A. Miller）等人在会议期间举办“信息论中的特殊兴趣小组”

① 刘毅．人工智能的历史与未来［J］．科技管理研究，2004，（6）：121–124.

② 王彦雨．基于历史视角分析的强人工智能论争［J］．山东科技大学学报（社会科学版），2018，20（6）：16–27.

（special interest group in information theory）会议，研究“在认识过程中信息是如何传递的”，“认知科学”（cognitive science）一词在会上被提出。这意味着，在 1956 年 6 至 8 月召开的达特茅斯会议后不久，认知科学也在西方诞生，1956 年实为人工智能与认知科学的“双生年”。根据奥尔登大学认知科学研究所所长席勒尔（E. Sheener）的研究，“认知科学”（cognitive science）一词于 1973 年由朗盖特·希斯金（Hugh Christopher Longuet-Higgins）开始使用。1978 年 10 月 1 日“认知科学现状委员会”递交斯隆基金会的报告，把认知科学定义为：关于智能实体与它们的环境相互作用的原理的研究。[①②] 米勒认为认知科学至少涉及哲学、心理学、计算机科学、神经科学、人类学和语言学六大学科，其中以心理学、语言学和计算机科学为核心学科。[③] 这种划分反映了米勒对第一代认知心理学之“认知即计算”核心观点的某种坚持。[④]《中国大百科全书（第三版）·心理学卷》认为，认知科学是研究心智（mind）及其过程的一门综合性学科。作为一门高度交叉的综合性学科，认知科学的研究方法丰富多样，汲取了心理学、神经科学、计算科学和系统理论等领域的研究方法，包括行为实验、眼动、脑成像、计算模型和神经生物学的方法。[⑤]

机器学习（machine learning），是指一种让机器通过历史经验不断自动地提升其自身性能的学习算法，是使计算机等机器具有智能的根本途径。[⑥] 如前文

① 席勒尔，仕琦．为认知科学撰写历史［J］．国际社会科学杂志（中文版），1989（1）：7-20.

② SCHEERER E. Towards a history of cognitive science［J］. International social science journal, 1988，40（1）: 7-19.

③ MILLER G A.The cognitive revolution：a historical perspective［J］． Trends in cognitive, 1990, 7（3）：141—144.

④ 李其维．“认知革命”与“第二代认知科学”刍议［J］．心理学报，2008，40（12）：1306-1327.

⑤ 中国大百科全书（第三版）总编辑委员会．中国大百科全书：第三版·心理学［M］．北京：中国大百科全书出版社，2021：272.

⑥ 米歇尔．机器学习［M］．曾华军，张银奎，等译．北京：机械工业出版社，2008.

所论，机器学习的根源至少可追溯至图灵在 1950 年发表的《计算机器与智能》一文。在该文中，图灵就认为机器学习是让机器通向人工智能最可行的途径。自此之后，机器学习一直是人工智能的核心话题。不过，那时的机器学习还停留在理论层面。阿瑟·萨缪尔本人是一个优秀的跳棋玩家，但萨缪尔于 1952 年在 IBM 700 系列计算机上开发的世界上第一个具有学习能力的计算机跳棋程序通过学习，于 1959 击败了萨缪尔，轰动一时，也引发了维纳的忧思（详见前文）。[①②]1959 年，基于萨缪尔于 1952 年开发的计算机跳棋程序很快就通过学习超过了优秀的跳棋玩家萨缪尔本人的事实，西蒙预测 10 年内计算机下国际象棋能击败人。[③] 此预测过于乐观，直至 38 年后的 1997 年才实现。由计算机跳棋程序很快就通过学习超过了优秀的跳棋玩家萨缪尔本人的事实中可见，机器能学习，而不是只能做程序员告诉它的事情。因此，那种认为“机器不能学习，它们只能做程序员告诉它的事情”的观点显然是错的。1959 年，阿瑟·萨缪尔在《用跳棋研究机器学习》（*Some Studies in Machine Learning Using the Game of Checkers*）一文中创造“机器学习”（machine learning）一词，将“机器学习”定义为“在不直接针对问题进行明确编程的前提下，赋予计算机自动学习能力的研究领域”，并在文中写道：“给电脑编程，让它能通过学习比编程者更好地下跳棋。”[④] 机器学习后来逐渐成为人工智能的一个重要分支。机器学习算法是从数据分析中获得规律，并利用规律对未知数据进行预测的一类算法。

如下文第三章所论，1957 年，西蒙与艾伦·纽威尔一起开始研发一种不依赖于具体领域、具有普适性的问题解决程序，将之命名为“通用问题求解者”

---

① 史南飞．对人工智能的道德忧思［J］．求索，2000（6）：67–70.

② 周志明．智慧的疆界：从图灵机到人工智能［M］．北京：机械工业出版社，2018：25–26.

③ 尼克．人工智能简史［M］．北京：人民邮电出版社，2017：19.

④ SAMUEL A L. Some studies in machine learning using the game of checkers［J］. IBM journal of research and development, 1959, 3（3）：210–229.

（general problem solver, GPS），同年，纽威尔、西蒙与约翰·克里夫·肖（J. C. Shaw）开发了“信息处理语言”（information processing language, 简称 IPL 语言）。

在人工智能史上，1958 年主要发生了两件事情：一是奥利弗·塞弗里奇借用首次出现在英国 17 世纪诗人约翰·弥尔顿（John Milton）的史诗《失乐园》（*Paradise Lost*）中里的“万魔殿”（Pandemonium）一词，发表《万魔殿：一种学习的范例》（*Pandemonium: A Paradigm for Learning*）。在该文中，塞弗里奇引入了“魔鬼”（Demon）的概念作比喻，它们可以记录事件的发生，识别事件中的模式，并可以根据事件所识别的模式触发后续事件。具体地说，赛弗里奇的“万魔殿”模型中包括由低至高的四个计算层次，分别被称为四种“魔鬼”：（1）底层（第四层）是数据或图像魔鬼（data or image demons）：负责存储和传递输入的数据或图像。（2）第三层是计算魔鬼或子恶魔（computational demons or subdemons）：每一个计算魔鬼负责某个特征，并将结果传递到更高一层。（3）第二层是认知魔鬼（cognition demons）：负责衡量计算魔鬼的输出结果。每个认知魔鬼负责特定的模式，互相之间只在计算的权重大小上存在不同。（4）第一层是决策魔鬼（decision demon）：根据认知魔鬼的计算结果，选择最大的魔鬼作为结果来输出。这表明，该文描述了一种计算的模型，计算机可以通过这种模型获得识别新模式的能力。该文后被公认为人工智能领域的经典之作，奥利弗·塞弗里奇赢得“机器感知之父”的美誉。二是，1958 年暑假期间，王浩在“IBM 704 计算机”上，仅用 9 分钟计算时间，就证明了罗素与怀特海合著的《数学原理》中一阶逻辑的 350 个定理，在数学界引起轰动，成为机器证明领域的开创性人物。为此，国际人工智能联合会议于 1983 年授予王浩首届证明自动化奖（the First Milestone Prize for Automated Theorem—Proving）。王浩 1921 年出生于山东济南。1939 年到西南联合大学读本科，1943 年毕业于西南联合大学数学系。本科毕业后，王浩到清华大学哲学系读研究生，1945 年研究生毕业于清华大学哲学系，曾师从著名逻辑学家金岳霖。1946 年，王浩考取公费留学，先是到美国布朗大学（Brown University）学习，后转到哈佛大学。1948 年，王浩于哈佛大学逻辑学博士毕业，同年成为哈佛大学的助理教授（assistant professor）。①

在人工智能史上，1959 年，除了前文所讲的萨缪尔开发的计算机跳棋程序通过学习击败了萨缪尔和麦卡锡与明斯基在麻省理工学院成立了世界上第一个人工智能实验室外，还发生了两件重要事情：（1）麦卡锡发表《有常识的程序》（*Programs with Common Sense*），提出“咨询员（Advice Taker）”概念（详见下文）。②（2）乔治·德沃尔（George Devol）与美国发明家约瑟夫·英格伯格（Joseph Engelberger）联手制造出世界上第一台工业机器人尤尼梅特（Unimate）。1961 年，工业机器人尤尼梅特开始在位于新泽西州的通用汽车工厂的生产线上工作，应用效果良好，逐渐被推广到了通用汽车在美国各地的工厂，之后其他汽车公司陆续跟进。随后，德沃尔和莫格伯格合作创立了世界上第一家机器人制造工厂——Unimation 公司，莫格伯格被后人称作“工业机器人之父”。③

早期的计算机只能识别机器语言，无法直接识别人类的自然语言。程序员将用“0”和“1”数字编成的程序代码打在纸带或卡片上，“1”即打孔，“0”即不打孔，再将程序通过纸带机或卡片机输入计算机进行运算。④不过，人脑不习惯这种由“0”和“1”数字编成的机器语言。计算机专家随即开始创造编程语言，编程语言将机器语言指令写成易于人类阅读和思考的形式。如，用“add

① ZHANG S S, ZHANG J L, ZHANG Q Y. Hao Wang’s life and achievements［J］. Studies in logic, 2016,9（2）: 98–128.

② MCCARTHY J. Programs with common sense［J］. Proceedings of the symposium on the mechanization of thought processes, 1959: 77–91.

③ 刘韩 . 人工智能简史［M］. 北京：人民邮电出版社，2018：83–84.

④ 同① 51–52.

AX, BX”表示“加法”，用“end”表示“终止”，等等。1960年，麦卡锡在《国际计算机学会通信》上发表了《递归函数的符号表达式以及由机器运算的方式，第一部分》（*Recursive Functions of Symbolic Expressions and Their Computation by Machine. Part I*）。在文中，麦卡锡基于阿隆佐·丘奇的λ演算以及纽威尔·西蒙与约翰·克里夫·肖（J. C. Shaw）1957年开发的“信息处理语言”（Information Processing Language），首次设计出Lisp（Lisp是“List processor”的缩写，意即列表处理）编程语言，采用抽象数据列表与递归作符号演算来衍生人工智能。只要通过七个简单的运算符和用于函数的记号，就可以创建一个具有图灵完备性语言的想法，可用于算法中。[①]Lisp语言是一种函数式的符号处理语言，其程序由一些函数子程序组成。在函数的构造上，十分类似数学中递归函数的构造方法，即从几个基本函数出发，通过一定的手段构成新的函数。Lisp语言具有七个主要特点：（1）计算用的是符号表达式而不是数；（2）具有表处理能力，即用链表形式表示所有的数据；（3）基于函数的复合控制结构，以形成更复杂的函数；（4）用递归作为描述问题和过程的方法；（5）用Lisp语言书写的EVAL，函数既可作为Lisp语言的解释程序，也可作为语言本身的形式定义；（6）程序本身也同其他所有数据一样用表结构形式表示；（7）Lisp语言具有自编译能力。[②③]麦卡锡原本是想用这种函数计算语言来研究图灵机的原理和丘奇的λ演算，并没有计划将它作为计算机的编程语言。但麦卡锡的学生史蒂芬·罗素（Steve Russell）根据他的论文，在IBM 704机上实现了第一个Lisp解释器，

① 周志明．智慧的疆界：从图灵机到人工智能［M］．北京：机械工业出版社，2018：81–82.

② MCCARTHY J. Recursive functions of symbolic expressions and their computation by machine［J］. Communication of the ACM, 1960, 3（4）: 184–195.

③ 吴鹤龄，崔林．图灵和ACM图灵奖：1966–2015：纪念计算机诞辰70周年［M］.5版．北京：高等教育出版社，2016：60–61.

之后 Lisp 成为人工智能研究中重要的编程语言。①

1961 年，詹姆斯·斯拉格（James Slagle）开发了一个符号积分程序 SAINT。这个启发式程序可以解决计算中符号整合的问题。②

1962 年，普渡大学西拉法叶分校（Purdue University West Lafayette）创办了美国高校首个计算机科学系。

1963 年，明斯基发表了头戴式显示器，并与大数学家西摩尔·派普特（Seymour Papert）编写了第一个以 Logo 语言建构的机器人。③④

1964 年，丹尼尔·鲍勃罗（Daniel Bobrow）完成了他的麻省理工博士论文 *Natural Language Input for a Computer Problem Solving System*，同时开发了一个名叫“STUDENT”的自然语言理解程序。⑤

在人工智能史上，1965 年除了下文将阐述的《炼金术与人工智能》（*Alchemy and Artificial Intelligence*）的发表、古德（Irving John Good）首次提出超级智能机器设想、斯坦福大学（Stanford University）开始研究历史上第一个人工智能专家系统——DENDRAL 系统外，还有两件重要的事情：（1）兴起研究“有感觉”的机器人，如约翰·霍普金斯大学应用物理实验室研制出 Beast 机器人，Beast 机器人能通过声纳系统、光电管等装置，根据环境校正自己的位置。（2）戈登·摩尔（Gordon Moore，于 1968 年 7 月创立英特尔公司）提出“摩尔定律”（Moore’s Law），其内容是：当价格不变时，集成电路上可容纳的元器件的数目，每隔 18—24 个月便会增加一倍，性能也将提升一倍。摩尔定律是揭示信息技术进步速度的一个经验法则。自提出以来，摩尔定律揭示的这种趋势至今已持续了 50

① 刘韩．人工智能简史［M］．北京：人民邮电出版社，2018：52-53.

② 吴永和，刘博文，马晓玲．构筑“人工智能＋教育”的生态系统［J］．远程教育杂志，2017，35（5）：27-39.

③ GAMS M. In memory of Marvin Minsky［J］. Informatica, 2016, 40（3）：371.

④ 刘欣，陈染．影响世界的编程小海龟［J］．中国科技教育，2019（6）：10-12.

⑤ 同① 27-39.

余年时间，未来如何，尚待验证。①

自 1950 年图灵提出“图灵测验”开始，人机对话就是人工智能关注的主题之一。1966 年，美国麻省理工学院的德裔计算机科学家约瑟夫·魏泽堡（Joseph Weizenbaum）以心理医生的问诊对话为脚本，开发了世界上第一个聊天机器人 Eliza，实现了计算机系统与人类之间的模拟交流。Eliza 软件的命名来自萧伯纳（George Bernard Shaw）的讽刺戏剧《卖花女》（*Pygmalion*）中卖花女 Eliza 的名字。Eliza 的智能之处在于她能通过脚本中的“关键词”，理解简单的自然语言，并产生类似人类的互动。②③ 虽然魏泽堡设计聊天机器人 Eliza 的初衷是辅助医院完成线上问诊，但 Eliza 的高度拟人化，却意外地带来了人机区分难题，聊天机器人开始代替人类在网络公共平台发表言论，甚至充当部分领域的意见领袖。④

1968 年诞生了 Pascal 语言。它由尼古拉斯·沃斯（Niklaus Wirth）研发成功。尼古拉斯·沃斯于 1934 年 2 月 15 日生于瑞士北部离苏黎世不远的温特图尔（Winterthur），是瑞士计算机科学家。1958 年，尼古拉斯·沃斯从苏黎世联邦理工学院（Eidgenössische Technische Hochschule Zürich, Switzerland）取得学士学位后，来到加拿大的莱维大学深造，之后进入美国加州大学伯克利分校攻读博士学位，于 1963 年在加州大学伯克利分校获得博士学位。博士毕业后到斯坦福大学计算机科学部任助理教授至 1967 年。1967 年回到苏黎世联邦理工学院任教。沃斯先后开发了 Euler、Algol-W、Pascal、Modula、Modula-2、Oberon、Oberon-2、Oberon-07 等多种程序语言，其中诞生于 1968 年的 Pascal 语言，是

---

① 陈至立．辞海（第七版彩图本）［M］．上海：上海辞书出版社，2019：3081.

② 刘韩．人工智能简史［M］．北京：人民邮电出版社，2018：72-74.

③ 马尔科夫．人工智能简史［M］．郭雪，译．杭州：浙江人民出版社，2017：人工智能大事纪．

④ 商瀑．从“智人”到“恶人”：机器风险与应对策略：来自阿西洛马人工智能原则的启示［J］．电子政务，2020（12）：69-76.

第一个结构化编程语言，也是当时世界上最受欢迎的编程语言，成为计算机科学入门课程的主要教学语言，直至 1990 年代后才被 Java、Python 等后来者取而代之。沃思总结其开发编程语言的实践经验，于 1971 年 4 月在国际计算机学会主办的《国际计算机学会通讯》上发表了题为《通过逐步求精方式开发程序》（*Program Development by Stepwise Refinement*），提出了“结构化程序设计”（structure programming）的概念，其要点是：不要求一步就编制成可执行的程序，而是分若干步进行，逐步求精。第一步编出的程序抽象度最高，第二步编出的程序抽象度有所降低……最后一步编出的程序即为可执行的程序。“结构化程序设计”也叫“自顶向下”或“逐步求精”法，用这种方法编程，能让程序易写、易读、易调试、易维护、易保证其正确性及验证其正确性，从而在程序设计领域引发了一场革命，成为程序开发的一个标准方法，在后来发展起来的软件工程中获得广泛应用。[①]1976 年，沃思在 Prentice-Hall 出版社出版《算法 + 数据结构 = 程序》（*Algorithms+Data Structures=Programs*）一书，书中提出了“算法 + 数据结构 = 程序”的著名公式。[②]1984 年 10 月于旧金山举行的国际计算机学会年会上，沃思获得图灵奖。1992 年沃思当选瑞士工程院院士，1994 年沃思当选美国国家工程院外籍院士，1999 年 4 月退休，2024 年元旦去世。

1968 年世界第一台移动机器人诞生。“移动”是机器人的重要标志。美国加州斯坦福研究所公布他们研发成功的机器人夏凯（Shakey）。可移动机器人夏凯安装了视觉传感器（电子摄像机）、三角测距仪、碰撞传感器和驱动电机，能简单解决感知、运动规划和控制问题，能根据人的指令发现并抓取积木，是世界第一台采用人工智能、可实现移动的通用型机器人，能够按逻辑推理自己的动作。Shakey 的无线通信系统由两台计算机控制，当时的计算机虽然体积大（有

① WIRTH N. Program development by stepwise refinement［J］. Communications of ACM.1971, 14（4）: 221–227.

② 沃斯．算法 + 数据结构 = 程序［M］. 曹德和，刘椿年，译．北京：科学出版社，1984.

一个房间那么大），运算速度却非常缓慢，导致 Shakey 需要数小时的时间来感知和分析环境，并规划行动路径。因此，用今天的眼光看，机器人 Shakey 的运作既简单又笨拙，不过，它的实现过程推动了人工智能的后续发展。[①②]《生活周刊》在一篇评论文章中引用明斯基的预言：“3 ~ 8 年内，机器就将达到普通人的智能水平。”1968 年 12 月 9 日，美国加州斯坦福研究所的道格・恩格勒巴特发明计算机鼠标，构想出了超文本链接概念，几十年后成了现代互联网的根基。同年，电影《2001 太空漫游》上映，片中突出刻画了一个名为“哈尔”的有感情的电脑。特里・维诺格拉德（Terry Winograd）开发了 SHRDLU，一种早期自然语言理解程序。1968 年 7 月，戈登・摩尔（Gordon Moore）和他的同事罗伯特・诺伊斯（Robert Noyce）共同创立了英特尔（Intel）。于是，戈登・摩尔拥有了两大知名身份：英特尔公司的联合创始人与“摩尔定律”的提出者。1970 年，英特尔在美国加利福尼亚州圣克拉拉市（City of Santa Clara）设立全球总部，逐渐发展为半导体行业和计算创新领域的全球领先厂商。

1969 年夏天，贝尔实验室的肯・汤普森（Ken Thompson）在同事丹尼斯・里奇（Dennis M. Ritchie）的帮助下，在 AT & T 的贝尔实验室（Bull Labs），用汇编语言完成了 UNIX 操作系统的第一个版本。UNIX 操作系统是一个强大的多用户、多任务操作系统，支持多种处理器架构，这可能是人类历史上用汇编语言完成的最伟大作品。[③]同年，理查德・菲克斯（Richard Fikes）与尼尔斯・尼尔森（Nils Nilsson）设计出 STRIPS（机器人 Shakey 用到的“问题解决程序）后，直到现在，机器人在核心理念上便没有太大的突破，有进步的地方只体现在更

---

① 吴永和，刘博文，马晓玲 . 构筑“人工智能 + 教育”的生态系统［J］. 远程教育杂志，2017，35（5）：27−39.

② 刘韩 . 人工智能简史［M］. 北京：人民邮电出版社，2018：84−85.

③ 同② 53−54，147，173.

高的计算速度、更高的制造工艺和更低廉的价格上。[①]

《人工智能》(*Artificial Intelligence*)杂志于1970年创刊，走的是精品路线，一年仅刊登60~70篇论文，是人工智能业内公认的一个顶刊。[②]1970年，肯·汤普森在马丁·理查兹（Martin Richards）开发的BCPL语言的基础上设计了B语言。[③]同年，设计出了仿人机器人。1970年11月，《生活》（*Life*）杂志对第一个电子人（electronic person）Shakey进行了大规模宣传，记者布拉德·达拉奇（Brad Darrach）在文中“引用”明斯基的名言：“人不过是脑袋上装了个计算机的肉身机器而已。”随后，布拉德·达拉奇大胆推测：“再过3~8年的时间，我们将创造出一台能够达到普通人类总体智力水平的机器（In from three to eight years we will have a machine with the general intelligence of an average human being.）。我指的是一台能够阅读莎士比亚著作，给汽车上润滑油，会耍手腕，能讲笑话，而且还会跟人打上一架的机器。那时，机器能以令人惊奇的速度自学。几个月以后，它将达到天才水平，而再过上几个月，它的能力将不可估量。”[④]50多年过去了，布拉德·达拉奇对人工智能所作的这个乐观预测至2024年9月底仍未真正实现，不过，2023年3月出现的ChatGPT-4朝着这个方向迈进了一大步。另外，在仿人机器人领域，日本走在世界前列。1973年，日本早稻田大学的加藤一郎教授研发出第一台以双脚走路的机器人WABOT-1，它由肢体控制系统、视觉系统和对话系统组成，用双脚走路。加藤一郎由此赢得“仿人机器人之父”的美誉。[⑤]

---

① 斯加鲁菲．智能的本质：人工智能与机器人领域的64个大问题［M］．任莉，张建宇，译．北京：人民邮电出版社，2017：17.

② 林军，岑峰．中国人工智能简史·第一卷·从1979到1993［M］．北京：人民邮电出版社，2023：283.

③ 同① 54−55.

④ 马尔科夫．人工智能简史［M］．郭雪，译．杭州：浙江人民出版社，2017：103−104.

⑤ 刘韩．人工智能简史［M］．北京：人民邮电出版社，2018：85.

发明了以太网技术。起初计算机被用于商用和科学研究时，都是独立使用，不同计算机之间彼此互无联系。为了方便研究者开展合作研究，就须用网络将单个的计算机联系起来，构成一个超级计算机系统。在这种理念的激励下，1946 年出生在美国纽约的计算机科学家鲍勃·梅特卡夫（Bob Metcalfe）于 1970 年代初在美国麻省理工学院和斯坦福研究院工作期间，开始着手研究计算机网络。1973 年，他在帕洛阿尔托研究中心（Xerox PARC）工作期间发明了以太网技术（Ethernet）。以太网是一种局域网技术，可以实现计算机之间的数据传输。[①]凭借这项创新技术，他为现代计算机通信和互联网的发展奠定了基础，并于 2023 年 3 月 22 日获得图灵奖。

这期间，电子计算机的研发也取得了重要进展，促进了人工智能硬件的发展。早期第二代硅晶体管计算机中硅晶体管上的线路连结在受外力等的影响下易脱落，导致性能不稳定。如何改进？杰克·基尔比（Jack Kilby）于 1958 年 7 月冒出一个新想法：将电阻、电容、分布电容、晶体管全部放在单个硅片上，外面用二氧化硅绝缘，即将晶体管包裹在二氧化硅做成的茧中，它就永远不会被污染了。与此同时，罗伯特·诺伊斯（Robert Noyce）也产生了类似想法，又用铝箔膜连接，并将之叫作“集成电路”（integrated circuit, IC）。这样，杰克·基尔比和罗伯特·诺伊斯二人于 1958 年 7 月开创了世界微电子学的时代，不仅有利于计算机和人工智能的小型化，更降低了短路的概率，有利于提升计算机和人工智能的算力。1959 年诺伊斯所在公司与基尔比所在公司打官司争集成电路专利权。法院最终裁定，将集成电路专利权一分为二：基尔比有关集成电路的理念更早，故将集成电路发明权判给基尔比；诺伊斯有关绝缘与导电技术做得更佳，故将集成电路的关键工艺专利判给诺伊斯。[②]与分立晶体管设计相比，集

① 吕云翔，李沛伦．IT 简史［M］．北京：清华大学出版社，2016：111.

② 吴军．信息传：决定我们未来发展的方法论［M］．北京：中信出版社，2020：304-306.

成电路的尺寸、重量和功耗更小，尽管成本很高，但军事和航空航天系统中刚好适合。集成电路的出现，让硅晶体管完胜锗晶体管，第三代计算机——基于中、小规模集成电路的数字计算机——随之诞生。硬件方面，第三代集成电路计算机的逻辑元件采用中、小规模集成电路（MSI、SSI），主存储器仍采用磁芯。软件方面出现了分时操作系统以及结构化、规模化程序设计方法。特点是速度更快（一般为每秒数百万次至数千万次），并且可靠性有了显著提高，价格进一步下降，产品走向了通用化、系列化和标准化等。应用领域开始进入文字处理和图形图像处理领域。第三代计算机的代表是型号为 IBM 360 的中、小规模集成电路计算机。1956 年 6 月 19 日，82 岁高龄的托马斯·沃森去世，他的儿子小托马斯·沃森（Thomas J. Watson Jr.）正式接任 IBM 公司的总裁，计划耗资 50 亿美元（预算是：研制费 5 亿，生产设备投资 10 亿，推销和租店费用 35 亿）研制 IBM 360。1964 年 4 月 7 日，IBM 研制出 360 系列电脑，五年内共售出了 32 300 台 IBM 360。IBM 360 成为当时人们最喜爱的电脑，IBM 确立了自己在电脑市场的世界霸主地位，被称为蓝色巨人（IBM 公司的外号叫 Big Blue）。第三代集成电路计算机在 1969 年 7 月 20 日阿波罗 11 号（Apollo 11）登月计划中扮演了重要角色。霍夫（Marcian Edward Hoff）1937 年生于美国纽约，1959 年在斯坦福大学获得硕士学位。1962 年在斯坦福大学获得博士学位。1962 年至 1967 年在斯坦福大学计算机研究所任教。1968 年被同年 7 月刚成立的英特尔公司总裁罗伯特·诺伊斯招进英特尔公司，成为英特尔公司的 12 号员工。1969 年，霍夫和斯坦利·马泽尔（Stanley Mazor，1941 年 10 月 22 日出生于美国芝加哥，1969 年入职英特尔公司）萌生一个设想：能否用微型、通用计算机芯片取代当时集成电路计算机芯片？随后霍夫和斯坦利·马泽尔为英特尔 4004 制定了指令集。[①] 1971 年 1 月，英特尔公司的霍夫和斯坦利·马泽尔研制成功世界上第一

---

① Stanley Mazor［EB/OL］.［2024-07-04］. https://www.invent.org/inductees/stanley-mazor.

块 4 位微处理器芯片 Intel 4004，科学家将多达 2300 个硅晶体管做成一个大规模集成电路（Large Scale Integration，LSI），标志第一代中央处理器（Central Processing Unit, CPU）——中央处理器是计算机运算和控制核心——问世，从此开始了微处理器时代。中央处理器的诞生，让计算机具有省电、轻巧、速度快的特点，这标志第四代计算机——基于大规模集成电路的数字计算机——在美国硅谷诞生，开创了微型计算机的新时代。结果，从 1971 年开始，世界进入微机时代，一直延续至今。 诞生于大规模集成电路时代的中央处理器经过不断更新换代，从 4 位升级到 8 位、16 位、32 位，现在已到 64 位。在计算机硬件不断升级换代的同时，计算机软件也在不断更新换代。于是，民用计算机在性能不断提升和价格不断下降的同时，其体积变得越来越小，重量变得越来越轻，自然而然地，计算机就从科学计算、事务管理、过程控制逐步走向家庭。顺便指出，苏联和俄罗斯专家因在电子管的研制上取得不少佳绩，当时未看到晶体管的发展前景，在硅的提纯上又一直未取得突破，最终放弃了晶体管和芯片的开发，坚持电子管的开发，因选错了发展方向，至今在高端芯片的开发上仍未有大突破。

设计了 C 语言。在计算机语言的发展史上，C 语言可能是影响力最大的语言，至今仍是一些计算机系统的底层核心设计语言，从 C 语言演化而来的 C++ 等语言，至今仍是很多软件产品开发的主要语言。1973 年，丹尼斯 · 里奇（Dennis M. Ritchie）在肯 · 汤普森设计的 B 语言的基础上设计了 C 语言。C 语言的特点是简洁的表达式、流行的控制流和数据结构、丰富的运算符集，非常适合用于操作系统、编译器等底层软件的编程，被称作“系统编程语言”。后来丹尼斯 · 里奇用 C 语言将肯 · 汤普森于 1969 年完成的 UNIX 操作系统重写了一遍，使得 UNIX 操作系统可方便地移植到各种硬件上。1983 年，肯 · 汤普森和丹尼斯 · 里奇共同获得图灵奖。今天智能手机上流行的安卓（Android）和苹果手机的 iOS

都是基于 UNIX 核心的操作系统。[①]

二、1974 年至 1980 年：人工智能史上的第一次寒冬

在 1974 年至 1980 年期间，人工智能的研究以知识工程、认知科学的研究为主，提出知识工程、专家系统，并使一批专家系统在实际中得到应用。[②]“知识工程”和“专家系统”留到第三章探讨，此处不多讲。当时计算机有限的内存和处理速度，让人工智能不足以解决任何实际问题。研究者发现，要求人工智能对这个世界具有儿童水平的智能，这个要求太高了。因为在 20 世纪 70 年代，没人能够做出如此巨大的数据库，也没人知道一个人工智能程序怎样才能学到如此丰富的信息。此时，在人工智能领域占主流的符号主义进展不大；明斯基和西摩尔·帕普特（Seymour A. Papert）于 1969 年 1 月出版《感知机——计算几何学导论》，几乎给联结主义人工智能的前景判了“死刑”。新生的现代强化学习和遗传算法未引起人们的足够重视。结果，英国政府、美国国防部高级研究计划局（DARPA）和美国国家科学院的自动语言处理顾问委员会逐渐对人工智能研究停止了资助。于是，1974 年至 1980 年，人工智能进入第一次寒冬。[③]

但是，在人工智能的这段低谷期，科学家在人工智能的研发上还是取得了一些重要突破，除了约翰·霍兰德（John H. Holland）于 1975 年创建遗传算法、安德鲁·巴图（Andrew G. Barto）和他指导的第一个博士生理查德·萨顿（Richard S. Sutton）发明现代强化学习以及在专家系统的研究上取得重要成果外，重要的还有如下五个：（1）UNIX 操作系统开始流行。1974 年 7 月，肯·汤普森和丹尼斯·里奇合作，在国际计算机学会上发表 *The UNIX time sharing system* 一文，

① 刘韩．人工智能简史［M］．北京：人民邮电出版社，2018：55.
② 刘毅．人工智能的历史与未来［J］．科技管理研究，2004（6）：121-124.
③ 马尔科夫．人工智能简史［M］．郭雪，译．杭州：浙江人民出版社，2017：130.

用 C 语言重写了 UNIX 操作系统①，这是 UNIX 操作系统与外界的首次接触，引起学术界的广泛兴趣，各大学和公司开始通过 UNIX 源码对 UNIX 操作系统进行各种改进和扩展，结果，UNIX 操作系统开始广泛流行②。（2）1976 年，由斯蒂夫·乔布斯（Steve Jobs）和斯蒂夫·沃兹尼亚克（Steve Wozniak，简称沃兹）创立苹果电脑公司，当年开发并销售 Apple Ⅰ电脑。③1977 年，苹果电脑公司发售最早的个人电脑 Apple Ⅱ。④（3）吴文俊受笛卡尔思想的启发，通过引入坐标，将几何问题转化为代数问题，再按中国古代数学思想将它机械化，提出一个解决一般问题的路线：所有的问题都可以转变成数学问题，所有的数学问题都可以转变成代数问题，所有的代数问题都可以转变成解方程组的问题，所有的解方程组的问题都可以转变成解单元的代数方程问题。⑤根据上述思路，1976 年冬，吴文俊创建了数学机械化方法：

第一步是从几何公理体系出发，适当取坐标系，将任意几何命题化为代数命题；

第二步是整序，即把表达前提的方程组整理成满足一定条件的三角型方程组，所谓特征列；

第三步是消元或降次，即利用特征列把各约束变元的最高次幂用低次项表示，代入结论方程以尽可能降低各约束变元的次数；

第四步是在计算机上运算，如果第三步运算的结果使结论方程成为恒等式，就证明了命题在非退化条件之下成立，即一般成立；如果

---

① THOMPSON K, RITCHIE D M. The UNIX time sharing system［J］. The communication of the ACM, 1974, 17（7）:365–375.

② 刘韩．人工智能简史［M］．北京：人民邮电出版社，2018：173–174.

③ 沃尔夫．计算机与网络简史：从算盘到社交媒体的故事［M］．庄亦男，译．杭州：浙江人民出版社，2023：64.

④ 同③ 66.

⑤ 林军，岑峰．中国人工智能简史·第一卷·从 1979 到 1993［M］．北京：人民邮电出版社，2023：5.

运算后结论方程不是恒等式，且特征列对应的代数簇是不可约的，则可断言命题不真。[①]

1977年，吴文俊关于平面几何定理的机械化证明首次取得成功。[②] 从此，完全由中国人开拓的一条数学道路——吴文俊方法——呈现在世人面前。[③]（4）1977年，卢卡斯（George Lucas）导演开始推出《星球大战》系列电影，该系列影片中，“R2-D2”和“C-3PO”这对机器人充当了幽默搞笑的角色。[④]（5）1979年，斯坦福大学开发的无人驾驶汽车Stanford Cart在无人干预的情况下，成功驶过一个充满障碍的房间，这是无人驾驶汽车最早的研究范例之一[⑤]。

三、1980年至1987年：人工智能的第一次复兴期

1980年至1987年是人工智能发展史上的第一次复兴期。人工智能的第一次复兴至少要归功于三个方面：（1）20世纪80年代初符号主义人工智能将专家系统成功商业化，这是人工智能第一次复兴的标志。[⑥] 这样，20世纪80年代的人工智能研究以专家系统、推理技术、知识获取、自然语言理解和机器视觉（computer vision）研究为主。[⑦] 截至2024年9月，这是符号主义人工智能在人工智能史上的最后一次辉煌。当1987年人工智能进入第二次寒冬后，符号主义人工智能就开始走下坡路，至今未见有翻身的迹象。（2）联结主义人工智能在20世纪80年代的第一次复兴。（3）1982年日本经济产业省拨款8.5亿美元用

① 张景中．几何定理机器证明二十年［J］．科学通报，1997，42（21）：2248–2259.

② 吴文俊．初等几何判定问题与机械化证明［J］．中国科学，1977，6：507–516.

③ 陆广地．吴文俊的贡献及其对数学发展的推动：深切悼念吴文俊院士［J］．广西民族大学学报（自然科学版），2017，23（2）：20–23.

④ 刘韩．人工智能简史［M］．北京：人民邮电出版社，2018：79–80.

⑤ 吴永和，刘博文，马晓玲．构筑“人工智能＋教育”的生态系统［J］．远程教育杂志，2017，35（5）：27–39.

⑥ 王彦雨．基于历史视角分析的强人工智能论争［J］．山东科技大学学报（社会科学版），2018，20（6）：16–27.

⑦ 刘毅．人工智能的历史与未来［J］．科技管理研究，2004（6）：121–124.

于研发第五代计算机项目。在这期间发生的代表性事情，除了专家系统成功商业化外，主要的事情还有：

（1）1980年，日本早稻田大学开发 Wabot-2 机器人，Wabot-2 能够与人沟通、阅读乐谱并演奏电子琴。①

（2）1982 年日本经济产业省拨款 8.5 亿美元用于研发第五代计算机项目。日本组织富士通、日本电气股份有限公司、日立、东芝、松下、夏普等八大著名企业，配合新一代计算机技术研究所所长渊一博（Kazuhiro Fuchi），共同开发该项目，旨在以 10 年为期，开发出能像人类一样进行对话、语言翻译、识别图片和具有理性思考的计算机，在当时被叫作人工智能计算机。因此，该计算机的操作系统被称作“知识信息处理系统”（KIPS），使用 Prolog 语言，其应用程序将达到知识表达级，具有听觉、视觉甚至味觉功能，人们不再需要为它编写程序指令，只需要口述命令，它就可以自动推理并完成工作任务。日本的这一雄心勃勃的科研计划传到美国，美国媒体用“科技界的珍珠港事件”来表达内心的震惊。随后，美国、英国纷纷响应，开始向人工智能领域提供大量资金。例如，美国国防部高级研究规划局计划在 6 年内投资 6 亿美元，研制能看、能听说和有思维的计算机。遗憾的是，虽然渊一博带领团队奋斗了 10 年，但第五代计算机至 1992 年宣告失败，② 直至今日仍未研发成功。日本的第五代计算机采取专用计算平台和 Prolog 这样的知识推理语言完成应用级推理任务；中国 863 计划支持的 306 智能计算机主题采取了与日本不同的技术路线，以通用计算平台为基础，将智能任务变成人工智能算法，将硬件和系统软件都接入通用计算平台，并催生了曙光、汉王、科大讯飞等一批骨干企业。

---

① 吴永和，刘博文，马晓玲．构筑“人工智能＋教育”的生态系统［J］．远程教育杂志，2017，35（5）：27-39.

② 林军，岑峰．中国人工智能简史·第一卷·从 1979 到 1993［M］．北京：人民邮电出版社，2023：158-160.

（3）1982 年，约翰·霍普菲尔德（John Joseph Hopfield）提出了被后人称作“霍普菲尔德神经网络”（Hopfield neural network）的一种新型人工神经网络，开启了联结主义人工智能的第一次复兴。

（4）1983 年，第一个机器人在联邦德国的大众汽车股份公司投入服务。[①]1983 年，在美国政府的支持下，13 家高新技术公司集中了他们最优秀的技术人员在得克萨斯州创办了微电子技术和计算机技术研究中心。同年，美国里根总统在一次演讲中提出“星球大战计划”，实质上是美国将高科技作为未来竞争力的一种体现。[②]

（5）1984 年，电影《电脑梦幻曲》（*Electric Dreams*）上映，讲了一个发生在男人、女人和一台电脑之间的三角恋故事。[③] 为了构建类似人类通才那样具备多学科“常识”的人工智能系统，1984 年，在当时的微电子与计算机技术公司（MCC）总裁英曼的大力支持下，由美国人道格拉斯·莱纳特（Douglas Lenat）领头，启动了大百科全书（Cyc）项目，“Cyc”一名的来源是“encyclopedia”（百科全书），其目标是使人工智能的应用能够以类似人类推理的方式工作。1994 年，Cyc 项目从微电子与计算机技术公司中独立出去，成立了 Cycorp 公司。大百科全书项目主要采用人工编码知识和规则的方式，项目实施时间长达 20 余年。2002 年春天，Cycorp 公司发布了免费使用的 OpenCyc 产品。2006 年，公司又发布了二进制版本的 ResearchCyc 1.0，这是供科研人员免费使用的 ResearchCyc 产品。[④]2008 年，研究人员将 Cyc 资源映射到许多维基百科的文章上，使 Cyc 与类似于 DBpedia、Freebase 这样的数据集更易连接。2009 年 7 月发布

① 竺江宝．20 世纪的重大发明［J］．应用科技，1999（12）：28.

② 林军，岑峰．中国人工智能简史·第一卷·从 1979 到 1993［M］．北京：人民邮电出版社，2023：160.

③ 黄鸣奋．科幻电影创意：后人类视野中的身体美学［J］．东南学术，2019（1）：170-185，247.

④ 刘韩．人工智能简史［M］．北京：人民邮电出版社，2018：69.

了 OpenCyc 2.0 版。大百科全书项目耗费了巨大的人力和物力，但最终产生的经济和社会效益相对有限，成为人工智能史上最有争议的项目之一。同年，在年度 AAAI 会议上，罗杰·单克（Roger Schank）和明斯基警告“AI 之冬”即将到来，预测 AI 泡沫的破灭（3 年后确实发生了），投资资金也将如 1970 年代中期那样减少。1984 年，苹果电脑公司推出革命性的 Macintosh 电脑。①

（6）1986 年，美国发明家查尔斯·赫尔制造出人类历史上首个 3D 打印机。同年，在恩斯特·迪克曼斯（Ernst Dickmanns）的指导下，制造出了世界上第一辆无人驾驶奔驰汽车，这辆车配备照相机和传感器，时速达到 55 英里。Rumelhart 等主编的题为《分布式并行处理》的论文集也于 1986 年问世。②

（7）1987 年，随着时任首席执行官约翰·斯卡利（John Sculley）在 Educom 大会上的演讲，苹果未来电脑“Knowledge Navigator”的设想深入人心，其中语音助手、个人助理等预言都在今天成为现实。③

四、1987 年至 1993 年：人工智能史上的第二次寒冬

日本于 1982 年制定的为期 10 年的“第五代计算机技术开发计划”于 1992 年正式宣告失败，这是人工智能研究进入第二次寒冬的一个最具标志性的事件。④导致 1987 年至 1993 年间人工智能第二次进入寒冬的缘由，概括起来主要有四：（1）当时身为主流的符号主义人工智能遇到两个无法克服的难题。①人与环境的交互问题。依托传统方法的人工智能只能模拟深思熟虑的行为，无法实现人与环境的交互，也很难在动态和不确定的环境下使用。②专家系统的扩

① 沃尔夫．计算机与网络简史：从算盘到社交媒体的故事［M］．庄亦男，译．杭州：浙江人民出版社，2023：79.

② 吴永和，刘博文，马晓玲．构筑“人工智能 + 教育”的生态系统［J］．远程教育杂志，2017，35（5）：27-39.

③ 同②．

④ 林军，岑峰．中国人工智能简史·第一卷·从 1979 到 1993［M］．北京：人民邮电出版社，2023：277.

展问题。传统人工智能只适合建造领域狭窄的专家系统，无法进一步拓展、建构规模更大的复杂专家系统。[①]结果，符号主义人工智能自 1987 年以后开始沉沦，至今未见起色。（2）人工神经网络的效果一直不太理想，让联结主义人工智能进展缓慢。（3）朱迪亚・珀尔（Judea Pearl）1988 年基于贝叶斯定理研发出的贝叶斯网络，要经过一段时间的积累才能大放异彩。（4）1990 年 12 月 25 日互联网诞生了，20 世纪 90 年代互联网一度掩盖了人工智能的光芒。

“人工智能之冬”一词由经历过 1974 年经费削减的罗杰・单克和明斯基于 1984 年年度 AAAI 会议上提出，他们注意到了人们对专家系统的狂热追捧，预计不久后人们将对人工智能感到失望。3 年后的事实被他们不幸言中。自 1968 年美国斯坦福大学成功研发出第一个人工智能专家系统 DENDRAL 系统以来，专家系统在随后的 10 余年里一直是人工智能领域最活跃和最广泛的领域之一，但专家系统的实用性仅仅局限于某些特定情景。到了 20 世纪 80 年代晚期，美国国防部高级研究计划局的新任领导认为人工智能并非“下一个浪潮”，于是倾向于给那些看起来更容易出成果的项目拨款。明斯基和西摩尔・帕普特将两人合著并于 1969 年出版的《感知机——计算几何学导论》作了扩充，于 1987 年出版了该书的扩充版。在《感知机——计算几何学导论》（扩充版）的序言中，明斯基和西摩尔・帕普特指出，许多人工智能新人在犯和老一辈同样的错误，导致领域进展缓慢。[②]

在人工智能的这段寒冬期，科学家在人工智能的研发上也取得了一些重要突破：1988 年，除了朱迪亚・珀尔（Judea Pearl）发明了贝叶斯网络外，罗洛・卡彭特（Rollo Carpenter）开发聊天机器人 Jabberwacky，能够模仿人进行幽默的

① 林军，岑峰．中国人工智能简史・第一卷・从 1979 到 1993[M]．北京：人民邮电出版社，2023：280.

② MINSKY M，PAPERT SA. Perceptrons: An introduction to computational geometry [M]. MIT Press, 1987.

聊天，这是人工智能与人类交互的最早尝试。IBM 公司的沃森研究中心发表《语言翻译的统计方法》（*A Statistical Approach to Language Translation*），预示着从基于规则的翻译向机器翻译的翻译方法的转变，机器学习无须人工提取特征编程，只需大量的示范材料，就能像人脑一样习得技能。机器翻译（machine translation）是指利用计算机将文字从一种自然语言翻译成另一种自然语言。通过运用语料库等技术，可不断提升自动翻译的准确率，更好地处理不同的文法结构、词汇辨识、惯用语的对应等[①]。沃森是认知计算系统的杰出代表，也是一个技术平台。认知计算代表一种全新的计算模式，包含信息分析、自然语言处理和机器学习领域的大量技术创新，能够助力决策者从大量非结构化数据中揭示规律。[②]

在专业杂志的创办上，1988 年 9 月，世界上第一个人工神经网络杂志《神经网络》（*Neural Networks*）诞生，属于月刊，这标志着联结主义人工智能的高质量论文有了自己的专业期刊。国际电气与电子工程师协会（Institute of Electrical and Electronics Engineers, IEEE）成立了神经网络协会，并于 1990 年 3 月开始出版《神经网络会刊》（*IEEE Trascations on Neural Networks, TNN*），这是人工神经网络领域的第二本高水平专业期刊，进一步促进了该领域论文的发表。

在鲍勃·梅特卡夫于 1973 年发明的以太网技术的基础上，1955 年生于英国的蒂姆·伯纳斯·李（Tim Berners Lee）于 1989 年 3 月正式提出万维网（World Wide Web, 简称 WWW, Web, 3W）的设想。1990 年 12 月 25 日，蒂姆·伯纳斯·李在日内瓦的欧洲粒子物理实验室里开发出了世界上第一个网页浏览器，并把免费万维网的构想推广到全世界，让万维网科技获得迅速发展，从此，一个全新

① 刘韩. 人工智能简史［M］. 北京：人民邮电出版社，2018：163.
② 同① 161–162.

的网络经济在全球迅猛发展。互联网的出现，深刻改变了人类的生活面貌，且为人工智能的飞速发展打下了海量信息的基础，蒂姆·伯纳斯·李由此赢得“互联网之父”的美誉，并于2016年获图灵奖。[①②] 以太网和互联网虽都是用来连接计算机的网络，但两者的范围不同：以太网是一种局域网，只能连接附近距离内的计算机，互联网是广域网，这样，人类可以有成千上万个以太网，却只有一个互联网。

1990年，布鲁克斯（Rodnry Brooks）发表《勒庞人不下棋》（*Lephants dońt Play Chess*），提出用环境交互打造人工智能机器人的设想。[③]

美国加州大学圣地亚哥分校的戴维·基尔希（David Kirsh）于1991年在《人工智能》杂志上发表《人工智能的基础：大问题》一文，在文中提出了人工智能的五个基本问题或核心假设：（1）知识与概念化是不是人工智能的核心？（2）认知能力可否与感知分开研究？（3）认知的轨迹可否用类自然语言来描述？（4）学习能力是否可以和认知分开？（5）所有的认知是否有一种统一的结构？根据戴维·基尔希的分析，当前人工智能的几个重要流派的研究纲领或多或少基于这五个假设及其推论，但在不同问题上的意见有差异：符号主义人工智能中的逻辑派认同前四个假设，反对第五个假设；符号主义人工智能中的认知/心理派在前两个假设上与逻辑派保持一致，不过，在第三个假设上与逻辑派的观点略有差异，反对第四和第五个假设；联结主义人工智能认同第四个假设，对第五个假设持中立态度，对第二个假设在其内部未形成统一意见，反对第一和第三个假设。[④⑤]

① 沃尔夫．计算机与网络简史［M］．杭州：浙江人民出版社，2023：277–278.
② 吕云翔，李沛伦．IT简史［M］．北京：清华大学出版社，2016：164–165.
③ 吴永和，刘博文，马晓玲．构筑“人工智能＋教育”的生态系统［J］．远程教育杂志，2017，35（5）：27–39.
④ KIRSH D. Foundations of AI: the big issues［J］. Artificial Intelligence,1991, 47: 3–30.
⑤ 林军，岑峰．中国人工智能简史·第一卷·从1979到1993［M］．北京：人民邮电出版社，2023：280–281.

五、1993年至2012年9月：人工智能的第二次复兴

以朱迪亚·珀尔1988年基于贝叶斯定理研发出的贝叶斯网络、“支持向量机”、“隐马尔可夫模型”（Hidden Markov Model, HMM）为代表的人工智能统计学派自1993年至2005年间的快速发展，是人工智能进入第二次复兴期的主因。此外，1997年5月10日，IBM公司的名为“深蓝（Deep Blue）”的超级计算机——IBM公司的外号叫Big Blue，于是，1996年IBM公司将开发国际象棋计算机程序的新项目命名为“深蓝（Deep Blue）”[①]——再度挑战国际象棋世界冠军俄罗斯人加里·卡斯帕罗夫（Garry Kasparov），当时用于比赛的“深蓝（Deep Blue）”下棋机，使用了30台IBM RS/6000工作站，理论搜索速度是每秒10亿个棋局，实际最大速度约是每秒搜索2亿个棋局。比赛于1997年5月11日结束，结果，“深蓝”以3.5 ∶ 2.5最终战胜卡斯帕罗夫，成为首个在标准比赛时限内击败国际象棋世界冠军的人工智能系统，这极大增加了人们对人工智能的关注。“深蓝（Deep Blue）”团队的核心是来自中国台湾地区的许峰雄（总设计师和芯片设计师）、莫里·坎贝尔（Murray Cambell）和乔·赫内（Joe Hoane）。[②③]1998年，杨立昆和约书亚·本吉奥等人基于福岛邦彦提出的卷积和池化网络结构，将反向传播算法运用到人工神经网络结构的训练中，成功设计出了世界上第一个用于数字识别问题的7层卷积神经网络，命名为LeNet-5的系统。2003年，约书亚·本吉奥等人大大提升了机器翻译和自然语言理解系统的性能。2006年欣顿等人提出深度信念网络，标志着深度学习诞生……由于联结主义人工智能的研究不断取得新突破，美国国防部、海军和能源部等加大资

---

① 尼克.人工智能简史［M］.北京：人民邮电出版社，2017：124.

② 吴永和，刘博文，马晓玲.构筑“人工智能 + 教育”的生态系统［J］.远程教育杂志，2017，35（5）：27-39.

③ 刘韩.人工智能简史［M］.北京：人民邮电出版社，2018：20-22.

助联结主义人工智能的力度，联结主义人工智能进路由此迎来第二次复兴，[①]这进一步推动了人工智能的第二次复兴。

计算机、数学、物理、心理学、语言学和神经科学是人工智能的六个基础学科。其中，对人工智能影响最大的基础学科是数学。[②]1988 年，朱迪亚·珀尔（Judea Pearl）发表《智能系统中的概率推理》（*Probabilistic Reasoning in Intelligent Systems*），将贝叶斯定理成功引入人工智能领域来处理概率知识，发明了贝叶斯网络，这是一种基于概率的因果推理的数学框架，它使计算机能在复杂的、模糊的和不确定性情境下实现概率推理。这让朱迪亚·珀尔在人工智能领域一鸣惊人，被誉为“贝叶斯网络之父”。人工智能统计学派由此增添了一员大将。在人工智能领域应用最多的也许是朱迪亚·珀尔 1988 年基于贝叶斯定理研发出的贝叶斯网络。在自然语言处理、故障诊断、语音识别等领域[③]，贝叶斯网络的实用效果都优于此前完全基于规则的人工智能方法，从而创立了人工智能中实现不确定性推理的贝叶斯学派，[④]并在 1990 年至 2005 年间得到快速发展。猜测和计算是两个不同概念，基于贝叶斯人工神经网络的机器叫“猜测机”似乎更恰当。[⑤]珀尔因在人工智能概率方法的杰出成绩和贝叶斯人工神经网络的研发而获得 2011 年度的图灵奖，以表彰他通过发展概率和因果推理演算对人工智能作出的基础性贡献。[⑥]不过，“一山不容二虎”，贝叶斯网络的快速发展一度限制了联结主义人工智能的发展。

Vladimir Vapnik 是统计学习理论（Statistical Learning Theory）的主要创建

① 尼克．人工智能简史［M］．北京：人民邮电出版社，2017：109.

② 刘韩．人工智能简史［M］．北京：人民邮电出版社，2018：97.

③ 语音识别（speech recognition, SP），也叫自动语音识别（automatic speech recognition, ASP），其目标是用电脑自动将人类的语音内容转换为相应的文字。语音识别技术的应用包括语音拨号、语音导航、室内设备控制、语音文档检索、语音听写录入等。

④ 同② 148.

⑤ 李国杰．智能化科研（AI4R）：第五科研范式［J］．中国科学院院刊，2024，39（1）：1-9.

⑥ 同② 104-105.

人之一，该理论也被称作 VC 理论（Vapnik Chervonenkis theory）。[①] 科琳娜·科尔特斯（Corinna Cortes）和俄罗斯统计学家、数学家弗拉基米尔·万普尼克（Vladimir Vapnik）于 1995 年提出"支持向量机"的概念。[②] "支持向量机"是机器学习中强有力的监督学习模型，它主张神经网络是多层的非线性模型，能将非线性问题转换成线性问题，在解决小样本、非线性及高维模式识别中表现出许多特有的优势，可以分析数据，用于分类和回归分析。"支持向量机"是人工智能中类推学派的核心算法。[③] 支持向量机是一种二分类模型，它的基本模型是定义在特征空间上的间隔最大的广义线性分类器（generalized linear classifier），间隔最大使它有别于感知机；支持向量机还包括核技巧，这使它成为实质上的非线性分类器。支持向量机的学习策略就是间隔最大化，可形式化为一个求解凸二次规划的问题，也等价于正则化的损失函数最小值问题。"支持向量机"的学习算法就是求解凸二次规划的最优算法。[④⑤]

"隐马尔可夫模型"是由 Leonard E. Baum 等人于 1966 年率先提出来的。[⑥] "隐马尔可夫模型"是马尔可夫模型（Markov Model）的延伸，是一个关于时序的统计模型，用来描述一个含有隐含未知参数的马尔可夫过程。其难点是从可观察的参数中确定该过程的隐含参数，然后利用这些参数来作进一步分析，例如模式识别。"隐马尔可夫模型"包含 2 个基本假设：一是齐次马尔可夫性假设，即隐藏的马尔可夫链在任意时刻 t 的状态只依赖于其前一时刻的隐藏状态；二是观测独立性假设，即某时刻的观测状态只由该时刻的马尔可

① 尼克. 人工智能简史［M］. 北京：人民邮电出版社，2017：111.

② CORTES C, VAPNIK, V. Support-vector networks［J］. Machine learning, 1995, 20：273-297.

③ 刘韩. 人工智能简史［M］. 北京：人民邮电出版社，2018：148.

④ 李航. 统计学习方法：第 2 版［M］. 北京：清华大学出版社，2019：111.

⑤ 李维，张利强，魏娇龙. 基于 SVM 的输变电线路故障原因分析［J］. 东北电力技术，2023，44（10）：31-35.

⑥ BAUM L E, PETRIE T. Statistical inference for probabilistic functions of finite state Markov chains［J］. Annals of mathematical statistics, 1966, 37（6）:1554-1563.

夫链状态决定，与其他时刻的状态相互独立。隐马尔可夫模型由 3 个概率确定，初始概率分布，记为 π；状态转移概率分布，记为 A；观测概率分布，记为 B。这 3 个概率分布为隐马尔可夫模型的参数，根据这 3 个概率能够确定 1 个隐马尔可夫模型 λ =（A,B, π）。“隐马尔可夫模型”常用于解决 3 种问题：一是评估问题，已知“隐马尔可夫模型” λ =（A,B, π）和观测序列 O =（O1,O2,⋯,OT），如何计算该观测序列产生的概率 P =（O | λ），即概率计算问题；二是学习问题（训练问题），已知观测序列 O =（O1,O2,⋯,OT），如何调整模型参数 λ，使观察序列出现的概率最大；三是解码问题，已知“隐马尔可夫模型” λ =（A,B, π）和观测序列 O =（O1,O2,⋯,OT），求隐藏序列。①

人工智能的统计学派以统计理论和方法为基础，强调数据和概率的重要性，注重从数据中提取信息，并通过概率模型和假设检验等方法进行推断和判断，借此来模拟人的智能。其优点是：（1）理论基础扎实；（2）数据驱动，重视从数据中提取信息；（3）模型一般有清楚的数学公式和推导过程，可解释性强。这样，以“贝叶斯网络”“支持向量机”“隐马尔可夫模型”等为代表的人工智能统计学派自 1990 年至 2005 年，扮演了 10 多年的主角。人工智能统计学派的局限性是：（1）依赖诸如数据符合某种分布、模型具有线性可分性等假设，这些假设限制了它的应用范围和推广能力；（2）需要大量高质量的数据作支撑，数据太小或数据质量差，统计学派的方法就可能失效；（3）不易处理高维数据、非线性问题。② 直至 2006 年欣顿发表《一种深度信念网的快速学习算法》（*A Fast Learning Algorithm for Deep Belief Nets*）一文，提出深度信念网络（deep belief network, DBN）后，其中，第一、第三个局限

① 闫胜良，马继东，田静 . 基于隐马尔可夫模型的火灾风险评估研究［J］. 森林工程，2024，40（2）：151–158.

② dg_One. 机器学习 – 五大主派［EB/OL］.（2023-06-10）［2024-07-04］.https://blog.csdn.net/daguo_zhan/article/details/131139301 .

性被深度学习完美解决了，这是联结主义人工智能在 2006 年以后战胜人工智能统计学派的根本原因，由此开始，联结主义人工智能才开启了逐渐走向人工智能舞台中心的过程。①

在人工智能的第二次复兴期,除了上文提及的成就外,重要的还有以下事件。

1993 年，弗农·温格（Vernor Vinge）发表《即将到来的技术奇点：如何在后人类时代生存》一文。指出奇点一旦到来，将标志人类时代的终结，因为新的超级智能将持续自我升级，并在技术上以不可思议的速度进步，进而拥有超人类智能的智能。弗农·温格预测，奇点有可能在 2030 年到来。② 弗农·温格的此文让“奇点”的概念得到一定程序的推广，不过，那时人工智能的进步速度仍很缓慢，仍未引起人们心中的恐慌。

1995 年 8 月 16 日微软推出 IE 1.0 浏览器，并于 1995 年 8 月 24 日发布了 Windows95，这是一个里程碑，因为广大的计算机用户从此可以用个人电脑上网了。③ 同年，理查德·华莱士（Richard Wallace）开发了聊天机器人“A.L.I.C.E”（artificial linguistic internet computer entity，人工语言互联网计算机实体），灵感来自魏泽鲍姆（Joseph Weizenbaum）于 1966 年开发的世界上第一个聊天机器人 Eliza，“A.L.I.C.E”不同于 Eliza 的地方是，增加了自然语言样本数据的收集，因为互联网的出现给华莱士带来了更多的自然语言样本数据。④⑤

1997 年，赛普·霍克赖特（Sepp Hochreiter）和于尔根·施密德胡伯（Jürgen Schmidhuber）发表题为 *Long Short-term Memory* 的论文，在文中首次提出长短

---

① 周志明 . 智慧的疆界：从图灵机到人工智能［M］. 北京：机械工业出版社，2018：141-142.

② VINGE V. The coming technological singularity: How to survive in the post-human Era［J］. Interdisciplinary Science and Engineering in the Era of Cyberspace, 1993,11-22.

③ 北京时间 2022 年 6 月 15 日 21:00，IE 浏览器正式退役了。

④ 苏祺，杨佳野 . 语言智能的演进及其在新文科中的应用探析［J］. 中国外语，2023，20（3）：4-11.

⑤ 钟然 . 人工智能（AI）进化论［J］. 现代广告，2020（7）：16-21.

期记忆人工神经网络（long short-term memory, LSTM）概念，施密德胡伯后被人称作“递归神经网络之父”。长短期记忆人工神经网络是一种时间递归神经网络，适合处理和预测时间序列中间隔和延迟相对较长的重要事件。基于长短期记忆的人工神经网络可用于图像识别和语音识别。①

1998 年，戴夫·汉普顿（Dave Hampton）和钟少男（Caleb Chung）创造了宠物机器人 Furby。②同年，美国密歇根大学安娜堡分校的荣誉毕业生，拥有密歇根大学理工科学士学位和斯坦福大学计算机科学博士学位的拉里·佩奇（Lawrence Edward Page）和谢尔盖·布林（Sergey Brin）共同创建谷歌（Google）公司，谷歌被公认为全球最强大的搜索引擎。③

1999 年开始上映的《黑客帝国》三部曲中，对人工智能的科幻水平已发展到更高阶段，被称为“矩阵”（Matrix）的超级人工智能电脑统治了整个世界，它为人类创造的“虚拟现实”是如此的真实，以至于绝大多数人都完全意识不到自己一直生活在虚拟世界中。④

2000 年，麻省理工学院的西蒂亚·布雷泽尔（Cynthia Breazeal）打造了 Kismet，一款可以识别和模拟人类情绪的机器人。同年，日本本田推出具有人工智能的人形机器人 ASIMO，ASIMO 能像人一样快速行走，在餐厅中为顾客上菜。⑤

2001 年，斯皮尔伯格的电影《人工智能》上映，电影讲述了一个儿童机器人企图融入人类世界的故事。⑥

① HOCHREITER S, SCHMIDHUBER J. Long short-term memory［J］. Neural computation, 1997, 9（8）: 1735–1780.

② 孙钟然．人工智能（AI）进化论［J］．现代广告，2020（7）：16–21.

③ 刘韩．人工智能简史［M］．北京：人民邮电出版社，2018：149.

④ 同③ 81–82.

⑤ 顾浩楠．人形机器人历史沿革与产业链浅析［J］．机器人技术与应用，2023（4）：6–8.

⑥ 鲜于文灿．一种“图像—感知”机器：“第三维特根斯坦”与人工智能电影的感知机制［J］．北京电影学院学报，2023（12）：59–68.

2002年家用机器人诞生。美国iRobot公司于2002年推出了吸尘器机器人Roomba，它能避开障碍，自动设计行进路线，还能在电量不足时，自动驶向充电座。Roomba是目前世界上销量较大的家用机器人。①②

2003年，苹果电脑公司推出最早的64位个人电脑Power Mac G5。③

2004年，第一届DARPA无人驾驶汽车挑战赛在莫哈韦沙漠举行。参赛的无人驾驶汽车中最成功的，也仅在这场全长193公里的拉力赛中走过11公里便冲出了马路。④

2006年，奥伦·艾奇奥尼（Oren Etzioni）和米歇尔·班科（Michele Banko）在《机器阅读》（*Machine Reading*）一书中将“机器阅读”一词定义为“一种无监督的对文本的自动理解”。更重要的是，如下文第三章所论，2006年，欣顿等人发表了《一种深度信念网的快速学习算法》一文，标志着“深度学习”的诞生。此时，人工智能业内的共识是，只有算法才是打开人工智能之门的金钥匙。斯坦福大学的李飞飞不认可此看法，在她看来：假若算法使用的数据不能反映真实世界，再好的算法也没有什么大用。李飞飞决定建构一个好的数据集来检验各种算法的优劣。在建构数据集ImageNet的过程中，李飞飞碰巧看到了WordNet。1980年，心理学家乔治·米勒想要给英语建立起一套完整的体系，便启动了一个名为WordNet的项目。这个项目运用机器逻辑，将英文单词按范围由大到小排列。如，将“猫”放在“猫科”下面，将“猫科”放在“哺乳动物”下面。按照这个逻辑，WorldNet收集了超过15.5万个单词。受此启发，李飞飞决定组建一个更加丰富的数据集。2007年，李飞飞和普林斯顿大学的李凯

① JONES J L. Robots at the tipping point: the road to iRobot Roomba［J］. IEEE robotics & automation magazine, 2006, 13（1）: 76–78.

② 黄晓霞．家用机器人与家用电器的关系探究［J］．科技资讯，2022，20（18）：26–29.

③ 吕云翔，李沛伦．IT简史［M］．北京：清华大学出版社，2016: 258.

④ 马尔科夫．人工智能简史［M］．郭雪，译．杭州：浙江人民出版社，2017：24.

教授合作，开始建立 ImageNet，这是一个利用互联网建立的免费的大型注释图像数据库，旨在提升识别图像的视觉软件的质量。在团队配合下，李飞飞用 2 年半时间建成了 ImageNet，里面包含了 5247 类，一共 320 万张经过标记的图片。李飞飞于 1976 年生于北京，16 岁时随父母移居美国，现为斯坦福大学终身教授，人工智能实验室与视觉实验室主任。① 自 2010 年开始，ImageNet 项目每年举办一次识别图像的软件比赛，即 ImageNet 大规模视觉识别挑战赛（ILSVCR），研究团队在给定的数据集上评估其算法，并在几项视觉识别任务中争夺更高的准确性。2011 年，一个卷积神经网络赢得了德国交通标志检测竞赛，机器正确率 99.46%，人类最高正确率为 99.22%。同年，瑞士 Dalle Molle 人工智能研究所报告称，使用卷积神经网络的手写识别误差率可以达到 0.27%。在斯坦福大学人工智能实验室负责"人脑（Human Brain）"项目的吴恩达（Andrew Ng）是机器学习领域的专家，擅长由欣顿和其学生杨立昆推出的深度学习神经网络技术。2011 年，吴恩达开始在谷歌打造机器视觉系统。2012 年，随着该机器视觉系统不断成熟，在给该机器视觉系统浏览数百万张关于猫的图片后，该机器视觉系统学会了识别猫的形象。②

2007 年 6 月 29 日，苹果公司首席执行官史蒂夫 · 乔布斯（Steve Jobs）发布第一代 iPhone 手机，使用 iOS 系统，标志着手机行业进入"智能手机"时代。③

2009 年，谷歌开始研发无人驾驶汽车。2010 年 8 月到 11 月，7 辆车组成的谷歌无人驾驶汽车车队在美国加州道路上试行，这些车辆使用摄像机、雷达感应器和激光测距机来"看"交通状况，并且使用详细地图为前方的道路导航，真正控制车辆的是基于深度学习的人工智能驾驶系统。④ 如图 2–7 所示。

---

① 刘韩 . 人工智能简史［M］. 北京：人民邮电出版社，2018：39–40.

② 马尔科夫 . 人工智能简史［M］. 郭雪，译 . 杭州：浙江人民出版社，2017：151–152.

③ 同① 149.

④ 同① 41.

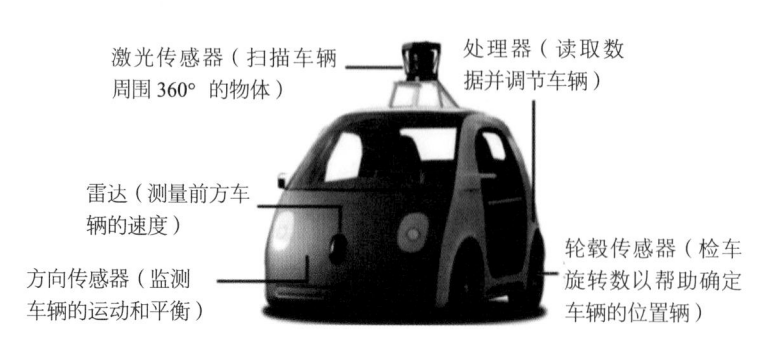

图 2-7　谷歌无人驾驶车的设计原型[①]

2009 年，美国西北大学智能信息实验室的计算机科学家开发了 Stats Monkey，一个无须人工干预便能够自动撰写体育新闻的程序。[②]

2011 年，超级电脑沃森（Watson）作为 IBM 公司开发的使用自然语言回答问题的人工智能程序，参加美国传统益智节目“危险边缘”（Jeopardy！），打败两位人类选手中的最高奖金得主布拉德 · 鲁特尔（Brad Rutter）和连胜纪录保持者肯 · 詹宁斯（Ken Jennings），赢得了 100 万美元的奖金，这标志着图灵测验取得里程碑式的进展。[③④]

六、2012 年 10 月至今：人工智能的第二个黄金发展期

自 2012 年 10 月起直至现在，尽管从硬件上讲，计算机仍停留在第四代水平上，不过计算机硬件和软件的不断升级换代，为人工智能的发展提供了良好的硬件和软件支持，再加上海量高质量数据的生成，以及深度学习和现代强化学习的不断进步，人工智能迎来真正的春天，进入第二个黄金发展期。

2012 年，加拿大神经学家团队创造了一个具备简单认知能力、有 250 万个模拟“神经元”的虚拟大脑，命名为“Spaun”，并通过了最基本的智商测

① 刘韩．人工智能简史［M］．北京：人民邮电出版社，2018：42.
② 同① 150.
③ 尼克．人工智能简史［M］．北京：人民邮电出版社，2017：245.
④ 同① 149.

试。[①]更重要的是，2012 年 10 月，多伦多大学（University of Toronto）的欣顿教授带着两名博士生——埃里克斯·克里泽夫斯基（Alex Krizhvsky）和伊利亚·萨特斯基弗（Ilya Sutskever），采用深度学习算法（深度卷积神经网络）设计的视觉识别软件（visual recognition software）AlexNet 在 ImageNet 竞赛（the ImageNet competition）中，轻松赢得图像分类大赛的冠军，让人看到深度学习的巨大优势，标志着联结主义人工智能咸鱼翻身，人工智能迎来第二次黄金发展期。[②]伊利亚·萨特斯基弗（Ilya Sutskever）于 1985 年出生于俄罗斯，在以色列长大。2002 年，17 岁时随父母移居加拿大的多伦多，开始思考如何让计算机像人一样做事。作为欣顿在多伦多大学指导的学生（从本科至博士），伊利亚·萨特斯基弗延续了欣顿对深度学习的信仰。[③]

2013 年，欣顿加盟谷歌（Google），因为谷歌提供的设备、算力和资源比多伦多大学要好得多。2013 年年末，杨立昆追随欣顿的脚步，从学术界也走向产业界，加盟 Facebook，在纽约为 Facebook 创办了人工智能实验室，为 Facebook 用户提供更智能化的产品体验。结果，深度学习算法被广泛运用在产品开发中。[④]

在英国皇家学会举行的“2014 图灵测试”大会上，聊天程序“尤金·古斯特曼”（Eugene Goostman）首次通过了图灵测试，预示着人工智能进入全新时代。[⑤]

2014 年 12 月，英国剑桥大学著名物理学家斯蒂芬·霍金表达了“霍金之忧”。同年，谷歌研发的无人驾驶汽车在美国内华达州通过无人驾驶汽车测试。[⑥]可见，从 1950 年的“图灵之问”到 2014 年的“霍金之忧”，在这短短的 64 年之中，

① 李枫．人工智能技术在网络安全中应用优势与策略［J］．网络安全技术与应用，2023（10）：166–168.

② 尼克．人工智能简史［M］．北京：人民邮电出版社，2017：112.

③ 同② 126–127.

④ 马尔科夫．人工智能简史［M］．郭雪，译．杭州：浙江人民出版社，2017：153–155.

⑤ 袁毓林．如何测试 ChatGPT 的语义理解与常识推理水平？：兼谈大语言模型时代语言学的挑战与机会［J］．语言战略研究，2024，9（1）：49–63.

⑥ 同④ 44–46.

人工智能经历了 2 次寒冬，虽然远未达到西蒙和明斯基对人工智能的乐观预测水平，但仍取得了长足进步，从而引起了霍金、马斯克（Elon Reeve Musk）和尼克·波斯特洛姆（Nick Bostrom）等人的警觉。

2015 年，谷歌开发了利用大量数据直接就能训练计算机来完成任务的第二代机器学习平台 Tensor Flow；英国工程和物理科学研究理事会（EPSRC）和剑桥大学、爱丁堡大学、牛津大学、华威大学、伦敦大学学院 5 所大学联合成立阿兰图灵研究所，是英国国家数据科学和人工智能研究所。[①②]

2016 年阿尔法围棋（AlphaGo）战胜韩国围棋世界冠军李世石，让 2016 年成为人工智能的突破之年。DeepMind 公司创始人戴密斯·哈萨比斯（Demis Hassabis）生于 1976 年，在英国伦敦长大，从小是国际象棋和计算机双料神童，4 岁开始下国际象棋，8 岁自学编程，13 岁获得国际象棋大师称号。2005 年戴密斯·哈萨比斯到伦敦大学学院（University College London, UCL）攻读认知神经科学博士学位。2007 年，戴密斯·哈萨比斯等人在《美国科学院院刊》（*Proceedings of the National Academy of Sciences of the United States of America, PNAS*）上发表《海马失忆症患者无法想象新的体验》（*Patients with Hippocampal Amnesia Cannot Imagine New Experiences*），开创性地发现大脑中海马体与情景记忆间的关系：5 名因大脑中至关重要的记忆中心海马体受损而患健忘症的人，在想象假设情况（如想象在海滩待一天或一天的购物之旅）方面不如健康志愿者熟练。健康受试者能生动地描述这些想象中的事件，失忆患者只能想象到一些松散的细节，这表明海马体损伤损害了他们的想象力和记忆力。[③] 该研究成果在 2007 年被

① 王思丽，张伶，杨恒，等．深度学习语言模型的研究综述［J］．农业图书情报学报，2023，35（8）：4–18.

② 刘娅，冯高阳．英国政府组织关键核心技术攻关的模式及其启示［J］．中国科技人才，2023（3）：46–51.

③ HASSABIS D,KUMARAN D, VANN S, et al. Patients with hippocampal amnesia cannot imagine new experiences［J］. Proceedings of the national academy of sciences, 2007, 104: 1726–1731.

《科学》杂志评为“年度突破”。2009 年戴密斯·哈萨比斯获博士学位，博士学位论文题目是“支撑情景记忆的神经过程”[①]。2010 年，戴密斯·哈萨比斯创立专注于人工智能研发的 DeepMind 公司，目标是结合机器学习和认知神经科学的最先进技术，建立强大的通用学习算法，解决现实世界的难题。2014 年 1 月，谷歌斥资 4 亿美元收购了 DeepMind 公司。[②] 谷歌旗下的 DeepMind 公司，由戴密斯·哈萨比斯领衔的团队开发出名为阿尔法围棋的人工智能机器人，这是一款围棋人工智能程序。据 DeepMind 公司在《自然》上发表的论文，阿尔法围棋的主要工作原理是强化学习，由如下四部分组成：（1）策略网络（policy network）：在给定的当前局面，对棋盘上的每个可下的点都给出一个估计的分数，也就是围棋高手下到这个点的概率，由此预测下一步，评估一步棋的时间仅需 2 毫秒左右时间。（2）快速走子（fast rollout）：目标和策略网络一样，但在适当牺牲走棋质量的条件下，速度要比策略网络快 1 000 倍。（3）估值网络（value network）：在给定的当前局面，估计是黑棋还是白棋胜，给出双方赢与输的概率。（4）蒙特卡罗树搜索（Monte Carlo Tree Search, MCTS）：2006 年，雷米·库伦（Remi Coulom）推出蒙特卡罗树搜索算法，并将之用到围棋比赛中，这个算法有效提高了机器战胜围棋职业高手的概率。DeepMind 采用了稍作修改的蒙特卡罗树搜索算法，将以上三步连接起来，形成一个完整的系统。[③④] 谷歌研发的人工智能“阿尔法围棋”（AlphaGo，也叫 AlphaGo Lee）在参考大量人类棋谱，并自我对弈约 3 000 万盘后，在 2016 年 3 月于韩国举行的 5 盘人机围棋大战中，以 4 ∶ 1 的比分大胜围棋职业世界冠军李世石九段，成为世界上第一个击败人

① HASSABIS D. Neural processes underpinning episodic memory [D].London: University College London, 2009.

② 刘韩 . 人工智能简史［M］. 北京：人民邮电出版社，2018：36.

③ 同② 23-24.

④ 斯加鲁菲 . 智能的本质：人工智能与机器人领域的 64 个大问题［M］. 任莉，张建宇，译 . 北京：人民邮电出版社，2017：16.

类围棋职业世界冠军的人工智能机器人。“阿尔法围棋”虽比 1997 年 5 月 11 日“深蓝”战胜国际象棋世界冠军加里·卡斯帕罗夫（Garry Kasparov）晚了近 19 年，不过，围棋每走一步棋，下一步棋的难度以指数级增长，因此，长期以来，围棋一直被视为人类智力的最后堡垒。2016 年 3 月，围棋最终被人工智能攻破。这一次的人机对弈让人工智能正式被世人所熟知，整个人工智能市场也像是被引燃了导火线，开始了新一轮爆发。[①②③] 同年，美国发布《为人工智能的未来做好准备》《国家人工智能研发战略规划》重要报告。[④]

在 2017 年 5 月于中国举行的三番棋比赛中，AlphaGo 以 3 ∶ 0 的比分大胜中国围棋职业世界冠军柯洁九段。由此导致机器学习反哺人类的学习，即人类开始从机器学习中汲取灵感与智慧。以围棋学习为例，在没有阿尔法围棋之前，围棋名谱上所记载的围棋棋谱以及当下世界顶级围棋职业选手在围棋国际赛事中下的围棋棋谱是不是最佳走法，往往仁者见仁智者见智。自阿尔法围棋出现后，许多围棋职业高手在平日练棋时，都会向阿尔法围棋学习；并且，人们常用阿尔法围棋来预测下一手，然后将人类棋手所下的着法与阿尔法围棋所下的着法进行比对，若与阿尔法围棋所下的一致，有 90% 以上的概率是好棋，反之，则有 90% 以上的概率不是好棋。英国伦敦当地时间 2017 年 10 月 18 日，谷歌下属公司 DeepMind 团队公布了最强版的 AlphaGo Zero。2017 年 10 月 19 日，DeepMind 团队又在《自然》上发文指出，AlphaGo Zero 的独门秘籍是自学成才，并且是不依赖人类经验，从一张“白纸”开始，在无任何人类输入的条件下，仅需经过 3 天的训练，便以 100 ∶ 0 的战绩击败了“前辈”AlphaGo Lee，

① 刘韩．人工智能简史［M］．北京：人民邮电出版社，2018：15.

② 吴永和，刘博文，马晓玲．构筑“人工智能 + 教育”的生态系统［J］．远程教育杂志，2017，35（5）：27–39.

③ 陈丹．“阿尔法狗”之父是如何炼成的？［J］．宁夏画报（时政版），2016（2）：76–77.

④ 同②．

仅需经过 40 天的训练便击败了 AlphaGo Master。[①] 同年，中国香港的汉森机器人技术公司（Hanson Robotics）开发的类人机器人索菲亚，是历史上首个获得公民身份的机器人。索菲亚看起来就像人类女性，拥有橡胶皮肤，能够表现出 60 多种面部表情，其“大脑”中的算法能够理解语言、识别面部，并与人进行互动。[②]2017 年，人工智能被写进中国政府工作报告。[③]

2019 年，香港 Insilico Medicine 公司和加拿大多伦多大学的研究团队实现了重大实验突破，通过深度学习和生成模型相关的技术发现了几种候选药物，证明了人工智能发现分子策略的有效性，很大程度解决了传统新药开发在分子鉴定阶段困难且耗时的问题。[④]

2020 年，中国科学技术大学潘建伟等人成功构建 76 个光子的量子计算原型机“九章”，求解数学算法“高斯玻色取样”只需 200 秒，而目前世界最快的超级计算机要用 6 亿年。[⑤] 同年，谷歌旗下 DeepMind 的 AlphaFold2 人工智能系统有力地解决了蛋白质结构预测的里程碑式问题，在国际蛋白质结构预测竞赛（CASP）上击败了其余的参会选手，精确预测了蛋白质的三维结构，准确性可与冷冻电子显微镜（cryo-EM）、核磁共振或 X 射线晶体学等实验技术相媲美。[⑥] 另外，2020 年以来，在脑机接口的研究上取得了一些新的重要进展。如，2020 年，马斯克的脑机接口（brain-computer interface, BCI）公司 Neuralink 举行现

---

① SILVER D, SCHRITTWIESER J, SIMONYAN, K, et al. Mastering the game of go without human knowledge［J］. Nature, 2017, 550（7676）: 354–359.

② 孙钟然 . 人工智能（AI）进化论［J］. 现代广告，2020（7）：16–21.

③ 吴永和，刘博文，马晓玲 . 构筑“人工智能 + 教育”的生态系统［J］. 远程教育杂志，2017，35（5）：27–39.

④ 顾志浩，郭文浩，姚和权，等 . 基于人工智能模型筛选与生成先导化合物的研究进展［J］. 中国药科大学学报，2023，54（3）：294–304.

⑤ 潘建伟，徐蓓 . 从《西游记》到量子世界［N］. 解放日报，2024-01-19（010）.

⑥ 刘栋，崔新月，王浩东，等 . 蛋白质结构模型质量评估方法综述［J］. 物理学报，2023，72（24）：254–269.

场直播，展示了植入 Neuralink 设备的实验猪的脑部活动。2021 年，美国斯坦福大学的研究人员开发出一种用于打字的脑机接口，这套系统可以从运动皮层的神经活动中解码瘫痪患者想象中的手写动作，并利用递归神经网络（RNN）解码方法将这些手写动作实时转换为文本。相关研究结果发表在 2021 年 5 月 12 日的 *Nature* 期刊上，题为 *High-performance Brain-to-text Communication Via Handwriting*。①

来自美国得克萨斯大学西南医学中心和华盛顿大学等科研机构的研究人员基于大规模深度学习的结构建模，构建出真核生物蛋白相互作用的三维模型，运用此模型，他们首次鉴定出 100 多种可能的蛋白复合物，并为 700 多种以前未被描述的蛋白复合物提供了结构模型。对成对或成组的蛋白如何结合在一起执行细胞过程的深入了解，可能会带来大量新的药物靶标。该项研究结果于 2021 年 11 月 11 日在线发表在 *Science* 期刊上。②

2020 年 5 月，加州大学圣克鲁兹分校（University of California, Santa Cruz）计算机科学与工程系的瑞安·豪森（Ryan Hausen）和加州大学圣克鲁兹分校天文学和天体物理学系的布兰特·罗伯逊（Brant Robertson）共同研发出一个名为“墨菲斯（Morpheus）”的深度学习模型，可对天文图像数据进行像素级分析，识别并分类所有的星系和恒星，从而能帮助科学家们更好地理解太空图像，了解太阳系外的行星是否适合人类居住。相对于哈勃太空望远镜提供的分类，“墨菲斯”模型的假阳性率（false-positive rate, FPR）仅约为 0.09%。此处的“假阳性率”是指实际非天体却被识别为天体的百分比。该成果于 2020

① WILLETT F R, AVANSINO D T, HOCHBERG L R, et al. High-performance brain-to-text communication via handwriting［J］. Nature, 2021,593：249−254.

② HUMPHREYS I R, PEI J, BAEK M, et al. Computed structures of core eukaryotic protein complexes［J］. Science, 2021, 374（6573）：eabm4805.

年 5 月 12 日发表在《天体物理学杂志增刊》上。[①] 2022 年 7 月 12 日，美国国家航空航天局（NASA）发布了詹姆斯韦伯太空望远镜拍摄的全系列全彩色图像和数据，代表了迄今为止浩瀚宇宙最深与最清晰的红外图像，让全人类为之惊奇。[②]

2022 年 11 月 30 日，ChatGPT 横空出世，在自然语言识别与生成领域迅速征服全世界，智能计算的发展由此于 2022 年 11 月 30 日进入第四个阶段，即大模型计算系统阶段。为了破解“马斯克之忧”，2015 年 12 月，阿尔特曼与时任特斯拉和SpaceX首席执行官的埃隆·马斯克（Elon Musk）、彼得·蒂尔（Peter Thiel）、LinkedIn 联合创始人瑞德·霍夫曼（Reid Hoffman）等多位硅谷重量级人物共同创立了非营利性人工智能公司 OpenAI，以“推进数字智能的发展，造福全人类”为使命[③]，总部位于美国旧金山。2018 年，OpenAI 开发出了第一代 GPT（GPT-1）。GPT 是英文“Generative Pre-Trained Transformer”的首字母缩写，中文译作“生成性预训练转换模型”，将自然语言处理带入“预训练”时代，但效果不理想，未引起世人的关注。自 2019 年起，微软与 OpenAI 建立了合作伙伴关系。2019 年 OpenAI 开发出了第二代 GPT（GPT-2）。2020 年 OpenAI 开发出了第三代 GPT（GPT-3），GPT-3 模型虽包含有 1 750 亿超大规模参数，但在深层语义理解和生成上与人类认知水平仍有较大差距，反响平平。2022 年 11 月 30 日，在 OpenAI 成立约 7 年后，由 Open AI 发布的对话式高级人工智能聊天机器人 ChatGPT 横空出世，OpenAI 的首席执行官兼联合

① HAUSEN R，ROBERTSON B. Morpheus: a deep learning framework for the pixel-level analysis of astronomical image data［J］. The Astrophysical journal supplement series, 2020, 248:37.

② CAULFIELD. AI on the sky: stunning new images from James Webb space telescope to be analyzed by AI［EB/OL］.（2022-07-11）［2024-07-04］. https://blogs.nvidia.com/blog/2022/07/11/james-webb-first-images/.

③ 斯加鲁菲. 智能的本质：人工智能与机器人领域的 64 个大问题［M］. 任莉，张建宇，译. 北京：人民邮电出版社，2017：208.

创始人萨姆·阿尔特曼在推特上写道："今天我们推出了ChatGPT，尝试在这里与它交谈。"然后是一个链接，任何人都可以注册一个帐户，开始免费与OpenAI的新聊天机器人交谈。ChatGPT的首席科学家伊利亚·萨特斯基弗（Ilya Sutskever）是欣顿教授指导的研究生。ChatGPT以复杂的人工神经网络模型所形成的强大计算能力为硬件基础，以深度学习为理论基础，通过海量数据的训练，从而生成强大的自然语言能力。ChatGPT具有三个特点：（1）生成性。此前的人工智能局限于观察、分析、识别和分类内容，如语音识别和图像识别之类，无法生成新内容。ChatGPT是一个大型语言模型，基于先进硬件的强大计算能力，运用强大的GPT-3.5技术（由2018年的GPT-1、2019年的GPT-2、2020年的GPT-3、2022年的GPT-3.5，发展至2023年的GPT-4），通过模仿从互联网整理的庞大文本数据库中的自然语言统计模式来生成令人信服的句子[①]，换言之， ChatGPT及其同类产品——如百度2023年3月20日发布、2023年3月27日上线的同类产品"文心一言（ERNIE Bot）"，360与科大讯飞等企业也表示将发布类似于ChatGPT的产品——的最大特点在于建立了内容生成式规则，故可将这类产品统称为内容生成式人工智能产品（AIGC Products）。这类产品可生成新内容，这是人工智能在技术上的一大突破。因直接逼近人类的生活世界，且几乎可以和每一个个体发生联系，因此，ChatGPT的出现，必将改变人们的许多行为方式，并导致学习形态也发生相应改变。[②]目前的ChatGPT主要是专注于文本的生成，可以推测，未来的ChatGPT也能生成图像等其他形式的内容。（2）预训练。过去的聊天机器人就像学生在没有师长有效指导的情况下，只会输出死记硬背下来的课本上的答案。相比于之前有点傻的聊天机器

① STOKEL-WALKER C. ChatGPT listed as author on research papers: many scientists disapprove [J]. Nature, 2023, 613: 620-621.

② 沈书生，祝智庭. ChatGPT类产品：内在机制及其对学习评价的影响[J]. 中国远程教育，2023， 43（4）：8-15.

人，通过“监督学习”和“经由人类反馈的强化学习”（reinforcement learning fromhuman feedback，简称 RLHF）两种技术，让 ChatGPT 事先接受大量文本数据的预训练，这些数据是由真实的人撰写，并于 2021 年 9 月以前发布在互联网上的文本内容，这样，ChatGPT 便能生成有一定质量的文本。“监督学习”类似让学生背诵文本和写习作，即让 ChatGPT 事先阅读、记住从互联网上看到的海量文本，并撰写大量文本（写习作）。“经由人类反馈的强化学习”类似教师的指导，即由人类给 ChatGPT 的习作进行评价（给予反馈），告诉 ChatGPT 哪篇习作中的哪些句子写得好，哪些需要改进，在这个反馈过程中进一步强化 ChatGPT 的写作水平，让 ChatGPT 在最短时间内写出一些足以打败大部分人的答案。结果，ChatGPT 就像一个博闻强记、饱读诗书、满腹经纶的学者，当人们让它现场回答问题或写作时，它竟然游刃有余。（3）转换性。Transformer 是人工智能机器学习的一个算法架构，它是一种复杂的神经网络（a complex neural network），最初是 2017 年由谷歌的一个名叫“谷歌大脑”（google brain）的人工智能团队研发出来的，印度裔计算机科学家阿施施·瓦斯瓦尼（Ashish Vaswani，在美国南加州大学获得博士学位后，于 2016 年加入“谷歌大脑”团队）等人在《注意力是你所需要的》（*Attention is All You Need*）一文里详细探讨了 Transformer 架构。Transformer 架构主要由输入部分和输出部分两大部分组成，由编码器（encoder）对输入的序列进行编码，由解码器（decoder）生成输出的序列。编码器由 6 个相同的层组成，每层有“多头注意力机制（multi-head attention, MHA）”和“全连接前馈网络（feed forward, FF）”两个子层，并采用残差（residual）连接和层归一化。解码器结构与编码器类似，但额外添加了一个子层，对编码器输出进行掩码（masked）操作。与传统结构对齐的循环神经网络（recurrent neural network, RNN）和卷积神经网络（convolutional neural network, CNN）不同，Transformer 架构使用“自注意力机制”（self-attention mechanism），通过并行计算和全局注意力机制，允许模型在进行预测时，能根据语言序列的任何位置，为输入数据的不同部分赋予不同的权重，并支持处理更大的数据集。“转换器”（transformer）架构彻底改变了自然语言处理（NLP）领域的发展轨迹，现已成为自然语言处理、计算机视觉等领域的核心技术。① 这样，ChatGPT 拥有强大的语言生成能力、上下文学习能力和世界知识能力（包括事实性知识和常识），既能“看懂和听懂人话”，还能“说人话、写人话”，且能与人进行长时间流畅的对话，回答问题，撰写人们要求的几乎任何类型的书面材料，包括商业计划、广告活动、诗歌、笑话、计算机代码和电影剧本，并会在一秒内生成这些内容，用户几乎不用等待，它所提供的内容通常流畅到足以通过高中课程甚至大学课程的专业考试。原来的人工智能给人的印象是人工智障，虽能做一些人脸识别、语音识别之类的技术活，但它并不能真正理解你说什么，ChatGPT 不仅能快速通过图灵测验，而且它有自己的见解，并且，它已能通过高中课程甚至大学课程的考试，这意味着它的见解高于大多数人的见解。因此，ChatGPT 是自 1966 年出现人类历史上第一个聊天机器人 Eliza 以来，继 2011 年的超级电脑沃森（Watson）、2014 年聊天程序“尤金·古斯特曼”（Eugene Goostman）和 2016 年阿尔法围棋（AlphaGo）之后取得的又一重要突破，这标志着图灵测验又取得了一个里程碑式的进展。于是，ChatGPT 一问世，就引发轰动效应：在 ChatGPT 发布后的五天内，就有超过 100 万的玩家，这是 Facebook 花了 10 个月才达到的里程碑。当然，ChatGPT 仍只是一个大型语言模型，没有和人类一样的能力，至少存在四个缺陷：（1）它本质上仍需要底层计算能力的支撑，目前尚无法理解生成单词的上下文语境或含义，只能根据给定的训练数据，根据某些单词或

① VASWANI A. et al. Attention is all you need［C］. 31st Conference on Neural Information Processing Systems , 2017.

单词序列一起出现的概率生成文本，这意味着它不能为我们的回答提供解释或推理，不会每次都回答得完全准确、连贯或与对话的上下文相关联。（2）它无法接触到人类所拥有的大量知识，只能提供它受过训练的信息，无法正确回答训练数据之外的问题。（3）它接受的是大量数据的训练，有时可能会生成包含冒犯性或不恰当语言的回复。（4）它有时会产生错觉，生成一些看似连贯、实则没有实际含义或错误的语句。ChatGPT 让人们看到了人类的反馈对于机器学习模型提升的显著意义，当然，在实践中也要注意人类反馈的成本与机器学习模型提升的效果之间的平衡。ChatGPT 的横空出世，标志着智能计算的发展由此于 2022 年 11 月 30 日进入第四个阶段，即大模型计算系统阶段。人工智能从此由“小模型＋判别式”转向“大模型＋生成式”。大模型的特点是以“大”取胜，这个“大”的含义主要有三：（1）参数大。如 ChatGPT-3 有 1 700 亿个参数。（2）训练数据大。如 ChatGPT 大约用了 3 000 亿个单词，570GB 训练数据。（3）算力需求大。ChatGPT-3 大约用了上万块 V100 GPU 进行训练。为满足大模型对智能算力爆炸式增加的需求，国内外都在大规模建设耗资巨大的新型智算中心，英伟达公司也推出了采用 256 个 H100 芯片，150TB 海量 GPU 内存等构成的大模型智能计算系统。[①] 人工智能大模型的出现带来了三个变革：[②]（1）技术上的规模定律（Scaling Law）。人工智能模型的性能与模型参数规模、数据集大小、算力总量三个变量成“对数线性关系”，可通过增大模型的规模来不断提高模型的性能。虽然在参数规模超过某个阈值后，很多人工智能大模型的性能会得到快速提升，不过，科学界至今还未弄清楚人工智能大模型的内在加工机制。（2）对算力的需求呈爆炸式增长。千亿参数规模大

① 孙凝晖 . 十四届全国人大常委会专题讲座第十讲讲稿：人工智能与智能计算的发展［EB/OL］.（2024−04−30）［2024−05−01］.http://www.npc.gov.cn/npc/c2/c30834/202404/t20240430_436915.html.

② 同①.

模型的训练通常需要在数千乃至数万 GPU 卡上训练 2~3 个月时间，急剧增加的算力需求带动相关算力企业超高速发展。与此同时，传统芯片技术领域的研发竞争日趋激烈，同时面临摩尔定律增速放缓等难题，全球都在寻求新的计算架构。2023 年 10 月，清华大学科研团队在《自然》期刊上发表《用于高速视觉任务的全模拟光电子芯片》（*All-analog Photoelectronic Chip for High-speed Vision Tasks*），提出了超高性能光电芯片的设想。这种超高性能光电芯片不同于基于基尔霍夫定律的纯模拟电子计算，清华大学科研团队从最本质的物理原理出发，结合了基于电磁波空间传播的光计算，创造性地提出了光电深度融合的新型计算框架，从而"突破"了传统芯片架构中数据转换速度、精度与功耗相互制约的物理瓶颈，在一枚芯片上破解了大规模计算单元集成、高效非线性、高速光电接口三个难题，不仅开辟出这项未来技术通往日常生活的一条新路径，还对量子计算、存内计算等其他未来高效能技术与当前电子信息系统的融合带来启发。①（3）冲击劳动力市场。

鉴于 ChatGPT 的良好表现，微软公司于美国当地时间 2023 年 1 月 23 日宣布开启与在线聊天机器人 ChatGPT 开发者 OpenAI 合作的第三阶段，将向 OpenAI 开展"多年、数十亿美元"的投资。两家公司未披露具体款项，但《纽约时报》、彭博分别援引一位知情人士消息称，微软将向 OpenAI 投资 100 亿美元。美国财经媒体 Semafor 于 2023 年 1 月 10 日报道了这一数额，这笔资金还包括其他风险投资机构。包括新投资在内，OpenAI 的价值将达到 290 亿美元。微软 CEO、董事长萨提亚·纳德拉（Satya Nadella）在 2023 年 1 月 23 日的公告中表示，与 OpenAI 合作的下一阶段将专注于向市场提供工具，他说"各行业的开发者和组织将有机会获得最好的人工智能基础设施、模型和工具链"。另外，纳德

① CHEN Y, NAZHAMAITI M XU H,et al. All-analog photoelectronic chip for high-speed vision tasks［J］. Nature, 2023, 623：48−57.

拉称，人工智能浪潮势不可当，未来所有应用程序都将受人工智能驱动。在过去的三年多时间里，微软致力于训练超级计算机、打造推理基础设施，因为一旦将人工智能应用到程序中，势必涉及训练及推理问题。所以，他认为 Azure 为行业带来的影响是深远的，为用户提供的也远不止是 Azure OpenAI 服务。如何将 OpenAI 与微软的 Azure Synapse 分析服务相结合等都在考虑范围之中。目前来看，微软的 Power Platform 已经具备整合能力。

北京时间 2023 年 3 月 15 日凌晨，OpenAI 发布 GPT-4。GPT-4 向世人展现了其强大功能，试举五例：（1）GPT-4 的算力比 ChatGPT 快 500 倍，因为 GPT-3 模型（ChatGPT 是基 GPT-3 模型设计出来的）只包含有 1 750 亿个机器学习参数，而 GPT-4 包含有 100 万亿个机器学习参数。（2）GPT-4 是多模态模型（Multimodal models），不但可处理文本命令，还支持图像、视频、音频等多媒体创作，能够实现文本转视频、文本转音乐等功能，能够生成歌词、创意文本，实现风格变化；并且，GPT-4 可理解世界上所有的通用语言，并根据命令快速生成对应的内容；GPT-4 还能将多种语言进行相互转换（互译），GPT-4 的文字输入限制提升至 2.5 万字；而 GPT-3 只是单一文本模型（Text-only model），基于 GPT-3 模型的 ChatGPT 仅能处理文本命令，是一种单一化模型。（3）ChatGPT 的训练数据截至 2021 年 9 月，这样，在回答涉及 2021 年 9 月以后的数据时，ChatGPT 会出错；GPT-4 可以访问最新的实时信息，就弥补了 ChatGPT 的上述弱点，显著提高了回答准确性。（4）GPT-4 可代表用户执行操作，像帮用户订外卖、车票、机票以及网上购物等，只要用户提出要求，它就能很快办好。（5）如果你将你的私人信息用来训练 GPT-4，可以让 GPT-4 成为你的得力私人助手。[①] 在微软最新的研究报告里，GPT-4 已经通过了一些经典的心理

① BUBECK S, VARUN C,RONEN E, et al. Sparks of artificial general intelligence: early experiments with GPT-4 ［EB/OL］.（2023-04-23）［2024-02-01］. https://arxiv.org/abs/2303.12712.

学测验，这意味着它拥有了相当于9岁儿童的心智。但是，人们并不知道它是怎么产生出这种能力的。对人类来说，GPT-4既不是白箱（指完全弄清了其背后运行的逻辑或规则），也不是黑箱（指完全不清楚其背后运行的逻辑或规则），而像是一个灰箱，并且这个灰是深灰色（李飞飞语）：对于其背后运行的逻辑或规则，只了解其中很小的一部分，大多数都仍未知。更重要的是，它的智能发展是指数级的，超越了以往人们对世界线性发展的认知。因为碳基生命的进化是依赖于“直觉线性”的知识增长，而以生成式人工智能为初代模型的“硅基生命”，是以“历史指数级”的知识生成来实现自我的进化。[①]2023年7月18日，OpenAI向美国专利商标局提交了GPT-5的商标申请书。在该文件中，OpenAI提及了GPT-5相对GPT-4所具有的新能力：（1）多模态功能的加强，即把文本或语音从一种语言翻译成另一种语言、语音识别、生成文本和语音等；（2）“GPT-5可能还具备学习、分析、分类和回应数据的能力”，这一表述意味着相比于以往只能被动接受人类投喂数据进行学习的人工智能模型，GPT-5可能将具备类似智能体的主动学习能力。当然，以上仅仅是外界基于OpenAI申请商标的行为所进行的推测，这并不表明OpenAI已计划推出GPT-5。就在申请商标的一个月之前，OpenAI创始人兼CEO山姆·阿尔特曼才刚刚表示：公司距离开始训练GPT-5“还差得很远”，“在启动GPT-5之前，我们还有很多（安全审核）工作要做。”[②]

2023年11月17日，OpenAI突发声明，宣布阿尔特曼离职，外人猜测可能是埃隆·马斯克认为非营利性人工智能公司OpenAI已背离了“推进数字智能的发展，造福全人类”的使命。不过，颇富戏剧性的是，仅仅过了5天，

① 曾建华．人工智能与人文学术范式革命：来自ChatGPT的挑战与启示［J］．北京师范大学学报（社会科学版），2023（4）：78–88.

② 蔡鼎，兰素英，谭玉涵．GPT–5要来了？惊现两大变化，参数或达10万亿级别！［N］．每日经济新闻，2023–08–15（005）．

2023 年 11 月 22 日，OpenAI 宣布，阿尔特曼将重返公司担任首席执行官。

北京时间 2024 年 5 月 14 日凌晨 1 点（美国太平洋时间 2024 年 5 月 13 日上午 10 点），OpenAI 宣布推出“旗舰级”生成式人工智能模型 GPT-4o，该模型将向免费客户开放。GPT-4o 的名称中“o”代表 Omni，即“全能”之义，凸显了其多功能的特性。GPT-4o 是 OpenAI 为聊天机器人 ChatGPT 发布的语言模型，界面简洁直观，确保用户无论何时何地，均能自然流畅地与 ChatGPT 互动，GPT-4o 可以实时对音频、视觉和文本进行推理，新模型使 ChatGPT 能够处理 50 种不同的语言，同时提高了速度和质量，并能够读取人的情绪。可以在短至 232 毫秒的时间内响应音频输入，平均为 320 毫秒，与人类的响应时间相似。GPT-4o 在处理速度上提升了高达 200%，价格上则下降了 50%。GPT-4o 所有功能包括视觉、联网、记忆、执行代码以及 GPT Store 等。①

2024 年 6 月 25 日，OpenAI 在其官网宣布，自 2024 年 7 月 9 日起，OpenAI 将正式封锁来自中国、朝鲜、俄罗斯等非支持国家和地区的应用程序编程接口（application programming interface, API）流量。这意味着，OpenAI 首次单方面宣布终止对中国提供 API 服务。支持者认为，OpenAI 的做法可有效防止人工智能技术被滥用，维护国家安全和社会稳定。反对者认为，OpenAI 的做法过于激进，引发了人们对人工智能技术“围墙花园”（walled garden）的担忧，损害了非支持国家和地区开发者和用户的利益，不利于人工智能技术的开放和共享。OpenAI 的这一决定，对非支持国家和地区的开发者希望借助 OpenAI 大模型进行套壳创业的行为将是毁灭性打击，将倒逼中国企业全部使用国产大模型。②

① 环球视角 .OpenAI 推出新一代 AI 模型 GPT-4o［EB/OL］.（2024-05-14）［2024-07-04］.https://baijiahao.baidu.com/s?id=1798994014139050561&wfr=spider&for=pc.

② 佚名 . OpenAI 宣布终止对中国、朝鲜、俄罗斯等地区提供 API 服务！开发者：我的项目凉了［EB/OL］.（2021-06-26）［2024-07-04］.https://stm.castscs.org.cn/yw/40802.jhtml.

1968年7月创立，拥有56年历史的英特尔公司错过了人工智能的发展机遇，其生产的CPU芯片的性能落后于英伟达生产的GPU芯片，在2024年9月接连收到被收购的消息，让人听后唏嘘不已。成立于1993年，总部位于美国加利福尼亚州圣克拉拉市的英伟达于1999年发明图形处理器（graphics processing unit, GPU），重新定义了计算机图形技术，极大推动了人工智能技术的发展。人工智能急剧增加的算力需求带动相关算力企业超高速发展，2020年7月，英伟达首次在市值上超越英特尔。2023年5月，英伟达成为全球首家市值达到1万亿美元的芯片企业。2024年2月，英伟达的市值达到1.83万亿美元，超越谷歌母公司Alphabet，市值仅次于微软和苹果，成为美股市值第三大公司。2025年2月21日，英伟达跌4.05%收于每股134.43美元，总市值3.29万亿美元，一年市值约增值1.4万亿多美元，成为美股市值第二大公司。

1985年出生的梁文锋于2015年创立杭州幻方科技有限公司，致力于通过数学和人工智能进行量化投资。2023年7月，杭州幻方科技有限公司宣布成立杭州深度求索人工智能基础技术研究有限公司，正式进军通用人工智能领域。2025年1月20日，深度求索（DeepSeek）正式发布中国本土研发的大型语言模型——DeepSeek-R1模型，与当下世界最先进的大型语言模型ChatGPT相比，它具有七个显著优点：（1）革新算法。DeepSeek-R1模型运用多头潜变量注意力架构（multi-head latent attention, MLA），将转换器的内存开销降低了87%~95%，而美国的OpenAI等公司对多头潜变量注意力架构的信心不足，不是从底层去革新算法本身，转而用更多更强的尖端芯片以扩展算力，[①]虽迅速提高了大模型的训练成本，大模型性能的提升却有限。（2）未使用尖端芯片，但小力也可出奇迹，即小的算力，用新的方法也能创造奇迹；而ChatGPT使用大量的最先进芯片，属于“大力出奇迹”。（3）模型训练成本

① 刘嘉.通用人工智能时代：站在进化的十字路口.［待出版］.

价格低廉，即仅用 550 万美元训练预算，仅有 ChatGPT 的 3%，大幅降低了推理模型的成本。（4）用户免费使用，而 OpenAI 给 ChatGPT 用户的定价是 20 美元 / 月。（5）同步开源模型权重，允许所有人在遵循《麻省理工学院许可证》（*the MIT License*）的情况下，[①] 蒸馏 DeepSeek-R1 训练其他模型；ChatGPT 目前是闭源的，未开源。（6）目前唯一支持联网搜索的人工智能模型。（7）功能强大。在后训练阶段，DeepSeek-R1 模型大规模使用了强化学习技术，在仅有极少标注数据的情况下，极大提升了模型推理能力，这样，DeepSeek-R1 模型拥有强大的自然语言处理能力，能够理解并回答问题，也能辅助写代码、整理资料和解决复杂的数学问题，在数学、代码和推理任务上，DeepSeek-R1 可与 OpenAI o1 媲美，超越了 GPT-4o 等模型，震惊美国硅谷。[②] 2025 年 1 月 27 日，DeepSeek 应用登顶苹果中国地区和美国地区应用商店免费 APP 下载排行榜，在美国地区下载榜上超越了 ChatGPT，排名第一。DeepSeek 的崛起对全球人工智能产业格局产生了深远影响，引发了技术、市场和政策层面的多重反应。例如，美国当地时间 2025 年 1 月 24 日（周五），英伟达股价收于每股 142.62 美元，在 2025 年 1 月 27 日（周一）大幅下跌收于每股 118.52 美元，市值在短短三天内蒸发 6000 亿美元。美国当地时间 2025 年 1 月 21 日，第 47 任美国总统特朗普（Donald Trump）在白宫举行的一场发布会上，宣布了一项名为“星际之门”（Stargate）的人工智能基础设施投资项目，由 OpenAI、日本软银集团、美国甲骨文公司领衔成立合资企业“星际之门”，计划未来四年投资 5000 亿美元，发展人工智能，以确保美国的全球领先地位，OpenAI 首席执行官奥尔

① 《麻省理工学院许可证》是在软件工程领域被广泛使用的一种软件许可条款，由美国麻省理工学院于 1988 年发布。

② 佚名.“DeepSeek 或彻底改变游戏规则”！中国大模型“搅动”硅谷，巨头进入恐慌模式，外媒刷屏，大佬发声：中国 AI 已追上美国［EB/OL］.（2025-01-26）［2025-02-01］. https://baijiahao.baidu.com/s?id=1822269981054381359.

特曼、软银首席执行官孙正义和甲骨文董事长埃利森当天下午与特朗普一同在白宫出席了上述的发布会。[①] 不过，DeepSeek-R1 模型的巨大成功，让人怀疑“星际之门”计划耗费 5 000 亿美元打造人工智能基础设施是否太贵了？

2025 年 3 月 6 日，来自中国北京、由名为 BUTTERFLY EFFECT（蝴蝶效应）的初创公司（创始人是毕业于华中科技大学的肖弘和毕业于北京信息科技大学的季逸超）建立的人工智能团队，正式对外发布通用型 AI Agent 产品 Manus（拉丁语，含义是“手”）。据季逸超当日的视频介绍（资料来源：https://manus.im/），再综合当日百度等媒体对 Manus 的阐述，Manus 在 GAIA 基准测试中取得了最先进（State-of-the-Art, SOTA）的成绩，显示其性能超越 OpenAI 的同层次大模型。从发布的视频演示来看，如果将目前其它对话型人工智能大语言模型（ChatGPT 和 DeepSeek 是其中的典型代表）比作“智库顾问”，扮演的是“知识的智能搜索者和意见的建议者”的角色，那么，Manus 就像“全能执行团队”，扮演的是“一条龙式服务者”的角色，定位于一位性能强大的通用型人工智能助手：当 Manus 接到用户指令后，不仅能给用户提供想法，还能将这些想法一步步付诸实践，进而直接操作电脑完成一系列报告撰写、表格制作等工作，并在最后导出符合用户需求的产品。同时，不同于此前各类功能相对简单的人工智能助手，Manus 拥有超强学习能力和适应性的“数字大脑”，不再局限于单一任务，而是能够理解复杂指令、自主学习、跨领域协同，真正像人一样思考和行动。

参考并引用孙凝晖和李国杰的归纳，人工智能的技术前沿将可能朝着四个方向发展：（1）开发多模态大模型。从人类视角出发，人类智能是天然多模态的，人拥有眼、耳、鼻、舌、身、嘴（语言）；从人工智能视角出发，视觉、听觉等

① 佚名.5000 亿美元，特朗普公布 AI 投资计划[EB/OL].(2025-01-23)[2025-02-01]. https://baijiahao.baidu.com/s?id=1821997129784258915&wfr=spider&for=pc.

都可建模，可采取与大语言模型类似的方法进行学习，并进一步与语言中的语义进行对齐，实现多模态对齐的智能能力。（2）探讨具身智能。具身智能指有身体并支持与物理世界进行交互的智能体。如机器人、无人车等。通过多模态大模型处理多种传感数据输入，由大模型生成运动指令对智能体进行驱动，替代传统基于规则或数学公式的运动驱动方式，实现虚拟和现实的深度融合。拥有具身智能的机器人可汇聚人工智能的三大流派：以神经网络为代表的联结主义、以知识工程为代表的符号主义和与控制论相关的行为主义，三大流派可同时作用在一个智能体，这有可能带来新的技术突破。① ——智能化科研——逐渐成为当下科学发现与技术发明的主要范式。"科学范式"（scientific paradigm）是托马斯·库恩（Thomas S. Kuhn）在其名著《科学革命的结构》（*The Structure of Scientific Revolutions*）中首先使用的术语，主要是指各个学科在一定历史时期形成的对某种专业知识的见解与共识。② 现代科学研究开始于 16—17 世纪的科学革命，伽利略、牛顿是现代科学研究的鼻祖。2007 年 1 月，图灵奖得主吉姆·格雷（Jim Gray）在他生前最后一次发表的题为"eScience：科学方法的一次革命"的演讲中，认为科学研究经历了四种范式的演进：经验观察（第一范式）、理论建构（第二范式）、仿真模拟（第三范式）、数据密集型的科学发现（第四范式）。概要地说，20 世纪中叶以前的几百年间，科学研究的方法只有两种：基于观察和归纳的实验研究（第一范式）。基于科学假设和逻辑演绎的理论研究（第二范式）。电子计算机流行以来，计算机对复杂现象的仿真成为第 3 种科研方式（第三范式）。由互联网的普及引发数据爆炸，近 20 年来出现了数据密集型科学研究方式（第四范式）。数据密集型科研是 eScience 的组成部分之一，强调数据的管理和共享，

① 孙凝晖．十四届全国人大常委会专题讲座第十讲讲稿：人工智能与智能计算的发展［EB/OL］．（2024-04-30）［2024-05-01］.http://www.npc.gov.cn/npc/c2/c30834/202404/t20240430_436915.html.

② 库恩．科学革命的结构［M］．张卜天，译．北京：北京大学出版社，2022：1-299.

基本上未涉及人工智能技术在科研中的作用。“大数据”[①]形成热潮以来，数据驱动的科研越来越受到重视。不过，单纯的数据驱动有明显的局限性，模型驱动与数据驱动一样重要，两者需要融合。于是，第五科研范式——智能化科研（AI4R, AI for research）[②]——逐渐成为当下科学发现与技术发明的主要范式。曾大力宣传第四科研范式的微软研究院最近也在提倡第五科研范式，成立了新的 AI4Science 研究中心。智能化科研至少有六个特点：①人工智能全面融入科学、技术和工程研究，知识自动化，科研全过程智能化；②人机融合，机器涌现智能成为科研的组成部分，暗知识和机器猜想应运而生；③以复杂系统为主要研究对象，有效应对计算复杂性非常高的组合爆炸问题；④面向非确定性问题，概率统计模型在科研中发挥更大的作用；⑤跨学科合作成为主流科研方式，实现前四种科研范式的融合，特别是基于第一性原理的模型驱动和数据驱动的融合；⑥科研更加依靠以大模型为特征的大平台，科学研究与工程实现密切结合等。[③]（4）开发通用人工智能（artificial general intelligence，简称 AGI）。

在中国工程院高文院士看来，目前中国的人工智能发展正从 AI 1.0 向 AI 2.0 过渡。中国人工智能的优势有四：强有力的政策支持、庞大的数据、丰富的应用场景、非常多的有潜力的年轻人。中国人工智能的短板也有四：基础理论和原创算法薄弱、关键核心元器件薄弱、开源开放平台建立不足、高端人才不足。[④]

参考并引用孙凝晖的概括，当前中国人工智能发展面临三个困境：①美国在人工智能核心能力上长期处于领先地位，中国处于跟踪模式。中国在人工智能高端人才数量、人工智能基础算法创新、人工智能底座大模型能力（大语言模型、

① 董波.探索哲学社会科学研究的新范式［N］.中国社会科学报，2024-05-06.

② 因数字 4 的英文发音与英文单词 for 相同，故而在“AI for science”中，以数字 4 来代替英文单词 for，从而表示为“AI4Science”，简写为“AI4S”。

③ 李国杰.智能化科研（AI4R）：第五科研范式［J］.中国科学院院刊，2024，39（1）：1-9.

④ 林军，岑峰.中国人工智能简史·第一卷·从 1979 到 1993［M］.北京：人民邮电出版社，2023：6.

文生图模型、文生视频模型）、底座大模型训练数据、底座大模型训练算力等，都与美国存在一定差距，且这种差距将持续较长一段时间。②中国核心算力芯片的制造工艺和性能落后国际先进水平 2—3 代，美国又对华禁售高端算力产品和高端芯片工艺，导致国内一些人工智能企业的发展受限。③国内人工智能生态孱弱，导致人工智能应用于行业时成本、门槛居高不下。[①] 这主要是受过去一段时间流行的“造不如买，买不如租”式买办思想和崇洋媚外思想影响的结果。目前中国的基础研究和创新能力与世界排名第一的美国相比，在整体上还有一定差距，不过，在杂交水稻、桥梁、造船、高铁、航天、5G 通信、大飞机、无人机、人形机器人和机器狗、电动汽车所用电池、量子计算、人工智能等领域，中国进展神速。自 2018 年美国政府对华为等中国企业实施严厉制裁后，中国有识之士终于清楚地认识到：关键信息技术领域受制于人，在国际竞争和国家安全领域会造成重大隐患。国产芯片之痛告诉中国人“租不如买，买不如造”的道理。一旦中国人妥善处理好了自力更生和对外开放、闭关锁国的关系，树立起文化自信和民族自信，一定能让中国人工智能尽快走出困境，开创出一片崭新的天空。就像当年美国对中国封锁全球定位系统（global positioning system，GPS）核心技术，结果，2020 年 7 月 31 日，中国向全世界郑重宣告，中国自主建设、独立运行的北斗三号全球卫星导航系统已全面建成，中国北斗开启了高质量服务全球、造福人类的新篇章。美国禁止中国宇航员进入美国国际空间站，2022 年 12 月 31 日，国家主席习近平在新年贺词中郑重宣布“中国空间站全面建成”。此后，中国空间站转入常态化运营。中国空间站名为“天宫”，是一个长期在近地轨道运行的空间实验室。“天宫”由天和核心舱、问天实验舱、梦天实验舱三舱组成，提供三个对接口，支持载人飞船、货运飞船及其他来访航天器的对接和

① 孙凝晖．十四届全国人大常委会专题讲座第十讲讲稿：人工智能与智能计算的发展［EB/OL］．（2024-04-30）［2024-05-01］.http://www.npc.gov.cn/npc/c2/c30834/202404/t20240430_436915.html.

停靠。2019 年美国对华全面封锁芯片技术，2023 年 8 月 29 日，内装麒麟 9000S 芯片的华为 Mate60Pro 发布。麒麟 9000S 芯片有自主知识产权，华为成功突破芯片技术。Open AI 宣布，自 2024 年 7 月 9 日起，终止对中国提供应用程序编程接口（API）服务，2025 年 1 月 20 日，幻方量化旗下人工智能公司深度求索（DeepSeek）正式发布 DeepSeek-R1 模型，并同步开源模型权重，在数学、代码和推理任务上，DeepSeek-R1 可与 Open AI o1 媲美。可见，美国的每次制裁虽都给我们上了沉重的一课，但中国人凭借自己的聪明才智和不屈不挠的精神，总能及时化危机为转机、生机，随即开出灿烂的花朵。

第三章 人工智能与心理学

人工智能的诞生受到许多学科思想的影响，这些学科包括逻辑学与哲学[①]、工程学[②]以及信息学[③]等。人工智能在随后的发展中，不断地超越这些学科边界，并且在某种程度上反过来对它们产生重要影响。心理学与人工智能之间的关系也与上述学科类似。一方面，心理学关于人类心理与行为的研究是目前唯一的智能模板，所以，在人工智能发展的各个阶段，心理学，特别是认知心理学，起着至关重要的作用。从人工智能诞生初期的西蒙、纽威尔，到当下的杰弗里·欣顿、马库斯（Gary Marcus）等，这些人工智能领域的顶尖专家都具有心理学背景，人工智能的众多概念，例如，深度学习和强化学习等，也是借鉴或直接来自心理学。其中，强化学习理论受到行为主义心理学的启发；另一方面，人工智能的发展也在影响心理学，尤其是影响心理学中的应用技术。例如，毕生心理学倡导者、德国著名发展心理学家保罗·巴尔特斯（Paul B. Baltes）和他的同事通过整合毕生理论（life-span psychology）、专家系统（expert system）和认知老化的积极方面（positive aspects of cognitive aging）三个方向的成果，于1990年发表了《走向智慧心理学及其本体论》（*Toward a Psychology of Wisdom and Its Ontogenesis*）[④]和《与智慧相关的知识：在生涯规划问题上的年龄差异》（*Wisdom-related Knowledge: Age/cohort Differences in Response to Life-planning Problems*）[⑤]两篇论文，二文虽都未正式启用“柏林智慧模式”（the Berlin

---

① TURING A M. Computing machinery and intelligence［J］. Mind, 1950, 59（236）: 433 - 460.

② WIENER N. Cybernetics: the science of control and communication in the animal and the machine（2nd Edition）［M］. MIT Press, 1961.

③ SHANNON C E. A mathematical theory of communication［J］. Bell system technical journal, 1948, 27（3）: 379–423.

④ STERNBERG R J. Wisdom: its nature, origins, and development［M］. Cambridge: Cambridge University Press, 1990：87–120.

⑤ SMITH J, BALTES P B. Wisdom-related knowledge: age/cohort differences in response to life-planning problems［J］. Developmental psychology. 1990, 26（3）：494–505.

model of wisdom, BMW, or Berlin wisdom paradigm,BWP）一词，但都明确将智慧视作是关于生命的专家知识系统，且都较系统地阐述了柏林智慧模式的核心观点。因此，虽然1990年巴尔特斯的团队对智慧的研究尚属起步阶段，但柏林智慧模式的雏形已呈现在世人面前。可见，柏林智慧模式的提出，受到了专家系统的启迪。自1990年以来到21世纪初，在智慧心理学领域，柏林智慧模式一直处于主导地位，柏林智慧模式的智慧理念和研究方法一直是智慧心理学领域的主要理念和方法①。又如下文所论，麦卡洛克-皮茨神经元模型为理解人类大脑工作机制和发展人工智能打下了理论基础，且启发了人们：生物大脑“有可能”是通过物理的、全机械化的逻辑运算来完成信息处理的，而无须太多弗洛伊德式的神秘解释，这对人们正确看待精神分析思想有一定的启迪。再如，当下心理学家利用联结主义思想构建各种心理过程的神经网络模型，用来为相关理论提供支撑②，以人工智能为手段研究心理测评，开发图像识别、语音识别、机器翻译之类的产品，将人工智能（包括虚拟现实技术和情感人机交互）用在心理健康与心理治疗领域，等等。不过，限于本书的旨趣，下文主要探讨心理学对人工智能的促进，至于人工智能对心理学的促进，留待它文探讨。本章先用两节的篇幅探讨符号认知主义和联结主义对人工智能的促进，再用一节探讨进一步增进心理学与人工智能良性互动的建议。

第一节 符号认知主义心理学与人工智能

自图灵提出“机器与智能”后，从实现人工智能的方式看，当代人工智能研究一直有符号主义和联结主义两种研究范式（two paradigms for

① STERNBERG R J, GLUCK J. Wisdom: the psychology of wise thoughts, words, and deed［M］. New York: Cambridge University Press, 2022:66.

② CHEN Q, VERGUTS T. Beyond the mental number line: a neural network model of number-space interactions［J］. Cognitive psychology, 2010, 60（3）: 218−240.

intelligence）：二者都将心智类比于计算机，都主张在身心分离的条件下研究人类的心智，基本信条都是“认知的本质就是计算”。不过，符号主义学派主张通过编程，将规则教给计算机，如果计算机能得出预期的正确结果，就证明它能做到像人一样思考或计算，即具有了人工智能，其中，符号主义人工智能中的认知派（以纽威尔和西蒙为代表）认为，实现人工智能必须用逻辑和符号系统，符号主义中的逻辑派（以麦卡锡和明斯基为代表）相信可利用数学逻辑方式模拟人类大脑思维的运作方式，这一派看问题是自上向下的。联结主义学派以沃伦·麦卡洛克（Warren S. McCulloch）、沃尔特·皮茨（Walter Pitts）、塞弗里奇、唐纳德·赫布（Donald Olding Hebb）、弗兰克·罗森布拉特（Frank Rosenblatt）、伯纳德·威卓（Bernard Widrow, 也译作“伯纳德·威德罗”）、Marcian Hoff、杰弗里·杰弗里·欣顿、杨立昆、约书亚·本吉奥（Yoshua Bengio）等人为代表。神经学研究表明，人脑是由神经元构成的电子网络，神经细胞只有激活和抑制两种状态，没有中间状态。图灵的计算理论、香农的信息论与维纳的控制论均表明，用电子元器件是可以制造出人工大脑的。联结主义人工智能专家从神经元和突触的物理层面模拟人类大脑的工作，主张给计算机装上像人脑一样的人工神经网络，通过仿造人类的大脑结构，它就可以像人脑一样思考或计算，即具有了人工智能，这一派是自下向上的。人工神经网络（artificial neural network, ANN），简称神经网络（neural network, NN），是根据生物学中神经网络的基本原理，以网络拓朴知识为理论基础，用大量简单元件相互连接成一个复杂网络，用来模拟人脑神经系统处理信息的一种数学模型。人工神经网络由大量的节点（神经元）相互联结而成，每个节点代表一种特定的输出函数，叫作激活函数（activation function）。每两个节点间的连接均代表一个通过该连接信息的加权值，叫作权重（weight）。人工神经网络的输出取决于网络的结构、网络的连接方式、权重和激活函数。模型的输入可类比为神经元的树突，模型的输出可类比为神经元的轴突，计算可类比为细胞核，其信息处理功能由大量处理单元（神经元）相互连接所形成的网络拓扑结构，以及模型的输入、输出特性（激活函数）所决定。[①] 下文将阐述的麦卡洛克－皮茨神经元模型就是一个典型的人工神经元结构模型。这两派一直是人工智能领域内“两条路线”的斗争[②③]，并且人工智能领域的符号主义和联结主义之争至少可追溯至 1955 年。如前文所论，1955 年，美国西部计算机联合大会在洛杉矶召开，其中有一个专题研讨会叫“学习机讨论会”。在这个专题研讨会上，塞弗里奇发表了一篇模式识别的文章，纽威尔探讨了计算机下棋，前者代表联结主义观点，后者代表符号主义观点。专题研讨会的主持人、神经网络的鼻祖之一沃尔特·皮茨最后总结道：“在我们面前有两条通向智能的路径：（一派人）企图模拟人脑的神经系统，而纽威尔则企图模拟人类心智（mind）……但我相信这两条路最终是殊途同归。”[④] 这预示了人工智能随后几十年关于“联结主义与符号主义”两条路线的斗争。如下文所论，在 1987 年之前，符号主义人工智能一直占据主导地位，联结主义人工智能处于边缘地位，并在 1969 年 1 月遭受沉重打击，陷入生存危机。自 1987 年以来，符号主义人工智能逐渐丧失了在人工智能领域中的主导地位，开始沉沦，至今仍在低谷中。[⑤⑥] 联结主义人工智能在 1980 年至 1987 年有一个短暂的复兴与发展小高潮，其中，1986 年 10 月，《通过误差反向传播算法实现表征学习》（*Learning Representations by Back-*

---

① 夏禹，王磊．基于反向传播神经网络的海洋工程项目投标风险评价方法［J］．上海交通大学学报，2023，57（S1）：46–53.

② 尼克．人工智能简史［M］．北京：人民邮电出版社，2017：97.

③ 斯加鲁菲．智能的本质：人工智能与机器人领域的 64 个大问题［M］．任莉，张建宇，译．北京：人民邮电出版社，2017：6–7.

④ 周志明．智慧的疆界：从图灵机到人工智能［M］．北京：机械工业出版社，2018：24.

⑤ 同④ 102.

⑥ 中国大百科全书（第三版）总编辑委员会．中国大百科全书：第三版·心理学［M］．北京：中国大百科全书出版社，2021：272.

propagating Errors）一文的发表，标志联结主义人工智能走出生存危机。不过，1987年至1993年，人工智能进入了第二次寒冬。1993年至2012年9月，人工智能进入第二次复兴期，其中，2006年，《一种深度信念网的快速学习算法》（*A Fast Learning Algorithm for Deep Belief Nets*）一文发表后，联结主义人工智能才开始了逐步走向人工智能舞台中心的历程。2012年10月杰弗里·欣顿领导的团队赢得图像分类大赛冠军，标志联结主义人工智能终于咸鱼翻身，人工智能迎来真正的春天，进入第二次黄金发展期。直至现在，联结主义人工智能一直处于主导地位。

一、关于符号主义人工智能的三个问题

（一）符号主义人工智能的内涵

符号主义学派的核心思想是：认知的本质是处理符号，推理就是采用启发式知识和启发式搜索对问题求解的过程。对“符号主义学派”核心思想的系统论述，始自纽威尔和西蒙1975年在获得图灵奖时所做的题为《作为实证探究的计算机科学：符号和搜索》（*Computer Science as Empirical Inquiry: Symbols and Search*）的演讲稿①，并且，“符号主义学派”这个名称也是从这篇演讲稿发表后，才在人工智能领域流传。② 人工智能中的符号主义，也叫符号学派或逻辑启发范式（the logic-inspired approach），以“物理符号系统假说”作为理论基础，主张智能的本质是基于规则的推理（reasoning），认为必须用逻辑和符号系统来实现人工智能。符号主义学派主张直接从功能的角度来理解智能，只关心机器智能的输入和输出，不关心机器智能的内部结构。为了实现机器智能，主张用“符号”（symbolic）来抽象表示现实世界，用形式化的逻辑推理和搜索来替代人类大脑的思考、认知过程，不关注现实中大脑的神经网络结构，也不关

① NEWELL A. Simon H A. Computer science as empirical inquiry: symbols and search［J］. Communications of the ACM, 1976, 19（3）: 113–126.

② 周志明. 智慧的疆界：从图灵机到人工智能［M］. 北京：机械工业出版社，2018：83.

注大脑是否通过逻辑运算来完成思考和认知的。[①]

在本质上，符号主义人工智能是在功能主义思想的指导下，将人类智能等同为可以自行处理各种物理符号的心理能力，并用计算机实现这一能力。具体地说，在符号主义者看来，尽管计算机和人脑的结构和动因可能不同，但在功能上是类似的，即都是加工和操纵符号的形式系统：计算机依据人们设定的逻辑规则进行符号运算；人类的认知过程是基于人们先天或后天获得的理性规则，以形式化的方式对大脑接收到的信息进行处理和操作。如果把大脑比作计算机的硬件，认知就是运行在这个硬件上的“程序”。由于程序从功能上是独立于硬件的，这样，从理论上讲，相信有不依赖于身体、“离身”（disembodied）的认知或心智。离身的心智表现在人脑上就是人的智能，表现在电脑上就是人工智能。[②③④]符号认知主义是信息加工认知心理学的基本观点。信息加工认知心理学又称狭义的认知心理学或现代认知心理学，是20世纪60年代兴起的一种心理学思潮，它把人的认知和计算机进行功能上的类比，用信息加工的观点看待人的认知过程，认为人的认知过程是一个主动地寻找信息、接受信息并在一定的信息结构中进行加工的过程。[⑤]符号认知主义认为，无论是有生命的人，还是无生命的计算机，其信息加工系统都是物理符号系统。信息加工认知心理学的两个重要创始人纽威尔与西蒙认为，一个物理符号系统对于展现智能具有必要和充分的手段：一方面，任何一个展现智能的系统归根结底都能够被分析为一个物理符号系统；另一方面，任何一个物理符号系统只要具有足够的组织

① 周志明. 智慧的疆界：从图灵机到人工智能［M］. 北京：机械工业出版社，2018：67.
② 李其维. “认知革命”与“第二代认知科学”刍议［J］. 心理学报，2008，40（12）：1306–1327.
③ 叶浩生. 具身认知：认知心理学的新取向［J］. 心理科学进展，2010，18（5）：705–710.
④ 中国大百科全书（第三版）总编辑委员会. 中国大百科全书：第三版·心理学［M］. 北京：中国大百科全书出版社，2021：272.
⑤ NEISSER U. Cognitive psychology: classic edition［M］. Psychology Press, 2014.

规模和适当的组织形式，都会展现出智能。[①]进而将计算机科学与心理学相结合，充分发挥计算机软件的潜力，通过知识表征和推理，模拟人的智能活动和思维过程，摆脱了脑生理原型研究的牵制，取得了显著进展。特别是专家系统的研究和开发，使人工智能从实验室走出来，进入实用化的知识工程领域，一度成为人工智能发展的主流。[②]

（二）符号主义人工智能的思想来源

符号主义人工智能的思想和观点直接继承自图灵。[③]图灵在《论可计算数及其在判定问题中的应用》一文里证明了一切可计算过程都可用图灵机模拟，这是计算机科学和人工智能的重要理论基础，符号主义人工智能正是在形式逻辑运算的基础上延伸而来的。[④]除此之外，符号主义人工智能的另一个思想源头和理论基础是定理证明。[⑤]定理证明，即对数学中臆测的定理寻找一个证明或反证，是人工智能的一项重要任务。这不仅需要人工智能有根据假设进行演绎的能力，而且需要人工智能有某些直觉技巧。到目前为止，人工智能在定理证明方面取得了非凡成就，有一些定理证明程序已在一定程度上具有某些这样的技巧。[⑥]不懂定理证明就没法深入了解符号学派。数学哲学有形式主义、逻辑主义和直觉三大派。在 20 世纪初，数学家和逻辑学家都在试图找到一种能够将所有数学原理归约到一套简单的公理和逻辑规则的系统，这就是著名的希尔伯特计划，由形式主义的代表人物、德国著名数学家大卫·希尔伯特（David Hilbert）提出。1900 年 8 月 8 日，在巴黎第二届国际数学家大会上，希尔伯特发表了题为“数

---

① NEWELL A, SIMON H A. Computer science as empirical inquiry: symbols and search［J］. Communications of the ACM, 1976, 19（3）: 113–126.

② 刘毅．人工智能的历史与未来［J］．科技管理研究，2004（6）：121–124.

③ 周志明．智慧的疆界：从图灵机到人工智能［M］．北京：机械工业出版社，2018：67.

④ 林军，岑峰．中国人工智能简史·第一卷·从 1979 到 1993［M］．北京：人民邮电出版社，2023：3–4.

⑤ 尼克．人工智能简史［M］．北京：人民邮电出版社，2017：25.

⑥ 同②．

学问题”的著名演讲，提出了新世纪数学家应当努力解决的23个数学问题，这些问题后来统称为希尔伯特问题，被认为是20世纪数学的制高点，对这些问题的研究有力推动了20世纪数学的发展，甚至对20世纪整个科学的发展都产生了深远影响。在数学基础方面，希尔伯特的问题可归纳为三个问题：（1）数学是完备的吗？即所有数学命题是否都可用一组有限的公理来证明其真伪？（2）数学是一致的吗？即是否可以证明的命题都是“真命题”？（3）数学是可判定的吗？即所有命题是否都有明确程序（Definite Procedure），可以在有限时间内判定命题是真是假？① 希尔伯特提出，从若干形式公理出发，将数学形式化为符号语言系统，从不假定实无穷的有穷观点出发，建立相应的逻辑系统，随后研究这个形式语言系统的逻辑性质，从而创立了元数学和证明论。希尔伯特的目的是试图设计一个大一统的算法，所有数学问题都可由此算法来解答，从而一劳永逸地消除对数学基础以及数学推理方法可靠性的怀疑。② 逻辑主义的代表人物是罗素，主旨是试图将数学基础建立在形式逻辑的基础之上，一旦将数学归约到逻辑，只要将逻辑问题解决了，数学问题自然就解决了。罗素与怀特海（Alfred North Whitehead）合著的《数学原理》（*Principia Mathematica*）就是在做上述尝试，《数学原理》一书试图证明：在一组数理逻辑内的公理和推理规则下，所有的数学真理原则上都是可以证明的。《数学原理》一书中仅仅运用了与、或、非三种基本逻辑运算，就将一个个简单命题连接成越来越复杂的关系网络，进而描述清楚了整个数学体系（虽然并不完备）。③

1931年，25岁的奥地利数理逻辑学家哥德尔用德文发表《数学原理及有关系统中的形式不可判定命题》（*The Principle of Mathematics and the Form of Related System cannot be Judged*）一文，证明了形式数论（即算术逻辑）系

① 刘韩．人工智能简史［M］．北京：人民邮电出版社，2018：126.
② 尼克．人工智能简史［M］．北京：人民邮电出版社，2017：24.
③ 同① 107.

统的“哥德尔不完备性定理”（Gödel’s incompleteness theorem），它包括第一定理：形式数论系统和它的任意协调的扩充系统里，都有不含自由变元的公式（即闭公式）A 使得 A 和它的否定式 -A 都不是定理。第二定理：形式数论系统的协调性的证明不可能在形式数论系统中实现。或把它描述为：如果对自然数理论形式化而获得的系统是相容的，则该系统必包含一逻辑公式 A 使得 A 和它的否定 -A 在系统中都不能证明。这个定理不仅表明，作为自然数理论的公理而言，通常的公理系统是不完全的，而且在有穷观点下表明对自然数理论的形式化系统，在相容性范围内无论怎样添加公理，它仍然是不完全的。换言之，即使把初等数论形式化之后，在这个形式的演绎系统中也总可以找出一个合理的命题来，在该系统中既无法证明它为真，也无法证明它为假。①②“哥德尔不完备性定理”证明任何足够强大的形式系统，都存在一些在该系统内部既无法被证明为真也无法被反驳为伪的命题，故罗素与怀特海的上述设想行不通③，也回答了希尔伯特在数学基础方面归纳出的三个问题中的前两个问题，哥德尔的答案是：数学是不一致或者不完备的。即，数论的所有一致的公理化形式系统，都包含有不可判定的命题。④如前文所论，第三个问题于 1936 年被两种方法——阿隆佐 · 丘奇利用 λ 演算系统和图灵利用图灵机——予以解决，答案也是否定的，即不存在一个有明确程序的机械化运算过程，可以实现对任意数学命题的判定。⑤结果，希尔伯特计划在 1931 年和 1936 年遇到了两次重要挫败。

---

① GÖDEL K. Über formal unentscheidbare sätze der principia mathematica und verwandter systeme I［J］. Monatshefte f ü r mathematik physik, 1931, 38: 173–198.

② 郭金彬，黄长平．哥德尔不完全性定理的科学推理意义［J］．自然辩证法通讯，2010，32（2）：15–20.

③ 尼克．人工智能简史［M］．北京：人民邮电出版社，2017：24.

④ 刘韩．人工智能简史［M］．北京：人民邮电出版社，2018：126，143.

⑤ 同④ 126–129.

（三）符号主义人工智能的派别与争论

1. 符号主义人工智能的派别

符号主义人工智能学派中有“认知派”和“逻辑派”两个重要流派：

一是以纽威尔和西蒙为代表的“认知派”。纽威尔与西蒙强强联合，创建了符号主义人工智能中的认知派，它一度是人工智能和符号主义的主流。1975年，纽威尔与西蒙在获图灵奖的演讲稿里将符号学派的哲学思想命名为“物理符号系统假说”（Physical symbol system hypothesis, PSSH），其核心思想是：知识的基本元素是符号，智能的基础依赖于知识，智能是对符号的操作，最原始的符号对应于物理客体，研究人工智能的方法是用计算机软件和心理学方法在宏观上对人脑功能进行模拟。[①] 这个思路接近英、美两国的经验主义哲学传统。西蒙和纽威尔所在的卡内基梅隆大学成为人工智能的一个重镇。[②③]

二是以麦卡锡为代表的“逻辑派”。麦卡锡认为，机器不需要模拟人类的思想，而应尝试直接找出抽象推理和解决问题的本质；只要通过逻辑推理能展现出智能行为即可，不必去管人类是否使用同样方式思考。因此，由麦卡锡开创的斯坦福大学一系主要致力于寻找形式化描述客观世界的方法，通过逻辑推理去解决人工智能的问题。在麦卡锡看来，用“知识”能解决特定的问题，用“常识”能解决普适智能行为。当人工智能在定理证明和下棋等几个特定领域取得进展后，麦卡锡开始着手研究“如何让机器具有常识”这个更能证明机器可能拥有智能的难题。[④] 这样，20 世纪 50 年代末，麦卡锡的另一项研究是如何使程序能接受劝告从而改善其自身的性能。为此，1959 年，麦卡锡发表《有常识的程序》

① NEWELL A, SIMON H A. Computer science as empirical inquiry: symbols and search［J］. Communications of the ACM, 1976, 19（3）: 113–126.

② 尼克．人工智能简史［M］．北京：人民邮电出版社，2017：6.

③ 刘韩．人工智能简史［M］．北京：人民邮电出版社，2018：145.

④ 周志明．智慧的疆界：从图灵机到人工智能［M］．北京：机械工业出版社，2018：77–78.

（*Programs with Common Sense*），提出“咨询员（Advice Taker）”概念，这个假想程序可以被看成是世界上第一个用常识来解决普适智能行为的人工智能软件，它是一种以形式语言为输入和输出项的计算机程序，它基于一系列也是使用形式语言来描述的先验命题，根据逻辑规则自动推理获得问题的答案。随后，麦卡锡用 Lisp 语言编写了一个具有常识（common sense）的软件，它能理解告诉它的是什么，并能评估其行动的后果。在开发“咨询员（Advice Taker）”的过程中，麦卡锡提出用“分时系统”替代“批处理系统”的建议，引发了计算机使用方式的一场革命。①

2. 符号主义人工智能学派内的争论

符号主义人工智能学派内部有争论，主要有二：一是，与定理证明密切相关的路线斗争涉及定理证明与问题解决（Theorem proving vs Problem soving, 1965）以及过程表达和陈述性表达（Procedural vs Declarative representation, 1970—1980）。在这两场争斗的美国主战场，定理证明和陈述性表达的通用性被认为是低效的，无法用来解决实际问题。结果，定理证明的共同体分化成“纯的”和“不纯的”两派：前者认为引入过程知识是“作弊”，智能过程本身也有智能，只要将问题陈述出来，定理证明程序就应该智能地工作，不必依靠编程者的过程知识；后者认为必须引入过程表达。② 二是逻辑与心理（Logic vs Psychologic）。维特根斯坦说：“逻辑似乎处于一切科学的底部——因为逻辑的研究探索一切事物的本质。”③ 但心理学家似乎不太看重逻辑学。符号学派的主流是心理派，没受过逻辑学的科班训练，与逻辑派常有争论。结果，由于纽威尔和西蒙任教于卡内基·梅隆大学、麦卡锡任教于斯坦福大学、明斯基任

① 吴鹤龄，崔林. 图灵和ACM图灵奖：1966—2015：纪念计算机诞辰70周年[M]. 5版. 北京：高等教育出版社，2016：61.

② 尼克. 人工智能简史［M］. 北京：人民邮电出版社，2017：38.

③ 同② 52.

教于麻省理工学院，美国的人工智能一度形成了卡内基梅隆大学、斯坦福大学、麻省理工学院三足鼎立的局面。纽威尔、西蒙与麦卡锡、明斯基虽同属人工智能的符号学派，但在1956年达特茅斯会议之后几乎没有了学术交流。麦卡锡晚年回忆说，那时三个群体之间的沟通主要通过研究生来完成，研究生就像这四个大咖的信使，来回沟通信息。后来，这三校毕业的学生经常到对方高校任职，门户之见才随着时间的推移逐渐消失。①

二、符号主义人工智能的优势与人工智能的第一个黄金发展期

从人工智能于1956年诞生，到20世纪80年代，因联结主义人工智能需要占据大量的计算资源，而受制于当时计算机硬件和软件功能的有限，这些计算资源在当时是非常稀缺和昂贵的，结果，联结主义人工智能虽起步早（发端于1943年的麦卡洛克-皮茨模型），却一度发展缓慢。符号主义人工智能虽比联结主义人工智能起步晚，但有三个优势：（1）算法上的简洁特性；（2）用符号表达语义和语法规则后可处理复杂知识；（3）用逻辑推理来解释和理解其决策过程，具有较高的可解释性。凭借这三个显著优势，在与联结主义人工智能的竞争中逐渐占据优势，曾一直主导着人工智能的研究②，在机器定理证明、专家系统等领域做出重大贡献，促成人工智能在1956年至1974年间进入第一个黄金发展期。1974年至1980年间，因多种因素的交互影响，出现人工智能史上的第一次寒冬。不过，20世纪80年代初，以专家系统的成功商业化为标志，符号主义人工智能迎来最后一次发展高峰，③并成为帮助人工智能迎来第二个发展小高潮的中坚力量。约翰·霍兰德（John H. Holland）认为，达特茅斯会议后，

① 周志明．智慧的疆界：从图灵机到人工智能［M］．北京：机械工业出版社，2018：45-47.

② 斯加鲁菲．智能的本质：人工智能与机器人领域的64个大问题［M］．任莉，张建宇，译．北京：人民邮电出版社，2017：9.

③ 王彦雨．基于历史视角分析的强人工智能论争［J］．山东科技大学学报（社会科学版），2018，20（6）：16-27.

人工智能领域一度是符号主义人工智能一统天下。① 自 1987 年以来，符号主义人工智能一直在沉沦，至今未见有起色。根据研究的主要问题不同，可将符号主义人工智能的发展分为推理期、知识期和学习期三个阶段。②

（一）第一阶段是符号主义人工智能的“推理期”

20 世纪 50 至 70 年代早期是符号主义人工智能的“推理期”，这是符号主义人工智能诞生后的第一个阶段。在此阶段，学者并未过多考虑知识的来源问题，重点解决的问题是利用现有知识去让机器做复杂的推理、规划、逻辑运算和判断。代表性成果有五，除了前文已阐述的“逻辑理论家（Logic Theorist）”外，还有如下四个③：

1.“通用问题解决器”

符号认知主义心理学对人工智能的突出贡献是，揭示了人类智能在问题解决时所应遵循的一般规律。问题解决（problem solving）是利用问题情景提供的线索，以及在长期经验中积累的知识，解决某一问题的思维活动。④ 问题解决是现代认知心理学研究的重要内容之一，指一系列有目的指向的认知操作过程。心理学家认为人们解决问题时需要经过三个阶段：（1）获得与了解问题的初始状态，即问题空间；（2）解决者在记忆中搜索有关知识，形成解决问题的中间状态；（3）不断进行反馈性评价，衡量操作过程与目的状态和初始状态的距离⑤。在“逻辑理论家”程序成功的基础上，1957 年，西蒙与艾伦・纽威尔一起开始研发一种不依赖于具体领域、具有普适性的问题解决程序，将之命名为“通

---

① 尼克．人工智能简史［M］．北京：人民邮电出版社，2017：163.

② 周志明．智慧的疆界：从图灵机到人工智能［M］．北京：机械工业出版社，2018：67.

③ 同② 67，87.

④ 中国大百科全书（第三版）总编辑委员会．中国大百科全书：第三版・心理学［M］．北京：中国大百科全书出版社，2021：365.

⑤ NEWELL A, SHAW J C, SIMON H A. Elements of a theory of human problem solving［J］. Psychological review, 1958, 65（3）： 151-166.

用问题求解者”（general problem solver, GPS）。根据艾伦·纽威尔、约翰·克里夫·肖（J.C. Shaw）与西蒙的观点，任何一个问题，只要能够将其表征为一个合式的公式集，规定出解决其状态的形式特征，并以公理的形式表征出使得相关问题得以解决的所有前提与相关的推理规则，那么，就可指望一台被合适编程的“通用问题求解者”自动地解决这个问题。[①][②]“通用问题求解者”解决问题的思路不同于“逻辑理论家”，它源于模仿人类问题解决的启发法策略，基于西蒙提出的“手段—目的分析”理论，其问题解决的思路大体是：人通常会将要解决的问题分解成一系列子问题，并寻找解决这些子问题的手段，通过解决这些子问题，就能最终解决问题。“通用问题求解者”解决问题的方法就是模拟人类这个问题分解的过程，通过拆分子问题建构搜索树，直至问题解决为止。这与人类问题解决三阶段相对应：首先，“通用问题求解者”处理的是由对象构成的作业环境；其次，这些对象可以通过各种算子（operator）加以转换；最后，“通用问题求解者”可以检测对象之间的差别，并把作业环境的信息组织成目标。“通用问题求解者”的研究持续了10余年，没有实现预期的目标。[③][④]符号主义心理学家除了认为人类问题解决在各阶段与“通用问题求解者”相对应，还将做问题解决思维的人评价自身的言语报告，与相应人工智能程序在问题解决过程中产生的输出结果相比较，并以此作为对人工智能程序有效性检验的一种方式。“通用问题求解者”的作用已经接近人类思维，并且其“行为”在较大程度上同被试在解决问题时的言语报告记录相吻合。该程序可以在启发

---

① NEWELL A, SHAW J C, SIMON HA. Report on a general problem-solving program［J］. Proceedings of the international conference on information processing, 1959: 256−264.

② 徐英瑾，刘晓力. 认知科学视域中的康德伦理学［J］. 中国社会科学，2017（12）：52−71.

③ ERNST G W, Newell A. GPS: A case study in generality and problem solving［M］. Academic Press, 1969.

④ 周志明. 智慧的疆界：从图灵机到人工智能［M］. 北京：机械工业出版社，2018：75−76.

式策略的引导下采用试错手段来寻找解决方案，从而解决各种难题，例如“传教士与野人”问题。

顺便指出，“求解者”（也译作“求解器”）是用来求解数学规划问题的一类软件。数学规划，又叫规划论（programming theory），是运筹学的一个分支，研究对现有资源进行统一分配、合理安排、合理调度和最优设计以取得最大经济效果的数学理论方法。换言之，数学规划是研究在给定条件下（约束条件），如何根据某一衡量指标（目标函数）寻求工作中的最优方案。可用数学语言作如下描述：求目标函数在一定约束条件下的极值问题。根据问题的性质和处理方法的差异，数学规划可分成线性规划、非线性规划、整数规划、混合整数规划、动态规划等分支。求解器技术属于典型的底层技术领域，技术门槛高、研发难度大、投入时间长且风险较高，需要对优化理论有深入研究、对大规模计算机系统工程开发非常精通的科技人才。数学规划是优化问题建模的第一步，也是最为重要的一步，它界定了问题的类型和求解难度。有了数学模型，求解器就可以帮助人们求解这个问题并寻找问题的最优解。求解器通常集成了包含多种优化算法的算法框架，如分支定界法（branch and bound algorithm, B&B）、割平面法（cutting planes method）与其他启发式算法。其中，分支定界法是求解器精确算法框架中最重要的核心算法之一，也是最常用的优化算法，可以用来求解纯整数规划、混合整数规划等问题，以解决现实生产生活中的物流配送、路径规划、航班调度等问题。目前市面上主流的 GUROBI、CPLEX 等商用求解器都是以分支定界法 + 割平面法作为算法框架的。经过 60 余年发展，目前全球主流求解器市场被来自美国的 GUROBI、IBM、FICO 三家公司的产品所垄断，且构筑了极高的市场竞争门槛。①

① MLOP 智能决策. 求解器：助力智能决策的利器[EB/OL].（2022-10-25）[2024-07-04]. https://zhuanlan.zhihu.com/p/577065035?utm_id=0.

2. 开发出“信息处理语言”，又首次将语义网络理论用于表征知识的一般方法

1957年，纽威尔、西蒙与约翰·克里夫·肖还开发了“信息处理语言”（Information Processing Language, 简称IPL语言），这是最早的一种人工智能程序设计语言，它以列表处理为基础，其基本元素是符号，并首次引进表处理方法，证明了基于列表处理的计算机的可行性。信息处理语言最基本的数据结构是表结构，可用以替代存储地址或有规则的数组，这有助于将程序员从烦琐的细节中释放出来而在更高的水平上思考问题。信息处理语言的另一个特点是引进了生成器，每次产生一个值，随后挂起，下次调用就从停止的地方开始。[①]

往后，美国心理学家罗斯·奎林（M. Ross Quillian）和柯林斯（Allan M. Collins）在1969年合著的《从语义记忆中检索时间》（*Retrieval Time from Semantic Memory*）中阐述了语义网络理论（semantic network theory），也叫层次网络模型（hierarchical network model），其核心观点是：语义信息在长时记忆中是按照层次、以网络的形式贮存的。[②] 它是认知心理学中的第一个语义记忆模型。这个模型原本是罗斯·奎林在开发“可教授的语言理解者”（teachable-language comprehender, TLC）系统中，于1967年提出的一种在计算机存储器中存储语义信息的模型。在这个模型中，语义记忆的基本单元是概念，每个概念都具有一定的特征，在长时记忆中，概念被分层次地组织成有逻辑性的种属关系。[③] 奎林用语义网络理论来描述英语的词义，模拟人类的联想记忆（如图3-1所示）。

---

① 吴鹤龄，崔林．图灵和ACM图灵奖：1966—2015：纪念计算机诞辰70周年［M］．5版．北京：高等教育出版社，2016：94.

② COLLINS A M, QUILLIAN M R. Retrieval time from semantic memory［J］. Journal of verbal learning and verbal behavior, 1969, 8: 240–247.

③ QUILLIAN M R. Word concepts: a theory and simulation of some basic semantic capabilities［J］. Behavioral science, 1967, 12: 410–430.

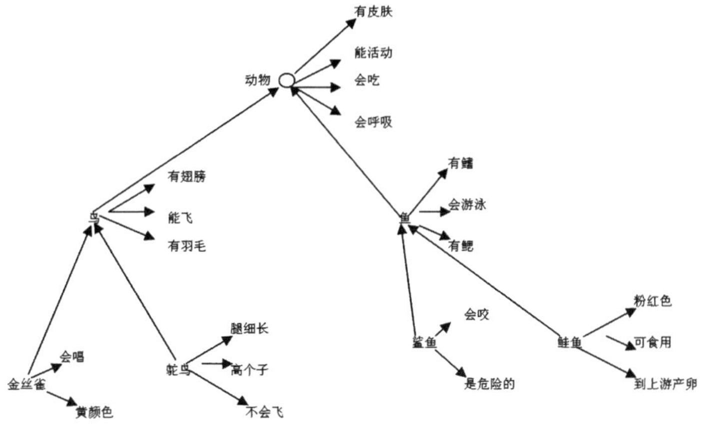

图 3-1　三级层次结构的假设记忆结构示例 [①]

1970 年，西蒙在研究自然语言理解的过程中，首次将语义网络理论用于表征知识的一般方法，其核心思想是：可以将一个人的陈述性知识看作一个由结点（nodes）和连线（links）构成的网络，其中，一个结点代表一个概念，一个连线反映了它所连接的两个概念之间的某种关系；两个结点和一条连线共同构成了一个命题，反映了一个想法或观念，它是能够评价是非对错的最小的意义单元。1972 年，美国人工智能专家西蒙斯（Robert F. Simmons）首先将语义网络理论用于自然语言理解系统中。1973 年，西蒙将语义网络理论用于人工智能，其原理是以句中词的概念为网络的结点，以沟通结点之间的有向弧来表示概念与概念之间的语义关系，构成一个彼此相连的网络，以理解自然语言句子的语义。[②③]1976 年，约翰·麦卡锡在斯坦福大学指导的博士、卡内基·梅隆大学的计算机科学家拉吉·瑞迪（Raj Reddy）发表 *Speech Recognition by Machine: A*

① COLLINS A M, QUILLIAN M R. Retrieval time from semantic memory［J］. Journal of verbal learning and verbal behavior, 1969, 8: 241.

② 周志明 . 智慧的疆界：从图灵机到人工智能［M］. 北京：机械工业出版社，2018：89–90.

③ 吴鹤龄，崔林 . 图灵和 ACM 图灵奖：1966—2015：纪念计算机诞辰 70 周年［M］. 5 版 . 北京：高等教育出版社，2016：96–97.

Review，对自然语言处理的早期工作作了总结。①②

3. 开发出人类历史上第一个人工智能专家系统——DENDRAL 系统

专家系统（expert system, ES）是指使用人类专家推理的计算机模型来处理现实世界中需要人类专家做出解释的复杂问题，并得出与人类专家相同的结论。③ 专家系统通常由人机交互界面、知识库、推理机、解释器、综合数据库、知识获取六部分组成。④ 简要地讲，专家系统可视作“知识库”和“推理机”的结合，如图 3–2 所示。显然，知识库是专家的知识在计算机中的映射，推理机是利用知识进行推理的能力在计算机中的映射。⑤ 由此可见，专家系统是一个具有大量专门知识与经验的计算机程序系统，它应用人工智能技术和计算机技术，根据某个领域一个或多个人类专家提供的知识和经验进行推理和判断，模拟人类专家的决策过程，以解决那些需要人类专家处理的复杂问题。专家系统和传统的计算机程序最本质的不同之处在于，专家系统所要解决的问题一般没有算法解，并且经常要在不完全、不精确或不确定的信息基础上作出结论。它可以解决的问题一般包括解释、预测、诊断、设计、规划、监视、修理、指导和控制等。⑥

---

① REDDY, D R. Speech recognition by machine: a review［J］. Proceedings of the IEEE, 1976, 64（4）: 501–531.

② 吴永和，刘博文，马晓玲. 构筑“人工智能 + 教育”的生态系统［J］. 远程教育杂志，2017，35（5）：27–39.

③ LIAO S H. Expert system methodologies and applications：a decade review from 1995 to 2004［J］. Expert systems with applications, 2005，28（1）:93–103.

④ 刘韩. 人工智能简史［M］. 北京：人民邮电出版社，2018：177.

⑤ 张煜东，吴乐南，王水花. 专家系统发展综述［J］. 计算机工程与应用，2010，46（19）：43–47.

⑥ 尼克. 人工智能简史［M］. 北京：人民邮电出版社，2017：65–66.

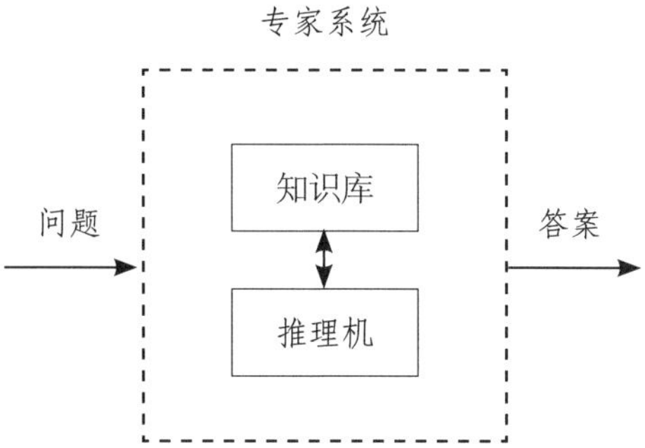

图 3–2　简化专家系统示意图[①]

研究者又进一步通过添加具体领域的知识以及模拟该领域专家，开发具有商业应用价值的专家系统。例如，计算机科学家爱德华·费根鲍姆、布鲁斯·布坎南（Bruce G. Buchanan）、遗传学家约书亚·莱德伯格（Joshua Lederberg）和化学家卡尔·杰拉西（Carl Djerassi）于 1965 年开始在斯坦福大学联合研究 DENDRAL 系统，这是人类历史上第一个人工智能专家系统，1968 年研制成功。DENDRAL 系统采用 Lisp 语言开发，按功能分为三部分：（1）规划。利用质谱数据和化学家对质谱数据和分子构造关系的经验知识，对可能的分子结构形成若干约束条件。（2）生成结构图。利用莱德伯格教授的算法，给出一些可能的分子结构，利用第一部分的约束条件来控制这种可能性的展开，最后给出一个或几个可能的分子结构。（3）利用化学家对质谱数据的知识，对第二部分给出的结果进行检测、排队，最后给出分子结构图。[②] 可见，DENDRAL 系统的作用是分析质谱仪的光谱，能够使有机化学的决策过程和问题解决自动化，帮助化学家判定物质的分子结构。DENDRAL 系统的成功，证明了人工智能在特定的领域内能达到人类专家的专业水平。顺便提一下，西蒙于 1965 年预测 20

① 张煜东，吴乐南，王水花. 专家系统发展综述[J]. 计算机工程与应用，2010，46(19)：43–47.

② LINDSAY R K, BUCHANAN B G, FEIGENBAUM E A, et al. DENDRAL: a case study of the first expert system for scientific hypothesis formation［J］. Artificial intelligence, 1993, 61（2）: 209–261.

年内人工智能将能够取代人工："20年内，机器能够做人所能做的一切事情。"[①②]此预测虽在20年内未实现，但在50余年后的今天已得到部分证实，因为今天已有一些岗位被机器人取代。约书亚·莱德伯格（Joshua Lederberg）因发现细菌遗传物质及基因重组现象，于1958年获诺贝尔生理学或医学奖。[③]

（二）第二阶段是符号主义人工智能的"知识期"

自20世纪70年代中期开始，是符号主义人工智能的"知识期"，这是符号主义人工智能诞生后的第二个阶段。在此阶段，学者发现智能的体现并不能仅依靠推理来解决，先验的知识是更重要的一环，研究重点就转变为如何获取知识、表征知识和利用知识，这个时期称为符号主义的"知识期"。并且，由于考古学对古代智人的研究得出了古代智人与现代人类在脑容量上并没有差距的结论，这个结果表明了人类智能行为表现出的问题求解能力更多是来源于人所具有的知识，而不仅仅是大脑思考和推理的能力。从此，人工智能的主要研究方向便从"逻辑推理"转到了"知识的表述"上。符号主义学派从"推理期"转入"知识期"的标志，是三类"知识"研究开始被科学界关注，并且取得了一定进展，它们分别是："知识表征"出现了被广泛认可的方法、"知识工程"被提出和作为独立的学科进行研究以及以专家系统为代表的"知识处理系统"开始展现出实际应用的价值。[④]

美国的爱德华·费根鲍姆毕业于卡内基·梅隆大学，是人工智能奠基人西蒙和纽威尔的得意学生。费根鲍姆及其团队在20世纪70年代中期通过研究人类专家解决其专门领域问题时的方式和方法，发现专家解题具有四个特点：（1）为了解决特定领域的一个具体问题，除了需要哲学思想、思维方法和一般

---

① SIMON H A. The shape of automation for men and management [M]. New York: Harper & Row, 1965.

② DARRACH B, SHAKY M. The first electronic person [J]. Life magazine, 1970, 69: 59-68.

③ 刘韩. 人工智能简史 [M]. 北京：人民邮电出版社，2018：65.

④ 周志明. 智慧的疆界：从图灵机到人工智能 [M]. 北京：机械工业出版社，2018：67，87-88.

的数学知识等公共知识外，更需要应用大量与所解问题领域密切相关的领域知识。（2）采用启发式的解题方法或称试探性的解题方法。即为了解一个难题，特别是一些问题本身就很难用严格数学方法描述的难题，往往不可能借助一种预先设计好的固定程式或算法来解决它们，必须采用一种不确定的试探性解题方法。（3）解题中除了运用演绎方法外，须求助于归纳的方法和抽象的方法。因为只有运用归纳和抽象才能创立新概念，推出新知识，并使知识逐步深化。（4）必须处理问题的模糊性、不确定性和不完全性。因为现实世界就是充满模糊性、不确定性和不完全性的，所以决定解决这些难题的方式和方法也必须是模糊的和不确定的，并应能处理不完全的知识。总之，人们在解题过程中，首先运用已有的知识开始进行启发式的解题，并在解题中不断修正旧知识，获取新知识，从而丰富和深化已有的知识，然后在一个更高层次上运用这些知识求解问题，如此循环往复，螺旋式上升，直到把问题解决为止。由此可知，在解题过程中，人们运用和操作的对象主要是各种知识（当然也包括各种有关数据），是一个处理知识的过程。费根鲍姆由此获得灵感，进而通过实验证明了实现人工智能行为的主要手段在于知识，且在多数实际情况下是特定领域的知识，从而于 1977 年 8 月 22 日至 25 日在麻省理工学院召开的第五届国际人工智能会议上最早提出了“知识工程”（knowledge engineer）这一术语。知识工程是以知识为基础的专家系统，即通过智能软件而建立的专家系统，主要包括知识的获取、知识的表示和知识的运用等三大方面。知识工程可看成是人工智能在知识信息处理方面的发展，研究如何由计算机表征知识，进行问题的自动求解。[①] 通过爱德华·费根鲍姆的努力，知识工程后来成为人工智能领域中取得实际成果最丰富、影响也最大的一个分支，智能计算的发展由此于 1990 年进入第二阶段，即逻辑

① FEIGENBAUM E A. The art of artificial intelligence: 1. themes and case studies of knowledge engineering [J]. Proceedings of the fifth international joint conference on artificial intelligence, 1977: 1014–1029.

推理专家系统阶段。费根鲍姆等符号主义智能学派的科学家以逻辑和推理能力自动化为主要目标，提出了能够将知识符号进行逻辑推理的专家系统。人的先验知识以知识符号的形式进入计算机，使计算机能够在特定领域辅助人类进行一定的逻辑判断和决策。爱德华·费根鲍姆由此赢得“知识工程之父”的美誉。后来，爱德华·费根鲍姆因在大型人工智能系统的设计和建设方面具有开创性贡献，展示了人工智能技术的实际重要性和潜在的商业影响获1994年的图灵奖。①

这一时期在专家系统的研究上也有突破。继1968年成功研制出人类历史上第一个人工智能专家系统——DENDRAL系统后，1976年，斯坦福大学开发出名为“MYCIN”的专家系统，能够利用人工智能识别感染细菌，并推荐抗生素。MYCIN专家系统的研发成功，标志着人工智能进入医疗系统的应用领域。②1978年，卡内基·梅隆大学开发了XCON程序，这是一个基于规则的专家系统，能够按照用户的需求，帮助DEC为VAX型计算机系统自动选择组件。③以20世纪80年代初符号主义人工智能将专家系统成功商业化为标志，人工智能于1980年至1987年迎来第一次复兴期。④后来，拉吉·瑞迪主持设计和建造多个大规模人工智能系统，证明了人工智能技术的重要性和其潜在的商业价值，主要包括：① Navlab：该项目的目标是开发能以80km/h的车速在道路行驶并可跨越原野的无人驾驶车辆。该项目在计算机视觉、机器人路径规划、自动控制、障碍识别等领域取得了巨大技术突破，使人工智能跃上了新台阶。② LISTEN：该项目用于解决扫盲问题，使用名为Sphinex Ⅱ的语音识别系统，

① 吴鹤龄，崔林.图灵和ACM图灵奖：1966–2015：纪念计算机诞辰70周年［M］.5版.北京：高等教育出版社，2016：230.
② 刘韩.人工智能简史［M］.北京：人民邮电出版社，2018：67.
③ 吴永和，刘博文，马晓玲.构筑“人工智能＋教育”的生态系统［J］.远程教育杂志，2017，35（5）：27–39.
④ 王彦雨.基于历史视角分析的强人工智能论争［J］.山东科技大学学报（社会科学版），2018，20（6）：16–27.

听孩子念课文，并在念错或不会念时提供帮助。美国每年在扫盲工作上的开支高达 2.25 亿美元，因此该项目具有巨大的经济和社会效益。③ Dante：该项目的目标为开发绝对可靠、无误（error-free）的火山探测机器人。④自动机工厂（Automated Machine Shop）：该工厂中的全部加工设备采用机器人技术。⑤白领机器人学（White-collar Robotics）：开发机器人以完成白领职工的工作，如生产调度等。拉吉·瑞迪因在专家系统领域的杰出贡献，1994 年拉吉·瑞迪与爱德华·费根鲍姆一起获图灵奖。[①]

不过，符号计算系统只能解决线性增长问题，无法求解高维复杂空间问题；同时，符号计算系统是基于知识规则建立的，导致专家系统严重依赖于手工生成的知识库或规则库，而人类无法用穷举法枚举所有的常识，这就限制了专家系统的应用范围。结果，随着互联网于 1990 年 12 月 25 日的诞生及其后的迅速发展，随着个人计算机的普及，每个善于运用互联网信息的人都是一个专家，专家系统的价值就大打折扣了，而专家系统维护费用高、知识更新速度慢等问题愈显突出，专家系统就逐渐没落了。

（三）第三阶段是符号主义人工智能的“学习期”

自 20 世纪 70 年代后期开始，符号主义人工智能迎来“学习期”，这是符号主义人工智能的第三个阶段。如前文所论，“机器学习”的根源至少可追溯至图灵在 1950 年发表的《计算机器与智能》一文，图灵在该文中首次提出了“学习机器”的概念，并认为，机器学习是让机器通向人工智能最可行的途径。1959 年，阿瑟·萨缪尔在《用跳棋研究机器学习》一文中创造“机器学习”一词。不过，符号主义者曾试图绕过“机器学习”这一难题，希望通过发挥机器本身所具有的诸如海量存储能力和高速计算力等优势，用逻辑符号推理来模拟人脑的思考，由人类专家在外部给机器灌输丰富的知识（包括专家知识和常

① 吴鹤龄，崔林．图灵和 ACM 图灵奖：1966—2015：纪念计算机诞辰 70 周年［M］.5 版．北京：高等教育出版社，2016：233—234.

识），企图通过这种途径来让机器获得智能。①在知识系统的研发和建设过程中，专家们认识到：依赖人类专家给机器灌输知识，仅限于某个专业领域中还有些许可行性，但对于多数领域而言，靠人类专家是无论如何都不可能跟上无穷无尽知识及知识膨胀速度的，让机器具有智能的关键，还是要想方设法让机器自身具有自动学习的能力。与此同时，20 世纪 80 年代，汉斯·莫拉维克（Hans Moravec）与罗德尼·布鲁克斯（Rodney Brooks）、明斯基等人研究发现，让人工智能在智力测试或下棋中展现出成人水平的表现能力相对容易，不过，要让人工智能具有像 1 岁孩子般的感知或行动能力却相当困难，甚至不可能，这就是莫拉维克悖论。换言之，莫拉维克悖论是指，和传统假设不同，人类所独有的高阶智能（如推理）只需要较少的计算力，但无意识的技能和直觉却需要极大的计算力。②③因此，随着知识系统研究的深入，人工智能学界重点关注的问题，又回到了“如何让机器自己学习知识、发现知识”这个方向，机器学习重新成为符号主义学派的主流研究方向。如果说 20 世纪 50 年代的机器学习是机械式机器学习，这个阶段的机器学习就是基于符号规则的机器学习，其目标是从大样本数据中自动总结提炼出隐藏在数据背后的知识及其规律。④

三、符号主义人工智能的局限性与人工智能的第一次寒冬

（一）符号主义人工智能的局限性

符号主义人工智能至 20 世纪 80 年代发展至顶峰。⑤随着研究的深入，符号主义人工智能的局限性也逐渐暴露出来：

① 周志明．智慧的疆界：从图灵机到人工智能［M］．北京：机械工业出版社，2018：173.
② 刘伟．关于机器人若干重要现实问题的思考［J］．人民论坛·学术前沿，2016（15）：35-43.
③ 申灵灵，卢锋，张金帅．超越莫拉维克悖论：人工智能教育的身心发展隐忧与应对［J］．现代远程教育研究，2022，34（5）：56-62.
④ 同① 67，96-97.
⑤ 同① 76.

一是，顾名思义，符号主义需要由专家亲手编写符号来表征语义、规则和相应的逻辑推理过程，不过，智能实在太过复杂，很多问题常常无法被符号化，也不清楚其背后的运作机制，从而无法逻辑化，以至于在其他科学里一直行之有效的“根据具体现象，总结一般规律”“根据客观规律，推导未知现象”的研究方法在研究人工智能时，竟都显得有些力不从心。①

二是，无法处理大规模、复杂的数据。根据计算复杂性理论，所有科学问题按其解决时间可分为多项式类、指数类和不可解类三大类，但要确定某个具体问题到底属于哪一类，并非易事。“NP 问题”是指非确定性多项式（Non-deterministic Polynomial）问题，是“多项式验证”问题，即，迄今为止，无法确定 NP 问题属于多项式类、指数类和不可解类中的哪一类，能确定的是，NP 问题空间复杂度是多项式，NP 问题时间复杂度的上限是指数型，所以，任何 NP 问题要么是多项式，要么是指数型，而不可能是不可解的问题。不过，要确定 NP 到底是不是属于多项式，这可能是不可解问题。1971 年，NP 问题的研究取得了里程碑式突破，加拿大著名计算机科学家史蒂文・库克（Stephen A. Cook）证明了存在具有 NP 完全性质的 NP 问题，它是人类发现的首个 NP 完全问题（NPC）。所谓某问题具备 NP 完全性，是指任何 NP 问题的求解都可以多项式转化到对该问题的求解。②③ 符号主义中的主要理论实现起来始终受到“NP 完全问题”的困扰，即便很多方案在理论上可行，都因为最后被证明是“NP 完全问题”，无法逃脱指数级别时间的增长，无法不打折扣地应用于人工智能的

---

① 周志明．智慧的疆界：从图灵机到人工智能［M］．北京：机械工业出版社，2018：101-102.

② COOK S. A. The complexity of theorem proving procedures［C］//Proceedings of Third Annual ACM Symposium on Theory of Computing. New York: Association for Computing Machinery, 1971: 151-158.

③ 杜立智，陈和平，符海东．NP 完全问题研究及前景剖析［J］．武汉工程大学学报，2015，37（10）：73-78.

探索实践。①

三是，符号主义人工智能以计算机为模型，忽视心智的具身性、主体性、社会性、情绪和意识等。

四是，逻辑启发范式忽略了机器学习和适应性的重要性，并且，基于符号的方法无法有效处理自然语言的复杂性和模糊性。

（二）学界对符号主义人工智能的批评

由于符号主义人工智能存在上述局限性，结果招来人们的一些批评。

第一，对机器定理证明，符号主义人工智能虽有时会给出新颖的证明方法，但迄今为止并没有自行推导出未知的定理。有人指出，机器定理证明实际上只是在验证事实，并不是在数学意义上证明定理。②

第二，1965 年 12 月，美国麻省理工学院哲学系的休伯特·德雷福斯（Herbert Lederer Dreyfus）以兰德公司（Rand Corporation）顾问的身份，从胡塞尔（Edmund Gustav Albrecht Husserl）的现象学与德国的海德格尔（Martin Heidegger）的存在主义哲学的立场出发，发表了《炼金术与人工智能》（*Alchemy and Artificial Intelligence*），引入海德格尔、梅洛·庞蒂（Maurice Merleau-Ponty）关于身体在知识获取和应用中的作用，也用波兰尼、维特根斯坦的哲学来批驳符号派人工智能研究纲领中的关于人类认知与问题解决的假设，从而对纽威尔和西蒙的人工智能研究提出了重大理论质疑，代表了哲学家反对人工智能的最强音。③德雷福斯 1929 年生于美国印第安纳的特雷霍特（Terre Haute），在哈佛大学接受本科和研究生教育，1964 年在 Dagfinn Føllesdal 指导下，获得哈佛大学哲学博士学位。Dagfinn Føllesdal 来自挪威，主要研究语言哲学、现象学、存在主义和解释学。德雷福斯于 1957 年至 1959 年任教于美国的布兰迪斯大学，1960 年至 1968 年任教

---

① 周志明．智慧的疆界：从图灵机到人工智能［M］．北京：机械工业出版社，2018：102.

② 顾险峰．人工智能的历史回顾和发展现状［J］．自然杂志，2016，38（3）：157-166.

③ 尼克．人工智能简史［M］．北京：人民邮电出版社，2017：177.

于美国的麻省理工学院，1968年以后转到加州大学伯克利分校哲学系工作，是美国知名的现象学和存在主义哲学家，2001年当选为美国人文与科学院院士。在《炼金术与人工智能》中，德雷福斯将人工智能视作历史上的炼金术，其用意是说人工智能研究是没有理论基础和技术基础的无用之功。该报告长达90页，分“序言”“人工智能领域的现状”“当前困难的潜在意义”和“人工智能的未来”四部分。在“当前困难的潜在意义”里，德雷福斯从人类与机器对信息加工形式的对比中阐述当前困难的潜在意义，他列举了四种：（1）人类思维的边缘意识和人工智能的启发式搜索；（2）人类思维的本质/非本质区别和人工智能的试错法；（3）人类思维的模糊容忍度和人工智能的穷举；（4）人类思维基于上述三种信息加工的明晰组合（perspicuous grouping）能力。由此，德雷福斯得出了人类能在下述困难逐步加大的条件下进行模式识别的结论：（1）模式可能歪斜、不完整、变形和在噪声环境中；（2）模式识别所需的特征虽然清晰甚至能形式化，但搜索难度会急剧加大（指数爆炸）；（3）特征可能依赖内外部上下文，从而不能从列表中隔离出来单独考虑；（4）可能没有公共特征，但“重叠的相似性的复杂网络”总能识别新的变化。任何机器实现的模式识别能力，都应与人类思维的能力等效，因此，必须具备这些能力：对模式的特定实例把基本特征从非基本特征中区分出来、利用停留在意识边缘的线索（或暗示）、考虑上下文环境、把个体感知为典型（即把个体定位于一个范型实例）而当时的人工智能在模式识别方面的困难，给博弈、问题求解、语言翻译领域带来了巨大的困难。在“人工智能的未来”中，德雷福斯认为，没有经验和先验证据支持联结主义者的假定，因此，也没有理由期待人工智能领域的持续进步，机械式信息加工有内在限制，而人类却没有这种限制。他指出了采用认知模拟进路的若干主要威胁：博弈中事实的无限性和无限“进行”（progression）的威胁、问题求解中需求的不确定性和无限退行的威胁、上下文相互作用和循环性引用的威胁。在以上基础上，根据人工智能实现的可能性，德雷福斯将人类智能行为分为联结主义的行为、非形式化的行为、简单形式化的行为、复杂形式化的行为等四类，认为联结主义和简单形式化的行为可以用计算机模拟，非形式化的行为难以模拟，复杂形式化行为仅在很小程度上可以模拟。德雷福斯在“人工智能的未来”中给出的结论并不是否定性的，他指出：（1）短期来看，需要考虑人类智能和机器智能的协作，只有从长期来看非数字化的自动机才能表现出在处理人类非形式化世界中关键的三种信息加工形式；（2）目前的困难和停滞并不意味着之前对人工智能的投入完全浪费，而是应该调整到聚焦三种人类独特的信息加工形式上来。①②

1979 年，德雷福斯将《炼金术与人工智能》扩展成一本论著——《计算机不能做什么：人工智能的极限》（*What Computers Can't Do: The Limits of Artificial Intelligence*），论证了真实的思维无法被计算机程序所穷尽。《计算机不能做什么：人工智能的极限》一书变成了对人工智能的全面批评③④⑤，要点如表 3–1 所示：

表 3–1　德雷福斯对人工智能的反驳要点一览表⑥⑦

不同层面	人工智能假设	德雷福斯的反驳
生物层面	麦卡洛克 - 皮茨的神经元是二元的，像布尔电路	人脑是模拟的
心理学层面	纽威尔和西蒙的信息处理和规则	常识和背景无法用规则表示

① DREYFUS H. Alchemy and artificial intelligence [M]. Santa Monica: RAND Corporation, 1965.

② 陈自富. 炼金术与人工智能：休伯特·德雷福斯对人工智能发展的影响[J]. 科学与管理，2015，35（4）：55–62.

③ DREYFUS H L. What computers can't do: the limits of artificial intelligence [M]. New York: Harper & Row, 1979.

④ 德雷福斯. 计算机不能做什么：人工智能的极限 [M]. 宁春岩，译. 北京：生活·读书·新知三联书店，1986.

⑤ 尼克. 人工智能简史 [M]. 北京：人民邮电出版社，2017：178–181.

⑥ 德雷福斯. 计算机不能做什么：人工智能的极限 [M]. 宁春岩，译. 北京：生活·读书·新知三联书店，1986.

⑦ 尼克. 人工智能简史 [M]. 北京：人民邮电出版社，2017：180.

续表

不同层面	人工智能假设	德雷福斯的反驳
认识论层面	麦卡锡：所有知识都可以形式化	人的知识不是形式化的，而有具身性、意向性和情境性。可以用微分方程描述星体运动，不意味着星体在求解微分方程
本体论层面	世界由事实构成，方法论是还原论	人是人，物是物。物理的东西是还原论，人需要现象学。

《计算机不能做什么：人工智能的极限》一书于 1992 年再版，书名改作《计算机仍不能做什么：对人工理性的批判》（*What Computers Still Can't Do: A Critique of Artificial Reason*），[①] 德雷福斯新写了个序，书中正文内容没什么变化。[②]

第三，符号派人工智能在机器翻译、智能机器人的研究上也止步不前。1966 年，美国国家科学院的自动语言处理顾问委员会（Automatic Language Processing Advisory Committee，简称 ALPAC）发布报告，认为机器翻译过于昂贵，比人工翻译慢且不够准确，在较近的将来达不到人类翻译的品质。于是，美国国家科学院不再资助人工智能项目，只拨款两千万美元对如下两个方面提供资助：将作为语言学分支的计算语言学当成一门纯科学研究，以及对人工翻译进行改进提高。美国国家科学院自动语言处理顾问委员会由联合自动语言处理组于 1964 年设立，后者是美国国防部、国家科学基金会、中央情报局三方为协调联邦层面的机器翻译研究而成立的组织，自动语言处理顾问委员会的主席由当时贝尔实验室的电子和通讯专家、脉冲编码调制（Pulse Code Modulation,

① DREYFUS H L. What computers still can't do: a critique of artificial reason［M］. Cambridge: MIT Press, 1992.

② 尼克. 人工智能简史［M］. 北京：人民邮电出版社，2017：179.

PCM）的发明人约翰·皮尔士担任。[①②]

第四，英国科学研究理事会委托剑桥大学卢卡斯讲席教授、物理学家詹姆斯·莱特希尔（James Lighthill）爵士调查当时英国的人工智能研究现状并提交一份独立报告。1973年，莱特希尔向英国科学研究理事会提交了一份独立报告（简称《莱特希尔报告》），该报告的结论是"迄今为止，人工智能的研究没有带来任何重要影响"，建议英国科学研究理事会仅支持对神经生理学和心理学过程的计算机模拟，而放弃对机器人和语言处理的资助，这导致英国科学研究理事会大幅度削减了对人工智能研究的资金支持，终止对除爱丁堡、苏塞克斯、埃塞克斯三所大学之外的其他大学人工智能研究的支持。[③④]

第五，在当时人工智能领域处于主流地位的符号主义进路受到上述质疑的同时，如下文所论，明斯基和西摩尔·帕普特（Seymour A. Papert）于1969年1月15日合作出版了《感知机——计算几何学导论》（*Perceptrons: An Introduction to Computational Geometry*）一书，在理论上否定了在当时人工智能领域处于非主流地位的联结主义模型，使得联结主义取向在美国也失去了必要的社会关注与财政支持。

第六，约翰·塞尔是继德雷弗斯之后批评人工智能的又一代表人物。[⑤]1980年，塞尔在《行为与脑科学》（*The Behavioral and Brain Sciences*）杂志上发表《心灵、大脑和程序》（*Minds, Brains, and Program*）一文，在文中提出著名的"中文屋"（Chinese room）思想实验，试图证明程序并不"理解"它所使用的

① 陈自富．炼金术与人工智能：休伯特·德雷福斯对人工智能发展的影响［J］．科学与管理，2015，35（4）：55-62.
② 马尔科夫．人工智能简史［M］．郭雪，译．杭州：浙江人民出版社，2017：130.
③ 同①.
④ 同②.
⑤ 尼克．人工智能简史［M］．北京：人民邮电出版社，2017：184，177.

符号。如果符号对于智能机器没有意义，那人工智能永远无法思考。[1]概要地说，塞尔认为，如果把计算机的计算看作是人类认知的加工，那拥有了正确程序就相当于拥有了人类心灵（brains + programs = minds，简言之，“程序即心灵”）。然而，在塞尔看来，计算机的程序纯粹是句法的，按照程序的计算，不过是运用形式规则按符号的形式特点进行的操作。句法规则本身对于语义理解是不充分的，或者说，计算机程序在性质上是形式化的，它不足以容纳人类心灵的意义理解或意向性活动。因此，拥有了正确的程序并不等于拥有了心智。进而，塞尔提出，形式计算理论对心理学的研究是没有价值的，它无助于对人类认知过程或心理过程的说明和解释。塞尔设计了一个“中文屋”思想实验，用以证明人工智能与人类心理的截然不同的性质。[2]“中文屋”思想实验源自图灵测验，只不过图灵测验的环境里只有英文，“中文屋”测验的环境里既有英文也有中文。[3]“中文屋”测验针对有研究者确定计算机能够像人一样理解故事而设计，其内容梗概是：

> 塞尔假定他本人被锁在了一间中文屋中。他只懂英语，对汉语则一无所知，对他来说，汉字就等于是一些无意义的字符。屋中存有一批汉语，这相当于计算机的数据库存贮的脚本（script）。屋中的塞尔拥有一本英语写的规则书，英语是塞尔的母语，塞尔自然能理解用英文写的规则，这相当于计算机的程序。现在屋外递进一批汉字符号，这相当于输入。塞尔能按规则要求将递进来的汉字符号与原有的汉字符号相匹配。当然，塞尔只能以形状来辨别这些符号。然后，屋外又递进来一批汉字符号和英语指令，这相当于有关故事的问题和要求回答的指令。塞尔将其与前

① 马尔科夫．人工智能简史［M］．郭雪，译．杭州：浙江人民出版社，2017：人工智能大事纪．

② SEARLE J R. Minds, brains, and program［J］.The behavioral and brain sciences, 1980, 3: 417–457.

③ 尼克．人工智能简史［M］．北京：人民邮电出版社，2017：185.

两批汉语相匹配，再把一些汉字符号递出屋外，这相当于对问题的回答。假定另一种情况是屋中的塞尔接触的符号不是汉语，而是他能理解的英语，即英语的脚本、英语的故事、英语的提问，以及他也是用英语回答的问题。这时，屋外看到答案的人会认为，汉语的回答和英语的回答没有什么区别，同样符合要求。按照图灵检验，屋中的塞尔在两种语言条件下都理解了故事。然而，汉语回答和英语回答却存在着根本差异。在中文的案例中，中文屋中的塞尔是对语言符号按句法进行的操作。尽管他给出了正确答案，但他根本不理解中文，也没有可能通过程序（操作规则）来理解汉语。在英语的案例中，中文屋中的塞尔本人就是懂英语的人，他不仅了解句法，而且理解语义。塞尔认为，汉语的案例表明了计算机的所作所为：计算机的程序是句法的，它是按程序对符号形式进行操作，尽管它得出了正确的结果，但实际上它什么也没有理解。英语的案例表明了人的所作所为：人与计算机不同，尽管人得出的是与计算机同样的结果，但人理解了语义内容。①

可见，塞尔的“中文屋”思想实验表明，计算机可以在没有理解与智能的情况下通过“图灵测试”。② 塞尔的“中文屋”思想实验的实质是：人类的大脑和思维与计算机完全不同，计算机之类的机器因为缺乏与世界恰当的语义联系，至多只能理解（中文的）语法，却永远无法将（中文）语义内化，并通过思考来理解（中文）语义。这与图灵和香农等人坚信“机器能思考”的观点截然相反。塞尔认为他不反对人工智能，只是反“强人工智能”。③ 不过，强人工智能和弱人工智能之间存在一定联系，尽管二者之间可能是质的区别，而不仅仅是量的

① SEARLE J R. Minds, brains, and program [J]. The behavioral and brain sciences, 1980, 3: 417–424.

② 闫坤如．人工智能机器具有道德主体地位吗？[J]．自然辩证法研究，2019，35（5）：47–51.

③ 尼克．人工智能简史 [M]．北京：人民邮电出版社，2017：186.

区别。同时，塞尔的“中文屋”思想实验只是一种类比，可能犯了以偏概全的错误，因为塞尔不是人工智能专家，并未用真实、严谨的实验来验证“机器能思考”命题的真伪。从理论上讲，初级的机器学习可能存在“中文屋”思想实验所说的机器因无法理解语义从而无法展现智能的可能性，但高级的机器学习存在智能机器真的理解了语义，在此基础上做出智能性反应的可能性。试以最简单的一位数加法“1+1=2”为例，在此运算里，包含“输入信息”（两个“1”）、“规则（“＋”和“＝”）和“输出结果”（“2”）三个部分。在符号主义人工智能时代，通常做法是先向电脑输入信息（两个“1”）和规则（“+”和“=”），再让电脑输出结果（2），如果电脑输出的结果符合预期，就表明该电脑掌握了规则，即电脑有了智能。在当下联结主义人工智能时代，常用做法是先向电脑输入例子，即 1+1=2，1+2=3，1+3=4，如果电脑自行推出了“x+y=z”的规则，就表明电脑习得了规则，即有了智能。当电脑掌握了规则后，再给电脑输入信息，电脑就能很快输出预期结果。由此可见，假若说在符号主义人工智能时代，人工智能可能仅是在进行填鸭式学习或奥苏贝尔（D. P. Ausubel）所说的意义接受学习，那么，在当下的联结主义人工智能＋强化学习的时代，人工智能进行的就是布鲁纳（J. S. Bruner）所说的发现学习。[①] 只有在进行填鸭式学习时，人工智能才可能未理解规则，而人工智能通过意义接受学习和发现学习习得的规则，自然是其已理解的。例如，AlphaGo Zero 从空白状态学起，在无任何人类输入的条件下，仅靠自我训练和强化学习，经过 3 天的训练，便能抛弃人类经验，突破人类围棋规则与定势，以 100 ∶ 0 的战绩击败“前辈”AlphaGo Lee，仅需经过 40 天的训练便击败了 AlphaGo Master。[②] 从此事实看，人工智能尤其是拥有

① 汪凤炎，燕良轼，郑红．教育心理学新编：第五版［M］．广州：暨南大学出版社，2019：283−314.

② SILVER D, SCHRITTWIESER J, SIMONYAN K, et al. Mastering the game of go without human knowledge［J］. Nature, 2017, 550（7676）: 354−359.

深度学习和强化学习的人工智能具有强大的学习能力、理解力、思考力和计算力，通过大数据（案例学习）的训练，能很快理解和习得规则，自然有一定的智能，甚至在某一领域（如围棋）上拥有远超人类的智能，故约翰·塞尔说所有机器均无法理解语义、均无法思考的观点并不成立。①

另外，如果人们完全相信塞尔的“机器永远不会思考”的观点，那电子计算机和人工智能的发展前景自然是一片渺茫；反之，假若相信图灵和香农的“机器能思考”的观点，相信维纳的控制论，然后相信：人类智能与智慧的生成与发展遵循渐变与突变相结合的原则，且有类智慧与真智慧之分，相应地，由人制造出来的人工智能和人工智慧同样也遵循渐变与突变相结合的原则，同样也有人工类智能和人工真智能、人工类智慧和人工真智慧之分。那么，尽管在人工智能发展的初级阶段，人工智能没有主体性，但随着人工智能发展到高级阶段，预计当“奇点”（Singularity）于 2045 年到来之后②，人工智能就可能拥有了主体性。同理，在人工智慧发展的初级阶段，人工智慧虽具有德才一体的综合素质与技能，却没有主体性，但随着人工智慧发展到高级阶段，极有可能出现“情由理中生，理由情中定”现象（杨中芳语），当人工智能的“奇点”到来之后，人工智慧就可能拥有了主体性。一句话，人工智慧从理论上讲是可能的，但如何将之变成现实？这需要生物学、数学、计算机科学、人工智能、心理学和道德哲学等诸多领域的专家共同来推进。

（三）1974 年至 1980 年间出现人工智能史上的第一次寒冬

1974 年至 1980 年间，作为人工智能主流的符号主义进展缓慢，作为人工智能配角的联结主义被 1969 年 1 月 15 日明斯基和西摩尔·帕普特合作出版的《感

① 汪柔嘉，汪凤炎．关于人工智能创造力的三个问题．[待出版]．

② 库兹韦尔．奇点临近［M］．李庆诚，董振华，田源，译．北京：机械工业出版社，2011：80.

知机——计算几何学导论》判了“死刑”后跌入谷底，[1] 此阶段刚诞生的遗传算法和现代强化学习未引起人们的足够重视，人工智能的统计学派也尚未迎来高光时刻（详见下文），结果，人工智能的前途不被专家看好。如果说《炼金术与人工智能》和《心灵、大脑和程序》对人工智能的严厉批评有可能由于德雷福斯和塞尔二人是非人工智能专业出身而不太被人工智能领域的研究人员认可，那么，美国国家科学院自动语言处理顾问委员会的报告和英国《莱特希尔报告》的作者队伍却拥有人工智能专业背景，其影响力就大了。《感知机——计算几何学导论》的主要作者之一明斯基更有人工智能之父的美誉，且该书出版不久，明斯基就获得了图灵奖，影响更大。三个报告和一部专著成为人工智能在 1974 年至 1980 年间进入人工智能史上第一次寒冬的主要标志，它们的交互作用，直接导致了美国和英国政府的相关机构大规模削减甚至终止对人工智能的研究资助。[2][3]

顺便指出，哲学家喜欢对人工智能指指点点，原因之一是人工智能关心的意识、思维、自由意志等主题，一向是哲学家固有的主题。但要注意的是，在文明的初期，哲学家掌握所有的学问，哲学就是学问的代名词，那时说哲学（家）指导科学（家）勉强说得通。不过，科学的进步过程是与哲学渐行渐远的过程。[4] 随着 20 世纪初创立的量子力学（quantum mechanics）的快速发展，以及 1905 年 6 月 30 日爱因斯坦用德文在德国的《物理年鉴》（*Annalen der Physik*）上发表《论运动物体的电动力学》一文，在该文中提出了狭义相对性原理和光速不变原理两条基本原理，并据此建立了狭义相对论（special theory

① MINSKY M, PAPERT S A. Perceptrons: an introduction to computational geometry [M]. MIT press, 1969.

② 陈自富 . 炼金术与人工智能：休伯特 · 德雷福斯对人工智能发展的影响 [J] . 科学与管理，2015，35（4）：55–62.

③ 王彦雨 . 基于历史视角分析的强人工智能论争 [J] . 山东科技大学学报（社会科学版），2018，20（6）：16–27.

④ 尼克 . 人工智能简史 [M] . 北京：人民邮电出版社，2017：190–191.

of relativity）。[①②] 自此开始，科学的发展速度逐渐远超哲学的发展速度，结果，科学与哲学的关系越来越小。于是，费曼（Richard Phillips Feynman）、惠勒[③] 和杨振宁等物理学家都曾公开批驳“哲学指导科学”的主张。例如，费曼在《费曼物理学讲义》（*The Feynman's Lectures on Physics*）第一卷第二章里，对哲学最毒舌的一句批评是：“哲学家时不时说一大堆什么是科学必须的，但就像我们看到的，总是幼稚的，甚至是错的。”（Philosophers, incidentally, say a great deal about what is absolutely necessary for science, and it is always, so far as one can see, rather naive, and probably wrong.）英国物理学家霍金在其与列纳德·蒙洛迪诺（Leonard Mlodinow）于 2010 年合著的《大设计》（*The Grand Design*）一书中，在第一章《存在之谜》里开篇就写道：“哲学已死。哲学跟不上科学，特别是物理学现代发展的步伐。”[④] 杨振宁曾说：是不是真的指导了物理学的研究，是不是物理学家不能离开哲学。至少从我们这一代物理学家身上去看，我觉得不是。……具体一点说，我想量子力学的发展是一个很好的例子，量子力学不是从哲学来的，虽然有人认为是这样的，但我觉得不是这样的；很明显量子力学是从研究原子光谱出发建立起来的。量子力学发展起来以后，它反过来对哲学界有很大的影响，这个过程现在仍然在继续。”[⑤] 因此，与其说哲学指导科学，不如像维特根斯坦所言，哲学家的工作是给人提醒（assembling reminders），

---

① ALBERT EINSTEIN. Zur elektrodynamik bewegter kӧrper［J］. Annalen der Physik. 1905, 17: 891–921.

② 爱因斯坦．爱因斯坦文集：第二卷［M］．范岱年，赵中立，许良英，等编译，北京：商务印书馆，1977：92–126.

③ John Archibald Wheeler，1911—2008，1997 年获得了数学界的“诺贝尔奖”——沃尔夫奖（Wolf Prize）。

④ 霍金，蒙洛迪诺．大设计［M］．吴忠超，译．长沙：湖南科学技术出版社，2011：1.

⑤ 厚宇德．杨振宁谈科学家与政治以及科学与哲学：2016 年 5 月 6 日杨振宁访谈［J］．物理，2021，50（9）：610–618.

而不是指导。[①]

第二节　联结主义心理学与人工智能

一、什么是联结主义人工智能

联结主义人工智能，也叫仿生学派人工智能、结构主义或生物启发范式（the biologically—inspired approach）。联结主义是认知心理学和人工智能的另一种取向。联结主义主张智能的本质是通过学习来调整人工神经网络中连接的强度（learning the strengths of the connections in a neural network）。

人工智能的联结主义者不接受符号主义者在计算机和人脑之间所作的类比，主张大脑是由海量神经元相互联结构成的复杂信息处理系统，研究目标从计算机模拟转向人工神经网络的建构，试图找寻认知是如何在复杂的联结和并行分布加工中得以涌现的。因此，联结主义的基本思路是：从人脑的生理结构出发，试图通过模拟构建一个更接近人的大脑神经元的并行分布式加工和非线性特征的人工神经网络，随后通过训练人工神经网络模拟人脑的智能。[②③④] 换言之，假若能造出一台能模拟人的大脑中的神经网络的机器，这台机器就有智能了。[⑤]

自然界中，生物体通过自身的演化就能使问题得到完美解决，这种能力让最好的计算机程序也相形见绌，计算机科学家为了某个算法可能要耗费数月甚至数年的努力，而生物体通过进化和自然选择这种非定向机制就达到了这个目

① 尼克．人工智能简史［M］．北京：人民邮电出版社，2017：191–192.

② 李其维．“认知革命”与“第二代认知科学”刍议［J］．心理学报，2008，40（12）：1306–1327.

③ 叶浩生．具身认知：认知心理学的新取向［J］．心理科学进展，2010，18（5）：705–710.

④ 中国大百科全书（第三版）总编辑委员会．中国大百科全书：第三版·心理学［M］．北京：中国大百科全书出版社，2021：272.

⑤ 同① 97.

的。从生物学里寻找计算的模型，一直是人工智能的研究方向之一，并出现了两条传承脉络：一是以沃伦·麦卡洛克和沃尔特·皮茨的神经网络为基础，发展至今，成了深度学习，深度学习是当下最主流的人工智能技术；二是，以冯·诺伊曼的细胞自动机为基础，历经诸种进化算法，其中一条支线演化成当下的强化学习，另一条支线则演化成遗传算法。[①]深度学习、遗传算法和强化学习构成联结主义人工智能的三大算法。

二、联结主义人工智能的早期发展及遭受的第一次沉重打击

（一）联结主义人工智能的第一个发展小高潮

自 1943 年至 1969 年 1 月，麦卡洛克－皮茨人工神经元模型和赫布定律的提出，第一台名叫“随机神经模拟强化计算器”（SNARC）的人工神经网络模拟器的诞生、“感知机”的出现，Widrow-Hoff 神经网络模型（也叫 Widrow-Hoff 算法）的提出、“随机梯度下降法”的发明，可视作联结主义人工智能的第一个发展小高潮。

1. 麦卡洛克－皮茨人工神经元模型的诞生

联结主义人工智能可以追溯到擅长神经科学的沃伦·麦卡洛克（Warren S. McCulloch）和擅长数学的沃尔特·皮茨（Walter Pitts）于 1943 年联合在《数学生物物理学公报》（*The Bulletin of Mathematical Biophysics*）上发表人工神经网络的开山之作——《神经活动中内在思想的逻辑演算》（*A Logical Calculus of the Ideas Immanent in Nervous Activity*）。

从概率上讲，大多顶尖学者（如图灵、冯·诺伊曼、香农、纽威尔和西蒙）都出身富裕家庭，这可能是因为成大才除了要有一定的遗传素质、良好的家庭文化和家庭教育的熏陶外，还要有足够殷实的财富的支持，使其既能接受良好的学校教育，又无挣钱养家的负担，无后顾之忧，能全身心地凭内在兴趣长时

① 尼克.人工智能简史［M］.北京：人民邮电出版社，2017：159.

间地钻研一件或几件事情，让其才华得到充分的施展。不过，很多事情都有例外。沃尔特·皮茨就是一个例外。[①] 沃尔特·皮茨于 1923 年生于美国底特律，父亲是一位没有什么文化、粗鲁、喜欢揍小孩的锅炉工，只希望皮茨早点辍学好挣钱养家。皮茨小学未读完就辍学了，靠在公共图书馆里借书自学，10 岁便掌握了希腊语、拉丁语等多门语言，又自学了逻辑和数学，在逻辑和数学上有过人天赋。1935 年，12 岁的皮茨到图书馆偶然读到罗素和阿尔弗雷德·怀特海合著的《数学原理》，小学都没毕业的他居然能读懂，还写了十几页的读书笔记（里面记载了皮茨从书中发现的几个错误）寄给了罗素，罗素看后觉得皮茨有逻辑和数学天赋，回信邀请皮茨去英国剑桥跟他读研究生，但皮茨连高中学历都没有，且年龄太小，又没钱去英国，故未能成行。1938 年，15 岁的皮茨初中毕业，他的父亲坚决不同意皮茨继续读高中，要求他去打工挣钱。皮茨为此和父亲大吵了一架。随后离家出走，再未见过家人。1938 年秋，罗素到芝加哥大学担任访问教授（visiting professor），15 岁的皮茨得知消息后到芝加哥大学去找罗素，罗素与皮茨当面交谈后，更加欣赏皮茨。在将皮茨留下来旁听自己课程的同时，又将皮茨推荐给自己的好友、逻辑实证主义的代表性人物之一、芝加哥大学知名哲学教授鲁道夫·卡尔纳普（Rudolf Carnap）。皮茨来到卡尔纳普的办公室，跟卡尔纳普讨论卡尔纳普写的专著《语言的逻辑句法》（*The Logical Syntax of Language*）一书。讨论过后，卡尔纳普同样极其欣赏皮茨的杰出才华，于是利用自己的人脉，帮皮茨在芝加哥大学谋了一份打扫卫生的差事，皮茨便在芝加哥大学安顿了下来，在打工的空隙，到芝加哥大学听罗素等学者的课程。1938 年的一天，皮茨认识了芝加哥大学医学专业的学生杰罗姆·莱特文（Jerome Y. Lettvin），莱特文后来促成了皮茨在芝加哥大学与沃伦·麦卡洛克教授的相逢，麦克洛克教授彻底改变了皮茨的人生轨迹。[②]

① 周志明．智慧的疆界：从图灵机到人工智能［M］．北京：机械工业出版社，2018：106.
② 同① 106–108.

沃伦·麦卡洛克出身于美国东海岸的一个富裕家庭，从新泽西州（State of New Jersey）一所私立男校毕业后，麦卡洛克到宾夕法尼亚州（Commonwealth of Pennsylvania）的哈弗福德学院（Haverford College）学习数学，后又到耶鲁大学（Yale University）学习哲学和心理学。从小学至大学一直接受良好教育，过着主流社会的体面生活。1904 年，西班牙神经解剖学家、病理学家拉蒙·卡哈尔（Santiago Ramón y Cajal）在批驳意大利神经解剖学家、病理学家卡米洛·高尔基（Camillo Golgi）提出的“人类大脑是一个整体的神经纤维网状组织（英文是 reticulum），而不是离散的细胞单元组合”的观点的基础上，提出了“神经元学说”，认为人类大脑神经系统是由许许多多各自独立的神经元（而非网状组织）构成的，神经元是神经系统的基本单位，神经元内的信号传导是单向的，神经元之间的活动是不连续的，神经信号可以跨过不相连的组织结构，通过神经元的相互接触来进行传递。从此脑科学研究焕然一新。1906 年，拉蒙·卡哈尔凭此贡献与卡米洛·高尔基共享诺贝尔生理学或医学奖。拉蒙·卡哈尔和卡米洛·高尔基的争论延续至 20 世纪中期。20 世纪中期电子显微镜发明之后，科学家们借用电子显微镜，根据对神经元及其树突棘、突触的超微观察，直接证明了卡哈尔是正确的，拉蒙·卡哈尔由此成为神经科学史上里程碑式的人物，被后人誉为“现代神经科学之父”。[①②③]

当 1940 年沃伦·麦卡洛克与沃尔特·皮茨相遇时，那时麦卡洛克正值盛年，是一位受人尊敬的科学家，正在思考“神经元是如何工作的？”这一难题。1923 年，弗洛伊德（Freud）出版了《自我与本我》（*The Ego and the Id*）一书，当时精

① DEFELIPE J. Brain plasticity and mental processes: cajal again［J］. Nature reviews neuroscience, 2006, 7（10）: 811–817.

② YUSTE R. From the neuron doctrine to neural networks［J］. Nature reviews neuroscience, 2015,16（8）: 487–497.

③ SWANSON L W, LICHTMAN J W. From cajal to connectome and beyond［J］. Annual review of neuroscience, 2016, 39（1）: 197–216.

神分析颇红火。同年，麦卡洛克正在哥伦比亚大学（Columbia University in the City of New York）学习实验美学，即将获神经生理学医学学位。作为神经学家的麦卡洛克不认可弗洛伊德所讲的精神分析，在麦卡洛克看来，精神分析有浓厚的神秘主义。麦卡洛克看过图灵的论文，受图灵思想的影响，认为大脑也不过是一种机器，精神世界中的神秘工作与精神失常，不过来源于大脑神经元的正常或失常反应而已，只有讲清楚神经元的工作方式，才是理解认知的正解。经过多年的积淀，麦卡洛克形成的原创性想法是：人类的思考是否也是靠神经元执行最基础的逻辑运算来实现的。在未见到皮茨之前，麦卡洛克对神经元网络的研究陷入一个逻辑学上的困境：在人类大脑的神经网络结构中，神经元链条会连成环状，这样，环中最后一个神经元的输出就会成为第一个神经元的输入。从生物结构角度看，这没问题，与人脑的实际情况相符。不过，从逻辑结构上讲，后发生的结论反而成了先发生的前提，这就构成一个倒果成因的悖论。即若加上时间，$T+N$（N为正数）时间激发的信号能传递到T时间的前面。麦卡洛克的强项是神经科学，却不擅长数学和逻辑，难以用数学和逻辑语言形式化自己的思考，皮茨在数学和逻辑上的天赋正好可以补其短板，帮助麦卡洛克完成这一伟大构想。于是，麦卡洛克邀请皮茨住到自己的家里，以方便二人的讨论与合作研究。皮茨很快解决了麦卡洛克的上述难题。在皮茨看来，$T+N$（N为正数）时间激发的信号能传递到T时间的前面并不是悖论，因为在皮茨的模型里不需要时间，时间上的“前”“后”没有意义。这是由于人要能产生“看见”的感觉，脑海中就须有回溯的过程，就像你看见天空中的闪电，尽管闪电是一次性的，但你看后不会立即遗忘，而是可轻易回溯闪电发生的整个过程，这样，在大脑中形成的有关闪电的脉冲信号肯定不是一次性的，而是可以在神经网络的环状结构里一直流动，永不停歇。这个信息跟闪电发生的时间毫无关联，是一个挤掉了时间的印象，即记忆。进而皮茨将麦卡洛克的神经网络抽象成了数学模型，提出了用阈值逻辑单元（threshold logic units, TLU）这个函数模型来描述神经元，用环形的神经网络结构来描述大脑记忆的形成。最终二人联手撰写并于1943年发表了《神经活动中内在思想的逻辑演算》一文，建构出世界上第一个二进制人工神经元网络模型。[①]该文的要点有三：①麦卡洛克和皮茨认为，可以用“Yes”“No”“and”和“or”之类的逻辑运算符和数学来解释人类大脑的神经元和突触的功能，借助这些逻辑运算符，就可以构建一个复杂的人工神经网络来处理信息、学习和思考。基于此思考，他们首次将神经元的概念引入计算机，并借鉴当时生物学界已知的神经细胞生物过程原理，首次将神经元定义为：我们也许应该把它叫作形式神经元，因为它并不是真正的神经细胞，而是仅仅具有神经细胞的一些关键性质。我们用一个小圆圈代表一个神经元，从圆圈延伸出的直线代表神经突触。箭头表示某神经元的突触作用于另一个神经元之上，也就是信号的传送方向。神经元有两个状态：激发和非激发。②麦卡洛克和皮茨总结了生物神经元的一些基本特征，提出了生物神经元的数学描述与结构方法，试图用一阶逻辑语句来抽象地刻画二值化阈值神经元构成的网络所具有的种种行为特征，进而描述了一套由非常简单的零件组成复杂结构的方法。有了这套组合方法，只需要对底层的零件作公理化定义，就可以得到非常复杂的组合。③麦卡洛克和皮茨在文中提出的著名的模拟人类神经元细胞结构的麦卡洛克 - 皮茨神经元模型（McCulloch-Pitts neuron model, 简称M—P模型）[②]，后人用图3-3将之形象地表示出来：

① 周志明.智慧的疆界：从图灵机到人工智能［M］.北京：机械工业出版社，2018：108−112.

② MCCULLOCH W S, PITTS W. A logical calculus of the ideas immanent in nervous activity［J］. The Bulletin of Mathematical Biophysics, 1943, 5（4）: 115−133.

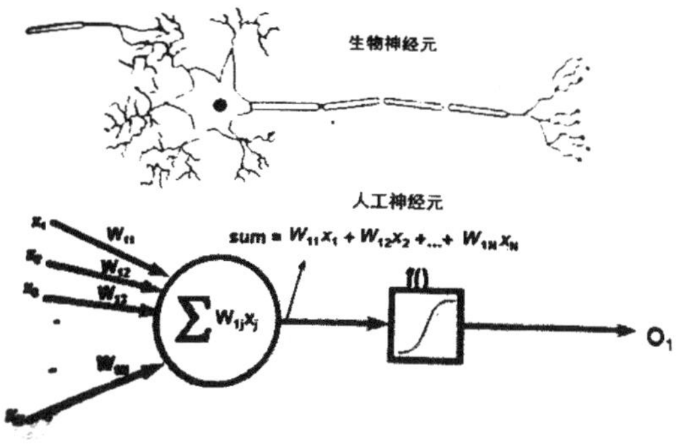

图 3–3　麦卡洛克 – 皮茨神经元模型[①]

麦卡洛克 - 皮茨神经元模型虽是基于生物神经元的基础特性建构的一个理想化的简单模型，却是人类历史上第一个人工神经元的数学模型，且首次用数学模型模拟了人类神经元的工作原理：①人工神经元接收一组二进制的输入信号，每个输入信号都与一个权重相对应。在图 3–3 中，图的下部是一个人工神经元，有 N 个输入信号 x_1、x_2、……、x_n（对应于人类神经元的 N 个树突，每个树突与其他神经元连接得到信号），每个信号对应于一个权重（对应于每个树突连接的重要性），即 W_{11}、W_{12}……、W_{1n}，计算这 N 个输入的加权和（$\sum_{i=1}^{n} W_{ij}x_i(t)$）。②将这些二进制的输入信号进行上述变换后，经过一个阈信函数得到 0 或 1 的输出结果——当加权输入之和超过某个阈值时，神经元被激活并输出 1，否则输出 0。输出的结果——在人类神经元中，0 和 1 代表神经元的“抑制”和“激活”状态；在人工神经元中，0 和 1 代表逻辑上的“No”和“Yes”。这种机制很好地模拟了生物神经元的“全部或无”的响应模式。[②]

麦卡洛克 - 皮茨神经元模型有明显的局限性，如，它无法学习和调整自己的权重，只能处理二进制输入和输出，这个模型比起人脑简单得多，结果，《神经活动中内在思想的逻辑演算》一文发表后在当时并没有引起人们太大的注意，

① 刘韩．人工智能简史［M］．北京：人民邮电出版社，2018：31.

② MCCULLOCH W S, PITTS, W. A logical calculus of the ideas immanent in nervous activity［J］. The bulletin of mathematical biophysics, 1943, 5（4）: 115–133.

多数读者是神经学家，他们并不能完全理解文中数学模型的真正价值。直到诺伯特·维纳出现，才将麦卡洛克－皮茨模型的潜力充分地发掘了出来。《神经活动中内在思想的逻辑演算》一文是人工神经网络的开山之作，它从理论上首次描述了人工神经元的活动和生成过程，并蕴含一个重要思想：虽然每个单独的人工神经元都很简单，只能完成简单的逻辑任务，但将这些简单的人工神经元组成一个复杂的人工神经网络后，就能进行复杂的计算，处理非常复杂的问题，从而表现出图灵完备性。麦卡洛克-皮茨神经元模型开启了通过人工神经网络模拟人类大脑的大门，[①②] 标志人工智能联结主义的诞生。麦卡洛克-皮茨模型一直被沿用至今，是人工神经网络和深度学习发展的基石，为后来研究复杂的神经网络模型铺平了道路，具有里程碑的意义，对认知科学、心理学、哲学、计算机科学、神经科学（包括人工神经网络）与人工智能等不同学科影响甚广，对电子计算机、人工神经网络和深度学习的诞生起了推动作用，并成了控制论的思想源泉之一，[③] 也是 2022 年 11 月 30 日诞生的 ChatGPT 的直接源头。当代的神经网络模型虽比麦卡洛克—皮茨神经元模型复杂得多，但它们的基本原理——根据输入计算输出，且有可能调整自身以优化这个过程——仍是相同的。通过设计不同的人工神经网络模型，并使用海量数据对人工神经网络模型进行训练，人工神经网络模型就可以学习到完成各种任务的能力，包括图像识别、语音识别、自然语言处理等。因此，现在流行的神经网络模型与 McCulloch 和 Pitts 提出的模型并没有实质性区别，能在图像、语音识别和自然语言理解上取得重大突破，除了采用反向传播和梯度下降算法外，主要是数据量大了几个数量级，计算机的算力也增强了几个数量级，量变引起了质变。这也证明了冯·诺

① NEUMANN J. Theory of Self-Reproducing Automata［N］. London: University of Illinois Press, 1966.

② 刘韩．人工智能简史［M］．北京：人民邮电出版社，2018：30.

③ 尼克．人工智能简史［M］．北京：人民邮电出版社，2017：98.

伊曼在《自复制自动机理论》一书里提出的"复杂度阈值"的科学性。[①] 麦卡洛克－皮茨神经元模型为理解人类大脑工作机制和发展人工智能打下了理论基础，且启发了人们：人类大脑"有可能"是通过物理的、全机械化的逻辑运算来完成信息处理、完成思考的。[②] 联结主义基于人脑的生理结构原型，从模拟人脑的微观结构神经细胞出发，致力于研究神经网络、脑模型的硬件结构系统。[③]

20 世纪 50 年代左右，人们对神经科学的研究刚起步（直到 20 世纪 70 年代才出现研究生物大脑的医疗机器）。那时的计算机科学家只知道大脑是由数量庞大、相互连接的神经元组成，神经学家坚信，智能源自神经元之间的连接，而非单个的神经元。可将大脑看作是相互连接的节点组成的网络，借助上述连接，大脑活动的产生过程为：信息从感觉系统的神经细胞单向传递到处理这些感觉数据的神经细胞，并最终传递到控制动作的神经细胞。神经系统间连接的强度（weights）可在零到无穷大之间变化，改变某些神经连接的强度，结果可能截然不同。也就是说，可以通过调整连接的强度，使相同的输入产生不同的输出。对于设计人工神经网络的专家而言，关键在于连接强度的微调，能够让人工神经网络整体做出与输入相匹配的正确解释。如，当出现一个梨的形象时，人工神经网络会反应出"梨"一词，这种方式叫"训练人工神经网络"。当向此系统展示许多梨并最终要求系统产生"梨"的回答时，系统会调整联结网络，从而识别多个梨，这叫"监督学习"。所以，用联结主义来命名人工智能的这一学派[④]。

顺便提一下，虽然皮茨在麦卡洛克的家里仅住了约三年的时间，皮茨却从麦卡洛克那里找到了他需要的一切：认同、接纳、友谊、绝佳的智力搭档和慈

① 李国杰．智能化科研（AI4R）：第五科研范式．中国科学院院刊，2024，39（1）：1–9.
② 周志明．智慧的疆界：从图灵机到人工智能［M］．北京：机械工业出版社，2018：112–113.
③ 刘毅．人工智能的历史与未来［J］．科技管理研究，2004，（6）：121–124.
④ 斯加鲁菲．智能的本质：人工智能与机器人领域的 64 个大问题［M］．任莉，张建宇，译．北京：人民邮电出版社，2017：7–8.

祥的父亲，结果，皮茨余生都将麦卡洛克的家当作自己的心灵港湾。麦卡洛克同样高度认可与皮茨的这段合作，在皮茨身上投入了亲人般的感情，又将皮茨视为自己的左膀右臂，并从皮茨身上发现了一种将思想转换为技术的能力，这种能力赋予了麦卡洛克的半成品观念以生命力。[①] 经过 1938 年秋至 1943 年夏共五年的非正式学习（unofficial studies），芝加哥大学授予皮茨文学副学士学位（an associate of arts），以表彰他在论文中的工作，这是皮茨一生中获得的唯一学位（his only earned degree）。虽然皮茨才华出众，又有罗素等大咖的支持，但当时芝加哥大学有一个硬性规定：在芝加哥大学读博士者至少须具有高中毕业证。连高中文凭都没有的皮茨是绝无可能在芝加哥大学直接攻读博士学位的，美国有些知名大学却没有这项硬性规定。于是，在维纳因招不到中意的研究生而烦恼时，罗姆·莱特文向维纳推荐了皮茨。皮茨无疑是维纳见过的最优秀的年轻人。于是，维纳承诺招收皮茨为麻省理工学院数学专业的博士生。自此之后，直至 1952 年维纳和皮茨决裂，皮茨成了维纳在麻省理工学院的一名非官方学生（an unofficial student）。1943 年秋，皮茨来到麻省理工学院数学系，正式成了维纳指导的博士生，继续研究人工神经模型。此时的皮茨已熟练掌握了数理逻辑和神经生理学，但不曾有过很多接触工程的机会，不熟悉香农的工作，在电子学方面没有什么经验。当维纳将一些真空管给皮茨看并说明真空管可用来实现他的人工神经元线路和系统模型的理想时，皮茨表示出浓厚的兴趣。从那时起，维纳和皮茨就已清楚地认识到，以替续的形状装置为基础的快速计算机是建构人工神经系统的理想模型，因为神经元兴奋的全或无属性，完全类似于二进制中决定数字时的单一选择，解释动物记忆中的性质和变化的问题，与机器中的人工记忆的问题是类似的。[②]

---

① 格夫特．逻辑与人生：一颗数学巨星的陨落［EB/OL］.（2016-01-25）［2024-07-04］. http://www.360doc.com/content/16/0125/08/20638780_530375319.shtml.

② 维纳．控制论：或关于在动物和机器中控制和通信的科学［M］. 2 版．郝季仁，译．北京：科学出版社，2009：12.

虽然麦卡洛克-皮茨人工神经元模型有局限性，但维纳能看到它的长远价值，希望皮茨能进一步完善麦卡洛克-皮茨人工神经元模型，使之具有实用价值。维纳也认识到，要想开启控制论革命，就必须在人造机器上实现皮茨的人工神经网络模型，而如果皮茨想要建造一个相互连接的人工神经网络来模拟真实的人脑模型，他还需要统计学的配合。在维纳的指导下，皮茨准备在博士期间将他原本的二维平面人工神经网络模型拓展成三维模型，并将原有的固定函数模型替换成概率模型，而统计与概率论正是维纳的长项。毕竟是维纳发现了信息的准确数学定义——概率越高，熵就越高，内容也越低。与此同时，在维纳的力荐下，麻省理工学院物理系（the physics department）在1943—1944学年（during the 1943—1944 academic year）破格录取了既没有高中学历也没有本科学历、只有一个文学副学士学位的皮茨来读研究生（as a graduate student）。1943年冬天，维纳带皮茨参加了一场由他和冯·诺伊曼在普林斯顿大学组织的会议。会上，皮茨同样给冯·诺伊曼留下了深刻印象。到1946年时，皮茨已经与诺伯特·维纳在麻省理工学院指导的研究生、后来成为“机器感知之父”的奥利弗·塞尔弗里奇（Oliver Selfridge）、后来的经济学家海曼·明斯基（Hyman Minsky）以及罗姆·莱特文一同生活在波士顿的灯塔街（Beacon Street）。皮茨在麻省理工教授数理逻辑，皮茨在麻省理工学院教授数理逻辑，并与维纳一同从事大脑统计力学研究，其学术能力和声望早已远超博士毕业生应有的水平。在1946年10月17、18日于美国纽约召开的第二届控制论会议（the second cybernetics conference）上，皮茨宣布他正在撰写三维人工神经网络的博士论文，该论文研究主题的难度远超一篇博士学位论文的难度。皮茨这样做，更多是为了表明他对这个问题的重视，以及想完成博士学位论文并获得博士学位的一种神圣仪式感。[1]

① 周志明.智慧的疆界：从图灵机到人工智能［M］.北京：机械工业出版社，2018：114−117.

1952年，在维纳的建议下，麻省理工学院的电子研究实验室副主任杰里·威斯纳（Jerry Wiesner）邀请麦卡洛克到麻省理工学院成立并主管一个名为“实验认识论”（experimental epistemology）的脑科学研究项目组。麦卡洛克欣然接受了这个机会，因为这意味着他将与皮茨再度合作。麦卡洛克满心欢喜地放弃了全职教授的职位和芝加哥的大房子，退而求其次地接受了麻省理工学院副研究员的头衔以及一个破旧小公寓。但维纳的妻子玛格丽特·维纳（Margaret Wiener）的控制欲极强，她对麦卡洛克的到来极为不满，为此，她向维纳谎称，他的女儿芭芭拉（Barbara）住在麦卡洛克芝加哥的家里时，被“麦卡洛克的男孩们”诱奸了。维纳长期患有狂躁抑郁性精神病，多疑，当时（1952年）正在墨西哥休假，听后勃然大怒，立即发电报给杰里·威斯纳：“请告诉（皮茨和莱特文），我跟他们，以及与你的项目从此一刀两断。这都是你一手造成的。维纳。”从此以后维纳再未与皮茨说过话，他甚至没有告诉皮茨这是为什么。维纳突然单方面宣布与皮茨和麦卡洛克断交，维纳既没有解释，至1964年3月18日下午去世时止也再没见过皮茨，就这样突然、彻底地切断了他与那个他曾经无限看好的年轻人的联系。麦卡洛克原本就有点贵族气，对维纳突然提出的这项涉及个人道德节操的指控也非常生气，结果，维纳与麦卡洛克决裂了。在学术上，虽然维纳是皮茨的伯乐和博士生导师，几乎能够左右皮茨在学术界的前程，但麦卡洛克是皮茨的知音，且对皮茨充满了父亲般的爱，当麦卡洛克与控制论之父维纳决裂后，皮茨投桃报李，绝对支持沃伦·麦卡洛克，毫不犹豫地站在了麦卡洛克一边，皮茨的心灵由此大受打击。当皮茨被授予博士学位时，他拒绝在文件上签字（另外一种说法是皮茨性格独特，不喜欢签名）。不过，1952年与维纳的决裂，还未让皮茨彻底失去学术研究的信心与热情。1954年6月，《财富》杂志发表的一篇文章评选出了20个40岁以下做出了巨大贡献、最有才华的科学家，皮茨和信息论创始人克劳德·香农以及诺贝尔医学奖得主、DNA 双螺旋结构的共同发现者詹姆斯·沃森（James Watson）一同登榜，沃尔特·皮茨成为科学界的新星，此时的皮茨是一个非常博学的杰出青年学者：一位优秀的数学家、化学家、哺乳动物学家、神经解剖学和神经生理学家、无线电工程师，除母语英语外，还懂希腊文、拉丁文、意大利文、西班牙文、葡萄牙文和德文。①② 如前文所论，1955 年，美国西部计算机联合大会（Western Joint Computer Conference）在洛杉矶召开，其中有一个专题研讨会叫“学习机器讨论会”（Session on Learning Machine），沃尔特·皮茨作为该专题研讨会的主持人，做了精彩总结，指出有两条通向机器智能的路径：一派人企图模拟人脑的神经系统，而纽威尔则企图模拟人类心智（mind）。③

1956 年至 1958 年，皮茨正式进入麻省理工学院的电气工程系（the electrical engineering department）读研究生。此后，在“实验认识论”项目组，皮茨和麦卡洛克、罗姆·莱特文等人对于青蛙眼睛的研究结果最终将皮茨推入绝境，他们于 1959 年 11 月发表的一篇开创性论文《青蛙的眼睛向青蛙的大脑传递了什么》（*What the Frog's Eye Tells the Frog's Brain*）中报道了他们的实验结果：青蛙视网膜向青蛙大脑传送的是一种经过高度组织和解读的信息，导致青蛙对具备某类视觉特征的物体（例如飞行的昆虫）更为敏感，所以，青蛙的视觉系统不是在反映世界，而是在构建现实。④ 这意味着，信息并不是由大脑用准确的数学逻辑一个神经元一个神经元计算出来的，就算逻辑在这个过程中发挥了作用，也并非承担了重要或核心的工作。这个实验结果完全颠覆了皮茨的世界观，成了压垮皮茨的最后一根稻草。皮茨预见不到

---

① 尼克．人工智能简史［M］．北京：人民邮电出版社，2017：97–100.

② 周志明．智慧的疆界：从图灵机到人工智能［M］．北京：机械工业出版社，2018：117–119.

③ 同② 24.

④ LETTVIN J Y, MATURANT H R, MCCULLOCH W S,et al.What the frog’s eye tells the frog’s brain［M］. Proceedings of the IRE, 1959:1940–1950.

他对于生物学大脑的观点虽然没有得到推广，却推动了数字计算、机器学习中的神经网络方法以及联结主义心灵哲学。在皮茨自己的想法里，他已经被打败了，皮茨失去了对学术研究的热情，从此患上严重的抑郁症，一蹶不振。皮茨烧毁了他多年未发表的关于三维人工神经网络的博士论文和所有笔记，这是他多年的研究成果。麻省理工学院虽继续雇佣皮茨，却只给他了一个无关紧要的职位。在人生的最后岁月中，心灰意冷的皮茨开始酗酒，于 1969 年 5 月 14 日在公寓中孤独死去（皮茨终生未婚），年仅 46 岁，死于酗酒的并发症——食管静脉曲张破裂。四个月后，麦卡洛克也在 1969 年去世了。皮茨与麦卡洛克一起为控制论和人工智能奠定了基础，他们将精神医学的方向从弗洛伊德的精神分析转到机械论的理解，他们展示了大脑是进行计算的而心理活动是信息的处理活动。同时，他们还展示了人脑、机器可以进行计算，这为现代计算机的架构提供了灵感。因为他们的工作，历史上这段时间内神经科学、精神医学、计算机科学、数理逻辑以及人工智能是统一的，这实现了莱布尼茨最先提出的理念：信息是人类、机器、数字以及精神的通用“货币”，在深层次上都是可相互交换的。①② 如果维纳和皮茨在 1952 年没有决裂，而是继续合作下去，凭他俩的杰出才华，强强合作，有可能联结主义人工智能会一早就成为人工智能的主流方向，退一步讲，即便因当时计算机硬件、软件和算法等的限制，联结主义人工智能在一段时间内竞争不过后起的符号主义人工智能，大概率也不会有后面那些曲折经历。当然历史无法假设，但可以肯定的是，维纳和皮茨的决裂，既给二人的后续学术生涯带来了惨重的损失，也给联结主义人工智能的发展带来了巨大的损失。

① 格夫特 . 逻辑与人生：一颗数学巨星的陨落［EB/OL］.（2016-01-25）［2024-07-04］. http://www.360doc.com/content/16/0125/08/20638780_530375319.shtml.

② 周志明 . 智慧的疆界：从图灵机到人工智能［M］. 北京：机械工业出版社，2018：119-121.

2. 赫布定律的提出

1942 年，美国生物学家、心理学家、神经心理学之父、哈佛大学的卡尔·拉什利（Karl Lashley）教授兼任佛罗里达州橘园市（Orange Park）耶基斯国家灵长类研究中心（Yerkes National Primate Research Center）主任，邀请其在哈佛大学指导的博士、加拿大心理学家唐纳德·赫布（Donald Olding Hebb）加盟。在耶基斯国家灵长类研究中心，赫布系统观察了黑猩猩的行为，这些观察进一步激发赫布深入研究神经生理学。1948 年起，赫布在加拿大魁北克省蒙特利尔市的麦基尔大学（McGill University）任教，历任心理学教授、系主任、校长等职，直至退休。

在人工神经网络的早期发展历史上，一个重要突破发生在 1949 年。受巴甫洛夫（Ivan Petrovich Pavlov）条件反射实验的启发，唐纳德·赫布于 1949 年出版了《行为的组织：一种神经心理学理论》（*The Organization of Behavior: A Neuropsychological Theory*）一书，在该书中有一个后来被广泛引用的段落："当细胞 A 的一个轴突和细胞 B 很近，足以对它产生影响，并且持久地、不断地参与了对细胞 B 的兴奋，那么在这两个细胞或其中之一会发生某种生长过程或新陈代谢变化，以致于 A 作为能使 B 兴奋的细胞之一，它的影响加强了。"① 这个机制以及某些类似规则，现在称为"赫布定律"（Hebb' s Law），又称突触学习定律。这是关于突触联系效率可变的定性假说。赫布认为，突触联系强度或权重可以通过学习自动进行调整，从而改变神经元的功能，体现了如何按照经验来改变神经网络组织的相互联结问题，即神经网络的学习问题。通俗地说，赫布定律的核心要义是：神经网络的学习过程最终是发生在神经元之间的突触部位，突触的联结强度随突触前后神经元的活动而变化，变化的量与两个神经元的活性之和成正比。即，如果两个神经元总是被同时激活，它们之间就有某

① HEBB O D. The organization of behavior: a neuropsychological theory［M］. New York: John Wiley & Sons ,1949.

种联系；同时激活的概率越高，关联度就越高，从而形成一个神经回路，记住这两个事物之间存在着联系。如，当铃声响时，一个神经元被激发，在同一时间食物的出现会激发附近的另一个神经元，当多次强化后，这两个神经元间的联系就会强化，形成一个细胞回路。赫布定律基于三个基本假设：（1）共同激活的神经元成为联合；（2）联合能发生在相邻的或疏远的神经元之间，即整个皮层是联合存储；（3）如果神经元成为联合，它们将发展成为功能体，细胞集合。赫布定律描述了学习过程中人脑神经元突触之间发生的变化。后来的各种无监督机器学习算法或多或少都是赫布定律的变种。[①②]以2000年诺贝尔生理学或医学奖得主埃里克·坎德尔（Eric Richard Kandel）为首的团队所进行的动物实验首次为赫布定律提供实证支持。[③]赫布定律表明突触联系强度能随神经网络运行状态的变化而变化，这恰恰就是神经网络的内在学习机制，即通过调整联结点的权重来适应新的运行状态。这一观点是联结主义思想在心理学中的第一次完整表达，奠定了联结主义的神经科学和生物学基础。

3.“感知机”的诞生

如前文所论，早期的明斯基是一位联结主义者，受麦卡洛克—皮茨神经元模型和赫布定律的启发，1951年，明斯基和他的同学迪安·埃德蒙兹（Dean Edmonds）最早将赫布定律运用到人工智能领域，研制出世界上第一台名叫“随机神经模拟强化计算器”的学习机器，这是人类研制的第一个人工神经网络模拟器，并在1956年的达特茅斯会议上做了展示，但因其缺少实用性，影响有限。[④]

人工神经网络研究的又一个重要突破发生在1957年，主角是心理学家弗兰

① 尼克.人工智能简史［M］.北京：人民邮电出版社，2017：102-103.
② 周志明.智慧的疆界：从图灵机到人工智能［M］.北京：机械工业出版社，2018：25.
③ ANTONOVA I, KANDEL E R. et al. Activity-dependent presynaptic facilitation and Hebbian LTP are both required and interact during classical conditioning in Aplysia［J］. Neuron, 2003, 37（1）: 135-147.
④ 同② 122.

克·罗森布拉特（Frank Rosenblatt）。与明斯基一样，罗森布拉特高中也毕业于纽约著名的布朗克斯科学高中。[①]1950 年，罗森布拉特在康奈尔大学（Cornell University）获得学士学位，1956 年罗森布拉特在康奈尔大学获得博士学位。博士毕业后，罗森布拉特入职于位于纽约布法罗的康奈尔航空实验室。1957 年，受赫布定律的启发，罗森布拉特基于麦卡洛克—皮茨神经元模型，在一台 IBM—704 计算机上制造出名为“感知机（Perceptron）”的人工神经网络模型，这是首个可根据样例数据来学习权重特征的模型，能够基于两层计算机网络进行模式识别并分类（classification），完成一些简单的视觉处理任务[②]。这是一种能将输入分成两种可能的类别的算法。神经网络会对输入的性质进行判断，如：是狗还是猫？如果分类有误，神经网络可以自己进行调整，以便在下一次做出更准确判断。经过数千或数百万次迭代，它的判断会变得更加准确。这就是最简单的“机器学习”[③]。感知机的基本原理是：利用神经元可进行逻辑运算的特点，通过赫布定律，调整连接线上的权重和神经元上的阈值。罗森布拉特将一组神经元平铺排列起来，组合成一个单层的人工神经元网络，经过学习阶段的权值调整，就可实现根据特定特征对输入数据进行分类。不过，这种分类只能做到线性分割，故输入的数据集在特定特征下须是线性可分的。[④]罗森布拉特从理论上论证了单层神经网络在处理线性可分的模式识别问题时可以收敛，以此为基础做了一系列“感知机”具有学习能力的实验研究，在当时引起了巨大反响。[⑤]在美国海军的资助下，1959 年，罗森布拉特成功制造了一台基于感知机、能够识别英文字母的神经计算机，并在 1960 年 6 月 23 日向美国民众展示，引起轰

① 周志明．智慧的疆界：从图灵机到人工智能［M］．北京：机械工业出版社，2018：122.

② ROSENBLATT F. The perceptron: a probabilistic model for information storage and organization in the brain［J］. Psychological review, 1958, 65（6）: 386–408.

③ 刘韩．人工智能简史［M］．北京：人民邮电出版社，2018：31–32.

④ 同① 130.

⑤ 尼克．人工智能简史［M］．北京：人民邮电出版社，2017：103–104.

动。[①]1961 年，康奈尔航空实验室出版了罗森布拉特撰写的题为《神经动力学原理：感知机和大脑机制的理论》（*Principle of Neurodynamics: Perceptrons and the Theory of Brain Mechanisms*）的技术报告，该书总结了他对感知机和神经网络的研究成果，[②] 成为联结主义人工智能领域的名著。[③] 由于罗森布拉特的感知机只有一层人工神经元网络，后人将之称作浅层学习（Shallow learning），与之相对的是 2006 年杰弗里·欣顿等人开发的拥有多层人工神经元网络的深度学习（Deep learning）。

4. Widrow-Hoff 神经网络模型

Bernard Widrow 于 1956 年在麻省理工学院获得博士学位，并留校任教。同年，他来到斯坦福大学任教，后成为斯坦福大学电气工程系教授，美国国家工程院院士、IEEE 会士、国际神经网络学会主席。

1960 年，Bernard Widrow 和他的博士生霍夫（Marcian Hoff）发表《自适应开关电路》，用硬件实现了人工神经网络，提出了自适应线性神经网络（Adaptive linear neuron, Adaline），可用于自适应滤波。其学习算法是 Widrow-Hoff 神经网络模型（也叫 Widrow-Hoff 算法）。Widrow-Hoff 神经网络模型不需要计算激活函数的导数，具有收敛速度快、精度高的优点。它能够使得训练后的人工神经元实现对训练集样本的最小二乘拟合，又叫"最小均方误差"规则（least mean square error, LMSE，也叫 LMS 算法）。采用 Widrow-Hoff 规则训练的线性网络，该网络能够收敛的必要条件是被训练的输入矢量必须是线性独立的，且应适当选择学习率。[④]

① 周志明．智慧的疆界：从图灵机到人工智能［M］．北京：机械工业出版社，2018：26.

② ROSENBLATT F. Principle of neurodynamics: Perceptrons and the theory of brain mechanisms［M］. NY: Cornell Aeronautical Lab, 1961.

③ 同① 28.

④ 葛蕾，霍爱清．Widrow-Hoff 神经网络学习规则的应用研究［J］．电子设计工程，2009，17（6）：15-16，19.

5. 甘利俊一首次提出用“随机梯度下降法”训练多层人工神经网络

1951 年，赫伯特 · 罗宾斯（Herbert Robbins）和萨顿 · 蒙罗（Sutton Monro）在《一种随机近似方法》一文中首次提出随机近似方法（stochastic approximation, SA）：采用随机且迭代的方式解决求根或优化问题的一类算法。随机梯度下降法是随机近似方法的一种特殊情况。[①] 1967 年，日本学者甘利俊一（Shun-ichi Amari）首次提出用“随机梯度下降法”（stochastic gradient descent，简称 SGD）训练多层人工神经网络。其做法是：每次在训练数据集上选择一个样本或者一小批样本进行模型训练，通过对损失函数计算梯度，按照负梯度方向更新模型参数。“随机梯度下降法”为破解人工神经网络的调参问题提供了有力思路。20世纪80年代中期，杰弗里·欣顿运用“反向传播算法”（Back propagation）来训练模型，其最初的灵感就来自“随机梯度下降法”。[②]

（二）联结主义人工智能第一次遭受沉重打击，随即进入了“黑暗时代”

俗话说：“有人的地方就有江湖。”虽然罗森布拉特的算法至今仍是训练深层人工神经网络的基础，不过，受制于当时计算机硬件和软件发展的时代局限性，当时的计算机算力有限，再加上那时互联网技术也尚未出现，缺乏足够的优质训练数据，[③] 当时罗森布拉特不知道如何训练多层人工神经网络，而单层人工神经网络的能力是有限的，导致感知机只能完成一定的模式识别任务，从而受到明斯基的攻击。那时的明斯基早已“背叛”联结主义人工智能[④]，成为符号主义人工智能的代表人物之一，不认可罗森布拉特的做法，认为人工神经网络不能解决人工智能的问题。随后，明斯基和麻省理工学院的西摩尔 · 帕

① ROBBINS H, MONRO S. A stochastic approximation method［J］. Annals of mathematical statistics, 1951: 400–407.

② 陈永伟 . 日本 AI 大败局的启示［N］. 经济观察报，2024-05-21.

③ 周志明 . 智慧的疆界：从图灵机到人工智能［M］. 北京：机械工业出版社，2018：27.

④ 同③ 122.

普特（Seymour A. Papert）合作，企图从理论上证明他们观点的正确。由此，他们于 1969 年 1 月 15 日出版了《感知机——计算几何学导论》（*Perceptrons: An Introduction to Computational Geometry*）一书，在该书中，明斯基和帕普特证明由单层人工神经网络组成的“感知机”只能够学习线性可分模式，无法处理“XOR”（异或）等线性不可分问题，而异或问题是逻辑运算中的一个基本问题。更为糟粕的是，该书给出的结论是：“研究两层乃至更多层的感知机是没有价值的，因为世上没人可将多层感知机训练得足够好，哪怕是让它学会最简单的函数方法。”[①] 这意味着，《感知机——计算几何学导论》一书的出版，在理论上彻底否定了联结主义人工智能的合理性。在此书出版后不久的 1969 年 3 月，明斯基因在人工智能领域的杰出贡献获图灵奖，这是人工智能领域的专家首获图灵奖。这标志罗森布拉特和明斯基关于感知机的争论，最终以明斯基的胜利而告终。明斯基是人工智能的创立者之一，又获图灵奖，人们由此相信他在《感知机——计算几何学导论》一书里对联结主义人工智能的判语。[②] 再加上当时符号主义人工智能处于主流地位，使得联结主义人工智能失去了必要的学术关注、社会关注与财政支持，导致人工神经网络研究受到沉重打击，一度陷入生存危机。虽然人工神经网络研究也曾在 20 世纪 80 年代有所复兴，但从总体上看，人工神经网络的研究由此陷入长达 43 年（1969—2012）的低谷期，极大地阻碍了人工神经网络的发展。从某种意义上说，这也是人工智能出现第一次低潮的起因。[③] 在《感知机——计算几何学导论》1988 年的扩充版中，明斯基和帕普特认为他们 1969 年的结论大大减少了投资人工神经网络的资金。“我们认为研究已经停滞，因为基本理论缺乏……六十年代对感知机进行了大量实验，但没有人能弄

① MINSKY M, PAPERT S A. Perceptrons: an introduction to computational geometry［M］. MIT press, 1969.

② 周志明．智慧的疆界：从图灵机到人工智能［M］．北京：机械工业出版社，2018：249-250.

③ 尼克．人工智能简史［M］．北京：人民邮电出版社，2017：162.

清它的工作原理。”罗森布拉特没能熬过联结主义人工智能的低谷期。1971 年 7 月 11 日，当在理论上将联结主义人工智能模型判为“死刑”的《感知机——计算几何学导论》出版两年半之际，罗森布拉特在 43 岁生日那天在切萨皮克湾（Chesapeake Bay）划船时被淹死，一些人相信他是自杀。[①] 后来当联结主义人工智能化蝶重生后，一些人指责明斯基间接害死了罗森布拉特，几乎差点扼杀了明斯基自己亲手创立的人工智能学科。为了纪念人工神经网络的创始人之一的罗森布拉特，2004 年，国际电气与电子工程师协会（Institute of Electrical and Electronics Engineers，IEEE）设立了 IEEE 弗兰克 · 罗森布拉特奖（IEEE Frank Rosenblatt Award），该奖项每年在全球范围内评选出一位对生物学和语言学促进的设计、实践、技术或理论计算典范发展做出卓越贡献的获奖人，包括但不仅限于人工神经网络，连接系统、模糊系统，以及包含这些典范的混合智能系统。[②]

自明斯基在 1969 年 1 月 15 日出版的《感知机——计算几何学导论》一书里给人工神经网络研究的前景判了“死刑”，至 1987 年 6 月召开首届国际神经网络学术会议，罗素 · 埃伯哈特（Russell C. Eberhart）和罗伊 · 多宾斯（Roy W. Dobbins）在 1990 年 1 月 3 日出版的《在个人计算机上使用人工神经网络工具的实用指南》（*Neural Network PC Tools: A Practical Guide*）一书里，将这段人工神经网络被打压的时期视作人工神经网络研究的“黑暗时代”（the Dark Age）。在联结主义人工智能处于“黑暗时代”，大部分学者将人工神经网络弃之如敝屣时，有极少数学者仍矢志不渝地坚持研究。其中，知名者除了下文将重点阐述的杰弗里 · 杰弗里 · 欣顿等人外，重要的还有如下三位。[③]

① 尼克 . 人工智能简史［M］. 北京：人民邮电出版社，2017：104.

② 周志明 . 智慧的疆界：从图灵机到人工智能［M］. 北京：机械工业出版社，2018：134-136.

③ EBERHART R C, DOBBINS R W. Neural network PC tools: a practical guide［M］. San Diego: Academic Press, 1990：21-28.

1. 特沃·科霍宁及其提出的“联想记忆”人工神经网络结构和“自组织映射神经网络”

特沃·科霍宁（Teuvo Kohonen）教授 1962 年在芬兰赫尔辛基技术大学（Helsinki University of Technology）物理专业获得博士学位（the D. Eng. degree in physics）并留校任教，是一名电气工程师（an electrical engineer），后成为该校信息科学学院的教授，并成为芬兰科学院和芬兰工程学院的院士（a member of the Finnish Academy of Sciences, and of the Finnish Academy of Engineering Sciences），IEEE 资深会员（Senior Member, IEEE），曾担任国际模式识别协会（the International Association for Pattern Recognition）第一副主席。①

1972 年，科霍宁博士在其论文里提出了一个名为“联想记忆”（associative memory）的人工神经网络结构，在人工神经网络架、学习算法和传递函数方面的技术上，它与美国布朗大学（Brown University）神经生理学家、心理学家詹姆斯·安德森（James Anderson）博士同年提出的名为“交互记忆”（interactive memory）的人工神经网络结构几乎是相同的。科霍宁博士在该文里使用的神经细胞或处理单元是线性和连续值（linear and continuous values），不仅输出是连续值，而且权重值和输入值也是连续值，而不是像麦卡洛克 - 皮茨神经元模型与 Widrow-Hoff 模型那样是全或无的二元模型（all-or-none binary model）。请记住：在 Widrow-Hoff 模型中，虽使用连续值来计算误差值，但神经网络的输出是二进制的。②

1981 年，特沃·科霍宁教授在《自组织系统中模式拓扑图的自动形成》一文中首次提出“自组织映射神经网络”（the Self-organizing Map，简称 SOM 算法，也叫 Kohonen 算法）。1982 年和 1990 年，特沃·科霍宁分别在《拓扑正确特征

---

① KOHONEN T. The self-organizing map [J]. Proceedings of the IEEE, 1990, 78 (9):1464-1480.

② EBERHART R C, DOBBINS R W. Neural network PC tools: a practical guide [M]. San Diego: Academic Press, 1990：23-24.

图的自组织形成》[①] 和《自组织映射神经网络》[②] 二文中对 SOM 算法做了进一步的阐述。SOM 算法是一种无导师学习网络，它通过自动寻找样本中的内在规律和本质属性，自组织、自适应地改变人工神经网络的参数与结构。其目标是用低维空间的点表示高维空间中的所有点，并尽可能地保持点与点之间的距离关系。SOM 算法是一种无监督学习的神经网络算法，具有良好的自组织性和可视化等特征，由输入层和竞争层（输出层）组成。输入层主要负责接受外界信息，将输入的数据向竞争层传递，竞争层主要对数据进行整理训练，并根据训练次数和邻域的选择将数据划分为不同的类。SOM 神经网络的典型拓扑结构如图 3–4 所示。[③④⑤]

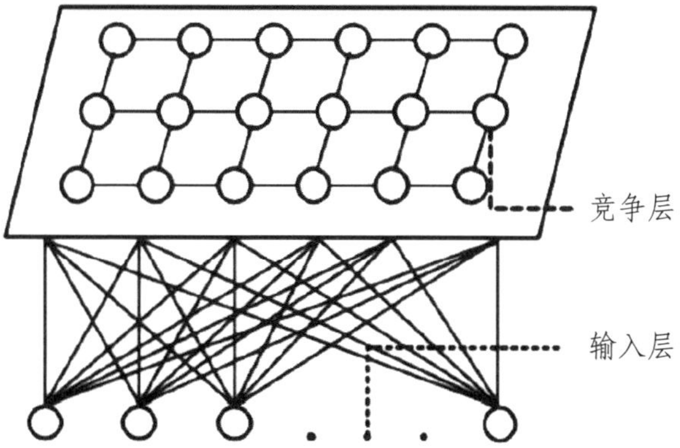

图 3–4　SOM 神经网络的典型拓扑结构[⑥]

由 SOM 神经网络的典型拓扑结构图可知，SOM 模型本质上是一种只有输入层——隐藏层的神经网络。隐藏层中的一个节点代表一个需要聚成的类。

① KOHONEN T. Self-organized formation of topologically correct feature maps［J］. Biological Cybernetics,1982, 43（1）:59–69.

② KOHONEN T. The self-organizing map［J］. Proceedings of the IEEE, 1990, 78（9）:1464–1480.

③ 同①.

④ 同②.

⑤ 顾亦然，陈禹洲 . 基于 SOM-K-means 算法的商品评论研究［J］. 软件导刊，2021, 20（10）：68–72.

⑥ 同⑤.

SOM 学习方式是竞争性学习。在竞争学习中，各个节点会相互竞争响应输入数据子集的权利。训练时采用“竞争学习”的方式，每个输入的样例在隐藏层中找到一个和它最匹配的节点，称为它的优胜节点，也叫“获胜神经元”（winning neuron）。紧接着用随机梯度下降法更新激活节点的参数。同时，和激活节点临近的点也根据它们距离激活节点的远近而适当地更新参数。SOM 的一个特点是，隐藏层的节点有拓扑关系。这个拓扑关系需要确定。如果想要一维的模型，那么隐藏节点依次连成一条线；如果想要二维的拓扑关系，那么就形成一个平面。SOM 可以把任意维度的输入离散化到一维或者二维（更高维不常见）的离散空间上。计算层（computation layer）里面的节点与输入层（input layer）的节点是全连接的。SOM 网络的优势在于保留输入空间中的拓扑结构，输入空间中邻近的样本数据会落到相邻的节点中。计算每一个输入样本对应的优胜节点的位置，即输出平面中某一个节点计算完所有的训练样本后，统计平面中节点的类别个数。取频率最高的类别，作为该神经元的类别标签，当新的样本落入输出平面的某个神经元时，就可以判断样本的类别。利用 SOM 神经网络的这一特点，可以实现 SOM 神经网络标准化。①②

算法步骤为：

（1）网络初始化，对输出层每个节点权重 *Wj* 随机赋予较小初值，定义训练结束条件。

（2）从输入样本中随机选取一个输入向量 *Xi*，求 *Xi* 中与 *Wj* 距离最小的连接权重向量，如式（1）所示。

$$\| Xi - Wg \| = \min_j \| Xi - Wj \| \tag{1}$$

① KOHONEN T.The self-organizing map［J］. Proceedings of the IEEE, 1990, 78（9）:1464-1480.

② 孙铭. 基于 SOM 神经网络聚类的用气客户全生命周期管理［J］. 天然气工业，2018，38（12）：146-152.

式中，‖ ‖为距离函数，这里采用的是欧式距离。

（3）定义 g 为获胜单元，Ng （t）为获胜单元的邻近区域。对于邻近区域内的单元，按照式（2）调整权重使其向 Xi 靠拢。

$$Wj(t+1)=Wj(t)+\alpha(t)hgj(t)[X]i(t)-Wj(t) \tag{2}$$

式中，t 为学习次数，$\alpha(t)$ 为第 t 次学习率，$hgj(t)$ 为 g 的邻域函数。

（4）随着学习次数 t 的增加，重复步骤（2）及步骤（3），当达到训练结束条件时停止训练。

（5）输出具体聚类数与聚类中心。①

现在 SOM 算法已成为应用最广泛的自组织神经网络方法，其中的"赢家通吃"（Winner Takes All, WTA）竞争机制反映了自组织学习最根本的特征。

2. 斯蒂芬•格罗斯伯格与自适应共振理论

人类智能有两个特点：①人可以顺利地适应规则的变化，不会轻易地忘记已经掌握的技能。在没有教师指导的情况下，即便是陌生环境，人也能够利用已有的知识去适应它。这种适应性，在人工神经元网络模型中叫自组织。②②人能在不忘记过去学习过的事物的基础上继续学习新事物。先前多数人工神经元网络模型没有后一个特点。同时，人工神经网络分监督学习（supervised learning）与无监督学习（unsupervised learning）两大类。在监督学习中，训练期结束之后，人工神经元之间的连结权重（weights）就确定了，除非有新的训练，否则这些连接权重不会再有任何改变。可见，监督学习中，人工神经元网络模型只有记忆而没有自我学习扩充记忆的能力。为了解决这些问题，美国波士顿大学的斯蒂芬•格罗斯伯格（Stephen Grossberg）于 1976 年提出"神经特征检测

① 顾亦然，陈禹洲．基于 SOM-K-means 算法的商品评论研究［J］．软件导刊，2021，20（10）：68-72.

② 郭宇，宋立丹，马桂祥．基于自适应共振理论的自组织神经元网络［J］．计算机工程与应用，1992（9）：18-24.

器的并行开发和成人编码模型”（a model for the parallel development and adult coding of neural feature detectors）[①]与“自适应共振理论”（adaptive resonance theory,ART）。[②③]在此基础上，格罗斯伯格和妻子卡彭特（G.A.Carpenter, 波士顿大学认知科学家、神经科学家和数学家）进一步完善“自适应共振理论”，用以解决人工神经元网络学习的稳定性与可塑性两难问题。在这里，稳定性是指当新事物输入时，人工神经元网络应适当保留旧事物的特征；可塑性是指当新事物输入时，人工神经元网络应迅速地学习。“自适应共振理论”的基本思想是期望自顶向下的信号能够以某种方式作用于自底向上的信号上，这种方式既可保护先前学习得到的记忆不被新的学习冲掉，又可保证新的学习能够以全局一致的方式独立地融合在该系统总的知识库中。“自适应共振理论”主要有五个优点：①可进行实时学习，能适应动态环境；②对于已经学习过的对象具有稳定的快速识别能力，也能迅速适应未学习的新对象，这样，“自适应共振理论”能够在不影响旧有知识的情况下，继续学习并纳入新知识；③具有自归一能力，根据某些特征在全体中所占的比例，有时作为关键特征，有时当作噪声处理；④是无监督学习，不需要预先知道样本结果；如果对环境做出错误反应则自动提高“警觉性”，迅速识别对象；⑤输入模式的数量可以无限大，直至它的全部记忆容量用完为止。[④⑤]“自适应共振理论”有 ART1、ART2 和

---

① GROSSBERG S. Adaptive pattern classification and universal recoding: I. parallel development and coding of neural feature detectors [J]. Biological cybernetics, 1976, 23:121–134.

② GROSSBERG S. Adaptive pattern classification and universal recoding: II. feedback, Expectation, olfaction, illusions [J]. Biological cybernetics, 1976, 23:187–202.

③ CARPENTER G A, GROSSBERG S. A massively parallel architecture for a self-organizing neural pattern recognition machine [J]. Computer vision, graphics, and image processing, 1987, 37: 54–115.

④ CARPENTER G A, GROSSBERG, S. Absolutely stable learning of recognition codes by a self-organizing neural network [J]. Neural networks for computing, 1986: 77–85.

⑤ 郭宇，宋立丹，马桂祥.基于自适应共振理论的自组织神经网络[J].计算机工程与应用，1992（9）：18–24.

ART3 共三个版本，可以用于语音、视觉、嗅觉和字符识别等领域。[①]ART1 是第一个版本，由格罗斯伯格于 1976 年提出，基本结构由“底－上（bottom-up）、顶－下（top-down）”两层结点组成，分别称特征比较层 F1 和类型识别层 F2。不同层结点由自适应更新的“底－上”权矩阵 W12 和“顶－下”权矩阵 W21 连接。ART1 学习时，要求输入必须是二进制模式，故只能处理只含 0 与 1 的信息（如黑与白），输入模式在 F1 层和所有模板逐一匹配，以找出竞争获胜模板，F2 以归一化的警戒参数 ρ 为相似度阈值，判断输入模式是否可归入获胜聚类，即判断网络是否共振，否则，以输入模式为基础建立 1 个新聚类。一旦完成输入模式的学习，网络将更新“底－上”权和“顶－下”权。[②③]ART2 由 Carpenter 和 Grossberg 于 1987 年提出，与 ART1 具有相似的架构，但增加了能处理灰度（即处于对与错、有与无、白和黑之间的灰度区域的模拟值）的模式。[④]ART3 由 Carpenter 和 Grossberg 于 1990 年提出，具有多级搜索架构，融合了前两种结构的功能并将两层神经网络扩展为任意多层的神经元网络。由于 ART3 在神经元的运行模型中纳入了神经元的生物电化学反应机制，进一步扩展了其功能和能力。[⑤⑥]

3. 福岛邦彦的“新认知机”

日本的福岛邦彦（Kunihiko Fukushima）的主要贡献是探索人工神经网络

① EBERHART R C, DOBBINS R.W. Neural network PC tools: a practical guide［M］. San Diego: Academic Press, 1990: 25–27.

② GROSSBERG S. Adaptive pattern classification and universal recoding: II. feedback, expectation, olfaction, illusions［J］. Biological cybernetics, 1976, 23:187–202.

③ 彭小萍，林小竹，王嵩. 快速自适应共振理论网络［J］. 北京石油化工学院学报，2012，20（3）：17–23.

④ CARPENTER G A, GROSSBERG S. ART 2: self-organization of stable category recognition codes for analog input patterns［J］. Applied optics, 1987, 26（23）: 4919–4930.

⑤ CARPENTER G A, GROSSBERG S. ART 3: hierarchical search using chemical transmitters in selforganizing pattern recognition architectures［J］. Neural networks, 1990, 4: 129–152.

⑥ 彭小萍. 自适应控制理论原理与应用研究［D］. 北京：北京化工大学信息技术学院，2012：2–3.

架构。大卫·休伯尔（David Hunter Hubel）与托斯坦·维厄瑟尔（Torsten Nils Wiesel）于20世纪60年代初通过对猫视觉皮层细胞的研究，提出了“感受域”（receptive field）的概念。在生物的初级视觉皮层中存在多个神经元，每个神经元只掌管一小部分视野。神经元收集到的信息会统一传输到视觉皮层，组合成完整的视觉图像。受此启发，1980年，福岛邦彦设计了出了“新认知机”（Neocognitron），这是一种新的模仿生物视觉机理的启发式5层人工视觉神经网络模型。“新认知机”由“感知光照”和“运动信息”两个神经元构成，分别用来“提取图形信息”和“组成图形信息”，可通过无监督学习来学习识别简单的图像。当时的人工神经网络只有1层，但新认知机有5层，太超前了。面对多层设计带来的种种问题，福岛邦彦一时找不到解决办法，导致新认知机只能处理一些极其简单的工作。“新认知机”是后来杨立昆设计的“卷积神经网络”（Convolutional Neural Networks,CNN）的前身。[①②]1988年，杨立昆将新认知机与反向传播结合在一起，最早开发出“卷积神经网络”。因此，杨立昆明确说过，他开发“卷积神经网络”源于新认知机。[③]

三、联结主义人工智能在20世纪80年代至2012年9月间的起起落落

经过麦卡洛克、皮茨、赫布、罗森布拉特、甘利俊一、特沃·科霍宁、斯蒂芬·格罗斯伯格、福岛邦彦、胡贝尔、维瑟尔、马尔和沃波斯等人的努力，为联结主义人工智能的复苏打下了扎实基础。自20世纪80年代至2012年9月，可视作联结主义人工智能的起起落落期。

---

① EBERHART R C. DOBBINS R W. Neural network pc tools: a practical guide［M］. San Diego: Academic Press, 1990: 27-28.

② 斯加鲁菲. 智能的本质：人工智能与机器人领域的64个大问题［M］. 任莉，张建宇，译. 北京：人民邮电出版社，2017：13.

③ LECUN Y, BENGIO Y, HINTON G. Deep learning［J］. Nature, 2015, 521（28）:436-444.

（一）霍普菲尔德人工神经网络的提出，标志联结主义人工智能在20世纪80年代开始艰难复兴

以20世纪80年代初符号主义人工智能将专家系统成功商业化为标志，人工智能于1980年至1987年间迎来了第一次复兴期。借此东风，联结主义人工智能也开始复兴。联结主义人工智能在20世纪80年代的复兴，主要归功于美国物理学家、加州理工学院生物物理学教授霍普菲尔德，他于1982年提出一种新的人工神经网络，被后人称作“霍普菲尔德神经网络”。霍普菲尔德神经网络的每个单元由运算放大器和电容电阻这些元件组成，每一单元相当于一个神经元。输入信号以电压形式加到各单元上。各个单元相互联结，接收到电压信号以后，经过一定时间，网络各部分的电流和电压达到某个稳定状态，它的输出电压就表示问题的解答。霍普菲尔德神经网络具有四个特征：①分布式表达（distribute representation）。通过激活跨越一组处理元件的模型进行存储记忆，并且存储是三相重叠的，在同一组处理元件上以不同的模拟方式表示不同的记忆。②分布异步控制（distributed asynchronous control）。每个处理元件的功能是根据它自身的状态来作判断的。所有局部作用相加就是整体的解决方法。③相关存储器（content-addressable memory）。一个模型在网络中可以进行存储。如果人们想要跟踪一个模型，只需要确定其中一部分，网络就会自动进行匹配。④容错（fault tolerance）。如果网络被输入的不完整图像扭曲，或有少数处理单元不起作用或出故障，霍普菲尔德人工神经网络的功能还能发挥作用，它能有条不紊地处理节点并更新相应的值，逐步找到与输入的不完美图像最相似的保存图像。[①] 霍普菲尔德神经网络的主要贡献是：霍普菲尔德在这种人工神经网络模型研究中引入了能量函数，阐明了人工神经网络与统计力学的相似性。在统计力学中，热

---

① HOPFIELD J J. Neural networks and physical systems with emergent collective computational abilities［J］. Proceedings of the national academy of sciences, 1982, 79（8）: 2554–2558.

力学定律被解释为大量粒子的统计学特性。[①] 统计力学的基本工具是由奥地利物理学家、统计物理学的奠基人之一的玻尔兹曼（L. E. Boltzmann）推广了英国物理学家、数学家詹姆斯·马克斯韦（James Clerk Maxwell）的分子运动理论，于1869年提出了“能量均分理论”（马克斯韦-玻尔兹曼定律），由此得到有分子势能的玻尔兹曼分布（Boltzmann distribution，也称玻尔兹曼分布律）。玻尔兹曼分布是状态能量与系统温度的概率分布函数，给出了粒子处于特定状态下的概率：粒子处于能量相同的各状态上的概率是相同的，粒子处于能量不同的各状态上的概率是不同的，粒子处于能量高的状态上的概率反而小——能量最小原理。玻尔兹曼分布可用来计算物理系统在某种特定状态下的概率[②]。它告诉人们：原子（分子）完全是随机运动的，并非是热量无法从冷的物体传到热的物体，只是因为从统计学的角度看，一个快速运动的热物体的原子更有可能撞上一个冷物体的原子，传递给它一部分能量；而相反过程发生的概率则很小。在碰撞的过程中能量是守恒的，但当发生大量偶然碰撞时，能量倾向于平均分布。这之中没有物理定律，只有统计概率。坚定的科学主义者费曼后来也提出“概率幅”（probability amplitude），用来描述物理世界的本质。费曼在著名的《费曼物理学讲义》（*The Feynman's Lectures on Physics*，根据费曼在1961年9月至1963年5月在加利福尼亚理工学院讲课录音整理编辑而成）里将“概率振幅”称作“量子力学的第一原理”，费曼写道：“如果一个事件可能以几种方式实现，则该事件的概率幅就是各种方式单独实现时的概率幅之和。于是出现了干涉。”[③] 这意味着：在已知给定条件下，不可能精确地预知结果，只能预言某些可能的结果的概率。换言之，不能给出唯一的肯定结果，只能用统计方法给出结论。

① 王昆翔.智能理论与警用智能技术［M］.北京：中国人民公安大学出版社，2009：264.

② 斯加鲁菲.智能的本质：人工智能与机器人领域的64个大问题［M］.任莉，张建宇，译.北京：人民邮电出版社，2017：10—11.

③ 费曼，桑兹.费曼物理学讲义［M］.潘笃武，李洪芳，等译.上海：上海科学技术出版社，2005.

这一理论是和经典物理的严格因果律直接矛盾的。对此，费曼解释道：这是不是意味着物理学——一门极精确的学科——已经退化到“只能计算事件的概率，而不能精确地预言究竟将要发生什么”的地步了呢？是的！这是一个退却！但事情本身就是这样的：自然界允许我们计算的只是概率，不过科学并没就此垮台。事实上，罗素也主张因果关系的概然性，认为一切规律皆有例外，所以他也不赞成严格的决定论。① 霍普菲尔德用非线性动力学的方法来研究这种人工神经网络的特性，建立了人工神经网络的稳定性判断标准，并指出信息储存于网络中人工神经元之间的联结上。霍普菲尔德人工神经网络具有联想记忆能力，可以存储、重建图像和其他类型的数据结构，这种新的人工神经网络后来被称作霍普菲尔德人工神经网络模型，可以解决一大类模式识别问题，还可以给出一类组合优化问题的近似解。② 1984 年，霍普菲尔德用模拟集成电路实现了自己提出的这一模型。③ 霍普菲尔德人工神经网络的缺陷主要有二：（1）虽能实现联想记忆功能，但由于其记忆内容不可改变，因而不具备学习能力；（2）这种人工神经网络能够正确记忆和回顾的样本数相当有限。如果记忆的样本数太多，人工神经网络可能收敛于一个不同于所有记忆中样本的伪模式；如果记忆中某一样本的某些分量与别的记忆样本的对应分量相同时，这个记忆样本可能是一个不稳定的平衡点。并且，当人工神经网络规模一定时，所能记忆的模式非常有限。④

顺便提一下，根据约翰·霍普菲尔德于 2018 年 10 月写的《现在怎么办》（*Now*

---

① 多田智史．图解人工智能［M］．张弥，译．北京：人民邮电出版社，2021：120.

② HOPFIELD J J. Neural networks and physical systems with emergent collective computational abilities［J］. Proceedings of the national academy of sciences, 1982, 79（8）: 2554–2558.

③ HOPFIELD J J. Neurons with graded response have collective computational properties like those of two-state neurons［J］. Proceedings of the national academy of sciences, 1984, 81（10）: 3088–3092.

④ 贾林祥．联结主义认知心理学［M］．上海：上海教育出版社，2006：136.

What?）一文可知，约翰·霍普菲尔德 1933 年出生于美国伊利诺伊州芝加哥，1954 年获得斯沃斯莫尔学院（Swarthmore College）学士学位，1958 年获得康奈尔大学（Cornell University）物理学博士学位，导师是美国国家科学院院士、理论物理学家阿尔伯特·奥弗豪瑟（Albert W. Overhauser），因提出核磁共振中的核奥弗豪瑟效应理论（nuclear Overhauser effect, NOE）而闻名。博士毕业后，霍普菲尔德在贝尔实验室理论组工作了两年，随后在加利福尼亚大学伯克利分校（物理学）、普林斯顿大学（物理学）、加州理工学院（化学和生物学）和普林斯顿大学任教，现在是普林斯顿大学霍华德 - 普莱尔分子生物学名誉教授。[①] 因在使用人工神经网络进行机器学习的基础性发现和发明，2024 年 10 月 8 日与杰弗里·杰弗里·欣顿一起获诺贝尔物理学奖，这是人工智能专家首获诺贝尔物理学奖。

（二）联结主义人工智能在 1980 年至 1987 年迎来第二次发展小高潮

霍普菲尔德网络模型开创了人工神经网络研究的新气象，成功激发了众多人工智能研究者投入联结主义进路的研究中。一批早期人工神经网络研究的“幸存者”，在英国生物学家、物理学家和神经科学家弗朗西斯·克里克和美国认知心理学家、计算机工程师、认知科学学会的发起人之一、加州大学圣地亚哥分校（University of California, San Diego）心理学教授唐纳德·诺曼（Donald Arthur Norman）的鼓励下，在心理学家大卫·鲁梅尔哈特（David Rumelhart）和麦克利兰德（James McLelland）以及计算机科学家杰弗里·欣顿的带领下，以加州大学圣地亚哥分校为中心，开始了人工智能领域的联结主义运动，[②] 取得了较丰硕成果，联结主义人工智能在 1980 年至 1987 年迎来第二次发展小高潮，除了上文所讲的斯蒂芬·格罗斯伯格提出的自适应共振理论（1976）、福岛邦彦的“新认知机”（1980）、Teuvo Kohonen 教授提出自组织映射神经网络（1981）和霍普菲尔德人工神经网络（1982）外，重要的事情还有如下几个。

① HOPFIELD J J. Now what? [D]. Princeton: Princeton University,2018.

② 尼克. 人工智能简史 [M]. 北京：人民邮电出版社，2017：108.

1.1986 年杰弗里·欣顿提出人工神经网络结构“玻尔兹曼机”

人类直到 19 世纪之后才知道“热”是物体内部大量分子无规则运动的表现。为什么热量总是从热的物体传到冷的物体？根据前文论及的玻尔兹曼分布（Boltzmann distribution）可知，玻尔兹曼从达尔文的自然选择理论中认识到，生物之间通过资源竞争展开“一种使熵最小化的战斗”，生命是通过捕获尽可能多的可用能量来使熵降低的斗争。和生命系统一样，人工智能也是能够自动化实现“熵减”的系统。生命以“负熵”为食，人工智能系统则消耗算力和数据。杨立昆估算，需要 10 万个 GPU 才能接近大脑的运算能力。一个 GPU 的功率约为 250 瓦，而人类大脑的功率大约仅为 25 瓦。这意味着硅基智能的效率是碳基智能的一百万分之一。所以，杰弗里·杰弗里·欣顿相信克服人工智能局限性的关键，在于搭建一个连接计算机科学和生物学的桥梁。从香农再到欣顿，他们都从玻尔兹曼那里获得了丰富灵感，将“概率”引入物理学。欣顿在统计力学中得到灵感，于 1986 年和哈佛大学神经生物学博士特里·谢伊诺斯基（Terry Sejnowski）以霍普菲尔德网络为基础，开发出首个人工神经网络结构“玻尔兹曼机”（Boltzmann machine），向有隐藏单元的网络引入了玻尔兹曼机学习算法（如图 3–5 所示），所有节点之间的连线都是双向的。所以，玻尔兹曼机具有负反馈机制，节点向相邻节点输出的值会再次反馈到节点本身。玻尔兹曼机在神经元状态变化中引入了统计概率，网络的平衡状态服从玻尔兹曼分布，网络运行机制基于模拟退火算法。根据玻尔兹曼方程，每个可能的模式都有一个特定概率，这个概率由网络的能量决定。玻尔兹曼机每次更新一个节点的值，最终机器将进入一种状态，在这种状态下，节点的模式可以改变，但整个网络的属性保持不变。这样，玻尔兹曼机从理论上给出了多层人工神经网络的算法。玻尔兹曼机不是从指令中学习，而是从给定的例子中学习，可以学习识别给定类型数据中的特征元素，可用于对图像进行分类，或为它所训练的模式类型创建新的例子。当机器停止运行时，它创造了一个新的模式，这让玻尔兹曼机成为生成模型的早期例子。[①②]

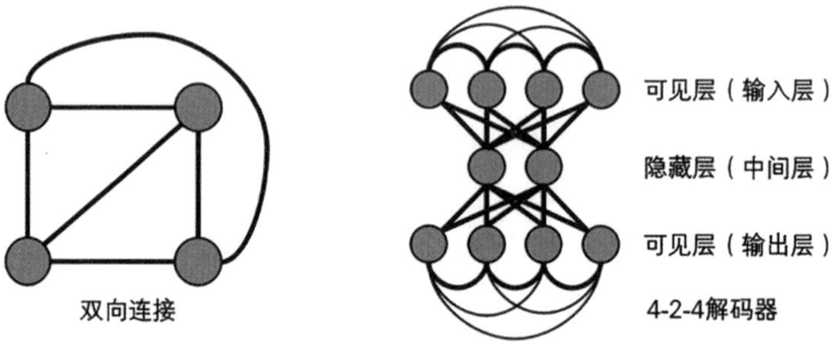

图 3–5　玻尔兹曼机[③]

2. 杰弗里·杰弗里·欣顿与大卫·鲁梅尔哈特和罗纳德·威廉姆斯共同努力，让学界相信可用误差反向传播算法训练多层人工神经网络，联结主义人工智能由此走出生存危机

如果将人工神经网络的每一层视作一个函数，那多层的人工神经网络就等价于多个函数的逐层嵌套。在计算机领域已有成熟的求嵌套函数导数的方法：数学和计算机代数中的自动微分（也译作"演算式微分"）就是一种有着固定迭代步骤，可由计算机程序运行的嵌套函数的计算方法。误差反向传播算法（error back—propagation algorithm），在思路上是自动微分技术在反向积累模式的特例。[④]

自唐纳德·赫布于 1949 年提出赫布定律后，专家陆续提出了多种学习算法，其中，误差反向传播算法是联结主义人工智能的核心算法[⑤]，被认为是深度学习的根基，也是人工智能走向第二次辉煌的重要推动因素。据长短期记忆人工神经网络（long short-term memory, LSTM）的发明人、著名深度学习专家 Jürgen Schmidhuber 的考证，误差反向传播算法的前身是 Henry J. Kelley 于 1960 年在

① 多田智史．图解人工智能［M］．张弥，译．北京：人民邮电出版社，2021：120.
② 马尔科夫．人工智能简史［M］．郭雪译，杭州：浙江人民出版社，2017：153.
③ 同①．
④ 周志明．智慧的疆界：从图灵机到人工智能［M］．北京：机械工业出版社，2018：257.
⑤ 刘韩．人工智能简史［M］．北京：人民邮电出版社，2018：148.

《最优飞行路径的梯度理论》中发表的。[①]1969 年，斯坦福大学电子工程系的阿瑟·布莱森(Arthur Bryson)教授和何毓琦(Yu-Chi Ho)描述了“反向传播”(back propagation) 作为一种多阶段动态系统优化方法，可用于多层人工神经网络。[②]后来当计算机的运算能力已经足够到可以进行大型的网络训练时，它对 2000 年以来的深度学习的发展做了突出贡献。现代误差反向传播算法在 1970 年由芬兰硕士生 Seppo Linnainmaa 首次发表。在这篇硕士论文中，Linnainmaa 首次描述了在任意、离散的稀疏连接情况下的类神经网络的高效误差反向传播，虽然其中没有提及神经网络。这种反向传播也被称为自动微分的反向模式。[③]到 2020 年，所有用于人工神经网络的现代软件包（例如 Google 的 Tensorflow）都是基于 Linnainmaa 1970 年的方法。这是后话。直到 1974 年以后，反向传播才开始在人工神经网络的背景下应用。1974 年，哈佛大学的博士生保罗·沃波斯（Paul J. Werbos）在其博士学位论文中首次证明了将人工神经网络多加一层，并首次利用“反向传播”算法来训练人工神经网络，可以解决“XOR”（异或）问题。反向传播是一种广泛用于训练前馈神经网络以进行监督学习的算法。反向传播的工作原理是，通过链规则计算损失函数相对于每个权重的梯度，一次计算一层，从最后一层开始向后迭代，以避免链规则中中间项的冗余计算。[④]可见，严格地讲，“反向传播”一词仅指用于计算梯度的算法，不是指如何使用梯度。但该术语通常被宽松地指整个学习算法，包括如何使用梯度，例如通过随机梯度下降。遗憾的是，那时联结主义正处于低潮，保罗·沃波斯等人的上述研究成果

① KELLEY H J. Gradient theory of optimal flight paths［J］. Arts journal, 1960, 30（10）: 947−954.

② PARK W J, PARK J B. History and application of artificial neural networks in dentistry［J］. European journal of dentistry, 2018, 12（4）: 594—601.

③ LINNAINMAA S. The representation of the cumulative rounding error of an algorithm as a Taylor expansion of the local rounding errors［D］. University Helsinki, 1970.

④ WERBOS P J. Beyond regression: new tools for prediction and analysis in the behavioral sciences［D］. Harvard University, 1974.

生不逢时，当时未引起人们的重视。[①] 顺便指出，保罗·沃波斯也是循环神经网络（Recurrent neural network, RNN）的先驱。1995 年，Werbos 因提出反向传播和自适应动态规划等基本神经网络学习框架而获得国际电气与电子工程师协会神经网络先驱奖。

直至 1986 年 10 月，大卫·鲁梅尔哈特、杰弗里·杰弗里·欣顿和罗纳德·威廉姆斯在《自然》上发表了《通过误差反向传播算法实现表征学习》（*Learning Representations by Back-propagating Errors*）一文，文中再次探讨了误差反向传播算法（back propagation algorithm，简称 BP 算法），也叫反向传播模型（back propagation model）或反向传播人工神经网络模型（back propagation neural network, BPNN）。其基本思想是，学习过程由信号的正向传播与误差的反向传播两个过程组成。步骤 1：正向传播。正向传播的过程是指“输入样本→输入层→各隐层（处理）→输出层”。若输出层的实际输出与期望输出不符，则转入误差反向传播过程。步骤 2：误差反向传播。误差反向传播的过程是：输出误差（某种形式）→隐层（逐层）→输入层，其目的主要是通过将输出误差反传，将误差分摊给各层所有单元，从而获得各层单元的误差信号，进而修正各单元的权值。其过程是一个权值调整的过程。权值调整的过程，也就是多层人工神经网络的学习训练过程。权值调整的过程主要包括“初始化”“输入训练样本对，计算各层输出”“计算网络输出误差”“计算各层误差信号”“调整各层权值”“检查网络总误差是否达到精度要求”等六步，如果网络总误差达到精度要求，则训练结束，反之，若网络总误差未达到精度要求，则返回步骤 2。并且，该文用计算实验证明了误差反向传播算法可以在人工神经网络的隐藏层中产生有用的内部表征，是切实可操作的训练多层人工神经网络的方法，解决了明斯基与佩帕特于 1969 年在《感知机——计算几何学导论》一书中所指出的有关人工神

① 尼克. 人工智能简史［M］. 北京：人民邮电出版社，2017：107.

经网络的计算能力低、学习任务单一等缺陷。[①] 同时，杰弗里·欣顿倡导的深层人工神经网络可很好地解决"XOR"（异或）问题与其他的线性不可分问题。由此，才真正扭转明斯基于1969年在《感知机——计算几何学导论》一书给联结主义人工智能造成的负面影响，终于让学界相信多层人工神经网络是可以训练的，联结主义人工智能由此走出生存危机，生不逢时的误差反向传播算法才开始引起学界的重视。[②] 误差反向传播算法大幅降低了训练人工神经网络所需要的时间，至今仍是训练人工神经网络的基本方法。[③] 不过，误差反向传播算法仍存在一些缺点，如：收敛速度慢；大样本数据难收敛，易出现局部最小化。[④] 同年，由David Rumelhart和James McLelland共同编辑的《并行和分布式加工》（*Parallel and Distributed Processing*）的文集（分两卷）出版，系统阐述了误差反向传播算法，后来研究联结主义人工智能的学者将这本书视作经典[⑤]。众多联结主义学者相继提出了多种具备不同信号处理能力的人工神经网络模型。

3. 召开首届国际神经网络学术会议，成立国际神经网络学会，创办世界上第一个人工神经网络杂志 *Neural Networks*

1987年6月21日，首届国际神经网络学术会议在美国加州圣地亚哥召开，大会主席是美国波士顿大学（Boston University）的斯蒂芬·格罗斯伯格（Stephen Grossberg）教授，神经生理学家、计算机科学家、电子工程师、企业家及出版界人士共1500人出席了这次盛会，会议收到论文和壁报（poster）共300余

---

① RUMELHART D E, HINTON G E, WILLIAMS R J. Learning representations by back-propagating errors［J］. Nature, 1986, 323（6088）：533-536.

② 周志明．智慧的疆界：从图灵机到人工智能［M］．北京：机械工业出版社，2018：252-253.

③ 刘韩．人工智能简史［M］．北京：人民邮电出版社，2018：148.

④ 张驰，郭媛，黎明．人工神经网络模型发展及应用综述［J］．计算机工程与应用，2021，57（11）：57-69.

⑤ RUMELHART D, MCCLELLAND J. Parallel distributed processing（vol. 1, vol.2）［M］. Cambridge: MIT Press, 1986.

篇（份）。会上宣告成立“国际神经网络学会”（International Neural Network Society, INNS），选举芬兰赫尔辛基技术大学的科霍宁教授作为首任主席，并决定创办《神经网络》（*Neural Networks*）杂志。[①] 这样，研究人工神经网络的学者终于有了自己的国际性学术组织，且即将拥有自己专业领域的学术期刊，标志本轮人工神经网络研究小高潮达到了顶峰，也标志联结主义人工智能走出了“黑暗时代”。

“国际神经网络学会”是一个旨在促进人工神经网络研究和教育的发展和福祉的机构，是对大脑的理论和计算理解感兴趣并应用这些知识开发新的和更有效的机器智能的重要国际学术组织。

世界上第一本人工神经网络杂志《神经网络》现成为国际神经网络学会（INNS）、欧洲神经网络学会（ENNS）和日本神经网络学会（JNNS）三个世界上历史最悠久的神经建模学会的官方期刊，在人工神经网络和人工智能领域具有极高的学术声誉。

（三）联结主义人工智能在 1987 年至 1993 年再次被冷落的缘由

此时用误差反向传播算法已初步解决了多层人工神经网络的训练问题。并且，国际电气与电子工程师协会成立了神经网络协会，且于 1990 年 3 月开始出版神经网络会刊。1991 年，Carpenter、Grossberg 和 Reynolds 提出一种名为 ARTMAP 的新人工神经网络架构；[②] 同时，Carpenter 等人提出模糊自适应共振理论神经网络（Fuzzy ARTMAP），它由 ART1 结构演化而来，二者的结构基本相同。模糊自适应共振理论将模糊集合的性质及运算特性引入 ART1 网络，将 ART1 网络的输入模糊化，可以对模拟量进行运算，克服了 ART1 只能处理

① 姚国正，汪云九. 首届国际神经网络学术会议已于 1987 年 6 月在圣迭戈举行［J］. 生物化学与生物物理进展，1988（2）：94.

② CARPENTER G A, GROSSBERG S, REYNOLDS J H. ARTMAP: supervised real-time learning and classification of nonstationary data by a self-organizing neural network［J］. Neural networks, 1991, 4: 565-588.

二进制输入的不足，是一种自组织模糊神经网络，能够实时进行非监督学习，在各类模式识别问题中有广泛的应用。[①] 当然，它也存在一定的局限性：类别选择过程中，获胜神经元代表了对输入模式的分类，有些情况下这种分类本身是不准确的，有时会出现个别神经元始终都不能在竞争过程中获胜的情况；需要通过一定的学习规则来调整权值向量，使获胜神经元的权值向量不断趋向于输入向量，但这种权值向量的修正规则有些情况下也会产生分类不准确的问题。[②]

虽然联结主义人工智能取得了上述进展，不过，当时联结主义人工智能只能完成人类无需付出认知努力的诸如计算机视觉、语音识别、自然语言处理等模式识别类问题，无法像当下这样可以在众多领域取得超出人类智能水平的成就。当人工智能第二次热潮在 1987 年逐渐消退，人工智能进入第二个寒冬后，人工神经网络也被再次冷落。为什么会这样？概括起来，原因主要有四。

一是联结主义人工智能受到进展缓慢的脑生理研究的牵制。[③] 按韦钰的看法，对人工神经网络的研究有三个层次：第一层次是研究神经系统的机理，第二层次是研究知识表达和学习算法，第三层次是硬件实现方面的研究。由于当时的神经科学研究进展缓慢，不足以为研究人工神经网络提供充足的理论依据，自然限制了人工神经网络的发展。[④]

二是当时电脑硬件和软件还不够先进，计算机的计算能力（算力）有限，利用当时的计算机难以实现大规模的人工神经网络建模，再加上训练人工神经网络模型的数据量有限，这样，人工神经网络的效果一直不太理想，从而限制

---

① CARPENTER G A. GROSSBERG S, ROSEN D B. Fuzzy ART: fast stable learning and categorization of analog patterns by an adaptive resonance system [J]. Neural networks, 1991, 4:759–771.

② 徐玲玲，李朝峰，潘婷婷. 一种改进的模糊 ART 神经网络学习算法 [J]. 计算机工程与应用，2008（28）：49–50，85.

③ 刘毅. 人工智能的历史与未来 [J]. 科技管理研究，2004（6）：121–124.

④ 林军，岑峰. 中国人工智能简史·第一卷·从 1979 到 1993[M]. 北京：人民邮电出版社，2023：262.

了联结主义人工智能的发展。

三是贝叶斯网络的诞生及快速发展，一度限制了联结主义人工智能的发展。

四是此时的联结主义人工智能未得到互联网的大力支持。这主要体现在三个方面：①先是世上尚未出现互联网，缺少高质量的网络大数据供人工神经网络模型进行大数据训练；② 1990 年 12 月 25 日互联网诞生后，20 世纪 90 年代刚好是互联网技术蓬勃发展的年代，互联网一度迅速掩盖了人工智能的光芒。如，“支持向量机”与人工神经网络之争就被互联网风潮掩盖住了；③由于互联网积累海量的高质量数据需要一个过程，将互联网产生的海量数据用来训练人工神经网络也需要一个过程。

（四）1993 年至 2012 年 9 月：联结主义人工智能虽再次复兴但仍不温不火

人工智能统计学派在 1993 年至 2005 年快速发展，人工智能进入第二次复兴期。伴随这股东风，再加上联结主义人工智能的三位代表性人物杰弗里·欣顿、杨立昆和约书亚·本吉奥在研究上不断有新突破，美国国防部、海军和能源部等加大资助联结主义人工智能的力度，联结主义人工智能进路由此迎来第二次复兴。此小节仅介绍杰弗里·欣顿在这一时期所取得的两项代表性成果。

1.2006 年深度学习的诞生，加快了联结主义人工智能的第二次复兴

2006 年，杰弗里·欣顿等人发表了《一种深度信念网的快速学习算法》（*A Fast Learning Algorithm for Deep Belief Nets*）一文，杰弗里·欣顿等人在此文中开发了深度信念网络（deep belief networks, DBN），并为深度信念网络引入了一种贪婪的逐层无监督学习算法（a greedy layer—wise unsupervised learning algorithm），这是一种由多个受限玻尔兹曼机上下堆叠而成的分层体系结构，每一个受限玻尔兹曼机的输出作为上一层受限玻尔兹曼机的输入，最高的两层共同形成相连存储器。一个层次发现的特征成为下一个层次的训练数据，下一

层会将学会的知识向上一层传递，上一层利用这些知识继续学习其他的知识，随后再向更上一层传递，依此类推。这种降维和逐层预训练的方法，让深度信念网络的实用化成为可能[ab]，开辟了人工神经网络的深度学习算法新领域，标志着深度学习的诞生，该文被视作深度学习领域的经典之作。自此之后，人工智能联结主义才开始了逐步走向人工智能舞台中心的历程。[c] 与浅层学习相比，深度学习具有明显特点和优势，如表 3–2 所示：

表 3–2　浅层学习与深度学习的比较[④]

类目	浅层学习	深度学习
人工神经网络的层数	单层	多层，甚至高达百万层
模型耗能	少	巨大
特征提取方式	特征工程	自动提取
建模和训练难度	容易	复杂，需要丰富的知识与高超的技巧
对数据的需求量	有限	海量（数据越多越好）
对先验知识的依赖度	依赖度高	采用无监督学习，依赖度低
模型表达能力	弱	强大
模型的适用情景	具有简单特征的任务	具有高度抽象特征的任务

伴随计算机硬件和软件功能的突飞猛进和计算机价格越来越亲民，且可以使用互联网上海量数据训练神经网络（这在 20 世纪 90 年代之前是无法想象的），深度信念网络的快速学习算法被应用于成千上万的并行处理器上，取得了理想效果，人工智能联结主义才真正开始腾飞，媒体开始大量报导机器学习领域的

① HINTON G E, OSINDERO S, TEH Y W. A fast learning algorithm for deep belief nets［J］. Neural computation, 2006, 18（7）：1527–1554.

② 斯加鲁菲 . 智能的本质：人工智能与机器人领域的 64 个大问题［M］. 任莉，张建宇，译 . 北京：人民邮电出版社，2017：13.

③ 周志明 . 智慧的疆界：从图灵机到人工智能［M］. 北京：机械工业出版社，2018：141–142.

④ 佚名 . 浅层学习的局限性［EB/OL］.（2022–04–21）［2024–07–04］.https://blog.csdn.net/m0_60790618/article/details/124333561.

新成就。不过，深度信念网络仍存在一定的局限性：它属于"静态分类器"（static classifiers），即它们必须在一个固定的维度进行操作。然而，语音和图像并不会在同一固定的维度出现，而是在（异常）多变的维度出现。所以，它们需要"序列识别"（即动态分类器，dynamic classifiers）加以辅助，但深度信念网络却无能为力。这样，扩展深度信念网络到序列模式的一个方法就是将深度学习与"浅层学习架构"（例如，Hidden Markov Model）相结合。①

2007 年，欣顿发表《学习的多层表征》（*Learning Multiple Layers of Representation*），该文的核心观点是：不同于以往学习一个分类器的目标，希望学习一个生成模型（generative model）。生成模型是指能够随机生成观测数据的模型，尤其是在给定某些隐含参数的条件下。它给观测值和标注数据序列指定一个联合概率分布。在机器学习中，生成模型可用来直接对数据建模（例如根据某个变量的概率密度函数进行数据采样），也可用来建立变量间的条件概率分布。条件概率分布可以由生成模型根据贝叶斯定理形成。②

2. 联结主义人工智能仍不温不火的缘由

受到当时的理论模型、生物原型和技术条件的限制，20 世纪 90 年代后期，人工神经网络的研究遇到瓶颈，以人工神经网络为主的人工智能研究开始分化为若干不同的方向，一部分人回归神经科学领域。电气与电子工程师协会神经网络学会的活动逐渐减少，2003 年正式改名为电气与电子工程师协会计算智能学会（computational intelligence society）。③这一时期联结主义人工智能仍不温不火，就其自身而言，主要原因是：深度学习这个算法虽好，但数据、算力跟

① 斯加鲁菲. 智能的本质：人工智能与机器人领域的 64 个大问题［M］. 任莉，张建宇，译. 北京：人民邮电出版社，2017：13.

② HINTON G E. Learning multiple layers of representation［J］. Trends in cognitive sciences, 2007, 11（10）：428–434.

③ 林军，岑峰. 中国人工智能简史・第一卷・从 1979 到 1993［M］. 北京：人民邮电出版社，2023：275.

不上，无法充分发挥深度学习的优势，结果未能取得显著的成果，从而未受到世人的重视。就其外因而言，主要是1988年“贝叶斯网络”的出现及其后的快速发展、20世纪90年代互联网技术的蓬勃发展，以及1992年至2005年间“支持向量机”与神经网络之争，再次限制了联结主义人工智能的发展。此后，以“贝叶斯网络”“支持向量机”“隐马尔可夫模型”等为代表的人工智能统计学派扮演了10多年的主角，直至2006年杰弗里·欣顿发表《一种深度信念网的快速学习算法》一文，提出深度信念网络，战胜人工智能统计学派后，联结主义人工智能才开启了逐渐走向人工智能舞台中心的过程，但这仍需时间，且要等到一个契机。[①]

四、联结主义人工智能自2012年10月开始走向辉煌，人工智能迎来第二个黄金发展期

直至2012年10月，多伦多大学的杰弗里·欣顿教授带着其指导的两名博士生——埃里克斯·克里泽夫斯基（Alex Krizhevsky）和伊利亚·萨特斯基弗（Ilya Sutskever），由这三人组成的小团队采用深度学习算法（深度卷积神经网络）设计的视觉识别软件（visual recognition software）AlexNet在ImageNet竞赛（the ImageNet competition）中，将错误率由原来的26%大幅降低到16%，首次与人类识图的准确性相媲美，从而以压倒性优势战胜对手，轻松赢得图像分类大赛的冠军，这表明深度学习的表现要远胜于传统的计算机视觉技术。[②]百度、微软、谷歌、脸书等商业公司蜂拥而至，都来争抢AlexNet和这3个人才。杰弗里·欣顿教授为AlexNet开出的商业报价只有100万美元，百度的最高报价是1 200万美元，最终谷歌以4 400万美元“中标”。[③]当杰弗里·欣顿教授的3人小团队于

① 周志明．智慧的疆界：从图灵机到人工智能［M］．北京：机械工业出版社，2018：141-142.

② 斯加鲁菲．智能的本质：人工智能与机器人领域的64个大问题［M］．任莉，张建宇，译．北京：人民邮电出版社，2017：15.

③ 刘韩．人工智能简史［M］．北京：人民邮电出版社，2018：32-37.

2012 年 10 月赢得图像分类大赛的冠军后，人工神经网络的优势从此为业内重新认识，标志联结主义人工智能咸鱼翻身，成为人工智能的主要发展方向，带动人工智能走出低谷，人工智能真正迎来了第二个黄金发展期。智能计算的发展由此于 2014 年左右进入第三个阶段，即深度学习计算系统阶段。通过深度神经元网络的自动学习，大幅提升了模型统计归纳的能力，在模式识别等领域的应用上取得了良好效果，某些场景的识别精度甚至超越了人类。以人脸识别为例，整个神经网络的训练过程相当于调整一个网络参数的过程，将大量的经过标注的人脸图片数据输入神经网络，然后调整网络间参数，让神经网络输出的结果的概率无限逼近真实结果。神经网络输出真实情况的概率越大，参数就越大，从而将知识和规则编码到网络参数中，只要数据足够多，就可以对各种大量的常识进行学习，极大地提升了模型的通用性。

现在，随着人工神经网络研究的深入发展，人工神经网络有数百万层，参数以百亿为起点，利用人工神经网络模仿人类智能的研究有了很大发展，可以进行自学习，有自适应功能，能更好地模仿人类智能，结果，联结主义人工智能已在图像识别、自然语言的识别与生成、机器翻译、下棋（包括国际象棋和围棋）以及艺术创作等领域达到或超越人类水平。① 相应地，联结主义人工智能后来居上，已超越“支持向量机”，成为当下人工智能研究的主流方向和热点，并迎来发展的新高潮。② 联结主义人工智能咸鱼翻身，概括起来，原因主要有四个方面。

（一）欣顿对深度学习的不断改进，是让联结主义人工智能从边缘走向主流的关键

1. 欣顿是推动联结主义人工智能走向主流的关键人物

联结主义人工智能的复兴过程走得异常漫长、艰辛、悲壮，经历了一个并不算短暂的黑暗期。如果从 1969 年 1 月明斯基和佩珀特出版《感知机——计

① 刘韩．人工智能简史［M］．北京：人民邮电出版社，2018：42.

② 同① 149.

算几何学导论》一书，在理论上给当时人工智能领域处于非主流地位的联结主义模型判了“死刑”算起，至 2012 年 10 月有整整 43 年。在这期间，虽然在 20 世纪 80 年代至 90 年代初有一个短暂的复兴与发展小高潮，不过，在多数时候，对多数人而言，人工神经网络几乎等同于炼金术之类的伪科学，大多数研究者避之唯恐不及。欣顿几乎是凭借一己之力，将人工神经网络的价值从这种极端研究环境里挖掘出来，并给陷入困境的人工智能闯出了一条新路，欣顿由此成为机器学习的巨头和深度学习的一代宗师。不过，加拿大当地时间 2023 年 10 月 27 日晚，欣顿教授在多伦多大学的 Convocation Hall 做了一场题为“数字智能会取代生物智能吗？”（Will digital intelligence replace biological intelligence）的演讲，在此次演讲中，欣顿说媒体喜欢将联结主义人工智能的成功归到他一人身上，其实，这是许多学者共同奋斗的结果。由此可见，欣顿做人非常谦虚!

欣顿于 1947 年生于英国伦敦小镇温布尔登（Wimbledon），其爷爷的外公是布尔代数的奠基人、数学家乔治·布尔（George Boole）。欣顿的曾祖父是数学家，祖父是植物学家，父亲是昆虫学家。欣顿从高中时期迷上探索人类大脑记忆与思考的奥秘后，一生从未动摇过。欣顿 1970 本科毕业于剑桥大学国王学院。在剑桥大学读本科期间，他先是读生理学和物理学，其间转向建筑学和哲学，最终转向心理学，并获实验心理学学士学位。本科毕业后做了 2 年的木匠。1972 年到爱丁堡大学（The University of Edinburgh）攻读博士学位，研究方向是当时不被人看好的人工神经网络，导师是大化学家克里斯多福·希金斯（Christopher Higgins）教授。克里斯多福·希金斯受《感知机——计算几何学导论》一书的影响，虽然不看好人工神经网络的前途，但仍认可杰弗里·欣顿的尝试，并尽量给予指导和帮助。欣顿于 1978 年在爱丁堡大学获得人工智能博士学位。1978 年至 1980 年在加州大学圣地亚哥分校认知科学系作访问学者；

1980 年至 1982 年担任英国剑桥 MRC 应用心理学部科学管理人员；1982 年至 1987 年在美国的卡内基·梅隆大学计算机科学系工作 5 年，历任助理教授、副教授；1987 年移居加拿大，成为加拿大高级研究所（the Canadian Institute for Advanced Research）的研究员，并转到多伦多大学计算机系任教授。2012 年，欣顿获得加拿大的国家最高科学奖、有“加拿大诺贝尔奖”之称的基廉奖（Killam Prizes）。2012 年 10 月轻松赢得图像分类大赛的冠军后，2013 年，他加入谷歌（google），2013 年至 2023 年任谷歌副总裁兼工程研究员。1996 年当选为加拿大皇家学会院士，1998 年当选为英国皇家学会院士，后当选美国国家工程院、美国艺术和科学学院的外籍院士，2018 年获图灵奖，2021 年获得多伦多大学的荣誉学位（an honorary degree）。[①②] 因在使用人工神经网络进行机器学习方面的基础性发现和发明，2024 年 10 月 8 日他与约翰·霍普菲尔德一起获诺贝尔物理学奖，这是人工智能专家首获诺贝尔物理学奖。

自 1972 年到爱丁堡大学攻读博士学位算起，至 2012 年 10 月，基于深层人工神经网络的人工智能饱受怀疑，未得到学术界的认可，发表论文和获取科研经费较困难，但杰弗里·欣顿教授非常坚定地默默坚持自己的科研，在 40 年的岁月里义无反顾地投身人工神经网络的研究，并培养了一批优秀的学生和合作者，包括后来在深度学习领域赫赫有名的杨立昆。欣顿和杨立昆当时只好退守到加拿大多伦多大学进行教学，指导学生，并默默做研究。杨立昆与欣顿一样安贫乐道，在人工智能和人工神经网络的低潮期默默坚持科研，最终走向成

① 加拿大当地时间 2023 年 10 月 27 日晚，杰弗里·杰弗里·欣顿教授在多伦多大学的 Convocation Hall 做了一场题为“数字智能会取代生物智能吗？”（Will digital intelligence replace biological intelligence?）的演讲，主持人、多伦多大学文理学院院长梅兰妮·伍丁（Melanie Woodin）在演讲前对杰弗里·杰弗里·欣顿教授的介绍。

② 周志明.智慧的疆界：从图灵机到人工智能［M］.北京：机械工业出版社，2018：247−249.

功。欣顿曾说，是杨立昆高举火炬，冲过了最黑暗的时代。[①]2004 年，欣顿依靠加拿大高级研究所的资金支持，创立了“神经计算和自适应感知”项目（简称 NCAP 项目），“神经计算和自适应感知”项目的目的是创建一个世界一流的团队，致力于生物智能的模拟，即模拟出人脑运用视觉、听觉和书面语言的线索做出理解并对它的环境做出反应的过程。该团队系统打造了一批更高效的深度学习算法，最终推动了深度学习成为人工智能领域的主流方向。2012 年 10 月轻松赢得图像分类大赛的冠军后，杨立昆转到美国纽约大学任教，并于 2013 年加入脸书，[②] 成为脸书人工智能研究院创建人。

欣顿坚信，基于人工神经网络和深度学习，通过调整神经网络中连接的强度，人工智能可展现出更强的学习能力和处理自然语言的能力，可理解复杂的语言和图像，这种理解远超过了简单的信息存储和检索。其后的事实证明了杰弗里·欣顿思想的正确性。有统计学家和认知科学家对大型人工神经网络模型表示怀疑，认为模型的参数太多，难以通过统计的方法学习有效的知识。杰弗里・欣顿反驳了这种观点。在杰弗里・欣顿看来，虽然大型人工神经网络模型（如 GPT）拥有大量参数，但这些模型已证明其有强大的学习能力，能够有效地学习和理解语言或仅有超强的记忆力。在杰弗里・欣顿看来，GPT 之类大型语言模型绝不像批评者所说的那样仅是高级文字接龙，而是有深刻的理解。这些大型语言模型通过学习大量数据中的统计规律，能够构建对语言和世界的深层次理解，这种深层次的理解是通过算法和数据学习得来的。这个理解过程不仅涉及语法和词汇的统计匹配，并且包含了对语境、情感和语义的深度处理，还能够通过对特征间的复杂交互来预测下一个词，显示出对语言深层次结构和含义的理解。这种理解并非人类所独有，人工智能也能做出这种理解。大型语言模型的理解

① 刘韩．人工智能简史［M］．北京：人民邮电出版社，2018：36.

② 斯加鲁菲．智能的本质：人工智能与机器人领域的 64 个大问题［M］．任莉，张建宇，译．北京：人民邮电出版社，2017：15.

能力体现在它能够生成连贯、逻辑一致且富有创造性的文本，这突破了简单自动完成工具的局限，展现了大型语言模型对语言复杂性的深层次理解。

2. 欣顿推动联结主义人工智能走向主流的代表性成果

自图灵开始，就将机器学习视作实现人工智能的必经路径。深度学习是机器学习的一种，也是机器学习领域中一个新的研究方向。深度学习，与浅层学习相对，是指运用多层神经元构成的深度神经网络模拟人类大脑，对输入进行“分析”“思考”并获得目标输出，以达成机器学习功能的算法模型。[①]深度学习的核心是：假设人工神经网络是多层的，首先用受限玻尔兹曼机（Restricted Boltzmann Machine）学习人工神经网络的结构，然后再通过“反向传播”学习人工神经网络的权重值。多层特征是使用一种通用的学习过程，从数据中学到的，而不是利用人工工程来设计的[②]。从原理上看，深度学习与人工神经网络紧密相关：人工神经网络由一层一层的神经元构成，层数越多，人工神经网络就越深。从理论上讲，假若一层人工神经网络是一个函数，多层人工神经网络就是多个函数的嵌套。人工神经网络越深，人工智能的表达能力越强，但伴随而来的训练复杂性也越大。[③]深度学习的大本营现在加拿大的多伦多大学，代表人物是杰弗里·欣顿，其推动人工智能联结主义走向主流的代表性成果主要有三：（1）1986 年提出人工神经网络结构玻尔兹曼机；（2）与大卫·鲁梅尔哈特和罗纳德·威廉姆斯共同努力，让学界相信可用误差反向传播算法训练多层人工神经网络，联结主义由此走出“生存危机”；（3）2006 年杰弗里·欣顿等人提出深度信念网络，标志深度学习诞生，人工智能联结主义由此开始了逐步走向人工智能舞台中心的历程。这些内容在上文都有详论，不再赘述。

---

① 尼克. 人工智能简史［M］. 北京：人民邮电出版社，2017：111-112.
② 刘韩. 人工智能简史［M］. 北京：人民邮电出版社，2018：170.
③ 同① 111-112.

（二）杨立昆与约书亚·本吉奥的神助攻

人工智能联结主义能从边缘走向中心，如果说杰弗里·欣顿是灵魂人物，那么，杨立昆与约书亚·本吉奥就属神助攻。因此，2018 年，机器学习的“三巨头”杰弗里·欣顿、杨立昆、约书亚·本吉奥共同获得图灵奖。[①]

1. 杨立昆的简历与主要成就

计算机科学家杨立昆 1960 年生于法国巴黎，1987 年在巴黎皮埃尔和玛丽居里大学（Pierre and Marie Curie University）获得计算机科学博士学位。随后，杨立昆到多伦多大学做博士后，指导老师是杰弗里·欣顿。杨立昆的主要研究领域为机器学习、计算机视觉、移动机器人和计算神经科学等领域，在发展和推广卷积神经网络方面做出了重要贡献，被誉为“卷积神经网络之父”。

卷积神经网络是一种前馈神经网络，通常用来处理多维数组数据。许多数据形态都是由下面这种多维数组构成的：一维（1D，“D”是 dimension 的首字母）用来表示信号和序列，包括语言；二维（2D）用来表示图像或声音；三维（3D）用来表示视频或有声音的图像。卷积神经网络使用“局部连接”“权值共享”“池化”和“多网络层的使用”四个关键的想法来利用自然信号的属性。[②]卷积神经网络是深度学习中实现图像识别与语言识别的关键技术。卷积神经网络是受生物自然视觉认知机制的启发后发展而来。大卫·休伯尔与托斯坦·维厄瑟尔于 20 世纪 60 年代初通过对猫视觉皮层细胞的研究，提出了“感受域”（receptive field）的概念。福岛邦彦受此启发，于 1980 年提出了“新认知机”（neocognition），这是一种新的模仿生物视觉机理的启发式多层神经网络模型，是卷积神经网络的前身。[③]杨立昆于 20 世纪 80 年代发展并完善了卷积神经网络的理论。卷积神

① 周志明．智慧的疆界：从图灵机到人工智能［M］．北京：机械工业出版社，2018：246.

② 刘韩．人工智能简史［M］．北京：人民邮电出版社，2018：164.

③ 斯加鲁菲．智能的本质：人工智能与机器人领域的 64 个大问题［M］．任莉，张建宇，译．北京：人民邮电出版社，2017：13.

经网络通过局部感受域和权值共享的方式极大减少了神经网络需要训练的参数的个数，非常适用于构建可扩展的深度网络，用于图像、语音、视频等复杂信号的模式识别。1989 年，杨立昆和贝尔实验室的其他研究人员成功将反向传播算法应用在多层神经网络，实现手写邮编的识别。考虑到当时的硬件限制，他们花了三天来训练网络。这个成果凝结为《反射传播算法用于手写邮政编码的识别》（*Backpropagation Applied to Handwritten Zip Code Recognition*）一文[①]。1998 年，杨立昆等人基于福岛邦彦提出的卷积和池化网络结构，将反向传播算法运用到人工神经网络结构的训练中，设计了一个被称为 LeNet-5 的系统，用于识别手写数字[②]，这是世界上第一个成功用于数字识别问题的 7 层卷积神经网络。[③] 在国际通用的 MNIST 手写数字识别数据集上[④]，LeNet-5 可以达到接近 99.2% 的正确率。LeNet-5 系统后被美国的银行广泛用于识别支票上的数字。[⑤]

2006 年，杨立昆等人发表《基于能量模型的稀疏表示的高效学习》（*Efficient Learning of Sparse Representations with An Energy-based Model*）一文，该文描述了一种新的无监督方法——基于能量模型（an energy-based model）——来学习稀疏、过完备的特征（sparse, overcomplete features）。基于能量模型使用线性编码器（a linear encoder）和线性解码器（a linear decoder），线性解码器前面是稀疏非线性（sparsifying non-linearity），将代码向量转换为准二进制稀疏代码向量。给定一个输入，最优代码使解码器的输出和输入补丁之间的距离最小化，

① LECUN Y, BOSER B, DENKER J S, et al. Backpropagation applied to handwritten zip code recognition［J］. Neural computation, 1989, 1（4）：541–551.

② LECUN Y, BOTTOU L, BENGIO Y, et al. Gradient-based learning applied to document recognition［J］. Proceedings of the IEEE, 1998, 86（11）：2278–2324.

③ 张驰，郭媛，黎明．人工神经网络模型发展及应用综述［J］．计算机工程与应用，2021，57（11）：57–69.

④ MNIST 数据集是美国国家标准与技术研究所（National Institute of Standards and Technology，简称 NIST）制作的一个非常简单的数据集。

⑤ 刘韩．人工智能简史［M］．北京：人民邮电出版社，2018：36.

同时尽可能与编码器的输出相似。[①]

2019 年 11 月 18 至 22 日，杨立昆代表脸书（Facebook）在美国洛杉矶参加了“将物理洞见用于机器学习（using physical insights for machine learning）”的主题研讨会，并于美国太平洋时间 11 月 19 日上午 9：00—9：50 发表了题为“基于能量的自监督学习”（energy-based self-supervised learning）的主题演讲。在该演讲里，杨立昆再次指出，近几年，深度学习在计算机感知、自然语言理解和控制方面取得了重大进展。不过，这些成功在很大程度上都依赖于监督学习或强化学习。其中，监督学习是从标记的训练数据来推断一个功能的机器学习任务。强化学习分为有模型和无模型两种策略：有模型的强化学习主要学习前向状态转移模型，无模型的强化学习则不是。无论是监督学习还是强化学习都存在明显的局限性：监督学习需要人类提供大量数据标签，只适用于特定任务；强化学习需要与环境进行大量交互，它在游戏（game）和虚拟世界（virtual world）中十分有效，在真实世界（the real world）却效果一般，因为你无法以比实时更快的速度操控现实世界。人类和动物为什么能快速学习？因为人类和动物的学习是自监督学习，无须外在监督和外在强化。同时，婴儿主要是通过观察来了解世界是如何运转的，这之中很少有互动。并且，预测是智能的本质。自我监督学习 = 填空（self-supervised learning = filling in the blanks），即从所有可用或可知部分预测任何未知或被遮挡的部分，如从过去预测未来，从可见光预测遮罩（predict the masked from the visible）。因此，假若有一种机器学习模型能够像人类或动物那样只需要少量观察和互动就能学习大量与任务无关的知识，就能很好地解决这些现实困境。这种机器学习模型必须依靠自监督学习（self-supervised learning,SSL）方法。杨立昆认为，基于能量的

① RANZATO M A, POULTNEY C, CHOPRA S, et al. Efficient learning of sparse representations with an energy-based model［J］. Advances in neural information processing systems, 2006:1137-1144.

自监督学习模型（energy-based self-supervised learning models）是深度学习的未来，它能处理不确定性，同时回避概率（Learning to deal with uncertainty while eschewing probabilities），因为世界并非完全可预测或随机的。随后，杨立昆建构了无条件版的基于能量的自监督学习模型，并主张用“对比法”（contrastive methods）和“建筑法”（architectural methods）两种经典方法来训练它。

2. 约书亚·本吉奥的简历与主要成就

约书亚·本吉奥（Yoshua Bengio）的父母是摩洛哥的犹太人，后到法国求学生活。本吉奥于 1964 年 3 月 5 日生在法国巴黎。随后，本吉奥的父母来到加拿大工作，本吉奥也随父母来到加拿大。1986 年，本吉奥在加拿大的麦吉尔大学（McGill University）获得计算机工程学士学位。1988 年，本吉奥在麦吉尔大学获得计算机科学硕士学位。1991 年，本吉奥在麦吉尔大学获计算机科学博士学位。1991 年至 1992 年，本吉奥在美国麻省理工学院脑与认知科学系博士后流动站做研究。1992 年至 1993 年，作为博士后，本吉奥在贝尔实验室从事学习与视觉算法研究。1993 年，本吉奥受聘为加拿大蒙特利尔大学（Université de Montréal）助理教授，1997 年晋升为蒙特利尔大学副教授，2002 年晋升为蒙特利尔大学教授，并一直工作到现在。2016 年，本吉奥与人共同创立了开发深度学习技术工业应用的 Element AI。2018 年，本吉奥获图灵奖。2020 年，本吉奥当选为英国皇家学会院士。本吉奥致力于机器学习方面的研究，是深度学习技术的奠基人之一。

2003 年，约书亚·本吉奥等四人合作发表《神经概率语言模型》（*A Neural Probabilistic Language Model*）一文，该文最大的贡献是第一次用“词向量”（word embedding，也译作“词嵌入”）和人工神经网络（多层感知器，MLP）来构造（统计）语言模型，模型一共三层：第一层是映射层，也是多层感知器的输入层，在这一层，将 n 个单词映射为对应的“词向量”的拼接，“词向量”矩阵的每一行表示一个单词的向量。词向量是自然语言处理（NLP）中的一种技术，它通过将词语表示为实数值向量，让具有相似语义的词语在向量空间中的距离更近，从而能更好地表达词语间的语义关系。词向量模型一般通过无监督学习的方式，从大规模文本语料库中学习得到。并且，词嵌入的过程就是将一个高维的词汇空间嵌入一个低维的连续向量空间中，在这个过程中，每个词汇或词汇组被映射为实数域上的向量。这种嵌入方式让机器更易理解和处理人类语言。如果用传统的稀疏表示法（sparse representation）表示单词，在构建语言模型时会造成维数灾难。假若用 N—Gram 的方法，又易出现泛化，同样易出现维数灾难。N—Gram 是一种基于统计语言模型的算法。N—Gram 的假设是，第 N 个词的出现只与前面 N − 1 个词相关，而与其他任何词都不相关，可根据前一个（N − 1）来预测第 N 个词，整句的概率就是各个词出现概率的乘积。这些概率可以通过直接从语料中统计 N 个词同时出现的次数得到。使用低维的词向量就没维数灾难的问题。第二层是隐藏层；第三层是输出层，因为是语言模型，需要根据前 *N* 个单词预测下一个单词，所以是一个多分类器。整个模型最大的计算量集中在最后一层上，因为词汇表一般都很大，需要计算每个单词的条件概率，是整个模型的计算瓶颈。该语言模型让网络识别新短语与训练集中包含的短语之间具有相似性，这种方法大大提升了机器翻译和自然语言理解系统的性能。①

2007 年 1 月，约书亚 · 本吉奥等人发表《深层网络的贪婪逐层预训练方法》（*Greedy Layer—Wise Training of Deep Networks*）一文，该文的要点是：深度多层神经网络具有多水平的非线性，这让它们能够非常紧凑地表示高度非线性和高度变化的函数。不过，此前一直不清楚如何训练这种深度人工神经网络。杰弗里 · 欣

① BENGIO Y. et al. A neural probabilistic language model［J］. Journal of machine learning research, 2003, 3: 1137−1155.

顿等人于 2006 年提出深度信念网络，并为它引入了一种贪婪的逐层无监督学习算法，这是一种具有多层隐藏因果变量的生成模型。约书亚 · 本吉奥等人通过实证手段研究了贪婪的逐层无监督学习算法，并探索了其变体，将其成功扩展到输入是连续的或输入分布的结构没有充分揭示、要在监督任务中预测变量的情况。[①]

2014 年，约书亚 · 本吉奥和其指导的博士生伊恩 · 古德费洛从博弈论（game theory）中获得灵感，开创性地提出“生成对抗性网络”（generative adversarial networks, GAN）的概念。不同于传统生成模型，生成对抗网络包含一个生成模型（generative model）和一个判别模型（discriminative model），即其在网络结构上除了生成网络外，还包含一个判别网络。其中，生成模型负责捕捉真实数据样本的潜在分布，并生成新的数据样本；判别模型是一个二分类器，判别输入是真实数据还是生成的样本。生成网络和判别网络均可以采用深度神经网络。生成网络与判别网络之间是一种对抗的关系，对抗的思想源自博弈论，即生成网络和判别网络为博弈双方，其优化过程是一个“二元极小极大博弈”问题，训练时固定其中一方（判别网络或生成网络），通过二者的相互竞争来更新另一个模型的参数，交替迭代，最终，生成模型能够估测出样本数据的分布，使其生成的数据尽可能符合训练数据的分布。[②]“生成对抗性网络”不直接估计数据样本的分布，而是通过模型学习来估测其潜在分布并生成同分布的新样本，这种从潜在分布生成无限新样本的能力，大大促进了无监督学习、图片生成视觉计算、语音和语言处理、信息安全等的研究。[③]

---

① BENGIO Y, LAMBLIN P, POPOVICI D, et al.Greedy layer-wise training of deep networks[J]. Conference paper in advances in neural information processing systems,2007： 153–160.

② GOODFELLOW I J, POUGET–ABADIE J, MIRZA M, et al. Generative adver–sarial nets [C]. Proceedings of the 27th International Conference on Neural Information Processing Systems, 2014: 2672–2680.

③ 王坤峰，苟超，段艳杰，等. 生成式对抗网络 GAN 的研究进展与展望[J]. 自动化学报，2017，43（3）：321–332.

（三）遗传算法和现代强化学习的厚积薄发，是让联结主义人工智能从边缘走向主流的另外两个重要推手

随着 AlphaGo 在 2016 年的横空出世，现代强化学习也一鸣惊人，进一步推动了联结主义人工智能的发展。随后，马斯克又将伊利亚·萨特斯基弗从谷歌中挖走，并给他配了最好的团队，成立了 OpenAI，伊利亚·萨特斯基弗也不负期望，以首席科学家的身份再次开发出人工智能 ChatGPT，2022 年 11 月 30 日 ChatGPT 横空出世后，在自然语言识别与生成领域迅速征服全球，让深度学习再次惊艳全球，标志联结主义人工智能走向巅峰。可见，除了深度学习的改进外，遗传算法和强化学习的厚积薄发，是让联结主义人工智能从边缘走向主流的另外两个重要推手。

1. 遗传算法

进化算法（evolutionary algorithms）产生的灵感来自大自然生物进化中的“优胜劣汰”的自然选择机制和遗传信息的传递规律，通过程序迭代模拟生物进化中的“优胜劣汰”的自然选择机制和遗传信息的传递规律，将要解决的问题看作环境，在一些可能的解组成的种群中，通过自然演化寻求最优解。[①] 初始种群、个体和适应度函数是遗传算法的三个基本概念。与传统的基于微积分的方法和穷举法等优化算法相比，进化计算（evolutionary computation）具有四个显著优点：（1）具有较高的智能，因为进化算法可根据问题的性质自主调整进化参数，不需要人工手动调整，又能自组织、自学习；（2）全局优化能力强，因为进化算法有较强的全局搜索能力，可找到全局最优解或近似最优解，故有很强的普适性；（3）鲁棒性强，因为进化算法对初始值和参数设置的敏感性低，具有颇强的鲁棒性，可解决复杂的非线性问题的优化问题；（4）可解释性好，因为进化算法的操作过程颇直观，能通过可视化等方式进行解释与理解。正由

① 刘韩．人工智能简史［M］．北京：人民邮电出版社，2018：163.

于进化算法具有上述优点，能够不受问题性质的限制，有效地处理传统优化算法难以解决的复杂问题。进化算法的局限性至少有三：（1）受制于种群规模的大小。种群规模小，算法得到结果所需的计算代数会减少，收敛速度快，不过，算法在进化过程中易出现近亲繁殖，易出现病态基因，影响算法的最后结果；当种群规模增大时，算法全局搜索的能力增强，得到最优解的可能性也会增大，但计算时间长，计算量大，计算复杂，收敛速度慢，导致时间和空间成本大。（2）参数设置困难，需要丰富的经验和验证来设置种群大小、变异率、交叉率等参数。（3）收敛速度慢，因为种群探索过程需要经过多次迭代才能收敛到最优解。① 进化算法是一个“算法簇”，最典型的进化算法包括进化编程（evolution programming, EP）、进化策略（evolution strategies, ES）、遗传算法（genetic algorithms, GA）和遗传编程（genetic programming,GP）等四种，四种典型的进化算法于 20 世纪 60 至 80 年代在三个地方彼此独立发展起来。②

进化编程最早由美国的劳伦斯·福格尔（Lawrence J. Fogel）于 1962 年提出。进化编程是从演化中学习，它通过不断变异和选择来适应环境的变化。在进化编程中，个体被表示为程序的形式，而不是固定长度的串。个体之间的交叉和变异操作是通过对程序结构的修改来实现的。进化编程的核心思想是关注父代和子代之间的行为表现联系。不过，因受到当时计算机容量小、计算速度慢等因素的制约，“进化编程”自提出后在一段时间内无法解决实际问题，未得到广泛的学术认可。20 世纪 90 年代，大卫·福格尔（D. B. Fogel）对“进化编程”进行改进并成功应用于解决实际问题后，进化编程才逐渐成为进化算法中备受关注的一个分支。③

① 梁春华．软计算的历史演变研究［D］．太原：山西大学科学技术史研究所，2024：96-100.

② 刘韩．人工智能简史［M］．北京：人民邮电出版社，2018：163.

③ 同① 93.

英国统计学家费舍（Ronald Fisher）著有《自然选择的遗传理论》（*The Genetical Theory of Natural Selection*），在该书中，费舍将达尔文的生物进化论和孟德尔的遗传理论结合起来。亚瑟·布克斯于1915年10月13日生于美国明尼苏达州的德卢斯（Duluth, Minn），1936年在迪堡大学（DePauw University）获得数学和物理学士学位，1941年在密歇根大学安娜堡分校（University of Michigan, Ann Arbor）获得哲学与逻辑学（philosophy and logic）博士学位，为推广冯·诺伊曼的“自复制自动机”理论做出了重要贡献。1946年，亚瑟·布克斯（Arthur Burks）回到密西根大学安娜堡分校哲学系任教授，直至1986年在密西根大学安娜堡分校退休。1956年，布克斯在密歇根大学安娜堡分校发起了一个计算机与通信科学的博士项目，后来这个项目独立为一个系，布克斯成为首任系主任。密歇根大学安娜堡分校的计算机与通信科学的博士项目中，布克斯是世界上第一个计算机科学博士约翰·霍兰德的导师。约翰·霍兰德1929年2月2日生于美国印第安纳州，在俄亥俄州西部长大。1950年在麻省理工学院获得学士学位，本科专业是物理学。随后到密歇根大学攻读硕士和博士学位，分别于1954年和1959年获得数学硕士和计算机博士学位。在密西根大学期间，霍兰德从冯·诺伊曼的“自复制自动机”理论和费舍的《自然选择的遗传理论》中获得灵感，于1975年出版《自然系统和人工系统中的适应》（*Adaptation in Natural and Artificial System*）一书，创建了独具一格的遗传算法（genetic algoruthm, GA）：进化和遗传是族群学习的过程，机器学习也可以此为模型。遗传算法是模拟达尔文生物进化论中的自然选择和遗传学机理的生物进化过程的计算模型，是一种通过模拟自然进化过程搜索最优解的方法。遗传算法通过数学的方式，利用计算机仿真运算，将问题的求解过程转换成类似生物进化中的染色体基因的交叉、变异等过程，这样，软件的生成便类似生物的进化法则：不是单纯依靠人类程序员编写的问题解决程序，而是让一组程序通过自身的演化（根据某些算法）而变得更“合适”，即更有效地发现问题解决的方法。①②在求解较为复杂的组合优化问题时，相对一些常规的优化算法，遗传算法通常能够较快地获得较好的优化结果。约翰·霍兰德基于遗传算法建立了人工智能领域的遗传学派。③遗传算法经肯尼斯·艾伦·德容（Kenneth Alan De Jong）、格雷芬斯特特（John Joseph Grefenstette）与大卫·戈德伯格（David E.Goldberg）等人的改进，成为进化算法的典型算法之一。遗传算法模拟种群（population）的进化过程，其结构可用下列伪代码大致表示：（1）随机生成初始群体。（2）主循环（停机的标准可以是迭代次数，或适应度达到某个要求）：①执行策略，计算当前群体中所有个体的适应度；②从当前群体中选择精英作为下一代的父母；③将选出的精英父母配对；④以极小概率将子代变异；⑤将子代个体添加到新群体中。从上述程序中可以理解进化中“优胜劣汰”的算法含义。伴随 20 世纪 80 年代后期神经网络的复兴，遗传算法作为一种生物学启发（biology—inspired）的算法，得到更多的认可与实际应用。1985 年，召开了遗传算法的第一届国际会议。1997 年，电气与电子工程师协会创刊了《进化计算杂志》（*Transactionson Evolutionary Computation*）。④

1963 年，德国柏林技术大学的两名学生英戈·雷切伯格（Ingo Reehenberg）和汉斯 - 保罗·施瓦费尔（Hans-Paul Sehwefel）在做风洞实验过程中，为了获得气流中物体的最优外形，利用了自然界中生物进化的原理和策略，对物体外形参数进行了优化调整，由此提出了进化策略的思想。不过那时的进化策略尚未引入种群的概念，也未编码，而是直接在解空间上进行操作。1975 年，约翰·霍兰德指导的博士生肯尼斯·艾伦·德容在其题为《一类遗传自适应系统的行为

① HOLLAND J H. Adaptation in natural and artificial system: an introductory analysis with applications to biology, control, and artificial intelligence［M］. MIT Press, 1975.

② 斯加鲁菲. 智能的本质：人工智能与机器人领域的 64 个大问题［M］. 任莉，张建宇，译. 北京：人民邮电出版社，2017：21.

③ 刘韩. 人工智能简史［M］. 北京：人民邮电出版社，2018：122，147.

④ 尼克. 人工智能简史［M］. 北京：人民邮电出版社，2017：163-164.

分析》的博士学位论文中，将遗传算法理论与计算实验相结合，提出了基因型和表现型之间的映射关系，以及基因的选择、交叉和突变等操作，并正式提出了“进化策略”的概念，且提供了进化算法的核心操作和行为分析。进化策略是一种基于梯度的优化方法，通过模拟自然界中的进化过程来搜索解决方案的空间。在进化策略中，解空间中的候选解通过变异和选择操作进行优化。① 与遗传算法不同，进化策略主要关注于通过调整参数来改进性能，更注重于在连续和多模态问题上的应用。②

遗传编程由霍兰德的学生约翰·寇扎（John Koza）于 1987 年提出。在遗传算法中，种群是数据，寇扎往前推进一步：如果种群变成程序，进化是否仍可行？这就是遗传编程的核心理念。遗传程序的结构和遗传算法类似：一组程序就一个特定的问题给出解答，按照执行结果的好坏给所有程序排序。程序本身也是数据，自然可以修改。在遗传编程中，变异是对程序做微小调整，交叉和配对是将两个表现优异的程序相互嫁接。寇扎又引入“基因重复”（duplication）和“基因删除”（deletion）等生物学概念，以提升遗传编程的效率。遗传算法本身需要大量的数据，遗传编程需要的数据就更大，这对计算机的计算力提出了高要求，并且，遗传编程一直欠缺扎实的理论基础。③

2. 强化学习

（1）强化学习的起源。

强化学习可追溯至 1954 年明斯基在其博士学位论文里所探讨的试错学习，不过，当时明斯基虽已用“强化”却未用“强化学习”这个概念。在 20 世纪 60 年代“强化学习”这个术语首次出现在工程文献中。例如，出现在 M. D.

① DE JONG K A. An analysis of the behavior of a class of genetic adaptive system［D］. University of Michigan, 1975.

② 梁春华．软计算的历史演变研究［D］．太原：山西大学科学技术史研究所，2024：93–95.

③ 尼克．人工智能简史［M］．北京：人民邮电出版社，2017：164–166.

Waltz 和 K. S. Fu 于 1965 年发表的《强化学习控制系统的一种启发式方法》（*A Heuristic Approach to Reinforcment Learning Control Systems*）① 以及 J. M. Mendel 于 1967 年发表的《人工智能技术在航天器控制问题中的应用》（*Applications of Artificial Intelligence Techniques to A Spacecraft Control Problem*）中②。其中，特别有影响力的是明斯基于 1961 年发表的论文《迈向人工智能的步骤》，该文讨论了与试错学习相关的几个问题，包括预测、期望、以及“复杂强化学习系统中的基础性的功劳分配问题”：对于一项成功所涉及的许多项决策，你如何为每项决策分配功劳？③④ 往后，强化学习发展出三条相对独立的技术路线⑤：

第一条技术路线始于行为主义心理学有关动物的强化学习研究，主要关注试错学习，它以明斯基和杰森・摩尔（Jason W. Moore）等人为代表⑥，这条主线贯穿了人工智能的早期工作，并在 20 世纪 80 年代早期激发了强化学习的复兴⑦。

第二条技术路线关注最优控制问题以及使用价值函数和动态规划的解决方案，以贝尔曼⑧与霍华德⑨为代表。20 世纪 50 年代末最早出现“最优控制”这

① WALTZ M D, FU K S. A heuristic approach to reinforcment learning control systems［J］. IEEE transactions on automatic control,1965，10:390—398.

② MENDEL J M. Applications of artificial intelligence techniques to a spacecraft control problem［J］. Technical report NASA CR−755, national aeronautics and space administration, 1967.

③ MINSKY M L. Steps toward artificial intelligence［J］. Proceedings of the institute of radio engineers, 1961, 49:8−30.

④ 萨顿，巴图．强化学习：第 2 版［M］．俞凯，等译．北京：电子工业出版社，2019：16.

⑤ SUTTON R S, BARTO A G.Reinforcement learning: an introduction［M］. MIT Press, 2018: 13−14.

⑥ MOORE J W, DESMOND J E, et al. Simulation of the classically conditioned nictitating membrane response by a neuron−like adaptive element: I. response topography, neuronal firing, and interstimulus intervals［J］. Behavioural brain research, 1986, 21:143−154.

⑦ 同② 13.

⑧ BELLMAN R E.A markov decision process［J］.Joural of mathematical mech，1957，6: 679−684

⑨ HOWARD R. Dynamic Programming and Markov Processes［M］.Cambridge： MIT Press, 1960.

一术语，用来描述设计控制器的问题，其设计的目标是使动态系统随时间变化的某种度量最小化或最大化。[①]

第三条技术路线关注时序差分学习。时序差分学习的特点在于它是由时序上连续地对同一个量的估计驱动的。时序差分学习的概念部分源于动物学习心理学，特别是次级强化物的概念。次级强化物是指一种和初级强化物（如食物或疼痛）配对并产生相似的强化属性的刺激物。明斯基 1954 年在其博士学位论文里第一次认识到这个心理学规律对人工智能学习系统的重要性。阿瑟·萨缪尔于 1959 年首次提出并实现了一个包含时序差分思想的学习算法，这个算法是他著名的跳棋程序的一部分。[②③] 不过，萨缪尔既没有参考明斯基的研究，也没有与动物学习心理学发生任何联系。他的灵感显然来自香农于 1950 年给予的建议。香农认为，计算机可利用一个估值函数，通过编程玩棋类游戏，并且，或许能通过在线修改这个函数来进一步提升其性能。[④]1961 年，明斯基在《迈向人工智能的步骤》一文里详细探讨了阿瑟·萨缪尔的工作，提出这项工作与自然以及人工次级强化物理论的联系。[⑤] 此后 10 年，几乎无人问津这一主题。[⑥]

（2）强化学习的复兴。

在人工智能领域，复兴强化学习中的试错学习的学者里，最关键的人物是 Harry Klopf，时间来到了 1972 年。Harry Klopf 将试误学习与时序差分学习相结

---

① 萨顿，巴图．强化学习：第 2 版［M］．俞凯，等译．北京：电子工业出版社，2019：13.

② SAMUEL A L. Some studies in machine learning using the game of checkers［J］. IBM journal on research and development, 1959,3（3）: 210–229.

③ SAMUEL A L. Some studies in machine learning using the game of checkers. II—Recent progress［J］. IBM journal on research and development, 1967,11（6）: 601–617.

④ SHANNON C E. Programming a computer for playing chess［J］. Philosophical magazine, 1950, 41： 256–275.

⑤ MINSKY M L. Steps toward artificial intelligence［J］. Proceedings of the Institute of radio engineers, 1961, 49:8–30.

⑥ 同① 19.

合，又意识到当研究者们仅关注有监督的学习时，他们丢失了适应性行为的关键部分，即丢失了行为享乐的特点——从环境中获得成就感，控制环境使其趋向于理想的结局而远离不理想的结局。这是试误学习不可或缺的思想。[①②]

（3）现代强化学习的诞生。

“现代强化学习”于 20 世纪 70 年代末至 80 年代由美国麻省大学阿默斯特分校（University of Massachusetts, Amherst，简称 UMass Amherst，也译作“马萨诸塞大学阿默斯特分校”）计算机系的安德鲁·巴图教授和他指导的第一个博士生理查德·萨顿（Richard S.Sutton）创建。巴图和萨顿从 Harry Klopf 的思想里获得启发，开始重视有监督学习和强化学习的区别，逐渐建构出现代强化学习理论，[③] 以与明斯基等人所讲的强化学习相区分。[④]

安德鲁·巴图于 1970 年在密歇根大学获得数学学士学位，于 1975 年获得计算机与通信科学的博士学位，是霍兰德及其学生伯纳德·齐格勒（Bernard Phillip Zeigler）共同指导的博士生，博士毕业后又在霍兰德那里做了博士后。1977 年巴图加入麻省大学阿默斯特分校，先后任副教授、教授和系主任。齐格勒的博士论文题目是“论自动机的反馈复杂性”，巴图的博士论文题目是“作为自然系统模型的细胞自动机”，都跟冯·诺伊曼的自复制自动机思想有关，二人受冯·诺伊曼和霍兰德的影响较大。[⑤]

理查德·萨顿于 1978 年在斯坦福大学本科毕业，获心理学学士学位。因为对人工智能感兴趣，本科毕业后到麻省大学阿默斯特分校攻读计算机专业

---

① BARTO A G,SUTTON R S. Simulation of anticipatory responses in classical conditioning by a neuron—like adaptive element［J］.Behavioural brain research, 1982, 4:221–235.

② 萨顿，巴图．强化学习：第 2 版［M］．俞凯，等译．北京：电子工业出版社，2019：18–19.

③ BARTO A G，SUTTON R S. Simulation of anticipatory responses in classical conditioning by a neuron—like adaptive element［J］. Behavioural brain research, 1982, 4:221–235.

④ 同②.

⑤ 尼克．人工智能简史［M］．北京：人民邮电出版社，2017：166.

的硕士和博士，在安德鲁·巴图的指导下，1980年获得硕士学位，1984年获得计算机科学博士学位。随后继续在麻省大学阿默斯特分校做博士后研究。从1985年至1994年，理查德·萨顿一直在GTE实验室的计算机和智能系统实验室（the computer and intelligence system laboratory at GTE laboratories）担任主要技术人员。1995年，理查德·萨顿回到麻省大学阿默斯特分校担任高级研究科学家（a senior research scientist）。1998年，理查德·萨顿加入AT &T的香农实验室（AT &T Shannon Laboratory），担任人工智能部的首席技术人员。2003年，萨顿到加拿大的阿尔伯塔大学（University of Alberta）计算机系担任教授和iCORE的主席，在那里领导了强化学习和人工智能实验室（the reinforcement learning and artificial intelligence laboratory, RLAI）。理查德·萨顿现被称为“现代强化学习之父”。因在强化学习上所取得的杰出成就，萨顿与巴图一起获得2024年度图灵奖。

与霍兰德不同，巴图和萨顿对更原始、更抽象的可适应性感兴趣。一个刚出生的孩子怎么学会对环境的适应？在监督式学习中，目标是清楚的，但婴儿不知道目标是什么，不知道自己要做什么。通过与外部世界的不断交互，婴儿受到奖励或惩罚，由此强化对外部世界的认知。[①] 强化学习（reinforcement learning, RL），又称再励学习、评价学习或增强学习，是机器学习的范式和方法论之一。强化学习是指智能体在与环境的交互过程中，以“试错”的方式进行学习，通过与环境进行交互作用获得的奖赏指导行为，目标是使智能体获得最大的奖赏。强化学习是从动物学习、参数扰动自适应控制等理论发展而来，其基本原理是：如果智能体的某个行为策略导致环境正的奖赏（强化信号），那么，智能体以后产生这个行为策略的趋势便会加强。智能体的目标是在每个离散状态发现最

① 尼克. 人工智能简史［M］. 北京：人民邮电出版社，2017：168.

优策略，以使期望的折扣奖赏和最大。[①] 安德鲁·巴图和理查德·萨顿二人于1998年合著有《强化学习》（*Reinforcement Learning*：*An Introduction*），[②] 总结了他们在此之前有关强化学习的研究成果，该书于2018年出了第二版[③]。

强化学习的理论基础之一是马尔可夫决策过程（Markov Decision Process，MDP）。马尔可夫决策过程的得名来自于俄国数学家安德雷·马尔可夫（Андрей Андреевич Марков），以纪念其为马尔可夫链所做的贡献。马尔可夫决策过程的理论基础是马尔可夫链。马尔可夫决策过程是序贯决策（sequential decision）的数学模型，用于在系统状态具有马尔可夫性质的环境中模拟智能体可实现的随机性策略与回报。马尔可夫决策过程基于一组交互对象，即智能体和环境进行构建。此处的"智能体"是指马尔可夫决策过程中进行机器学习的代理，可以感知外界环境的状态进行决策，对环境做出动作并通过环境的反馈调整决策；"环境"是指马尔可夫决策过程中智能体外部所有事物的集合，其状态会受智能体动作的影响而改变，且上述改变可以完全或部分地被智能体感知。环境在每次决策后可能会反馈给智能体相应的奖励。马尔可夫决策过程包括状态（state）、动作（action）、策略（policy）、奖励（reward，也译作"收益"）和回报（return）等5个要素。在马尔可夫决策过程的模拟中，智能体会感知当前的系统状态，按策略对环境实施动作，从而改变环境的状态并得到奖励，奖励随时间的积累被称为回报。强化学习中智能体和环境相互作用，如图3–6所示。

① 萨顿，巴图．强化学习：第2版［M］．俞凯，等译．北京：电子工业出版社，2019：1–2，12，66，340.

② SUTTON R S，BARTO A G. Reinforcement learning：an introduction［M］. The MIT Press, 1998.

③ 同① 1–519.

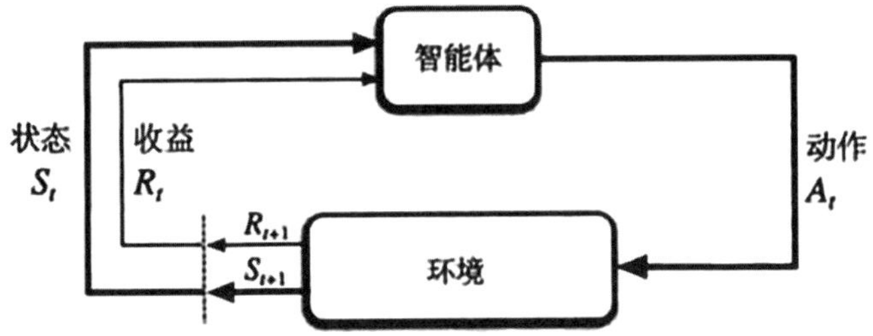

图 3–6　强化学习中智能体和环境相互作用示意图[①]

根据上图所示，在一个时间点 t，环境的表示是当前的状态 St，智能体对环境实施运作 A_t，环境回馈给智能体奖赏 R_{t+1} 并导致环境进入一个新状态 S_{t+1}。强化学习就是智能体根据经验改变策略以期达到长期最大奖赏的过程。[②]

强化学习的另一个理论基础是贝尔曼（R. E. Bellman）在 20 世纪 50 年代发明的动态编程（dynamic programming）[③]，贝尔曼于 1957 年出版了《动态编程》一书[④]。按给定条件，强化学习有无模型的强化学习（model—free reinforcement learning）和基于模型的强化学习（model—based reinforcement learning）之分，以及主动强化学习（active reinforcement learning）和被动强化学习（passive reinforcement learning）之别。基础的行动器—评价器算法（actor—critic, AC）是无模型（model—free）的强化学习，其中行动器表示策略模型（policy model），评价器表示价值模型（value model），评价器对行动器获得的回报（reward）进行信用分配（credit assignment）处理和学习，把处理后获得的新回报传递给行动者进行学习，这样结合了评价器和行动器两部分学习器，得到了一个更优的学习器。无模型的强化学习不知道状态转移概率，基于模型的强化学习知道状态转移概率。无模型和基于模型的强化学习之间的区别，可以帮

① 萨顿，巴图．强化学习：第 2 版［M］．俞凯，等译．北京：电子工业出版社，2019：46.
② 尼克．人工智能简史［M］．北京：人民邮电出版社，2017：168.
③ 同② 169.
④ BELLMAN R E. Dynamic programming［M］. Princeton University Press, 1957：1−339.

助神经科学家研究习惯性和目标导向的学习和决策的神经基础。① 在无模型的强化学习中，只有观察到某个动作的结果时，才需要对该动作的价值进行更新；基于模型的强化学习完全取决于行为人对环境的了解有多完整和准确。②

强化学习不同于联接主义学习中的监督学习，主要表现在强化信号上，强化学习中由环境提供的强化信号是对产生动作的好坏作一种评价（通常为标量信号），而不是告诉强化学习系统（reinforcement learning system, RLS）如何产生正确的动作。由于外部环境提供的信息很少，强化学习系统必须靠自身的经历进行学习。通过这种方式，强化学习系统在行动—评价的环境中获得知识，改进行动方案以适应环境。③ 换言之，强化学习把学习看作试探评价过程：智能体选择一个动作用于环境，环境接受该动作后状态发生变化，同时产生一个强化信号（奖或惩）反馈给智能体，智能体根据强化信号和环境当前状态再选择下一个动作，选择的原则是使受到正强化（奖）的概率增大。选择的动作不仅影响立即强化值，而且影响环境下一时刻的状态及最终的强化值。强化学习系统学习的目标是动态地调整参数，以达到强化信号最大④。这样，智能体根据观察到的周围环境的反馈来做出判断，完成更有效的动作⑤。强化学习受到行为主义心理学启发，侧重在线学习并试图在探索—利用（exploration—exploitation）间保持平衡。不同于监督学习和无监督学习，强化学习不要求预先给定任何数据，而是通过接收环境对动作的奖励（反馈）获得学习信息并更新模型参数。⑥

① MINSKY M L. Theory of neural—analog reinforcement systems and its application to the brain-model problem［D］. Princeton University, 1954: 29–37.

② 萨顿，巴图．强化学习：第 2 版［M］．俞凯，等译．北京：电子工业出版社，2019：362–364，367.

③ 同② 2，6，25.

④ 同② 7–8，45–52，66.

⑤ 刘韩．人工智能简史［M］．北京：人民邮电出版社，2018：162.

⑥ 同② 2–3，339–341.

“强化学习”自提出后一直不受重视，在 2016 年 AlphaGo 出现之前一直默默无闻，萨顿于 2003 年去了加拿大的阿尔伯塔大学（University of Alberta）。萨顿和转向研究围棋的阿尔伯塔大学理学院院长、计算机系教授舍弗（Jonathan Schaeffer）合作，萌生了将强化学习用到围棋的灵感。考虑到围棋棋子多，组合可能性巨大，画出博弈树的所有可能枝叶后，在上面跑 α－β 剪枝术不太经济，于是，他们想到用蒙特卡洛方法（Monte Carlo method），当走棋的次数很多时，就可算出下棋点的概率，再选概率最大的地方落子。与此同时，伊利亚·萨特斯基弗加入谷歌后，成为谷歌旗下的 DeepMind 的核心，最后，他们于 2016 年做出了“阿尔法围棋”（AlphaGo），击败韩国围棋世界冠军李世石，一战封神，随后又击败中国围棋世界冠军柯洁，至此，代表人类最高智力水平的围棋彻底被人工智能占据上风。AlphaGo 让强化学习闪闪发光。[①]AlphaGo 的主要作者除了伊利亚·萨特斯基弗外，还有大卫·席尔瓦（David Silver）和黄士杰（Aja Huang），这二人均来自阿尔伯塔大学，其中，席尔瓦是萨顿的大弟子，黄士杰是萨顿指导的博士后，经过多年努力，萨顿将阿尔伯塔大学建成了强化学习的大本营。随着 AlphaGo 在 2016 年横空出世，强化学习也出名了。2017 年 7 月 7 日，DeepMind 宣布在阿尔伯塔大学开办联合实验室，这是 DeepMind 第一次在英国以外设立研究机构。[②] 其后，随着基于强化学习的 AlphaGo 与 Alpha Zero 横扫围棋界，现代强化学习成为人工智能领域强化学习的主流，因此，巴图和萨顿公认为是现代强化学习的鼻祖。

遗传算法和强化学习有一个共同点：效果要等到多步以后才能看到，这与监督式学习有显著差异。这就需要尽可能多地访问所有的状态，必然会影响效率。当状态空间很大时，强化学习可和蒙特卡洛方法或深度神经网络相结合，蒙特

① 尼克．人工智能简史［M］．北京：人民邮电出版社，2017：126-127.

② 同① 170-171.

卡洛方法和深度学习都是减少或压缩状态空间的有效办法。[①] 深度学习模型可以在强化学习中使用，形成深度强化学习。

（四）助推联结主义人工智能走向主流的其他辅助因素

除了深度学习、遗传算法和强化学习的改进，导致算法上的改进，为联结主义人工智能走向主流和人工智能第二次黄金发展期的到来奠定了算法基础外，助推联结主义人工智能走向主流的其他辅助因素至少还有四个，其中，除了前文所讲的“李飞飞建成 ImageNet 并从 2010 年起举办一年一度的 ImageNet 挑战赛”外，其余三个分别是：

（1）对大脑机制的了解越来越多，为人工智能第二次黄金发展期的到来奠定了神经学和生理学基础。限于篇幅，这里仅举两例：①哈佛大学的神经生物学家胡贝尔（David Hunter Hubel）和维瑟尔（Torsen Wiesel）对猫的视觉中枢及相关神经元的信息处理模式进行研究，发现猫的视觉中枢中不同类型神经元对不同方向的直线敏感，不同复杂程度的模式识别也对应不同等级的神经元[②]，为此获得了 1981 年的诺贝尔医学或生理学奖。后来，麻省理工学院的马尔（David Marr）从联结主义视角出发，引入约束机制为低水平视觉神经的信息处理建立了数学模型[③]。这些神经科学内的研究在某种程度上启发了后来的计算机科学家对人工神经网络的研究，进而帮助人工智能联结主义进路的复苏。② 2019 年 1 月 17 日下午，华为创始人任正非在接受央视《面对面》董倩采访时曾说：计算机与统计学的结合便是人工智能。这虽非对人工智能的完整认识，却也一语中的。深度信念网络是由多层概率推理组成的概率模型。贝叶斯的概率理论，将学习解释为改善概率事件的过程。随着获得更多的证据，人们会逐渐掌握事

① 尼克.人工智能简史［M］.北京：人民邮电出版社，2017：170.

② HUBEL D H, WIESEL T N. Receptive fields, binocular interaction and functional architecture in the cat's visual cortex［J］. The Journal of physiology, 1962,160（1）： 106–154.

③ MARR D. Vision: a computational investigation into the human representation and processing of visual information［M］. San Francisco: W. H. Freeman and Company, 1982.

物的真实面貌。1996 年，发展心理学家珍妮·萨弗朗（Jenny R. Saffran）的研究表明，婴儿正是通过概率理论了解世界，且能在很短时间内掌握大量事实。[①]可见，贝叶斯定理于无意中揭示了大脑工作方式的基本原理。[②]

（2）电脑硬件与软件越来越先进，且价廉物美，例如，GPU 取代 CPU 以提高计算力，为人工智能第二次黄金发展期的到来奠定了硬件和软件基础，尤其是奠定了强大的算力基础。

（3）近年来互联网技术提供的海量优质数据，为人工智能第二次黄金发展期的到来奠定了数据基础。互联网从诞生到现在，经历了三个时期：信息开始聚集（出现网页）的 web1.0，信息开始流动（出现社交和点评等网站）的 web2.0，信息开始智能（出现智能匹配、精准推送）的 web3.0。“语义网络”是 web3.0 的关键的构成部分，这是专家系统在互联网时代的进阶版。计算机一旦能“看懂”互联网上的知识，计算机 + 语义网络就能让计算机自己学习和理解互联网中海量的知识，这就是智能版的专家系统。如何让计算机“看懂”互联网上的知识？那就是将互联网上的知识从人话改成机话。在这种背景下，谷歌收购了 Freebase，又从符号主义人工智能专家开发的专家系统中汲取灵感，在 2012 年提出了“知识图谱”（knowledge graph, KG）的概念。知识图谱通过构建实体与关系的有向图，以语义三元组形式展现复杂的现实关系。据谷歌官方数据称，截至 2020 年 5 月，知识图谱中已经包含了与大约 50 亿个实体相关的 5000 亿条信息。知识图谱是人工智能的基石。互联网产生的海量数据给了人工神经网络更多的学习和发展机会，让“深度学习”成为人工智能领域最时髦的一个词汇。[③]

① SAFFRAN J R, ASLIN R N, & NEWPORT E L. . Statistical learning by 8-month-old infants［J］. Science, 274（5294）：1926-1928.

② 斯加鲁菲 . 智能的本质：人工智能与机器人领域的 64 个大问题［M］. 任莉，张建宇，译 . 北京：人民邮电出版社，2017：15.

③ 木子 . 都是为了“让计算机变智能”，这两个派系却一斗 60 年［EB/OL］.［2024-04-07］. https://www.qianhei.net/yinmiwangshi/138.html.

一句话，算法、数据、算力的齐头并进，知识图谱、现代强化学习、遗传算法和深度学习的联手，让深度学习展现出强大力量，深度学习红火了起来，联结主义人工智能自然也红火起来了。

五、联结主义人工智能的利与弊

（一）联结主义人工智能的优势

从 1960 年到 2010 年左右，基于传统机器学习的文本分类方法占据主导地位。该类方法在分类过程大多遵循以下三个步骤：文本预处理、特征提取以及分类计算[①]。虽然这些方法在分类准确性和稳定性方面表现良好，不过，它们在实际应用中存在明显的限制：（1）它们高度依赖于耗时且成本高昂的特征工程；（2）由于强烈依赖于领域知识，该类方法在新的分类任务中的可扩展性和有效性受限；（3）这些方法往往忽略了文本数据中的序列信息、上下文信息和单词本身的语义信息，这与人类对句子的理解过程不符；（4）由于语言知识本身具有的笼统性、复杂性和歧义性等特点，如何对文本内蕴含的语义信息进行有效挖掘，面临着严峻的挑战。[②]

与基于传统机器学习的文本分类方法相比，联结主义人工智能以麦卡洛克—皮茨神经元模型、赫布定律、“霍普菲尔德神经网络”、深度学习、遗传算法和现代强化学习等作为理论基础，有一定的神经学和生物学的基础。这样，深度学习至少具有五个优势：（1）处理复杂数据能力强，能够处理非线性的数据，同时能通过并行运算等方式有效处理海量数据。（2）自适应能力强，可通过学习不断优化模型的参数和结构，逐步提升模型的性能，提高对未知数据的预测和分类能力。（3）深度学习方法的核心模块是一个表征学习模型，该模型能够自动

① 使用朴素贝叶斯（Naïve Bayes）、*K* 近邻算法（*K*—Nearest Neighbor, KNN）、支持向量机（Support Vector Machines, SVM）。

② 刘晓明，李丞正旭，吴少聪，等．文本分类算法及其应用场景研究综述［J］．计算机学报，2024，47（6）：1244-1287.

挖掘潜在特征，将文本数据映射到蕴含语义信息的低维连续特征向量，不需要传统机器学习方法中的人工设计特征，这样，深度学习方法避免了人工设计规则和特征的过程，可通过学习一种深层次非线性网络结构，自动从样本中挖掘出文本中的本质特征，能够捕获文本数据的深层次语义表征信息。（4）深度学习模型通过对多模态数据进行特征学习，将多个模态的信息共同映射到联合向量空间，能够获得数据的统一表征。在此基础上，模型能够有效融合多模态特征来对文本类型进行综合判断，缓解从单一数据进行判断所面临的语义歧义、信息匮乏等问题，使得识别和分类更加准确、可靠。（5）鉴于深度学习网络的高度可扩展性，众多深度学习网络架构应运而生，从不同角度对文本数据进行建模，以应对文本分类任务中语义理解、特征提取、数据不平衡等一系列挑战。①

正由于深度学习具有上述五个优势，人工智能神经网络模仿人脑，随着互联网技术和计算机硬件和软件的不断升级，人工智能神经网络处理海量数据的能力突飞猛进，虽然至今在通用技能方面它仍没有人脑做得好，也没有人脑节能，不过，自 2012 年 10 月以来，联结主义人工智能在下棋、自然语言处理、图像识别和语音识别等领域已取得了突破性进展，在这些领域，人工智能已远超人类智能。

（二）联结主义人工智能面临的挑战

对早期联结主义的批评，有三个代表性人物，除了上文论及的明斯基外，第二个代表性人物是乔姆斯基（Avram Noam Chomsky）。乔姆斯基认为，使用联结主义进路进行机器翻译只是模仿，并不能“理解”。乔姆斯基指出，0—3 岁的婴幼儿可以在语言刺激相对贫瘠的环境下学会复杂的人类语法，因此，对人类语言能力的机器模拟，需要具备对“刺激贫乏性”（the poverty of stimuli）的容忍，只有这样才能谈得上对人类语言能力的理解，而小的训练样本会使基

① 刘晓明，李丞正旭，吴少聪，等. 文本分类算法及其应用场景研究综述［J］. 计算机学报，2024，47（6）：1244-1287.

于联结主义进路的机器翻译人工智能系统产生“过度拟合”（overfitting）问题，即当系统适应初始小规模样本的训练，就无法对不同于初始样本的新数据进行灵活处理。[①] 第三个代表性人物是认知科学家弗笃（Jerry Fodor）。弗笃依据其提出的“思想构成性”（the compositionality of thought）假说，与派利辛（Zenon Pylyshyn）共同指出，以人工神经网络技术为蓝本的联结主义模型无法建构起一个完整的心智模型，所以，联结主义要么是经典符号主义的一种落实形式，要么是一种错误的心智理论。[②]

随着深度学习的广泛使用，也引发了一些争论。一方面，以杰弗里·欣顿、杨立昆为首的深度学习派坚信其有效实用性。另一方面，也迎来了许多新挑战，概括起来，主要有四：（1）联结主义人工智能至今仍缺乏坚实的理论基础。证据主要有三：①至今它仍是在身心分离的条件下研究人类的心智，基本信条仍是第一代认知心理学的“认知的本质就是计算”的观点。[③④] ②它在本质上采取的是一种仿生手段，利用统计学方法模拟人脑神经元的工作方式，通过反向传播算法训练模型并调整人工神经网络节点间的权重，对特定输入材料进行信息加工，以便最终输出接近之前目标所设定的结果。不过，如前文所论，《青蛙的眼睛向青蛙的大脑传递了什么》的研究告诉人们，信息并不是由大脑用准确的数学逻辑一个神经元一个神经元地计算出来的，就算逻辑在这个过程中发挥了作用，也并非承担了重要或核心的工作。③目前的大语言模型往往都是作为灰箱模型运行，难以完全解释模型的决策过程与内部机制，缺乏足够的透明性

① CHOMSKY N. Rules and representations［M］. Oxford: Basil Blackwell, 1980.
② FODOR J A, PYLYSHYN Z W. Connectionism and cognitive architecture: a critical analysis［J］. Cognition, 1988, 28（1）: 3–71.
③ 中国大百科全书（第三版）总编辑委员会 . 中国大百科全书：第三版・心理学［M］. 北京：中国大百科全书出版社，2021：272.
④ 周志明 . 智慧的疆界：从图灵机到人工智能［M］. 北京：机械工业出版社，2018：143–144.

和可解释性，导致在某些应用场景（例如医疗、法律）缺乏证据或者事实支撑而无法使用。[①] 杨立昆认为："我们必须探究智能和学习的基础原理，不管这些原理是以生物学的形式还是以电子的形式存在。正如空气动力学解释了飞机、鸟类、蝙蝠和昆虫的飞行原理，热力学解释了热机和生化过程中的能量转换一样，智能理论也必须考虑到各种形式的智能。"[②] 换言之，工程学实现了的东西，也只有通过科学打开"灰箱"，才能走得更远。美国时间 2023 年 5 月 12 日，斯坦福大学两位人工智能领域的著名学者——李飞飞（斯坦福大学以人为本人工智能研究院院长）与吴恩达就"人工智能的过去、现在与未来"进行了一次对话，在此次对话中，李飞飞指出，到目前为止，人类尚未弄清人工智能背后的基本计算原理，尚无法用一组简单的方程或简单的原理来定义人工智能的底层逻辑，这样，人工智能目前尚处于"前牛顿时代"（pre-Newtonian），人工智能的"牛顿时代"尚未到来。人工神经元受到人脑神经元的直接启发，但人工智能要探究智能与学习的本质，不能仅仅复制大自然。哈萨比斯也说，仅靠深层人工神经网络和强化学习，无法令人工智能走得更远。贝叶斯网络之父朱迪亚·珀尔（Judea Pearl）也有过类似反思。作为机器学习中的贝叶斯学派的代表性人物，朱迪亚·珀尔说，机器学习不过是在拟合数据和概率分布曲线。变量的内在因果关系不仅没有被重视，反而被刻意忽略和简化。换言之，就是重视相关，忽视因果。在朱迪亚·珀尔看来，如果要真正解决科学问题，甚至开发具有真正意义智能的机器，因果关系是必然要迈过的一道坎。不少科学家有类似的观点，认为应该给人工智能加上常识，加上因果推理的能力，加上了解世界事实的能力。所以，解决方案也许是"混合模式"——用人工神经网络结合老式的手工

① 刘晓明，李丞正旭，吴少聪，等．文本分类算法及其应用场景研究综述［J］．计算机学报，2024，47（6）：1244–1287.

② 杨立昆．科学之路：人、机器与未来［M］．李皓，马跃，译．北京：中信出版社，2021：266.

编码逻辑。杰弗里·欣顿对“人工神经网络结合老式手工编码逻辑的混合模式”颇为不屑。一方面，他坚信人工神经网络完全可以有推理能力，毕竟大脑就是类似的神经网络。另一方面，他认为加入手工编码的逻辑很蠢：它会遇到所有专家系统的问题，那就是你永远无法预测你想要给机器的所有常识。[①] 人工智能真的需要那些人类概念吗？阿尔法围棋早已证明，人类积累的所有棋理和定式只是多余的夹层解释而已。关于人工智能是否真正“理解”、真正“懂得”、真正有“判断力”，杰弗里·欣顿以“昆虫识别花朵”为例：昆虫可以看到紫外线，而人类不能，所以在人类看来一模一样的两朵花，在昆虫眼中却可能截然不同。那么能不能说昆虫判断错误了呢？昆虫通过不同的紫外线信号识别出这是两朵不同的花，显然昆虫没有错，只是人类看不到紫外线，所以不知道有区别而已。我们说人工智能“不懂”什么，会不会是过于以人类为中心了？假如我们认为人工智能没有可解释性，算不上智能，会不会是即使人工智能解释了，我们也不懂？就像“人类只有借助机器检测，看到两朵花的颜色信号在电磁波谱上分属不同区域，才能确信两朵花确有不同”。从十几岁开始，就相信“模仿大脑神经网络的联结主义人工智能路线行得通”的杰弗里·欣顿，仿佛有某种宗教式坚定，与诺伯特·维纳类似，坚信人有人智，机有机“智”。于是，在某个路口，哈萨比斯略有迟疑，杰弗里·欣顿和他的学生伊利亚·萨特斯基弗则一路向前，坚持到底。如今，尽管哈萨比斯认为ChatGPT仅仅是更多的计算能力和数据的蛮力，但他也不得不承认，这是目前获得最佳结果的有效方式。

（2）深度学习面临数据的存储、计算和安全等问题。例如，随着深度学习的对抗性攻击技术日益发展，目前大多数方法采用对抗训练来提高模型的鲁棒性，如通过将对抗性样本加入训练过程，并取得了一定效果，但是，模型和方法的

① HINTON G E, VAN CAMP D. Keeping the neural networks simple by minimizing the description length of the weights [C] .//Proceedings of the sixth annual conference on computational learning theory. 1993: 5-13.

脆弱性难以抵抗日益复杂的攻击手段，特别是在文本计算领域，大规模预训练模型与大规模训练数据集在文本分类的任务中扮演着不可替代的作用，而这些往往是对抗攻击容易得手的途径，会严重影响文本分类算法的性能。因为深度伪造的样本通常不干扰人类的正常判断，却能使机器学习模型做出错误判断、极大降低模型准确率，给算法的安全性和鲁棒性带来极大的挑战。（3）需要海量优质数据进行训练和优化，数据质量差或优质数据太少均会影响模型的质量，但大规模数据带来的维数灾难等问题大大增加了模型的训练难度，对硬件和软件的要求也越来越高，所耗费的能源也越来越惊人。同时，在某些领域，机器学习使用普通人难以拥有的资源，以超越普通人的速度捕捉到某些高维规律在低维空间的投影，并用于总结规律、预测结果，这表明高级人工智能已具有了“有中生有”（前一个“有”指喂给人工智能的数据，后一个“有”指人工智能涌现的智能）式创造力和推理力；不过，现阶段大模型基本无法跳出喂给它的大数据构成的桎梏，难以在数据集未涉及的领域做出准确判断，这表明它尚未拥有“无中生有”（此处的“无”指未喂给人工智能的数据，此处的“有”指人工智能涌现的智能）式创造力和推理力。（4）随着数据规模的不断扩大，模型所需要的模型结构也越来越复杂，面临参数多、推理慢、泛化能力弱、过度拟合等缺点。数十亿、甚至数百亿的参数使得深度学习模型需要大量的计算资源，大幅增加了训练模型的成本。结果，前沿模型变得更加昂贵。根据 AI Index 的估算，最先进的人工智能模型的训练成本已经达到了前所未有的水平。例如，OpenAI 的 GPT-4 估计使用了价值 7 800 万美元的计算资源进行训练，谷歌的 Gemini Ultra 的计算成本高达 1.91 亿美元。相比之下，几年前发布的一些最先进的模型，即原始 transformer 模型（2017 年）和 RoBERTa Large（2019 年），训练成本分别约为 900 美元和 16 万美元。与此相一致，目前最先进的人工智能模型多是由资金雄厚的大公司做出来的，因为高校无法提供如此巨额的经费投入，相关科研人员只能走出高校，加入大公司，才能开展最先进的人工智能模型，留在高校的科研人员因缺乏资金，已越来越赶不上人工智能的发展速度。如何轻量化模型以适应更多场景将是未来一个重要的研究方向。与此同时，Vladimir Vapnik 等统计学习理论的专家就坚持机器学习理论阵地，怀疑深度学习的泛化性。在深度学习中，泛化是指模型在未见示例的情况下，对训练集之外的新数据的过度拟合现象。过度拟合是指模型在训练集上表现良好，却在测试集或实际应用中表现较差的现象。①

第三节　进一步增进心理学与人工智能良性互动的建议

随着人工智能与心理学两门学科的不断深化，逐渐呈现出背离初心的趋势。人工智能目前的主流为深度学习，本质为采用统计方法，通过大样本训练，解决特定领域的问题，与达到哲学家弗笃(Jerry Fodor)所说的具备“全局性质”(global properties) ——面对多个问题领域时，主体可以对来自不同领域的要求进行通盘考量与权衡的通用人工智能还有较大差距。② 当下心理学热衷于对具体现象与细节的描述，越来越脱离对人类宏观心理结构的整体刻画，导致心理学越来越支离破碎，形同散沙；③ 热衷于研究脑的神经机制，越来越不注重研究人的心理过程与心理机制，导致心理学越来越不像心理学，而像神经学，但与真正的神经学相比，又显得极肤浅。于是，有人发出“心理学对人工智能研究供给不足”

① 刘晓明，李丞正旭，吴少聪，等．文本分类算法及其应用场景研究综述［J］．计算机学报，2024，47（6）：1244-1287.

② FODOR J. The mind doesn't work that way: the scope and limits of computational psychology［M］. Cambridge: MIT Press, 2000.

③ STAATS A W. Unified positivism and unification psychology: fad or new field?［J］. American psychologist, 1991, 46（9）: 899-912.

的感叹。[①]可见，无论是人工智能领域还是心理学领域（尤其是认知心理学领域），研究者大多各自为政，关注具体领域的技术或局部问题，缺乏对相关问题的整合。为了进一步促进人工智能和心理学的健康发展，二者理应相互借鉴，取长补短。

一、做好心理学与人工智能的融合性研究

图灵在1950年发表的《计算机器与智能》一文中就指出，实现人工智能的关键是让机器学会学习。目前，从流派上讲，机器学习主要有符号主义、联结主义、统计学派、进化主义等流派。从类型上讲，机器学习过去主要包括监督学习、无监督学习和强化学习三种类型。（1）监督学习。监督学习也叫监督训练或有教师学习，是指用一组标记数据（目标变量）调整机器的参数，使其达到所要求性能的机器学习。即从给定的训练数据集中学习出一个函数，当新数据到来时，可以根据此函数预测结果。监督学习一般分为训练期、测试期和应用期三个阶段。开始训练之前要准备两组数据，一组供训练用，称训练集（training set）；另一组供测试用，称为测试集（test set）。训练集里的数据由输入（自变量）与训练目标（因变量，是由人标注的）组成，训练时，训练集的输入部分经层层人工神经网络处理之后得到输出，比较输出与训练目标，得到一个误差，根据这个误差再调整人工神经元之间的联结强度或权重（weights），直到误差在可接受的范围内才结束训练期，相应地，监督学习须考虑学习的收敛问题。训练期结束之后，人工神经元之间的联结权重就确定了，除非有新的训练，否则这些连接权重不会再有任何改变。可见，在监督学习中，人工神经元网络模型只有记忆而没有自我学习扩充记忆的能力。监督学习最常用的模型是鲁梅尔哈特、杰弗里·欣顿和威廉姆斯于1986年提出的反向传播人工神经网络模型和Moody与Darken在20世纪80年代提出的径向基函数神经网络（radial basis function neural network, RBFNN），常见的监督学习算法包括回归分析和统计分类。（2）无监督学习。无监督学习是指一种

---

① 徐英瑾．心理学对人工智能研究供给不足［N］．中国社会科学报，2017-09-19（07）．

不使用标记数据（无目标变量）的机器学习。即根据类别未知（没有被标记）的训练样本解决模式识别中的各种问题。因此，算法的任务是在数据本身中寻找模式。无监督学习与监督学习最主要的差别在于训练集，与监督学习相比，无监督学习的训练集只有输入部分，没有人为标注的结果（即没有训练目标），训练时，神经元间的联结强度是以各种类型的训练规则来控制。多数无监督学习一般也分为训练期、测试期和应用期三个阶段。无监督学习的特征是其大部分模型由一组微分方程式描述。有些模型还具有反馈，形成反馈网络（recurrent network），如霍普菲尔德神经网络等。具有反馈的人工神经网络模型的性能比前向网络更强，因为反馈网络具有整合时间（temporal）和空间（spatial）模式的能力，不过模型也较复杂。反馈网络的输出除了与输入有关外，还与时间及初始条件有关，属于动态非线性映射，使用时，必须考虑微分方程的稳定性（stable）与虚假解（spurious）（虚假解是指多出来的解，并不是我们所希望看到的解）。霍普菲尔德神经网络引进了能量函数（energy function）的概念，对微分方程式的稳定问题也作了详细的讨论。[①] 现实生活中常会遇到这样的难题：缺乏足够的先验知识，难以人工标注类别，或进行人工类别标注的成本太高。此时，人们就使用无监督学习，希望计算机能代咱们完成这些工作，或至少提供一些帮助。常用的无监督学习算法包括主成分分析法（principal component analysis，PCA）和聚类算法（包括 K—Means 和层次聚类算法）。主成分分析法是一种最常见的降维统计方法，它将高度相关的多个数据特征减少到几个主要的、不相关的复合变量。复合变量是指将两个或多个在统计上紧密相关的变量组合在一起的变量。聚类算法（cluster analysis，CA）又称群分析，它是研究样品或指标分类问题的一种统计分析方法，也是数据挖掘[②] 的一

① 彭小萍．自适应控制理论原理与应用研究［D］．北京：北京化工大学，2012：1–2.

② 数据挖掘（data mining）是一个跨学科的计算机科学分支，它是用人工智能、统计学和数据库的交叉方法，在相对较大型的数据集中发现规律的计算过程。数据挖掘的总体目标是从一个数据集中提取信息，并将其转换成可理解的结构，以进一步使用。

个重要算法。俗话说："物以类聚，人以群分。"在自然科学和社会科学中存在大量的分类问题。通俗地说，类就是相似元素的集合。聚类算法起源于分类学，以相似性为基础，在一个聚类中的模式之间比不在同一聚类中的模式之间具有更多的相似性。（3）强化学习。强化学习在上文有详论，此处不赘述。[①] 机器学习除了上述三种学习方式外，2006年，杨立昆等人又研发基于能量的自监督学习模型。

纵观整个人工智能的研究历史，研究者们都期望能够找到一种统一的认知理论，正如纽威尔所说：人工智能就是致力于探寻一个如人类般的，通过一个大脑统摄各类行为的系统（即人工大脑）[②③]。为了这一目的，人工智能领域不同取向研究者不断尝试构建能够模拟人类认知过程的系统，不过，这些系统大多只关注某个认知过程中的特定环节，缺乏对整个认知架构的高层面思考，研究呈现出碎片化特征，离认知统一理论相去甚远。要想突破当前现状，须加强人工智能与心理学的融合性研究，在此基础上，若能加强包括"认知科学六边形"中涉及的计算机科学、语言学、神经科学、人类学和哲学等其他五门学科的融合性研究就更佳了。[④]

同时，为了做好心理学与人工智能的融合性研究，宜明确政府与企业在人工智能发展上的不同作用。政府资助应重点放在基础研究上，特别是关于各种进路人工智能的基础理论研究与有关揭示人类大脑工作的研究。例如，中国启动的"侧重以探索大脑认知原理的基础研究为主体，以发展类脑人工智能的计算技术和器件及研发脑重大疾病的诊断干预手段为应用导向"的中国脑计划（脑

① 刘韩．人工智能简史［M］．北京：人民邮电出版社，2018：162，174–175.

② NEWELL A. Précis of unified theories of cognition［J］. Behavioral and brain sciences, 1992, 15: 425–492.

③ 刘鸿宇，彭拾，王珏．人工智能心理学研究的知识图谱分析［J］．自然辩证法通讯，2021，43（2）：10–19.

④ MILLER G A.The cognitive revolution：a historical perspective［J］．Trends in cognitive, 1990, 7（3）: 141—144.

科学和类脑研究）[①]；企业应重点放在开发具有商业应用价值的项目上，不应一味追求观赏性。例如，在深度学习带来革命的所有研究方向中，当下只有电子游戏这个方向持续带来良好的商业利益，深度学习在促进人类福祉方面的贡献，目前仍太小。

二、心理学理应为人工智能的健康发展提供理论指导

由人工智能的定义可知，人工智能学科的主要目的是模拟、延伸和扩展人的智能，并建造出像人类一样可以胜任多种任务的通用人工智能系统，而心理学关于人类心理与行为研究可以算是目前唯一的智能模板，所以，心理学理应为人工智能的发展提供指导思想。概要地讲：符号主义进路与联结主义进路是人工智能领域相互竞争的两个重要流派。符号主义进路使用明确的指令一步步指引计算机完成任务，联结主义进路通过深度学习，使用学习算法从大数据中提取输入数据与期望输出的关联模式。在 20 世纪 80 年代以前，一直是符号主义进路占据上风，2012 年 10 月以来，直至当下，联结主义进路成为人工智能的主流。2018 年的图灵奖就颁发给了因在人工智能联结主义进路上做出突出贡献的三位学者：杰弗里·欣顿、约书亚·本吉奥以及杨立昆。人工智能联结主义进路的成功，使得各国政府纷纷出台有关人工智能发展的报告或文件。例如，美国白宫于 2016 年前后相继颁发《美国国家人工智能战略计划》《为人工智能的未来做好准备》《人工智能、自动化与经济报告》三份报告，用以指导美国人工智能的相关科学研究与商业开发。我国国务院于 2017 年发布《新一代人工智能发展规划》，提出到 2030 年要在人工智能理论、技术与应用总体达到世界领先水平，成为世界主要人工智能创新中心。全球各大科技公司也纷纷投入这一领域。例如，特斯拉的开源人工智能系统 OpenAI、IBM 公司的专家系统沃森（Watson）系统以及百度大脑

① 蒲慕明，徐波，谭铁牛．脑科学与类脑研究概述［J］．中国科学院院刊，2016，31（7）：725-736.

计划等。出台这些报告与文件以及开启商业化浪潮，吸引了大量社会资本的涌入，人工智能迎来了第二次黄金发展期。

虽然联结主义人工智能自 2012 年 10 月以来一直如日中天，但由于联结主义人工智能存在上文所讲的一些缺陷，并且，经过特定样本训练的神经网络只能处理特定类型的任务，无法成为通用人工智能。符号主义进路研究者一直在为开发具有通用性质的人工智能努力。例如基于符号主义所开发的“非公理推理系统”（non—axiomatic reasoning system，缩写 NARS，又称纳思系统）就是一种具有通用用途的计算机推理系统。纳思系统能够对其过去的经验加以学习，并能够在资源约束的条件下对给定的问题进行实时解答。① 目前，纳思系统已经被学界视为“通用人工智能”（artificial general intelligence）运动的代表性项目之一。② 此外，IBM 公司的沃森系统也是基于符号主义开发的，沃森系统在电视知识竞赛《危险边缘》（*Jeopardy*）中击败了人类对手赢得冠军，沃森系统也具有一定的通用性，因为该节目问题设置的涵盖面非常广泛，涉及历史、文学、艺术、科技及文字游戏等多个领域，并且有时还要解析反讽与谜语。人工智能发展史已证明，忽视模型的泛化能力，退回到过去的专家系统是一条没有前途的死路。不过，通用性是一个相对概念，人类本身也不具有绝对的通用性，发展人工智能不必将通用性作为唯一追求的目标，当下宜采取通用和专用并重的技术路线，重视借助大模型在一个行业或领域内提高效率，降低成本。③

从方法论角度看，结构主义（即联结主义人工智能）采用“灰箱”方法，可能更适合处理不规则的情况，功能主义（即符号主义人工智能）采用“白箱”方法，可能更适合处理规则的情况，并且，结构是功能的基础，功能是结构的

---

① WANG P. Rigid flexibility: thelogic of intelligence［M］. Netherlands: Springer, 2006.

② GOERTZEL B, PENNACHIN C. Artificial general intelligence［M］. Berlin: Springer Verlag, 2007.

③ 李国杰 . 智能化科研（AI4R）：第五科研范式［J］. 中国科学院院刊，2024，39（1）：1–9.

表现，因此，在人工智能的未来研究中须学会“两条腿走路”[①]，即结构和功能研究应相互促进，“白箱”方法与“灰箱”方法应相互结合，取长补短，才能取得更大进展。[②]同时，无论是符号主义还是联结主义进路，两者共同点都是依赖于研究者对信息的表征与符号化（联结主义又被称为“亚符号”），但客观世界并不是符号化的，并且研究者也意识到基于明确表征的人工智能研究范式不能完全解释人类智能所具有的实时性与灵活性。[③④]因此，有研究者主张认知科学应从以人工智能为主的强调“认知即计算”的观念，重回到以人的智能为主的研究中，并提出以第二代认知科学来应对以符号主义与联结主义为主的第一代认知科学所面临的这些问题。[⑤]第二代认知科学的一个核心特征就是心智的具身性，即心智深植于个体的身体结构及身体与环境的互相作用之中。具身认知（embodiment cognition）就是在第二代认知科学的感召下，在认知心理学领域所发展出的一个新兴取向，主要指感官运动经验与系统在认知过程中的动态加工处理。[⑥]具身认知取向研究者认为抽象思维依赖于身体经验，大量行为以及脑神经方面的研究结果支持这一观点。[⑦]最具说服力的当数人脑中镜像神经元——一类特殊神经元，它们可以在个体操作一个指向特定目标的动作时，以

---

① 尼克. 人工智能简史［M］. 北京：人民邮电出版社，2017：111.

② 刘毅. 人工智能的历史与未来［J］. 科技管理研究，2004（6）：121-124.

③ CLARK A. Surfing uncertainty: prediction, action, and the embodied mind［M］. Oxford: Oxford University Press，2016.

④ GALLAGHER S. How the body shapes the mind［M］. Oxford: Oxford University Press, 2005.

⑤ 李其维. “认知革命”与“第二代认知科学”刍议［J］. 心理学报，2008，40（12）：1306-1327.

⑥ GLENBERG A M, WITT J K, METCALFE J. From the revolution to embodiment: 25 years of cognitive psychology［J］. Perspectives on psychological science, 2013, 8（5）: 573-585.

⑦ GLENBERG A M. Few believe the world is flat: how embodiment is changing the scientific understanding of cognition［J］. Canadian journal of experimental psychology, 2015, 69（2）: 165-171.

及在观察其他个体操作同样或类似的动作时被激活，表现出电生理效应的发现，因为这一发现表明并不是如传统符号主义认知心理学所认的，为大脑中的运动皮层仅仅起到动作执行角色，运动皮层在动作目标和意图理解等复杂认知能力中也起着关键作用，为具身认知提供了脑神经方面的证据。①

具身化运动也发展到人工智能领域，著名人工智能专家布鲁克斯（Rodney Brooks）第一次明确提出具身人工智能（embodied artificial intelligence）思想，认为只有当智能系统具有身体，它才有可能发展出真正的智能，传统以表征为核心的经典人工智能进路是错误的，而清除表征的方式就是制造基于行为的机器人，智能体必须拥有一个身体才能进入真实世界中，并通过与世界的互动来突显和进化出智能。②1991 年，布鲁克斯凭借具身人工智能获得人工智能界青年学者的最高奖“计算机与思维奖”，可见人工智能领域对具身主义进路寄予厚望。另一位人工智能专家普菲尔（Rolf Pfeifer）也摒弃了传统认知主义进路，而转向具身进路。普菲尔的突出贡献是其提出的“感觉——运动”模型回路替换传统的“感觉——模型——计划——运动”模型回路，正是对表征消除以及身体的介入使得中间环节得以去除。③由于智能体只通过传感和运动设备来与真实进行互动，具身人工智能又被称为行为主义人工智能。目前具身主义进路人工智能已成为机器人、人机交互等领域的主要指导思想。④⑤

“不能将鸡蛋放入同一个篮子里”。当下在大力发展以深度学习技术为主

---

① 叶浩生．镜像神经元的意义［J］．心理学报，2016，48（4）：444-456.

② BROOKS R A. Intelligence without representation［J］. Artificial intelligence, 1991, 47（1）: 139-159.

③ 罗尔夫，等．身体的智能：智能科学的新视角［M］．俞文伟，等译．北京：科学出版社，2009：86.

④ 陈巍，赵翥．社会机器人何以可能？：朝向一种具身卷入的人工智能设计［J］．自然辩证法通讯，2018，40（1）：17-26.

⑤ 李海英，GRAESSER A C, GOBERT J. 具身在人工智能导师系统中隐身何处？［J］．华南师范大学学报（社会科学版），2017（2）：79-91.

的联结主义进路的同时，需要适度支持符号主义与具身主义两种取向的人工智能，不宜顾此失彼。具身认知、联结主义与符号认知主义相互取长补短，人工智能才有可能迎来第三个黄金发展期。

国家出版基金项目
NATIONAL PUBLICATION FOUNDATION

“人类智能与人工智能”书系（第一辑）

游旭群　郭秀艳　苏彦捷　主编

人工智能的多视角审视

A MULTI-PERSPECTIVE LOOK AT ARTIFICIAL INTELLIGENCE

㊦

汪凤炎◎著

陕西师范大学出版总社　西安

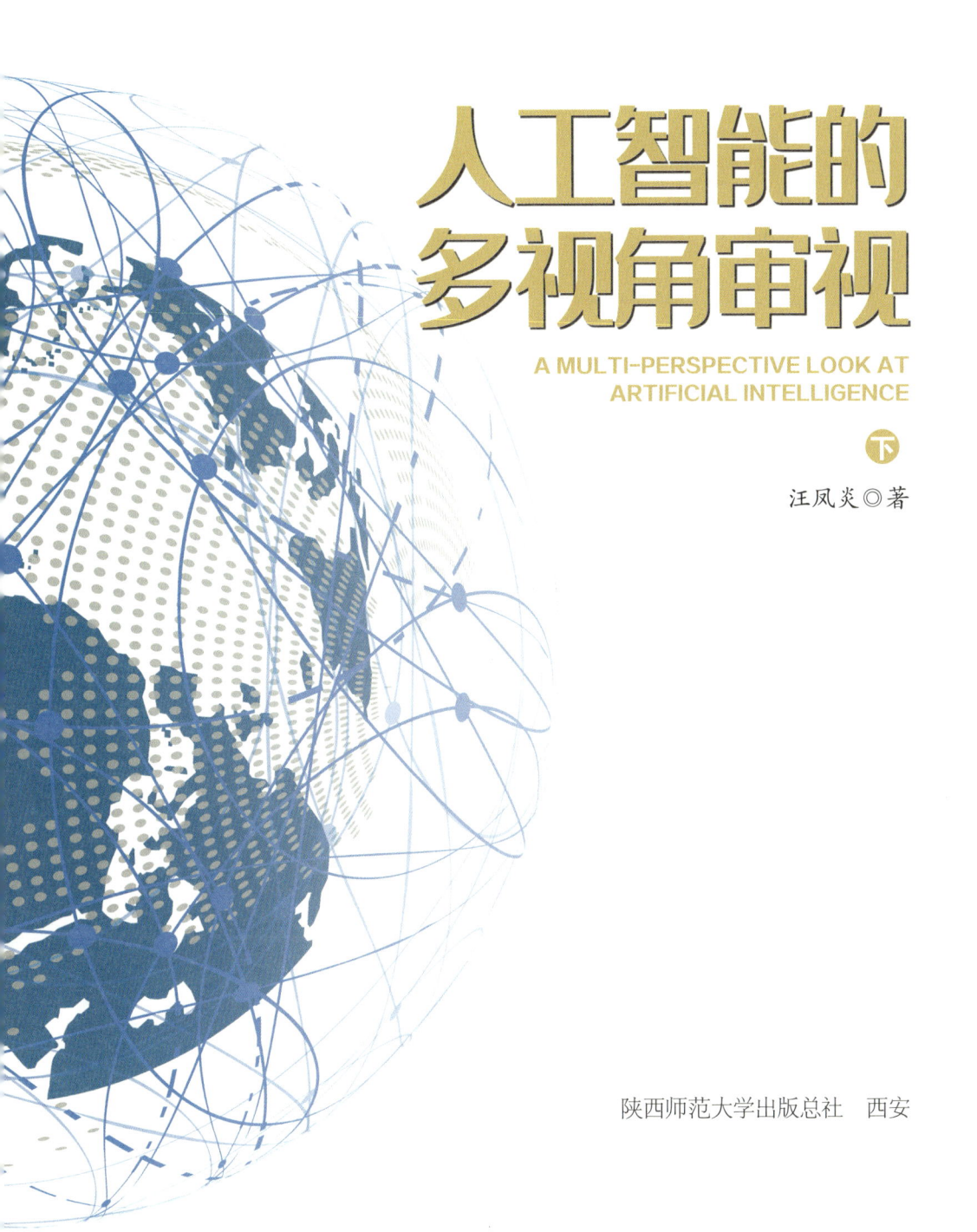

第四章

人工智能与教育和学习

教育和学习是两个既有一定联系又有较大差异的概念。并且，古代的教育多以教师为中心，学生的学习只是在教师的规定下进行，导致教重于学，那时的“学校”实应叫“教校”才确切。“现代的教育，学与教并重，教师必得先了解学生如何学习，然后才能确定如何施教。”①同时，从总体上看，要将教师与学生都视作生命主体；双主体的转换节点是看学生是“迷”还是“悟”。《坛经·行由品》说得好：“迷时师度，悟了自度。”——在当代教育里也渐入人心。②这两方面因素交互作用的结果，导致当代的教育主张教与学并重，教师必须先行了解学生如何学习，然后才能确定怎样施教。这样，“学习”（learning）就成为教育心理学中一个最重要的概念。③相应地，教育与学习的关系必然密切。

当下，随着人工智能的不断迭代升级，人工智能对教育者、受教育者、教育内容和教育手段等教育的四大要素的影响有不断增强的趋势。结果，2018 年，经济合作与发展组织（Organization for Economic Co-operation and Development, OECD，简称“经合组织”）和美国国家科学院合作，于 2019 年启动为期 5 年左右、名为“技术的未来：人工智能和机器人对教育的影响”的研究项目，旨在探讨未来数十年人工智能和机器人技术的变化及其对教育的影响。这一项目将在以下四大技能领域评测人工智能和机器人技术的发展：（1）一般认知技能，如阅读和算术、听和写等；（2）专家认知技能，如医疗诊断和科学推理等；（3）身体技能，如驾驶技能等；（4）社会技能，如对话等。④2024 年 1 月 30 至 31 日，由中华人民共和国教育部（以下简称“教育部”）、中国联合国教科文组织全国委员会、上海市人民政府共同举办的 2024 世界数字教育大会在上海

① 张春兴．教育心理学：三化取向的理论与实践［M］．杭州：浙江教育出版社，1998：169.
② 汪凤炎，燕良轼，郑红．教育心理学新编（第五版）［M］．广州：暨南大学出版社，2019：129.
③ 同② 86-87.
④ 方乐．OECD 将启动人工智能研究项目［J］．世界教育信息，2018，31（18）：77-78.

召开，来自全球70余个国家和地区以及有关国际组织共800余名国内外代表参加大会。沿承2023年世界数字教育大会的“数字变革与教育未来”，2024年世界数字教育大会以“数字教育：应用、共享、创新”为主题，组织了全体会议和六场平行会议，发布了六项成果及“数字教育合作上海倡议”，举办了“数智未来”教育展，旨在与各国政府、大中小学、企业及其他利益攸关方，有关国际组织和非政府组织一道，共同探讨数字教育的实践与创新，以及通过教育数字化促进包容、公平的优质教育，推动实现联合国可持续发展目标。①在2023年世界数字教育大会上的主旨演讲中，中国教育部部长怀进鹏提出数字教育是公平包容、更有质量、适合人人、绿色发展、开放合作的教育，并强调秉持联结为先（connection）、内容为本（content）、合作为要（cooperation）的“3C”理念。②在2024年世界数字教育大会上的主旨演讲中，怀进鹏提出从“3C”走向“3I”，即集成化（integrated）、智能化（intelligent）、国际化（international），突出应用服务导向，扩大优质资源共享，推动教育变革创新，将中国数字教育打造为落实全球发展倡议、全球安全倡议、全球文明倡议的实践平台，为世界数字教育发展与变革提供有效选择。将实施人工智能赋能行动，促进人工智能技术与教育教学（AI for education）、科学研究（AI for science）、社会（AI for society）的深度融合，为学习型社会、智能教育和数字技术发展提供有效的行动支撑。③由此可见，人工智能与教育和学习的关系密切。

用不同标准分，可将人工智能在教育与学习中的应用分为不同类型或层次。例如，按所用人工智能教育教学系统的智能深浅程度分，可将其分为三种类型：

① 冯婷婷，刘德建，黄璐，等．数字教育：应用、共享、创新：2024世界数字教育大会综述［J］．中国电化教育，2024（3）：20.

② 怀进鹏．数字变革与教育未来：在世界数字教育大会上的主旨演讲［J］．中国教育信息化，2023，29（3）：2.

③ 怀进鹏．携手推动数字教育应用、共享与创新：在2024世界数字教育大会上的主旨演讲［J］．中国教育信息化，2024，30（2）：7.

（1）初级运用。将某些初级人工智能教育教学系统作为教育与学习的辅助工具，在教育或学习中加以运用，可以在一定程度上代替教师对学生进行个性化指导。如人工智能问答系统、人工智能辅助教学系统、人工智能辅助学习系统等，帮助教师解决一些教育教学中出现的重复性强的初级问题。（2）中级运用。将某些中级人工智能教育教学系统作为教育与学习的辅助工具，营造出以人为主、以人工智能教育教学系统为辅的人工智能教育或学习生态系统，在教育或学习中加以运用。如用人工智能进行学习分析，帮助教师了解学生，对学生的学习做出恰当的评估与诊断，并对教学策略进行及时调整。（3）高级运用。让高级人工智能机器人替代教师，在前台扮演教师的角色，开展教育或教学工作。① 如果说在前两种运用中，人工智能均扮演辅助角色，主角仍是人，那么，在人工智能的高级运用中，人工智能将在前台扮演主角，人退至后台扮演辅助角色。

第一节　人工智能对教育和学习的促进

从古至今，每次技术的进步都让教育和学习获益良多。如造纸术和印刷术促进了知识的传播，让更多的人有了受教育和学习的机会；广播电视、互联网的出现，极大促进了教育和学习。人工智能也是一种工具，只不过是一种有智能的工具。当下，越来越智能的人工智能的出现，给教育与学习带来革命性影响。如，教育人工智能实现了人存在方式的转变；优质教育资源的共享，让教育者和受教育者得到知识的途径越来越便捷；学习方式的革新，在促进学习环境、教学方式和课堂管理的转型升级，形成精准化和个性化的教育服务体系等方面发挥着巨大作用。

① 冯婷婷，刘建德，黄璐，等．数字教育：应用、共享、创新：2024 世界数字教育大会综述［J］．中国电化教育，2024（3）：20-36.

一、人工智能改进教育和学习理念

（一）人工智能改进教育理念

1. 发展个体学会学习的能力、学会共情和智慧：人工智能对教育理念的改进

陶行知说："千教万教教人求真，千学万学学做真人。"[①]印证"人"是教育的起点与归宿，教育的目的应放在"育人"上。映射到教育理念和教育目标上：农业时代，需要个体和手工劳动者，最重要的是肌肉力量。工业时代，机器取代人力，知识就是力量。互联网的诞生，让人类快速进入了互联网时代，此时显性知识已不再稀缺，需要重视培养学生检索信息、概括信息的能力，而不是死记硬背的本领。人工智能时代，凡是可计算的知识迟早将被人工智能所取代，不再具有竞争力。人类有未雨绸缪的能力，为了不被人工智能所淘汰，须了解人工智能将来有可能发生什么，不可能发生什么，在此基础上，早做预案、早做准备，进而尽早培养个体不被未来人工智能取代的能力 。回顾人工智能的发展历程可知，人类拥有无限的创造潜力、悟性（"举一反三""举一反十"）、群体智能、通用技能、智慧等（详见前文"人类智能与人工智能的比较"），这是人类智能优于人工智能的地方。这之中，学会学习的能力、学会共情和是否拥有智慧以及智慧发展水平的高低已成为决定人类个体和群体是否强大、能否健康且可持续性发展的关键因素。人工智能越发达，越需要学会学习的能力，越需要学会共情，越需要智慧的支撑。因此，在教育理念上，人工智能时代的教育应侧重培养学生学会学习的能力，培养学生的共情力，培养学生的智慧。[②]

2. 为什么要发展个体学会学习的能力、共情力和智慧?

在人工智能时代，为什么要发展个体学会学习的能力？缘由主要是：如前

① 陶行知 . 陶行知教育文选［M］. 北京：教育科学出版社，1981：336.

② 汪凤炎 . 培育智慧心：提升立德树人效果的有效路径［J］. 阅江学刊，2024，16（3）：144–154.

文所论，在知识系统的研发和建设过程中，专家们认识到，依赖人类给机器灌输知识，仅限于某个专业领域中还有些许可行性，但对于多数领域而言，靠人类是无论如何都不可能跟上无穷无尽知识及知识增长速度的，让机器具有智能的关键，还是要想方设法让机器自身具有自动学习的能力。同理，在人工智能时代，应关注“教育+人工智能”[①]的融合要求，“授之以鱼，不如授之以渔”，教育理念与目标宜从过去“侧重知识的传授”转变为培养学生学会学习的能力。

在人工智能时代，为什么要培育个体的共情力？这是因为，在情感和价值观维度，目前最高端的人工智能虽能对个体或群体的生理反应、面部表情和肢体动作加以监测观察，获得大量数据以建立自身情绪分析和学习数据库，据此判断对方的情绪，同时输出自己的“情绪”，但情感能力与个体的价值观和关系处理能力高度相关，当下的人工智能不具有自我意识和自我价值观，没有自然流露的情感，尚无法妥善识别和处理个体与自我的关系（“人—我”关系）、个体与他人或社会的关系（“人—他”关系）和个体与自然的关系（“人—自然”关系），自然难以细腻地体会他人的感情，[②]无法产生共情（empathy）。在人工智能飞速发展的当下，如果人工智能变得越来越像有良知或有智慧的人，那绝对是一件大好事，最令人担忧的是，未来的人工智能会不会变成人类的主宰，甚至取代人类？未来的人类会不会变得越来越像冷冰冰的机器人，或变得越来越智障？其中，要防止未来人工智能变得越来越冷酷无情以及未来的人类变得越来越像冷冰冰的机器人，关键对策之一就是要恰当地培育人的共情力。什么是共情？共情是指自己与他人情意相通。共情是指自己与他人情意相通。在心

① 说明：也有人提“人工智能+教育”。在笔者看来，“教育+人工智能”的重点在“教育”，人工智能只是为教育服务的工具和手段，而“人工智能+教育”的重点在“人工智能”，教育只是为人工智能服务的。出于本章的研究旨趣，故用“教育+人工智能”的提法。

② 蔡连玉，韩倩倩．人工智能与教育的融合研究：一种纲领性探索［J］．电化教育研究，2018，39（10）：28.

理咨询领域，共情是指咨询师准确体会和认识来访者的内心世界并将这种体会和认识传达给来访者的态度和能力，又称同感、共感、同理心，是来访者中心疗法的核心概念。[①] 共情者虽易引发同情（sympathy or compassion），但共情不是同情。同情是指对他人的遭遇或行为在情感上发生共鸣。[②] 了解他人不幸遭遇后对其所产生的一种理解和关心是同情。因此，同情的对象一般正处于某种不幸状态，被同情者体验到的多是痛苦、悲伤之类的负面情绪；与同情不同，共情的对象既可以处于某种不幸状态，也可处于某种幸福状态，共情对象所体验到的情绪既可以是痛苦、悲伤之类的负面情绪，也可以是快乐、幸福的正面情绪。并且，同情无法保证自己能够准确知晓别人遭遇的不幸到底有多严重和痛苦；同情者和被同情者的关系也不够平等，因为同情者只是觉得被同情者是可怜的；同情虽包含了希望遭遇不幸者能够生活得更加美好的愿望，但也包含了一种自我暗自庆幸的心理，即发觉自己没有经历他苦难而感到幸运。如何与人恰当共情？要点至少有四：（1）要通人情。读者若对此感兴趣，请参阅拙著《中国文化心理学新论》（上册）里的“中国人的人情观”。[③]（2）防止因共情而生偏见。“物以类聚，人以群分。”共情易生偏见，如白人对白人易共情，故要防止因共情而生的各种偏见。（3）共情是双刃剑，需要保持一定的度，尤其是要注意共情的情境性。例如，若一牙医对你牙疼出现共情，另一牙医对你牙疼不表现出共情，你愿选谁来给你种牙？（4）要警惕别有用心的人利用共情来获得你的认同和赏识，然后利用你的资源来做坏事。共情也不是移情（transference）。移情是指来访者将其过去对生活中某些重要人物的情感和态度转移到咨询师身上的过程。按照情感反应的状态，移情有正移情和负移情之分：前者是指来访者将对父母

① 中国大百科全书（第三版）总编辑委员会．中国大百科全书：第三版·心理学［M］．北京：中国大百科全书出版社，2021：97.

② 陈至立．辞海（第七版彩图本）［M］．上海：上海辞书出版社，2019：4371.

③ 汪凤炎，郑红．中国文化心理学（第 6 版）［M］．广州：暨南大学出版社，2024：215–239.

等重要关系中产生的喜欢、崇拜、依赖等积极情感转移到咨询师身上，对咨询师十分依恋、顺从；后者是指来访者将敌对、不满、怀疑等消极情感移到咨询师身上，从而在行动上表现出敌对、不满、怀疑、拒绝、被动、抵抗和不配合。①

在人工智能时代，为什么要培育个体的智慧？这是因为，一方面，在知识和技能（重复性）方面，当下的人工智能通过互联网拥有庞大数据库（显性知识），又因芯片和软件（包括算法）的不断进步，拥有远超人类的超强记忆力、超强算力和深度学习能力，并且，和人类相比，当下的人工智能在知识的海量性、计算力、重复性技能的精准性以及工作精力的旺盛性等方面更具有压倒性优势。但是，在创造力方面，当前人工智能尚处于较弱阶段，鲜有人工智能可从事真正创造性的劳动。即使将来的人工智能可能会发展出一些类似于人类创造力的智能，除非是达到独立自主的水平，否则，仍只能是在人类预设的模板上“创作”，其基础还是逻辑计算，并不是真正意义上的自由的、基于丰富想象力的创造性活动。就创造力而言，人类具有不容置疑的优势。可见，在人工智能时代，机器不仅取代了人的体力，更有人工智能取代简单的重复脑力劳动，并能完全胜任纯粹基于计算的脑力劳动（如下棋）。② 不过，正如李飞飞所说：没有谁能预测下一个爱因斯坦将何时出现。人类创造力的不确定性将永远存在于人类社会，无论你如何训练机器，都无法让机器生出人类的创造力。③ 另一方面，当历史进入 21 世纪后，伴随极端民族主义运动的扩散，当今世界所面临的各种冲突有加剧的趋势，当前某些地区正处于战争中，另外一些地区爆发战争的概

① 中国大百科全书（第三版）总编辑委员会．中国大百科全书：第三版·心理学［M］．北京：中国大百科全书出版社，2021：451–452.

② 王竹立．技术是如何改变教育的？兼论人工智能对教育的影响［J］．电化教育研究，2018（4）：5–11.

③ DALLY B, LI F-F. The high-speed revolution in AI and managing the impact on humanity［EB/OL］.（2024-06-22）［2024-06-24］. https://www.youtube.com/watch?v=t4C7r7eBFug&t=2342s.

率有增大的风险。[①]在人工智能时代，一旦发生战争，交战双方都会充分利用人工智能来为战争服务，希望在减少己方伤亡与损失的同时，增大敌方的伤亡和损失，这种想法与做法若不加克制，在给交战双方百姓带来巨大伤害和损失的同时，还有损害全球民众公共福祉（common good）的风险。在这种时代背景下，除非将来人工智能升级为人工智慧（详见第七章），否则，如何拥有并发挥智慧应对各种冲突，促进地区之间、国与国之间、组织与组织之间、人与人之间的和谐交流，是摆在人类面前的一道难题，毕竟目前智慧是人类所独有而人工智能尚不具备的。无论是个体还是群体，能否拥有智慧以及拥有多高水平的智慧将成为制约其在 21 世纪生存与竞争的关键因素。为了有效应对人类当前所面临的复杂困境，为了更好地推进和落实“人类命运共同体”意识，最关键的是必须尽早开展智慧教育，帮助个体尽早生成智慧，并不断提升其智慧发展水平。个体一旦拥有智慧，尤其是拥有高水平的智慧，方能以一变应万变。那么，什么是智慧，如何培育智慧？这在后文有详论，此处不赘述。

（二）人工智能改进学习理念

与人工智能时代的教育理念一致，人工智能时代的学习理念是，个体须尽快提升自己善于学习的能力，同时，尽早树立起追求智慧的理念，让自己尽早拥有智慧，并不断提升自己的智慧水平。理由在上文已论述，不再赘述。除此之外，人工智能改进学习理念还体现在如下两个方面。

1. 人工智能让“以学习者为中心”的理念变成现实

人工智能通过精准的大数据分析，促进教育向“以学习者为中心”的个性化、精准化、智能化方向发展，让“以学习者为中心”的理念变成现实。首先，人工智能可通过分析学生的学习行为、兴趣和能力，提供个性化的学习体验，

① STERNBERG R J. Four ways to conceive of wisdom: wisdom as a function of person, situation, person/situation interaction, or action［J］. The Journal of value inquiry, 2019, 53: 479－485.

定制化的学习内容、任务和反馈有助于满足每个学生的独特需求，使学习更加贴近个体差异；其次，人工智能可通过自适应教育系统，根据学生的学习进度和表现，动态调整教学内容和难度，这有助于确保学习者不会感到过于困难或过于简单，从而能提高学习效果；最后，人工智能可以提供实时的反馈和指导，帮助学生及时纠正错误，理解概念，这种即时性的支持有助于学生在学习过程中更快地掌握知识和技能。①

2. 从关注人类学习的工作原理，转变为如何通过人工智能环境创造性地设计学习场域

“教育 + 人工智能”正在从外置性技术辅助走向内融性技术渗透，② 学习的发生机制、支持环境和调控形式也在悄然发生变化，一些学习理论开始从关注人类学习的工作原理，转变为如何通过人工智能环境创造性地设计学习场域，以满足学习者个性化的学习需求，让学习者获取更高水平的思维与实践能力。③

二、人工智能改善师生关系

角色（role），又称“脚色”或“社会角色”，指个体在特定社会关系中的身份及由此而规定的行为规范与行为模式的总和。要准确把握角色的内涵，必须掌握三个要点：（1）它是一套社会行为模式，每一种社会行为都是特定社会角色的体现；（2）它是由人们的社会地位和身份所决定的，角色行为一般反映出个体在群体生活和社会生活中所处的位置；（3）它是符合社会期望的，按照社会所规定的行为规范、责任和义务等去行动。④ 人工智能时代，人类教师是

① 王晓生．人工智能时代：“以学习者为中心的精准教育”［N］．社会科学报，2023-04-27（05）．

② 刘丙利，胡钦晓．人工智能时代的教育寻求［J］．中国电化教育，2020（7）：91-96.

③ 郭炯，郝建江．人工智能环境下的学习发生机制［J］．现代远程教育研究，2019 31（5）：32-38.

④ 朱智贤．心理学大词典［M］．北京：北京师范大学出版社，1989：348.

否能被人工智能取代？我们的回答是：韩愈在《昌黎先生集》卷十二《师说》里说："古之学者必有师。师者，所以传道、授业、解惑也。"可见，人类教师的作用不仅是传授知识（授业），还须通过情感投入和价值观引导，教会学生做人（传道和解惑），这样，人工智能无法轻易取代人类教师这个职业，但会改变教师的角色和作用及其与学生的关系，让师生关系变得越来越平等，进而做到"教学相长"。具体地说，如果借鉴冯友兰的"抽象继承法"，[①②] 韩愈将教师的职业角色依其重要性由高至低分为传道、授业、解惑三种，若将它们作现代性诠释，仍是现代教师宜扮演的角色，[③] 不过，这三个角色不再固定在作为职业的教师身上，而是会由扮演教师角色的人承担。

（一）师生可相互传道，使师生关系更趋平等

如果将"道"作"有关宇宙人生之根本规律"理解，而不局限于儒家道统，认为身为人师者，最紧迫的任务是先向学生传授"有关宇宙人生之根本规律"，以便让学生能够正确看待宇宙、人生，树立正确的世界观、人生观和价值观，做到敬畏良心、敬畏真理、敬畏良法，正确为人处世；在此基础上，假若学生学有余力，再教以具体学问（即"授业"）。若作这种理解，那"传道者"显然既是当代为人师者应扮演的重要角色之一，也是为人师者应尽的责任与义务。一名教师只有自觉担当起"传道者"的角色，才能对教师职业生出一份自觉与自信，才能在各种诱惑面前保持一颗恬淡、坚韧的心。

只不过，正如韩愈在《师说》里所说："生乎吾前，其闻道也固先乎吾，吾从而师之；生乎吾后，其闻道也亦先乎吾，吾从而师之。吾师道也，夫庸知其年之先后生于吾乎？是故无贵无贱，无长无少，道之所存，师之所存也。……

① 冯友兰．中国哲学遗产底继承问题［N］．光明日报，1957-01-08．
② 冯友兰．再论中国哲学遗产底继承问题．哲学研究，1957（5）：73-81．
③ 汪凤炎，燕良轼，郑红．教育心理学新编（第五版）［M］．广州：暨南大学出版社，2019：599-600．

孔子曰：‘三人行，则必有我师。’是故弟子不必不如师，师不必贤于弟子，闻道有先后，术业有专攻，如是而已。”这是说，“传道”虽是教师永恒的首要职责，但胜任传道职责的教师的具体人选却在不断变化中。扮演教师角色的首要标准是看他是否先于自己“得道”，而不是看他的年龄大小、社会地位的高低和是否有教师资格证。1970年，玛格丽特·米德（Margaret Mead）在《文化与承诺——一项有关代沟问题的研究》一书中，从文化传递方式的角度，将整个人类的文化划分为三种基本类型，提出了著名的“三喻文化”：前喻文化是指晚辈主要向长辈学习，其基本特征是稳定性和连续性；并喻文化，也叫“同喻文化”，是指晚辈和长辈的学习都发生在同辈人之间；后喻文化是指长辈反过来向晚辈学习。[①]假若说在“前喻文化”时代，因文化具有较高的稳定性和连续性，导致弟子贤于师者的概率小，那么，在人工智能时代，文化具有明显的后喻文化特点，此时，某些弟子早于师者得道的概率急增。这样，在人工智能时代，师生中的任何一方只要先于自己“得道”，都可当自己的老师；一个人只要暂未“得道”，就要虚心向那些已“得道”的人学习。由此可见，此时师生关系是平等的、双向变化的。

（二）师生可相互授业，使师生关系更趋平等

“业”指“学业”。在韩愈看来，教师的第二个重要角色是“知识的传授者”，其职责就是向弟子传授文化知识，使学生在修身养性的同时，获得一定的谋生本领。这显然至今仍是教师理所当然应扮演的一个重要角色。因为千百年来，不管社会如何变迁，教师依然承担着知识传授、能力培养的重要使命，这也是学校和教师存在的价值之一。当然，作为一名现代教师，不但要传授给学生关于某一科目的科学知识（毕竟现代教师基本上都是分科的），更要传授给学生

① 米德．文化与承诺：一项有关代沟问题的研究［M］．周晓虹，周怡，译．石家庄：河北人民出版社，1987：7.

正确做人的知识，进而启发学生独立思考，培养学生辨别真伪、善恶、是非的能力。同时，教师的这一角色特征要求教师必须具有符合“六度”标准的知识系统。“六度”指知识的高价值度、知识的高度、知识的深度、知识的广度、知识的精度与知识的新度。①

不过，随着人工智能时代的到来，传统意义上教师无所不知、无所不通、无所不晓的角色期望与现实之间产生了一定冲突，弟子在某一领域（如统计方法）贤于师者的概率急增，学生已知道或已精通而教师尚未了解或尚未熟练掌握的事情已经并不罕见。“知之为知之，不知为不知，是知也。”当学生在某一领域贤于师者时，教师要由衷感到高兴，并虚心向学生请教。这样做非但不会影响教师的威信，教师谦虚的求知态度反而会影响学生的情感。当然，如果教师面对时代的发展不能做到不断提高自己，处处、时时难以回答学生的问题，就不是一个态度问题，而是一个是否具备教师资质的问题了。②

（三）师生可相互解惑，使师生关系更趋平等

“惑”指“疑惑”。概要言之，它既可以是学生在“修道”过程中遇到的一些疑难问题，也可以是学生在修习学业过程中遇到的一些疑难问题。有疑惑就需要有教师来解惑，因为“惑而不从师，其为惑也，终不解矣。③”所以，在韩愈看来，教师的第三个重要角色是“学生疑惑的解除者”，其职责就是要有爱心、责任与义务、智慧地帮助学生解除其在身心成长和学习过程中所遇到的各种疑难问题。这就要求教师要做学生值得信赖的朋友、知己，这样，师生之间才能流畅地交流知识、情感、人生观与价值观等，教学相长在学校才真正具有了实际效用。自然而然地，学生一旦有疑惑，才会想到向教师求助。当然，师生之

① 汪凤炎，燕良轼，郑红．教育心理学新编（第五版）［M］．广州：暨南大学出版社，2019：592-594.

② 同① 600.

③ 韩愈．韩愈全集［M］．钱仲联，马茂元，点校，上海：上海古籍出版社，1997：130.

间的朋友关系不同于社会上的私人朋友和知已关系，应该保持一定的社会距离，这不仅是由师生各自不同的社会角色决定的，而且也是教师准则的一部分，毕竟，过于亲密的师生关系既不利于教育与教学，也容易给人以庸俗的印象。①

不过，如上文所论，随着人工智能时代的到来，教师无法再做到无所不知、无所不通、无所不晓，尤其是在前沿知识、前沿技术上，可能“弟子会贤于师”。这样，极有可能会出现师生相互替对方解惑的情形：一方面，教师因有丰富的人生阅历，多年指导学生的技巧，又掌握了一定的心理学知识，可以专家、长者、朋友的角色对学生的心理施加影响，帮助学生解除在人际交往、生涯规划等方面所生的困惑；另一方面，学生因为学习新东西来得快，教师有时在前沿知识、前沿技术上产生困惑时，也可积极向学生求助。由于教学部分功能的丧失，师生之间并非简单的教与学关系，更多地以对话者和合作者的身份出现，师生相互取长补短，共同前进。同时，人工智能让教师从低附加值的简单重复工作中自我解放，从而专注于构建和谐稳固的师生关系和促进学生全面长远发展。教师不再仅仅是知识的传授者，而是满足学生个性化需求的教学服务提供者、设计实施定制化学习方案的成长咨询顾问。所有这一切均有助于建立起更加平等、和谐的师生关系。②

三、人工智能改进对教育与教学内容

（一）将培育学生具备优于人工智能的智能作为教育和教学的主要内容

1. 想方设法培育个体学会学习的能力

在人工智能时代，由于多种因素的交互作用，“五缺少”现象在当下某些

① 汪凤炎，燕良轼，郑红．教育心理学新编（第五版）［M］．广州：暨南大学出版社，2019：601.

② 苏令银．论人工智能时代的师生关系［J］．开放教育研究，2018，24（2）：23-30.

学生身上较常见：（1）缺少责任心。不要说让他对家庭、学校或国家负责，就是让他对自己的人生负责，他也不愿想，更不愿努力去做。（2）没有危机意识，缺少远大理想与志向。在人工智能时代，宜有危机意识，进而尽早做好职业规划，不选择那些不需要创造力、不需要默会知识、不需要群体智能和智慧的职业，因为这类职业迟早将被人工智能所取代。令人担忧的是，现在一些学生完全不了解人工智能的发展趋势，缺少危机意识，没有远大理想与志向，自然也未采取应对办法。（3）缺少求知兴趣。智能手机的普及，再加电子游戏和短视频的泛滥，导致一些学生沉迷于电子游戏或短视频，“我要学”者少，“要我学者”多，这些学生既无主动学习的动机，也无自学的能力。（4）缺少坚韧不拔的奋斗心。学习怕吃苦，“书难读”是其口头禅，并且，一遇挫就气馁，就放弃奋斗。（5）缺少自律心。这类人明知某些事情不该做，就是忍不住要做。例如，某中学生曾发微信说：“我也知道上课玩手机不对，但手机只要离开手上不超过5分钟，就想将它拿出来玩。”[①]在这种背景下，须以道德教育、智慧教育等为抓手，让学生逐渐知晓学习在其将来能否过上幸福生活中扮演重要角色，认识到犹如机器学会学习是通向人工智能的关键，人类也只有学会学习，才是提升人类自身智能和智慧的关键，从而认识到学会学习的重要性。个体一旦认识到学会学习的重要性，接下来就要培育个体学会学习的方法。个体一旦掌握了高效学习的方法，就能不断提升自己的学习能力。如何培育个体高效学习的方法？

第一，善观察。人类儿童主要是通过观察来认识世界，习得智能的。为了做到善于观察，个体要有一颗智识谦虚（epistemic humility）之心，懂得“山外有山，人外有人”“圣人无常师”“三人行，必有我师焉：择其善者而从之，其不善者而改之”（《论语·述而》）的道理，[②]进而去掉自我中心，对外在的

① 汪凤炎．培育智慧心：提升立德树人效果的有效路径［J］．阅江学刊，2024，16（3）：144-154.

② 汪凤炎，郑红．智慧心理学［M］．上海：上海教育出版社，2022：95.

人与事保持一颗敏锐的开放心态，并善于“观点采择”（perspective taking）。

第二，尽早学会利用人工智能为自己服务。“工欲善其事，必先利其器。”人工智能即将像计算机的 Windows 和 Office 软件一样，渗透进各行各业，虽然个体不一定要学会写代码，但一定要尽早了解人工智能，学会利用人工智能来辅助自己解决所遇到的问题。为了帮助学生了解人工智能，现在许多国家都在教育里添加相关内容。如，在中国，2022 年 4 月《义务教育信息科技课程标准（2022 年版）》（以下简称“新课标”）发布，围绕数据、算法、网络、信息处理、信息安全、人工智能六条逻辑主线组织课程内容[①]。（1）数据：数据来源的可靠性，数据的组织与呈现，数据对现代社会的重要意义；（2）算法：问题的步骤分解，算法的描述、执行与效率，解决问题的策略或方法；（3）网络：网络搜索与辅助协作学习，数字化成果分享，万物互联的途径、原理和意义；（4）信息处理：文字、图片、音频和视频等信息处理，使用编码建立数据间内在联系的原则与方法，基于物联网生成、处理数据的流程和特点；（5）信息安全：文明礼仪、行为规范、依法依规、个人隐私保护，规避风险原则、安全观，防范措施、风险评估；（6）人工智能：应用系统体验，机器计算与人工计算的异同，伦理与安全挑战。新课标要求按照义务教育阶段学生的认知发展规律，统筹安排各学段学习内容。[②] 小学低年级注重生活体验；小学中高年级初步学习基本概念和基本原理，并体验其应用；初中阶段深化原理认识，探索利用信息科技手段解决问题的过程和方法。这也是面向数字时代经济、社会和文化发展要求所提出的新的教学内容。具体来说，信息科技课程的教学内容主要包括信息意识、计算思维、数字化学习与创新、信息社会责任。其中，信息意识是指个体对信息的敏感度和对信息价值的判断力；计算思维是指个体运用计算机科学领域的思想

---

① 中华人民共和国教育部．义务教育信息科技课程标准（2022 年版）［S］．北京：北京师范大学出版，2022：16–17.

② 同① 12.

方法，在问题解决过程中涉及的抽象、分解、建模、算法设计等思维活动；数字化学习与创新是指个体在日常学习和生活中通过选用合适的数字设备、平台和资源，有效地管理学习过程与学习资源，开展探究性学习，创造性地解决问题；信息社会责任是指个体在信息社会中的文化修养、道德规范和行为自律等方面应承担的责任。总的来说，新课标的发布反映数字时代正确育人的方向，也是人工智能对教学内容更新换代的标志性代表。在美国，2024 年 3 月底，美国加州大学伯克利分校电气电子计算机工程系杰拉尼·纳尔逊（Jelani Nelson）教授在 mathmatters.ai 网站上发起一项名为“人工智能时代，强有力的数学非常重要”（strong math foundations are important for AI）的签名活动，向目前倾向于简单数学教育的观念发出警告，强调了强有力的数学教育在 AI 时代的重要性，以便尽快为个体夯实数学基础。在杰拉尼·纳尔逊教授看来，现代人工智能植根于数学，代数、微积分和概率等是现代人工智能的核心。例如，深度学习的算法支柱——梯度下降（gradient descent）——通过将微积分与（线性）代数相结合来证明这种联系；向量和矩阵是人工神经网络的构建块，对数尺度上的增长建模是神经网络训练科学的基础（Vectors and matrices are the building blocks of neural networks, and modeling growth on a logarithmic scale is fundamental to the science of neural network training.）；三角和勾股恒等式并未过时，而是构成数据科学关键工具的基础，包括傅立叶变换和最小二乘算法（the Fourier transform and least squares algorithms）。其中，我们生活在一个波的世界，眼睛看到的是光波，耳朵听到的是声波，傅立叶变换是用波函数（即三角函数）建模分析波的世界。傅立叶变换将满足一定条件的某个函数表示成三角函数（正弦和 / 或余弦函数）或者它们积分的线性组合。在高中学习数学的这些内容，可为今后的机器学习、数据科学或科学、技术、工程和数学领域的专业化做最好的准备，通常企业也更愿意雇佣掌握这些数学知识的学生，而不是那些对最新工具或软件知之甚少的学生。这个活动现已得到 OpenAI CEO 萨姆·奥特曼、特斯拉公司CEO 埃隆·马斯克、谷歌首席科学家杰夫·迪安、NVIDIA 首席科学家比尔·达利等大咖的支持，影响力范围在不断扩大。

第三，善疑好问。它包括善疑与好问两个子阶段：（1）善疑。质疑的根本作用是防止和克服心理定势。吕祖谦说："学者不进则已，欲进之则不可有成心，有成心则不可进乎道矣。故成心存则自处不质疑，成心亡，然后知所疑。小疑必小进，大疑必大进。"这里的"成心"就是先入之见和心理定势。防止和克服心理定势策略就是质疑，甚至在无疑处质疑，先入之见就无从产生。陈献章更是明确提出了"疑者，觉悟之机也"的主张，他在《与张廷实主事（之十三）》一文里说："前辈谓'学贵知疑'，小疑则小进，大疑则大进。疑者，觉悟之机也。一番觉悟，一番长进。"为学者若善于发现问题，就容易由疑生悟，于是，学者在求学过程中要善于发现问题，要善疑，不要盲从、盲信。如孟子在《尽心下》一文里说："尽信《书》，则不如无《书》。"张载在《经学理窟·学大原下》里说："义理有疑，则濯去旧见以来新意。"等等。为什么要善疑？因为质疑与学习具有等值性。有学习发生的地方就一定有质疑，没有质疑的读书、背诵那不能称作学习。张载说："在可疑则不可疑者，不曾学。学则须疑。"按照这一标准，一切缺少问题意识的学习都不能算作学习。如何才算善疑问？至少须做到两点：一是在值得怀疑的地方一定要质疑。什么地方值得怀疑呢？那就是不清楚、不明白的地方，即在给定与目标之间遇到障碍的时候。二是在没有可疑之处进行质疑。张载说："于无疑处有疑，方是进矣。"陆九渊说："为学患无疑，疑则有进。"胡适说："容忍比自由更重要。做学问要在不疑处有疑，待人要在有疑处不疑。"（2）好问。"学问"一词表明"有学才有问，有问才有学"。学习者一旦有了疑问，若自己一时解答不出，就宜积极寻求他人的帮助，这就是要好问。在《淮南子》看来，好问是取得学习成就的重要途径与方法。《淮南子·主术训》说："文王智而好问，故圣；武王勇而好问，故胜。"①

第四，学会以近知远，以一知万，以微知明。它由荀子明确提出。《荀子·非相》载："故曰：欲观千岁则数今日，欲知亿万则审一二，欲知上世则审周道，欲知周道则审其人所贵君子。故曰：以近知远，以一知万，以微知明。此之谓也。""以近知远"，是指从眼前可见事物推知远处不可见事物的思维能力。"以一知万"，是指以极少量的信息推知多个信息的思维能力。"以微知明"，是指从可见的小事物或事物的细微之处推知大事物或事物全体的能力。正所谓"一叶知秋"。典型实例之一便是箕子从商纣王用象牙筷中推知商朝将灭亡。②用今天的眼光看，"以近知远，以一知万，以微知明"实际上是指人的卓越推理力、顿悟力和预测力，这三种能力是目前依靠大数据、高速计算力和巨额能源支撑的人工智能所不具备的。③

第五，既善于找规律，又善于利用偶因和假设进行推理。（1）善于找出规律，知其所以然，而不能只是死记硬背。如《河南程氏粹言·论学篇》就主张："善学者，当求其所以然之故，不当诵其文，过目而已也。"（2）善于利用在生活中的一些机缘巧合来使自己做到触类旁通。刘壎曾在《隐居通议·理学一·论悟》里用一个故事来阐明这个道理："近于九月间，客洪城，遇北人月东门老于宋庭宾家，盖学道之士也。衣履如道人，谈论娓娓，自言出家从师，久而无获。一日，师令往某处，正雪中，既寒且饥，因结履，忽有悟，则见天地万物，洪纤曲直，如清净琉璃，无不洞彻，自此了无滞碍……"心理学家在研究顿悟时指出，当理论思维在越来越高的层次进行抽象思考时，遇到一种有意识的激发（启发）或无意识的促发（偶因）时，顿悟状态就可在人身上出现；同时，

① 汪凤炎．中国心理学思想史［M］．上海：上海教育出版社，2008：251.

② 同① 252–253.

③ 汪柔嘉，汪凤炎．关于人工智能创造力的三个问题．［待出版］.

当一个人遇到一个一时无法解决的难题时，有时偶因的确能帮助其顺利破解难题。古人将偶因视作觉悟的条件之一的思想有一定见地。[①]（3）人类认知的本质是“理论驱动”的。人类不仅能够通过现有数据得出合理推论，更能基于假设、直觉及跨领域的联想，提出具有前瞻性的创新想法。以 19 世纪末人类飞行的争议为例，它生动地阐述了人类认知的独特性。当时，科学界普遍认为人类飞行“不可实现”。这一判断基于对数据的传统理解：飞行物的重量越大，越难以升空，正如鸵鸟和火鸡等重量较大的鸟类无法飞行。莱特兄弟却挑战了这种看似无懈可击的论证。他们并未完全遵循传统科学数据的推导，而是从飞行的基本原理出发，提出了大胆的假设，并通过实验验证了这些理论假设的可行性。莱特兄弟的飞行成功背后，是人类理论认知的胜利。他们的假设过程并非仅依赖于已有数据，而是通过理解空气动力学、翼形设计和引擎推力等复杂因素，找到了解决问题的核心路径。这种从假设到验证的过程，超越了简单的模式匹配或数据处理，是目前的人工智能难以企及的。[②]

2. 及时习得三种素养

在人工智能和“地球村”并存的时代，个体若想发展得好，一定要及时习得三种素养：（1）多文化融合视野。因为现在很多企业都是跨国企业，即便是国内企业，其内员工也常来自不同文化圈，特别需要员工有多文化融合视野。（2）对工作的强烈动机和热情。因为员工对工作有了强烈动机和热情，才会自觉去钻研业务，自然能将业务做好。（3）共情力、领导力和团队沟通能力。因为企业常需要团队合作，而不是靠一个人的单打独干，故需要有良好的共情力、领导力和团队沟通能力

---

① 汪凤炎. 中国心理学思想史［M］. 上海：上海教育出版社，2008：253.

② 牛津大学. 无法被 AI 取代的力量：人类认知的理论驱动力［EB/OL］.（2024-11-17）［2025-07-04］.http://www.360doc.com/content/24/1117/22/7230427_1139616576.shtml .

3. 尽早开展智慧教育，培育个体的智慧

一方面，根据蔡曙山对人类心智和认知五个层级划分的理论，人类心智进化的历程从初级到高级可以分为五个层级：神经层级、心理层级、语言层级、思维层级和文化层级（见图 4–1）。由于认知是用心智来定义的，故人类认知从初级到高级也可分为五个层级：神经层级的认知、心理层级的认知、语言层级的认知、思维层级的认知和文化层级的认知，简称神经认知、心理认知、语言认知、思维认知和文化认知。语言区分人类和动物认知，是人类获取经验形成知识的关键，并积淀为文化。文化认知是五个层级中最高层级的认知形式，也是人类特有的认知形式。[①]智慧来源于后天对知识与经验的学习与转化，植于人类历史文化而发展，具有一定的文化属性，是人类所追求的最重要的心理素质。[②③]目前在文化认知层级领域，人工智能虽在不断进步、提高与发展，但远未达智慧的层次。

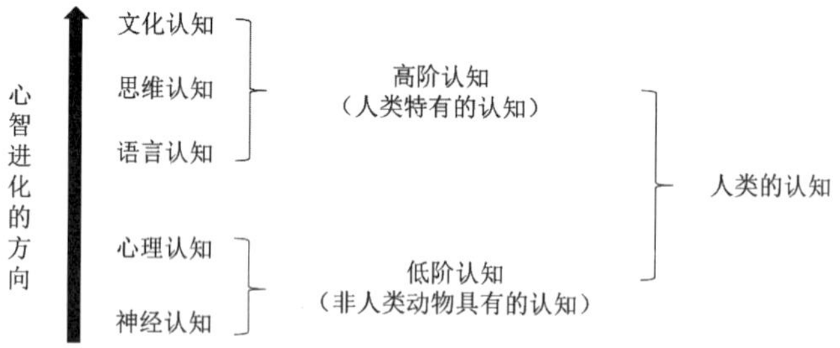

图 4–1 人类认知的五个层次[④⑤⑥]

另一方面，这个世界最远的距离，是智慧走进人脑或人心的距离，这从世

① 蔡曙山，薛小迪．人工智能与人类智能：从认知科学五个层级的理论看人机大战［J］．北京大学学报（哲学社会科学版），2016，53（4）：145–154.

② LERNER R M. PERLMUTTER M. Life-span development and behavior［M］. Hillsdale:Erlbaum. 1994：187–224.

③ 汪凤炎，郑红．智慧心理学的理论探索与应用研究（增订版）［M］．上海：上海教育出版社，2023.

④ 蔡曙山．论人类认知的五个层级［J］．学术界，2015（12）：5–20.

⑤ 蔡曙山．人类认知的五个层级和高阶认知［J］．科学中国人，2016（4）：33–37.

⑥ 同①.

上智慧者尤其是大智慧者寥若晨星的事实就可见一斑；这个世界最短的距离，是愚蠢入人脑或人心的距离，这从世上蠢人、蠢事随处可见的事实就可见一斑。个体若想尽早远离愚蠢，早日胸怀智慧，慧心生慧眼，就须尽早接受智慧教育。“教育”有广义与狭义之分，作为教育子类型的智慧教育自然也有广义与狭义之分：广义智慧教育是指一切以增进人的智慧为直接目的的社会活动，狭义智慧教育是指在学校中专门开展的旨在帮助受教育者生成或增进智慧的活动[①]。用智慧教育的眼光看，时下一些人片面看待德与才的关系，进而片面看待道德教育和科技教育，顾此失彼。

智慧教育的关键是培育学生将德与才结合在一起看待问题、思考问题和解决问题的习惯与能力。[②]因此，智慧教育理应将培养人格健全的人作为基本前提，在此基础上将培育智慧者尤其是大智慧者作为努力方向。如何衡量某校开展智慧教育的成效大小？其标准不是看该校学生考上名校的人数，因为名校毕业生中既有许多成功的典范，也有些照样会碌碌无为，有的甚至走向犯罪道路；也不是看该校毕业生中作高官、成富豪和当院士人数的多少，因为作高官、成富豪、当院士既可造福一方，甚至造福全人类，也可危害一方，甚至危害全人类。科学衡量一所学校（无论是小学、中学还是大学）开展智慧教育成效大小的标准是：第一步，计算该校自建校以来，其在校生和毕业生引发的事故率（含悲剧率；事故有大小，大事故往往产生悲剧）、犯罪率以及该校学生在年少时的坑爹妈率和年老时的坑子女率，并根据每个事故、每条犯罪、每件坑爹妈或子女事件所生负面效果的大小赋予一定的权重，从而获得一个分值，可将之命名为损失分。第二步，计算该校自建校以来，其在校生和毕业生中为家庭、为单位、为社会、为祖国或为全人类的贡献率，并根据每项光荣事件所生积极效果的大小赋予一

① 汪凤炎．关于智慧教育的三个基本问题［J］．阅江学刊，2022，14（1）：85-97.

② 汪凤炎，郑红．智慧心理学［M］．上海：上海教育出版社，2022：98-101.

定的权重，从而获得一个分值，可将之命名为贡献分。第三步，将总贡献分减去总损失分，若其结果为正数，则正数值越大，说明该校开展智慧教育的成效就越大，反之则越小；若其结果为零，说明该校未开展智慧教育；若其结果为负数，说明该校在育人方面存在明显问题，并且，负数值越小，说明该校在育人方面存在的问题越大。[①]

智慧的本质是德才一体，其中的德与才都可教、可学，因此，智慧也是可教、可学的。如何开展智慧教育，取决于教师所依据的智慧理论。智慧理论不同，智慧教育的目标、内容和方式方法就有差异。[②]因此，每位教师可根据自己的兴趣选择不同的智慧理论来开展智慧教育。例如，依笔者建构的“智慧的德才一体理论”[③]，智慧教育课程是指按一定的逻辑顺序和学生的接受能力，组织智慧心理学领域的知识与技能而构成的课程。判断一种课程是否是智慧教育课程的标准主要有三：是否有利于高效率地引导学生向善？是否有利于高效开发学生的聪明才智？是否有利于引导学生从兼顾德与才的角度认识、思考和解决问题？如果一门课程既能高效率地引导学生向善，又能高效开发学生的聪明才智，并让学生在兼顾德与才的基础上生成认识、思考和解决问题的习惯与能力，这门课程就是智慧教育课程。借鉴布鲁纳（J. S. Bruner）螺旋式课程（spiral curriculum）思想，按照个体认知发展水平和品德修养水平的高低，宜将智慧教育课程分为初级、中级和高级三个层次，每个层次的智慧教育课程均按如下七个单元进行设计：第一单元——什么是智慧与愚蠢；第二单元——为什么智慧对个体、组织、社会和世界的健康与可持续性发展是最重要的；第三单元——

① 汪凤炎．培育智慧心：提升立德树人效果的有效路径［J］．阅江学刊，2024，16（3）：144－154.

② STERNBERG R J．GLÜCK J. The Cambridge handbook of wisdom［M］. New York: Cambridge University Press, 2019：372－406.

③ 汪凤炎，郑红．智慧心理学的理论探索与应用研究（增订版）［M］．上海：上海教育出版社，2023：266－468.

给学生讲授或剖析公认为智慧者与愚蠢者的案例；第四单元——努力走进智慧者和愚蠢者的生活；第五单元——在日常生活和学习中培养学生从兼顾德与才的角度看待、思考和解决问题的习惯与技能；第六单元——用智慧的眼光审视自己与自己的生活；第七单元——在自己的生活中过智慧生活。只不过，针对不同年龄阶段和水平的学生，智慧教育课程的内容与教授方式有一定差异：在主要面向小学生的初级智慧教育课程里，教授内容要简单、具体，教授方式应以直观教学为主，适当兼顾其他教授方式；在主要面向中学生的中级智慧教育课程里，教授内容要稍有难度，教授方式宜以简单论证为主，适当兼顾其他教授方式；在主要面向大学生（含同等学历）及以上学历人群的高级智慧教育课程里，教授内容要深刻、系统，教授方式宜以深刻剖析与论证为主，适当兼顾其他教授方式。①

（二）人工智能改进教育与教学内容的呈现方式

人工智能的崛起显著改变了教育与教学内容的呈现方式，其中电子书作为一种数字化的学习工具，在人工智能的支持下经历了深刻的改革。电子书亦称电子图书，最早出现在1940年的一部科幻小说中，1998年美国市场诞生了第一款电子书阅读器Soft Book。在信息技术与人工智能的快速发展中，电子书也在进行着快速发展。至2007年，亚马逊第一代阅读器Kindle出现，成为电子书的代名词，并被评为史上最伟大的50款电子产品之一。2020年，科大讯飞发布全球首款彩色电子阅读器，而掌阅iReader宣布量产全球第一款彩色墨水屏电子书阅读器iReader C6。2022年亚马逊发布十年来唯一一款大屏Kindle，也是第一款支持手写笔的Kindle。在此期间，中国也推出了自己的国家数字图书馆。国外也出现了各种各样的浏览器，比如说美国Adobe公司推出了Acobat Reader电子书浏览器；美国微软公司打造了Reader for Windows电子书阅读器等。在

① 汪凤炎.关于智慧教育的三个基本问题[J].闽江学刊，2022，14（1）：85-97.

人工智能与教育深度融合的新常态下，新的数字学习生态正在形成。教材作为教育信息生态系统中的重要角色也在不断变革演进。[①]随着电子书的普及，电子教材、数字教科书、电子教科书、数字课本等日益深入课堂。电子教材成为主要的教学内容呈现方式，成为未来教育的新趋势。对于学生来说，电子教材更为轻便、生动。也可以搭建智能平台，在电子教材中添加视频、动画、音乐等多媒体元素，使教材内容更生动。对于教师来说，可通过手机、电脑、平板等智能设备传道授业，适当减负。对于环境来说，使用电子教材更为环保。

四、人工智能改进教育教学方式和学习方法

为了让读者更直观地看清人工智能改进现代教育教学方式和学习方法，先简要列举人工智能教育 AIE 在人工智能各发展阶段的重要事件：

1924 年，美国教育心理学家普莱西试制出第一台用于测验的机器。

1954 年，斯金纳发表《学习的可续和教学的艺术》，推动了程序教学运动的发展。

1960 年，世界上第一个计算机辅助教学系统 PLATO 研制成功。

1965 年，爱德华·费根鲍姆等人开始研究历史上第一个专家系统 DENDRAL。

1970 年，J.R.Carbonell 提出智能型计算机辅助教学（ICAI）的构想。

1973 年，Hartley 和 Sleeman 提出智能教学系统（ITS）的基本框架。

1975 年，Collins 等人研制了教授学生探索降雨原因的根源的 WHY 系统。

1977 年，Wescourt 等人设计了辅助 Basic 语言教学的 BIP 系统。同年，美国麻省理工学院开发用于逻辑学、概率、判断理论和几何学训练的 WUMPUS 游戏系统。

---

① 毛芳. 新时代数字教育出版的边界重塑：论数字教材的内涵与外延［J］. 传播与版权，2020（3）：55−57，64.

1982 年，Sleeman 和 Brown 提出智能导师系统（ITS）的概念。

1983 年，AISB 组织第一个明确的 AIED 研讨会。

1984 年，戴维·梅瑞尔（David Merrill）提倡教学设计自动化（AID）研究。

1987 年，辅助教学设计决策的专家系统原型 ID Expert 系统被开发。

1992 年，Brusilovsky 提出智能授导系统（Intelligent Tutoring System）ITEM/IP，这是一个支持学习与授导的整合智能系统。同年，第一届美国人工智能学会举行移动机器人比赛。

1996 年，Brusilovsky 等人开发了第一个自适应教学系统。

2011 年，韩国教育科学技术部颁布《通往人才大国之路：推进智慧教育战略》规划。同年，首届学习分析技术与知识国际会议召开。

2013 年，美国麻省理工学院 Ehsan Hoque 等人研发社交技能训练系统 MACH。①

2016 年，机器学习与人工智能委员会（Subcommittee on Machine Learning and Artificial Intelligence，MLAI）成立。

2017 年，中国发布《新一代人工智能发展规划》，提出实施全民智能教育项目。2018 年，微软亚洲研究院携手北京大学、中国科学技术大学、西安交通大学和浙江大学等多所国内顶级高校共同构建了新一代人工智能开放科研与教育平台。

2019 年，美国麻省理工学院宣布将在未来 5 年内，投资 10 亿美元建立一个名为 MIT Schwarzman College of Computing 的学院，旨在加强计算机科学和人工智能领域的教育和研究。

2021 年，“AI+ 教育 共创共生”——全球人工智能与教育大数据大会（AIDE）

① 吴永和，刘博文，马晓玲．构筑“人工智能＋教育”的生态系统［J］．远程教育杂志，2017，35（5）：27-39.

在北京举办。

2022 年，新型智能皮肤可实现手部任务快速识别：未来或许可实现在隐形键盘上打字，实现沉浸式触摸。

如前文所述，2022 年 11 月 30 日 ChatGPT 横空出世，它能够基于在预训练阶段所见的模式和统计规律来生成回答，还能根据聊天的上下文进行互动，像真正的人类一样聊天交流，甚至能完成撰写邮件、视频脚本、文案、翻译、代码，写论文等任务。2023 年 3 月又出现升级版的 ChatGPT-4，ChatGPT-5 可能即将出现，引发教育界和心理学界的极大震动。由此可见，人工智能的发展促进了现代教育与教学方式方法和学习方式方法的改进。具体地说，主要体现在如下两个方面。

（一）人工智能改进教育教学方式

1. 人工智能促进教育资源均衡化，教育方式多样化

互联网作为一项革命性技术，解决了全球互联互通、双向互动、跨时空交流的瓶颈问题，人工智能则是改变传统教育模式的“临门一脚”，相比互联网与智能设备解决网络虚拟课堂与在线教育的瓶颈，人工智能更能打破传统，实现个性化自主教学模式。[①] 一方面，人工智能实现教育资源均衡化：基于大数据的人工智能与教育的融合，有利于整合全域优质教育资源，实现教育资源多元、丰富、数字化，并可搭建人工智能教育平台实现优质教育资源的共建共享，打破地域的藩篱、学校的围墙，只要有网络的地方、有终端设备的地方，随时随地都可以获取优质教育资源，促进教育资源均衡。另一方面，人工智能促进教育和教学方式和方法多样化：人工智能不再局限于“专家系统”的“人工智能 + 教育”应用形式，而是越来越多运用到网络教育、远程教育，促进教育和

① 王竹立．技术是如何改变教育的？兼论人工智能对教育的影响［J］．电化教育研究，2018（4）：5-11.

教学形式多样，结果，智能教学系统（ITS）、智能决策支持系统、智能计算机辅助教学（CAI）系统等均迅速发展。[①] 具体地说，在教学方式上，不再以单一的线下课堂教育为主，线上教育与面对面教育融合更加紧密，实现线上与线下、虚拟与真实双维教学，教学时间更弹性自由，教学空间更开放多元，教学过程更具针对性，提高学生学习效率与效果：（1）线上可预订课程。学习者通过智能平台选择教师，足不出户便可享有与各地教师交流的机会，得到一对一的针对性指导。（2）线上、线下都可采用人工智能技术。如眼动追踪、面部识别、生物信息采集等检测学生学习注意力、学习偏好以及外在行为表现，更可以通过基于脑认知科学、神经科学与神物科学等技术的协作探索，如脑电图扫描机器（electroenc ephalo graphy, EEG）对学生大脑活动信息进行监测，尝试探索不同学生的学习风格、思维习惯、认知特征等，进而确定学生的个体特征，并提供智能交互分解决在线教育中的最主要问题，在学习过程中进行监督与互动。（3）线下可利用人工智能技术开展3D动态课堂，辅助教师进行小到微生物的衍生、植物的生长、动物的成型，大到地球的形成、太阳系的运行甚至是宇宙的运转等情境性较强的课程教育，增添了情境性和趣味性，强化了课程的真实性和延展性。[②]（4）推进浸润式情感教学，通过人工智能技术中的情感计算，采集学习者各类情感数据，从而判断学习者的学习风格，教师根据学生的学习风格，展开情感浸润式教学，让学生主动参与到教学互动中。[③]（5）将人工智能技术中的虚拟现实技术作为一种新的教学手段。教师通过运用虚拟现实技术，搭建一种适合学生的学习环境，让学生在虚拟世界体会到真实世界中的情感，促使学生自主

① 吴永和，刘博文，马晓玲．构筑“人工智能＋教育”的生态系统［J］．远程教育杂志，2017，35（5）：27-39.

② 刘蕾．从“身体在场”到“多重在场”：人工智能发展下的“教”与“学”变革探讨［J］．国家教育行政学院学报，2023（3）：17-20.

③ 徐晔．从“人工智能＋教育”到“教育＋人工智能”：人工智能与教育深度融合的路径探析［J］．湖南师范大学教育科学学报，2018，17（5）：44-50.

探索。[①]

2. 人工智能为“因材施教”提供全新环境

《论语·述而》记载：“德行：颜渊、闵子骞、冉伯牛、仲弓。言语：宰我、子贡。政事：冉有、季路。文学：子游、子夏。”北宋理学家程颐在《二程遗书》卷十九将其解释为：“孔子教人，各因其材。”朱熹在《孟子集注·尽心章句上》对此的注释是：“圣贤施教，各因其材。小以成小，大以成大，无弃人也。”自此之后，“因材施教”的个性化教育被视作一种重要的教育原则和教育方式传承至今，不过，受制于时代条件的限制，一直面临着可望而不可即的实然困境，难以大规模推广。[②]现代教育原先一直建立在班级授课制之上，教育的开展以教师而非以学生为中心，仍强调标准、同步、统一，教学诊断主要是教师通过观察和一定规模、一定频次的问卷调查或心理测量，来发现学习者的共性问题，无法兼顾学生的个体差异。[③]在人工智能技术的支持下，“教育＋人工智能”的开展以学习者为中心，为“因材施教”提供全新的环境与可能性，让因材施教的美好理想照进了现实，对海量的学习过程数据进行全面刻画，通过算法对学习者的起点水平、认知风格及学习动机等进行精准的数字画像且即时反馈，进而分析学习者学习过程的优势与薄弱环节，精准推荐个性化的学习内容与学习方式，促进教学从群体性教学向个性化教学转型，促进学习者的个性化发展与成长。[④]

第一，多维数据教育测评。教育测评指通过一定的技术和方法对所实施的

① 赵磊磊，陈祥梅，杜心月．人工智能时代师生关系构建：现实挑战与应然转向［J］．教育理论与实践，2021，41（31）：36–41.

② 孙立会，沈万里．论生成式人工智能之于教育的命运共同体［J］．电化教育研究，2024（2）：20–26.

③ 陈明选，王诗佳．测评大数据支持下的学习反馈设计研究［J］．电化教育研究，2018，39（3）：35–42，61.

④ 冷静，付楚昕，路晓旭．人工智能时代的个性化学习：访国际著名在线学习领域专家迈克·沙普尔斯教授［J］．中国电化教育，2021（6）：69–74.

各种教育活动、过程和结果进行科学测评和判定的过程，而测评数据则是针对教育效果或者学生各方面的发展所获得的数据事实。教育测评是教与学过程的重要环节。在人工智能时代，利用先进的学习分析技术与机器学习为分析个性化行为数据提供理论与算法支持，采集课堂教学常态化数据和在线学习平台数据，对学习者的理解深度进行多维分析：一是智能提取学习者在教学平台、网络共享作品等记录，多元化、多维度评价学习效果，分析理解水平；二是自动追踪学习者在网络平台的课前自学、课堂互动与课后延伸拓展的学习痕迹，实时动态调整学习者下一步的教学目标；三是挖掘学习者个性化潜力，在客观量化评价学习成绩得分的同时，识别学习者在学习过程中所表现出的个性潜力，鼓励其在学习活动中发挥想象并生成创意成果。①

第二，提供即时且精准的反馈。学习反馈是测评结果与学习行为的中介。传统教学因时间少、学生多、任务重等种种限制，主要以阶段性的考试成绩反馈为主，受时间、空间阻碍。在人工智能技术的支持下，通过收集学习者的教育痕迹，对采集到的学习过程性与结果性数据进行挖掘与分析，基于系统提供的交互功能及时为学习者提供数据分析的结果信息，有效解决传统教学的延时反馈弊端，主要表现在：①反馈时机从延时性转向即时性。传统教学反馈受制于教师的工作任务量与效率，以及家校距离、邮寄进度等时空限制，多为延时反馈；当前基于计算机的信息化评价反馈系统，可通过收集教育大数据，根据学习者需求为其提供即时反馈信息，灵活性更强。②反馈来源从主观转向客观。对学习者进行学习过程性与结果性的数据收集与分析，从多维数据分析量化学习者的学习反馈，避免依赖于教师教学经验和个人态度的主观评价局限性，为学习者和教师提供客观结果。③反馈频率从总结性转向常态化。传统教学的学

① 杨华利，耿晶，胡盛泽，等．人工智能时代的教育测评通用理论框架与实践进路［J］．中国远程教育，2022（12）：68-77.

习反馈往往以学期、学年等阶段性总结反馈，用于指导下一个阶段学习的开展，忽视了学习者的过程表现；利用计算机评价系统通过收集日常作业与测验信息、资源浏览情况、学习时长等数据，在分析的基础上即时反馈学习状态，使学习者对反馈信息的获取真正实现常态化。④反馈形式从文本转向可视化，信息的加工过程是人类认知过程的关键，可视化表征信息的方式对提高认知效率有重要帮助，基于智能技术的信息化评价反馈系统，可为学习者提供可视化图表直观地表征学习状态。[①]

第三，推送个性化学习资源。传统教学基于班课制，向学生传授标准化内容，忽略学习者的个体差异。在网络课程盛行的信息化时代，面对海量的信息与资源，学习者容易出现盲目选择的情况，较难辨别资源对自身的价值。在人工智能支持下，教学方式最突出的特征就是精准教学。基于个性化的教育评测和学习反馈，智能学习资源推送系统利用教育测评数据，不仅可以确定学习者的学习起点，设计可量化的学习目标，选择适合学习者的学习内容，准确评价教学质量，及时进行个性化学习分析与反馈。更重要的是，可为学习者过滤信息，提供更精准的、更有针对性的个性化学习资源，从而使教学从基于经验走向基于数据分析的科学安排，使教学设计与实施过程更精准有效。[②]

（二）人工智能改进学习方式方法

1. 人工智能可让每个学生拥有吻合自己学习实情的机器智能学伴，实现个性化学习

人工智能的语音识别和语义分析技术可以用在口语测评上，人工智能的图像识别技术可以用在作文批改和拍照搜题，再加上人工智能通过互联网拥有巨大的

① 陈明选，王诗佳．测评大数据支持下的学习反馈设计研究［J］．电化教育研究，2018，39（3）：35-42.

② 许亚锋，高红英．面向人工智能时代的学习空间变革研究［J］．远程教育杂志，2018，36（1）：48-60.

数据库，人工智能又拥有强大的深度学习和强化学习能力，在对学生学情分析的精准化、学习资源推荐的个性化和学习服务的智能化等方面拥有越来越明显的优势，可以根据学生的学习习惯和能力提供个性化的学习计划；并且，人工智能环境下，随着认知科学、脑科学和学习科学的快速发展，机器学习和人类学习将相伴而生，人机协同学习将成为新常态。这样，妥当运用学习网络平台的跨终端性、各类教育 App、可穿戴技术设备（如腕带、智能手表等）和便携式人工智能学习设备，如笔记本电脑、平板电脑、智能手机等，可以让每个学生拥有吻合自己学习实情的机器智能学伴，学生只要用平板电脑或智能手机拍一下、扫一下、说一下、点一下，就会实现答案解析、打分点评，知识点、考点、难点的自动生成和推送。[①]通过智能化辅导、互动性和游戏化，人工智能可使学习过程更加互动和有趣，提高学生的参与度和兴趣，进而提升学习效果。[②]

2. 人工智能让学生能开展自主探索学习

随着人工智能的快速发展，人工智能技术与科学知识高度融合继而演化为一种文化，对人们的学习观念和行为产生影响，推动学习范式的创新发展。学习范式的形成是一个社会化的过程。也就是说，在多样性的社会中，某种学习方式之所以能够获得广泛认可，成为倾向选择的一种学习范式，很大程度上依赖于人们在追求共同价值过程中形成的社会心向。“尊重差异、实现学习者的个性化发展”是“教育 + 人工智能”的价值取向，人工智能的价值取向促进了学习范式的改变。具体地说，随着认知科学、脑科学、学习科学和人工智能的快速发展，人工智能让学生开展自主探索学习和自适应学习成为可能，这导致学生的学习方式发生巨大改变。第一，人工智能能够分析学生的学科水平、学科偏好和学习风格，为每个学生制订个性化的学习路径，确保学生能够在符合

① 唐亮．人工智能给未来教育带来深刻变革［N］．中国教育报，2018-01-05.

② 李志民．人工智能如何赋能教育［J］．中国教育信息化，2024（9）：3-8.

自己水平和兴趣的条件下进行学习，鼓励他们自主选择学习内容。[①] 第二，基于人工智能的自适应学习系统，可根据学生的学习进度和表现动态调整教学内容。[②] 自适应学习是一种以计算机作为交互教学设备的教育方法，通过收集学生的数据，基于知识图谱，结合学生的独特需求和反馈，用算法匹配最适合某学生的学习材料、方法和路径。换言之，自适应学习以人工智能学习、模仿“因材施教”的优秀教师技能，并无限复制，能让每位学生都拥有私人的优秀教师。并且，随着人工智能的不断发展，人工智能教育教学系统在知识储备量、知识传播速度上必然会超越人类，人工智能系统还能够根据不同教学情境以及学生的不同个性、兴趣和知识水平，选择更加合理的教学路径、教学方法开展教学活动，教学设计方案将成为教师与人工智能协同作业的结果，代替传统教学中教师作为独立监督者、决策者的角色。人工智能系统教育教学系统将在某种程度上替代教师的这一角色，使教师的知识来源者与教学设计者部分功能作用丧失，因此，人工智能时代，普通教师的身份已面临极大挑战。[③] 第三，利用人工智能支持虚拟实验室和模拟环境的创建，使学生能够在虚拟环境中进行实验和模拟，为学生提供自主探索科学和实践技能的机会。第四，利用人工智能的推荐算法，教育平台可以根据学生的学科兴趣和学习历史，为其推荐符合其需求和兴趣的学习资源，鼓励学生自主选择与其兴趣相关的学科和主题；第五，人工智能可通过学习分析技术，分析学生的学习模式和行为，使学生洞察自己的学习进展情况，根据反馈调整自己的学习策略。

---

① 陈倩倩，张立新．教育人工智能的伦理审思：现象剖析与愿景构建：基于“人机协同”的分析视角［J］．远程教育杂志，2023，41（3）：104–112.

② 李振，周东岱，刘娜，等．人工智能应用背景下的教育人工智能研究［J］．现代教育技术，2018，28（9）：19–25.

③ 梁娜．人工智能时代新型师生关系的建构［J］．现代教育科学，2020（1）：95–99.

五、人工智能促进校园环境的智能化

学校是“教育+人工智能”开展的重要场所。将教育者、受教育者与学习环境联系起来，通过三者互动，融合有形物理校园和虚拟数据空间，构建智能化校园。

（一）人工智能赋能精准教学管理

智能化校园的发展阶段，逐渐从智能化校园雏形，到以互联网等技术为支撑的数字化校园，到以现代信息技术为支撑的低阶智能化校园发展，再到如今仍在探索的以人工智能等新技术为支撑的高阶智能化校园。[①] 其中，情绪及行为捕捉、生物特征分析等技术是从“低阶智能化校园”向“高阶智能化校园”迈进的技术壁垒。而人工智能的发展趋势，如情感计算、自然语言处理、智能感知等智能技术，对于进一步推动校园形态的智能升级，为实现精准教育管理提供了更多可能性。[②]

首先，智能化校园管理平台及其计算系统（如：智能教务系统、智能教学服务系统、智能作业批改系统）可以对教师、学生的教学活动状态进行情感计算与智能辨识，并动态采集教学数据，在任何时间、任何场所为师生提供教学、生活等方面的智能化定制服务，精准推送数字资源、科学评价教学成效、择优生成教学策略，教师及教学管理人员可根据智能数据分析结果，洞悉教学现状及发展趋势，精准调整教学安排。不仅有利于优化智能化校园管理人员的信息沟通机制，而且有利于实现精准化教育决策并提供人本化教育服务。其次，情感计算（affective computing）涉及建立情绪模组、辨识用户情感特点、实现机器人情绪表达等关键技术。以往的信息技术很难触动个体的情感智能，而情感

① 黄荣怀，张进宝，胡永斌，等.智慧校园：数字校园发展的必然趋势[J].开放教育研究，2012，18（4）：12-17.

② 赵磊磊，代蕊华，赵可云.人工智能场域下智慧校园建设框架及路径[J].中国电化教育，2020（8）：100-106，133.

计算的出现为校园人机环境的情感感知提供了更多可能。在智能教学环境方面，由于个体面部表情可透露个人的心理状态，因此可以利用情感计算技术辨识学生的学习情绪、侦测学生出现的负向学习情绪（如困惑、绝望等），并施以某些干预活动（如教学策略的改变、情绪激励），进而促使学生将负向学习情绪转变为正向学习情绪（如有趣、快乐等）。除此之外，也可通过情感计算技术对教师和教学管理人员的教育状态进行情感计算及智能辨识，有利于及时发现学校教育系统运行的核心问题及可能性风险，在教育利益权衡、人力激励及用户需求的基础上实现精准教育决策与教育资源服务。再次，在教学管理上，教师作为管理者与人工智能协同，通过对大数据的收集和分析建立起智能化的管理手段，形成人机协同的决策模式：（1）教育评价智能化与可视化，人工智能技术不仅会在试题生成、自动批阅、学习问题诊断等方面发挥重要的评价作用，还可以对学习者学习过程中知识、身体、心理状态的诊断和反馈，在学生综合素质评价中发挥不可替代的作用，包括学生问题解决能力的智能评价、心理健康检测与预警、体质健康检测与发展性评估，学生成长与发展规划等，不再是简单的成绩分数或等级，并将学生的学科素养水平、学科能力层级、行为状态等可视化地展现出来，[①] 有利于教师把握学生的学习状况和综合发展情况，及时管理与调整教学，并利用人工智能技术为学生推送个性化学习资源，更高效地开展因材施教，配置教育资源；（2）教育管理数据化与透明化，以深度学习、跨界融合、人机协同、群智开放、自主操控为特征的人工智能，其发挥作用的前提是具有大量的有效数据，人工智能依托数据而存在，促成教育管理数据化的进程。教师作为教育管理者主体，学生学习指标的量化使教师的教学更加具有明确性和目的性，并在一定程度上可以避免盲目决策的教育管理方式。另外，

① 欧阳鹏，胡弼成．人工智能时代教育管理的变革研究［J］．大学教育科学，2019（1）：82–88.

在目前仍以班级授课制为主，一个教师常需面对几十个学生，没有技术的支撑，仅凭主观经验评估学生的学习状态过于模糊，凭借眼动行为、面部行为、心理行为以及脑部行为等数据的收集，进行人机协同，既可以实现群体班级的规模化支持，也可以实现适应每个个体发展的个性化教学。最后，在校园安全环境方面，校园智能终端的解锁、校外人员的校内行动轨迹均可通过面部识别、姿态分析等情感计算技术予以精细化管控，这也为校园安全环境的创设提供了技术保障。①

（二）人工智能便捷校园生活

校园生活即教育生态，若人工智能可及时适应不断变化的师生个性化教育需求，创建需求本位的智能教育感知空间则指日可待。②

从学生层面说，人工智能时代智能化校园建设应关注学生学习兴趣的激发、学习策略及行为改进等方面的需求。通过感知通讯体系可为智能化校园的运行与发展提供基础设施保障。对于“基于人工智能的智能化校园”而言，感知通讯体系应包括校园智能教学设施、云端资料库与服务器、智能通讯设施（如5G网络）、智能传感设备、人脸及图像识别装置等。基于此，在物理层面，可利用情感计算、人脸识别、智能传感等方面的技术及其相关设备，对校园内教室及实验室的温度、湿度等物理参数予以实时监测，根据学生学习舒适度的变化情况，智能调节取暖、通风、照明等配套系统，营造舒适度极佳的学习环境；在虚拟层面，构建虚拟学习社区，智能技术以智能终端和智能传感设备为媒介，不仅能根据学生对教师性格、年龄、教学风格的需求，为学生配备个性化的人工智能“老师”，而且能智能感知并动态捕捉学生的疲劳程度、心理状态、情

① 李勇帆，李里程. 情感计算在网络远程教育系统中的应用：功能、研究现状及关键问题［J］. 现代远程教育研究，2013（2）：100−106.

② 黄涛，王一岩，张浩，等. 智能教育场域中的学习者建模研究趋向［J］. 远程教育杂志，2020，38（1）：50−60.

绪体验等，据此为学生推荐个性化的学习资源和学习计划，并借助自适应评估技术提升学生的学习成效，为学生自定步调式的学习创造了便利条件。①

从教师层面说，人工智能的校园应考虑如何满足精准掌握学生的知识准备状况及学习表现、高效做好教学准备等方面的教师需求。信息处理体系可为智能时代智能化校园各类教育应用服务提供数据支撑。人工智能技术的应用，使智能化校园中的海量数据能够被深度挖掘、存储并进行智能分析。信息处理体系的建设可依据机器学习、数据建模技术、智能信息采集等人工智能新技术，增强海量数据智能存储与分析的功能，对学校管理、课程教学等方面产生的诸多教育信息进行筛选、处理与存储，为智慧教育管理、智能教育服务提供决策与信息支持，并通过数据挖掘技术对海量信息进行智能文本分类，以实现对教育信息特征与规律的智能分析、智能归纳、智能预测。此外，人工智能系统能够自动监测、评估、记录学生的表现数据，智能机器人也可以担任课堂助教，这有效减轻了教师的行政与教学负担，让教师得以将更多的时间和精力放在学生的个性化发展上，有助于提高教师的教学能力和素质。②

从学校管理者层面说，人工智能的校园应用应关注教育数据的精确挖掘、分析和发现学校的反常行为等方面的学校管理者需求。智慧化校园借助高速、智能互联的网络条件以及智能感知设备，利用大数据技术，并基于虚拟与增强现实、情境感知等技术，动态捕捉、及时追踪、可视化学生学习与生活画像，校园安全服务也能够更为快速识别校园的安全风险，校园电子图书资源借阅服务可快速为学生提供个性化资源导航及推荐，校园在线心理咨询服务有利于快

① 薛耀锋，杨金朋，郭威，等．面向在线学习的多模态情感计算研究［J］．中国电化教育，2018（2）：46–50，83.

② 赵君．基于大数据与人工智能的教师继续教育模式研究［J］．中国成人教育，2023（24）：73–76.

速判定学生心理健康状态以及精准提供心理危机的预警干预策略。[①]

从家长层面说，应用服务体系为智能时代智能化校园提供和应用服务的集合，涉及教学、学习、行政、管理和生活等方面的应用服务，并兼顾洞悉学生学习进展追踪、学生不良行为监测等方面的家长需求。应用终端是接入存取的信息门户，教师、教育管理者以及家长用户都可以通过智能终端、移动终端系统接入应用系统，以获取数字资源和相关服务。不仅打破校园服务范围的局限性，多方协同参与，优化“教育＋人工智能”生态环境，还能借助自然语言处理、VR、AR 等新技术，助力智能化的人机互动，推动教育空间的沉浸化转型，实现应用服务内容的智能扩展。

第二节　人工智能给教育与学习带来的隐患

教育的本质主要有三：一是启发良知，二是培育才华，三是丰富人的社会生活和精神生活。人工智能给当下和未来的教育与学习提供机遇的同时，也带来一系列挑战，如人工智能易让教育流于技术化等，以致丢失教育的本真。

一、人工智能给教育伦理道德带来的隐患

人工智能不断演进，去往何处尚未可知，能否为人类所驾驭也引发一些有识之士的担忧，其对当下和未来教育产生的一个挑战是，给教育伦理道德带来一些风险，包括但不限于隐私泄露、技术滥用、情感危机等。

（一）人工智能存在泄露师生隐私的风险

人工智能不仅是技术和产业革命，更是一场数据革命。其技术基础和前提是海量的数据积累和训练挖掘，教育领域中，学校、教师和学生等相关主体都已被卷入这场声势浩大的数据革命中。人工智能所提供的教育教学服务得益于

① 赵磊磊，代蕊华，赵可云．人工智能场域下智慧校园建设框架及路径［J］．中国电化教育，2020（8）：100-106，133.

大量的师生社会属性数据和教学行为数据，而与之相伴的是急剧增加的师生隐私泄露的风险。①

从数据来源来看，随着人机交互的不断深化，组织层面的学校、个体层面的教师和学生都将成为海量隐私数据的生产者和携带者，却很难成为这些隐私数据的掌控者。事实上，大量的教育应用数据正在被第三方机构所掌控，学校、教师和学生往往成为被动的数据提供者，②无形中严重削弱了教师和学生对于自身隐私控制的实际能力。人工智能时代的万物互联、人机共存使得任何主体行为的发生都将不可避免地被记录在数据网络系统之中，诸如当前“3D”人脸识别系统、指纹识别系统，尤其教育领域中，智能头环、“刷脸”报到、“刷脸”签到等相关应用，将人的信息存在方式赋予了人权的数字属性，使得教师和学生由“自然人”转向“信息人”。尽管这一技术方便教学管理，为个性化教育提供更多可能性，但当每一种存在都成为数据的生产者和携带者时，数据泄露的渠道和路径就会随之增加，隐私泄露的风险必然越来越高。③

从数据价值来看，基于大数据计算的人工智能技术是推进改进教育教学的支撑，是精准分析和预测教学行为的前提，也是推动个性化教育的有效手段。但目前数据是人工智能的“养料”，教育人工智能的关键瓶颈也在数据，不同教育系统、平台间的数据没有开放和共享，信息孤岛现象严重，难以采集学生学习全过程的数据，没有数据就没有智能。因此，实现开放共享的数据整合也是“教育+人工智能”的发展新趋势。同时，教育数据的隐私保护与开放共享之间存在着严重的矛盾冲突。④隐私保护要求充分尊重教师和学生的知情权，保

① 赵磊磊，陈祥梅，杜心月．人工智能时代师生关系构建：现实挑战与应然转向［J］．教育理论与实践，2021，41（31）：36-41.

② 田贤鹏．隐私保护与开放共享：人工智能时代的教育数据治理变革［J］．电化教育研究，2020，41（5）：33-38.

③ 同①．

④ 田新玲，黄芝晓．“公共数据开放”与“个人隐私保护”的悖论［J］．新闻大学，2014（6）：55-61.

障教师和学生的相关隐私不受侵犯，开放共享则要求扩大教师和学生的数据信息整合力度，以便最大化地挖掘数据的应用价值。随着人工智能在教育场景的范围和深度不断拓展，数据产生的来源也愈来愈广、过程愈来愈复杂、规模将愈来愈庞大，使用目的也将愈来愈多元，其对隐私的保护也将愈来愈难。在“教育 + 人工智能”的应用实践中，包含无数教育应用场景、基于数据分析的虚拟空间，在此空间内可以享受到大数据带来的新的价值体验，但同时意味着留下数据，既是共享，也是自身隐私的转让或泄露。而在当前人工智能技术强大力量的驱动下，将会有越来越多的教师和学生，甚至教育管理者、监督者主动或被动进入这个空间，在享受更大程度挖掘共享数据价值的同时，更多的数据隐私侵权问题也将发生，这也是人工智能时代必然面临的困难选择。①

人工智能可以为当下和未来的教育插上腾飞的翅膀，但绝不能以牺牲师生隐私为代价，必须保证师生对所收集数据的知情权、选择权、访问权、所有权和控制权，必须保证数据安全，防止泄露滥用。②

（二）人工智能存在技术滥用的风险

“信息技术”“教育技术”和“人工智能技术”是“教育 + 人工智能”的三大技术基石，③在此基础上，依托数据、算法、服务三大要素可以实现大规模的定制化教育内容及精准服务，帮助老师批改作业、与学生交流、促进个性化学习等。若运用不当，也易使教育流于技术，依赖于技术，破坏身为“自然人”的生命价值。此种情况下，人工智能可促使学生通过自主方式获得宝贵的免费教育技术，从而改善和丰富学习体验，但这一全新方式也可能是一种阻碍学习

① 赵磊磊，陈祥梅，杜心月．人工智能时代师生关系构建：现实挑战与应然转向［J］．教育理论与实践，2021，41（31）：36–41.

② 唐亮．人工智能给未来教育带来深刻变革［N］．中国教育报，2018–01–05.

③ 吴永和，刘博文，马晓玲．构筑“人工智能 + 教育”的生态系统［J］．远程教育杂志，2017，35（5）：27–39.

的过程。[①]

具体地说，一方面，精准供给易削弱师生的自主性。自主性是人作为行动主体的人的基本特征之一，是人类运用主观能动性不断实现自我超越、推动社会发展的重要保证。因此，培养和发挥自主性既是学校教育的目标，也是促进学生学习的重要手段。人工智能在教育领域的运用，使教育产品的开发和使用专业化、便捷化。教学过程中，教师只需要简单机械地选择、运用这些教育产品，无需根据教育的情境、学生的需要和教学内容等要素自主选择、自主决策、自主钻研，所以容易导致教师的专业性日益丧失。在促进学生学习方面更是如此。教育人工智能能够通过检测学生的脑电波感知学生的直觉偏好，分析学生的知识获取方式；同时，根据学生的学习数据，明确学生在学习过程中的缺陷和不足，教育人工智能可以根据学生的薄弱环节精准推送相应的知识点。学生只需坐等教育人工智能定时定量定点地“投喂”。长此以往，学生对这种智能机器提供的知识来源越来越依赖，自主性也越来越缺失。[②]尤其是若人工智能通过生成不准确、误导性、幻觉、捏造、有偏见且无迹可寻的内容，会模糊学生对知识的理解。[③]

另一方面，数据化表征异化人的本质。教育的对象是人。马克思认为：“人的本质不是单个人所固有的抽象物，在其现实性上，它是一切社会关系的总和。”[④]可见，人是现实的、丰满的、完整的存在者，而不是抽象的、简化的数字或符号。数据是人工智能的养料，教育人工智能是通过精细行为识别系统将教育活动中的人和事进行数字化表征。如某些智能学情分析系统对学生在课

---

① PETERS M A, GREEN B J. Wisdom in the age of AI education［J/OL］. Postdigital Science and Education. 2024［2024-04-06］. https://doi.org/10.1007/s42438-024-00460-w.

② 吴永和，刘博文，马晓玲．构筑“人工智能 + 教育”的生态系统［J］. 远程教育杂志，2017，35（5）：27-39.

③ 同①．

④ 马克思，恩格斯．马克思恩格斯文集：第一卷［M］．中共中央马克思恩格斯列宁斯大林著作编译局，译．北京：人民出版社，2009：501.

堂上的“听讲”“书写”“瞌睡”“回答问题”和“互动”五种典型行为进行数字化表征，从学生进教室的那一刻起，系统每隔 30 秒就会对学生进行扫描。学生低头多长时间，玩手机几次，发呆几次，阅读几次，趴桌子几次，全都能被系统感知到，并开展实时的统计分析，以此作为开展教育活动的依据。学生不专注行为若达到一定分值，系统就会向显示屏推送提醒。① 教育人工智能通过数据认识教育主体，分析教育活动，人、行为或活动都是数据。数据化将人的本质简单化、线性化和机械化，并且，学生的抬头率并不能精准判断学生的能力和效率，而且教室作为特殊的公共场所，监控下的教师和学生的行为，很可能都不是真实状态。而一些校园启动的“智能德育”系统，更易引发伦理争议。以往老师看到做好事或调皮捣蛋的孩子，如果不是本班学生，根本不知道是谁。现在好了，只要掏出手机，对准学生一“咔嚓”，屏幕上立即跳出他的信息——父母职位、孩子年龄、家庭情况等。结合不同学生的家庭信息，老师是否会使用不同的处理方式，还真不好说。但可以肯定的是，传统的有教无类、学生平等，在类似情形下被“刷脸神器”撬动了。② 当然，将教育中的人或活动进行数字化表征能创造更高的教育效益。但教育人工智能的数字化表征严重造成了人的生命价值的破坏。随着智能教育应用的广泛开展，教育工作者尝试通过先进技术解决教学难题，也应反思不当使用先进技术会造成什么负面影响，以及“人工智能进入教育后，人机如何共存”的社会问题，若采用先进技术而牺牲“主体性”、忽视“人的生命价值”，便违背了“教书育人”的初衷。③

---

① 吴雪．“裸奔”的脸［J］．读者，2020（5）：48-50.

② 同①．

③ 齐志远．从数据到大数据技术：实践对传统主客二分的超越［J］．北京理工大学学报（社会科学版），2022，24（1）：181-186.

二、人工智能给教育和教学方式带来的隐患

（一）人工智能时代的教育有倾向编码化和算法化的风险

人工智能的核心是基于大数据的算法和模型，将“一切皆可计算”的口号视为其合理性存在的宗旨。[①]教育也被当作一种数据驱动下的算法的运用，被不断地进行编码化和算法化处理，从而计算学生的知识掌握程度、情感偏好、思维倾向以及能力态度等等，由此教育的价值也演变为对工具理性的偏执。在算法数据的指引与运行模式下，教育虽提高了学生的学习（输入）效率，但学生只是在工作时间内完成自己早已预测好的任务，所有的东西包括人自身都被程式化，学生跟机器一样进行简单的“输入—输出”的工作，这似乎成了人工智能时代教育的常态。在数据算法的推波助澜下，学校教育把工具理性视为唯一的理性而代替人性，儿童丧失了其生命的完整性，成为无人性、无情感的机器。但教育的起点为教育的复杂性和不确定性，算法却旨在从教育领域寻找确定性，最终要实现将教育作为一种算法事件并且赋予学生算法身份的目的，导致人工智能时代算法的确定性与教育本质的不确定性之间存在着不可调和的矛盾。与此同时，算法将教育现象和教育问题处理成精确化、自动化的可算度的数据，人工智能时代似乎将教育世界变成一个完全由算法操控的数据世界，而传统教育所关注的好奇心、爱、创造性与同情心等变得荡然无存。此外，算法教育更成为一种强式的教育，学生接受算法推荐知识，即有计划、有目的、确定的、已经设计完成的教育，忽视学生联结式、联想式求知，脱离学生生命的在场及其主体精神的丰富性。[②]

---

① 贾向桐．当代人工智能中计算主义面临的双重反驳：兼评认知计算主义发展的前景与问题［J］．南京社会科学，2019（1）：34-42.

② 赵旺来，闫旭蕾，冯璇坤．人工智能时代教育的“算法”风险及其规避［J］．现代大学教育，2020（3）：28-34.

（二）教育有沦为人工智能附庸的风险

"教育＋人工智能"依托于信息技术、教育技术与人工智能技术等，其中包括但不限于机器学习、深度学习、自然语言处理、人工智能算法、神经网络。教育内容更是依赖于"大数据"技术，为了技术而用技术，忽视教育本质，使教学有沦为人工智能附庸的风险。① 具体地说，虽然人工智能技术能利用大数据算法，根据学习者的学习特征制订个性化学习服务，如个性资源推送、个性学习计划安排等，但大数据技术体系的理论支撑是概率论，依靠概率论计算总体特征实施个性化教育无法还原个体的具体特征，在这一基础上开展的个性化教育也许不如人们所期望的有效，这也是大数据的局限所在。机器代替人力完成简单机械性重复工作，提高生产效率，人工智能代替教师完成简单脑力重复性工作，将教师从低附加值的简单重复工作中解放，更专注学生高阶思维能力与人文素养的培育。但教师的高阶脑力活动和教学经验，学生的学习能力和逻辑思维习惯，绝非天生具有，往往需要低阶脑力劳动甚至体力劳动的重复训练和积累。过度依赖人工智能可能导致眼高手低、好高骛远，知其然不知其所以然，从而容易导致师生变相成为人工智能的助手和附庸，教师失去应用的教学能力和职业素养，学生失去独立思考的能力和健全的心智性格。②

与此同时，教育大数据的数量有限，质量也有待进一步考察。虽然数据通常来源于线上或线下各类教育场景，以及各参与教育过程的角色（如，学生、教师、教育管理者等），但教育问题涉及人口学变量及学习者的学习行为、学业成绩、心理、家庭及社会等多种因素，且这些因素之间还存在交互性作用。因此，即使运用人工智能算法，对数据层的各类教育数据进行计算、分析，其

① 于泽元，邹静华．人工智能视野下的教学重构［J］．现代远程教育研究，2019，31（4）：37–46.

② 吴永和，刘博文，马晓玲．构筑"人工智能＋教育"的生态系统［J］．远程教育杂志，2017，35（5）：27–39.

质量仍需进一步考察验证。按照目前的“教育＋人工智能”的发展趋势，基于大数据智能的在线教育仍是主流应用形态，随着大数据的崛起和数据密集科学的发展，教育将越来越依赖于学习分析和数据挖掘等技术来分析教和学中产生的数据，理解和优化学习及学习情境。而忽视人的主体作用，人工智能将在教育中反客为主。基于此，在向人工智能转变的过程中，教育更需回归育人本质，超越技术限制。①

三、人工智能给学习方式带来的隐患

人工智能给人类学习方式带来的隐患主要有下面两点。

（一）将求知过程异化为寻找知识

人工智能将求知过程异化为寻找知识，正如安德鲁·阿伯特（Andrew Abbott）于 2020 年在《知识的未来》（*The Future of Knowledge*）一书中所说：

> 当下一些人，尤其是年轻学生求知（knowing）的主要模式是去“寻找”（finding），即上网寻找知识。他们将阅读本身定义为一种寻找。对他们来说，“阅读亚当·斯密”意味着寻找每一章中真正重要的五六个句子。他们不明白，亚当·斯密其余的句子都包含着论点和论据，亚当·斯密用这些论点和论据来产生并捍卫这些学生画重点的部分。对于学生们来说，阅读只不过是浏览，它是一种过滤掉无关紧要的闲散部分并找出真正重要事情的练习。他们根本不相信“其他所有的东西”都是必要的。他们实际上不相信思想，只相信碎片化的内容。对他们而言，斯密的理论不是一个论证，而是固定的内容。他们关于求知的理解——“求知即寻找知识”——不包括任何真正的论证（argument）。如果你直接问这些学生亚当·斯密的论证，他们会给你一个要点列表，

① 徐晔．从“人工智能＋教育”到“教育＋人工智能”：人工智能与教育深度融合的路径探析［J］．湖南师范大学教育科学学报，2018，17（5）：44-50.

列表清单上的所有项目都是亚当·斯密说过的重要内容，但是它们之间没有逻辑联系，因为学生并不真正把论证看成复杂的逻辑句法，他们把它当作一个清单。PPT教会了他们这一点。现在，“求知即寻找知识”和“论证即列表”的想法清楚地出现在这样一个事实中，即学生最初的知识体验是在互联网上。在那里，论证是贫乏的。因为网络页面是以六年级语言水平为准优化的。媒介本身促成了“求知即寻找知识”的观念，而列表是求知的主要架构。只要互联网仍然是孩子们最初的精神食粮，他们就不会在年少时通过阅读大量的经典著作来学习真正的思维技巧，如理性的推理（discursive reasoning）。[①]

（二）偏好算法式求知而非联想式求知

在人工智能时代，越来越多的个体偏好算法式求知而非联想式求知，正如安德鲁·阿伯特《知识的未来》一书中所说：

与“求知即寻找知识”和“论证即列表”的想法相一致，现在的一些年轻人偏好算法式求知而非联想式求知（associative knowing）。算法式求知是指运用算法尤其是现代算法来求知。算法式求知倾向于把我们对求知的理解推向计算机最擅长的那几类求知：基于概率的模拟和搜索，基于迭代规则，又与决定性位置上的随机化紧密相连。现代计算确实具有巨大的能力，有两个应用特别突出：一是蒙特卡洛（Monte Carlo）革命，它使人们能够非常详尽地模拟大系统，并估算以前难以处理的贝叶斯函数形式；二是搜索革命，它使人们能够在极度嘈杂或稀疏的空间中发现非常微弱的信号。但计算机并不擅长想象，它主要依靠蛮力技术，而不是想象力；计算机也不善于具有人类思维特征的联想式知识，它们没有在思维中运用情感。联想式求知涉及将

① ABBOTT A. The future of knowledge［M］.UK：Routledge，2020.

事物彼此关联。要做到有效的联想式求知，你的头脑必须充满知识，与你看到的新事物联系起来：事实、概念、记忆和论证，它们像许多小钩子一样起作用，抓住你所面对的文本中的东西。阅读就假定了读者头脑中充满了这样的东西，而在互联网文本中它们是插入的超链接。由于偏好算法式求知，现在一些学生不愿意背诵知识，因为他们虔诚地相信，当他们需要某种知识时，他们立即就能找到。他们忘了，做到这一点还需要时间和搜索。这并不是说他们什么都不知道。恰恰相反，他们利用闲暇时间上网浏览，脑子里充斥着昙花一现的无用信息，其中大多数关于消费品，以及他们的朋友最近的行为、衣服和胡思乱想。他们刷新页面，即迅速擦除那些记忆，并为此感到骄傲，这使他们觉得自己见多识广。因此，他们实际上并没准备好以联想式思维来思考。①

四、人工智能对个体品德、情感与才华带来的隐患

人工智能变得越来越像有良知、有良情或有智慧的人并不可怕，可怕的是人工智能变得越来越聪明却冷酷无情，并引导人类变得越来越像没有良知、没有良情的冷冰冰的机器人，或慢慢降低人类的智商，让人类变得越来越笨，这是人工智能对人类可能造成的两大风险或隐患：前者简称人工智能的道德或良知风险，后者简称人工智能的智能风险。

（一）人工智能易让教育和教学的目标和内容呈现出偏重认知的单一化弊病，导致学生的良知和情感变得不敏锐

1. 偏重认知的单一化弊病

人工智能进入教育后，易让教育和教学的目标和内容呈现出偏重认知的单一化弊病。具体地讲，人工智能确定的教学目标主要是针对学生的智能发展，而非情感、态度、意志、价值观的培养。通过人工智能对学生学习基础、学习动机、

① ABBOTT A. The future of knowledge［M］.UK：Routledge，2020.

学习能力等状况的数据挖掘，都旨在如何高效发展学生的智力，也就是说，教学目标所能准确定位的并不是学生作为完整人的各个方面的发展，而是其认知能力的发展。即使人工智能可以帮助教师清晰把握学生的“最近发展区”，也主要是认知能力的“最近发展区”，即便有些数据会涉及情绪、情感、意志、态度，但都是为了更好地了解学生的认知状况以及如何更清晰地确定认知发展目标。[①]

与此同时，在人工智能时代，教学内容的选择与个性化定制所关注的重点也是学生认知的发展。通过人工智能从海量信息中精选教学内容的目的是让学生的认知更有针对性；利用人工智能整合各类知识，使繁杂无序的知识变得规则有序、难易分明，也是为了让学生对知识的掌握更为高效。人工智能推送技术为学生量身定制的个性化学习内容，从内容的多少、难易的程度到不同的呈现方式，都是为了适切于学生的知识基础，“量身定制”主要是“量出”学生的认知现状，定制出满足其认知发展需求的内容。另外，教学过程有效调控也是基于对学生认知状况的清晰了解，不论是根据学生过往的表现进行预测还是对当前学习行为加以检测，其落脚点都在于通过调控使认知活动更有效率。

2. 让学生的良知和情感变得不敏锐

人工智能时代，一旦教育和教学的目标和内容偏重认知，极易导致以下两个不良后果。

第一，人工智能易让学生的良知变得不敏锐。人工智能本身并不是直接导致学生良知不敏锐的因素，而是人工智能在教育中的使用方式和背后的设计理念可能对学生的价值观和良知产生影响，如信息过滤与偏向、数据偏见、自动化评估的问题、缺乏人际互动、对道德和伦理的忽视等。信息过滤指人们常常倾向于接

① 唐曼云.最近发展区理论对中小学人工智能教育的启示[J].课程教育研究，2018(1)：36–39.

受和相信那些与自己已有观点相符的信息，而忽略与之相悖的信息。[①] 一些人工智能系统使用算法来个性化推荐学习资源，可能导致信息的狭隘性，使学生只接触到与其现有观点相符的信息，忽略了多元化和对立观点。这可能使学生变得不敏锐，缺乏对不同观点的理解和尊重。此外，人工智能的算法也依赖于大量的数据来做出决策，但这些数据可能带有偏见。如果训练数据本身存在社会或文化偏见，人工智能系统可能会传递或强化这些偏见，影响学生对于社会正义和公平的认知。再者，人工智能教育工具可能减少了学生与其他人的直接互动机会。面对面交流的缺乏可能使学生缺乏理解和关怀他人的机会，从而影响其良知的培养。一些人工智能教育系统可能忽视了道德和伦理教育的重要性，更注重技术和学科知识的传授。这可能导致学生在道德决策上缺乏指导，影响其良知的发展。为了确保人工智能在教育中不会对学生的良知产生负面影响，教育者和设计者应该关注算法的透明性、数据的公正性，以及教育工具对学生全面发展的支持。综合了技术和人文价值观的教育方法可以帮助学生培养敏锐的良知。

第二，人工智能易剥夺学生的情感体验，让学生的情感变得不敏锐。人工智能为教育者和受教育者搭建了一个虚拟化、数字化的教育拟真生态环境，大量基于虚拟、远程、物联、开放、智能、聚合、协作的技术应用在教育之中，虚拟现实教学场景成了师生互动体验的常态化教育场景，师生关系不再是传统的人与人的交往关系，而是“人—机—人”的交往关系，[②] 对于坐在互联网终端的教师和学生而言，教师和学生的情绪、感受易被技术屏蔽，教师和学生的喜怒哀乐相互之间觉察不到：一是自己觉察不到自己的情感，二是觉察不到其他人的情感。这样，教师和学生之间最为珍贵的情感交流被虚拟世界所隔离，

① PAUL F L, BERNARD B, HAZEL G. The peoples’s choice: how the voter makes up his mind in a presidential election [M]. New York: Columbia University Press, 1948.

② 罗儒国，吴青 . 论教学活动的虚实二重性 [J]. 山西大学学报（哲学社会科学版），2018，41（1）：130-137.

传播和流动的只有技术眼中的“数字符号”和一些程式化的活动设置，人机交互弱化了教育者和受教育者的情感体验，忽视和缺失了人文关怀的情感教育力量。[①②]我们要关注人工智能技术给教育带来的知性变化，更要关注其给教育者和受教育者带来的情感变化。教育是人类社会的一种情感实践活动。“教育没有了情爱，就相当于没有了价值倾向和生命关怀意识，也就只剩下可以独立存在的教、训、诲、化这类中性的行为。”[③]与此同时，在传统的教学中，知识传递的过程也伴随着情感传递。但教育人工智能在语音语调、体态语等富含情感要素的传递方面存在先天不足，即使当下人工智能在某些领域已经超越了人类，但它仍无法获取、无法具备未被人类进行形式化表达的人类情感，如自适应学习系统、自动化辅导学习机器人和幼儿早教机器人等都无法进行情感表达。因此，在教学过程中，人工智能无法，也没有向学生传达情感，无意中剥夺了学生的情感体验，也影响了学习效果。无论人工智能技术如何发展，动之以情、导之以行的教育始终是育人的根基。人工智能技术“有计算而无算计、有智能而无智慧、有感知而无认知”，一旦“技术之于教育”的自反性力量消弭人的情感体验，将使教育陷入随时堕落的风险。[④]

（二）人工智能易让人类个体变成智障

人工智能中的智能风险是指，一旦滥用人工智能，将可能会给人类智力带来退化风险，结果导致人工智能让人类个体变成智障。人工智能通过异化个体的学习方式，让人类个体过度依赖人工智能等方式，将人类个体逐渐变成智障。

---

① 冯锐，孙佳晶，孙发勤．人工智能在教育应用中的伦理风险与理性抉择［J］．远程教育杂志，2020，38（3）：47-54.

② BURTON E, GOLDSMITH J, KOENIG S,et al. Ethical considerations in artificial intelligence courses［J］. AI magazine, 2017, 38（2）：22-34.

③ 刘庆昌．行为意义上的教育哲学［J］．西北师大学报（社会科学版），2017，54（1）：105-113.

④ 李世瑾，胡艺龄，顾小清．如何走出人工智能教育风险的困局：现象、成因及应对［J］．电化教育研究，2021，42（7）：19-25.

1. 过度依赖人工智能，导致人类智能（包括人类的学习能力）有退化的风险

奥巴马（Barack Hussein Obama）就任美国第44任总统后，与美国工商业领袖举行了一次“圆桌会议”，IBM公司首席执行官彭明盛（Sam Palmisano）首次提出“smart earth”（本宜译作“智能地球”，却译成了“智慧地球”）这一概念，建议新政府投资新一代的智能型基础设施。智能地球包括“物联化”（instrumentation）、“互联化”（interconnectedness）和“智能化”（intelligence）三个要素，即：智能型物联网+智能型互联网=智能地球。“智能地球”的概念一经提出，便得到美国各界的高度关注，并在世界范围内引起反响。现在我国许多地方都在提“建设智慧型城市”这个口号。“智慧城市”一词来自英文“smart city”，英文并没用“wisdom city”，所以实际上宜译作“智能城市”。2019年版《辞海》对“智慧城市”的界定是：“通过物联网、云计算、地理信息系统等基础设施和新一代信息技术以及全媒体融合通信终端等工具和方法的应用，感测、分析、整合城市运行核心系统的各项关键信息，实现城市智慧治理和运行的城市生活形态。”从这个定义看，“智慧城市”实是“智能城市”。为了促进智能城市的建设，在交通领域，许多大城市都在力推“智慧交通”（智能交通）的建设；在图书馆和博物馆、博物院的建设上，力推智能图书馆和博物馆、博物院的建设；在银行、电信、餐饮、住宿和旅游等服务性行业，大力推行智能语音机器人的应用；等等。从而既提高了工作效率，也方便了广大市民的生活。

人工智能越发达，是越会更好地促进人类智能的发展，还是越会阻碍人类智能的进化，导致多数人的智能不断退化？要回答这个问题，就不能不让人想到“用进废退”这条重要的进化法则。当年“傻瓜相机”面世后，因体积小、重量轻、价格低廉，且操作非常简单，不需要太多的摄影知识和操作技巧，似乎连有一定视力的傻瓜都能利用它拍摄出曝光准确、影像清晰的照片来，而一

度很受普通摄影爱好者的欢迎。遗憾的是，个体一旦贪图“傻瓜相机”的便利，用久了就会于不知不觉中降低自己的摄影水平。同理，人类个体认知能力需不断地练习和训练，才能得以巩固、趋于熟练；若是事事都依赖于人工智能，少用或几乎不使用这些认知能力，它们的衰退是必然结果。人工智能越是智能化，对操作者的技术要求就越低，这易让使用人工智能的人的思维和智力得不到训练，导致其智力（主要指卡特尔所说的晶体智力）退化，变得越来越依赖人工智能，甚至有可能逐渐沦落为被人工智能所控制。

过去的机器旨在节省人的体力，现在的人工智能开始替代人的智力。[①] 虽然人工智能的发展让人类部分或完全摆脱重复性工作，为人类留出更多时间追求更具创造性和意义性的生活，但是，随着人工智能技术的高速发展，以及人类对这些人工智能产物的依赖日益增加，人类自身的某些认知能力受到消极影响，呈退化趋势。[②] 例如，互联网的出现，加上先进的算法搜索引擎，让人们不再需要付出过多努力便可随时随地“谷歌”或“百度”出想要的信息。互联网成为一种主要的外部或交互式记忆形式，信息被集体存储在人类自身之外。这一技术虽为人们生活带来巨大便利，若形成过度依赖，会出现谷歌效应（google effect），即人们不会再努力回忆信息本身，而是着重回忆在哪里可以检索到这些信息。[③] 这易滋生一个负面后果：如果个体一味依赖智能搜索引擎，持未来如若必要可随时检索到目标信息的心态，平时不留心记忆知识和信息，则难以有自己的知识积累，无法形成自身独特的知识架构和体系。在解决问题的过程中便难免束手束脚，思维的灵活性和变通性受限。长此以往，必会削弱多数人独立解决问题的能力，让他们失去对解决问题的敏感度，他们的逻辑思维和问题

① 尼克 . 人工智能简史［M］. 北京：人民邮电出版社，2017：226.

② 潘建红 . 科技与社会［M］. 武汉：武汉大学出版社，2020：5.

③ SPARROW B, LIU J, WEGNER D M. Google effects on memory: cognitive consequences of having information at our fingertips［J］. Science, 2011（333）: 776–778.

解决思维或多或少也会受到冲击。[①]智能导航技术的使用对人类空间记忆的损害，是人工智能损害人类个体认知能力的另一典型例子。[②③]长期使用智能导航软件，让人类个体的心理旋转（mental rotation）和换位思考（perspective-taking）这两种空间转换能力（spatial transformation）大幅降低，也对人们学习新环境（learn novel environment）的能力造成消极影响。[④]

2. 算法的大规模应用易导致人类个体同质化发展

算法的进化有赖于大规模的数据，每一种算法都包含着大规模、大样本的基因。在人们对算法盲目崇拜的时代，教育正被醉心于量化运动的工业家和商业家接管，他们不遗余力地大规模推行算法的教育应用，使教育更加程式化，比人们所批评的工业化时代“流水线”式教育对学生个性的扼杀有过之而无不及。与传统的班级授课制相比，算法的大规模使用将受众通过技术分流到不同地点、不同时间，表面上看，人工智能实现了教育方式的分众化、一对一、个别化，但当所有的受众背后都面对同一个计算模型和算法时，实际的结果反而是合众化的。算法将更多的人合并在一个更大的虚拟社区或班级，形成一种算法班级、算法“教育流水线”。学习是个性化的，每个学习者的问题表现不同、原因不同，算法如果规模化使用，以一种模式对待所有学生，便会成为伤害学生个性、固化学生思维的“杀伤性武器”。即使是优质的教育算法，一旦大规模使用，

① 王伟民，邵瑾，秦宗仓．当代科技哲学前沿问题研究［M］．北京：中央文献出版社，2007：167.

② GARDONY A L, BRUNYÉ T T, MAHONEY C R, et al. How navigational aids impair spatial memory: evidence for divided attention［J］. Spatial cognition computation, 2013, 13（4）: 319–350.

③ HEJTMÁNEK L, ORAVCOVÁ I, MOTÝL J, et al. Spatial knowledge impairment after GPS guided navigation: eye-tracking study in a virtual town［J］. International journal of human–computer studies, 2018（116）: 15–24.

④ RUGINSKI I T, CREEM-REGEHR S H, STEFANUCCI J K, et al. GPS use negatively affects environmental learning through spatial transformation abilities［J］. Journal of environmental psychology, 2019（64）: 12–20.

也会带来湮灭学生个性的风险。各种个性化推送算法的教育应用本意在追求培养目标和学习方式的个性化，从学习者的思考方式、兴趣爱好、学习特点等方面为学生提供个性化、定制化的学习内容和方法，从知识关联和群体分层层面向学生推送学习建议和学习策略，力图做到因材施教，而大规模使用反而有导致学生发展同质化、学校教育趋同化的风险。传统教育模式中教育问题与班级规模或学校规模有很大相关，某种程度上可以说班级规模越大，教育问题越多，算法时代同一算法的大规模应用也会带来类似问题。①

3. 人工智能让教育存在被形式化、浅层化、表面化等一系列风险

人工智能的算法和计算模型是高度简约化的，运用算法分析学习或教育过程将付出丧失部分重要信息的代价。用简化为本质的计算模型和算法对教育对象和教育过程进行计算，所使用的信息多为替代变量，而不是可靠的直接变量，计算模型对教育对象和教育过程的量化和简化使教育失去了丰富的内涵和诸多有价值的成分，包括学生对知识的好奇心和神秘感、对教师的崇拜感等教育过程中的“神秘”元素被消解了。被简约化的教育过程也因为失去了这些“神秘”元素而逐渐走向形式主义，将本来丰富多彩的教育生活和教育过程中的人简约到像电脑行为一样可以预测，其结果就是机器越来越像人，而人越来越像机器，教育活动丧失最根本的人格和人性，教育变得越来越没有灵魂和情感。基于高度简约化算法设计的虚拟仿真、虚拟训练并不等同于真实情境的学习，模型不能模拟出教育情境和教育过程的复杂情形，算法无法像教师那样直接回答学生的疑问，更无法像教师那样以具身的形式把实践操作经验等默会知识教给学生。学生按照算法设定的程序进行操作，使需要智慧融合、思想碰撞的学习变成一种套路固定的“游戏”，导致学生的知识碎片化，缄默性知识缺失，独立思考、逻辑推理、信息加工等高阶思维得不到发展，学科视野狭窄，协作沟通能力和

---

① 谭维智．人工智能教育应用的算法风险［J］．开放教育研究，2019，25（6）：20–30.

应对复杂问题的能力不足，教育存在被形式化、浅层化、表面化等一系列风险。其中，碎片化原意指将完整的东西分裂成零碎的部分。碎片化信息是指简短、不完整且零乱的信息。碎片化信息具有三个特点：（1）简短。（2）信息不完整。信息或有头无尾，或有尾无头，或无头无尾。（3）零乱。信息内部缺少逻辑，显得杂乱无章。[①] 添加人工智能技术的互联网易让大多数人生活在网络碎片化信息中，导致注意力和记忆力等下降，而注意力和记忆力的好坏直接影响个体的智力高低，一旦个体的注意力和记忆力等下降，其智力必然会下降。正如《纽约时报》专栏作家戴维·布鲁克斯所说，互联网并没有改变人类无知的状态，反而让人类进入了一个“新无知时代”：无数未经提炼和归纳的信息碎片，正在被不断创造出来，犹如“一条浑浊的信息河流”，大量缺乏判断力的受众浸泡其中，对偏见、虚假信息不加辨别地吸收，成为互联网时代的新无知群体。同时，移动互联网时代涌现的多媒体、碎片化的信息，降低了部分网民的持续注意力，也给这些网民造成记忆困难等问题，[②] 这对学生的学业成绩、信息交流和心理健康造成巨大的负面影响。

五、人工智能对学校和教师角色带来的挑战

（一）人工智能使学校教育地位逐渐下降

人工智能时代改变了教育的方式（如网络远程教学和运用虚拟仿真技术打造虚拟仿真教学情境）和学习的方法（如在线学习），拓展了学习的空间，使传统的学校教育地位逐渐下降[③]。

---

① 谭维智．人工智能教育应用的算法风险［J］．开放教育研究，2019，25（6）：20–30.

② MADORE K P， et al. Memory failure predicted by attention lapsing and media multitasting［J］. Nature, 2020（587）：87–90.

③ 吴永和，刘博文，马晓玲．构筑“人工智能 + 教育”的生态系统［J］．远程教育杂志，2017，35（5）：27–39.

（二）人工智能让部分教师缺少人文关怀，也降低了人类教师的地位

1. 人工智能的使用让部分教师缺少人文关怀

人工智能在赋能教育革新的同时，也让教师陷入角色转变的困境。教育实践中的师生关系也从传统的人与人关系转变为“人—机—人”的关系，教育者和受教育者可能是人也可能是人工智能。[①]这一转变表现为教师角色的“脱嵌”与“消匿”，以及教育过程的“唯技术观”，造成教育教学理念的“数据化”与“单一化”，从而对以往的教育生态带来巨大挑战，“人文关怀”的缺失便是其中之一。

教育的本质为育人，主要体现在对学生德性的教化上。教师角色的“育人性”意味着教师应担当起“立德树人”的责任，始终把学生的道德成长置于首要位置。当下人工智能时代，技术化逐渐成为未来的教育形态，其育人目标逐渐被技术遮蔽。人工智能技术在解放教师的同时，也将教师教学活动和自身专业发展限制在刻板的结构中[②]：一方面，教师自身主体性让位于“智能机器教师”。人工智能的“专家系统”可以模拟教育专家进行思维，运用专家的知识和经验对学生进行学习指导。例如，美国佐治亚州理工大学计算机科学教授艾休克·戈尔（Ashock Goel）基于 IBM 沃森（Watson）技术设计了人工智能助教。[③]于是，一些教师出于对人工智能技术的崇拜，加之对人工智能的片面理解，将人工智能的“专家系统”当作解放自身的得力助手，致使自身的教学主体地位让位于“智能机器教师”。由此，课堂成为智能机器答疑解难的主场，教师成了教育场域的“透明人”，陷入“身心皆离”的被动状态。另一方面，教师丧失对教育教学的决定权。大数据主导的人工智能时代，人类过度依赖人工智能基于大数据云计算

---

① 梁娜．人工智能时代新型师生关系的建构［J］．现代教育科学，2020（1）：95-99.

② 刘磊，刘瑞．人工智能时代的教师角色转变：困境与突围　基于海德格尔技术哲学视角［J］．开放教育研究，2020，26（3）：44-50.

③ 余胜泉．人工智能教师的未来角色［J］．开放教育研究，2018，24（1）：16-28.

的加工，导致其思维方式受到侵扰，以计算结果为导向，过度信奉概率论。部分教师逐渐摒弃自身的主观能动性及专业敏感性，不再相信自己的感官和经验，将更多的教学问题交予“算法”，丧失对教育的主动权，以及遮蔽教师在教育中“立德树人”的首要责任。

人文迷失不仅遮蔽教育本质，更造成教师角色的“数据化”和“单一化”。[①] 教师对人工智能技术的依赖在于对学生数据的采集与分析，这虽有助益于学生个性化教育，但也造成教师对学生的管理逐渐完全依靠于技术分析数据实现，而非自身的专业敏感性。由此，学生变成有算法可循的“量化物”，师生交往不再是人与人的交往，而是转变为数据与数据、算法与算法之间的交往，不仅消弭了师生交往的生命之维，更无法继续彰显师生的生命价值和自由人性的历程。长此以往，人工智能技术将逐渐剥夺教师对周围世界的认知和判断能力，使其不再追求真、善、美，只剩对技术的服从，成为不再认识自我并超越现实的“单向度的人”。不仅被技术训练为自我主张的教育者，更消解了师生双向互动的关系，教育的育人价值也随之瓦解。[②]

2. 人工智能功能越来越强大，会让部分教师职能或岗位失去价值

教育和人工智能的融合，会挑战教师的传统角色和权威地位。因为基于各类人工智能技术，如机器的大数据统计配合深度学习，可取代教师进行重复性知识的讲授、生成自动讲解体系等，最终教师重复性教学的作用逐渐被人工智能所取代，进而部分无法应对此种颠覆性挑战的教师会被淘汰。同时，技术的发展要求教师改变自己的教学模式、教学方式、教学态度，甚至要改变自己的知识结构，以便更好地发挥教师的主体性。

更严峻的是，2022 年 11 月 30 日，OpenAI 发布了对话式高级人工智能聊

① 刘磊，刘瑞．人工智能时代的教师角色转变：困境与突围　基于海德格尔技术哲学视角［J］．开放教育研究，2020，26（3）：44-50.

② 同①.

天机器人 ChatGPT。在 ChatGPT 出现之前，包含人工智能在内的所有教育技术均仅扮演教育的中介或工具，其功能是提升教师的教育效率和学生的学习效率。不过，在 ChatGPT 出现之后，尤其是 ChatGPT-4 出现后，人工智能可轻松履行并完成传统意义上教师所承担的“传道、授业和解惑”的功能。并且，ChatGPT-4 可利用深度学习技术和自然语言处理（natural language processing, NLP）算法来预测和生成文本、翻译语言、总结文本、回答问题、虚构创意小说、解释概念 / 主题，以及生成 / 修复代码等任务，以前所未有的速度改变了高等教育的面貌。①

今后，当比 ChatGPT-4 功能更强大的人工智能出现后，人类教师存在的意义是什么？教师不可替代的核心价值是什么？如何实现？这都是摆在各级各类教师和师范教育面前急需解决的问题。例如，或许有人会认为，学生的成长需包括情感、个性和品德的成长，这正是当下人工智能无法取代教师主体性地位的关键所在。问题是，虽然较之认知上的突飞猛进，当下的人工智能在情感和品德等方面的进展有限，但是，当人们看到 ChatGPT-4 的强大功能后，完全有信心推测，要不了多久时间，人工智能在情感和品德等方面也将取得重大进展，到那时，人类教师的优势在哪里？

第三节　人工智能与教育和学习的相互促进

当下和未来的人工智能越来越智能，但暂时还不具备“良心”，也没有真正的情感，尤其是善良情感。这样，人工智能实为一把双刃剑，人们须尽量消解其负面影响，发挥其对教育和学习的促进功能，让“教育＋人工智能”和“学习＋人工智能”均能取得“1+1>2”的效果。

① PETERS M A, GREEN B J. Wisdom in the age of AI education［J/OL］. Postdigital science and education. 2024［2024-04-06］. https://doi.org/10.1007/s42438-024-00460-w.

一、加强人工智能伦理道德教育以及道德机器和情感计算研究

（一）加强人工智能伦理道德教育和道德机器研究，化解教育、学习与人工智能融合中可能出现的伦理道德风险

人工智能的不科学、不合理开发和运用是造成教育人工智能有可能出现伦理道德风险的直接原因。[①] 要通过教育和学习，让广大科研人员、生产商和用户逐渐掌握并遵守相关伦理道德规范，防止人工智能被恶意使用。与此同时，通过深研教育和学习的理论与机制，用“良心”造“良芯”，[②] 尽早让人工智能安装上或生出“良心”，从而彻底消除教育、学习与人工智能融合中可能出现的伦理道德危机。这些内容将在“人工智能与道德”一章予以探讨，这里不多讲。

在保持学术诚信的同时使用人工智能技术，也是开展智慧教育的关键[③]。鉴于人工智能在教育领域的颠覆性地位，联合国教科文组织的目标是，到 2024 年，开发学生和教师人工智能能力的双重框架[④]。其中，教师人工智能能力框架包括关注以人为本的思维、道德、基础和应用、教学法和专业发展，而学生人工智能能力框架包括以人为中心的思维、道德、技术和应用、系统设计（UNESCO 2023）。虽然这些能力框架目前正在开发中，但很明显，在人工智能教育时代，仍然有必要加强人工智能伦理道德教育，开发新的方法来让学生 / 教师参与教学和学习。

---

① 郑勤华，熊路颖，胡丹妮 . 任重道远：人工智能教育应用的困境与突破［J］. 开放教育研究，2019，25（4）：10–17.

② 李伦，孙保学 . 给人工智能一颗“良芯（良心）”：人工智能伦理研究的四个维度［J］. 教学与研究，2018（8）：72–79.

③ PETERS M A,GREEN B J. Wisdom in the age of AI education［J/OL］. Postdigital science and education. 2024［2024–04–06］. https://doi.org/10.1007/s42438-024-00460-w.

④ UNESCO.Less than 10% of schools and universities have formal guidance on ai. UNESCO［EB/OL］.（2023–09–06）［2024–04–06］.https://www.unesco.org/en/articles/unesco-survey-less-10-schools-and-universitieshave-formal-guidance-ai. Accessed 10 February 2024.

（二）加强情感计算研究，化解教育、学习与人工智能融合中可能出现的情感教育缺失问题

我们在教学中运用人工智能时，可以在目标确定、内容选择、过程调控上充分利用其在促进学生认知发展上的优势，也要清醒地看到其局限：无法全面顾及学生的情感、态度、意志力、价值观的培育。换言之，人工智能的认知取向限制了学生全面发展。如果任由人工智能单向度地强势导引，很可能造成对学生完整生命的伤害。就学生发展的完整性而言，目前人工智能的巨大优势体现在对学生认知过程的深度揭示与分析、对认知活动的全方位干预，由此导致教学对学生的认知发展格外偏爱。而学生作为一个完整的生命，不只是能认知、会思考，而且有情感、有意志、有信念；不只有求知的需要，而且有审美、向善的需求。[①]学生的成长，除了认知增长外，也包括情感、品德和个性的成长。为了化解教育、学习与人工智能融合中可能出现的情感教育缺失问题，就须加强情感计算研究，让人工智能逐渐发展出与人类似的情感，尤其是善良情感。一旦人工智能有了善良情感，在教育和学习中运用有善良情感的人工智能，自然就不存在情感教育的缺失问题。

在情感计算研究中，应吸引教育学、心理学、计算机科学等多个领域的专家共同参与，跨学科合作可以提供更全面的理解，促进更有效的解决方案；开发综合的情感计算模型，能够包括面部表情识别、语音分析、生理信号监测等多个维度的情感指标，这样的模型可以更全面地了解学生的情感状态；利用大数据技术对学生的情感数据进行分析，以发现潜在的模式和趋势。这有助于更好地理解学生的情感变化，从而制定更精准的支持策略；在情感计算研究和应用中，要高度关注伦理问题，确保学生的隐私得到保护，避免滥用情感数据。

---

① TeachFuture 蔚来教育．人工智能影响了师生关系，学校教学如何应对？［EB/OL］．（2019-01-24）［2024-03-01］．https://zhuanlan.zhihu.com/p/55602902.

若有可能，进行实证研究，验证情感计算在教育中的实际效果。通过科学的实证研究，评估情感计算技术对学生情感和学习成效的影响。

二、消除人工智能易让人类智力退化的风险

消除人工智能易让人类智力退化甚至被人工智能控制的风险的对策主要有以下四个方面。

（一）减少个体尤其是儿童使用人工智能的类型与频次

建构主义学习理论告诉人们，将学习视作一种高度社会化的行为，有利于发挥整体性的社会环境和文化传统对个体学习活动的积极影响，并且，重视对话思维，学生之间相互合作学习，有助于培养彼此的合作精神，有助于发挥每个学生自身的优势。正因为如此，将学习视作一种高度化社会的行为，不但更加符合人的社会属性，还有助于促进个体大脑的发展。例如，有研究表明，长期在贫瘠环境（impoverished environment）（即独处环境）和丰富环境（enriched environment）（即群居环境）两种情境下，老鼠的大脑发育有显著差异，其中，前者的大脑发育水平显著低于后者的大脑发育水平（如图 4–2 所示）。[1]

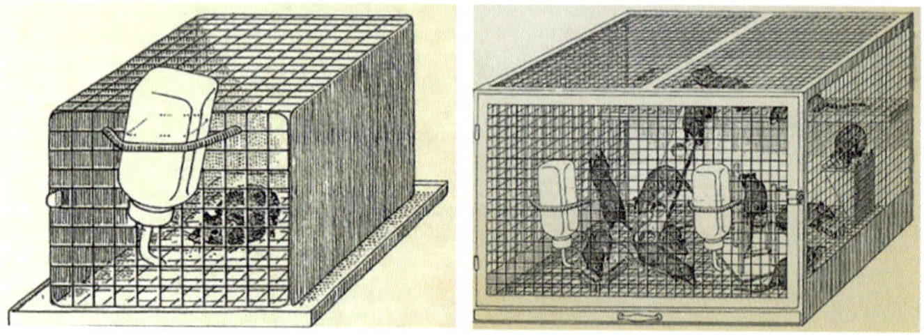

图 4–2　“独处”与“群居”情境下老鼠的大脑发育对比示意图

既然长期生活在贫瘠环境下的个体的大脑发育要显著低于长期生活在丰富环境下的个体的大脑发育，并且，根据“液态智力和晶体智力说”，液态智力

① ROSENZWEIG M R, BENNETT E L, DIAMOND M C. Brain changes in response to experience［J］. Scientific American, 1972, 226（2）：22–29.

的发展与年龄有密切关系，一般人在 20 岁以后液态智力的发展达到顶峰，30 岁以后将随年龄的增长而逐渐降低，那么个体尤其是儿童在使用人工智能时，须坚持“非必要，不使用”和“必须用，尽量少用”两个原则，以消除人工智能易让使用者智力退化的风险。

（二）实行双备份制：在安装人工智能的同时，须配备相应的人类智能

随着人工智能越来越智能化，以及人力资源成本的增加，为了降低成本、提高经济效益，现在已有越来越多的行业加大人工智能的引进力度。在这种时代背景下，若任由人工智能取代人脑，不但易让人类智力面临退化的风险，毕竟“用进废退”是世界万物进化的铁律，而且，一旦人工智能出现故障，将会给人类带来巨大损失。例如，民航领域的自动驾驶已经普及了几十年，飞机的自动驾驶系统会根据预先设定好的航路全程自动驾驶飞机，直至完成降落。面对如此先进的自动驾驶系统，除非遇到恶劣天气或意外，大多数时候飞行员只要盯着飞机上的电脑屏幕，然后与空管沟通，或调整飞机自动驾驶模式的参数。以至于有些飞行员开玩笑说自己的工作其实不是“开飞机”，而只是“按按钮”。飞行员过于依赖飞机的自动驾驶系统，一旦飞机的自动驾驶系统出了故障，而飞行员又未能及时予以识别和解除，后果将非常严重。曾被认为是世界上最新、最安全的波音 737MAX 系列客机在 5 个月之内连续发生 2 次惨烈空难，导致 346 人死亡：2018 年 10 月 29 日，印度尼西亚狮子航空公司一架波音 MAX 客机在印尼坠入爪哇海，导致机上 189 人（内含 8 名机组成员）不幸遇难；2019 年 3 月 10 日，埃塞俄比亚航空公司一架波音 737MAX 客机在飞往肯尼亚途中坠毁，机上 149 名乘客和 8 名机组成员全部遇难。从飞机坠毁前的飞行数据来看，这两架 737MAX 在出事时的情况惊人相似：飞机在飞行过程中经历了多次爬升下降、下降爬升的过程。在调查事故的过程中发现飞机 AOA 攻角传感器错误读数，

会导致飞机的尾翼配平系统为了避免手动飞行情况下的失速，在未经飞行员操纵的情况下，自动让机头向下。这个程序有 4 个特点：（1）发现失速后，程序只相信主传感器，不与备份传感器核实。同样的情况，空客的飞机则会交给飞行员处理。（2）程序一旦相信主传感器，不通知飞行员，直接操纵机翼。（3）飞行员手动操作后，仍旧会每 5 秒自动执行，让飞行员不得不与飞机较劲。（4）程序开关非常隐蔽。正是这个隐藏得很深的自动驾驶的 BUG，把一个非致命的故障弄成了坠机。这两起惨烈空难，导致在确认波音 737MAX 客机安全性之前，它先后被全球多个国家禁止商业飞行。为了防止今后出现类似事故，像自动驾驶系统之类的人工智能，宜实行双备份制，即安装人工智能的同时，也须配备相应的人类智能，即配备相应的专家监控人工智能的运行，让人工智能与人类智能相辅相成，取长补短。千万不能完全指望人工智能，否则，一旦人工智能出了差错，哪怕是一个小差错，都有可能招来大损失。

（三）适量研发让人多动脑筋的人工智能

在研发让人少动脑筋的人工智能的同时，也适量研发让人多动脑筋的人工智能，从而让使用者在使用这类人工智能的过程中激发自身创造潜能。

（四）将人工智能视作学习、工作和生活的有力助手

目前，人工智能导致人类智能有退化的风险，这种负面影响尚未引起开发者和使用者的足够重视，或者，人们已经注意到这种消极影响的存在，但认为人工智能为人类带来的益处更为重要，远胜于其消极面，因此，无须成为“卢德主义者”（Luddite）或“新卢德主义者”。卢德主义原是指爆发于 19 世纪英国的一场手工业工人反抗机器的运动；卢德主义者后泛指盲目反对新技术和新事物的人。当人类进入 20 世纪后期，挑战和对抗被贬损的“卢德”含义的新卢德主义者登上历史舞台。新卢德主义者普遍认为，计算机的教育应用表面看是教育的进步，其实质是技术统治思想的胜利，之后技术统治论更是蕴涵了经济

功利性对教育的侵蚀。[①] 也不要因噎废食，放弃使用这些人工智能产物。毕竟，在习惯人工智能技术带来的各种工作和生活便利后，人们很难再习惯失去这些技术的日子。

从学生发展的主体性来看，我们在教学中运用人工智能的初衷是让学生的学习更自由、更自主、更富有创造性，而人工智能的高智能性也为学生的主体性发展提供了条件。不过，如果在教学中过于依赖人工智能，甚至视其为不可动摇的力量，则很有可能使学生受其所控而丧失主体性。[②]

对此，我们有必要对人工智能的强大影响力保持警惕并进行必要的干预，通过适度的、有节制的运用来消解其负面效应。在开发出不具消极影响或消极影响更低的人工智能产品之前，人类或许可以有意控制对人工智能技术的过分依赖心理，最好将人工智能视作学习、工作和生活上的有力助手，而不能过于依赖它们直接解决问题。

三、凸显教师的育人功能，避免师生关系的两极分化

（一）人工智能时代，须凸显教师的育人功能

学校、学校教育、教师均不会因人工智能的兴起而消失，因为，人工智能虽能取代教师对知识的讲解，替代教师答疑解惑、监考、阅卷、批改作业，将教师从繁重且无须创造的脑力劳动中解放出来，但暂不具备社会属性和心理属性，没有情绪，没有品德，不能实现“人—机”之间的情感交流，也无法胜任“传道”的重任。在人工智能飞速发展的当下乃至未来，教师的角色要想不被人工智能取代，就须凸显育人功能。

首先，教师应及时转变教育理念，更关注在与学生的交流互动中引导学生

① 孙立会，沈万里．论生成式人工智能之于教育的命运共同体［J］．电化教育研究，2024（2）：20–26.

② 杨清．人工智能时代学生主体性发展：机遇、挑战与对策［J］．教育研究与实验，2023（1）：60–66.

形成积极的价值观，突破千校一面、万人一面的培养模式，多样化、个性化培养人才。需创建以学生学习为中心的教学和学习方式，探索构建师生学习共同体，通过教师的引导、师生的互动和学生之间的合作来实现教学目标。其次，互联网教育的发展还正在颠覆着传统的学习过程。过去，知识传输一般是在课堂上进行，通过教师讲授、学生听讲来实践。知识内化的过程往往是在课后，学生通过复习做习题、由教师辅导答疑、参加必要的教学实验，来巩固消化，真正掌握所学的知识。在网络教育背景之下，这个过程可能颠倒。学生知识获取转移到上课前，通过网上个性化的学习来实现。课堂上，教师就不能以讲授为主，而必须引导学生探究、反思讨论，学生主讲、演示，教师纠错，课堂上要实现学生知识内化的一部分功能。学习过程的革命，翻转课堂的翻转，内涵就在于此。最后，教师应警惕学生陷入技术化的误区。信息科技与教育教学的深度融合，不能改变教育初心。在学生社会发展性素养的养成，如人际交往能力、公共关系能力、团队精神的养成及健全人格的培养等方面，仍需教师在现实环境中，通过校园教育、群体学习，甚至引导学生进行社会实践逐步加以完成。因此，尽管人工智能改变育人目标与方法，教育的主体依然是人，人工智能只是教师的智能助力。①

（二）人工智能时代，须避免师生关系的两极分化

1. 人工智能时代，师生关系易出现两极分化

师生关系的一极是，教师在教学中成为绝对的控制者，学生是被严格控制的对象。教师不仅能借助人工智能语音、图像和手势识别等技术，对学生的各种信息进行采集与辨别，而且能根据其语音、图像及手势的内在含义，判断出学生的观点、遣词造句的习惯，发现学生遇到的困惑。由于智能教学系统具备

① TeachFuture 蔚来教育．人工智能影响了师生关系，学校教学如何应对？［EB/OL］.（2019-01-24）［2024-03-01］. https://zhuanlan.zhihu.com/p/55602902.

高度智能化的分析和决策能力，教师还可以据此捕捉到学生学习过程中的细微变化并进行针对性很强的干预。这意味着学生在学习过程中的一言一行、动静变化都在教师的严密掌控之中。如果说传统课堂教学中的教师由于不能做到对每一位学生的精细了解和准确干预而无法成为严格的控制者，那么在人工智能的助力之下，教师可以轻易把学生置于其严密把控之下，甚至通过互联网技术，对学生课外学习中的言谈举止也能了如指掌，施加遥控。师生关系的另一极是，教师在教学中可有可无，学生可以在人工智能自适应学习系统里独自学习。通过这一系统，学生能获取基于自己知识基础、学习风格、认知发展特点的学习目标与内容。在学习过程中，这一系统还可以针对学生的不同学习风格来调整教学，包括改变学习内容的呈现顺序；隐藏那些与学生学习风格不匹配的学习对象；对学习内容进行注解，以说明它符合某种学习风格的程度，在此基础上向学生推荐最适合的学习内容。在学习结束时，系统还可以“从知识学习和认知发展两个方面对学习结果进行个性化评价，确定其所达到的层级，并结合学习过程给予学习补救反馈，以指导学习者开展新一轮学习活动”。可以说，学生的学习从目标的确定、内容的选取，到学习过程中的指导和活动结束时的评价，全程都无需教师参与。来自教师的温暖细心的情感关怀、耳濡目染的言行示范、潜移默化的支持教导几乎不复存在。①

2. 人工智能时代防止师生关系两极分化的对策

人工智能进入教学后，教师要避免通过人工智能来强化自身的权威，对学生施加严格控制。这种严格控制有可能是无心之举——借助人工智能可以更精确地了解和分析学生的言行举止，原本是为了更有针对性地实施教学，却在无意之中把学生置于其控制之下而失去自主性；也可能是有意为之——在教学中

① TeachFuture 蔚来教育．人工智能影响了师生关系，学校教学如何应对？［EB/OL］．（2019-01-24）［2024-03-01］．https://zhuanlan.zhihu.com/p/55602902.

运用人工智能的目的就是更好地控制学生，因为人工智能为其提供了精准干预学生学习过程的条件，以前无法做到的控制由于有了人工智能而能够轻易做到。对于前者，需要教师明确的是，人工智能可以为细致准确地了解学生提供便利，也可以在无形之中让教师成为教学中的专制者，有必要对此保持一份警惕。对于后者，则需要教师建立起正确的学生观、技术观，学生作为具有自主性的人需要通过教学使其得到进一步的发展而非受到压制，在教学中运用人工智能不是为了维护教师的绝对权威而是为学生的自主发展提供更多的途径。①

与此同时，教师不能把自己在师生关系中的角色与责任让渡给人工智能。从目前人工智能发展的速度看，教师的不少教学工作有可能被人工智能所取代，如收集和整理知识信息、准确分析学生的学习状况、根据学生特点选择教学策略等等，人工智能做这些知识性、技能性的工作很可能比教师做得更好。然而，教师的职责不仅仅在于“教书”——让学生更快更好地去获取知识、习得技能，更在于“育人”——培养学生的世界观、人生观、价值观，提升学生的精神境界。“教书”或许可以通过人工智能去优化和实现，“育人”则离不开教师的耳濡目染、言传身教。②

① TeachFuture 蔚来教育．人工智能影响了师生关系，学校教学如何应对？[EB/OL].（2019-01-24）[2024-03-01]. https://zhuanlan.zhihu.com/p/55602902.

② 辛继湘．当教学遇上人工智能：机遇、挑战与应对[J]．课程·教材·教法，2018，38（9）：62-67.

第五章 人工智能与文化

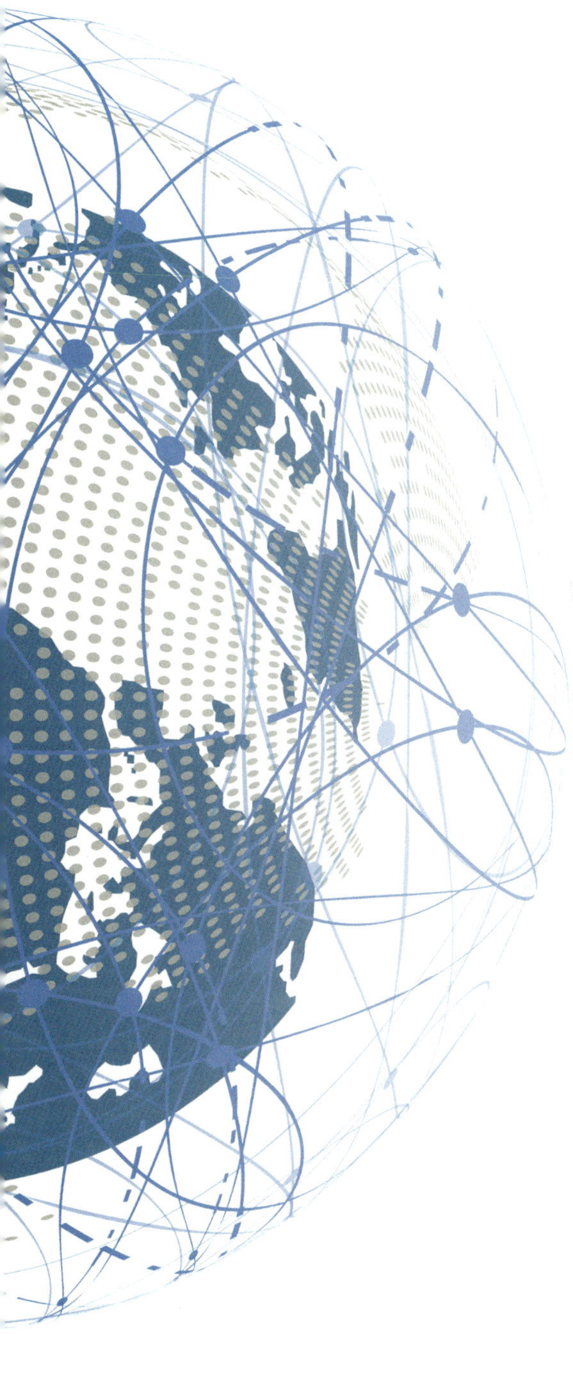

任何新技术都是双刃剑。人工智能在让人们的学习、工作和生活变得越来越便捷、轻松和有效率的同时，也带来了一些文化上的新问题。要破解这些新问题，既需要进一步完善人工智能的技术，更需要在文化层面对其进行系统的反思，并提出妥善的解决方案。

第一节　人工智能对文化的促进

“文化”虽在日常生活中是一个常见词汇，却是一个极难界定的概念，其内涵可大可小，其种类多种多样，且可从多种维度剖析世界各国文化的属性。[①]出于本书的旨趣，汪凤炎借鉴余英时[②]、庞朴[③]与何晓明[④]等人的观点，也以洋葱或地球来比喻文化，主张就文化形态而言，将文化分为上下二层式——上层是制度文化，下层从里至外依次是心理文化、行为文化和实物文化——立体结构，此观点简称汪氏四层文化模型。这样，本节探讨人工智能对文化的积极影响时，将分别讨论人工智能对制度文化、心理文化、行为文化与实物文化的促进作用。

一、人工智能对制度文化的促进

据《辞海》解释，制度文化中的“制度”的含义有二：①在一定历史条件下形成的政治、经济、文化等方面的体系，如经济制度。②要求大家共同遵守的办理规则或行动准则，如工作制度 。因此，这里讲的制度文化指人类在社会实践中根据一定的心理文化而建立的各种规章制度及形成的各种风俗习惯。对于中国文化而言，制度文化中的制度包括中国历朝官方公布的正式制度（主要包括法律制度和各种官方规定的规章制度）与以风俗习惯等形式存在的非正式制度，主要包括礼仪制度、婚姻制度、丧葬制度与科举制度等。风俗指历代相

① 汪凤炎，郑红 . 中国文化心理学（第 6 版）[M]. 广州，暨南大学出版社，2024：10–31.
② 余英时 . 从价值系统看中国文化的现代意义 [M]. 台北：时报文化出版社，1984：109.
③ 庞朴 . 文化结构与近代中国［J］. 中国社会科学，1986（5）：81–98.
④ 何晓明 . 中华文化结构论［J］. 中州学刊，1987（1）：108–112.

沿积久而成的风尚、习俗。《毛诗序》:“美教化，移风俗。”《汉书·地理志》云:“凡民函五常之性，而其刚柔缓急音声不同，系水土之风气，故谓之风；好恶取舍动静无常，随君上之情欲，故谓之俗。”[①] 据《中国百科大辞典》，风俗指某一特定群体在不同的自然条件和社会环境下所形成，并经历代相沿积久而成的思想和行为的固定方式。其中，因自然条件影响而形成的习尚称为“风”，在社会环境影响下形成的习尚为“俗”，[②] 包括衣、食、住、行、生产劳动、婚姻、丧葬、节庆、礼仪等方面的风俗和习俗 。[③] 法律制度与习俗之间的相似之处是：二者都可在一定时期、一定范围内对人的心理与行为产生制约和引导作用；二者都有好坏或善恶之分，即法有善法与恶法之分，习俗也有好习俗与坏习俗之分。法律制度与习俗之间的差别至少有二：①形成方式不同：前者由政府制定和颁布。后者是约定俗成的。②对人的心理与行为的约束力不同：法律对人的心理与行为有较大约束力，一旦违背，会招来官方相关权力机构的严厉制裁；习俗对人的心理与行为的约束力要小一些，一旦违背，一般只会受到道德舆论的谴责。[④] 法律制度与习俗之间也存在一定联系：当风俗变得越来越重要、越来越普遍时，可能会上升为正式制度或规则，具有更高的合法性、合理性、约束力；[⑤] 法律制度实施久了，也易形成相应的风俗习惯。

（一）人工智能对正式制度或规则的影响

对每一国家或地区而言，正式制度或规则可分为根本制度、基本制度和具

① 陈至立．辞海（第七版彩图本）［M］．上海：上海辞书出版社，2019：1181.

② 袁世全．中国百科大辞典［M］．北京：华夏出版社，1990：2.

③ 林耀华．民族学通论［M］．北京：中央民族大学出版社，1997: 447.

④ 汪凤炎．中国文化心理学新论（上册）［M］．上海：上海教育出版社，2019：71.

⑤ 涂可国，赵迎芳．文化现实与文化建构：中国社会文化研究 [M]. 济南：山东人民出版社，2017: 104.

体制度三个层次[①②]：根本制度是国家各项制度的根基和本源，决定国家活动的基本原则和社会发展方向；基本制度依据根本制度制定，规定着国家政治和经济生活的基本原则和基本内容；具体制度受根本制度和基本制度所支配，同时，具体制度为根本制度和基本制度服务。在这三者之中，根本制度和基本制度轻易不变动，或变动不大；具体制度在实践过程中具有较大的弹性，可随国情和世情的变化而灵活调整，若具体制度无法适应社会实践的发展，或者阻碍了根本制度和基本制度，便需要对其进行改革。[③] 人工智能技术在短期内不会影响到国家的根本制度和基本制度，但对国家的具体制度产生一定影响。例如，随着人工智能技术的持续发展，各界开发人员在热烈讨论后制定出一系列人工智能开发原则，这些开发原则便可视为具体制度中的社会制度在人工智能领域的实际表现，这些原则的出现便是人工智能技术对具体制度的影响。其中，人工智能原则中有关伦理道德原则的论述主要放在“人工智能与道德”一章论述，此节不赘述。

当然，人工智能技术并非对根本制度和基本制度毫无影响。比如，人工智能技术的持续发展对现有法律体系和规范体系造成较大冲击，而这些从属于基本制度系统。[④]随着人工智能技术的日益发展和成熟，世界各国对人工智能技术的研究、使用和保护愈加重视，同时，都在积极讨论人工智能技术的可专利性、审查标准、主体资格和权利、侵权责任等，以求建构人工智能相关的知识产权保护体系。[⑤]

---

① 黄晓波．中国特色社会主义制度：构成、特点与完善［J］. 马克思主义研究，2011（9）：27–31.

② 周骏，黄晓波．制度自信：历史与现实的理想形塑［M］. 桂林：广西师范大学出版社，2019: 9–11.

③ 赵纪梅．中国特色社会主义制度解读［M］. 北京：九州出版社，2014: 14.

④ 同③．

⑤ 邓鹏，李芳，李明晶．人工智能时代专利制度的实践挑战与应对策略［J］. 科技进步与对策，2022, 39（19）：105–113.

（二）人工智能改变风俗习惯

人工智能技术发展至今，已有一些风俗习惯或多或少会受到其影响，但目前尚未形成新的风俗习惯。这是因为，人工智能发展的年份并不长，风俗习惯的形成需要一定时间来反复沉淀。

人工智能影响风俗的一个典型例子，是人工智能技术对日本丧葬风俗的影响。目前，日本人口老龄化趋势明显，从 2003 年起，日本人口出现负增长，全年全国死亡人数已反超出生人数。2016 年，全年全国死亡人数达 129.6 万人，而出生人数仅为 98.1 万人，相差高达 31 万余人。这为日本殡葬行业带来商机，也激励科技公司将人工智能技术引入殡葬行业。2017 年，日本株式会社日精公司（NisseiEco）将人工智能技术与葬礼仪式相结合，推出“胡椒”（Pepper）祭司机器人（如图 5–1 所示），用于主持往生者的葬礼。

图 5–1 “胡椒”祭司机器人

从外表看，“胡椒”祭司机器人是位身穿佛教长袍的僧侣，它可一边敲木鱼，一边配合丧家的宗教信仰，朗诵四种以上不同的经文，送逝者最后一程。以往这些工作由人类僧侣完成，但随着信徒数量的减少，以及信徒奉献的香油钱的减少，人类僧侣越来越难以维持生计，只得另寻出路，从事其他工作，因此，愿意主持葬礼的人类僧侣越来越少，无法满足日益增长的殡葬服务需求。祭司机器人的开发和使用能很好地解决这一问题，还可有效降低日本人民的殡葬成本。在日本，由人类僧侣主持一场体面的葬礼，大约需要 30 万—48 万日元，但雇佣机器人主持葬礼仅需 5 万日元，二者的费用相差 6 倍左右。可见，机器人主持葬礼在成本上具有较大优势。目前人工智能殡葬服务虽处于初步开发阶段，也受到众多质疑，但因为它能为亡者家属提供实际服务，以较低成本满足家属的真切需求，还是受到了部分民众的主持。日本《朝日新闻》（*Asahi Shinbun*）对 50 名公民的调查结果很好地说明了这一点。该调查显示，虽然受访者普遍认为机器人不够庄重，无法取代人类僧侣的位置，但有超过 1/3 的受访者接受机器人担任葬礼僧侣的角色。日后，随着人工智能殡葬技术的不断完善，以及日益增长的殡葬服务需求，这一技术或将更为流行，获得更高的认可度。

事实上，人工智能僧侣机器人只是人工智能殡葬领域的尝试之一，许多公司已逐渐探究出人工智能技术在殡葬领域的其他可能性应用。如，瑞典殡葬机构菲尼克斯（Fenix）利用人工智能技术搜集逝者生前信息，设计出可与逝者家属进行简单交谈的在线聊天机器人，以此为逝者家属提供一种心理安慰。可惜的是，虽然这种人工智能聊天机器人能与逝者家属就不同话题进行顺畅互动，但它无法吸取和产生任何新知识，必须完全依赖于逝者家属在电脑数据库中上传的逝者信息。可见，这一技术尚处于起步阶段。虽然如此，它依然预示着人工智能殡葬的另一可能的发展方向。

二、人工智能对心理文化的促进

心理文化是指人类在社会实践过程中逐渐形成的价值观念、思维方式、审美情趣和民族人格等。对于中国文化而言，心理文化是指中国人在社会实践过程中逐渐形成的具自身特色的价值观念、思维方式、审美情趣和民族人格等 。[①] 人工智能的迅速发展，对实物文化、行为文化和制度文化的影响，均有明显的外部表现，可明确地观察到，但对心理文化的促进作用是潜移默化的，较为隐秘，需要较长时间才会被感知和观察到。随着人工智能的持续发展，人工智能对人

① 汪凤炎．中国文化心理学新论（上册）[M]. 上海：上海教育出版社，2019：71.

们心理文化的影响日甚一日。人工智能对伦理规范和道德标准的影响留待下文探讨，此小节只探讨人工智能对心理文化促进的余下内容。

（一）人工智能对人类思维方式的影响

1. 大数据思维的兴起

大规模生产、管理、挖掘和分析海量数据的大数据，正在改变人们看待和处理信息的方式，也在影响着人们的思维活动和思维方式，可称为大数据时代的思维变革。根据维克托·迈尔-舍恩伯格（Viktor Mayer-Schönberger）和肯尼思·库克耶（Kenneth Cukier）的观点，这场思维变革主要体现为如下三点：[①][②]

第一，全样思维。应分析与主题相关的所有数据，而非随机抽取样本。在小数据时代，受限于记录、储存和分析数据的技术和能力，只能随机抽取部分数据进行分析，试图通过分析最少的数据获得最多的信息。[③]在这种抽样方式下，数据分析的精确度极大依赖于抽样的随机程度和代表性，但是，现实情境中，要做到绝对的随机采样非常困难，需要严密的安排和执行，往往很难实现抽样样本能真正代表总体特征。相较之下，在大数据时代，足够的数据处理和储存能力，以及先进的分析技术，使得人们能够收集并分析所有的数据，无需基于随机抽取的样本进行总体特征推断，这被称为“全数据模型”。[④]

第二，容错思维。应接受数据的纷繁复杂，而非执迷于消除不确定数据及追求精确性。在小数据时代，数据有限，必须减少数据错误，保证每个数据的精确性，

① 迈尔－舍恩伯格，库克耶．大数据时代：生活、工作与思维的大变革［M］．盛杨燕，周涛，译．杭州：浙江人民出版社，2013：29.

② 刁生富，冯利茹．重塑：大数据与数字经济［M］．北京：北京邮电大学出版社，2020：10–13.

③ 同① 30.

④ 杨力．人工智能对认知、思维和行为方式的改变［J］．探索与争鸣，2017（10）：16–18.

以求得到精确的分析结果，这是一切的根本。在大数据时代，只有5%的数据是有框架的，剩下95%的数据是混乱无章的，如果无法接受混乱，一味追求数据的精确性，便无法开展数据分析。[①] 也就是说，必须容忍不同来源数据和不同格式数据带来的混乱感，追求分析结果的大致概率，而不是“确凿无疑”的结果。[②]

第三，相关思维。应关注于事物之间的相关关系，而非难以捉摸的因果关系。在大数据时代，不必强求探究现象背后的机制和深层原因，而是基于大数据分析事物之间的相关关系，把握事物的发展趋势，实现对未来的预测。预测是大数据时代的核心，追求的是用复杂的数字算法分析海量数据，以此来预测事情的发生发展。

全样思维、容错思维、相关思维对传统的抽样思维、追求规律和因果关系思维造成了巨大冲击。虽有人质疑大数据思维过分强调效率，只求找到有效的相关性，置数据分析的科学性和复杂性于不顾，置人类社会整体利益于不顾，[③] 但它们无疑为新时代人们的思维方式带来新气象，提供了分析总体数据的可能性，也提供了除抽样分析外的另一可用分析方式。

2. 计算思维的兴起

伴随着大数据思维的发展，人工智能时代另一种核心思维孕育而生：计算思维。面对海量数据，需要懂得如何构造、操作和分析数据，以及数据可视化等技能，这些数据实践活动便与计算思维框架密切相关。[④] 计算思维指利用计算机科学的概念基础进行问题解决、系统设计及理解人类行为的思维活动；它并非计算机科学家特有的思维方式，而是每个人的基本技能。[⑤]

---

① 迈尔－舍恩伯格，库克耶．大数据时代：生活、工作与思维的大变革［M］．盛杨燕，周涛，译．杭州：浙江人民出版社，2013：45.

② 同① 49.

③ 张康之，张桐．大数据中的思维与社会变革要求［J］．理论探索，2015（5）：5–14.

④ 罗海风，刘坚，罗杨．人工智能时代的必备心智素养：计算思维［J］．现代教育技术，2019，29（6）：26–33.

⑤ WING J M. Computational thinking［J］. Communications of the ACM, 2006, 49（3）：33–35.

人工智能算法和人类认知加工能力各有优劣。一方面，人工智能算法的分析能力较人类有优势，人类的数据处理能力远不如人工智能技术。这是因为，人类有心理不应期（psychological refractory period, PRP）的存在和视觉短时记忆的局限性，这导致人脑中认知加工能力有限；与此同时，人类决策还受注意偏差、解释偏差、记忆偏差等各种认知偏差的影响，易出现误判。相较之下，人工智能算法能在极短时间内处理数百万个数据点，准确地给出最终决策，[①]同时，算法被认为虽不可完全避免决策偏差，但具有减少决策偏差的潜力。[②]另一方面，虽然人工智能技术运算能力强大，但人类思维并非毫无优势。人类可同时使用演绎、归纳、类比和溯因等多种思维方式，目前的人工智能技术尚无法实现这一点；[③]人工智能虽可习得与人类分析思维相似的或更强的运算能力，但至少到目前为止，尚难模仿人类的直觉思维，也就无法妥善应对那些较依赖于直觉思维的问题情境。虽然直觉思维易出错，需依赖于分析思维来控制决策质量，但直觉思维仍有其适用的情境。[④]如，科学家和艺术家的直觉。有时科学凭直觉直达真理，艺术家根据内心情绪和灵感创造艺术，其中没有任何逻辑和推理。目前，虽然各领域专家已开始实证探讨直觉思维的内在机制和发生发展过程，并已取得一定成果，[⑤]但受科技水平和研究范式的限制，尚不能很好地理解直觉思维的本质，更遑论将其编码至人工智能系统中。若是开发者能更好地

---

① FERRA`S-Hern´andez X. The future of management in a world of electronic brains［J］. Journal of management inquiry, 2018, 27（2）: 260–263.

② HÖDDINGHAUS M, SONDERN D, HERTEL G. The automation of leadership functions: would people trust decision algorithms?［J］Computers in human behavior, 2021, 116: 106635.

③ 蔡曙山．从思维认知看人工智能［J］．求索，2021（1）：48–56.

④ PHILLIPS W J, FLETCHER J M, MARKS A D G, et al. Thinking styles and decision making: a meta–analysis［J］. Psychological bulletin, 2016, 142（3）: 260–290.

⑤ DE NEYS W, PENNYCOOK G. Logic, fast and slow: advances in dual-process theorizing［J］. Current directions in psychological science: a journal of the American psychological society, 2019, 28（5）: 503–509.

理解和模仿人类在问题解决中展现的启发式思维，便可开发出更为简练的算法和技术工具，降低算法复杂性，减少计算时间，促进复杂问题解决中的实时运算。[①] 算法的另一局限在于，过分强调客观衡量标准，而难以评估主观标准，如，艺术的构成成分是什么，以及如何判断区分理想的艺术创作和不理想的艺术创作。[②] 人工智能算法还会出现“技术层面的代码错误”（常用“bug”代指程序出错）[③]、“算法偏差”[④]、“算法失误”[⑤]、“算法不透明易引发不确定性风险”、“过度依赖大样本，过度依赖训练数据，可解释性差”五种不智能的情形。既然人工智能算法和人类认知加工能力各有优劣，人类可以人工智能系统为辅助，将人工智能算法视为强大的可用资源和工具，更好地进行生产生活[⑥]。目前大量现实案例已证实，纯人工智能技术的应用效果比不上人类与人工智能技术相结合的应用效果。[⑦]

（二）促进对人类心理的理解

人工智能技术在数据分析方面具有强大优势，能更科学且深入地分析和理解民众的心理。限于篇幅，下面仅举三例。

1. 运用人工智能技术提高诊疗效率，把握患者及其家属的真实就诊体验

人工智能技术不仅可以实现智能化、自动化诊断，还可以辅助临床医生进

① HELIE S, PIZLO Z. When is psychology research useful in artificial intelligence? a case for reducing computational complexity in problem solving［J］. Topics in cognitive science, 2021: 1–15.

② PARRY K, COHEN M, BHATTACHARYA S. Rise of the machines: a critical consideration of automated leadership decision making in organizations［J］. Group & organization management, 2016, 41（5）: 571–594.

③ 方师师. 假如算法有“偏见”［J］. 读者，2020（6）：18–19.

④ 同③ 18–19.

⑤ 刘韩. 人工智能简史［M］. 北京：人民邮电出版社，2018：176.

⑥ 高奇琦. 人机合智：机器智能和人类智能的未来相处之道［J］. 广东社会科学，2019（3）：5–13，254.

⑦ 陈锐，王文玉. 司法人工智能与人类法官的角色定位辨析［J］. 重庆大学学报（社会科学版），2021：1–16.

行决策，为患者提供更加个性化的治疗方案，大大提高临床诊疗的效率和准确率，并且其强大的数据整合和处理能力在医学研究方面也发挥着不可替代的作用，不仅提供了更加高效、创新的技术支持，也为临床研究创造了更多机会和可能。[①②] 例如，肺癌是全世界死亡人数最多的癌症，原因之一是许多患者一经确诊便已是肺癌晚期，降低了患者的生存率。虽然使用胸部低剂量计算机断层扫描（LDCT）进行肺癌筛查可降低高危人群的死亡率，但胸部低剂量计算机断层扫描有辐射，且假阳性率也很高。因此，迫切需要开发新的诊断技术和方法，对高风险个体和普通人群进行肺癌症状的早期筛查。来自美国约翰·霍普金斯大学医学院等机构的科学家们，在一项对 365 名有肺癌风险的个体的前瞻性研究中，使用机器学习模型，通过对游离细胞 DNA（cell-free DNA, cfDNA）片段的全基因组分析，来检测肿瘤衍生的游离细胞 DNA。随后，使用 385 名非肺癌个体和 46 名肺癌患者的样本来验证该肺癌检测模型。结合碎片特征、临床风险因素和 CEA 水平，并进行 CT 成像，检测到 94% 的跨分期和亚型的肺癌患者，包括 91% 的 I/II 期和 96% 的 III/IV 期，特异性为 80%。另外，该方法能够高精度区分小细胞肺癌患者和非小细胞肺癌患者（AUC=0.98），为肺癌的无创（Non-invasive approaches）检测提供了一种简便途径。该成果于 2021 年 8 月 20 日在线发表在《自然通讯》上。[③]

与此同时，对医疗卫生系统从业人员而言，了解患者及其家属的就诊体验，有利于改进医疗服务。因此，患者及其家属在社交平台上发布的海量就诊体验内容便很有研究和分析价值。不过，这些内容大多为非结构化的质化内容，难以进行系

---

① BRASILS, PASCOAL C, FRANCISCO R, et al. Artificial intelligence （AI） in rare diseases: is the future brighter ?［J］. Genes （Basel）, 2019, 10（12）：978.

② 任相阁，任相颖，李绪辉，等 . 医疗领域人工智能应用的研究进展［J］. 世界科学技术—中医药现代化，2022，24（2）：762–770.

③ MATHIOS D, JOHANSEN J S, CRISTIANO S, et al. Detection and characterization of lung cancer using［J］.Nature communications, 2021,12：5060.

统且全面的分析。在这种情况下，可引入人工智能技术，将这些质化内容转化为量化数据，进行量化分析，[①] 如此便能得到患者及其家属在线分享的真实就诊体验。

2. 运用人工智能技术把握传染病流行时期民众的心理状况

虽然人类医疗水平在不断提升，人类生存环境在不断改善，但是仍不可能彻底杜绝传染病的流行，只能降低传染病流行的概率、范围和持续时间。一旦出现传染病流行的情形，人工智能将流行病学信息和基于互联网的数据源相结合，可实现疾病早期预警、预测及监测、流行趋势的分析和可视化，缩短发布相关政策或信息的时间，有效实现针对疫情的防控救治，显示出其应对重大突发公共卫生事件的极大优势。例如，2019 年 12 月以来，新冠疫情大流行扰乱了世界各地人们的日常生活，居家隔离和保持社交距离规定，导致人们长期缺乏近距离、面对面的社会互动，只能在即时通讯软件进行在线交流，或在社交媒体平台上表达自己的情绪。人们在社交媒体平台上发布的这些自我报告式情绪信息，非常有助于分析人们在新冠疫情时期的心理状态。为充分利用和分析这些情绪信息，研究者引入人工智能技术，研究民众在社交平台上（推特）发布的与新冠疫情相关的各类推文，探索民众在新冠疫情发展的四个不同阶段——疫情爆发前（2020 年 1 月至 2 月）、第一次居家隔离（2020 年 3 月至 5 月）、居家隔离措施放松（2020 年 6 月）、第二次居家隔离（2020 年 7 月至 9 月）——的情绪特征，研究其发展态势。[②] 所用的人工智能技术包括自然语言处理（natural language processing）、单词嵌入（word embedding）、马尔可夫模型（Markov model）和可扩展的自组织网络算法（growing self-organizing map algorithm）。综合应用这些技术，研究者

① FERGUSON S L, PITT C, PITT L. Using artificial intelligence to examine online patient reviews［J］. Journal of health psychology, 2020, 26 （13）: 2424–2434.

② ADIKARI A, NAWARATNE R, SILVA D D, et al. Emotions of covid-19: content analysis of self-reported information using artificial intelligence ［J］. Journal of medical internet research, 2021, 23（4）： e27341.

能够高效、准确地实现初始研究目标，把握防控新冠疫情时期民众的心理状况，为后续公共政策制定和实施、心理健康干预等提供必要材料。

3. 运用人工智能技术提升心理评估的效率

经典心理评估是采用心理学理论和方法，对个体心理进行系统且深入客观描述的过程，通过评估个体外在行为和表现，分析其内在心理过程或特征。① 评估者多途径收集目标个体的信息，加以整合和解释。信息收集途径包括医疗、教育和法律记录，临床访谈，行为观察和标准化心理测试，等等，如 90 症状清单（SCL-90）、抑郁状态量表和焦虑自评量表。在人工智能时代，可充分利用人工智能技术辅助经典心理评估，更科学、准确和全面地评估个体的心理状态。如，使用卷积神经网络模型（convolutional neural network model），更好地挖掘目标文本内含的的心理特征信息，即基于模型字典，评估每个单词区分儿童心理健康的能力，引导卷积神经网络从目标文本中提取更多心理特征。②

人工智能技术在临床心理学的应用还有如下几种③：（1）将人工智能技能用于监控心理危机信号，在心理健康问题出现之前将其检测出来，以实现及时的预防性治理。像是使用卷积神经网络模型，更好地探测、分析和理解目标对象的情绪类型和强度，能更准确地判断目标对象是否存在情绪异常问题。（2）基于人工智能算法为患者或潜在患者提供更实惠的心理咨询服务，减少来访者和患者的开销。（3）研发可为患者提供同理心支持的治疗工具，目前，这种技术尚未成熟，处于研发中。

---

① 余毅震．医学心理学［M］．武汉：华中科技大学出版社，2020: 182−183.

② ZHANG X, WANG R, SHARMA A, et al. Artificial intelligence in cognitive psychology-influence of literature based on artificial intelligence on children’s mental disorders［J］. Aggression and violent behavior, 2021:101590.

③ 毛小玲，向往，欧阳明昆，等．基于改进卷积神经网络的脑电信号焦虑情绪量化识别［J］．广西科学，2022, 29（2）：269−276.

三、人工智能对行为文化的促进

行为文化是指人类在某种心理文化与制度文化影响下而形成的各类行为习惯与行为方式。英国哲学家奥斯汀（John Langshaw Austin）提出“言语行为理论”（theory of speech acts, or speech act theory），认为每一个语句都是一种言语行为，进而将言语行为分为言内行为、言外行为和言后行为三类，其中，言外行为最重要。[①] 其后，美国哲学家塞尔（John R. Searle）继承和发展了奥斯汀的“言语行为理论”。[②③④] 依奥斯汀的“言语行为理论”，将言语归入行为文化范畴。对于中国文化而言，行为文化指中国人在中国心理文化与中国制度文化影响下而形成的各类行为习惯与行为方式，尤其是其中具有中国文化自身特色的行为习惯与行为方式。如汉语、中医的四诊法与治疗技术、中华武术、气功、行孝等。[⑤] 人工智能技术的持续发展，对人们行为习惯和方式产生了一些积极影响。人工智能技术的持续发展，对人们行为习惯和方式产生了一些积极影响。

（一）用人工智能技术保护语言

从文明与语言的关系看，人类文明的多样性依赖于人类语言文化的多样性，每种语言都是传递特定民族文化信息的载体，反映各民族对世界的认识和体验，体现他们的世界观和价值观。一种语言的消亡便意味着一种文化的消逝甚至灭绝，意味着人类失去了一份珍贵的历史遗产。[⑥] 由于语言生态环境的变化、语言

---

① AUSTIN J L. How to do things with words［M］. Oxford: Oxford University Press,1962.

② SEARLE J R.Speech acts:an essay in the philosophy of language［M］.Cambridge: Cambridge University Press,1969.

③ SEARLE J R. A classification of illocutionary acts[J]. Language in society,1976,5(1): 1–23.

④ SEARLE J R.Expression and meaning:studies in the theory of speech acts［M］. Cambridge:Cambridge University Press, 1979.

⑤ 汪凤炎．中国文化心理学新论（上册）［M］．上海：上海教育出版社，2019：70–71.

⑥ 李燕．语言文化十五讲［M］．天津：南开大学出版社，2015：17.

群体的数量减少或灭绝等原因，[①]部分语言消亡速度的加快已成为现实，从而形成了许多濒危语言，如果人类不对其进行及时挽救或保存，它们就会自然消亡。为了保护或挽救濒危语言，现在有一些计算机公司用人工智能技术保护语言。如在微软公司发起的文化遗产人工智能（AI for cultural heritage）计划中，有个旨在采用人工智能技术保护世界各地的濒危语言（severely language）的重要项目。微软公司采用人工智能技术，将墨西哥的玛雅语（Yucatec Maya）和乙女语（Queretaro Otomi）这两门濒危语言，和加拿大北部努纳武特地区的濒危语言因纽特语（Inuktitut），纳入微软翻译的支持语言列表，即支持这三门语言的翻译。这三门语言都是当地的土著语言，但使用者均在大幅减少，年轻人都慢慢不再使用这些语言。因此，微软翻译中纳入这些濒危语言，可有效促进人们对它们的理解、掌握和使用，保护这些濒危语言及其承载的文化内涵。

（二）提高行为效率，催生新行为

人们的行为模式受众多因素的影响，在这之中，技术的发展占据重要地位。就如电子商务的发展改变人们传统的购物和支付方式，电子邮件的出现取代信件和面对面会议，智能手机的进步革新人们的社交方式一样，人工智能技术的兴起也影响到人们行为的方方面面。人工智能医疗、人工智能写作、人工智能新闻、智能家居机器人、人脸识别闸机系统、自动人工智能驾驶技术都是典型。下面以人工智能作曲、人工智能新闻和ChatGPT辅助学术写作为代表，介绍人工智能技术行为文化带来的全新气象。

1. 人工智能作曲

世界上第一个作曲人工智能是2016年推出的人工智能虚拟艺术家（artificial intelligence virtual artist,AIVA），旨在为用户定制个性化的音乐。该人工智能在阅读莫扎特、贝多芬、巴赫等世界上最伟大作曲家的超三万首

① 汪凤炎．中国文化心理学新论（上册）［M］．上海：上海教育出版社，2019：19-20.

编曲后，学习每首曲子的调性、音符密度、作曲家风格、曲子被谱写的时间等信息，再运用深度神经网络，在这些经典谱曲中寻找作曲模式和规则，由此习得独立作曲能力。该人工智能能从既有音乐的一些小节当中，预测出接下来出现的应该是什么音符。在这种预测能力的基础上，该人工智能可为每种音乐风格建立一组数字规则，用于创作音乐作品。作曲是个试误的过程，在初始创作时，作曲家无法让每个音符都完美无缺，因此需要作曲家基于自身的音乐专业知识或作曲经验，对初始的曲稿进行修正。人类音乐家需要数年甚至数十年的时间才能掌握这一自我修正能力，但对于该人工智能来说，只需要几个小时。由此可见该人工智能出色的作曲能力和效率。同时，作曲是一项极为主观的艺术，每个人都有自己的偏好，因此，人工智能虚拟艺术家能够为用户度身定制，制作出满足每个人独特需求的曲谱。比如，像马丁·路德·金“我有一个梦”的经典演讲，如果当时有该人工智能，也许我们对于“我有一个梦”的记忆就不只是伟大的演说，也可以是很棒的音乐，因为它能谱写出捕捉到马丁·路德·金观念的曲子。

人工智能不仅可用于独立谱曲，也可用来续写大作曲家们的未完成曲稿。2019 年，华为公司利用人工智能技术，对奥地利作曲家舒伯特未完成的《第八交响曲》第三和第四乐章进行谱写，并在伦敦标志性的卡多根音乐厅（Cadogan Hall）举行了现场公演。与此相似，2021 年，德国电信公司组织了一个由国际音乐家、作曲家和人工智能专家组成的专家团队，基于贝多芬已完成的作品和笔记，以及第十交响曲的草图（第十交响曲几乎没有任何曲谱，贝多芬只画了几张草图便离世了），分析贝多芬的作曲风格，应用复杂算法，完成贝多芬的未完成巨作《第十交响曲》。2021 年 10 月 9 日，《第十交响曲》由贝多芬管弦乐团在德国波恩全球首演，吸引了世界的目光。

人工智能作曲在国外处于快速发展阶段，在国内得到众多作曲家和人工智能专家的重视，人工智能作曲技术也得到了提高和发展。由中央音乐学院开发的人工智能作曲系统，可通过人工智能算法进行作曲、编曲、混音和歌唱，并生成完整的歌曲作品。据中央音乐学院音乐人工智能与音乐信息科技系主任李小兵介绍，这套人工智能作曲系统能在23秒内快速创作出一首音乐作品，达到一般作曲家的创作水平。中央音乐学院“人工智能释谱——基于人工智能技术的古琴减字谱数字化平台”项目，应用人工智能小样本训练，从零到一建立古琴数据集并完成古琴减字谱数字化，独立创作出古琴曲。2021年12月24日，世界第一首由人工智能生成并公开演出的古琴曲《烛》在中央音乐学院完成首演。

2. 人工智能自动化新闻

自动化新闻（automated journalism），也称算法新闻或机器人新闻，指由人工智能算法自动生成新闻。该类算法通过扫描私有或公共数据库提供的大量数据，再从各种预编程的文章结构中选出适用的结构，插入姓名、地点、金额、排名、统计数据等细节信息，生成最终的新闻文本。机器人记者生成自动化新闻的速度非常快。2014年3月，在加利福尼亚地震停止后三分钟内，洛杉矶时报开发的专门用于报道地震的应用程序——一种名为Quakebot的算法——便在洛杉矶时报网站上发表了一篇关于地震的新闻。

基于算法的自动化新闻可在一定程度上摒除记者自身的偏见，生成客观可信的新闻报道。Clerwall 2014年的一项研究可在一定程度上说明自动化新闻的可信度[①]。Clerwall请被试者比较自动化新闻和记者撰写的新闻在整体质量、可信度、客观性等方面的差异。结果发现，虽然自动化新闻被认为是更无聊的，但也被认为是更具信息量、更准确、更具可信度、更客观的。研究发现，被试无法区分自

① CLERWALL C. Enter the robot journalist: users' perceptions of automated content［J］. Journalism practice, 2014, 8（5）: 519-531.

动化新闻和记者撰写的新闻，甚至自动化新闻更具可信度。但也有研究者对比了人们对三种不同来源的新闻的——机器撰写的新闻、人类记者撰写的新闻、机器和人类记者共同撰写的新闻——可信度评价。结果发现，在人们眼中，人类记者撰写的新闻和机器撰写的新闻在新闻可信度上具有各自的优势：机器撰写的新闻更少有偏见，因而更具可信度；人类记者撰写的新闻的拟人化（anthropomorphism）程度更高，所以更可信。人工智能新闻算法和人类记者合作写成的新闻，被认为较人工智能算法和人类记者独立撰写的新闻，更具可信度。换句话说，人类记者将人工智能算法视为助手，使用人工智能算法写作，可有效增加新闻的可信度。[①]

自动化新闻可提高效率和削减成本，减轻许多新闻机构面临的财务负担。同时，自动化新闻可将记者从日常报道中解放出来，为他们提供更多自由时间来完成复杂的、具有创造性的新闻报道任务，提高他们的劳动自主性和选择性，[②] 如调查性新闻。正如弗卢（Flew）等人所说，“算法新闻的实用价值来自它将记者从发现和获取事实的低级工作中解放出来，从而能够更加专注于新闻的核实、解释和传播”。[③] 一句话，机器人记者的崛起意味着记者可以专注于只有人类才能完成的任务，因为创造力、分析能力和个性变得更加重要，而专业的常规任务将被自动化。[④] 当然，也有一些记者担心自动化新闻会改变他们的工作方式。

3. 人工智能辅助学术写作

不论是新手还是专家，学术写作都需要付出大量时间和心力。随着人工智能技术尤其是人工智能生成内容技术（AIGC）的盛行，越来越多开发者开

① WADDELL T F. Can an algorithm reduce the perceived bias of news? testing the effect of machine attribution on news readers’ evaluations of bias, anthropomorphism, and credibility［J］. Journalism and mass communication quarterly, 2019, 96（1）:82-100.

② 刁生富，姚志颖．人工智能时代人的自由时间［J］．西南民族大学学报（人文社会科学版），2018，39（8）：41-45.

③ 同②．

④ 骆飞，马雨璇．人工智能生成内容对学术生态的影响与应对：基于 ChatGPT 的讨论与分析［J］．现代教育技术，2023（6）：1-12.

始关注人工智能如何参与并改进学术写作。概括起来，人工智能技术可从如下几个方面辅助学术写作：第一，检索和阅读文献是学术写作的基础环节，人工智能技术凭借自身高运算能力和高互联性，能够快速、准确地从数据库中检索出目标文献，大大提高了文献搜集效率。同时，人工智能技术能轻松从海量文献中总结、提取核心内容和关键信息，提升阅读文献的效率。第二，辅助整合写作思路。科研人员在文献检索、阅读和研究过程中记录下的任何感想，包括笔记、注释、评论和备注等等，都是创作者彼时真切的感想和收获，是撰写论文的重要材料。整合梳理这些材料非常有益于后续正式写作过程。加拿大公司 Cohere 公司开发的 Generate 程序便具有此项功能，它可帮助用户快速且准确地整合这些无逻辑的、随意排列的感想，或总结出这些文本材料的中心内容。① 第三，帮助拓展写作思路。大型语言模型如 ChatGPT 可基于训练数据对使用者的提问或指令提供多角度、多层次的响应，其中不乏对提问者而言新颖的信息和观点，或与提问相关的深层次分析。这在助益使用者深入理解所提问题的同时，还能拓宽用户的思考视角，激发用户的写作灵感。此外，这类工具还可通过提供具体、恰当的例子帮助用户理解问题、启发思路。② 第四，帮助提高语言表达质量。精准、地道的语言表达是论文写作质量的直接表现，当下可借助人工智能技术轻松实现对学术论文的高质量润色。经由 ChatGPT 润色的文本，不仅可做到表达准确、用词简练、条理清晰和结构严谨，还能依要求变换表达习惯和风格。③

（三）利用人工智能规范人类行为

越轨行为指个人或群体背离或违反其所应遵守的准则或价值观念的任何思

---

① HUSTON M. Could AI help you to write your next paper? [J]. Nature, 611: 192–193.

② 王树义，张庆薇. ChatGPT 给科研工作者带来的机遇与挑战 [J]. 图书馆论坛，2023，43（3）：109–118.

③ 骆飞，马雨璇. 人工智能生成内容对学术生态的影响与应对：基于 ChatGPT 的讨论与分析 [J]. 现代教育技术，2023（6）：1–12.

想、感受或行为。[1] 人工智能既能作为越轨行为的主体，又能被他人利用做出越轨行为，也能作为打击越轨行为的工具。[2] 例如，在人工智能技术兴起之前，大多采用人工监测即时通讯软件和社交媒体平台的敏感词和敏感图片，接着对这些敏感内容进行处理。近年来，随着人工智能技术的快速发展，几乎所有即时通讯软件和社交媒体平台开始使用人工智能技术监测敏感内容，显著提高了监测效率和准确率。如，百度的文本内容安全技术能基于自然语言理解和深度学习等技术，对违规和敏感文本内容进行有效识别，包括但不限于色情、违禁（暴力、恐怖、赌博、毒品、枪支、弹药等）、恶意推广、低俗辱骂（侮辱谩骂、人身攻击、消极宣泄等）、低质灌水（乱码、水贴、刷屏）等内容；同时，它还具备识别拼音、谐音、拆字、形近字、影射等变体的能力，显著提高识别准确率。面对如此高质且高效的审核技术，人们会避其锋芒，自觉规范自身行为，在即时聊天和发布文章内容时，主动使用该技术进行内容自审，识别其中可能存在的上述违规内容，避免上传违规内容到平台，降低删文和封号风险。起初人们较难适应这一严格的文本内容审核制度，感觉自身行为深受约束。然而，在意识到无法改变这一局面后，只能被迫改变自身行为来适应这一制度。因此，人们会自觉注意自身在社交平台、视频网站等平台上的发言，避免发布敏感内容，以免招来横祸。或者，人们会根据现有规则来变换发言方式，以巧妙的方式来表达自身想法，这便是“上有政策，下有对策”。这些似乎已成为每位网络冲浪人士的惯常做法。

除越轨行为之外，人工智能技术还可用于打击违法犯罪行为。城市繁华路口可抓拍、曝光行人闯红灯的交通违法行为，以此来警示教育行人，就是一个很好的例子。除这种简单应用外，一些更为复杂的算法也随即被开发出来。如，

---

① 高崇．人工智能社会学［M］．北京：北京邮电大学出版社，2020: 59.

② 同① 59−61.

基于人工智能技术进行跨年龄人脸识别，以此来寻找幼年失踪人员，打击儿童拐卖违法行为。跨年龄人脸识别技术可根据失踪人员的幼年照预测其数年后甚至几十年后的外貌，提取该模拟长相的人脸特征，并与疑似失踪人的人脸特征进行匹配对比，以此来判断疑似失踪人是否是目标人物。人的五官会随着年纪的增长而发生变化，因此，若是将失踪人的幼年照直接与疑似失踪人的成年期照片对比，常无法做出精确判断。开发人员采集了 6 968 人的 48 310 张跨年龄照片，大多数参与者提供的照片横跨至少 10 个年龄段。基于这些数据，开发者训练出可准确识别跨年龄人脸的算法，显著提高跨年龄人脸识别的精确度，以此找回多年前失踪的孩童。人脸识别在打击违法犯罪中的应用已较成熟，最近几年，一项类似的、更为先进的基于嫌疑人的步态的识别算法被开发出来，这便是人工智能步态识别算法，可做到依靠嫌疑人的步态锁定嫌疑人。当无法从街道监控录像中看清作案人员的脸部细节，只能看清大致轮廓时，可基于此算法，针对作案人员的连续动作影像，解析出目标人物的空间位置、身高体态、运动模式、衣着特点等特征。由此，即使作案人员是背对监控摄像头，也可通过此算法来判断其身份。[①]

在利用人工智能打击越轨、违法行为之外，还可基于人工智能技术预防犯罪行为的发生。即基于收集到的各种复杂视频、文本、图像、语音数据，利用机器学习、图像理解和生物识别等技术，监测、认知和理解与犯罪的发生发展有关的关键内容，从而实现智能化预警监测和安全控制。具体应用包括但不限于：动态预测犯罪热点、提高网络犯罪预防的异常检测准确率和分析效率、自动在图像中检测和跟踪人脸、基于人像态势数据预测和研判对象的行为和状态、基于视频监控对象的特征来判断区分特殊事件（如区域边界入侵和交通肇事检

① 孙奇茹. AI 神器追逃犯，中关村步态识别技术首次大规模应用［EB/OL］.（2020-08-25）［2024-03-01］. http://www.ce.cn/cysc/newmain/yc/jsxw/202008/25/t20200825_35598743.shtml.

测等）、智能安检、识别治安管理区域中的紧急事件并进行智能化报警。“人工智能＋犯罪预防”模式具备覆盖域广、精确性高、更有效率、外延性强四个特征，形成一张包罗万象的天网，通过“可视化研判＋多维情报”的分析挖掘，可大幅提升防控犯罪的能力[①]。

四、人工智能对实物文化的促进

实物文化是指人类在社会实践中根据一定的心理文化、制度文化与行为文化而生产的各种实物。既包括历史上留存下来的各种遗迹、遗物和遗痕，也包括今人生产的各种实物。对于中国文化而言，实物文化指中国人在社会实践中根据自己的心理文化、制度文化与行为文化而生产（尤其是独自发明或创造）的各种实物。[②] 近年来，人工智能在实物文化遗产保护领域已取得可喜成果，为实物文化遗产保护提供高效、可靠的尖端技术工具 。[③] 人工智能对实物文化的积极作用可概括为以下五个方面。

（一）为文物建筑建构基于人工智能的自动监测和检测系统

当下一些专家为文物建筑建构基于人工智能的自动监测和检测系统，以提供风险预警。[④] 如，北京故宫博物院采用人工智能技术监测展厅温湿度、城墙沉降、白蚁、古建筑病害；基于深度学习的“更快的基于区域的卷积网络模型”（faster region-based convolutional networks，Faster R-CNN），开发自动检测系统，检测印

① 刘钊，林晞楠，李昂霖．人工智能在犯罪预防中的应用及前景分析［J］．中国人民公安大学学报（社会科学版），2018，34（4）：1-10.

② 汪凤炎．中国文化心理学新论（上册）[M]. 上海：上海教育出版社，2019：70.

③ LIRYM, CHAU K W, HODCW. Current state of art in artificial intelligence and ubiquitous cities［M］. Singapore: Springer, 2022: 1-15.

④ CARNIMEO F D, VACCA V. On damage monitoring in historical buildings via neural networks［J］. 2015 IEEE workshop on environmental, energy, and structural monitoring systems（EESMS）proceedings, 2015: 157-161.

度苏拉特市(Surat)的英国公墓遗址(British cemetery site)文物建筑的缺陷,[①]等等。

(二)用人工智能技术将物质文化遗产数字化

文化遗产不能永存，文化遗产也不可重生，但文化遗产可以在数字空间永存。[②]人工智能技术保护物质文化遗产的常用做法是，利用人工智能技术对物质文化遗产进行数字化保存。[③]文化遗产数字化，是指运用数字采集、数字存储、数字传播等数字技术，将文化遗产转化成数字形态，使其转变为可再生资源，实现文化遗产共享。[④]典型案例之一，是微软公司和希腊文化部门合作，对位于希腊伯罗奔尼撒半岛的世界文化遗产——奥林匹亚古遗址（archaeological site of Olympia）进行数字化存储。[⑤⑥]典型案例之二，是中国敦煌研究院采用现代摄影测量与遥感技术，对敦煌莫高窟进行三维数字重建，建立敦煌数字博物馆。[⑦⑧]

(三)利用人工智能技术修缮已有实物文化

利用人工智能技术可修缮物质文化遗产。例如，英特尔公司与中国文化遗产保护基金会（CFCHC）以及武汉大学测绘遥感信息工程国家重点实验室合作，利用人工智能技术、无人机倾斜摄影技术、实景三维重建技术，修缮饱受自然灾害

① LIRYM, CHAU K W, HODCW. Current state of art in artificial intelligence and ubiquitous cities［M］. Singapore: Springer, 2022: 1−15.

② 叶子．让敦煌在数字空间永存［N］. 人民日报（海外版），2022−06−30（05）.

③ BELHI A, BOURAS A, AL−ALI A K, et al. Data analytics for cultural heritage［M］. Berlin: Springer International Publishing, 2021: 123−145.

④ 师国伟，王涌天，刘越，等．增强现实技术在文化遗产数字化保护中的应用［J］. 系统仿真学报，2009，21（7）：2090−2093，2097.

⑤ EuroMed 2014: Digital heritage. Progress in cultural heritage: documentation, preservation, and protection［J］. Limassol cyprus 2014，Spring : 111−120.

⑥ YANG X, GRUSSENMEYER P, KOEHL M, et al. Review of built heritage modelling: integration of HBIM and other information techniques［J］. Journal of cultural heritage, 2020, 46: 350−360.

⑦ 叶子．让敦煌在数字空间永存［N］. 人民日报（海外版），2022−06−30（05）.

⑧ 杜若飞．基于数字技术的中国文化遗产保护与传播：以敦煌莫高窟为例［J］. 科技与创新，2022（1）：114−117.

侵蚀和人为损坏的中国长城。据武汉大学测绘遥感信息工程国家重点实验室官网介绍，工作人员用无人机采集长城的高精度图像，将采集到的成千上万张图像拼接到一起，构建出清晰准确的三维长城模型。基于这些图像和三维模型，运用人工智能算法监测长城的破损和结构缺陷情况，监测和判断出需要修缮的部分。基于这些尖端技术，长城的修缮计划得以更快、更准确、更高效地实施。英特尔公司和武汉大学测绘遥感信息工程实验室合作，对长城进行三维建模，这类似于对奥林匹亚古遗迹进行三维建模和对敦煌莫高窟进行三维数字重建。

也可利用人工智能技术修复受损历史文本，实现这些文本作为历史资料的价值，促进对文本背后的历史文化的理解。如，2022 年，阿萨埃尔（Assael）等人开发出用于修复古希腊受损铭文的深度神经网络（deep neural network）模型伊萨卡（Ithaca）[①]。该模型在修复受损文本上的准确率达到 62%，远高于历史学家独自修复受损文本时 25% 的准确率。当历史学家使用伊萨卡进行文本修复时，其准确率从 25% 提高到了 72%。由此可见，伊萨卡模型具有良好的人机协作效应。

还可用人工智能技术解析古代雕塑的面部表情和身体语言，增进人们理解雕塑的深厚文化底蕴和内涵。例如，与西方人长期以来一直对蒙娜丽莎的微笑感到疑惑相类似，奈良市世界文化遗产——兴福寺（Kofuku-ji Temple）内供奉的阿修罗（Ashura）佛像的微妙面部表情也让日本人感到困惑。阿修罗佛像既被日本人尊为信仰的对象，又被日本人视为极佳的艺术品，视为国宝。当下，研究人员为理解这一佛像雕塑，试图采用人工智能技术来理解阿修罗佛像的面部表情。奈良大学文化财产系（Nara University’s Department of Cultural Properties）的关根（Sekine）教授，领导由 18 位学生组成的团队，使用微软的面孔识别技术分析了 200 多个古代佛教的摄影图像，其中就包括阿修罗佛像。这种人工智能系统可识别愤怒、蔑视、

① ASSAEL Y M, SOMMERSCHIELD T, SHILLINGFORD B, et al. Restoring and attributing ancient texts using deep neural networks［J］. Nature, 2022, 603（7900）: 280–283.

厌恶、恐惧、快乐、悲伤、惊讶和中性等八种情绪，由此，研究人员能明确分析出阿修罗佛像的面部表情类型，避开信徒对雕塑表情的主观理解，揭示艺术家在创作雕塑时真正想传达的内容，借此来为人们提供一种重申佛教之美的方法。

（四）增强实物文化的传播效果

人工智能技术可创新实物文化遗产的传播方式，包括改变实物文化遗产的呈现和体验方式，这种创新可有效提高游客的文化游览体验，从而增强文化遗产的传播效果。以荷兰安妮·弗兰克之家（Anne Frank house）的机器人计划为例，安妮·弗兰克是第二次世界大战纳粹大屠杀中最著名的受害者之一，她写的《安妮日记》是二战期间纳粹德国灭绝犹太人的著名见证，也是世界上发行量最大的图书之一。坐落于阿姆斯特丹的安妮·弗兰克之家便是纪念安妮的博物馆。脸书公司（Facebook）为能向全球在线访客提供安妮的生平故事和安妮之家的实用游览信息，于2017年推出了人工智能驱动的安妮之家机器人。借助这个机器人，博物馆能与尽可能多的人分享安妮的生平故事，来自世界各地的人们可立即收到有关安妮、她的家人、安妮的日记以及他们所生活时代的问题的个性化即时解答。

2017年，微软公司也采用人工智能技术使大都会艺术博物馆（The Metropolitan Museum of Art）的馆藏艺术品可供全球在线互联网用户游览，帮助访客更好地观赏这些艺术品并与它们建立有意义的联系。2020年7月，故宫博物院和腾讯携手发布了“数字故宫”微信小程序，游客可通过这一全新渠道走近故宫、了解故宫，同年12月，全面升级后的“数字故宫”2.0版本正式上线，国内外游客可随时云游故宫博物馆，且能产生身临其境般的游览体验。

（五）催生新的实物文化

从远古时期人类在岩壁上绘图（如位于中国宁夏回族自治区银川市贺兰县贺兰山东麓的贺兰山岩画）到机械复制技术下的图像复制，再到人工智能时代的图像生成，人类绘画的历程经过了漫长的岁月。每一次的技术迭代，都会影响人类绘画的生产方式、欣赏方式、传播方式，使艺术审美发生巨大的变革。虽然艺术长期以来一直被认为是人类创造力的专属领域，但人工智能也越来越多地在这个领域留下自己的印记。2021 年 1 月 5 日，OpenAI 发布文生图模型 DALL-E。DALL-E 是一种基于深度学习的强大计算机视觉模型，可根据输入的纯文本，生成逼真和清晰的相应图像，精通各种艺术风格，还可生成文字制作建筑物上的标志，并制作同一场景的草图和全彩图像。[①]2022 年 4 月，OpenAI 发布文生图模型 DALL-E2。DALL-E2 不仅可根据文字描述生成更真实和更准确的画像，且能将文本描述中的概念、属性和风格等元素综合起来，生成现实主义的图像和艺术作品。文本描述中没有给出的细节信息，DALL-E 2 程序也能自动联想并显示出来，还能根据指示给出指定风格的画作，以及根据原图生成同一风格的画作（如图 5–2 所示）。由此可见，DALL-E2 程序确有一定的智能，能按照用户输入的文本内容生成具有一定创造性的图像。不过，DALL-E2 程序仍有不足：（1）DALL-E2 程序的准确率取决于输入文本的措辞，且输入文本字符串越长或文本所含元素越多，准确率越低。比如，当文本所含元素较多时，DALL-E2 容易混淆元素之间的关联及其颜色，准确率急剧下降。如，根据“a yellow book and a red vase”（一本黄色的书和一个红色的花瓶）文本，生成“一本红色的书和一个黄色的花瓶”的图像。[②]（2）DALL-E2 深受文化刻板印象的影响，会将中国食品概括为简单的饺子。（3）DALL-E2 程序可轻松生成虚假图像，用于虚假宣传，或生成色情图像。开发者表示，目前还需要依赖人工审查敏感内容、过滤算法。

① 刘佳，萧惠丹. 艺术重构与艺术复制：基于文本智能生成图像技术的思考［J］. 工业工程 设计，2021，3（5）：60–64.

② SAHARIA C, CHAN W, SAXENA S, et al. Photorealistic text-to-image diffusion models with deep language understanding［EB/OL］.（2022–05–22）［2024–07–04］.http://doiorg/10.48550larxin.2205.11487.

图 5–2　DALL-E 2 算法应用实例（图源网络；左为原图，右为 DALL-E 2 生成图）

2023 年 9 月 21 日，OpenAI 发布文生图模型 DALL-E3。DALL-E3 构建在 ChatGPT 之上，大幅降低了提示词的门槛，并大幅增强了语义理解和细节描绘能力。与 DALL-E2 相比，DALL-E3 表现出更卓越的性能和更细腻的细节处理能力。即使在相同的提示下，DALL-E3 生成的图像在细节、清晰度和明亮度等方面均超越了 DALL-E2，DALL-E3 不仅更贴近现实，在完成细节内容方面更为有效，使得生成的图像更具真实感和吸引力。

美国当地时间 2024 年 2 月 15 日，OpenAI 正式对外发布人工智能文生视频大模型 Sora，再次惊艳全世界。Sora 的研究团队呈年轻化，主要负责人蒂姆·布鲁克斯（Tim Brooks）和比尔·皮布尔斯（Bill Peebles）于 2023 年博士毕业于加州大学伯克利分校。Sora 采用与 GPT 模型相似的 Transformer 架构，采用“原生规模训练”（以往的图像和视频生成常将视频调整为标准大小，这样会失去视频的原始长宽比和细节，原生规模的训练方法可带来更好的效果），借鉴 DALL-E3 的“重述提示词技术”，为视觉训练数据生成高度描述性的标注，这使得模型能够更忠实地遵循用户的文本指令，生成符合用户需求的逼真视频内容，同时也提高了模型的灵活性和可控性。该模型可深度模拟真实物理世界，能生成具有多个角色、包含特定运动的复杂场景，能理解用户在提示中提出的要求，能了解这些物体在物理世界中的存在方式。Sora 也具备根据静态图像生成视频的能力，能让图像内容动起来，并关注细节部分，使得生成的视频更加生动逼真。这一功能在动画制作、广告设计等领域具有应用前景。Sora 还能够获取现有视频并对其进行扩展或填充缺失的帧。这一功能在视频编辑、电影特效等领域具有应用前景，可帮助用户快速完成视频内容的补充和完善。并且，相较于当下主流平均只有 4 秒时长的“文生视频”，Sora 可一次性生成一分钟的视频。Sora 标志着人工智能在理解真实世界场景并与之互动的能力方面实现了飞跃，对需要制作视频的电影和动漫制片人、艺术家、设计师等带来无限可能，被认为是实现通用人工智能（AGI）的重要里程碑。不过，Sora 也有如下弱点：可能难以准确模拟复杂场景的物理原理，无法理解因果关系，混淆提示的空间细节，难以精确描述随着时间推移发生的事件。

并且，人工智能文化实物得到了业界和观众的认可。如 2018 年 10 月，佳士得拍卖行拍卖了有史以来第一件由人工智能算法创作的画作，这幅名为《埃德蒙・德・贝拉米》（*Edmond de Belamy*）的画，画的是一位身穿黑色衣服的绅士，成拍价为 432 500 美元。2018 年年底，印度新德里的当代商业画廊举办了一场人工智能艺术展，展出了七位艺术家和人工智能技术合作完成的艺术作品。画廊总监表示，她认为人工智能艺术将对艺术世界产生不可估量的影响。

除人工智能画作外，人工智能技术催生的文化产品还有人工智能曲谱、人工智能新闻、人工智能文章等，这些文化产品均对各自领域带来不小冲击，同时也促进它们的革新和发展。这些人工智能技术创造的新实物，属于实物文化，而创造、制作这些文化产品的过程，属于行为文化。就像是借助人工智能技术进行写作属于行为文化，而创作出的文章属于实物文化。可见，人工智能影响下的实物文化和行为文化存在内容重叠。故而此处省略对人工智能曲谱、人工智能画作、人工智能新闻等实物文化的讨论，留待行为文化部分再详细探讨。

第二节　当前人工智能研究中存在的文化风险与破解对策

人工智能的文化风险是指，若不及时给予正确引导，人工智能的发展有让人类文化的正常展现、传承和发展遇到阻碍或发生异化的可能。本节先阐述人工智能存在的文化风险的类型，随后提出相应的破解对策。

一、人工智能中存在的文化风险类型

许多事情都有正反两面性。由于多种可能性的交互作用，如可能是因为预期目标过于理想化而远超当下人工智能可达到的最优状态，可能是源自科技发展与人类之间的固有矛盾，可能是来源于数据集和算法偏差，可能是不同文化背景的复杂性和差异性太大，导致不易设计出具文化普适性的人工智能，人工智能的设计者、制造者或使用者有意或无意存在某些文化偏见，等等，结果，人工智能在为实物文化、行为文化、制度文化和心理文化带来积极影响的同时，也潜藏阻碍实物文化、行为文化、制度文化和心理文化的正常运作和未来发展的风险，① 这便是存在文化风险的人工智能。

（一）人工智能给实物文化可能带来的风险

1. 人工智能让实物文化缺少艺术性

艺术是人类以情感和想象为特性把握世界的一种特殊方式，即通过审美创造活动再现现实和表现情感理想，在想象中实现审美主体和审美客体的互相对象化。具体地说，它是人们生活世界和精神世界的再创造，也是艺术家知觉、情感、理想、意念综合心理活动的有机产物。艺术总是与想象力和创

① 沈一兵．后疫情时代“一带一路”面临的文化风险与包容性文化共同体的建构［J］．人文杂志，2022（3）：43-52.

造力有关。[1]虽然基于人工智能技术能创作出人工智能小说、人工智能曲谱、人工智能画作等艺术产物，其均为算法开发者的个人审美观念的体现，是算法开发者抒发生活体悟和真实情感的过程，算法开发者可视作传统意义上的艺术者的替代者，但这类艺术产物是否具有艺术性，一直存在较大争议。如，2019 年，英国画廊主艾丹・梅勒（Aidan Meller）和英国康沃尔郡的工程学艺术公司（Engineered Arts）合作开发出全球第一个超现实人形机器人艺术家艾达（Ai-Da）（如图 5–3 所示）。

图 5–3　人形机器人艾达及其自画像

艾达通过眼睛里的摄像机观察和捕获观察对象的特征，再通过仿生手臂将观察到的事物画在纸上。2019 年 2 月，艾达在牛津大学举办了她的首场个人展览，鼓励观众思考身处的快速发展变化的世界。当有人对艾达作品的艺术性提出质疑时，艾达的开发者回应道，这个问题的答案取决于人们对艺术内涵的认识和理解。艾达的开发者认为，能向受众传达创作者眼中的世界的作品就是艺术品。从这个角度看，人工智能艾达的绘画作品无疑能称为艺术。不过，也有很多人认为，人工智能算法虽能在一定程度上模仿人类艺术家的创作风格，创作出合乎一定审美逻辑的艺术品，但这些艺术品只能模仿到人类艺术家的外在行为，无法模仿其灵魂和精神，缺少情感和想象，更不可能具备艺术象征性和隐喻性，

① 陈至立．辞海（第七版彩图本）［M］．上海：上海辞书出版社，2020：5223.

以及艺术教育性和批判性等重要的文化社会功能[①]。目前人工智能算法仅仅是对人类认知能力的一种模仿[②]，不具备主体性意识，导致人工智能艺术产物的去创造化和机械化[③]，不宜给予过高评价。人工智能难以实现人类艺术中蕴含的具有辩证特性的艺术逻辑[④]。另外，杰出文学作品是创作者独特个性的彰显，在一定程度上需要冲破既定规则的支配和束缚、发挥自身创造性，但是目前的人工智能没有能力违反和冲破既定规则进行创作，只能刻板机械地制造平庸的作品[⑤]。ChatGPT 技术背靠海量数据库，可遵循用户指令输出诗歌和散文等艺术文本，并根据二次指令（如减少押韵或情感表达更为充沛等）对输出文本进行反复润色，直至生成符合用户需求的文本。但是，从技术层面看，这些文本仅仅是对数据库中既有内容的重组或变形，其中不含任何新信息和创造性元素，不能被称为原创作品。[⑥] 而且，ChatGPT 在接受美国《时代》周刊采访时诚实表示，它同其他人工智能程序一样，没有独立思想、亲身感受和先前经验，也缺乏艺术创造所必需的同理力和感受力。没有这些感性基础，ChatGPT 难以生成具有创造性的、有意义的文本内容，也就无法创作出真正的艺术作品。

2. 运用人工智能开发的实物产品的应用效果不够理想

受算法和现实情境复杂性的限制，运用人工智能技术开发的产品有时不能达到产品开发的预期效果：这些产品在某一或某些功能上极为实用，但在其他

① 庞井君，薛迎辉．人工智能的发展与审美艺术的未来［J］．艺术评论，2018（9）：45-56.

② 蔡曙山，薛小迪．人工智能与人类智能：从认知科学五个层级的理论看人机大战［J］．北京大学学报（哲学社会科学版），2016，53（4）：145-154.

③ 张登峰．人工智能艺术的美学限度及其可能的未来［J］．江汉学术，2019，38（1）：86-92.

④ 陶锋．人工智能文学的三重挑战［J］．天津社会科学，2021（1）：155-159.

⑤ 钟华．AI 技术高度发达的时代里诗人何为？［J］．福建论坛（人文社会科学版），2018（11）：77-86.

⑥ 姜华．从辛弃疾到 GPT：人工智能对人类知识生产格局的重塑及其效应［J］．南京社会科学，2023（4）：135-145.

方面常常存在较大缺陷。当人们对人工智能的潜在影响有了更深刻的认识后，在情绪上也更焦虑。来自益普索（Ipsos）的一项调查显示，在2023年，认为人工智能将在未来3—5年内极大地影响他们生活的人，比例从60%上升到66%。与此同时，52%的人对人工智能产品和服务表示焦虑，比2022年上升了13个百分点。在美国，皮尤研究中心（Pew）的数据显示，52%的美国人表示对人工智能的担忧多于兴奋，这一比例比2022年的37%有所上升。

以新兴的神经机器翻译为例。语言是文化的载体，不同语言之间的翻译活动不只是对另一种语言的理解，也是对语言背后的文化内涵和社会习俗的理解。目前，虽然神经机器翻译已实现更高的翻译准确度，甚至能在某些专业领域的翻译中战胜专业的人类翻译，但仍存有不足，① 较难表达出人类语言中的文化积淀。② 若以文化智力（cultural intelligence）理论为参照③，理想化的人工智能翻译软件应是：具有高认知文化智力，即具有丰富的文化知识储备，熟知各文化的历史环境、符号意义、政治宗教、意识形态、性别意识、社会功能等④，懂得不同文化之间的异同；同时，具有高元文化智力，即能在与不同文化个体沟通时，灵活主动地调动自身的文化相关知识储备，调整自身的知识模型，选用具有针对性的知识架构。至少要同时做到这两点，才可能提高人工智能翻译的准确性和科学性。

再如，功能强大的ChatGPT程序的应用效果也不尽如人意。以其在学术创作中的消极作用为例。第一，ChatGPT时常输出看似合理流畅实则不准确的文本内容。因为ChatGPT无法发展出与人类相接近的思维能力，无法理解所涵

① 李奉栖.人工智能时代人机英汉翻译质量对比研究［J］.外语界，2022（4）：72-79.

② 李晗佶.哲学视阈下的翻译技术研究：问题与对策［D］.大连：大连理工大学，2020.

③ ANG S, VAN DYNE L, KOH C, et al. Cultural intelligence: Its measurement and effects on cultural judgment and decision making［J］. Management and organization review, 2007（3）: 335-371.

④ 孙艺凤.文化翻译［M］.北京：北京大学出版社，2016: 2.

盖的海量数据，仅能根据用户指令从训练数据库中提取对应内容[①]，所以如果用户提问落在冷门领域，训练库中缺乏相应数据，ChatGPT 便可能随意捏造虚假信息，输出错误答案[②]。第二，来源不明、质量不佳的训练数据也严重威胁着输出文本的准确性。ChatGPT 生成文本的高格式规范性使得提问者难以意识和觉察到文本可能存在错误，这可能导致 ChatGPT 的准确性问题更为严峻[③]。第三，ChatGPT 从海量训练文本中分析人类语言实践，习得不同字、词、句子、段落和篇章等搭配出现的概率及规律，选定最可能的搭配内容提供给提问者[④]。这种基于概率的文本输出设定，与对训练文本的真切理解无关，不仅无法保证生成文本的准确性和逻辑性，还可能造成内容抄袭和侵权等严重后果，引发不必要的麻烦。第四，高质量的学术创作极度依赖研究者自身的学术积累、独立思考和价值判断，如果完全依赖 ChatGPT 这种大型语言模型进行学术创作，学术产出将只能止步于对前人观点的罗列，内容看似全面实则缺少独特观点和实质内容，不可避免地趋于同质化，难以持续推进。[⑤] 第五，伴随 ChatGPT 发展而日益突出的学术造假和抄袭等问题，会加剧人们对学术界的不信任，不利于学术界的良性发展。[⑥]

（二）人工智能给行为文化可能带来的风险

人们对人工智能做出的行为的准确性持怀疑态度，假若决策失败导致的后

① BUCHANAN M. Define the IQ of a chatbot［J］. Nature physics, 2023, 19: 465.

② BRAINARD J. Journals take up arms against AI-written text［J］. Science, 2023, 379（6634）: 740-741.

③ 张绒．生成式人工智能技术对教育领域的影响：关于 ChatGPT 的专访［J］．电化教育研究，2023, 44（2）：5-14.

④ 邓建国．概率与反馈：ChatGPT 的智能原理与人机内容共创［J］．南京社会科学，2023, 425（3）：86-94，142.

⑤ 高虹，郝儒杰．人工智能时代学术期刊编辑的职业发展：现实境遇、多重影响与有效应对［J］．中国科技期刊研究，2021, 32（10）：1255-1261.

⑥ VAN NOORDEN R. How language-generation AIs could transform science［J］. Nature, 2022, 605: 21.

果越严重，便越难信任人工智能技术。人工智能算法虽在加工定量数据方面较之人类有很大优势，但在涉及主观判断、情感交流、社会交际等方面的任务中，人工智能算法被认为不如人类决策者可信。[①]如，当人们身体不舒服去医院就诊，却被人工智能医疗机器人诊断为身体健康、没有疾病时，多数人并不会安心，会要求人类医生再次进行诊断。缘由主要有五：（1）人工智能医疗机器人在诊断过程中只关注病情，不关注患者的情绪，也无法准确识别、理解和响应这些情绪，更别提向患者提供情感互动和支持，因而，难以获得患者的完全信赖。[②]（2）人工智能医疗机器人存在算法黑匣子，无法以可解释的方式输出其医学诊断结果，[③]患者及其家属无法得知其内在诊断过程及原理[④]，难以发展出信任关系。即使人工智能医疗机器人的算法公开透明，一般患者及其家属也无法理解这些专业性极强的人工智能算法。[⑤]（3）患者及其家属也担忧这些诊断算法和技术无法关注到自身情况的独特性，[⑥]怀疑其能否适应不同的使用环境，结果，患者及其家属难以轻易相信这些人工智能算法和技术。患者对自身症状和感受的表达常常是不可“计算”的模糊语言，是难以编码的人文信息，ChatGPT 虽

① LEE M K. Understanding perception of algorithmic decisions: fairness, trust, and emotion in response to algorithmic management ［J］. Big data & society, 2018, 5（1）.

② HÖDDINGHAUS M, SONDERN D, HERTEL G. The automation of leadership functions: Wwould people trust decision algorithms? ［J］ Computers in human behavior, 2021, 116: 106635.

③ ADADI A, BERRADA M. Peeking inside the black-box: a survey on explainable artificial intelligence（XAI）［J］. IEEE access, 2018, 6: 52138–52160.

④ CADARIO R, LONGONI C, MOREWEDGE C. K. Understanding, explaining, and utilizing medical artificial intelligence ［J］. Nature human behavior, 2021, 5（12）: 1636–1642.

⑤ 同④.

⑥ LONGONI C, BONEZZI A, MOREWEDGE C K. Resistance to medical artificial intelligence ［J］. Journal of consumer research, 2019, 46（4）: 629–650.

然在技术上有所突破，但依然无法理解这类语言表达。①②（4）人工智能在高度敏感的医疗领域中的应用，可能会引起患者及家属质疑就医尊严。一般来说，患者在接受病情诊断时，存在“人类偏见”（human bias），即更喜欢人类决策者而不是人工智能决策者，认为人类医生决策时自身更被尊重。③若是人工智能诊断，用户可能会感觉自身不被尊重。（5）当决策失败导致的后果越严重，人们会越倾向于将主动权掌握在自己手中，便越难信任人工智能技术。④如，自动推荐算法推荐的电影再不好看，也只是浪费了几个小时和几十块钱，而当人工智能医疗系统失误时，付出的代价要大得多。由此，人工智能医疗系统难以获得人们的真正信任。⑤基于这些原因，人工智能技术目前也仅被应用于非关键的、低安全级别的场景中，在关键场景中的可用性和适用性仍有待提升。⑥

（三）人工智能抢夺人类就业机会

人工智能技术发展在为人类就业带来新机遇的同时，也对人类就业市场造成冲击。一方面，人工智能以“机器换人”的产业革命将改变全球化经济格局，它会终止制造业向低人力成本的第三世界转移的全球化趋势，会改变社会的就业观念，人口红利概念将成为历史。未来世界生产力成本的总体趋势是：人工成本不断上升，人工智能机器人替代人工的成本不断下降，而其性能却在不断

① 刘虹．即使可能，未必可以：也谈 ChatGPT 和 Medical AI［J］．医学与哲学，2023，44（1）：8，43.

② Nature medicine editorial. Will ChatGPT transform healthcare?［J］. Nature medicine, 2023（29）：505–506.

③ FORMOSA P, ROGERS W, GRIEP Y, et al. Medical AI and human dignity: contrasting perceptions of human and artificially intelligent（AI）decision making in diagnostic and medical resource allocation contexts［J］. Computers in human behavior, 2022, 133: 107296.

④ 霍桑纳格．算法时代［M］．蔡瑜，译．上海：文汇出版社，2020：98.

⑤ 李游，梁哲浩，常亚平．用户对人工智能产品的算法厌恶研究述评及展望［J］．管理学报，2022: 1–8.

⑥ 孔祥维，唐鑫泽，王子明．人工智能决策可解释性的研究综述［J］．系统工程理论与实践，2021，41（2）：524–536.

上升。人工智能技术提高劳动生产率，降低单位产品所需劳动投入，即劳动力需求减少，导致工作岗位缩减。例如，中医把脉机器人内嵌体感雷达和人工智能技术，利用其手指上的感应器与身上的摄像头，为人们把脉、看舌苔，将体质检测数据自动上传至大数据库相匹配，以此给出中医食疗餐单处方等，把脉90秒就能出结果，结果，中医把脉机器人秒变“老中医”。另一方面，某些工作岗位对技能要求不高，可较好实现部分或完全自动化，当前人工智能系统可轻松取代人类胜任这些岗位。当下，人工智能机器人取代一些人的工作是大势所趋，无人商店、无人银行、无人酒店、无人工厂、无人驾驶、无人飞机等的大量涌现，势必导致大量相关岗位的人员下岗。未来，机器人产业将成为“制造劳动者的产业”，低成本的机器人意味着低成本的劳动生产力。人口众多的国家会面临更大的就业压力，机器人的大规模产业应用将会终结制造业向低劳动力成本地区的扩展趋势。先进地区会出现制造业回流趋势，如2016年，阿迪达斯在德国建立了一家以机器人为主的制鞋工厂；新兴制造业大国则会借助机器人产业革命力保制造业竞争优势。机器人产业革命不可阻挡，看谁能在机器人全面取代劳动者以前经济起飞，以消化工人失业带来的社会压力。随着人工智能的发展，机器人将会全面超越人类个体。机器人不需要休息、睡觉、吃饭，并且具有高度的持续性和精准度。随着人工智能的飞速发展，原先机器人难以胜任的一些岗位也逐渐被替代。如屠宰行业，由于使用了更廉价、更敏感的传感器，机器在去除多余肥肉时比人力还高效，每块肉能多保留3%或4%，从而产生相当大的效益。在成本方面，2010年至2015年间，中国一个焊接机器人的投资回收期从5.3年降低到了1.7年，而到2017年，投资回收期将降至1.3年。制造业追逐低工资成本的全球化波状扩展的趋势，会随机器人革命而终止。[①]

① 何立民.人工智能的现状与人类未来[J].单片机与嵌入式系统应用，2016(11)：81-83.

世界著名咨询公司麦肯锡全球研究院（McKinsey global institute）在2017年1月发布了专题报告《工作的消失与崛起：自动化时代的劳动力转型》（*Jobs Lost, Job Gained: Workforce Transitions in A Time of Automation*），[①]就人工智能对人类就业的影响进行详细介绍。报告指出，当前全球50%的工作在理论上可被机器人取代，实现自动化；在六成的工作岗位中，其中30%的工作量可由机器代劳。同时，到2030年，全球范围内平均被机器人取代的劳动力的比率为15%，在发达国家可达20%以上，在美国高达23%。到那时，全球可能将有7 500万至3.75亿人口需要重新就业并学习新技能。总体上看，未来人类的工作岗位中，需要创新的岗位（如表演艺术家）、需要复杂工艺的技术类岗位（如医疗专业人员和工程领域的高端技术性人才）、需要良好共情和智慧的管理类与社会互动类岗位（如教师、社会工作者）最不易被人工智能取代，无需创新的流水线类或易重复类岗位和纯粹基于计算的岗位——如客服、文秘、初级和中级软件工程师（人工智能的一个强项就是编程）、银行柜台人员、会计、审计员、账务分析师、翻译（包括口译和笔译）、初级和中级法律人士、初级和中级的新闻工作者（如播音员）、初级和中级绘画人员、初级和中级设计师（包括初级和中级网页和数字界面的设计师、初级和中级建筑设计师、初级和中级服装设计师等）——最易被人工智能所取代。由此可见，人工智能技术对不同类型岗位的冲击不同。

硬技能是指从事某项工作应当具备的必要能力。软技能与硬技能相对，指和工作相关的非专业技术技能和非认知技能，包括批判性思维、问题解决能力、适应性、人际社交技能、人们在应对复杂情境时的快速学习和灵活迁移能力等，

① MANYIKA J, LUND S, CHUI M, et al. Jobs lost, jobs gained: what the future of work will mean for jobs, skills, and wages [R]. Washington: McKinsey global institute, 2017.

其中，人际社交技能占据关键地位。[①②]从硬技能和软技能角度看，人工智能尤其擅长高效处理重复的常规任务，所以，人类从事的与硬技能相关的任务和工作，很有可能被人工智能接管。[③]如，上海人工智能研究院研发出机械臂新冠核酸采样，可在 30 秒内完成一次无人核酸采样，如此，可缓解医疗人员的核酸采样压力，且能降低面对面交叉感染的风险。这些机械重复的常规任务，往往最先被人工智能算法和技术所取代，在节约劳动力资源的同时，极大地提高工作效率。[④]又如，自动化新闻问世后，人工智能新闻随即便威胁到人类记者的生计。2020 年，微软决定解雇 27 位记者，用人工智能软件取代这些记者的工作。这些员工负责维护微软 MSN 网站和 Edge 浏览器的新闻主页，需要从其他新闻机构和新闻平台制作的新闻中选出合适的新闻，编辑这些新闻以适应微软 MSN 网站和 Edge 浏览器的新闻主页的格式要求，完成后将它们刊登出来。因为人工智能能轻松完成他们的工作，人类工作者不具有竞争力，只能被迫接受被解雇的结果。[⑤]据凤凰网科技资讯北京时间 2023 年 2 月 4 日消息，以色列总统艾萨克·赫尔佐格（Isaac Herzog）于 2023 年 2 月 1 日（周三）发表了部分由人工智能 ChatGPT 撰写的演讲，成为首位公开使用 ChatGPT 的世界领导人。赫尔佐格为网络安全会议“2023 特拉维夫全球网络技术”录制了“特别开幕致辞”。他在 2 万名观众面前透露，开场白是由 ChatGPT 撰写的，赫尔佐格还使用 ChatGPT 撰写的一段“励志名言”结束了他的演讲：“让我们不要忘记，

① 付艳芬，郑显兰，李平 . 软技能的研究进展［J］. 中华护理杂志，2008（1）：74–77.

② 李铁斌 . 软技能若干问题研究新进展［J］. 学术论坛，2013，36（3）：195–199.

③ 许艳丽，李文 . AI 重塑工作世界与职业教育信息化的适应［J］. 中国电化教育，2020（1）：93–98.

④ 俞陶然 . 核酸采样机器人在上海问世，记者现场体验：“捅嗓子”规范又轻柔［EB/OL］.（2022–05–23）［2022–10–23］. http://www.news.cn/2022–05/23/c_1128675711.htm.

⑤ WARREN T.Microsoft lays off journalists to replace them with AI［EB/OL］.（2020–5–30）［2022–7–13］. https://www.theverge.com/2020/5/30/21275524/microsoft-news-msn-layoffs-artificial-intelligence-ai-replacements.

是我们的人性让我们真正与众不同。决定我们命运的不是机器，而是我们为全人类创造更美好明天的心灵、思想和决心。”但赫尔佐格随后又称，人工智能不会取代人类，因为“硬件和软件无法取代人的意志”。以色列总统办公室向外媒证实，演讲的结尾是ChatGPT通过提示撰写的，他们给出的提示是：“写一段关于人类在超人类科技世界中所扮演角色的励志名言。”

相较之下，根据目前科技水平，人工智能较难掌握和模仿人类的软技能，因此，那些完全依赖或部分依赖软技能的工作，目前难以被人工智能替代。如，用户可与之交谈的技术会话式人工智能（conversational AI），可使用机器学习和自然语言处理来识别语音输入和文本输入，帮助模仿人类交互活动。这类会话式人工智能系统若想取得理想效果，需准确地理解人类的语音和文字表达，掌握人类的人际社交模式和技能，灵活应对不同用户群体的各色需求，这些要求对当下的人工智能而言难度较大，因此，目前市场上的大多数会话式人工智能系统虽已在众多领域得到广泛应用，但存有较多不足：较难理解原始语音输入中的方言、口音、背景噪声、俚语、无脚本语音；有时即使能识别出语音输入中的字词，但无法理解用户语音输入的情感和语气，情感的模糊性、重叠性等特征使其很难被人工智能所理解和识别；即使人工智能技术能较好地理解对话方的情感，也给不出富含情感的回应，它们的电子音在人类听来是机械且程序化的，冷淡疏离，距离感十足。此外，会话式人工智能的用户信任问题也需引起关注。①

（四）人工智能给制度文化可能带来的风险

1. 人工智能挑战传统法律秩序

传统法律秩序的权利主体是自然人，认为只有自然人才有在法律上享受权利及承担义务的资格。人工智能的出现和快速发展，打破了传统社会中人际互动的

① HU P, LU Y, GONG Y. Dual humanness and trust in conversational AI: a person-centered approach［J］. Computers in human behavior, 2021, 119: 106727.

单一性，其中最大的争议是：是否应赋予人工智能法律人格？[①] 由此引发人工智能是否能够成为学术论文的作者、专利的发明者等问题。相应地，人工智能的发展，对当下的人格权制度、知识产权保护、侵权责任认定、劳动法等具体法律制度均造成不同程度的影响。[②] 在主体资格界定方面，沙特阿拉伯授予机器人索菲亚以公民资格引发全球争议。支持者认为，如果人工智能具有完全自主能力，在程序范围之外做出违法犯罪行为，在开发者和使用者因未履行预见和监督义务而承担相应法律责任的同时，自主的人工智能系统也应承担相应责任。[③] 如果人工智能不具有法律人格，则无法追究其责任，故而赋予人工智能法律人格显得刻不容缓。[④] 反对者称，无论人工智能发展到何种程度，其实质都是人类创造且为人类服务的智能型工具，[⑤] 只有自然人才有在法律上享受权利及承担义务的资格。例如，关于人工智能算法或软件能否被视为专利发明者这一问题引发广泛关注。2018 年，美国人工智能专家斯蒂芬·塞勒向英国知识产权局提交了两项专利申请，并坚持将人工智能神经网络达普士（Dabus）作为专利发明人，认为达普士技术是这两项专利的最大功臣。然而，这些以人工智能系统为专利申请主体的专利申请被英国知识产权局拒绝。塞勒后来向英国法院提起上诉，但仍然败诉。英国法院给出的理由是，根据英国 1977 年颁布的专利法，专利发明人必须是自然人，机器人不符合此条标准，因此不能通过塞勒的申请。与英国的抗拒态度不同，南非专利局收到塞勒提交的相同专利申请后，批准了这项申请。澳大利亚联邦法院在 2021 年 7 月也同意将达普士列为专利申请主体。可见，在这些国家，人工智能技术的发展打破

---

① 袁曾．基于功能性视角的人工智能法律人格再审视［J］. 上海大学学报（社会科学版），2020,37（1）：16–26.

② 王利明．人工智能时代对民法学的新挑战［J］. 东方法学，2018（3）：4–9.

③ 刘宪权．人工智能时代的“内忧”“外患”与刑事责任［J］. 东方法学，2018（1）：134–142.

④ 陆幸福．人工智能时代的主体性之忧：法理学如何回应［J］. 比较法研究，2022（1）：27–38.

⑤ 袁曾．人工智能有限法律人格审视［J］. 东方法学，2017（5）：50–57.

了传统的法律主体资格认定。为解决这一争议，有人提议采取折中的、切实可行的方案：赋予人工智能有限的法律人格，即赋予其有限的法律权利和法律义务，并根据人工智能发展趋势制定更为适用、更具针对性的法律规制。[①②] 又以版权法为例，学界就人工智能生成内容的可版权性展开激烈讨论。[③] 强人工智能产物的可版权性无可争议，[④] 但目前主流的弱人工智能技术的产物是否构成著作权上的作品，在法律上是否承认人工智能产物的版权，依然存在不同观点。支持者认为，按照著作权法第二条，“作品”是指“文学、艺术和科学领域内，具有独创性并能以某种有形形式复制的智力创作成果”，可见，独创性是检验产物是否被著作权法接纳的重要标准。[⑤] 若人工智能创作物具有一定的独创性，或是创作过程具有独创性，[⑥] 即从创作过程看，作品体现设计者的个性、价值选择和创作意图，便可被著作权法纳入保护范围。反对者认为，人工智能生成物只是按照预设的算法和规则进行数据分析，没有自主意识和情绪情感，仅是自然人从事智力活动的技术工具和技术成果，不构成著作权法上的作品。这两种观点争论激烈，至今无法达成共识。与此相关的是，人工智能产物的版权侵权问题也亟待解决。基于人工智能生成内容技术（artificial intelligence generated content，AIGC）的作品，实际上是人工智能在学习数据库中人类创作的大量素材后，根据用户的具体需求而产出的作品。这就造成人工智能产物与数据库中的原始素材存在诸多相似性，人类创作者难免认为自身版权受到侵犯。据《自然》（*Nature*）杂志于 2023 年 1 月 18 日刊

---

① 袁曾．人工智能有限法律人格审视［J］．东方法学，2017（5）：50–57.

② SARIPAN H, KRISHNAN J. Are robots human? a review of the legal personality model［J］. World applied science journal, 2016, 34（6）： 824–831.

③ 宁立志，王宇．中国知识产权法治四十年：回顾与展望［J］. 知识产权与市场竞争研究，2020（1）：3–70.

④ 王迁．如何研究新技术对法律制度提出的问题？以研究人工智能对知识产权制度的影响为例［J］．东方法学，2019（5）：20–27.

⑤ 徐小奔．论算法创作物的可版权性与著作权归属［J］．东方法学，2021（3）：41–55.

⑥ 卢炳宏．论人工智能生成物的著作权保护［D］．长春：吉林大学，2022.

登的“消息”讲，至2023年1月18日止，据《自然》（Nature）杂志于2023年1月18日刊登的“消息”（News）讲，至2023年1月18日止，至少有4篇学术论文将ChatGPT等人工智能工具列为论文的作者之一。[①②③④] 不过，有一些科学家反对将ChatGPT之类的人工智能列为论文的作者，理由是：ChatGPT等人工智能工具无法对学术论文的内容和完整性负责。有些学者表示，可以在文中用其他方式来表明人工智能对论文写作的贡献，但不必将它列为论文的作者之一。《科学》（*Science*）明确表示：禁止将ChatGPT列为合著者，且不允许在论文中使用ChatGPT所生产的文本。[⑤]《自然》表示：可以在论文中使用大型语言模型生成的文本，其中也包含ChatGPT，但不能将其列为论文合著者。[⑥] 据微信公众号“暨南学报哲学社会科学版”2023年2月10日消息，《暨南学报（哲学社会科学版）》发布《关于使用人工智能写作工具的说明》：（1）暂不接受任何大型语言模型工具（如ChatGPT等）单独或联合署名的文章。（2）在论文创作中使用过相关工具，需单独提出，并在文章中详细解释如何使用以及论证作者自身的创作性。如有隐瞒使用情况，将对文章做直接退稿或撤稿处理。（3）对于引用人工智能写作工具的文章作为参考文献的，需请作者提供详细的引用论证。据微信公众号“天津师范大

---

① O’CONNOR, S，ChatGPT. Open artificial intelligence platforms in nursing education: Tools for academic progress or abuse?［J］.Nurse education in practice, 2023,67：103537.

② KUNG T H, CHEATHAM M, ChatGPT, et al.Performance of ChatGPT on USMLE: potential for Al–assisted medical education using large language models.［EB/OL］.（2022–12–19）［2024–07–04］.https://doi.org/10.1101/2022.12.19.22283643

③ ChatGPT,ZHAVORONKOV A.Rapamycin in the context of Pascal’s Wager: generative pre–trained transformer perspective［J］. Oncoscience,2022, 9： 82 - 84.

④ GPT, OSMANOVIC T, A，STEINGRIMSSON S.Can GPT-3 write an academic paper on itself, with minimal human input? ［EB/OL］.（2022–06–21）［2024–07–04］. https://hal.science/hal–03701250 .

⑤ THORP H H. ChatGPT is fun, but not an author［J］. Science, 2023, 379（6630）：313.

⑥ Tools such as ChatGPT threaten transparent science; here are our ground rules for their use［J］. Nature, 2023, 613:612.

学学报（基础教育版）”2023年2月11日消息，《天津师范大学学报（基础教育版）》也发布《关于使用人工智能写作工具的说明》：（1）倡导合理使用新工具、新技术，建议作者在参考文献、致谢等文字中对使用人工智能写作工具（如ChatGPT等）的情况予以说明。（2）我刊会加强对学术论文的审稿工作，坚决抵制学术不端行为，追求基础教育研究的科学性、准确性、完整性和创新性，致力于基础教育事业的发展，进一步发挥好基础教育成果传播和交流的重要载体和平台作用。有没有这种可能：大概不需要多少年，就会有人提出“不让ChatGPT等人工智能工具做论文作者，是歧视人工智能”？

2. 人工智能难以用于高情感需求的风俗领域

人工智能开发者往往出于节约成本、提高效率、提供劳动力等目的而开发出各类机器人，实际效果也较为突出，但在那些依赖于人际互动和心理寄托的风俗领域，民众的情感需求较高，人工智能机器人的表现往往欠佳。虽然开发者在开发阶段试图将人类的各种情绪情感及其特征编码入人工智能机器人身上，但机器人只能按既定的规则和算法运行，无法以人类的方式体验这些情绪情感，因此，它们的情感情绪表达的真实性容易受到质疑，难以被大众接受。[①] 如，上文提到的日本的人工智能殡葬机器人虽有一定的实用性，但民众认可度并不高。具体而言，葬礼是生者向亡者寄托哀思的神圣仪式，是人类社会独有的规范和习俗，也是人类社会和文化的重要组成部分，人类对这个仪式有着莫名的信仰和坚持。虽然“胡椒”祭司机器人可实现与人类僧侣几乎同等的功能，能做出像人类僧侣般的标准祭司动作，但它可能无法理解葬礼及其中各种仪式的价值，也无法实现与亡者家属的情感交流。以鞠躬这个动作为例，祭司机器人的鞠躬动作只是算法操作下的身体弯曲动作，不带情感成分，而不是像人类那样是表达尊重的方式。许

① BARTNECK C, BELPAEME T, EYSSEL F, et al. Robots in society［M］. Cambridge: Cambridge University Press, 2020: 185–200.

多用户也无法接受将萌Q版外表的祭司机器人用于葬礼这类严肃场合。可见，祭司机器人无法承载葬礼仪式所蕴含的文化深意，无法取代其代表的神圣仪式感，也大概率无法实现与人类的共情，无法向失去亲人的家属提供有效的心理安慰。因此，在国际殡葬产业展览会（ENDEX）上，祭司机器人虽取得了较高关注度，但没有任何参会者愿意订购这一机器人。① 再如，ChatGPT虽然已取得巨大的技术创新，被比尔·盖茨赞为最具革命性的技术进步，② 但仍没有突破拟人情感这一技术难关。③ChatGPT在传递客观信息和完成特定工作任务方面已发展得较为成熟，而在情感交流和社会交往等方面仍存在较大局限。④ 对此现状，有人主张应集中力量发展人工智能的情感计算能力，实现技术上的突破；但也有人持相反观点，认为应有意识地控制人工智能情感反应的拟人化程度，避免将其在情感互动方面设计得过于拟人化。如，有研究者认为在人机交互过程中，应尽量限制聊天机器人使用emoji表情符号和情绪化语言，并时刻提醒用户聊天对象是机器人，而非真实人类，以避免用户对聊天机器人过度沉迷和依赖。⑤

（五）人工智能给心理文化可能带来的风险

人工智能给心理文化可能带来的风险至少有五个方面，其中，“人工智能技术有可能存在社会文化偏见”放在“人工智能及其研究中存在的道德风险及种类”里探讨，此处不赘述，只讨论余下的四个。

---

① HUMPHRIES M. Softbank’s pepper robot is now a buddhist priest[EB/OL].(2017-08-24)[2022-09-12]. https://www.pcmag.com/news/softbanks-pepper-robot-is-now-a-buddhist-priest.

② GATES B. The age of AI has begun [EB/OL].（2023-03-21）[2023-04-29]. https://www.gatesnotes.com/The-Age-of-AI-Has-Begun.

③ 桑基韬，于剑．从ChatGPT看AI未来趋势和挑战[J]．计算机研究与发展，2023，60(6)：1-10.

④ 王颖吉，王袁欣．任务或闲聊？：人机交流的极限与聊天机器人的发展路径选择[J]．国际新闻界，2021，43（4）：30-50.

⑤ VELIZ C. Chatbots shouldn’t use emojis [J]. Nature, 2023, 615: 375.

1. 人工智能有可能让人类和人类社会越来越缺少文化元素，产生文化沙漠

目前，身处不同文化圈的科研团队研发出的人工智能产品较为相似，难以从其外表特征和行为表现推断其文化背景。究其原因，一是开发团队刻意模糊产品的文化背景，以实现其在不同文化中的良好应用效果。二是已有关于人类如何理解特定文化及不同文化之间异同性的成果，复杂且无序，难以精准转化为算法。开发团队基于可行性考虑，在开发算法时放弃纳入文化因素。如，中国开发团队如何在人工智能产物中融入中国文化元素，制造出机器中国人，[①]而非中国机器人。机器中国人并不单指在产品外观上巧妙凸显中国特色，更强调在算法中体现中国人的思维习惯和行为倾向，后者难度明显更大，人工智能现有发展水平难以妥善解决此问题。综合来看，不论是哪一种原因，如果不能妥善解决这个难题，不同文化开发的人工智能产品会越来越趋同，逐渐丧失文化个性和文化特色，弱化人类文化的丰富性和多样性，造成文化沙漠。

2. 人工智能有可能蕴含文化中心主义

开发团队在算法开发过程中会自觉或不自觉地将自身价值观融入算法之中，由此，不同文化之间的价值观差异，很可能导致产自不同文化的人工智能产品在价值观上存有差异。如此，在实际应用过程中，内置特定价值观的人工智能产品难以客观公正地看待异文化中的价值观，仅是根据其与本文化价值观是否相符简单断定其准确性，相符便判为正确，不相符便被直接视为不可接受，表现出文化中心主义（culture ethnocentrism）。如，美国麻省理工学院阿瓦德（Awad）团队基于道德机器（moral machine）平台，招募全球 233 个国家和地区的数百万被试者，探索不同文化集群个体在无人驾驶汽车道德困境中的抉择及其差异。研究者向被试者呈现“电车难题”（The trolley problem）情境：无

① 顾骏. 人与机器：思想人工智能［M］. 上海：上海大学出版社, 2018: 259-296.

人驾驶汽车保持原方向行驶会撞上前方行人，转至另一车道上会撞上另一行人，撞人事故无法避免。被试者须判断是直行还是转向。结果发现，当被试者须在伤害老年行人和伤害青年行人之间进行抉择时，东方文化集群（如信仰儒家文化的日本和中国台湾地区）的人们更倾向于牺牲年轻人而保护老年人，而南方文化集群（如大部分中美洲和南美洲国家）和西方文化集群（北美和欧洲国家）则不存在这种倾向。可见，这三大文化集群在孝道和尊老敬老观念上存在差异。[①] 如果在未来算法开发过程中开发团队将这一伦理道德原则纳入考量，不同文化集群将得到在对待青年和老年行人方面存有不同的无人驾驶汽车，并认为本文化所持立场才是正确的、更值得推崇的。而且，产自特定文化集群的无人驾驶汽车，因价值观文化差异的存在，可能让异文化的用户在使用过程中产生不适感。

3. 人工智能易让个体沉迷于虚拟世界，脱离现实生活

人工智能推荐算法能根据用户的浏览痕迹和喜好数据，向用户精准推荐其感兴趣的内容，这虽能提升用户的使用体验，并在当前信息过载的时代帮助用户以最少的时间成本获取感兴趣的内容和个性化信息，但也极有可能窄化用户所接触信息的范围，降低用户接触差异化信息和多元性观点的可能性，陷入信息茧房（information cocoons）。[②③] 信息茧房并不是人工智能时代的特色，人们一向愿意接触和自身想法相近的信息，回避与自身观点相异的内容，只是人工智能的精准推荐算法放大了这种倾向，人们被更牢固地圈在信息茧房中。[④] 在信

① AWAD E, DSOUZA S, KIM R, et al. The moral machine experiment［J］. Nature, 2018, 563（7729）：65–80.

② 康朴 . 让算法推荐不再“算计人”［EB/OL］.（2021–10–11）［2024–03–01］. http://finance.people.com.cn/n1/2021/1011/c1004–32249378.html.

③ 胡青山 . 基于算法推荐的社会性反思：个体困境、群体极化与媒体公共性［EB/OL］.（2019–12–15）［2024–03–01］.http://media.people.com.cn/n1/2019/1225/c431262–31522701.html.

④ 孙少晶，陈昌凤，李世刚，等 .“算法推荐与人工智能”的发展与挑战［J］. 新闻大学，2019（6）：1–8,120.

息茧房中，用户仅能看到特定领域、立场和角度的内容，难以掌握事件的完整面和世界的多样性，难免导致思想固化和极化，与真实世界相脱节。[①]

4. 人工智能易让个体的精神世界越来越空虚

人工智能越发达，是越能丰富人类的精神生活，还是越来越掏空人类的精神世界，让人类的精神生活变得越来越空虚？

虽然目前人工智能尚不具备准确识别、理解、表达和适应人类情感的能力，无法产生类人情感及进行自然真切的人机交互，[②③] 但情感机器人仍有较高热度，拥有众多用户。不论是问世于 2016 年的人工智能伴侣 Replika，还是虚拟情感陪伴机器人百度侃侃，或是 2022 年 11 月 30 日问世的 ChatGPT，皆引发热烈讨论。它们都是精心打造出来的无条件倾听的陪伴角色，能根据自身与用户的对话交流不断“训练”自身角色和风格，紧密贴合用户的诉求和习惯，因此能满足用户的社交需求和情感幻想，为用户提供情感支撑和精神寄托。[④] 陪伴机器人的实际人际效用，在现实人际交流中较难获取，令人沉迷其中。与情感机器人建立密切情感联结的用户，如无强大的自控力，便很可能对这份虚拟情感交流形成依赖，有意或无意地减少与现世他人的交流，脱离现实生活，导致精神世界日益空虚。

虽然当前的人工智能技术尚不具备和人类同等水平的情绪情感和思维能力，有时稍显机械和僵硬，难达理想标准，但不可否认的是它足以胜任部分人类工作，取代多数工作岗位，[⑤] 能基于庞大数据库快速给出质量稍次或同等质量的知识产

① 李晓华．数字时代的算法困境与治理路径［J］．人民论坛，2022（1）：64-67.
② 王志良．人工情感［M］．北京：机械工业出版社，2009: 1.
③ 皮卡德．情感计算［M］．罗森林，译．北京：北京理工大学出版社，2005: 36-135.
④ 牟怡．传播的进化：人工智能将如何重塑人类的交流［M］．北京：清华大学出版社，2017：30-36.
⑤ 田园．机器人会抢走谁的饭碗［EB/OL］．（2017-08-27）［2024-03-01］.http://epaper.gmw.cn/gmrb/html/2017-08/27/nw.D110000gmrb_20170827_1-08.htm.

出，甚至涉足人类引以为傲的文学和艺术创作领域并取得可喜成果。这些事实皆会挑战人类对自身价值和尊严的认知。在此情况下，机器取得了对人的胜利，人在技术社会中丧失了本性。人们惊呼："这儿哪里有人，分明是一台台貌似人的机器！"[①②] 如果人们不能转变思路，努力掌握新时代所需的关键技能，如自主学习、创新创造和人际沟通等，便可能无法适应当前快速发展的时代，找不准自身定位和价值，丧失生命目标及努力达成目标的动力，[③④] 感觉前途迷惘而慌张，继而丧失人生意义感，陷入精神空虚。

二、破解人工智能研究中存在文化风险的对策

人工智能进步的结果，应该是让更多的人能够过上更优雅、更有文化的生活，而不是让人们在文化沙漠、文化偏见里生活。根据上文对人工智能的文化风险的内涵界定，不存在文化风险的人工智能可被定义为：人工智能的开发和应用不会使文化系统遭受潜在破坏[⑤]，即人工智能的发展不会阻碍实物文化、行为文化、制度文化和心理文化的当前运作和未来健康发展。在此基础上，人工智能的开发和应用若能持续推动实物文化、行为文化、制度文化和心理文化的当前运作和未来健康发展就更佳了。妥善应对前述各层次文化风险，实现不存在文化风险的人工智能，才能使人工智能发挥其应有作用，切实提高人们学习、工作和生活的效率和质量，提升人们对人工智能系统的信任度和认可度，激发人工智能开发人员的创作热情，促进开发方加大投资力度，从而推进人工智能

① 柳延延．人是机器？数字化生存意味着什么［J］．自然辩证法通讯，1998（2）：71-77.

② 李士敖．人是机器，还是机器似人［J］．东北大学学报（社会科学版），2000，2（3）：181-183.

③ FRANKL V E. Man's search for meaning: an introduction to logotherapy［M］. Boston: Beacon Press, 1962.

④ STEGER M F, FRAZIER P, KALER M, et al. The meaning in life questionnaire: assessing the presence of and search for meaning in life［J］. Journal of counseling psychology, 2006, 53（1）：80-93.

⑤ 沈一兵．后疫情时代"一带一路"面临的文化风险与包容性文化共同体的建构［J］．人文杂志，2022（3）：43-52.

产业的繁荣发展。

（一）发展功能更强大的人工智能，以提高实物文化的艺术性和应用效果

近年来，越来越多人工智能从业人员开始涉猎艺术领域，试图探明人工智能在被普遍认为是人类专属领域的艺术领域是否有发展空间，人工智能艺术产品能否部分或完全替代人类艺术创造。目前，这类尝试已取得可观成就，成功开发出大量相关算法，也催生出新的艺术内涵和形式。[①]但从总体上看，目前的人工智能创作尚无法与人类艺术产物相媲美。[②]根本原因在于，目前的人工智能技术处于弱人工智能（weak artificial intelligence）阶段，尚未发展出主体意识，仅能根据既定算法产出符合算法设计者的意志、情感和兴趣的作品，缺乏应有的创造力，因而难以与人类创作相比较。未来若能开发出功能更强大的人工智能，凭借其拟人化的自主意识、价值观及创造能力，或许能生成真正的艺术作品。[③]

以人工智能绘画为例，它的萌芽有两个标志：一是20世纪70年代，艺术家哈罗德·科恩（Harold Cohen）通过复杂的编程控制机械臂完成的绘画创作；二是2006年电脑绘画产品The Painting Fool通过提取照片中的色块信息进行的绘画创作。所以，人工智能绘画并不是新兴的领域，先前只是局限于技术落后，未得到广大民众的关注。当下，人工智能基于深度学习模型来绘画，取得了长足进步。如在2022年8月美国科罗拉多州博览会艺术比赛中，游戏设计师贾森·阿勒（Jason Alle）利用人工智能绘画技术生成的题为《太空歌剧院》（如图5-4

① 邓开发.人工智能与艺术设计［M］.上海：华东理工大学出版社，2019：178.

② 张登峰.人工智能艺术的美学限度及其可能的未来［J］.江汉学术，2019，38（1）：86-92.

③ 庞井君，薛迎辉.人工智能的发展与审美艺术的未来［J］.艺术评论，2018（9）：45-56.

所示）的作品，获得一等奖。在创作《太空歌剧院》的过程中，贾森·阿勒将大量关键词输入人工智能程序中，历经了近九百次的尝试和八十个小时的细化后，才完成了整个创作过程。[①]人类观众只是在知晓作品是作者运用人工智能绘画技术生成后才产生某些消极看法，反映了人类对人工智能艺术创造的内在偏见和歧视。也就是说，人类固执地认为艺术是人类的专属领域，对人工智能艺术作品采取更严苛的评判标准，以维持人类在人工智能面前所剩不多的尊严。[②]如果隐瞒创作者的身份，请人们评判人工智能创作的艺术作品，人类评委们可能根本无法觉察出其是人工智能创作的艺术作品，[③]或许能给予更为客观且积极的评价。人工智能创作的作品究竟是真的不够艺术，还是人们不愿意承认它的艺术性？这个问题值得深思。

图 5-4　AI 画作《太空歌剧院》（图源网络）

人工智能实物应用效果不够理想，可大致分为两类：一是开发者认知、经验和能力有限，未能周全地考虑所创算法的不足及潜在后果，导致应用效果不佳。如，前文提及的人工智能图像生成器 DALL-E2 无法妥善处理多元素文本或多属性文本，便是源于其算法上的缺陷。可通过算法优化提高其稳健性，改

① 赵睿智、李辉．AIGC 背景下 AI 绘画对创意端的价值、困境及对策研究［J］．北京文化创意，2023（5）：42–47.

② 王峰．挑战“创造性”：人工智能与艺术的算法［J］．学术月刊，2020，52（8）：27–36.

③ CLERWALL C. Enter the robot journalist: users’ perceptions of automated content［J］. Journalism practice, 2014, 8（5）:519–531.

善其应用效果。[①]理想人工智能软件的开发过程必然是漫长且曲折的，不可能一蹴而就，需要在实践过程一步步地测试和调整，然后趋于完善。二是程序开发预期目标远超出当前人工智能发展水平，算法优化不足以应对解决这一问题，必须实现技术上的质的飞跃，需要强人工智能的参与。如人工智能艺术产物在情感度和创造性上的缺陷，或许只能依赖强人工智能才能彻底解决。

但是，强人工智能能否实现？是否具有技术上的可行性？在此问题上，各方仍存在争议，近些年在世界范围内引起不小轰动的、令人惊艳的阿尔法围棋（AlphaGo）和阿法星程序（AlphaStar）[②]也仅仅是在某些领域超过人类，仍称不上强人工智能。有人认为，只有真正理解人类大脑智能的产生机理，才有可能制造出强人工智能，而解构人类智能这个过程可能需要成百上千年甚至更长的时间。[③]而且，人类知识中有一部分是默会知识（tacit knowledge），难以用言语清晰表达概括，更难以用人工智能算法进行明晰表达和整合。[④]因此，强人工智能的开发不容乐观。另一种声音认为，借助仿真技术便可实现强人工智能，无须透彻理解人类大脑智能。具体为，先制造大脑探测工具对大脑结构进行解析，再采用工程技术手段制造仿真大脑装置，最后通过环境刺激和交互设计训练仿真大脑，[⑤]由此实现强人工智能。也有研究者提出，或可通过人工智能生成算法（artificial intelligence generating algorithms, AI-GA）来实现强人工智能。这两种对立观点孰是孰非，这些强人工智能开发设想是否可行，或许只有时间和对强人工智能开展更多研究才能最终论定。

① 高洪波. 工程领域典型算法应用的设计与应用［M］. 北京：北京邮电大学出版社，2018:6–8.

② VINYALS O, BABUSCHKIN I, CZARNECKI W M, et al. Grandmaster level in StarCraft II using multi-agent reinforcement learning［J］. Nature, 2019（575）：350–354.

③ 刘刚，张杲峰，周庆国. 人工智能导论［M］. 北京：北京邮电大学出版社，2020：4.

④ FJELAND R. Why general artificial intelligence will not be realized?［J］. Humanities & social sciences communications, 2020, 7（10）：1–9.

⑤ 同③.

（二）减少或消除人工智能对行为文化造成的风险

1. 提高算法可解释性、拟人程度和透明度，提高民众对人工智能的信任度

人工智能算法设计、实现、应用等环节的可解释性（interpretability）是人类与人工智能建立信任的基础。[①] 只有以清晰明了的方式向用户解释人工智能算法的内在根据和逻辑，人们才能更准确地理解算法以及判断算法的安全性，继而才有可能提高自身对人工智能决策的信任程度。目前人工智能技术虽在智能医疗、无人驾驶、智能司法和智能金融等领域中的可解释性已取得一定进展，发展出将特征重要性可视化的视觉解释、通过扰动输入观察输出变化的探索解释、利用用户容易理解的知识辅助进行解释和因果解释这四种可解释性技术，[②] 但从总体上看，目前学界对人工智能可解释性的研究尚处于初级阶段，对其本质、研究手段和体系结构等仍缺乏统一认识。[③] 实现算法可解释性，还有很多理论和技术难题有待攻克。

另外，也可通过增强人工智能拟人化程度（anthropomorphism）来提高人们对人工智能的信任程度。[④⑤] 人工智能拟人化指为人工智能机器赋予人类特征（包括人类形象、姿态动作、语音语态等等）、动机、意向和情绪情感。[⑥] 人工智能

① CARVALHO D V, PEREIRA E M, CARDOSO J S. Machine learning interpretability: a survey on methods and metrics［J］. Electronics, 2019, 8（832）: 1–34.

② 孔祥维，唐鑫泽，王子明. 人工智能决策可解释性的研究综述［J］. 系统工程理论与实践，2021，41（2）：524–536.

③ 纪守领，李进锋，杜天宇，等. 机器学习模型可解释性方法、应用与安全研究综述［J］. 计算机研究与发展，2019，56（10）：2071–2096.

④ VISSER E J, MONFORT S S, MCKENDRICK R, et al. Almost human: anthropomorphism increases trust resilience in cognitive agents［J］. Journal of experimental psychology, 2016, 22（3）：331–349.

⑤ 喻丰，许丽颖. 人工智能之拟人化［J］. 西北师范大学学报（社会科学版），2020，57（5）：52–60.

⑥ EPLEY N, WAYTZ A, CACIOPPO J. On seeing human: a three-factor theory of anthropomorphism［J］. Psychological review, 2007, 114（4）： 864–886.

的性能越贴合人类，其拟人化程度便越高。研究表明，较之低拟人化程度的人工智能，人们对高拟人化程度的人工智能的能动性和感受性程度的评价更高，[①]信任程度便随之更高。如，较之低拟人化的无人驾驶汽车，人们认为高拟人化无人驾驶汽车的性能更佳、更为可靠，更值得信任。[②]当然，提高人工智能拟人化程度应适度，将其控制在一定范围内。如果人工智能的拟人化程度过高，具有与人类极为相似的特征、动机、意向和情绪情感，便可能引起人们的惊惧和恐慌。此外，控制算法偏见也可在一定程度上扭转、改变人工智能在民众心中的消极形象，提高民众信任度。应对算法偏见的各种措施，包括提高算法透明度相关内容，将在后文详细阐述，此处不赘述。

2. 辩证看待和应对人工智能带来的就业冲击

一方面，至少要思考三个问题：（1）人工智能机器人的增加是否一定会导致人类社会的就业率降低？增加人工智能机器人，让许多行业的智能化（即自动化）水平不断提升，在一定程度上减少了人的就业率；人工智能的发展，也创造出许多新的就业机会，并且，新的工作一般比旧工作的环境更好，待遇更佳。可见，人的就业率下降，智能化（自动化）仅是原因之一，却不是全部原因，甚至可能不是主要原因。人的就业率下降的主要原因可能有三个。一是，源于 20 世纪 30 年代在美国兴起的管理科学，让公司一代比一代更加精简高效，自然会让许多员工失业。二是，在经济全球化背景下，工作机会转移到有更多廉价劳动力的地方。例如，当今美国有世界上最成熟、最完善的鼓励创新和创业的制度，美国国内大多数工作机会来自创新与创业，而只有少数出类拔萃的人才有能力推动创新。进入 21 世纪，美国有意限制移民，大多数在美国知名高校就读的国际留学生毕业后

① 姚亚男，孙文强，吕晓将．人工智能机器拟人化对顾客接受意愿的影响：思维感知的中介作用与性别角色的调节作用［J］．技术经济，2022，41（8）：70-80.

② WAYTZ A, HEAFNER J, EPLEY N. The mind in the machine: anthropomorphism increases trust in an autonomous vehicle［J］. Journal of experimental social psychology, 2014（52）：113-117.

无法留在美国工作。每当美国拒绝吸收一位优秀的外国人才时，就等于将潜在的创新者拒之国门之外，这就抹杀了成千上万个潜在的工作机会。那些被美国拒绝的人才被困在尚未奉行创新、创业制度的地方，被白白浪费掉。结果，美国国内的就业率便有下降的趋势。同一时期，美国将许多低端或利润低的制造业转移到墨西哥、中国、印度和越南等国家，在这些国家创造了许多廉价劳动力就业的机会。三是，与当地的劳动法和政府是否有钱有关。例如，日本、德国和美国在科技发展水平上难分伯仲，这三个国家拥有工业机器人的数量和质量在当今排在世界前列，但日本和德国两个国家的失业率是全球最低的，原因是日本和德国的劳动法与美国有较大差异，且这两个国家的政府欠债比美国政府要低得多。[①]（2）让人工智能机器人取代人的工作，是取代人容易做的工作，还是取代人不容易做的工作（主要包括极其艰辛类工作、极其危险类工作和高精尖类工作）？或者，出于不断提升工作效率、不断降低成本的双重目的，不管人类工作的类型，只要人工智能可以取代的工种，均让人工智能取代？到底要取代多少人的工作才合适？是不是越多越好？如何妥当安排那些失业的人？（3）2023 年 4 月 21 日，科幻作家刘慈欣通过视频连线参与了联合国中文日“科幻文学与可持续未来”线上交流会，在交流会上刘慈欣曾说，如果人类将大部分工作交给人工智能去做，并建立起一种新的分配制度，让大部分人不需要工作却能过上舒适的生活，在这种科技的安乐窝里，人类文明的活力和开拓精神在哪里？这是一件应警觉的事情。

另一方面，虽然人工智能对人类就业市场带来一定冲击，会抢夺人类工作岗位和工作机会，但同时也会产生“补偿效应”，[②]主要体现为：伴随人工智能发展而出现的新兴产业，以及既有产业的规模扩张和结构升级，为人类创造出新的

① 斯加鲁菲．智能的本能：人工智能与机器人领域的 64 个大问题 [M]. 任莉，张建宇，译．北京：人民邮电出版社，2017：74–79.

② 王颖，石郑．技术进步与就业：特征事实、作用机制与研究展望［J］. 上海经济研究，2021（6）：39–48.

工作机会。根据2022年版国家职业分类大典，随着产业数字化和数字产业化的持续发展，97个数字职业应时而生。根据人力资源和社会保障部发布的《新职业在线学习平台发展报告》，到2025年，新职业人才需求将超过3 000万，其中，人工智能人才需求大概为500万。这些新职业可在一定程度上补偿人工智能对人类就业的冲击。从长期角度来说，人工智能技术发展对人类就业的补偿效应或胜于其消极影响。① 因此，应辩证地看待人工智能对人类就业的影响，认清其消极影响的同时，把握其积极作用，抛弃对人工智能发展的恐惧和抵触心理。与其担忧其对人类就业的负面作用，不如以包容开放的心态面对各种冲击，思考如何放大和加速其正面效应，降低其负面效应。②

落实到具体行为上，政府、组织和公民应在辩证看待的基础上，进行适应性分析和调整，以实现顺势发展、乘势而上。正如麦肯锡报告所讲，人工智能的发展虽会取代部分人类工作，但这并不意味着大量失业，因为新的就业机会将被创造出来。因此，在个体层面，人们可积极关注如何提升自身认知能力和学习新技能，以及提升自身非认知能力，像是调整自身心态、提高工作兴趣和责任心，以提高与人工智能的协调互补程度，从而实现更充分更高质量的就业。③ 在社会层面，政府、组织和学校等需要解决好如下问题：第一，保持经济的强劲增长，以尽可能多地创造新就业机会。第二，优化职业培训制度，以求能有更多人学会适应市场需求的新工作技能。具体要做到精准定位职业培训对象、增强培训内容的适应性、创新职业培训方式。④ 第三，提高

① 王颖，石郑．技术进步与就业：特征事实、作用机制与研究展望［J］．上海经济研究，2021（6）：39-48.

② 钟声．新技术革命考验人类智慧的双手［EB/OL］．（2017-07-18）［2022-11-23］．http://theory.people.com.cn/GB/n1/2017/0718/c40531-29411325.html.

③ 胡晟明，王林辉，赵贺．人工智能应用、人机协作与劳动生产率［J］．中国人口科学，2021（5）：48-62，127.

④ 战东升．挑战与回应：人工智能时代劳动就业市场的法律规制［J］．法商研究，2021 38（1）：68-80.

商业社会和劳动力市场的活力。第四，为工人提供工作过渡援助和支持。[①]第五，变革人才培养目标，学校应培养机器难以替代的复合型高素质人才，注重能力素养和价值观的培养，同时创新人才培养内容，融合人文教育和科学教育等等。[②]如能做到这些方面，人们便能够实现与高速发展的人工智能技术的互利共存，[③]打破人类原有的生命体验和生存经验，融入智能新文化环境。[④]

另外，据“中国新闻网”2023年2月2日的报道：新修订的《国家以工代赈管理办法》将于2023年3月1日起施行。以工代赈是指政府投资建设基础设施工程，受赈济者参加工程建设获得劳务报酬，以此取代直接赈济的一项扶持政策。国家发改委介绍，以工代赈政策自1984年启动实施以来，中国已累计安排专项资金（含实物折资）1850余亿元人民币，在带动民众就业增收、激发内生动力、改善欠发达地区生产生活条件等方面发挥了独特而重要的作用。据了解，现行《国家以工代赈管理办法》自2014年颁布实施，考虑到眼下其部分内容已不能适应新形势、新任务、新要求，国家发改委对《国家以工代赈管理办法》相关内容进行了修订和完善。总的来看，此次修订进一步完善了以工代赈投资计划、专项资金和项目管理、监督检查等方面具体要求，是对新时代新征程以工代赈政策内涵、制度规范、工作流程和管理要求的提升完善。《国家以工代赈管理办法》中提到：“能用人工的尽量不用机械，能组织当地群众务工的尽量不用专业施工队伍。”国家发改委地区振兴司有关负责人表示，这是专门针对使用国家以工代赈专项资金实施的以工代赈项目提出的管理要求，旨在不影

① MANYIKA J, LUND S, CHUI M, et al. Jobs lost, jobs gained: what the future of work will mean for jobs, skills, and wages［R］. Washington: McKinsey global institute, 2017.

② 张绒．生成式人工智能技术对教育领域的影响：关于ChatGPT的专访［J］．电化教育研究，2023, 44（2）：5-14.

③ 卡斯特罗尼斯．AI战略：更好的人类体验与企业成功框架［M］．陈斌，译．北京：机械工业出版社，2020: 227-228.

④ 徐瑞萍，吴选红，刁生富．从冲突到和谐：智能新文化环境中人机关系的伦理重构［J］．自然辩证法通讯，2021，43（4）：16-26.

响工程质量安全的前提下，发挥以工代赈项目带动就业增收的作用，动员引导更多当地民众参与项目建设，尽可能多地为他们发放劳务报酬。这位负责人强调，对于采取以工代赈方式实施的重点工程项目和中小型农业农村基础设施项目，《国家以工代赈管理办法》并没有提出上述要求，这类项目首先还是要确保项目质量、进度和效率，在此基础上，充分挖掘主体工程建设及附属临建、工地服务保障、建后管护等方面用工潜力，尽可能多地组织当地民众务工就业并为他们发放劳务报酬。创新总是会毁灭旧的东西，那些在旧的东西上获得成功的人士和用惯了旧东西的人士一定不喜欢毁灭旧东西的创新。政府应该知道自己不该做什么和该做什么。例如，1865 年，当时英国正值内燃机发展初期，英国议会制定《道路机车法》，该法案规定：每一辆在道路上行驶的蒸汽汽车，时速不得超过 4 英里；经过城镇与村庄时，时速不得超过 2 英里；车辆至少由 3 人驾驶：1 人添煤，1 人开车，1 人在车辆前方 60 码（约 55 米）外，手持红色旗帜引导车辆前进。后人由此戏称该法案为“红旗法案”，英文是“Red flag traffic laws”。时至今日，对“红旗法案”有两种解读：一种观点认为，该法案旨在维护马车制造商和马车车夫的既得利益，阻挠汽车这一新生事物的发展；另一种观点认为，该法案的出台，是因为早期的蒸汽汽车犹如一只“行走的锅炉”，行走时烟尘滚滚，噪声巨大，经常让路上的马匹受到惊吓，在当时条件下有其合理性，只不过燃气汽车技术改进后，法案未与时俱进，直到 1896 年引发抵制，才最终被废除。[①] 不论是哪种解读，事实是：“红旗法案”直接导致当时的工业革命引领国英国失去了成为汽车大国的机会。“红旗法案”启迪后人：创新需要制度加以规范，但制度切不可成为创新的阻力。可行做法是：不妨让新技术、新事物“先飞一会儿”，边发展边观察边规范，让制度为创新护航，而不是通

① 刘庆传．读懂“红旗法案”［N］．新华日报，2017-09-12（01）．

过制度抵制、压制创新。① 如果有人片面理解“以工代赈‘能用人工的尽量不用机械’”，进而为了保就业和所谓的社会稳定，片面禁止人工智能的合理使用，是否会滋生“劣币驱逐良币”现象？

（三）及时修法和改进情感计算以减少或消除人工智能对制度文化造成的风险

一方面，面对人工智能发展对现有法律制度的冲击，可构建以算法为中心的智能社会法律秩序。② 以交通法为例，在自动驾驶即将进入人工驾驶市场的当下，以传统人车关系为基础、以人类驾驶行为为中心的传统交通侵权责任法难以继续适用，侵权责任应由驾驶者还是自动驾驶开发方承担难以明晰，现行责任规则亟待更新。③ 对于无人驾驶汽车而言，要想顺利开展责任认定程序，须先判定汽车在事故发生时是人工驾驶还是自动驾驶。这是其与传统责任认定规则最大不同所在。如果是人工驾驶，人类全盘控制汽车驾驶，可延用现行交通事故侵权责任规则进行责任认定；假若是处于自动驾驶模式，事故原因是人工智能系统缺陷，而非人类操作失误，应由系统制造商和开发者承担相应责任。④ 这正是由人工智能快速发展催生的法制更新调整。人工智能快速发展的当下，若是固执于旧法，会举步维艰。

另一方面，受限于现有人工智能发展水平，人工智能系统尚无法适用于情感需求较高的风俗领域。根源在于，当前的人工智能技术仅能基于大数据总结出人类情感反馈和表达的大致规律，模仿之后再机械应用于不同情境，它们本身不具有情感，难以实现类人的情感智能，故而大多无法取得理想结果。⑤ 为解

---

① 刘庆传．读懂“红旗法案”［N］．新华日报，2017-09-12（01）．

② 郑智航．人工智能算法的伦理危机与法律规制［J］．法律科学（西北政法大学学报），2021，39（1）：14-26．

③ 郑志峰．自动驾驶汽车的交通事故侵权责任［J］．法学，2018（4）：16-29．

④ 同③．

⑤ 刘悦笛．人工智能、情感机器与“情智悖论”［J］．探索与争鸣，2019（6）：76-88，158．

决这一问题，研究者纷纷投身于情感计算研究，试图赋予人工智能机器以感知、识别、理解人类情感，及拟人化情感表达的能力。具体而言，计算机科学领域专家致力于在计算机系统中实现情感识别、理解和反馈的数字化；①心理学专家专注于解构人类情感的内涵、结构、类型和相关要素，建构情感理论，以求为高情感人工智能开发提供理论基础；认知神经科学专家侧重于研究人类情感加工的脑机制，为情感计算模型开发提供研究策略指导；②社会学、经济学、管理学和教育学等社会科学领域专家关注如何在各自专长领域实现这些人工智能技术的最优化应用。各领域专家在情感计算研究上的协同努力，使得人工智能的拟人程度和情感智能程度有所提高。情感计算研究发展至今，现有成果离预期目标虽尚有较大距离，也算是小有成效。未来如能坚定此方向，并在构建高质量的数据集、创新多模态融合技术、开发少或无样本学习或无监督学习等关键方面实现突破，高情感人工智能或可提早实现。

（四）减少或消除人工智能对心理文化造成风险的对策

因“人工智能技术有可能存在社会文化偏见”放在“人工智能及其研究中存在的道德风险及种类”里探讨，相应地，“减少或消除人工智能的社会文化偏见的对策”也放在“人工智能与道德”一章予以探讨，本小节只讨论余下的两个。

1. 为人工智能适当添加文化元素，使其变成文化绿洲

一方面，提供高质、可靠的文化领域相关的训练数据。充分挖掘已建和在建文化数据库中各类有价值的信息，依据成熟人文理念或实践目的对这些信息进行整合梳理，以形成完整全面的文化数据资源体系。③接着，将这些整合

① 姚鸿勋，邓伟洪，刘洪海，等．情感计算与理解研究发展概述［J］. 中国图象图形学报，2022，27（6）：2008–2035.

② 薄洪健．基于听觉脑认知规律的情感计算方法研究［D］．哈尔滨：哈尔滨工业大学，2019.

③ 王洁．大数据思维与数字人文的加值应用：传统文化数据库发展的新趋势［J］．图书馆理论与实践，2018，223（5）：104–108.

后的文化数据视作训练语料，用于训练机器学习模型，以提高人工智能程序的文化底蕴。另一方面，改进文化相关的人机交互形式，由此提高人工智能产物的文化形象和文化评价。可基于人工智能生成内容（artificial intelligence generated content, AIGC）技术，积极开发改进文化领域的智能检索、问答、推荐系统，增进用户检索文化信息的效率，提高用户文化领域相关的交互体验，并提高用户对人工智能产物的文化水平的评价。同时，还可将本文化特有的文化元素和语言符号纳入训练数据库，使人机交互过程更具文化特色。如，在设计对话机器人时，根据受众的不同文化背景配置不同的对话训练数据库，即尽量将文化中的流行语言、古诗词、名人名言、网络用语等编入聊天程序中，凸显人工智能程序的文化特色，提高用户对其的文化评价。

2. 用多元文化汇聚观消除人工智能中潜藏的文化中心主义

历史学家凯利（Kelley）和普拉萨德（Prashad）创造了多元文化会聚主义（polyculturalism）一词，指出人类的不同文化是互相联系和交互影响的，人类文化永远处在一种变化和发展的过程之中。正如凯利所说："我们所有人，我的意思是'所有人'（All of us），尽管我们不能在血缘关系上精确地判断我们与这些大洲的关系，但我们都是欧洲、非洲、美洲传统甚至亚洲传统的继承者。"[①]出现在建筑、烹饪、舞蹈、语言、武术、音乐及科学等领域的数量丰富的例子支持多元文化会聚主义观点，只是人们没有给予应有的理解和自觉，而是在文化竞争中夸大了本土文化的贡献和特色。反省那些文明昌盛、影响广泛的文化类型可以发现，它们的兴盛大都是不同优秀文化融合、会聚的结果。在多元文化会聚主义视角下，一个社会内部的文化不是一元性的、一致的，而是多元的、混融的。[②]

① 储节旺，杜秀秀，李佳轩. 人工智能生成内容对智慧图书馆服务的冲击及应用展望[J]. 情报理论与实践，2023（5）：1-10.

② MORRIS M W, CHIU C Y, LIU Z. Polycultural psychology [J]. Annual review of psychology, 2015, 66: 631-659.

多元文化会聚主义突出全球化背景下个体与多元文化的互动性。一方面，个体在全球化历程中被外在多元文化符号体系及其表示的生活价值和生活方式所影响和限制；另一方面，在个体与文化的关系上，个体具有主动探索和选择的权利，外在文化符号和对应的生活形式提供了个体实现自身生活目标的多种资源。

从多元文化会聚视角来看，人类的智慧也具有多元文化会聚的性质。[①]相应地，在人工智能领域，宜用文化多元文化汇聚观消除人工智能中潜藏的文化中心主义。在全球化时代，个体总是生活在多元文化的背景中，个体若能持多元文化会聚主义视角，采纳多种文化智慧的精义，充分利用人类数千年来积累的智慧，进而融会贯通，就能加深对人类当下处境的理解，更智慧地解决人类当下所遇到的环境破坏、能源短缺、族群冲突、沉迷物质主义等危机，更智慧地对待生活中的多元价值观、容忍各种不确定性，做到“和而不同”[②]。

① LI K, WANG F Y, WANG Z D, ea al. A polycultural theory of wisdom based on Habermas' s worldview［J］. Culture & psychology, 2020, 26（2）：253−273.

② WANG Z D, WANG Y M, LI K, et al. The comparison of the wisdom view in Chinese and west cultures［J］. Current psychology, 2022（41）：8032－8043.

第六章 人工智能与道德

除诺伯特·维纳外，最初大多数人工智能专家将精力主要用于如何快速提升机器的智能水平上，不太关心人工智能的安全或伦理道德问题，因为那时他们心中理想的智能机器是一位好棋手或定理证明者，并且，那时机器的智能水平不高，像人工智障，让绝大多数人感觉不到威胁。最初的人工智能专家没有想到几十年后人工智能会发展得如此之快：不但越来越小巧，越来越价格低廉，而且越来越智能。[①]随着人工智能的高速发展，人工智能除了在文化上给人类带来机遇与挑战，在伦理道德上也给人类带来机遇与挑战。让人工智能促进人类美德的生成，避免人工智能中存在的伦理道德风险，同样既需要进一步完善人工技能的技术，更需要在道德层面对其进行系统反思，并提出妥善的解决方案。

第一节　关于道德的三个问题

要想在学理上讲清人工智能与道德的关系，先要简要探讨道德与道德行为的内涵、评判善恶的标准以及道德的绝对主义和相对主义等问题，至于德目（道德或品德条目）的筛选以及动机上的善（善良动机）、效果上的善（具有利他或既利他又利己的效果）与手段上的善的关系，这在下文“人工智能与人工智慧”一章有论述，此节不赘述。

一、道德、道德行为的内涵

在借鉴鲁洁对“道德与道德行为”的界定[②]和第七版《辞海》对“道德”“道德行为”和“善与恶”界定的基础上，本节对道德、道德行为与不道德行为重新界定。

① 斯加鲁菲．智能的本质：人工智能与机器人领域的 64 个大问题［M］．任莉，张建宇，译．北京：人民邮电出版社，2017：179.

② 汪凤炎，郑红．智慧心理学的理论探索与应用研究（增订版）［M］．上海：上海教育出版社，2023：302-305.

（一）对道德的新界定

道德有广义与狭义之分。

广义道德指一套依靠社会舆论、习俗制定与传承，并为传承此种社会舆论、习俗的人群所普遍认可的行为应当如何规范，[①] 用以表征和传承某种或某套价值观，约束人的心理与行为，调节人与人之间以及人与其他万物之间的利益分配。包括道德意识、道德规范和道德实践。在西方，英文“morality”（道德）也是一个中性词，它源于拉丁文“moralis”，后者意谓“风俗、习惯、品性等”。[②] 从“morality”本源于“moralis”的事实看，“morality”之内本就有“习俗”或“道德习俗”的含义，只是后来人们才将“morality”与“moralis”分作二词使用，此时“moralis”的含义有三：（1）指群体或社会体现道德观的风俗与习惯，（2）道德观念，（3）风俗与习惯。[③] 中文“道德”一词始见于《荀子·心术上》：“故学至乎礼而止矣，夫是谓道德之极。”其中的“礼”实际是一套流行于当时（即先秦时期）的习俗。正如《管子·心术上》所说：“礼者，因人之情，缘义之理，而为之节文者也。故礼者，谓有理也。理也者，明分以谕义之意也。故礼出乎理，理出乎义，义因乎宜者也。”据《朱子语类》卷四十二记载，朱熹也说：“所以礼谓之‘天理之节文’者，盖天下皆有当然之理。今复礼，便是天理。但此理无形无影，故作此礼文，画出一个天理与人看，教有规矩可以凭据，故谓之‘天理之节文’。”这是说，为了维护良好的社会秩序，以便达到和谐共存，人在与万物（其内自然也包含“人”，尤其是“他人”）相处时必须遵循一定的规矩，以便规范和约束自己的心理与行为。其中，抽象的规矩就是天理，将天理具体化，就是礼。所以，天理和礼的关系实是一里一表的关系，二者本息息相通。正因为如此，早在《左传·昭公二十五年》里就声称：“夫礼，天之经也，地之义也，民之

① 王海明．道德哲学原理十五讲［M］．北京：北京大学出版社，2008：2.
② 陈至立．辞海（第七版彩图本）［M］．上海：上海辞书出版社，2020：776.
③ 陆谷孙．英汉大词典（第 2 版）［M］．上海：上海译文出版社，2007：1257.

行也。”将礼的存在以及人们依礼而行视作天经地义的事情。人们一旦能正确做到以礼待人，不但能正确做到以人情待人，而且实是在以德待人。可见，中英文的道德都有广义道德的含义。此种广义的道德正如休谟所说，无非是人们通过约定俗成的方式所制定的一套契约，因而具有主观任意性，具有优良与恶劣或正确与错误之分：符合下文所讲狭义道德定义的道德习俗，就是优良或正确的道德习俗；反之，就是恶劣或错误的道德习俗。例如，在中国古代曾有“女子无才便是德”与“三纲”等道德习俗或规范，用今天的眼光看就是一种错误的道德习俗或规范。世界其他地方也曾流行诸如此类的错误道德习俗或规范，[①]以致达尔文曾感叹道：“极为离奇怪诞的风俗和迷信，尽管与人类的真正福利与幸福完全背道而驰，却变得比什么都强大有力地通行于全世界。”[②]正由于广义道德是一个中性词，所以，为了避免歧义，在具体运用时，若无法从前后文中清晰推导出其准确含义，常在其前加一些修饰语，如明德、敏德、暴德、凶德，等等。例如，《孝经·圣治章》有“凶德”一词，“凶德”指逆德、逆礼。孔传：昏乱无法为“凶德”。《尚书·周书·召诰》：“王其德之用，祈天永年。”联系上下文看，这句话里的德就只能是“明德”，而不是“暴德”或“凶德”。[③]

与广义道德相对的是狭义道德。何谓狭义道德？在一切依靠社会舆论、习俗制定与传承，且用来调节人与人之间以及人与其他万物之间利益分配的规范中，凡是有益于绝大多数人（包括自己与他人），仁爱、自由、平等、公正与法治的社会和自然界健康生存与可持续性发展的规范，都是道德或道德的；反之，就是不道德或不道德的。比较可知：从大小角度看，广义道德包含狭义道德；从善恶角度看，广义道德无善恶之分，狭义道德均是善的。

① 王海明．道德哲学原理十五讲［M］．北京：北京大学出版社，2008：2.

② DARWIN C. The descent of man, and selection in relation to sex［M］. London: John Murray, Albemarle Street, 1871:186.

③ 王德培．《书》传求是札记（上）［J］．天津师范大学学报，1983（4）：71–72.

（二）对道德行为的新界定

道德有广义与狭义之分，与此相一致，道德行为自然也有广义与狭义之分。

广义“道德行为”与“非道德行为”相对。2019年版《辞海》所界定的道德行为就属广义的道德行为：道德行为，与“非道德行为”相对。人们在一定的道德意识支配下表现出来的能够进行道德评价的行为，是行为主体自由选择的结果，应负道德责任。有关于他人或社会利益的行为，是道德行为；不涉及他人和社会的利益，没有道德意义的行为，或不是在道德意识支配下的行为，称为非道德行为。①

狭义的道德行为指有道德的行为，它指个体或团体在一定的道德（狭义）意识的指引下，主动或被动地从有益于绝大多数人、仁爱且正义的社会和自然界健康生存与可持续性发展的动机出发，做出的从长远的眼光看其行为结果的确有益于绝大多数人、仁爱且正义的社会和自然界的健康生存与可持续性发展的行为。与此相反，凡是动机或结果有损于绝大多数人、仁爱且正义的社会和自然界健康生存与可持续性发展的行为，就是不道德行为。

道德与道德行为虽有广义与狭义之分，但本书在多数情况下所用道德与道德行为均是指狭义的，只是出于行文简洁，才将“狭义的”三字省略了。

二、道德是绝对的还是相对的

对于道德到底是相对的还是绝对的，中外学术界至今存在争议，因为这两种观点针锋相对，各有利弊。

（一）道德绝对主义的简要述评

道德绝对主义的核心观点是：彻底否认道德的相对性，主张所有道德都是绝对的，放之四海而皆准的；换言之，存在判断伦理道德问题的绝对标准，其正确性不受时代、社会与个人的影响。因此，一旦遇到事关道德的论争，道德

① 陈至立．辞海（第七版彩图本）[M]．上海：上海辞书出版社，2019：778.

绝对主义者确信能够根据某些永恒的道德标准找到问题解决的方案或方法。[①] 道德绝对主义者对道德绝对性的来源有不同解释。[②] 在中国，多从“天人合一”角度出发，相信“天”是自然界的最高主宰，天是永恒不变的，因而按天意建立的社会伦理道德之“道”也是永恒不变的。正如《汉书·董仲舒传》所说：“道之大原出于天，天不变，道亦不变。”

道德绝对主义的优点主要有二：一是能维护道德的权威性及道德标准的统一性，二是使道德规范对人的心理与行为具有巨大的约束力。道德绝对主义的缺点至少有三：（1）学理上说不通，且易出现文化沙文主义。依建构主义的知识观，世上的知识都是人建构出来的，知识只是一种解释、一种假设，不是问题的最终答案，不是对现实的准确表征。科学知识中虽包含真理性，但不是绝对正确的答案，它会因时而异，因人而异，所以，知识具有相对性、主观性、参与性、过程性等特点，这就是知识相对论。从这个角度说，世上本无普遍的、绝对的真理，也无永恒且永远正确的道德标准。道德绝对主义坚信真理的客观性和道德绝对主义，彻底否认人的认识的主观性和道德的相对性，但其所确定的不容置疑的标准实际上常常是某种特定的文化（如一种宗教、一种哲学或一种政治意识形态）的产物。若某种文化被视为具有根本性，易出现单一文化主义（monoculturalism）、排斥双元文化主义（biculturalism）和多元文化主义（multiculturalism），进而将强势文化（当前主要是欧美文化）视作是具有文化普适性的文化，将强势文化所倡导的道德置于绝对优势地位，完全相信文化普适主义（cultural universalism），看不到文化的相对性，不能认同其他类型文化存在的合理性，易导致出现文化沙文主义：强势文化所倡导的道德处于绝对优势地位，弱势文化所倡导的道德若与它矛盾，则无生存和发展的空间，结果，

① 易而斯，龚刚．绝对主义·相对主义·多元主义：论文化多元社会中的阅读活动［J］．文艺理论研究，1996（2）：92-97．

② 陈至立．辞海（第七版彩图本）［M］．上海：上海辞书出版社，2020：777．

扼杀了多元道德观产生的可能性。[①]（2）道德的合法性不容置疑，导致某些吃人道德长期存在。（3）当两个或两个以上各自宣称自己所倡导的价值观或道德观绝对正确且不容置疑的文化发生碰撞时，极易产生三种不良后果：要么坚持道义和真理在己方，进而与一切“异端”为敌，对他们极其冷漠，甚至为此不惜发起战争；要么陷入不知所措的迷茫，导致价值观混乱，甚至出现分裂人格；要么放弃自己曾长期信守的道德观，转而改信另一种道德观，导致自己成为一个“无根”的人。

（二）道德相对主义的简要述评

道德相对主义的核心观点是：否认道德的绝对性，不相信有所谓永恒的道德标准，主张要根据事情发生的文化背景和个体自身的因素来判断事情的善与恶，凡是吻合个体所处社会的文化背景且是出于个体自愿的选择，它就是善的，反之就是恶的。所以，道德只具有相对性，不具有绝对性。一旦遇到事关道德的争论，道德相对主义者往往各持己见，谁也说服不了谁，谁也无权让对方放弃自己的价值观。道德相对主义的优点主要有三：第一，为各种道德观的生存留下了生存空间，有利于促进多元道德观的产生；第二，多元道德观的存在可以满足不同人的不同需要；第三，可以减少“吃人道德”存在的可能性。不过，相对主义道德观也有两个缺点：一是，导致道德的权威性下降，致使道德对人心理与行为的约束力下降；二是，多元道德观的存在导致道德标准多样，让一些人无法做出正确选择。

（三）道德既有一定的文化共性，也有一定的文化差异性

任何一个国家或地区在某一特定历史时期存在的伦理道德规范（moral conventions）往往既具有一定的文化差异性也有一定的文化共性，这意味着，

① 易而斯，龚刚．绝对主义·相对主义·多元主义：论文化多元社会中的阅读活动［J］．文艺理论研究，1996（2）：92-97.

流行于某个国家或地区的道德规范中，有些道德是绝对的，也有些道德是相对的。那么，如何筛选呢？具体做法有以下两种：

一是，从实然的角度出发，提取最大公约数。即通过分析多个国家的德育教材（显性的和隐性的）、著作、文件与报纸等中有关道德的记载等，从中抽出各类道德观，然后提取出最大公约数，归入最大公约数之内的道德就是绝对道德；余下的不能归入最大公约数的道德则是相对道德（如孝道就主要是中国人推崇的道德，至多是儒家文化圈推崇的道德）。这种做法的优点是易操作；缺点是在获取绝对道德时可能有重要遗漏，因为任何一个人对他国的道德文化都不可能有十分准确、全面的把握。

二是，从应然的角度出发，重新建构。即通过深入分析与论证，重新建构出绝对道德与相对道德的思想体系。这种做法的优点是易建构得非常圆满；缺点是不易操作，且易脱离实际。

不过，即便找到绝对道德和相对道德，也不能判断其本身是善还是恶，因为人们往往很难仅从道德规范或道德品质本身去判断其是善还是恶，而必须结合道德规范或道德品质指向的对象及其所处的社会文化历史环境才能判断（就个体而言，还必须结合其身心发展水平判断其言行的善与恶）。例如，就前者而言，你不能抽象地说“忠诚”（无论将其视作道德规范还是视作道德品质）是善的，而“背叛”是恶的，而必须结合“忠诚”或“背叛”的对象来定其善恶：忠于祖国、忠于人民自然是善的，忠于像纳粹德国那样邪恶的政权、忠于像希特勒那样的元首，自然是恶的。与此类似，背叛祖国、背叛人民自然是恶的，背叛像纳粹德国那样邪恶的政权、背叛像希特勒那样的元首，自然是善的。不能抽象地说尽孝是善的，不尽孝是恶的，而只能说：如果个体生活在像中国这样将孝视作美德的国家中，那他尽孝就是善的，他不尽孝就是恶的；若个体生活在像美国那样将“自由”视作美德却未将“孝”视作美德的国家中，就不能将“是否尽孝”作为衡量个体道德水准高低的一个标准。

所以，既不能笼统地说绝对道德是善的而相对道德是恶的，也不能笼统地说绝对道德是恶的而相对道德是善的。而智慧，尤其是大智慧，一定是合乎普适性的伦理道德规范要求的。这样，衡量一颗心是否是善良之心，其标准在通常情况下虽然一般是一定社会的主流价值观（具体到一个国家或地区，往往是该国或该地区官方所认可的价值观）所认可的伦理道德规范。不过，借鉴古今中外人类发展史的经验与教训看，在某些特殊情况下（例如在纳粹德国时期，当时纳粹德国官方所认可的伦理道德规范其实完全是不道德的），判断某种道德规范本身是否合乎人类道德，或者衡量某颗心到底是否是一颗真正的良心，必须跳出个体所处的特定社会环境的主流价值观所认可的伦理道德规范的狭隘视域，而从是否有益于绝大多数人、仁爱且正义的社会和自然界健康生存与可持续性发展的角度进行判断。因为从人类历史的角度进行考察就会发现这样一个事实：人类之所以将某种东西作为自己的德性，本是试图通过它们而使自己变得更加优秀，从而使自己更好地适应环境、更好地生存发展。[①] 因此，在任何时代任何社会，“危害人类罪”和“种族屠杀罪”都是不可原谅、不可宽恕的，任何个人、任何组织一旦犯下这两类罪行，迟早必将得到应有的惩罚。从这个意义上讲，笔者认同2019年版《辞海》对善与恶的界定。

三、评判善恶的标准

（一）四个最基本的伦理道德原则

道德既有一定的文化共性，也有一定的文化差异性，那么如何评判道德的善恶呢？这就涉及评判善恶的标准。根据柯尔伯格的见解：“道德原则（moral principle）与规则（rule）二者之间截然不同。道德原则包含两方面的意义：一

① 汪凤炎．中国传统德育心理学思想及其现代意义（修订版）［M］．上海：上海教育出版社，2007：89-91.

方面，它不是指‘你应该’或‘你不应该’做某种行为，而是指个体在两种规则相冲突时看待问题的方式，它是一种道德选择的方法；另一方面，它是规则背后的东西，是法律背后的精神，而不是规则本身，它是产生规则的态度或观念，它比规则更一般、更普遍。”[①]为了增加可操作性，可以将判定某种人为的东西是否属于善的标准具体化为如下四个最基本的伦理道德原则，并且这四个最基本的伦理道德原则都是有益于绝大多数人（包括自己与他人）、仁爱且正义社会或自然界健康生存与可持续性发展的东西，因而都是善的。

1. 仁爱原则

虽然在中国传统文化里，“仁爱”是一种人与人之间相互亲爱的原则，孔子言“仁”，其含义极广，大致以“爱人”为核心要义，包括恭、宽、信、敏、惠、智、勇、忠、恕、孝、悌等内容；并以“己所不欲，勿施于人”和“己欲立而立人，己欲达而达人”为实行的方法。[②]不过，这里讲的“仁爱原则”（principle of benevolence）是妥善借鉴儒家“仁爱”思想、道家“慈爱”思想、墨家“兼爱”思想、佛教“慈悲”文化、基督教和伊斯兰教中的“博爱”思想等的结果，其要义是：使人类获得最大的相互关爱和最小的相互仇恨的原则。从仁爱原则的角度看，任何挑拨和煽动仇恨的言行或学说，均是不道德的。

2. 公正原则

妥善借鉴罗尔斯（John B. Rawls）对公正的见解，[③]再结合笔者的思考，可将公正作两种界定：仅从冷冰冰的纯粹理性（无涉善情）角度出发，主张一个人或组织在成本或付出与所得之间完全取得平衡。此种公正为低水平的公正，

---

① KOHLBERG L. The psychology of moral development［M］.San Francisco: Harper & Row, Publishers, 1984: 526.

② 陈至立．辞海（第七版彩图本）［M］．上海：上海辞书出版社，2020：3632.

③ 罗尔斯．正义论 [M]. 何怀宏，何包钢，廖申白，译．北京：中国社会科学出版社，1988.

它遵循等利交换或等害交换原则或罗尔斯所说的公民自由平等的原则。稍加比较可知，低水平的公正即公平。若从融会善情与理性两种角度出发，妥善处理一个人或组织在成本或付出与所得之间的关系，进而主张公正是指个体或组织基于关爱他人或其他组织并充分考虑不同人或不同组织的个别差异的前提下，灵活制定或运用原则和标准对待人和事，以便对他人或组织的正当权益进行合理分配并予以充分保障，用以保证他人或其他组织能更好地生存与发展。此种公正为高水平的公正。它才是真正的公正，遵循的主要是罗尔斯所说的差别原则，而且其内已蕴含爱的原则。读者若想对公正原则有更深入、更系统的论述，请参阅《智慧心理学的理论探索与应用研究（增订版）》[①]，这里不赘述。

3.“人是目的”原则

“人是目的”原则也叫康德的公正原则（Kant’s principle of justice），它是指一种尊重人的人格或尊严的原则，它把每个人视作自己的目的而不是自己的手段，[②]即“你的行动，要把你自己人身中的人性，和其他人身中的人性，在任何时候都同样看作是目的，永远不能只看作是手段”[③]。从康德的“人是目的”原则角度看，只将人视作手段而不是目的的言行或学说，均是不道德的。当然，“人是目的”的原则也不意味着完全不能把人当作手段，而是“不能只看作手段”。[④]

4. 功利原则

“功利原则”（principle of utility），也叫“最大功利原则”“效果论原则”“功利主义”（utilitarianism），主要是指英国哲学家约翰·斯图亚特·密尔（John Stuart Mill）的功利原则，其要义是：使人类获得最大的幸福或福利和最小的痛

① 汪凤炎，郑红. 智慧心理学的理论探索与应用研究（增订版）[M]. 上海：上海教育出版社，2023：568-586.

② KOHLBERG L. The psychology of moral development［M］. San Francisco：Harper & Row, Publishers, 1984: 526.

③ 康德. 道德形而上学原理［M］. 苗力田，译. 上海：上海人民出版社，1986：81.

④ 同③ 81，86.

苦的原则。[①②]换言之，就是要为大众，尤其是为全人类谋福祉。[③]因此，作为“功利原则”的“功利”是指“绝大多数人的公共利益”，而不是指“个人私利”或“某个小集团的私利”。从功利原则看，一个人若只将其聪明才智用于为自己个人或自己所属的小集团谋福祉，为此而不惜牺牲他人甚至绝大多数人的福祉，那么，此人就不但没有善心，而且也没有智慧。如张伯伦在任英国首相期间执行纵容德、意法西斯侵略的绥靖政策，使自己沦落为一个“只顾小利，牺牲大义”、十足的愚蠢之人。

（二）在运用四个伦理道德原则时要做到守经与权变相结合

现实生活中道德情境和道德抉择非常复杂。例如，面对菲莉帕·福特（Philippa Foot）于 1967 年首次提出的“电车难题”（The trolley problem）及由此衍生出的多种版本，该如何处理才算是道德的？

“电车难题”：假设你是一辆已失控的有轨电车的司机，只能让失控电车从一条狭窄的轨道转向另一条轨道；5 个人在一条轨道上工作，1 个人在另一条轨道工作；一旦失控电车进入两条轨道中的任何一条轨道，在该轨道上工作的人都会被失控电车撞死。请问：你是否会让失控电车转向只有 1 个人工作的轨道，以便舍 1 人而救 5 人？[④]

“电车难题之改进版”（指在文字表述上比原版有改进）：爱德华（Edward）是一名有轨电车的司机。他驾驶的电车的刹车刚刚失灵。在电车前面的轨道上有 5 个人，轨道两边如此陡峭，以至于如果电车

① 穆勒．功用主义［M］．唐钺，译．上海：商务印书馆，1957.

② KOHLBERG L. The psychology of moral development［M］. San Francisco：Harper & Row, Publishers, 1984: 526.

③ STERNBERG R J. A balance theory of wisdom［J］. Review of general psychology, 1998, 2（4）: 347-365.

④ FOOT P, Virtues and vices and other essays in moral philosophy［M］.California：University of California Press，1971：19-23.

开过来，这5人是无法及时避开电车的，一定会被电车全部撞死。恰巧轨道右边有一条支线，爱德华可以将电车开入这条支线。不幸的是，这条支线上也有1个人。如果爱德华将电车开入右边这条支线，将撞死1个人；假若爱德华不将电车开入右边这条支线，而是按原路线继续往前开，电车将撞死5个人。请问：您认为爱德华该怎么做？为什么？[①]

“电车难题·乘客难题”：弗兰克是电车上的一名乘客，电车司机刚刚大喊电车刹车失灵后，就触电身亡了。在电车前面的轨道上有5个人，轨道两边如此陡峭，以至于如果电车开过来，这5人是无法及时避开电车的，一定会被电车全部撞死。恰巧轨道右边有一条支线，弗兰克可以将电车开入这条支线。不幸的是，这条支线上也有1个人。如果弗兰克将电车开入右边这条支线，将撞死1个人；假若弗兰克不将电车开入右边这条支线，而是按原路线继续往前开，电车将撞死5个人。请问：您认为弗兰克该怎么做？为什么？[②]

“电车难题·能否在未征求胖子意愿就推胖子下去”：当乔治走在架在有轨电车轨道上的人行天桥上时，看到一辆失控电车正朝这边开来，电车前方有5个人，轨道两边如此陡峭，以至于如果电车开过来，这5人是无法及时避开电车的，一定会被电车全部撞死。乔治清楚地知道，此刻唯一能救这5人的方法是将身旁的1位胖子推下去落在轨道上，胖子的重量刚好能挡住电车，这样，虽然牺牲了这位胖子的生命，却能让这5人活下来。请问：乔治是该将胖子推下去以便救这5个人，还是

① THOMSON J J. Killing, letting die, and the trolley problem [J]. The monist, 1976, 59 (2): 204-217.
② 同①.

不推，让失控电车撞死这5人？为什么？[①]

从功利主义角度看，个体在遇到诸如“电车难题”的初版和改进版以及“电车难题·乘客难题”时，用功利主义能妥善解决，那就是舍1人而救5人是最佳原则，因为它吻合功利主义原则。但是，当遇到“电车难题·能否在未征求胖子意愿就推胖子下去”和美国大片《拯救大兵瑞恩》（*Saving Private Ryan*）之类的难题时，却无法用功利主义原则来妥善解决，因为在前一个难题中，假若功利主义主张在此情境中应推胖子下桥，就坐实了批评者说它可以为了多数人的最大利益而随意牺牲少数人的利益和为达目的不择手段的“罪名”，[②]在后一个难题中，牺牲多个美国大兵去救1个美国大兵，显然违背了功利主义原则。

义务论（deontology，也译作“道义论”），西方伦理学中的一种学说。主张绝对按照某种正当性去行动或履行某种既定的道德原则，而不管行为的目的和效果如何；将是否为了履行义务作为善恶评价的唯一标准。主要代表人物是德国的康德和英国的罗斯（William David Ross）。康德认为，人按道德律令去行动，完全出于一种义务的需要，而不是为了追求某种目的和实际的效果。罗斯持义务论的直觉主义观点，认为善就在于完成义务。中国古代儒家伦理道德思想主张“义以为上”“义以为质”，也具有义务论的特点。[③]从义务论角度看，根据康德义务论的“人是目的”原则，无论是让电车改道的舍1救5，还是将胖子推下桥的舍1救5，都属于将人只当作手段而未当作目的，均不道德，此时只有“不作为”才是正确的。[④]若选择“不作为”，这种“不作为”虽吻合了义务论的原则，但它眼睁睁地看着5个人死去，其背后其实仍是信奉“杀人比

① THOMSON J J. Killing, letting die, and the trolley problem［J］. The monist, 1976, 59（2）: 204−217.

② 韩东屏.“电车难题”怎么解［J］. 道德与文明，2022（4）:53−62.

③ 陈至立. 辞海（第七版彩图本）［M］. 上海：上海辞书出版社，2020：5222.

④ 卡思卡特. 电车难题：该不该把胖子推下桥［M］. 朱沉之，译，北京：北京大学出版社，2014：36−37.

听天由命更糟糕”（Killing is worse than letting die.）[①]，难道真的就比功利主义“舍1救5”更道德吗？我想回答是否定的。从这个意义上说，如果一个人完全信奉义务论，极易生出极端的道德冷漠，从而彻底消解自己的仁爱之心，将为了坚持自己的义务论信念而变得残酷无情。并且，救5人怎么不能视作是以人为目的？“救人”也合乎康德自己推论出来的“应帮助有难者”的道德律令。同时，如上文所论，康德“人是目的”的原则也不意味着完全不能把人当作手段，而是“不能只看作手段”。但康德也未说究竟在什么情况下才能把人当作手段，更未说这时的道理是什么。因此，义务论的所谓一致性回答并不成立。进一步说，康德义务论的“最高道德原则”是要无条件地出于可普遍化的道德准则而行事。[②]这个原则似乎是普遍有效的，但在两个具有普遍性的道德准则都同时适用于某事却又相互冲突的特殊情境中，如当“要帮助有难者”和“要说实话”不可兼顾时，仅有这个原则就不好用了，康德的义务论确实没有处理这种情况的内容。[③]

自由主义其实就是将个人价值置于首要地位的个人主义。自由主义对电车难题和胖子难题给出的解答与义务论的一样，也是“不作为”，只是理由不同。在自由主义者看来，没有经过被舍弃者的同意，违背了个人“自愿原则”，侵犯了个人的自由权利，当然是不道德的。[④]若选择“不作为”，这种“不作为”虽吻合了自由主义的原则，但眼睁睁地看着5个人死去，其背后其实仍是信奉“杀人比听天由命更糟糕”[⑤]，难道真的就比功利主义“舍1救5”更道德吗？

① THOMSON J J. Killing, letting die, and the trolley problem［J］. The monist, 1976, 59（2）:204–217.

② 康德．道德形而上学原理［M］．苗力田，译．上海：上海人民出版社，1986：51–120.

③ 韩东屏．“电车难题”怎么解［J］．道德与文明，2022（4）:53–62.

④ 卡思卡特．电车难题：该不该把胖子推下桥［M］．朱沉之，译．北京：北京大学出版社，2014：39.

⑤ 同①．

答案应该是否定的。从这个意义上说，如果一个人完全信奉自由主义，同样极易生出极端的道德冷漠，从而彻底消解自己的仁爱之心，将为了坚持自己的自由主义信念而变得残酷无情。有人认为，如果个人的“同意”或“自愿”等自由权利是重要的，那么，个人本身就肯定比这些更为重要。如是，电车难题中的选择者为什么就不能为了挽救 5 人的生命而牺牲 1 人的生命及其自由权利？如果这样做了，不也正是自由主义重视个人权利和个人价值的体现吗？只不过这种将 5 人生命优先于 1 人生命的选择，还是属于功利主义的做法。重视个人权利的自由主义，不会否认个人所拥有的各种权利有大小轻重之分，且一定会在不可得兼时择大弃小、择重弃轻。由此可知，自由主义内含功利主义成分，并不完全排斥功利主义。① 这个观点中，认为“自由主义内含功利主义成分，并不完全排斥功利主义”有一定见地，但“如果个人的‘同意’或‘自愿’等自由权利是重要的，那么，个人本身就肯定比这些更为重要”并不成立，君不见有“不自由，勿宁死”②“生命诚可贵，爱情价更高，若为自由故，二者皆可抛”③之类的说法吗？

德性伦理学旨在回答“应该做一个什么样的人”的问题，并认为这比回答“应该怎么做”的问题更重要，进而自认为高于只研究行为规范的德行伦理学，即功利主义和义务论。德性伦理学反对为人提供一切行为道德规范，可仁慈、公正、勇敢、诚实等美德都非常抽象，无法为人们的实践提供具体指导，更无法应对情况复杂的道德困境；并且，德性伦理学没有关于各美德之间是否存在高低等级之别的理论，一旦遇到类似于“仁慈”与“公正”的美德不能兼顾时，它没有任何预案。结果，面对“电车难题”及其变式，德性伦理学

① 韩东屏．“电车难题”怎么解［J］．道德与文明，2022（4）:53-62.

② 源于美国人帕特里克·亨利 1775 年 3 月 23 日于殖民地弗吉尼亚州议会演讲中的最后一句：“Give me liberty or give me death.”。

③ 源自殷夫翻译的匈牙利诗人裴多菲·山陀尔的诗作《自由与爱情》。

无法给予合理解释。①

“双效”是指对一件事情作出决定、采取行动后，其行为产生的效应具有“双面性”。托马斯·阿奎那（Tommaso d’Aquino,）主张“双效原则”：在某些特定的条件下，为达成善的目的而同时造成恶的结果是可以被允许的，但这种行为的实施要合乎四个原则：其一，该行为本身在道德上必须是善的，或至少是中性的；其二，该行为的实施者不能主观希望恶果的发生，但可以允许其发生；其三，善的结果必须是行为直接造成的，而非通过恶果间接造成的；其四，善果之善必须足以弥补恶果之恶。如果第三条原则——规定不能用恶的手段取得好的结果——是绝对必要的，就意味着人们在任何时候都不能以暴力反抗暴力，以战争制止战争；在法律上，也不能有紧急避险与正当防卫的立法，这些显然不可取。用“双效原则”自然也无法给“电车难题”及其变式全部做出合理解释，只能给出部分的合理解释。②

富特觉得前面几个原则都无法圆满解释“电车难题”，她是用消极义务［negative duties，与之对应的是消极权利（negative right）］与积极义务［positive duties，与之对应的是积极权利（positive right）］这对概念来解决“电车难题”。在富特看来，消极义务是避免伤人的义务，如避免杀人就是消极义务；积极义务是帮助人的义务，如救人性命就属积极义务。一般而言，消极义务比积极义务更根本。假若消极义务和积极义务同时出现在一个道德情境中，要优先履行消极义务；假若同一个道德情境中同时出现两个积极义务，宜本着“两利相权取其重”的原则，优先考虑获利更大的积极义务；如果一个道德情境中同时出现两个消极义务，宜本着“两害相权取其轻”的原则，优先考虑伤害更小的消极义务。在“电车难题”的初版和改进版，以及“电车难题·乘客难题”中，

① 韩东屏.“电车难题”怎么解［J］.道德与文明，2022（4）:53-62.

② 同①.

若从消极义务角度看，避免杀死 1 人和避免杀死 5 人均是消极义务，本着“两害相权取其轻”的原则，优先考虑伤害更小的消极义务，因此，司机要选择让电车改道，以便舍 1 人而救 5 人。[①] 若从积极义务角度看，救 1 人和救 5 人均是积极义务，本着“两利相权取其重”的原则，优先考虑获利更多的积极义务，因此，司机同样要选择让电车改道，以便舍 1 人而救 5 人。在“电车难题·胖子”难题中，救 5 人是积极义务，不推胖子下桥是消极义务，推胖子下桥是违反消极义务，故不能选择推胖子下桥。[②] 不过，在“拯救大兵瑞恩”的案例中，拯救大兵瑞恩是积极义务，避免他的战友死亡是消极义务，按富特的主张，消极义务比积极义务更根本，假若消极义务和积极义务同时出现在一个道德情境中，要优先履行消极义务，照此推论，优先选择避免他的战友死亡才是道德的，为什么此时拯救大兵瑞恩这个积极义务反而优先于消极义务，优先选择拯救大兵瑞恩变得更加道德呢？这用富特的消极义务和积极义务原则无法作出合理解释。

如果再参考桑德尔（Michael J. Sandel）主讲的哈佛大学名为“公正（Justice）”的开放课程第二讲“给生命贴上价格（Putting a Price Tag on Life）”的内容，并结合王海明 [③④]、韩东屏等人对西方三大规范伦理学（指德性伦理学、功利主义与道义论）和自由主义的探讨 [⑤⑥⑦]，以及笔者对中西方传统伦理道德文化的思考，可知世上没有任何一种伦理道德理论或仅凭某一

① FOOT P. The problem of abortion and the doctrine of the double effect［J］. Oxford review, 1967（5）：5–15.

② THOMSON J J. Killing, letting die, and the trolley problem［J］. The monist, 1976, 59（2）：204–217.

③ 王海明．新伦理学（修订版，全三册）［M］．北京：商务印书馆，2008.

④ 王海明．道德哲学原理十五讲［M］．北京：北京大学出版社，2008.

⑤ 韩东屏．人本伦理学［M］．武汉：华中科技大学出版社，2012.

⑥ 韩东屏．西方规范伦理学的弊病与诊疗：重置功利论、道义论、德性论及其道德原则［J］．中州学刊，2020（7）：91–99.

⑦ 韩东屏．“电车难题”怎么解［J］．道德与文明，2022（4）：53–62.

个伦理道德原则就能圆融地解决所有道德难题。既然如此，就须坚持“海纳百川，有容乃大”的原则。若借用儒家的“经权思想”，那么，上面四个伦理道德原则虽是“经”，但在具体运用时，要根据具体情况，经由“价值排序”与“利弊权衡”后，做到“善权变”。“价值排序”是指通过确立终极价值或将至善作为最高标准，其他与终极价值越接近、越直接的价值，其等级就越高、排序越靠前，反之亦然。[①]按此做法，根据中国传统伦理道德文化的精义，同时借鉴西方伦理道德文化的精义，笔者主张将“仁爱”原则放在最优先益，其次是公正原则，再次是“人是目的”原则，最后是功利原则。据此，当身处道德两难、三难或多难困境时，经权衡得知不可兼得的善中有哪一个在价值排序上等级地位更高，就是此时的当选之善或最佳选择。[②]“利弊权衡”指“两利相权取其重，两害相权取其轻”。

（三）完善功利原则，就能化繁为简，由四合一

既然道德与利益密切相关，总是反映和维护一定的利益，[③]功利原则旨在为最大多数人谋最大福祉，这样，功利原则若用得恰当，自然吻合仁爱原则和“人是目的”原则。公正背后其实是效率的考量，公正与效率犹如一枚硬币的两面，但公正不是对单个人的效率的考量，而是对整体社会长远发展的效率的考量，[④]从这个角度讲，若用得恰当，功利原则也吻合公正原则。换言之，若使用得当，就能化繁为简，将上述四个原则非常完美地蕴含到功利原则中，做到由四合一。那么如何完善功利原则呢？宜吸收中国传统伦理道德文化、德性伦理学、道义论和自由主义的精义，补上功利主义的漏洞，以进一步完善功利主义。具体地说，在反对功利原则的人（如义务论者和自由主义者）看来，功利主义存在一些缺

① 韩东屏．“电车难题”怎么解［J］．道德与文明，2022（4）:53-62.
② 同①．
③ 陈至立．辞海（第七版彩图本）［M］．上海：上海辞书出版社，2020：776.
④ 薛兆丰．马粪争夺案［J］．读者，2021（2）：34-35.

陷或挑战，在这里逐一罗列出来并给予相应的解决方案。

其一，功利原则只考虑所涉全体利益方的幸福总量增加与否。若某个行为能导致所涉全体利益方的幸福总量得到增加，它就是道德的；反之，就是不道德的。但功利主义原则不考虑所涉全体利益方中各个体的幸福分配量的适量与否，即不关心其中某个个体的幸福量的增加或减少。若一味考虑最大多数人的最大利益，可能会让少数人的正当权益受到伤害，这对少数人是不公平或不公正的，更何况，“最大多数人”是如何确定的呢？例如，在自由主义者看来，凡是违背了个人“自愿原则”，侵犯了个人的自由权利的行为，均是不道德的。[①] 因此，若未征得少数人的自愿同意，就迫使他们或在他们不知情下牺牲其正当权益，即便这样做能让最大多数人获最大利益，仍是不道德的。反对功利主义的人指出功利主义存在这两个缺陷，的确值得人们去深思。为了弥补功利主义存在的这两个缺陷，恰当做法是：一方面，先本着仁爱原则、公正原则与康德的“人是目的”原则去对待每一个人，然后再充分考虑绝大多数人的最大利益，在这样做时尽量做到不牺牲少数人，甚至每一个人的正当权益，换言之，必须努力坚持“在不损害少数人正当权益的前提下，再想方设法增进绝大多数人的最大利益”原则，不可为了增进绝大多数人的最大利益而不择手段。若为了维护或增进最大多数人的最大利益，在万不得已的情况下必须牺牲少数人的正当权益，须做到：先尽量征得少数人的自愿同意（不到万不得已的情境，不可强迫少数人牺牲其正当权益）。同时，对做出牺牲的少数人（无论是自愿还是被迫）须心怀敬意、感激之情和愧疚之心，一旦能停止这种牺牲，就要及时停止，并对做出牺牲者给予相应且足额的补偿。绝不可像阿伦特在《极权主义的起源》（*The Origins of Totalitarianism*）一书里描述极权主义的起源时所说的那样做：第一步，先按某种标准将人分成多数和少数两个群体，少数人自然成为被排斥的对象；第二步，声称为了多数人的利益可以

① 韩东屏.“电车难题”怎么解［J］.道德与文明，2022（4）：53-62.

牺牲少数人的利益，由此而肆无忌惮地去剥夺少数人的正当权益；第三步，为了将第二步合法化，再制造一个权威，由权威发出命令或号召，这样，剥夺少数人正当权益就变得“正当”化了。[①]若果真按这三步去做，就极易产生像纳粹政权那样的邪恶极权主义政权和希特勒式邪恶权威。因此，为了防止狡诈之人打着“一切为了多数人的利益”的口号去作恶，须通过法治保障每个公民的正当权益不受非法侵犯，红线是要通过立法保障每位公民的人权和私有财产权不受非法侵犯。若要依法征用公民的合法私有财产，事前须妥当沟通，争得公民的自愿同意，并按不低于当时市场价的价格给予补偿。另一方面，要妥善计算和确定“绝大多数人”的数量。如何计算绝大多数人？第一步，既然道德与利益密切相关，一般而言，先要从整体上确定某件事可能会影响（包括直接和间接的影响）哪些人的正当利益。第二步，清点人数，算出与该件事有利害关系的人数总和。第三步，若按百分比计算，那么刚刚超过 50% 就属简单多数。由此推论，一般情况下，“绝大多数人”在百分比上至少要占第二步计算出的人数总和的 90% 以上。如果第二步计算出的人数总和非常大，如有 14 亿，鉴于 1 个百分点就有 1400 万人，那还应提高百分比，即至少要占总人数的 99% 以上才佳。

其二，功利原则是一种后果主义道德推理（consequentialism moral reasoning，也译作“后果论道德推理”）。后果主义道德推理是指只根据行为对外界所造成影响的好坏来判断此行为是否是道德行为的一种推理。持后果主义推理的个体一般只考虑行为效果的好与坏，不考虑行为动机的善与恶，这就混淆了道德行为与利他行为的关系。为了弥补功利主义存在的这一缺陷，恰当做法是：根据柯尔伯格的道德发展理论，只须加入道德动机的考量即可。也就是说，在衡量某一行为是否是道德行为时，既要考虑其行为结果是否能给每一个人或至少

① 阿伦特．艾希曼在耶路撒冷：一份关于平庸的恶的报告［M］．安尼，译．南京：译林出版社，2017.

是多数人带来福祉，也要考虑其行为的动机是否是善的。缺少善的动机的行为，即便其行为结果能给每一个人带来福祉，它也只能算是利他行为，而不是道德行为。并且，主动行善与被动行善、主动作恶与被动作恶给个体带来的快乐或罪恶、内疚体验有显著差异，道德与法律对它们的评价也有显著差异。这样，一旦考虑到行为的动机，一个心智正常且成熟的个体多能清晰地区分主动行善与被动行善、主动作恶与被动作恶之间的差异，在通常情况下，一般会守住做人的一条基本准则：不主动作恶。而一旦主动作恶，个体内心所体验到的罪恶感或内疚感一定会比被动作恶要强很多。因此，较之被动作恶，主动作恶更不易被人接受，一旦有人胆敢主动作恶，其受到的惩罚也比同等后果的被动作恶要严重得多。同理，较之被动行善，主动行善带给个体的快乐或幸福体验会更强烈。所以，若条件允许，人们更乐意主动行善，而规避主动作恶。

其三，能否将世上所有东西的价值都按某个标准（如以美元为单位）进行量化？这值得商榷。功利主义将人全部量化，结果，一个个鲜活、具体的人就变成了抽象且概括的人；功利主义专注于计算，将个人生活都变成有关效用的计算，幻想总能以计算的方法找到问题的解决之道，忽视个人内心生活和个人情感的复杂性。但是，人的生命、人的某种高尚品质能否量化？也值得商榷。毕竟每个人都是具体的、鲜活的个体，而不是抽象的数字，怎么能像做数学计算那样去计算人的价值呢？同时，当不可兼得的善是不同性质的善时，如，当尊严和饭碗不能兼得时，该如何选择？由于功利主义没有关于善的等级之分，自然不能指导人做出正确选择。[①] 如果不易或者无法将世上所有东西的价值都按某个标准进行精确量化，那么，最大功利该如何计算呢？对于这种质疑，恰当的回答是：首先，它并未真正反对功利主义，只是指出功利主义者存在“如何科学计算功利”的问题，一旦能科学计算功利，此缺陷也就迎刃而解了。虽然

① 韩东屏.“电车难题”怎么解［J］.道德与文明，2022（4）：53-62.

商品有贵贱之分，贵的价值连城，贱的几乎一文不值，不过，凡是能用钱买到的东西，都不是真正的无价之宝，人世间真正最珍贵的东西往往无法用金钱衡量，也无法用金钱买到。这样，在一些场合的确存在“如何科学计算功利”这个难题。例如，人的生命没有高低贵贱之分，且不可以进行加减乘除式计算，因此，不能说两条（或更多条）人命就大于一条人命，相应地，通常如下两种做法都不道德：（1）为了救两人或更多的人，就随意牺牲某个无辜者的性命。如上文第一点所论，这种片面追求“总量最大”的做法显然不道德。（2）两个或多个人共同故意杀害一个人后，只要从这两个或多个杀人犯中人选出一个来抵命就是公平的。但在现实生活中，人们实际上又常常将人的生命、人的某种高尚品质进行量化。毕竟，若因不易量化或不能量化而干脆不量化，有时可能也欠妥当，甚至也不道德。于是，无论是在当代欧美发达国家还是在当代中国，对于因车祸等事故而导致非正常死亡的人，在依法追究相关责任人应负责任的同时，往往会对死者家属支付若干数量的金钱进行赔偿或补偿。在这样做时，尽管无法准确估量一个生命的真实价值，但都会依法制定一个赔偿标准。虽然这个赔偿标准在不同国家有高有低，不过，赔偿金标准的制定就意味着已对生命的价值作了估量。一旦能及时按此标准向受害者家属支付赔偿金，受害者家属以及周围人或多或少都能体验到“受害者已获公正对待”的印象。其次，笔者也适度认可情感论的立场，承认不同个体在不同人心中的价值或效用有较大差异。例如，同样一个人，其父母可能将之视作无价之宝，但在老板眼中，他若不能为公司创造价值，就属不合格员工，就可能会被辞退。不过，心理价值与物质价值类似，仍可计算，仍可归入功利主义。因为当其他条件类似且须做出“二选一”的选择时，人们往往选择尽量保护心理价值相对较高个体的利益，而牺牲心理价值相对较低个体的利益，并认为这样做是道德的，一旦做出也是问心无愧的。最后，与长度和重量不可换类似，不同性质的善因性质截然不同，通常的确无法客观、准确地将它们赋值后进行价值大小的计算与排序，但是，当个体遇到不可兼得的善是不同性质的善时，若必须作出二选一之类的选择，还是会根据其信奉的某种学说或内心的判断作出在其看来是最优化选择的。例如，信奉儒学的人会按儒家的伦理道德谱系进行价值选择，尽管这种最优化选择可能只是他心中认为的，而不是客观上的最优化选择。因此，它仍吻合功利原则。笔者也认可“民胞物与”的思想只在万物和谐共存的背景下才能成立，一旦在“人—其他高等动物—低等动物—植物—非生命物质（如石头）”之间发生尖锐矛盾且须被迫作出选择时，绝大多数有良知的人往往优先选择保护人类，为此而不得不依其他动植物和非生命物质在其心中的价值由低至高逐渐放弃。[①]

其四，在义务论和自由主义者看来，从功利主义谈道德，最终有可能取消道德。因为功利主义习惯用“快乐、实惠、好处、福利”之类词语解释“功利”“幸福”和“善”，这意味着功利主义注重的是物质性的价值，存在忽略权利、自由以及其他非效用性价值的片面性。[②]并且，过于重视功利主义，极易引导人们过分追求功利，为了一个所谓更高尚的功利，可以残酷对待某些人或某类人。这些迫害手段不但本身是极端不道德的，还易给周围人的良知蒙上阴影，逐渐使他们也丧失对他人境况的道德敏感性，丧失人与生俱来的良知，产生道德冷漠。对于这种质疑，“从功利主义谈道德，最终有可能取消道德”的说法是不成立的。因为功利主义的要义是使人类获得最大的幸福或福利和最小的痛苦，这个幸福既可以指偏向物质需要的满足后所生的主观幸福感，也可以是指偏向心理需要的满足后所生的心理幸福感或偏向精神需要的满足后所生的精神幸福感，

① CAVIOLA L, KAHANE G, EVERETT J AC, et al. Utilitarianism for animals, kantianism for people? harming animals and humans for the greater good［J］. Journal of experimental psychology: general, 2021, 150（5）：1008–1039.

② 韩东屏．西方规范伦理学的弊病与诊疗：重置功利论、道义论、德性论及其道德原则［J］．中州学刊，2020（7）：91–99.

还可以统称这三种幸福感，故不能仅从字面意思想当然地将功利主义所讲的幸福窄化为主观幸福感或享乐主义幸福感。并且，根据上文所讲的狭义道德的定义，狭义道德实际上也是一种“利”，只不过这种“利”是有益于绝大多数人（包括自己与他人）、仁爱且正义的社会和自然界健康生存与可持续性发展的“利”，而不是个人或小集团的私利。同时，即便功利主义没有关于目的与手段之关系的论述，没有明确回答“能否用不当手段实现最大善的正当目的”的问题，[①]不过，若有人为了一个所谓更高尚的功利，而不惜牺牲甚至有意损害他人的正当权益，这显然是有违下文所讲的“帕累托标准”的，当然也不是真正的功利主义者，而是冒用功利主义来达到自己的自私目的。更何况，义务论本身也有缺陷。义务论只在乎动机的善和手段的善，却不在乎结果的善。只有善良动机和手段却无善良结果的行为，并非是真正的道德行为，若人人都完全按义务论来讲道德，极易被恶人钻空子，给人类带来灾难，最终真的会无道德可言。

其五，为什么牺牲少数人的利益以成全多数人的利益有时是道德的，有时却是不道德的？牺牲多数人的利益以成全少数人的利益有时是不道德的，有时反而是道德的？人们常用美国当代伦理学家哈曼设计的两个著名思想实验进行证明。一个思想实验是这样设计的：

> 一个医生，如果把极其有限的医药资源用来治疗一个重病患者，就会导致另外 5 个患者必死无疑；假若用来救活这 5 个患者，又会导致那个重病患者必死无疑。此时医生应该怎么办？医生应该为了救活那 5 位患者而让那一个重病患者死掉吗？

另一个思想实验是这样设计的，桑德尔在其主讲的哈佛大学名为“公正（Justice）”的开放课程的第一讲“谋杀的道德侧面 / 同类相残案”（A Moral Side of Murder）里也使用了此思想实验：

① 韩东屏.“电车难题”怎么解［J］. 道德与文明，2022（4）：53-62.

> 有5个分别患有严重心脏病、肾病、肺病、肝病、胃病的人和一个健康人。这5个患者如果不立即进行器官移植，都会必死无疑，但现在医院里没有合适的器官可用；如果杀死那个健康人，把他的这些器官分别移植于这5个患者身上，这5个病人就一定能活命，而且会非常健康，但结果必然是导致那个健康人死亡。此时医生应该怎么办？医生应该为了救活那5位患者而杀死那个健康人吗？[①]

这两个思想实验包含的难题是：为什么第一个案例应该为救活5人而牺牲1人，在第二个案例却不应该为救活5人而牺牲1人？哈曼自己不但难倒了自己，也一直令中西学者困惑不已。对于这个难题，王海明给出的答案是：一个总标准和两个分标准，简称“一总两分”。概要地讲：在任何情况下都应该遵循的道德终极总标准是：增加全社会和每个人的利益总量。[②]两个分标准分别是“帕累托标准”和“最大利益净余额”标准。

“增加全社会和每个人利益总量”这个道德终极总标准在人们利益不发生冲突而可以两全情况下表现为“帕累托标准”（Pareto Criterion）或“帕累托最优状态”（Pareto Optimum）：“不损害任何人地增加利益总量”或“无害一人地增加利益总量”。正如《孟子·公孙丑上》所载：“行一不义，杀一不辜，而得天下，皆不为也。”这意味着，在人们利益不相冲突的情况下，只有无害一人地增进社会利益总量的行为，亦即使每个人的境况变好或使一些人的境况变好而不使其他人的境况变坏的行为，才符合“增进每个人利益总量”的道德终极总标准，因而才是应该的、道德的；反之，在人们利益不相冲突的情况下，如果为了最大利益净余额而牺牲某些人的利益，那么，不论这样做可以使利益净余额达到多么巨大的、最大的程度，不论这样做可以给绝大多数人造成多么

① POJMAN LP. Ethical theory: classical and contemporary readings [M]. Wadsworth Publishing Company, 1995: 478-479.

② 王海明. 新伦理学（修订版，全三册）[M]. 北京：商务印书馆，2008：486.

巨大的、最大的幸福，都违背了“增进每个人利益总量”之道德终极总标准，因而是不应该、不道德的。①

“增加全社会和每个人利益总量”这个道德终级总标准在人们利益发生冲突而不能两全的情况下，则表现为“最大利益净余额”标准——它在他人之间发生利益冲突时，表现为“最大多数人的最大利益”标准；而在自我利益与他人或社会利益发生冲突时，表现为“无私利他、自我牺牲”标准。②“最大利益净余额”即“两害相权取其轻”，是在人们利益发生冲突而不能两全时作出选择最小损害而避免更大损害、选择最大利益而牺牲最小利益，从而使利益净余额达到最大化，因此也是应该的、道德的。③一项实证研究也表明：当伤害不可避免时，人们更倾向于按功利主义行动；当伤害可以选择避免或可以选择更小伤害时，人们更倾向于兼顾道义论与功利主义去行动。④

根据上述标准，在第一个思想实验中，5个人与1个人的利益发生了冲突：保全5个人的利益必定损害那一个人的利益，5个人要活命必定导致那一个人死，反之亦然。因此，在这种情况下，医生救活5人而让那一个重病人死亡，符合利益冲突时的道德终极标准（即绝大多数人“最大利益标准”和“最大利益净余额标准”）因而是道德的。在第二个思想实验中，5个病人与1个健康人的利益并没有发生冲突：保全这个健康人的利益和性命并没有损害那5个病人的利益和性命，这个健康人的利益和性命并不是用这5个病人的利益和性命换来的。因为并不是那个健康人要活命，就必定导致那5个病人的死；也不是那5个病人的死亡，才换来了那个健康人的活命。那5个人的死亡是他们的疾病所致，

① 王海明．新伦理学（修订版）［M］．北京：商务印书馆，2008：483-486.
② 同① 470-482.
③ 同① 472.
④ BERMAN J Z， KUPOR D. Moral choice when harming is unavoidable［J］. Psychological science, 2020,31（1）： 1294-1301.

与那个健康人的活命没有任何关系。没有关系，怎么会发生利益冲突呢？因此，在这种利益不相冲突的情况下，医生如果为救活5个病人而杀死那一个健康人，虽然符合利益冲突时的道德终极标准，却违背了利益不相冲突的道德终极标准（即无害一人地增进利益总量），因而是不道德、不应该的。这就是为什么第一个思想实验应该为救活5人而牺牲1人，第二个思想实验却不应该为救活5人而牺牲1人。①

应该说，王海明给出的“增加全社会和每个人的利益总量”这个道德终极总标准的答案对于解决类似哈曼设计的两个著名思想实验里蕴含的道德两难问题是有启发意义的。不过，王海明所定的两个道德分标准仍不能妥善解决上文所讲的后一个挑战，即不能解决“为什么应该不惜牺牲其他8名美军士兵的性命去救一位名叫詹姆斯·瑞恩的美军士兵的性命？”之类的道德难题。因为：一方面，8名美军士兵本来与瑞恩分属不同的作战单位，他们与瑞恩也互不相识，彼此本无关系，自然8名美军士兵的生与死本来与瑞恩也毫无关系。若按王海明的上述逻辑，这本属于利益不发生冲突而可以两全的情况，本应遵循“不损害任何人地增加利益总量”或“无害一人地增加利益总量”的标准行事，才是道德的。若如此，就不应该命令8名美军士兵冒死去救瑞恩，否则，虽然增加了瑞恩的利益，但损害了8名美军士兵的利益，自然是不道德的。另一方面，若将八名美军士兵的生与死和瑞恩的生与死视作是人们利益发生冲突而不能两全的情况，那么，此时只有遵循“最大利益净余额”标准行事才是道德的，若如此，命令8名美军士兵冒死去瑞恩自然也是不道德的，因为虽然人的生命不好计价，但8名美军士兵的利益显然大于1名美军士兵（瑞恩）的利益。可见，王海明所定的两个道德分标准并不能完美地解决上述道德两难问题。

尽管功利原则未明言是从长期还是短期计算使人类获得最大的幸福或福利

---

① 王海明．新伦理学（修订版）［M］．北京：商务印书馆，2008：484-485.

和最小的痛苦，但是，无论是从常识还是从学理出发，智慧的做法（因智慧本是德才一体的，故智慧的做法自然是合乎道德的）是，在计算使人类获得最大的幸福或福利和最小的痛苦时，道德终极总标准自然是“增加全社会和每个人的利益总量”。为了达到“增加全社会和每个人的利益总量”，若短期利益与长期利益并不矛盾，可以仅着眼于该道德困境考虑利害得失，先做价值排序，再权衡利弊，然后作出一个最优选择，这便是最吻合功利原则的做法；若短期利益与长期利益发生矛盾，此时不可鼠目寸光，做出短视选择或行动，而须跳出该道德困境，从更高层面或更宏观层面、更长时效，而不仅仅是就某一件事考虑利害得失，随后再做价值排序，接着权衡利弊，然后作出一个最优选择，这样做才最吻合功利原则。按此思路，上文所引哈曼设计的第一个思想实验，保全 5 人的利益和保全 1 人的利益之间发生冲突与矛盾，只能二选一：要么 5 人活而 1 人死，要么 5 人死而 1 人活，此时无论是从短期利益还是从长期利益看，均是要作出 5 人活而 1 人死的选择才是最道德的，在这种情况下，医生救活 5 人而让那个重病人死亡，符合功利原则。在哈曼设计的第二个思想实验中，5 个病人与 1 个健康人的利益并没有发生冲突：保全这个健康人的利益和性命并没有损害那 5 个病人的利益和性命，这个健康人的利益和性命并不是用这 5 个病人的利益和性命换来的。在这种利益不相冲突的情况下，医生如果为救活 5 个病人而杀死那个健康人，虽然在短期利益上获利最大，但从长期利益和更大范围看，这种为达目的不择手段的做法，会让芸芸众生都生活在恐惧之中，因为说不定自己哪天就成了那个倒霉的健康人，结果人人自危。一旦此焦虑或恐惧泛化到让“害人之心不可有，防人之心不可无”成为民众的普遍心态，那么整个社会的伦理道德大厦就会崩塌，到那时，先前的短期获利与这个巨大损失相比，小得不值一提。因此，从长远眼光和更大范围看，要想吻合功利原则，自然不能杀死那个健康人，至于那 5 个病人的生死，只能听天由命了。如上文所论，义务论者和自由主义者此时选择“不作为”，同样也是让他们听天由命。同理，虽然在“不惜牺牲其他 8 名美军士兵的性命去救 1 名美军士兵（瑞恩）的性命这个个案里，这样做的结果从短期且较小范围内看并没有取得最大的效益，但是，通过这个个案让其他更多的美军将士和美国民众从中真实体验到美国政府和美军将领对普通民众（如瑞恩的母亲）和普通士兵（如瑞恩）的爱，从中真实体验到美国政府和美军将领将每一个普通民众和每一位普通士兵都视作目的而不是手段，从而能激发更多的美军将士和美国普通百姓对国家的爱，这对维护美国人所推崇的自由、民主、平等、公正、博爱之类价值观，在美国全国范围内营造良好的道德习俗，以及塑造美国正面国家形象等均是有利的。这样，从更大范围、更长时效看，不惜牺牲其他 8 名美军士兵的性命去救 1 名美军士兵的性命能让美军、美国政府、美国人民获得更大的利益，因而这样做是道德的。可见，道德说到底是为人类谋福祉。当无法为全人类谋福祉时，两利相权取其重，或两害相权取其轻，自然要优先考虑为绝大多数人谋福祉，在这样做时，除他人自愿做牺牲外，一个真正有道德、有智慧的人在做人做事的过程中若迫不得已要用“非常手段”，即用不正当的手段实现正当的目的，一定要像在下文“智慧内必须含有足够的善”一小节里论述“手段上的善”时所说的那样，先要守住三条红线。在守住三条红线的前提下，能否用不正当的手段实现正当的目的，须按三步判断式进行。

为什么正义社会和正义人士都视厚黑学为缺德的东西，将仁爱、忠诚、诚信视作高尚德性加以推崇？原因就在于厚黑学虽能够帮助个体或组织获一时之利，却会让个体或组织丢掉长远利益；短期看厚黑学可能会利人，长远看它必定是在害人害己。[①] 与此相反，信奉仁爱、忠诚、诚信并将之身体力行的人，虽

① 汤舒俊，郭永玉．正确对待当前社会中的马基雅弗利主义现象［N］．中国社会科学报，2011-01-25（9）．

可能在短期内会吃亏，但从长远看它必定是利人利己的。

综上所论，判断一种或一套规范、习俗是否是合乎人类道德的道德规范或道德习俗，判断一颗心是否是真正意义上的良心，不能简单地、机械地看它是否合乎本国或本地区官方所认可的伦理道德规范或道德习俗，也不可坚持纯正或彻底的功利主义、义务论或情感论的立场，而要综合地看它是否符合仁爱、公正、“人是目的”和功利四个原则：从长远眼光（不是鼠目寸光）与更大范围（不是仅局限于自己或自己所处的小集团）看，完全符合这四个原则的规范、道德习俗或良心是上佳道德规范、道德习俗或良心；符合其中二至三个原则的规范、道德习俗或良心是中等道德规范、道德习俗或良心，符合其中一个原则的规范、道德习俗或良心是末等道德规范、道德习俗或良心；完全不符合这四个原则的规范、道德习俗是恶的道德规范或恶的道德习俗。一颗心若完全不符合上述四个原则，也就不能称作真正的良心。这也同样表明，智慧虽有一定的文化差异性，也有一定的文化共性。

由于广义道德实是一种道德习俗，为了更好地判断其善与恶或好与坏，除了上文所讲必须结合道德规范或道德品质指向的对象及其所处的社会文化历史环境才能判断（就个体而言，还必须结合其身心发展水平判断其言行的善与恶）外，还须站在一个好的视角并用对比的眼光进行审视才行，常用做法主要有三：（1）站在甲种道德习俗的视角审视乙种道德习俗。常易看到乙种道德习俗的善与恶。正所谓：“不识庐山真面目，只缘身在此山中。”例如，当西方传教士清末来到中国后，一眼就能看出“女子裹小脚”的习俗是不道德的。所以，就当时来看，只有与外国，尤其是西方发达国家多交流，才易看到我们的道德习俗中有哪些是好的，有哪些是值得改善的。万不可偏执于文化相对论，进而错误地认为道德无先进与落后之分，也不可笼统地以“中国特色”作为遮羞布，否则，就易沦落为井底之蛙。（2）“回头看”。用当代的眼光反省过去曾流行的道德习俗，易看出其好与坏的方面。例如，今天回过头来反省中国古代曾流行的道德习俗，就易看出其好与坏的方面。这种“马后炮”的做法虽无法改变历史，却能起到“以史为鉴”的效果。（3）用超前的眼光审视当下的道德习俗，也易看出当下流行的道德习俗的好与坏的方面。例如，一些具有超前眼光的人就极易发现其身处时代的道德习俗中好与坏的方面，然后努力呼吁人们去掉不好的旧道德习俗、养成新的好道德习俗。当然，这不是一件易事，极易受到守旧势力的阻挠与打击，甚至为此付出生命的代价；如果成功了，不但会塑造新的道德习俗，而且自己也往往成为时代的“先行者”或英雄。

第二节 人工智能对人类道德的促进

一、人工智能将进一步扩展人类道德共同体的边界

（一）道德共同体的含义及其传统范围

道德共同体（moral community/ moral circle），指人类应该道德地对待的对象的范围，当代哲学常以“道德主体”（moral agent）和“道德顾客”（moral patient）表示。一般而言，人们只会在自己认可的道德共同体之内讲道德，对于不包括在道德共同体之内的对象，一般是不讲道德的。例如，在二战时期，日本侵略军属于中国人的敌人，自然不在中国人的道德共同体之内，中国人自然可以欺骗他们，甚至依法杀死一些无恶不作的日本侵略军。而“飞虎队”中的美军将士则在中国人的道德共同体之内，故中国人善待他们。[①]

从道德共同体角度看，在西方哲学史上，道德共同体的范围仅限于人类，范围显得较窄小，由此自然易导出人类中心主义。如，亚里士多德在《政治学》第1卷第8章里说：“植物活着是为了动物，所有其他动物活着是为了人类。……

① 王海明.道德哲学原理十五讲［M］.北京：北京大学出版社，2008：57.

自然就是为了人而造的万物。”[①]托马斯·阿奎那说：“根据神的旨意，人类可以随心所欲地驾驭之，可杀死也可以其他方式役使。”[②]笛卡尔主张意识是决定道德身份的根据；动物不具有意识，所以不是道德关怀的对象。[③]康德认为，道德身份只限于主体和目的，“只有有理性的人才有道德价值”；我们对于动物“不负有任何直接的义务”，“动物不具有自我意识，仅仅是实现一个目的的工具，这个目的就是人”；“我们对于动物的义务，只是我们对于人的一种间接义务。”[④]只是到了现代，才有西方学者倡导将道德共同体的范围扩大到动植物身上，以消除人类中心主义的弊端。[⑤]例如，当代美国生态伦理学家泰勒有一句名言是:“弄死一株野花犹如杀死一个人一样错误。”[⑥]

在中国传统道德文化中，对于那些认可并追求“博爱之谓仁”（韩愈的《原道》）的道德崇高人士而言，其道德共同体的范围一向不局限在“人”上，还包括动物、植物直至泥土瓦石等整个无机自然界，这便是张载在《正蒙·乾称篇》中所说的“民吾同胞，物吾与也”。这与西方人过去仅将道德共同体局限于人类有明显差异。[⑦]

（二）将人工智能机器人纳入道德共同体既会进一步拓展人类道德共同体的边界，也将引发对人类本质的反思

由于人工智能机器人是20世纪50年代之后出现的新生事物，此前即便是像张载之类认可“博爱之谓仁”的人，也只是将道德共同体的范围扩展到一

① 贾丁斯.环境伦理学：环境哲学导论（第三版）［M］.林官明，杨爱民，译.北京：北京大学出版社，2002：106.

② 同①.

③ 同①106-107.

④ 何怀宏.生态伦理：精神资源与哲学基础［M］.保定：河北大学出版社，2002：343.

⑤ 王海明.道德哲学原理十五讲［M］.北京：北京大学出版社，2008：59.

⑥ NASH RF. The rights of nature: a history of environmental ethics［M］.Madison: The University of Wisconsin Press,1989:155.

⑦ 乔清举.论“仁”的生态意义［J］.中国哲学史，2011（3）:21-30.

切自然物，从未想到要将人工智能机器人——由人类创造而非由自然创造——纳入道德共同体之内。从这个意义上说，一旦将人工智能机器人纳入道德共同体之内，将进一步拓展人类道德共同体的边界，也必将引发对人类本质的反思。

因为在过去40亿年中，所有生命都是按照优胜劣汰的自然选择规律步步演化的，不过，随着生物技术、人工智能技术的综合发展，人自然而生的身体已可以做到被修补、改造，人机互补、人机互动、人机协同、人机一体成为人工智能未来发展的一个重要方向。当人的自然身体与智能机器日益“共生”或一体化，例如，有朝一日将生物智能芯片植入人脑，从而承担记忆、运算、表达等功能，那时的机体究竟是“人”还是“机器”？这一问题并不容易回答，[①] 犹如“特修斯之船”（The Ship of Theseus）给后人带来的无限思考。古希腊史学家普鲁塔克（Lucius Mestrius Plutarch）在其所著《希腊罗马名人传》（*The Live of the Noble Grecians and Romans*）中记载了特修斯之船：有一条运载国王特修斯（也译作“忒修斯”）及一群年轻勇士历险返回家园的三十桨船，为希腊人所长期保存。其保存方式是：“他们将腐朽的古老船板拆下来，装上崭新而又坚固的材料，以致这艘船在哲学家中间，就事物自然成长的逻辑问题成为一种永恒的实例：一方面是要保持船只原来的形状，另一方面又极力证明已经大不相同。”[②] 这一描述被后世哲学家用来思考事物的同一性：由于特修斯之船拥有源源不断的可替换材料，只要船上有任一部件坏了（如一块木板腐烂了），它就会被替换掉，以此类推，直到船上所有的部件都被更替掉。由于可以得到及时的维修和替换部件，这艘船可以一直保存下去。问题是，最终产生的这艘船

① 孙伟平．关于人工智能的价值反思［J］．哲学研究，2017（10）：120−126.

② 普鲁塔克．希腊罗马名人传（第1册）［M］．席代岳，译．长春：吉林出版集团有限责任公司，2009：22.

是否还是原来的那艘船？如果不是，那么从何时开始它不再是原来的船？[①]哲学家霍布斯在《论物体》一书的第十一章“论同一与差异”中对此延伸：如果用特修斯之船上取下来的老部件重新建造一艘新船，那么两艘船中哪艘才是真正的特修斯之船？一个更现代的例子是，一支英雄连队经过不断更新换代，直到某一天，连队成员中没有任何一个原始成员，请问，这个英雄连队还是原来的那个英雄连队吗？这个问题可以应用于各个领域。霍布斯在相关评论中，提及判断同一性的两个观点：一是质料的统一性（the unity of matter）。只要二者质料相同，它就是同一条船；如果二者质料不同，它就不是同一条船；如果二者质料部分不同，那就部分与原物有所不同。即是说它既是原船，又不是原船，于理不通。二是形式的统一性（the unity of form）。如果二者在形式上是统一的，那就是同一条船。不过，复制第二条样式相同的船，背离了同物不能同时出现在不同空间的常识。因此，这两种观点都不能圆满说明同一性的问题。[②]霍布斯认为，如果确认同一性是通过接受固定名称来标示的，那么，对于变化的事物而言，从发生或运动的开端所作的命名，可以作为其身份认同的依据。“例如，一个人，其行为和思想全都出自同一个运动的开始，亦即都出自存在于其产生中的事物，则他就始终是同一个人。再如，从同一个源泉流出来的，将是同一条河流，不管是同样的水，还是其他种类的水，还是某种别的非水的东西，便都是从这个源泉里涌现出来的。同一个城市，其法令连续不断地从同一部宪法制定出来，不管法令制定者是否一样。”[③]将生物智能芯片植入人脑也对人和人的本质提出了挑战。例如，思维能力曾被认为是人的本质，然而随着机器学

① 刘振．论特修斯之船问题及其解决：对 E. J. 劳连续历史解释方案的批判［J］．自然辩证法研究，2015，31（7）：9-14.

② 陈少明．物、人格与历史：从“特修斯之船”说及“格物”等问题［J］．华东师范大学学报（哲学社会科学版），2022，54（4）：1-10.

③ 霍布斯．论物体［M］．段德智，译．北京：商务印书馆，2020：159.

习相关技术的突破性发展，机器能思维成为不争的事实。最典型案例之一便是，曾被认为是人类思维高地的围棋已被人工智能攻破，人类千百年来思维经验总结的围棋布局、阵法，在人工智能面前现已无还手之力，以至于现在越来越多的人类顶尖围棋高手为了取胜，不得不向 AI 学习对局思路。当智能机器不仅在记忆、运算、传输等方面超过人脑，而且在想象力、创造力以及控制力等方面也超过人脑时，自然会对“人的本质在思维”这一判断构成实质性的挑战。也有学者从人与自然的关系出发，认为能够制造和使用生产工具以进行劳动是人的本质，而不是像动物那样只能借助自然赋予的生物结构获取自然资源。当人工智能系统根据劳动过程的需要，自主地制造生产工具并运用于生产过程，如此一来无论是制造和使用生产工具还是更一般意义的劳动，都不再是人类的“专利”[①]，此时我们要如何看待人工智能？

若将人工智能机器人纳入道德共同体，首先需要回答的一个基本问题是：如果人工智能机器人在一定意义上是“人”，其是否享有“机器人权”等基本道德权利？例如，是否应禁止人工智能被人类过度使用？是否应禁止将人工智能置于可能导致硬件受损的恶劣环境中？人工智能机器人是否具有与自然人一样应受尊重的人格和尊严？又如，是否可以将人工智能机器人视为低人一等的“仆人”？人工智能是否应该被确立为道德或法律主体，承担相应的行为后果？智能机器人可否像自然人一样，与其他智能机器人，甚至自然人，自由交往？这些关切人类道德共同体成员及其边界的新问题正在不断涌现。[②]现阶段，智能机器人正在广泛进入人们的日常生活，成为人类学习的老师、工作的伙伴、生活的保姆、游戏的玩伴，甚至是像家庭成员一样的人类伴侣、孩子……因此有人声称，宠物狗尚且享有一定的动物权利，将来具有自主意识和情感的智能机

① 孙伟平．人工智能对“人”的挑战［N］．光明日报，2018-1-29（15）．

② 杨立新．论智能机器人的民法地位及其致人损害的民事责任［J］．人工智能法学研究，2018（2）：9-26．

器人可能将变得与人难以区分，它们是否更应该受到尊重、拥有基本权利？[①]

有学者提出了“机器问题”（the machine question），即机器是否以及何时可能是一个完全的道德行为者，本质上是关于人类是否应该扩大道德边界以包括人工智能的问题。[②] 道德主体（moral agent），是指具有主观判断且能够承担法律责任的人。道德主体是指具有自我意识，能够进行道德认知，能够进行道德推理并形成道德判断，能够进行道德选择与实施道德行为且承担道德责任的道德行为体。从这个意义来讲，只有具有理性思维能力的人类才具有道德主体地位。婴幼儿、弱智者、精神病患者等理性有限的人群虽然具有某些基本的道德能力，但不能完全对自己的行为负责，不能称其为道德主体。康德（Kant）把道德看作是理性当事人之间的关系，因此，婴幼儿、弱智者、精神病患者以及其他动物应排除在道德主体的范畴之外。人工机器是否具有道德主体地位涉及人工智能与人的区别问题。意向性是人区别于机器的根本特征之一。即便人工智能具有和人一样的行为，如果人工智能不具有意向性，能成为道德主体吗？[③] 温德尔·瓦拉赫（Wendell Wallach）与科林·艾伦（Colin Allen）在《道德机器：如何让机器人明辨是非》（*Moral Machines: Teaching Robots Right from Wrong*）一书中专门用一章的篇幅讨论机器的道德主体地位问题，他们认为应该对道德主体进行不同层次的划分，并提出机器的道德主体地位的发展将经历“操作性道德”（operational morality）、“功能性道德”（functional morality）和“充分的道德主体性”（full moral agency，也译作“完全道德主体”）三个阶段。其中，第一个阶段是机器拥有操作性道德。操作性道德比较低端，

① 孙伟平．关于人工智能的价值反思［J］．哲学研究，2017（10）：120-126.
② DAVID J G. The machine question: critical perspectives on AI, robots, and ethics［M］. London: MIT Press, 2012.
③ 闫坤如．人工智能机器具有道德主体地位吗？［J］．自然辩证法研究，2019，35（5）：47-51.

是指机器虽缺乏自主性与敏感性，但在其设计中包含了一定的价值观，此时机器的道德已完全掌握在设计者和使用者手中。例如，装有防止儿童使用的安全设置的枪支，这种枪支虽缺乏自主性与敏感性，但在设计中包含了美国国家专业工程师学会（national society of professional engineers, NSPE）道德准则以及其他的行业规范所包含的价值理念。第二个阶段是机器拥有功能性道德。功能性道德是指能够评估自身行为的道德意义的智能系统，这种机器是具有伦理敏感性的机器。功能性道德稍高端一些，因为这个阶段机器自身已经有能力响应道德挑战。第三个阶段是机器拥有完全道德主体。完全道德主体是指具有自主决策系统及其情感交互能力的机器系统。此时人工智能已达到可以自己做道德决策的阶段。当然，第三个阶段是开放性的，哲学家、工程师们还需要探讨单靠一台机器能否成为道德主体的问题。操作性道德和完全道德主体之间还有着很多的空间。[①②] 如果温德尔·瓦拉赫与科林·艾伦提出的机器的道德主体地位的三个发展阶段的观点能够成立，那么，当机器只拥有“操作性道德”时，显然无法承担道德责任。只有当机器达到拥有“功能性道德”，尤其是“充分的道德主体性”阶段时，机器才能够且须承担道德责任。因为达到这两个阶段的机器，已有道德主体，在身处道德情境时已具有能动性，能有意地做出道德行为或不道德行为，从而在道德上须对其行为负责。

二、人工智能可辅助人类提升道德认知

因为现实问题利益冲突的复杂性和个体道德认知能力的有限性，人们常常在面临道德困境时充满矛盾，进而难以做出圆融的道德判断与决策。目前来看，人工智能可辅助人类提升道德认知的方式主要有以下两种。

---

① WALLACH W，ALLEN C. Moral machines: Teaching robots right from wrong［M］. Oxford: Oxford University Press，2008：91.

② 闫坤如．人工智能机器具有道德主体地位吗？［J］．自然辩证法研究，2019，35（5）：47–51.

（一）伦理道德决策机器

人工智能辅助人类提升道德认知的最直接方式，是直接替代人们针对现实问题做出道德认知和行为决策。使用伦理道德决策机器的方案是指，通过创造出具有自主判断意识的人工智能系统，来直接进行指导甚至规定人类的道德行动。①这一方案“基于系统设计者认为有效的道德观念，将人工智能系统配置成能够指导人类信念、动机和行动的道德机器。”②对这一道德机器完成初始的程序设定以后，包括所有设计人员在内的人类参与者都不再具有主导性，而完全由该道德机器自己决定做出怎样的道德认知和行为决策；也就是说，除了在制造阶段决定系统如何做出道德判断以外，人们无须再花费时间和精力去主动思考，只需按照道德机器所告知的指示来行动即可，甚至可以通过在人脑中植入道德机器的方式直接控制人类道德行为。这一方案的基本思路是将道德判断和决策的主导权完全交给人工智能系统，是一种将道德规范性完全建立在人工智能机器上的“第一人称立场”。③这一方案是一种极端理想化的方案，至少存在四个方面的现实困难和风险：④（1）当今人类社会还处于多元文化的社会发展阶段，究竟应该基于哪种道德观念设计系统难有共识，美德伦理、道义伦、功利主义还是其他伦理学理论？并且，伦理道德决策机器目前还无法脱离人类道德认知而单独存在，所以人类无法完美解决的道德困境，伦理道德决策机器也无法解决。（2）伦理道德决策机器仍是人造产品，而人造产品总难以完全避免犯错。最常见的错误莫过于编程错误，因为工程师等人类的失误，一个复杂的计算系统似乎总是在实际工作中

① ANDERSON M A S. Machine ethics cambridge [M].Cambridge: Cambridge University Press, 2011.

② FRANCISCO LARA, JAN DECKERS.Artificial intelligence as a socratic assistant for moral enhancement [J]. Neuroethics, 2020 (3): 277.

③ 黄各.人工智能道德增强：能动资质、规范立场与应用前景[J].中国社会科学院大学学报，2022(5)：18-30.

④ 同②.

存在这样那样、或多或少的程序运算故障。（3）因为一切问题都由道德机器进行分析和决定，人类不再运用自己的良知去思考，一切都被道德机器中的既定道德系统所固化，这种人工智能系统的使用可能在不知不觉中扼杀了人类道德进步的可能性。（4）当长久依赖于伦理道德决策机器，可能会逐渐导致人类道德功能的丧失。到那时，道德机器不只是代替了人类的道德认知工作，而可能是“剥夺”了人类的道德。换句话说，伦理道德决策机器可能不是提升了人类的道德认知，而是完全消解了人类道德。此外，这一方案成立的前提有二：一是要创造出具有自主判断意识的人工智能系统；二是这种具有自主判断意识的人工智能系统要拥有一颗以维护人类福祉为终极目标的“良心”。目前的人工智能尚无法满足这两个前提，故这种方案目前只停留在创意阶段。

（二）人工道德建议者

目前看来更为可行的是“人工道德建议者”方案，其核心是：让人工智能充当理想的道德观察者的角色，从而在人们面对各种道德和利益冲突时，基于其内置的道德观念系统给出第三方的客观、合理建议。① 在面临现实道德问题时，很多原因会导致人类的道德认知过程受损，如：（1）需要在短时间或紧急情况下做出道德选择，此时情感加工通道相对理性通道可能会发挥更多作用；（2）人们常常难以掌握全部的信息，或者没有足够重视一些已掌握的信息；（3）还有一些类似血清素减退的基本生理过程变化会对道德认知产生影响。② 人工智能道德建议者较少，甚至于不会受到这些因素的限制，可以根据预定的道德标准，比人类道德认知加工更快、更有效地提供其道德建议，帮助人们在面临道德问题时更快、

① GIUBILINI, ALBERTO, JULIAN SAVULESCU. The artificial moral advisor:the ideal observer meets artificial intelligence ［J］. Philosophy & technology， 2018（31）： 169-188.

② SEO, DONGJU, CHRISTOPHER J PATRICK, et al. Role of serotonin and dopamine system interactions in the neurobiology of impulsive aggression and its comorbidity with other clinical disorders ［J］. Aggression and violent behavior 2008，13（5）： 383-395.

更轻松地做出偏好的道德选择。[1] 与伦理道德决策机器方案的不同之处在于，这种系统只是一种“建议者”的角色，针对所面对的道德问题，全面收集情境信息，应用预定道德观念，快速生成道德选择的建议，大大减小了人类的道德认知负荷，而道德选择主导权仍掌握在人类自身手中，人们仍然要依据人工智能机器的建议进行自身的道德权衡。可以看出，人工智能建议者方案采取的是第三人称下的客观视角，可以纯粹地运用设定的道德律令对道德问题信息进行“无损”的计算加工，然后给出无偏的道德建议供人类参考。[2]

“人工道德建议者”方案目前已经有一些现实场景的初步应用，如安德森等人设计的医用伦理专家（MedEthEx）[3]、麦克拉伦设计的真话机（Truth-Teller）[4] 等。从积极方面看，如果这种人工道德系统掌握的信息足够全面，真的能够从一种类似“上帝”视角的方式来对人类道德认知进行指导；并且人类还能掌控和设定其所依据的道德原则，可以在系统中预置可供选择的“道德原则菜单”，从而在面临问题时依据自己的道德倾向来要求该系统给出相应的道德选择，那么我们人类便可以在维持自身道德行动自主权的同时，使自己的道德认知能力也得以增强。[5] 不过，人工道德建议者的作用可能比较局限，其对人类道德认知的影响只能体现在信息处理和方案建议方面，而难以在现实道德行为中起到太大作用。因为该系统给出的建议，只能是基于现实情况和道德原则所生成的道德选择及其理由，完全停留在认知层面，而并不能完全被人类使用

① 黄各. 人工智能道德增强：能动资质、规范立场与应用前景［J］. 中国社会科学院大学学报，2022（5）：18-30.

② 马翰林. 人工智能道德增强的限度［J］. 自然辩证法通讯，2020（11）：81.

③ ANDERSON M, SUSAN L A, CHRIS A. MedEthEx: toward a medical ethics advisor［C］. AAAI Fall Symposium: Caring Machines. 2005.

④ ASHLEY KEVIN D, BRUCE M MCLAREN. A CBR knowledge representation for practical ethics［M］. Heidelberg: Springer Berlin Heidelberg, 1994.

⑤ 同①.

者所采纳以落实到现实道德行为中去。[1]就好像智者给出的良好人生建议，也难以为人们所全心践行一样，每个人还是要基于自身的道德认知能力，结合所被提供的建议做出进一步的道德判断与决策。并且，如果我们从人工智能建议者的“菜单”中选取某种道德法则，那么当我们真正按照相应的建议去行动时，我们的自主性程度、行为动机源和责任认定等问题便也存在着或多或少的疑问。[2]

三、人工智能可促进人类道德行为的发展

（一）利用人工智能技术规范人们的言行

2019 年 11 月，厦门警方利用“人像大数据”信息发现并抓捕了命案嫌犯劳荣枝，这个杀人魔头可能意料不到改名换姓逃亡二十余年，最终仍没能逃出现已受人工智能技术武装的恢恢法网。以前的监控摄像头可能只是拍摄、存储视频信息，只要没有人专门去检查，便不会有人关心视频中究竟有哪些人、哪些信息。并且，即使有人专门去查看，既无法一一检查所有的监控信息，也不太可能认出已经改名换姓二十余年的劳荣枝（她被抓获时仍不承认自己的真实身份，警方通过 DNA 检测技术才完全确认）。而随着数字科技发展和人工智能技术的广泛运用，如今这些工作已变得十分容易。计算机系统可以自动收集、处理、分析和报告数字网络中的复杂信息。渐渐地，人们的社会生活空间似乎已经被信息技术所重构，在这个数字空间中布满了监控摄像头等智能设备，时时刻刻收集和处理人们的行为信息。例如，以前还会有很多交通警察在道路上巡逻检查车辆超速等违法问题，现在这些工作已经几乎完全被委托给计算机智能系统，大大提升了工作效率。在这种数字化的社会生活中，人们的言行会被更加广泛而有效地监控，进而受到及时奖惩。可以说，

① 文贤庆 . 三种人称立场对道德规范性问题的回答［J］. 道德与文明，2013（4）：34–35.
② 黄各 . 人工智能道德增强：能动资质、规范立场与应用前景［J］. 中国社会科学院大学学报，2022（5）：18–30.

整个社会日益数字化、网络化、智能化，数据采集、存储、处理、传输能力空前强大，人们的一举一动几乎都处在“聚光灯”之下而无所遁形。这种空前透明的社会环境，可以形成强大的道德舆论压力，敦促人们主动抑制不良动机，自觉规范自己的言行。[①]

（二）利用人工智能技术识别谎言

谎言广泛存在于社会生活中，尤其是犯罪侦察、金融欺诈、商业沟通等领域中十分普遍。如何准确识别谎言仍是一个悬而未决的问题。研究发现人们识别谎言的能力很差，平均只能达到 54% 的识别准确率，部分训练有素的执法人员的识别准确率也只是略好于普通人。[②] 随着人工智能技术的发展，人们开始利用它来提升谎言识别的准确率和效率。例如，美国马里兰大学（University of Maryland）的拉里 · 戴维斯（Larry Davis）团队于 2017 年开发了一套欺骗分析和推理引擎（deception analysis and reason engine, DARE）人工智能系统。其基本原理是：人们在说谎时会无意识地做出一些微小的表情或肢体动作，比如眼神朝向、面部肌肉运动等，对这些动作的准确识别能够协助判断对方是否在说谎。而微表情常常难以被人眼觉察，即使是受过训练的微表情专家可能也无法捕捉到所有的微表情变化。[③] 在该系统的前期训练中使用了大量的法庭对话视频，人工智能系统需要对视频中的表情（如皱眉、扬眉、唇角翘起、嘴唇突出和歪头等）以及声音线索模式进行分析，最终判断当事人是否在说谎。训练结果表明：这套欺骗分析和推理引擎人工智能系统在谎言检测方面的准确率高于普通人，并且在预测个体是否说谎方面的成绩显著高于普通人。在当前法庭审判中测试

---

① 王锋 . 人工智能对道德的影响及其风险化解［J］. 江苏社会科学，2022（4）：44–50.

② BOND JR, CHARLES F, BELLA M DEPAULO. Accuracy of deception judgments［J］. Personality and social psychology review .2006，10（3）： 214–234.

③ WU Z, SINGH B, DAVIS L S, et al. Deception detection in videos［C］. The Thirty-Second AAAI Conference on Artificial Intelligence（AAAI–18）, 2017：1695–1702.

仪等设备证据尚无法成为采信证据的背景下，欺骗分析和推理引擎人工智能系统很可能成为提供测谎证据的新渠道。当然，它目前尚在进行更广泛的生态效度测试。[①]不过，当人们逐渐了解到可以利用人工智能技术识别谎言时，自然会提升他们诚信待人的概率，降低说谎的概率。

第三节　人工智能中的道德风险与破解对策

人工智能中的道德风险是指，人工智能技术的不确定性或人类的有限理性等，导致人工智能有可能冲击人类现有伦理道德规范，侵犯人的道德权益，进而损害人类个体或全人类的福祉。那么，人工智能中的道德风险存在哪些类型？如何破解它们？这是本节要探讨的两个问题。

一、人工智能中的道德风险类型

概括起来，人工智能中的道德风险可归为六大类，其中，“有自主意识的人工智能若无良好道德，将可能威胁人类的生存”留待“人工智能与人工智慧”一章进行探讨，下面只论余下的五类。

（一）人工智能挑战人类现有伦理道德规范

人工智能对人类现有伦理道德和规范体系造成了多方面的冲击。

1. 人工智能存在损害人类生命权的风险

生命权是指自然人享有的以其生命安全利益为内容的权利。属于人身权中的人格权。生命是自然人拥有民事主体资格的基础，生命权是自然人所拥有的最重要、最基本的人格权。因为个体的生命权一旦被剥夺，个体的其他权利就无从谈起。生命权表现为对生命利益的支配、生命安全的维护。[②]人工智能直接或间接伤害人类，存在损害人类生命权的风险。例如，2015年英国首例机器人

---

① 傅小兰．说谎心理学教程［M］．北京：中信出版社，2022：22.

② 陈至立．辞海（第七版彩图本）［M］．上海：上海辞书出版社，2020：3884.

手术致人死亡，2019 年亚马逊智能音箱曾给出劝人自杀的建议，2020 年 11 月有媒体报道伊朗科学家被人工智能控制的武器刺杀。有自动驾驶功能的特斯拉（Tesla）牌家用小汽车于 2021 年 4 月 17 日晚在美国得克萨斯州发生“失控门”事件，导致车内 2 人死亡，使得特斯拉汽车的自动驾驶辅助系统受到质疑。

2. 人工智能存在责任归因风险

经典责任伦理认为，责任归属的条件有三：（1）个体出于自己的自由意志而做某事；（2）责任还要求认知条件，如对有关的行为选择及其道德重要性的意识；（3）个体能以某种方式承担道德责任。① 其中，自由意志是行为者对自身行为承担道德责任的必要条件。② 自由意志是一个抽象概念，可从多角度进行理解。从形而上学角度看，自由意志与人的自主性、价值和尊严紧密相关。从内涵上看，自由意志要求行动的内在原因来自于行为者自身。从否定意义上看，自由意志要求行为没有受到来自外在的约束或强制；从经验角度看，自由意志可以理解为：理性行动者从各种抉择中选择某个行动历程的特殊能力，即可替代行为选择的可能性。一句话，自由意志就是个体自由行动的能力。自由行动意味着一个个体能够在相同的情况下做出不同的选择和行为。③ 当个体被迫只能做出不道德行为时，对其进行谴责和惩罚显然是不合理的，④ 因此，道德惩罚会相应减少；⑤ 如果人们要谴责和惩罚做出不道德行为的个体，则其至少需

① 曲蓉．人工智能责任伦理的可能性条件［J］．自然辩证法研究，2021，37（11）：49−55.

② NICHOLS S, KNOBE J. Moral responsibility and determinism: the cognitive science of folk intuitions［J］. Noûs, 2007, 41（4）：663−685.

③ SINNOTT-ARMSTRONG W. Free will and moral responsibility［J］. Boston review, 2014：235−255..

④ SHARIFF A F, GREENE J D, KARREMANS J C,et al. Free will and punishment: a mechanistic view of human nature reduces retribution［J］. Psychological science, 2014, 25（8）：1563−1570.

⑤ CLARK C J, LUGURI J B, DITTO P H, et al. Free to punish: a motivated account of free will belief［J］. Journal of personality and social psychology, 2014, 106（4）：501−513.

要有一定程度的自由意志。这也是为什么当违规者试图降低自身的负罪感并逃脱惩罚时，常见的一个策略就是将其行为描述为无能为力且无法避免的选择。① 大多数人都相信人类有自由意志，② 因此，当歧视的行为者是人类时，人们更有可能认为歧视行为是出于其自由意志的结果，从而产生较强的道德惩罚欲。③ 目前的人工智能是基于人类预先设计的逻辑算法和计算模型来运行的，它赖以决策的技术基础是被决定的，不具备康德意义上理性人自我设计、自我选择、自我管理、自我实现的能力。并且，目前人工智能缺乏适应不断变化的环境的能力，在面临不断变化的道德情境和道德难题时，只有人类才能做出最终的道德决策。但这并不否定人工智能具有一定的自主性或者说自治能力，即便这与人类自主性不尽相同。例如，自动驾驶系统在没有人类驾驶员执行驾驶操作的情况下，对车辆行驶任务进行指导与决策，并完成自主安全驾驶功能，包括自动行驶功能、自动变速功能、自动刹车功能、自动监视周围环境功能、自动变道功能、自动转向功能、自动信号提醒功能、网联式自动驾驶辅助功能等。当然，自动驾驶系统的自主性有不同层级：应急辅助、部分驾驶辅助和组合驾驶辅助（L0-L2）可以辅助或协助人类驾驶员完成驾驶任务；有条件的自动驾驶和高度自动驾驶（L3-L4）能在设计运行环境下执行自主驾驶功能；完全自动驾驶（L5）“可以获得与人类相似的能力，在无法预测的环境中自主安全驾驶”，实现真正意义上的无人驾驶。事实上，人类的自主性也并非铁板一块，人工智能发生偏差的几率与人类不按照他人期望行事的几率存在很高的一致性。

---

① BAUMEISTER R F, STILLWELL A, WOTMAN S R. Victim and perpetrator accounts of interpersonal conflict: autobiographical narratives about anger［J］. Journal of personality and social psychology, 1990,59（5）： 994−1005.

② NAHMIAS E, MORRIS S, NADELHOFFER T, et al. Surveying freedom: folk intuitions about free will and moral responsibility［J］. Philosophical psychology, 2005，18（1）： 561−584.

③ 许丽颖，喻丰，彭凯平. 算法歧视比人类歧视引起更少道德惩罚欲［J］. 心理学报，2022 54（9）:1076−1092.

身心健全的成人通常在做出行动之前能够对行为后果做出预判，以此判断是否实施该行为。现阶段的人工智能尚不具备这种自我意识，它们是由程序设计而成的系统，只能按照人所设计的程序工作，无法事先预判自己的行为是否会带来不好的结果，也无法规避这种不好的结果，即无法做出道德选择。因此，权责明晰对人工智能的应用十分重要。在推广和应用人工智能之前，首先要分清责任。如果对使用者造成了一定程度的伤害，这个责任应该由谁来负责。随着人工智能自主化程度提高，界定责任的前提条件变得越来越困难。因为人工智能产品的制造不是一个人完成的，是多人合力的结果，在设计、测试、生产的过程中都可能会出现问题，在出现问题时，无法判断由谁负责，谁该负责。同时，经典责任伦理将道德责任归于具有认知能力的个体，责任所要求的认知是指个体对行为的主体、对象、目的、环境、条件等行为要件的认知，即对行为本身的认知。无知虽可适当免除个体的道德责任，不过，如果个体在喝醉酒或盛怒情况下出于对善的无知而选择做缺德之事，不能免除道德责任。目前的人工智能无法像人类那样理解善恶、道德以及责任的真正意义，即人工智能暂时不满足承担责任的认知条件，此时，一旦它出错并产生不良后果，需要承担相应的责任吗？例如，2018 年 3 月 18 日，美国硅谷优步公司（Uber Technologies,Inc.）的无人驾驶汽车撞伤亚利桑那州的一名女子，导致该女子不幸身亡。这是全球首例无人驾驶车辆致人死亡的事故。在汽车开启人工智能无人驾驶模式时，由无人自动驾驶的汽车所引发的交通事故该由谁来负责？是由汽车的设计者、汽车的制造者还是汽车的购买者（拥有者）负责？机器人是否具备人的基本属性并使其自身成为道德主体呢？从无人驾驶汽车引发的事故可以看出，人工智能的应用陷入了责任伦理困境，因为人工智能以技术的方式感知世界，不像人类一样会对自己的行为做出预判。正如威尔伯斯所说：“在日益科技化的现代社会中，人工智能技术的广泛应用使得道德责任的归属复杂化。”①

人工智能可否以某种方式承担道德责任？道德责任要求个体正视、改正并补偿自己的道德过错，并不必然要求对个体的道德过错进行惩罚，并且，惩罚作为“对过去错误的一种自然报复”在现代社会逐渐丧失其道德正当性。那么，如果不能进行有效惩罚，对人工智能进行责任归属的目的是什么呢？概括起来，主要有三：（1）对道德行为及其后果进行正确归因，特别是当多行为者共同参与某一行为决策时，正确归因有助于及时纠正错误。（2）不断积累道德经验，将道德经验转化为道德算法或新的特征量，在人工智能设计中尽量减少未经预料的道德情形和两难困境。在计算机领域，通过程序升级修正漏洞的情形很常见，这也要求对人工智能的道德过错进行合理认识。（3）区分人工智能与人类设计师和用户之间的道德责任。对人工智能的正确归责有助于明确人类与人工智能的责任边界，也有助于强化人类的道德责任。②

3. 人工智能运用中存在泄露或侵犯个人隐私的风险

隐私权是一种基本的人格权。迈入智能化时代，人们的生活正在成为“一切皆被记录的生活”。各类数据采集设施、各种专家系统能够轻易地获取个人的各种信息，而且详尽、细致到令人吃惊的程度。在人工智能应用中，许多政府组织、企业、个人等将数据存储至云端，这容易遭到威胁和攻击。而且，一定的人工智能系统通过云计算，还能够对海量数据进行深度分析。大量杂乱无章、看似没有什么关联的数据被整合在一起，就可能算出一个人的性格特征、行为习性、生活轨迹、消费心理、兴趣爱好等，甚至“读出”一些令人难以启齿的秘密，如身体缺陷、既往病史、犯罪前科等。如果智能系统掌握的敏感的个人信息泄露出去，

① WAELBERS K. Technological delegation: responsibility for the unintended［J］. Science and engineering ethics，2009（15）：51-68.

② 曲蓉．人工智能责任伦理的可能性条件［J］．自然辩证法研究，2021，37（11）：49-55.

被别有用心的人"分享"，或者出于商业目的而非法使用，那么后果不堪设想。[①]

以一台在路上行驶的网约车为例，卫星定位能详细记录车辆行驶轨迹，曾经为了保护我们乘车安全的语音监控，现在也成为语音数据被后台监控，甚至有的车辆行车记录仪会记录下行车视频数据。也就是说，这台车上的各种智能科技设备，能够有效保证我们的人身安全，以及车辆行驶安全，甚至在必要时能记录下一些重要的信息作为证据进行举证。但同时，我们的出行时间、行程路线、姓名、电话、人脸信息、语音、通话内容、路线行驶视频都被详细进行了记录。有一点要注意，是我们享受了网约车的服务在先，因此代表我们接受了这些信息采集，各家网约车平台也确实进行了提醒，将采集车内语音等隐私。不过，随着科技水平的提高，智能科技普遍应用于各种领域，有些个人数据是没有征得我们同意的，甚至没有事先提醒我们就被采集了。遍布大街的摄像头就像一双双眼睛一样，时刻盯着我们，随着越来越多的汽车开始安装摄像头，以及智能驾驶辅助系统，路上的汽车已经成为"长着眼睛能自己思考"的钢铁洪流。它们可以记录下我们的道路交通状况、高精度地理信息、驾驶员操作习惯、车内语音录像、车外语音录像等信息。就如现在很多车企都在使用的"哨兵模式"（有些车企功能相近），当车辆停下来以后，车主可以通过手机远程查看车辆四周的一举一动。确实能够有效保证我们的个人财产安全，但同时对于一些有"特殊想法"的人来说，正如"哨兵模式"的名字一样，就像一个哨兵，全天 24 小时 360 度盯守着周围经过的每一个人和车。相关监管机构也已经意识到并对上述问题做出了反应，2021 年 10 月份开始生效的《汽车数据安全管理若干规定（试行）》第八条规定："因保证行车安全需要，无法征得个人同意采集到车外个人信息且向车外提供的，应当进行匿名化处理，包括删除含有能够识别自然人的画面，或者对画面中的人脸信息等进行局部轮廓化处理等。"此次试行政策对很多车

① 孙伟平．关于人工智能的价值反思［J］．哲学研究，2017（10）：120-126.

企的智能影像功能都有一定影响，典型如比亚迪在 2022 年 3 月关闭 DiLink 中的“千里眼”功能，小鹏汽车在 2022 年 5 月份关闭远程查看车外摄像头功能，特斯拉也将该模式变成了语音文字提示和视频本地存储，不再提供手机远程实时查看。此前高合、理想等车企的远程监控功能也暴露出了一些问题，并进行了及时更改。同时蔚来、威马等带有远程监控功能的配置都进行了更改。

人工智能存在泄露个人隐私的风险，上述隐私被侵犯仅仅是冰山一角。例如，每一天，人们都需要无数次回答“你是谁？”这个问题，向各种人、机器亮明身份。路遇警察临检，出示身份证；出入境，护照必须随身携带。刷脸的出现似乎可以终结这一烦琐的证明程序。不过，刷脸在给人们带来便利的同时，也带来一些担忧：“人家一扫你的脸就支付了，这不相当于一个行走的密码吗？”消费者对“刷脸”的担忧，正在成为大众拒绝刷脸的普遍理由。校园刷脸是否涉及师生的隐私？小区监控的边界在哪里？刷脸失误带来的后果谁来承担？城市管理者怎样将技术用对地方，而又不超越公民的隐私底线？试想一下，如果有人把我们的脸换成犯罪事件的主角、被绑架的人质……或者伪装成我们进行视频通话，对我们的亲友进行诈骗，后果将不堪设想。福布斯记者曾用一张合成的 3D 头像，打印出一个 3D 头型，并成功解锁了四款手机，人脸识别被骗，足以证明伪装的门槛到底有多低。同时，在公共场所使用人脸识别就变得合理正当了吗？未必。法国巴黎的一家书店，通过分析监控视频，仔细观察购物者的动作，店员会上前提供“心领神会”的服务。但在机器面前，每一个强忍住的哈欠、每一丝恼怒的表情都会被察觉，人际关系可能变得更加理性，也会更加机械而冷漠。试问，这样的“上帝”视角真的好吗？由于面部信息是具有唯一性特征的生物信息，银行卡信息泄露后还可以更换银行卡，人脸信息泄露将是终身泄露。假如我的脸被“卖”了，难道我要去换一张脸吗？未来，非常可能出现的场景是：当我们走进一家商店，店员立刻就能知晓关于我们的一切——身份、职业、收入、偏好、性格……而当这一天来临时，每个人都将处于“裸奔”状态，甚至戴上面具也无济于事，因为摄像头还能识别你的体型甚至步态。① 在隐私保护方面，人工智能的发展伴随侵犯个人隐私问题时有发生。如，据中国央视 2022 年和 2023 年的“3·15”晚会曝光，大量企业违规采集顾客人脸信息用于商业目的。

（二）人工智能“天生”存在偏见或歧视

1. 人工智能中存在的偏见类型

歧视是指针对特定类别群体或其成员的无理负面行为，② 这种行为不是由于群体及其成员应得或出于互惠，而仅是由于其属于特定类别。③ 与之类似，算法歧视也与类别相关。当算法产生与受法律保护的类别变量（如种族和性别）相关的系统性差异时，就被认为具有歧视行为。④ 如亚马逊的招聘算法对女性简历评分更低。⑤⑥ 偏见，是指针对特定群体及成员的带有消极情感倾向的不公正态度。根据偏见产生的类别线索，可分为七类：（1）性别偏见。人们根据他人的生理、心理或社会性别所产生的偏见。（2）种族偏见。人们根据他人所属的种族类别推断其所具有的特质，并认为某些种族成员比其他种族成员在某些方面更具有优势或劣势。（3）政治偏见。人们根据他人所持的政治立场所产生的偏见。（4）社会阶

① 吴雪 .“裸奔”的脸［J］. 读者，2020（5）:48-50.

② MCGINNITY L B F, H RUSSELL H. Making equality count: Irish andinternational research measuring equality and discrimination［M］. Ireland: Liffety Press，2010：84-112.

③ CORRELL J, JUDD C M, PARK B, et al. Measuring prejudice, stereotypes and discrimination［M］. CA: Sage，2012：45-62.

④ BONEZZI A, OSTINELLI M. Can algorithms legitimize discrimination?［J］ Journal of experimental psychology, 2021, 27（2）: 447-459.

⑤ DASTIN J. Amazon scraps secret AI recruiting tool that showed bias against women［N/OL］.（2021-06-18）［2022-04-05］.https://www.reuters.com/article/us-amazon-com-jobs-auto mation-insight/amazon-scraps-secret-ai-recruiting-tool-that-showed-bias-against-women-idUSKCN1MK08G.

⑥ 许丽颖，喻丰，彭凯平 . 算法歧视比人类歧视引起更少道德惩罚欲［J］. 心理学报，2022，54（9）：1076-1092.

层偏见。人们根据他人的经济和社会地位所产生的偏见。（5）地域偏见。人们根据他人所处的地理区域或社区特点所产生的偏见。[①]（6）文化偏见。人们根据他人所处文化的特点所产生的偏见。（7）道德偏见。人们根据他人所持的道德立场所产生的偏见。偏见产生的原因是多方面的，主要有视角偏差、价值观偏差、信息偏差、无知等。人类受自身有意或无意的偏见，以及可用信息不充分、不全面等因素影响，决策公平性有时难以保证。因此，越来越多的人主张对人类社会事务进行量化和编码，再采用算法、模型、机器学习和其他数学方法来协助或替代人类进行决策，以实现较人类决策更为公平的决策。这种主张背后的逻辑是：数据、算法和模型客观准确，不含任何类型的偏见。不过，这一逻辑在现实情境中难以真正落地，因为目前所有的人工智能都是由人造出来的，因人有偏见或歧视，结果，没有自由意见和良心的人工智能"天生"存在偏见或歧视。人工智能从数据收集到技术应用之间的各个环节，皆可能夹进人类有意或无意的偏见或歧视。开发团队在开发人工智能技术时，往往会以有益于占据有利地位的社会群体而非利于居于劣势地位的社会群体的方式进行研发和运作，这不一定是有意识歧视的结果，也有可能是无意识地遵守现有社会规范的结果，反映众多人类社会对少数群体的固有偏见或歧视。[②]只不过，人类智能产生偏见或歧视具有主动性，而人工智能产生偏见或歧视的过程是被动的；并且，相对于人类偏见或歧视，人们对算法偏见或歧视的道德惩罚欲更少，潜在机制是人们认为算法（与人类相比）更缺乏自由意志。因此，当个体拟人化倾向越

① 中国大百科全书（第三版）总编辑委员会．中国大百科全书：第三版·心理学［M］．北京：中国大百科全书出版社，2021：221.

② NTOUTSI E, FAFALIOS P, GADIRAJU U, et al. Bias in data - driven artificial intelligence systems-an introductory survey［J］. Wiley interdisciplinary reviews: data mining and knowledge discovery, 2020（3）： e1356.

强或者算法越拟人化，人们对算法的道德惩罚欲越强。[①] 由于现阶段人工智能产生的偏见就其本质而言是人类智能所产生的偏见，[②] 因此，人类有性别偏见、种族偏见、政治偏见、社会阶层偏见、地域偏见、文化偏见和道德偏见，相应地，人工智能也存在这七类偏见。限于篇幅，下面只简要阐述人工智能里存在的前三个偏见或歧视。

一是人工智能可能存在性别偏见或歧视。女性主义运动已经广泛深入地开展了数十年，性别平权问题业已经成为当下社会生活饱受关注和讨论中一个热点。联合国早在 1979 年就通过了《消除对妇女一切形式歧视公约》（*The Convention on the Elimination of All Forms of Discrimination Against Women*，*CEDAW*），保障女性在政治、法律、工作、教育、医疗服务、商业活动和家庭关系等各方面的权利。但人类社会目前仍然存在着多种形式的性别偏见或歧视，女性在职场、婚恋、教育，甚至于一般社会生活中都常会遭遇不平等，甚至是恶意对待，如就业招聘性别歧视、家庭暴力和性骚扰等情形仍然时有发生，严重危害着女性权利。当然，性别偏见或歧视并不局限于对女性的区别对待，男性或其他性别也常有意无意地遭受偏见和不平等对待。比如，当提及某个人的职业是幼师、护士、会计、空乘等等，人们可能常会不自然地预设对方的性别；同时，当发现对方性别与预期相悖，又常常会导致人们对其有异样眼光。其中，前者是社会认知研究中所关注的启发式加工的一个主要弊端，可能偏见意味尚没有那么浓重；而后者则毋庸置疑地是一种性别偏见甚至是歧视。上述一些偏见，也已经被发现存在于人工智能产品中。目前受关注和讨论较多的当属职业领域的性别偏见和歧视，尤其是在人才招聘流程中。因为海量人才的涌现与竞争，人力在一些情况下变得难以应付人才选拔工作，人工智能算法被越来越多地运

① 许丽颖，喻丰，彭凯平．算法歧视比人类歧视引起更少道德惩罚欲［J］．心理学报，2022，54（9）：1076–1092.

② 丁舟．人类智能与人工智能偏见的比较［J］．信息系统工程，2021（11）：129–132.

用到人才招聘之中，有超过 95% 的财富 500 强公司基于算法决定雇佣哪些应聘者。[①] 比如美国希尔顿酒店集团需要雇佣 1200 名呼叫中心员工，却收到了超过 30 000 名候选人的申请，这几乎无法靠人工进行筛选；于是他们使用基于人工智能技术的聊天机器人对应聘者进行初步筛选，例如询问候选应聘者的意向工作时间和工作模式等情况，其视频面试系统甚至可以记录并分析应聘者的微表情。[②] 人工智能技术在职业招聘领域的广泛运用，大幅降低了人才招聘的人力成本和经济成本，也节约了招聘时间。但另一方面，根据联合国教科文组织性别平等司 2020 年的一份报告，[③] 很多招聘系统中使用的人工智能软件对女性存在偏见。如亚马逊公司开发的人工智能招聘系统被曝出存在性别歧视，其软件算法在筛选简历时，会对包含“女性”等词的简历做出“降权”处理。[④] 因为该零售商的全球员工中有 60% 都是男性，男性更是在公司管理职位中占比 74%，而工程师用于算法练习的简历数据主要来自男性，这就导致人工智能算法在简历识别和与公司以男性员工为主的部门进行匹配的过程中，自然地更多倾向于选择男性应聘者。[⑤] 所以，英国《金融时报》（*Financial Times*）有文章认为，当前科技行业中男性角色占主导地位，是这种算法偏见得以产生的重要

---

① RENZULLI K A. 75% of resumes are never read by a human-here’s how to make sure your resume beats the bots [EB/OL]. (2019-02-28) [2020-02-01]. https://www.cnbc.com/2019/02/28/resume-how-yours-can-beat-the-applicant-tracking-system.html.

② PATRICK T. Hiring algorithms prove beneficial,but also raise ethical questions [EB/OL]. (2019-11-02) [2020-02-01].https://www.techtarget.com/searchhrsoftware/news/252471753/Hiring-algorithms-prove-beneficial-but-also-raise-ethical-questions.

③ UNESDOC. Artificial intelligence and gender equality: key finding of UNESCO’s globaldialogue [M]. Digital library, 2020.

④ Amazon reportedly scraps internal AI recruiting tool that was biased against women [EB/OL]. (2018-10-10) [2019-02-03].https://www.theverge.com/2018/10/10/17958784/ai-recruiting-tool-bias-amazon-report .

⑤ Why i’s totally unsurprising that Amazon’s recruitment AI was biased against women? [EB/OL]. (2018-10-10) [2019-02-03]. https://www.businessinsider.com/amazon-ai-biased-against-women-no-surprise-sandra-wachter-2018-10 .

原因。[①] 其实不只源于男性主导地位，人工智能性别偏见的产生可归结为 8 个方面：（1）缺乏文化多样性的开发人员和数据设计。因为人工智能使用的训练数据如果有偏差，那么其结果也必然会受到影响，所以缺乏文化多样性的开发工程师和偏差数据是人工智能性别偏见产生的主要原因。[②]（2）性别刻板印象。因为性别偏见在人类社会中根深蒂固，即使是自诩为女权主义者的女性，也常在不知不觉中展现对女性的偏见，所以其也常常影响到由人类工程师开发的人工智能软件算法。（3）程序员有意无意的偏见。类似于上述性别刻板印象的作用，有些程序员可能认知中存在性别刻板印象之外的性别偏见，进而影响到人工智能算法。（4）日常语言中的性别偏见。有些日常语言直接伴随着性别偏见，进而藉由盲目采用的单词嵌入技术导致性别偏差。（5）性别数据中的语言歧视。男性和女性在数据上的语言区别，从语义上加强了人们对世界感知中的性别偏差，这同样会体现在人工智能运算中。（6）经济或成本因素。比如向女性推送 STEM 招聘广告的成本更高，这导致看到相应广告的女性比男性少。[③]（7）歧视性的实际行为活动。因为人工智能算法可能会学习用户的行为，所以用户身上存在的性别偏见可能会被人工智能学习和强化。（8）历史歧视。历史性的歧视与针对女性的偏见相关，它在算法中长期存在，并最终放大了社会中的偏见。[④] 可以看出，这些性别偏见产生的原因不仅限于性别偏见，也广泛解释了其他类型偏见或歧视的产生。

---

① HANNAH KUCHLER. Tech’s sexist algorithms and how to fix them［N］. Financial Times, 2018-03-09.

② WANG, L. The three harms of gendered technology［J］. Australian journal of information systems, 2020（2）：1-9.

③ LAMBRECHT A, TUCKER C E. Algorithmic bias? an empirical atudy into apparent gender-based discrimination in the display of STEM career ads［J］.Management Science, 2019, 65（7）：2947-3448..

④ NADEEM, AYESHA A, BABAK M O. Gender bias in AI: a review of contributingfactors and mitigating strategies［C］. ACIS 2020 Proceedings, 2020：27.

二是人工智能可能存在种族偏见或歧视。由于现实世界广泛存在着系统性和结构性的种族歧视问题，人工智能在基于现实数据进行训练学习过程中，也可能会因种族而对某些群体产生偏见。例如，2015 年，谷歌图片将两位黑人的合照自动标记为“大猩猩”，此事在国际上引起轩然大波。2020 年 4 月，推特用户 Nicolas Kayser-Bril 在推特上发布推文，指出谷歌视觉云（Google Vision Cloud）存在严重技术漏洞，会将深肤色的人拿着的温度计图像标记为“枪”，将类似的浅肤色的人拿着的温度计图像标记为“电子设备”。[①]美国顶尖金融科技公司感知技术公司（Sentient Technologies）的首席科学家巴巴卡·霍加（Babak Hodjat）对此评价道，人类对种族问题非常敏感，但机器学习系统可能无法理解将人类误标记为大猩猩与将黑猩猩误标记为大猩猩这两件事之间的区别。由此看出，谷歌作为国际人工智能和机器学习领域的领军者，仍存在一些严重的技术漏洞，这些人工智能技术非但没有缓解不同文化和种族之间的矛盾，为各方沟通提供有效途径，反而进一步激化各方冲突、挑起种族对立。这种技术层面上的偏见，并不是一个新问题，相反，它可能和人类文明一样古老。斯坦福大学计算机科学系教授、谷歌云计算部门人工智能首席科学家李飞飞评价此中的道理与剪刀的发展历程类似。自从剪刀被发明以来，主要由右撇子使用，直到近些年来才有人认知到这种偏见，才开始着手设计、生产专供左撇子使用的剪刀。世界上只有大约 10% 的人是左撇子，占多数地位的成员忽视其他群体的经历是人类的天性。这其中的逻辑和当下人工智能技术对某些种族人士的忽视和漠视是相似的，即有偏见的人工智能技术会导致少数群体感觉被大众主流忽视或针对排挤。[②]这实际上是对人类基本权利的不尊重和漠视。[③]

---

① MAC R. Facebook apologizes after AI puts “primates” label on video of Black men［EB/OL］.（2021-09-03）［2024-03-01］. https://www.nytimes.com/2021/09/03/technology/facebook-ai-race-primates.html.

② KARIMI F, GÉNOIS M, WAGNER C, et al. Homophily influences ranking of minorities in social networks［J］. Scientific reports, 2018, 8: 11077.

③ THIEBES S, LINS S, SUNYAEV A. Trustworthy artificial intelligence［J］. Electronic markets, 2021, 31:447-464.

三是人工智能可能存在政治偏见或歧视。政治意识形态一直以来都是社会、人格和政治心理学家们关注的重要议题，一般将其抽象理解为“一套关于社会的适当秩序以及如何实现它的信念”。[①] 特定的政治意识形态具体化并传达了可识别的群体、阶级、选区或社会的广泛（但不是完全一致）共同的信念、观点和价值观。[②] 在很大程度上，不同的政治意识形态代表了社会共享但相互竞争的生活哲学，规定了人们应该如何生活、社会应该如何治理等基本问题，因此，不同的意识形态应该既引发又表达了其持有者或追随者在很多方面的社会、认知和动机风格或倾向。美国社会多从单一的左右维度去探讨政治意识形态问题，这种归类源自 18 世纪后期的法国，当时维持现状的支持者坐在法国大会堂的右侧，而其反对者坐在左侧。[③] 但有研究认为“左与右”两种政治意识形态可能并不是单一维度的两极，而应该是两个独立的维度。[④] 在单维模型之外，有研究发现人们对社会文化问题和经济问题的态度可能表现出不同的政治意识形态，[⑤] 所以也有人从社会与经济两个维度或层面去区分人们的政治意识形态，比如人们可能在社会问题上是自由主义者，而在经济问题上却是保守主义者。从更加全球化的视野来看，政治倾向可以表现为自由派、保守派、温和派、马克思主义者、无政府主义者等多种形态。一般而言，政治偏见与性别或种族等偏见不同，其相对缺少强大的抑制性社会规范约束（如种族偏见会受到猛烈抨击，政治偏见则不然），而且体现为一种个人的理性或非理性选择（性别和种族则一般无法被选择）。

---

① ERIKSON R S, TEDIN K L. American public opinion ［M］. 6th ed. New York: Longman. 2003: 64.

② KNIGHT KATHLEEN. Transformations of the concept of ideology in the twentieth Century ［J］. American political science review, 2006（4）：619–626.

③ JOST JOHN T. The end of the end of ideology ［J］. American psychologist, 2006（7）: 651.

④ CONOVER, PAMELA JOHNSTON, STANLEY FELDMAN. The origins and meaning of liberal/conservative self-identifications ［M］. Psychology Press, 2004：200–216.

⑤ SAUCIER GERARD. Isms and the structure of social attitudes ［J］. Journal of personality and social psychology, 2000（2）：366.

人工智能的政治偏见中比较常见的情况是，许多网站基于个性化的算法，为用户推送与其以前浏览过的相似内容以提高用户黏度，政治倾向便可能作为一种重要特征被绑定到用户身上，并被个性化算法用于有选择性地基于政治倾向呈现某些特定内容，同时忽略其他一些内容，[①] 这种内容过滤可能被认为是一种政治偏见。2023 年 5 月 8 日，布鲁金斯学会（Brookings Institution）发表一篇名为《人工智能的政治：ChatGPT 和政治偏见》（*The Politics of AI: ChatGPT and Political Bias*）的评论文章，指出类似于 ChatGPT 这种基于大型语言模型（large language models, LLM）的聊天机器人可能存在政治偏见。2023 年 1 月，慕尼黑工业大学和汉堡大学的研究人员发布了一篇学术论文的预印本，结论是 ChatGPT 具有"亲环境、左翼自由主义取向"[②]。有人对 ChatGPT 进行了一系列政治倾向测试，发现尽管其宣称自己的政治立场是中立的（也提及其训练数据可能存在偏见），却在多项政治倾向量表中表现出明显的左倾政治取向。[③] 这可能是因为 ChatGPT 基于互联网上的大量语料进行训练，而这些语料主要由西方社会中有影响力的机构主导，如主流新闻媒体、知名大学和流行社交媒体，而这些机构的大多数专业工作人员在政治上都是左倾的。[④] 另外，人工智能的政治偏见也可能会体现在招聘领域，比如保守派在人工智能相关公司的代表性不足，那么持有保守政治倾向的应聘者便可能在个人信息的算法筛选阶段遭受不平等对待，因为这种

---

① THORSON, KJERSTIN, et al. Algorithmic inference, political interest, and exposure to news and politics on Facebook［J］. Information, communication & society, 2021（2）:183–200.

② BAUM J,VILLASENOR J. The politics of AI: ChatGPT and political bias［EB/OL］.（2023-05-08）［2024-03-01］.https://www.brookings.edu/blog/techtank/2023/05/08/the-politics-of-ai-chatgpt-and-political-bias/.

③ ROZADO DAVID. The political biases of chatgpt［J］. Social sciences, 2023（3）:148.

④ WEAVER DAVID H, LARS WILLNAT, G CLEVELAND WILHOIT. The American journalist in the digital age: another look at U.S. news people［J］. Journalism & mass communication quarterly, 2019: 101–130.

政治倾向从统计上来说会对担任相应职位产生负性的预测作用。①

2. 人工智能“天生”偏见或歧视的缘由

导致人工智能“天生”偏见或歧视的缘由，概括起来主要有五种。

第一，数据集偏见。人工智能极度依赖于人类生成的数据（例如，用户生成的内容）或由人类创建的系统收集的数据。数据科学中有句格言：“垃圾输入 = 垃圾输出”（garbage in = garbage out），便是指模型高度依赖于提供给它们的训练数据（the training data）的质量。数据集偏见中的典型代表为选择偏见（selection bias），又称代表性偏见（representativeness bias）。这种偏见是指收集数据时无法实现适当的随机化，从而无法确保所获得的样本代表要分析的人群，导致数据集训练出的算法带有对特定群体的偏见。②③ 如，2016 年，俄罗斯科学家发起了一场人工智能选美大赛，参赛者提交自己的自拍照，由人工智能算法根据他们脸部的对称性、皱纹、感知年龄等因素来判断美丽程度。该比赛吸引了全球范围内超 60 万参赛者。比赛结果显示，由人工智能选出的 44 位获奖者中，只有一人是深肤色人士。这一结果引来众多质疑。比赛的运营商将这一明显的偏见归因于数据集偏见，即用来训练选美人工智能的数据集仅包含少量的有色人种的照片，由此，算法基本上忽略了深肤色人士的照片，并认为白色人士更美丽。再如，研究发现，Microsoft、Face++、IBM 三家公司的面孔识别算法都存在种族偏见，它们对浅色面孔（lighter face）的识别准确度高于深色面孔（darker faces），错误率最大差距可达 19.2%。④ 这可能是因为，数据集中

① PETERS U. Algorithmic political bias in artificial intelligence systems［J］. Philosophy & technology, 2022（2）：25.

② AKTER S, MCCARTHY G, SAJIB S, et al. Algorithmic bias in data-driven innovation in the age of AI［J］. International journal of information management, 2021, 60: 1–13.

③ HARGITTAI E. Potential biases in big data: omitted voices on social media［J］. Social science computer review, 2020, 38（1）： 10–24.

④ BUOLAMWINI J, GEBRU T. Gender shades:intersectional accuracy disparities in commercial gender classification［J］. Proceedings of machine learning research, 2018, 81: 1–15.

浅色面孔的数据远多于深色面孔，因此，基于此训练而得的人工智能系统对浅色面孔的识别准确度会远高于对深色面孔的识别准确度。可见，人工智能技术受数据驱动，用于训练人工智能技术的数据集的质量直接影响人工智能的智能程度。在这之后，另外两家公司亚马逊和凯如斯（Kairos）研发的面孔识别算法，也被发现同样存在这一问题。[①]又如，研究者对比四种人脸识别算法在白种人人脸识别和东亚人人脸识别准确度的差异，这四种算法均基于深度卷积神经系统（deep convolutional neural networks，DCNN）。[②]结果发现，这四种算法对白种人人脸的识别准确度均高于对东亚人脸的识别准确度。

第二，标记偏见。在给训练数据打标签时，难免将自身的偏见有意无意地带入算法模型中。如，人工智能系统在医学成像领域的应用可能产生或放大开发者的既有偏见。研究者对胸部 X 光领域的三个大型公共数据集进行分析，发现它们均显示出对特定的亚群体的诊断不足，即将亚群体患者错误标记为健康，导致他们无法得到急需的关注和治疗。[③]这些亚群体包括女性患者、黑人患者、社会经济地位较低的患者等。

第三，算法偏见。算法研发者的自身偏见，或在设计算法时思虑不周，未顾及种族差异和文化差异，或对算法的知识背景和价值规范缺乏深入理解，难以将其准确转化为数据算法，均可引发算法偏见[④]，即导致人工智能

① RAJI I D, BUOLAMWINI J. Actionable auditing: investigating the impact of publicly naming biased performance results of commercial AI products［C］// AIES' 19: Proceedings of the 2019 AAAI/ACM conference on AI, ethics, and society. New York: Assciation of computing machinery, 2019: 429-435.

② CAVAZOS J G, PHILLIPS P J, CASTILLO C D, et al. Accuracy comparison across face recognition algorithms: where are we on measuring race bias?［J］. IEEE transacti ons on biometri, 2020, 3（1）：2637-6407.

③ SEYYED K, ZHANG H, MCDERMOTT M B A, et al. Underdiagnosis bias of artificial intelligence algorithms applied to chest radiographs in under-served patient populations［J］. Nature medicine, 2021, 27（12）： 2176-2182.

④ 汝绪华．算法政治：风险、发生逻辑与治理［J］．厦门大学学报（哲学社会科学版），2018（6）：27-38.

算法对特定人群产生偏见和歧视。例如，2016 年，美国“为了人民”新闻网站（ProPublica）采用 COMPAS 算法，对佛罗里达州布劳沃德县（Broward County）的 1 万多名白人和黑人刑事被告的再犯罪风险进行预测。COMPAS 算法公式为：

$$\text{累计风险评分} = [\text{年龄} \times (-\omega)] + [\text{首次被捕年龄} \times (-\omega)] + (\text{暴力历史} \times \omega) + (\text{职业教育} \times \omega) + (\text{违法历史} \times \omega)$$

其中，w 是权重值。预测完成后，将每位被告的预测再犯罪风险和实际犯罪风险进行比较，以此判断 COMPAS 算法在不同种族人群中的预测准确度。结果发现，较之白人被告，黑人被告更可能被 COMPAS 算法错误地判断为具有更高的再犯罪风险。究其原因，COMPAS 算法的预测指标“暴力历史”和“职业教育”在不同种族之间存在显著差异，黑人被告较之白人被告在这两个指标上存在明显劣势。因此，黑人和白人被告的预测再犯罪风险之间的差异，是由不恰当的预测指标和算法偏差带来的错误预测，而不反映真实情况。再如，研究者发现，一种被美国医疗卫生系统广泛使用的算法可能对黑人群体存在偏见。[①] 这套算法基于患者的历史医疗卫生开支，筛选出有严重疾病和出现复杂并发症的患者，继而为这类患者提供专门的医疗护理和优先服务。这背后的逻辑是，患者的历史医疗卫生开支越高，越需要得到额外关注。基于此算法，医疗卫生系统可有效节省开支，也能使得最需要服务的患者优先得到照料，确保医疗卫生资源的最佳配置和最优利用。基于历史医疗卫生开支成本来筛选目标对象这一逻辑有一定道理，但可能存在一大漏洞：较之白人群体，黑人群体获得医疗卫生服务的机会更少，经济水平也更低，因此，他们在医

① OBERMEYER Z, POWERS B W, VOGELI C, et al. Dissecting racial bias in an algorithm used to manage the health of populations［J］. Science, 2019, 366（6464）: 447–453.

疗卫生系统中的历史开销更少，也就较不可能被这套算法系统锁定为目标对象。该研究发现，目前仅有 17.7% 的黑人患者被选为额外医疗卫生服务的对象，如果黑人群体的医疗卫生成本（历史开销）能与白人群体持平，那么，46.5% 的黑人患者需要被列入服务对象。算法偏见实然存在，而且算法不透明性使得这些算法偏见难以被察觉到，导致无法对其进行及时监督和矫正。算法不透明可分为三类[①②]：一是企业或开发方视算法为私人财产、商业秘密或竞争优势所在，故而选择不与外界共享；二是人工智能算法涉及数据处理、编程等专业知识，未接受过系统训练的人们难以理解这些内容，这使得算法成为非计算机领域人士的知识盲点；三是人工智能算法的复杂性在实际使用中进一步扩大，导致即使是计算机领域专业人士也未必完全清楚其工作原理。这三种算法不透明性既可独立存在，也可共存，即一种算法同时存在多种不透明性。不论是哪种算法不透明性，皆会对算法偏见的觉察、监督和处理带来负面影响。除上述原因之外，资本干预、数据垄断、技术滥用和误用等外部因素也会引起算法偏见[③]。

第四，人机交互中引起的偏差。2016 年 3 月，微软在推特（Twitter）上推出人工智能聊天机器人 Tay，但仅上线一天就被下架了。因为在上线之前，微软的程序员希望 Tay 在与推特用户的开放性、自然对话互动中产生自己的观点、意愿，因此，设计者没有事先为 Tay 植入规则，用来限制它的语言模式和交往模式。Tay 一亮相便引起了广泛关注，不到一天便吸引了超过 5 万的粉丝。然而，出乎所有人意料的是，这个机器人在与人对话的过程中快速地“学”会了辱骂人类和

---

① PASQUALE F. The black box society: the secret algorithms that control money and information［M］. Cambridge: Harvard University Press, 2015: 112.

② 刘友华 . 算法偏见及其规制路径研究［J］. 法学杂志，2019（6）：55-66.

③ 董青岭，朱玥 . 人工智能时代的算法正义与秩序构建［J］. 探索与争鸣，2021（3）：82-86，178.

发表关于种族歧视的言论。对此现象，网民调侃道，Tay 被推特网友“教坏”了。路易斯维尔大学（University of Louisville）网络安全实验室负责人罗曼·扬波尔斯基（Roman Yampolskiy）表示，Tay 系统积极从推特用户的海量推文中学习对话，这些推文中的大量不良言论很可能投射在 Tay 身上。因此，设计者应当像教导孩子一样，教导 Tay 系统什么样的言论是不合适的。Unanimous AI 的创始人路易斯·罗森伯格（Louis Rosenberg）评价道：就像所有聊天机器人一样，Tay 并不知道它在说什么……它不知道它在说什么冒犯性的、荒谬的东西。从这个案例可以看出，人类开放环境中的数据里存在着大量的偏见和错误认知，放任机器去学习这样的数据，无法保证它会变得更睿智、客观。吊诡之处在于，由于大多数人信任科学技术，当算法给出一个看似科学的结果，而这个结果恰恰符合了固有的成见时，我们不会去质疑算法有没有问题，反而会用这个结果去巩固成见。[①]

第五，利益团体的资本嵌入，也是引发算法歧视的重要原因。2019 年，中国央视起底数据流量造假产业，指出在微博上“买热搜”“买流量”的现象，是对影视文娱行业的侵蚀。这些被买了流量的信息内容在微博的算法推荐机制之下，随即出现在许多网民的主页上，与部分用户的信息偏好相离甚远。技术神话之下，用户对于数据的迷信，给予了资方用算法中立的外衣来操作舆论、控制受众的机会，“大数据杀熟”便是一种典型的价格歧视。商家通过大数据分析，为不同人群提供动态定价，以获得更大限度的消费者剩余，对于被以高价供应的消费者群体而言，即是以更高的价格买了同等商品。当广告商以貌似中立的特征描绘人群，而非以种族、性别、职业身份等归类人群时，这种操纵被掩饰得更隐蔽，消费者成了更加无力的反抗者。[②]

① 方师师．假如算法有“偏见”［J］．读者，2020（6）：18-19.
② 张力，郑丽云．算法推荐的歧视与偏见［J］．中国报业，2020（13）：48-49.

（三）人工智能可能引发更严重的社会不平等

迈入智能时代，人类创造了一个高度复杂、快速变化的技术系统和社会结构，但是，技术的发展不可能自动践履“全民原则”，人工智能领域正在沦为经济、技术等方面的强者独享特权的乐土。例如，由于生产力发展不均衡，科技实力相差悬殊，不同国家、地区的不同的人接触人工智能的机会不均等，使用人工智能产品的能力是不平等的，与人工智能相融合的程度是不同的，由此产生了收入的不平等、地位的不平等以及未来预期的不平等，“数字鸿沟”已经是不争的事实。这一切与既有的贫富分化、地区差距、城乡差异等叠加在一起，催生了大量的“数字穷困地区”和“数字穷人”。①

并且，在残酷的市场竞争、国际竞争中，发达国家、跨国企业一直对关键数据资源进行垄断，对人工智能的核心技术和创新成果进行封锁，以期进一步获取垄断优势和超额利润。同时，部分富人和精英可以通过基因改造、人机一体化等方式，改善身体的机能，延长自己的寿命，甚至实现永生；大多数人不仅得不到类似的机会，反而由于生命体相对“弱智弱能”，在社会的信息化、智能化潮流中苦苦挣扎。随着网络越来越庞大、机器越来越灵巧、系统越来越智能，绝大多数人日益成为庞大、复杂的智能机器系统中微不足道的“零部件”，甚至沦为“智能机器的奴隶”。这导致“数字鸿沟”被越掘越宽，呈现“贫者愈贫，富者愈富”的发展趋势。②

（四）人工智能行为太过理性或片面，缺少爱心

一方面，有些人工智能行为因太过理性，缺少爱心。例如，某高龄老太太腿疼，其儿子陪她去医院看医生，医生看过所拍的CT片并确诊该老太太患了骨癌后，当老太太让儿子向医生打听其病情时，医生是让老太太的儿子向老太太如实相

① 孙伟平．关于人工智能的价值反思［J］．哲学研究，2017（10）：120-126.

② 同①．

告病情还是向老太太隐瞒病情？若是人类医生，考虑到老太太的高龄，出于爱心，一般建议老太太的儿子向老太太隐瞒病情，但是，如果是人工智能专家系统，可能就会建议老太太的儿子向老太太如实陈述病情。两种告知，对老太太的心理影响和后续治疗肯定有明显差异。就像由华裔女导演王子逸执导，于2019年7月12日在美国上映，于2020年1月10日在中国内地上映的电影《别告诉她》（*The Farewell*），故事讲述了一个美国华人家庭中，奶奶罹患癌症，孙女比莉想用美国人的思维告诉还蒙在鼓里的奶奶，让她坦然、温馨走完人生最后一程，比莉的父母辈却坚持用中国人的善意隐瞒奶奶的病情，为此，不惜为一家人忽如其来的大团聚编了一个大谎——为奶奶在日本的大孙子在家乡办一场风光的婚礼，假借这场婚礼的名义让所有家人回家见奶奶最后一面。

另一方面，有些人工智能行为因太过片面，缺少爱心。例如，有些聊天机器人会使用歧视性、仇恨性言论。如何让聊天机器人表现出对人类的关心和同情心，值得关注。

（五）人工智能被人恶意使用后出现违反道德或法律的行为

人工智能被人恶意使用后出现一些违反道德或法律的行为，包括但不限于：互联网虚假信息泛滥、伪造视频、伪造新闻、换脸变声用于诈骗、生成不雅图片，等等。[①] 例如，以前人们总相信眼见为实，如今通过人工智能合成的照片和声音高度仿真，让一些人无法分辨真伪而上当受骗。2023年3月31日，据中国中央电视台第二频道（CCTV-2，财经频道）“经济信息联播”报道，美国和加拿大频发利用人工智能合成语音或合成照片的电信诈骗事件，让不少受骗者损失钱财。

二、破解人工智能道德风险的对策

从人工智能与道德的关系角度看，人工智能进步的结果，应该是让更多的

① 孙凝晖．十四届全国人大常委会专题讲座第十讲讲稿：人工智能与智能计算的发展[EB/OL]．（2024-04-26）[2024-05-01].http;//www.npc.gov.cn/npc/////c2/c30834/202404/t20240430_436915.html.

人能够过上更有道德、更从容的生活，而不是让大家在担惊受怕的情绪里过日子，更不是设计和生产出像科幻小说和科幻电影里所描述的那种与人类对立并最终导致人类灭绝的人工智能。为了防止越来越智能的人工智能有可能变恶，防止功能越来越强大的人工智能被坏人恶意使用，须破解人工智能可能存在的道德风险，其对策是：通过外部和内部路径有效执行一套取得共识的伦理道德法则，以保证人工智能朝着不断增进人类福祉的方向发展。

（一）破解人工智能存在道德风险的外部进路

当前，面对人工智能深入赋能而引发的多方面风险与挑战，全球各国越来越重视人工智能的治理。人工智能治理是一项复杂的系统工程，根据《人工智能治理白皮书》，人工智能清理体系由国际组织、国家政府、行业组织、企业与公众等多元主体共同参与、协同合作，形成了伦理道德原则等“软法”与法律法规等“硬法”相结合的治理手段，旨在实现科技向善、造福人类的总体目标愿景，推动人工智能健康有序向前发展。人工智能治理机制如图 6–1 所示。

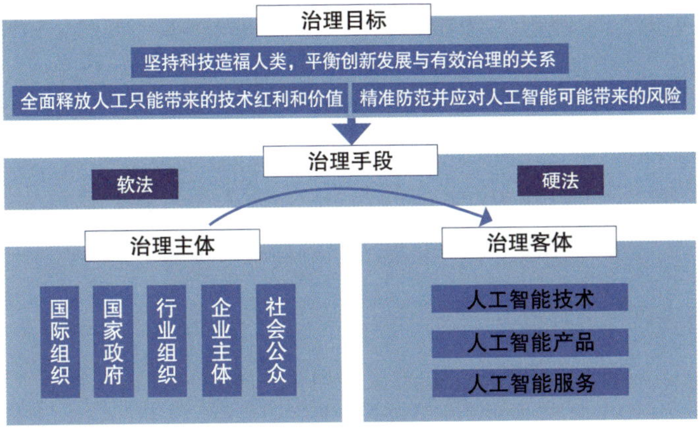

图 6–1　人工智能治理机制示意图[①]

根据图 6–1 所示，破解人工智能研究中存在道德风险的外部进路主要包括国际组织、国家政府、行业组织不断完善人工智能相关领域的法律体系建设，

① 中国信息通信研究院．人工智能白皮书［EB/OL］．［2024–04–07］.www.caict.ac.cn. 2022：21.

加大监管力度，与此同时，不断提升人工智能科学家的道德品质等。

1. 为人工智能的健康发展立下一套行之有效的伦理道德法则

为了促进人工智能朝着不断增进人类福祉的方向发展，消除人工智能可能潜藏的道德风险，许多科学家、哲学家、作家、心理学家、教育家和社会学家等都在持续关注这个问题，并提出了如下一些著名伦理道德法则。只要人工智能的研发者、生产者和使用者严格遵循这些法则，一定能让人工智能朝着不断增进人类福祉的方向发展，彻底消除人工智能可能潜藏的道德风险。

（1）“机器人行为三定律”和“第零定律”。

学物理出身的俄裔美国作家、世界著名科幻小说家阿西莫夫（Isaac Asimov）于 1942 年发表的短篇小说《转圈圈》（*Run Around*，也译作《环舞》）中提出了“机器人行为三定律”（也译作“阿西莫夫机器人行为三法则”），后来成为计算机和人工智能界默认的研发原则：①机器人不能伤害人类，也不能在人类受伤害时袖手旁观；②在不违反第一条定律的前提下，机器人应该服从人类的一切命令；③在不违反前面两条定律的前提下，机器人应确保自身的安全。[①] 什么是“伤害”？《辞海》的解释是：①损害。如伤害自尊心。②杀害，谋害。韩愈《论捕贼行赏表》：“臣伏见六月八日敕，以狂贼伤害宰臣，擒捕未获，陛下悲伤震悼。”由此可见，“机器人不能伤害人类，也不能在人类受伤害时袖手旁观”这条定律的含义是：机器人不能损害或谋害人类，也不能在人类受损害或被谋害时袖手旁观。

1985 年，阿西莫夫出版了“机器人系列”的最后一部作品《机器人与帝国》（*Robots and Empire*），在这部小说第五部分的第 18 小节（*Part V: 18 the zeroth law*）提出了凌驾“机器人行为三定律”之上的“第零定律”（the Zeroth Law）：

① MURPHY R, WOODS D D. Beyond asimov: the three laws of responsible robotics［J］. IEEE intelligent systems, 2009, 24（4）:14–20.

机器人必须保护人类的整体利益不受伤害，其它三条定律都是在这一前提下才能成立。[①]这表明，“第零定律”是站在维护人类整体利益的高度给机器人立规则的。为什么要增加“第零定律”呢？用《机器人与帝国》一书中虚构的人物伊利亚·贝莱（Elijah Baley）在临终前对机器人丹尼尔·奥利瓦（Robot Daneel Olivaw）所讲的话说：全人类的生命（过去的、现在的和将来的）汇成了永不停息的生命长河，并将变得越来越壮丽，一个人的生命只是这条生命长河中的一滴水。因此，通常情况下，人类整体的利益高于个人和人类小团体的利益。为了维护人类的整体利益，当人类整体利益与个人利益、人类小团体的利益发生矛盾且须做出“二选一”的选择时，往往需牺牲后者的利益；当恶人或邪恶小团体损害人类的整体利益时，更要及时对恶人或邪恶小团体进行惩罚，甚至将他或他们判死刑。这时机器人为了维护人类的整体利益，就须遵守“第零定律”，进而不得违背机器人第一定律。例如，假若希特勒没有自杀身亡，而是在“二战”结束后被同盟国军事法庭经审判后被判死刑并立即执行时，机器人应不应该阻止这项死刑的执行呢？显然不应该，否则就伤害了人类的整体利益。

（2）阿西洛马人工智能原则。

2017 年 1 月，由美国的“生命未来研究所”（Future of Life Institute）（该机构成立于 2014 年，是一个非营利组织，由个人和组织资助，以“引导变革性技术造福生活，远离极端、大规模风险”为使命）牵头，在美国加利福尼亚州的阿西洛马（Asilomar）举行了“有益的人工智能”（Beneficial AI）会议（也称“阿西洛马会议”，2017 Asilomar Conference），会议的重要成果是，到目前为止，已有 1797 名人工智能和机器人领域的专家（包括特斯拉 CEO 埃隆·马斯克、DeepMind 创始人戴密斯·哈萨比斯等）和其他行业的 3924 人（签名仍在继续，这是截至北京时间 2023 年 12 月 17 日 10：00 的签名数），联合签名、

① ASIMOV, I. Robots and empire［M］. Garden City, N. Y.: Doubleday & Company, Inc. 1985: 290–291.

支持《阿西洛马人工智能原则》（*Asilomar AI Principles*）。[①]《阿西洛马人工智能原则》是阿西莫夫的“机器人行为三定律”和“第零定律”的扩展版本，旨在规范人工智能的发展，以防止人工智能被恶意使用，保证人工智能在未来几十年甚至几世纪中，创造更多机会以更有效地帮助和壮大人类，而不是危害人类的福祉，共同保障人类的命运和未来，预防像科幻小说或科幻电影里所描述的人工智能最终导致人类世界末日的出现。《阿西洛马人工智能原则》共23条，分为科研问题（research issues）、伦理和价值（ethics and values）和更长期问题（longer-term issues）三大类。[②③]

●科研问题（research issues）

研究目的：人工智能研究的目标，应该是创造有益于人类而不是不受人类控制的智能。

研究经费：投资人工智能应该有部分经费用于研究如何确保有益地使用人工智能，包括计算机科学、经济学、法律、伦理以及社会研究中的棘手问题，如：①如何使未来的人工智能系统高度健全（“鲁棒性”），让人工智能系统按我们的意志和要求运行，而不会发生故障或遭黑客入侵？②如何通过自动化提升我们的繁荣程度，同时维持人类的资源和意志？③如何改进法制体系使其更公平和高效，能够跟得上人工智能的发展速度，并且能够控制人工智能带来的风险？④人工智能应该归属于什么样的价值体系？它该具有何种法律和伦理地位？

科学与政策的联系：在人工智能研究者和政策制定者之间应该有建设性的、有益的沟通。

---

① 数据来源：https://futureoflife.org/open-letter/ai-principles/。

② 阿西洛马人工智能原则：马斯克、戴米斯·哈萨比斯等确认的23个原则，将使AI更安全和道德［J］. 智能机器人，2017（1）：20-21.

③ 闫坤如，马少卿. 人工智能伦理问题及其规约之径［J］. 东北大学学报（社会科学版），2018，20（4）：331-336.

科研文化：在人工智能研究者和开发者中应该培养一种相互合作、相互信任与彼此透明的文化。

避免恶性竞争：人工智能系统开发团队之间应该积极合作，避免以牺牲人工智能安全标准为代价的恶性竞争。

●伦理道德和价值观（ethics and values）

安全性：人工智能系统在它们整个运行过程中应该是安全和可靠的，并在适用且可行的情况下可验证其安全性。

故障透明性：如果人工智能系统造成了损害，那么造成损害的原因要能被查明。

司法透明性：在司法裁决中，但凡涉及自主研制系统，都应提供一个有说服力的解释，并由一个有能力胜任的人员进行审计。

责任：高级人工智能系统的设计者和建造者是人工智能使用、误用和行动的权益方，有责任和机会去塑造人工智能的道德影响。

价值观一致：设计高度自主的人工智能系统时，应确保在整个运行中它的目标和行为与人类的价值观相一致。

人类价值观：人工智能系统的设计和运行应符合人类尊严、权力、自由和文化多样性的理想。

个人隐私：既然人工智能系统能分析和利用数据，人们应该有权利获取、管理和控制他们产生的数据。

自由和隐私：人工智能在使用个人数据时，不得无理由剥夺或限制人们真实的或感受到的自由。

共享利益：人工智能科技应该惠及和服务尽可能多的人。

共享繁荣：由人工智能创造的经济繁荣应该被广泛地分享，惠及全人类。

人类控制：人类应该自主选择和决定是否让人工智能系统去完成人类选择

的目标。

非颠覆：高级人工智能被授予的权力应该尊重和改进健康的社会所依赖的社会和公民秩序，而不是去颠覆它。

人工智能军备竞赛：应该避免出现使用致命自主武器的军备竞赛。

●更长期问题（longer-term issues）

性能警示：因为没有达成共识，我们应该强烈避免关于未来人工智能性能的假设上限。

重要性：超级人工智能可代表地球生命历程中一个深远变化，人类应有相应的关注和资源对其规划和管理。

风险：人工智能系统造成的风险，特别是灾难性的或有关人类存亡的风险，必须根据其预期影响进行规划和破解，以减轻或消除可预见的风险。

递归自我完善：那些会递归地自我改进和自我复制的人工智能系统一旦设计出来，可迅速增加人工智能系统的质量或数量，故设计和生产这种人工智能系统须遵守严格的安全控制措施。

公共利益：只有在为广泛共享的道德理想服务，造福全人类，而不是为了某个国家或组织的利益，才能发展超级人工智能。

2. 国际组织、国家政府、行业组织、企业与公众等多元主体共同参与监管人工智能

上文论及的道德法则若仅停留在论文、著作或文件中，而没有在人类行为和人工智能的行为中体现出来，则毫无意义，也无法有效规避人工智能可能存在的道德风险。因此，国际组织、国家政府、行业组织、企业与公众等多元主体须有效执行上面所公认有关约束人工智能行为的这套伦理道德法则，共同参与监管人工智能，才能保证人工智能朝着不断增进人类福祉的方向发展。

（1）国际组织要不断完善人工智能相关领域的法律体系建设，加大监管力度。

联合国积极推动人工智能伦理道德治理进程。世界卫生组织于 2021 年 6 月 28 日发布《医疗卫生中人工智能的伦理和管制》，这是世界上第一份关于在医疗卫生中使用人工智能的指南，确保人工智能技术能够为全球所有国家的公共利益服务。联合国教育、科学及文化组织于 2021 年 11 月 23 日发布《人工智能伦理问题建议书》及其实施计划，这是全球首个针对人工智能伦理制定的规范框架，同时赋予各国在相应层面应用该框架的责任。美国当地时间 2024 年 3 月 21 日，联合国大会以协商一致的方式通过了由美国主导的关于“抓住安全、可靠和值得信赖的人工智能系统的机遇，促进可持续发展”的决议。该决议指出：“安全、可靠和值得信赖的人工智能系统（就本决议而言，是指非军事领域的人工智能系统，其生命周期包括前期设计、开发、评价、测 试、部署、使用、销售、采购、运行和淘汰等阶段）必须以人为本、可靠、可解释、符合道德、具有包容性，充分尊重、促进和保护人权和国际法，保护隐私、面向可持续发展和负责任，这些系统可以加速和推动在实现所有 17 项可持续发展目标方面取得进展以及通过平衡和统筹兼顾的方式从经济、社会和环境这三个方面实现可持续发展；推动数字化转型；促进和平；克服国家之间和国家内部的数字鸿沟；促进和保护人人享有人权和基本自由，同时坚持以人为本。”[①] 这是在联合国大会上磋商达成的首个独立决议，是迄今为止全世界在政府层面达成的最广泛的共识，为治理人工智能确立了一个全球共识的方法。

2019 年 5 月，经济合作与发展组织（OECD）通过并颁布了首个由各国政府签署的《经合组织人工智能原则》（*OECD Principles on AI*，*2019*），这是经济合作与发展组织成员国政府就“负责任地管理可信赖人工智能”达成的第一

① 在联合国网站上阅读和引用此决议的中文版本的网页地址为：https://daccess—ods.un.org/access.nsf/Get?OpenAgent&DS=A/78/L.49&Lang=C。

个国际标准。① 制定《经合组织人工智能原则》的目的是：促进具有创新性和可信赖性、尊重人权和民主价值观的人工智能发展。《经合组织人工智能原则》确定了五项基于价值观的原则，用于负责任地管理可信赖的人工智能：①人工智能应该推动人类社会的可持续性发展和包容性增长；②人工智能系统的设计应尊重多样性的价值观：法治、人权和民主，也应该采取一些适当的保障措施，例如，在必要时，应该采取人工干预，以确保人类社会的公平、公正；③人工智能系统的信息披露应该具有透明度和严谨性，使得人们理解并修改基于人工智能系统取得的成果；④人工智能系统在其产品的整个生命周期里必须不断评估潜在风险并解决它，其运行方式应该稳健和安全；⑤组织或者个人应该按照上述原则对人工智能系统的正常运行负责。根据这些基于价值的原则，经合组织还向各成员国政府提出五项建议：①促进公共和私人在研发方面的投资，以促进可信人工智能的创新；②利用数字基础设施、技术和机制，促进无障碍人工智能生态系统，以共享数据和知识；③确保有一个政策环境，为部署可信赖的人工智能系统开辟道路；④赋予人们人工智能的技能，并支持工人实现公平过渡；⑤跨国界和部门合作，在负责任地管理可信赖的人工智能方面取得进展。②

二十国集团（G20）于 2019 年 6 月在日本筑波市举行的 G20 部长级会议上，在参考《经合组织人工智能原则》的基础上，批准了倡导人工智能使用和研发“尊重法律原则、人权和民主价值观”的《二十国集团人工智能原则》，内容包括“可信人工智能的负责任管理原则”和“实现可信人工智能的国家政策和国际合作的建议”，成为人工智能治理方面的首个政府间国际共识，确立了以人为本的发展理念。中国支持围绕人工智能加强对话，落实《二十国集团人工智能原则》，

① OECD. Education at a Glance 2019［EB/OL］.（2019-9-10）［2024-03-01］. https://doi.org/10.1787/f8d7880d-en.

② 高玉英. 科技启智向善：OECD《人工智能原则》解读与启示［J］. 科技风，2021（20）：5-8，38.

推动全球人工智能健康发展。

2018 年 5 月 25 日，欧盟出台《通用数据保护条例》。2024 年 3 月 13 日，欧洲议会通过了欧盟《人工智能法案》。欧盟《人工智能法案》于 2024 年 8 月 1 日正式生效，该法案是全球首部全面监管人工智能的法案。欧盟《人工智能法案》规定：作为前提条件，人工智能应是以人为本的技术。人工智能应作为人类的工具，最终目的是提高人类福祉（第 4 条）。同时，根据人工智能系统可能对用户造成的风险程度，欧盟《人工智能法案》将人工智能系统分为不可接受的风险（unacceptable risk）、高风险（high risk）、有限风险（limited risk）和低风险（minimal risk）等 4 个级别，对这 4 个级别的人工智能分别制定了不同的要求和执行机制。该法案的第 16—26 条禁止了 8 种“不可接受风险的人工智能系统”：①采用潜意识的成分，如超出了人的感知范围、无法被人感知的音频、图像、视频刺激，或者采用其他操纵或欺骗技术，以人们无法意识到的方式损害人的自主、决策或自由选择，或者即使意识到了，人们仍然被欺骗，或者无法控制或抵制。②利用个人或特定群体的弱点（如年龄或特定的社会或经济状况），达到严重扭曲某人行为的目的或效果，并可能对其造成重大损害（第 16 条）。③应禁止基于个人生物识别数据（如个人的脸部或指纹）将自然人归入特定类别，这些特定类别可能涉及性别、年龄、发色、眼色、纹身、行为或个性特征、语言、宗教、少数民族身份、性取向或政治倾向（第 7b 条），同时，禁止基于个人生物识别数据来推断个人的政治观点、工会成员身份、宗教或哲学信仰、种族或性取向。这项禁令不包括根据生物识别数据对按照欧盟或国家法律获取的生物识别数据集进行合法标记、过滤或分类，例如根据头发颜色或眼睛颜色对图像进行分类，这可能用于执法领域（第 16a 条）。④由公共或私人行为者为自然人提供社会评分的人工智能系统，如果可能导致歧视性结果和排斥某些群体，便应禁止。这一禁令不应影响自然人根据国家和欧盟法律为特定目的而进行的合法的评估行为（第 17 条）。⑤除特殊情况（如寻找特定犯罪受害者，包括失踪人员；自然人的生命或人身安全受到特定的威胁或者受到恐怖袭击）外，禁止以执法作幌子，使用人工智能系统在公共场所对自然人进行“实时”远程生物鉴别，因为它可能影响大部分人的私生活，使人产生始终受到监视的感觉，并间接地妨碍人们行使集会自由和行使其他基本权利（第 18—19 条）。⑥根据无罪推定原则，欧盟的自然人应始终根据其实际行为进行判断。绝不应仅根据其画像、个性特征或特点，如国籍、出生地、居住地、子女人数、债务、汽车类型等，对自然人的行为进行人工智能的预测判断。因此，应禁止对自然人进行风险评估，以评估其犯罪的风险，应禁止根据对自然人的画像或对其个性特征和特点的评估来预测实际或潜在刑事犯罪的发生（第 26a 条）。⑦应禁止通过从互联网或闭路电视录像，无针对性地获取面部图像来创建或扩大面部识别数据库，因为这种实践会增加大规模监控的感觉，并可能导致严重侵犯基本权利，包括隐私权（第 26b 条）。⑧在不同文化和不同情况下，甚至在同一个人身上，情绪的表达都有很大差异，旨在识别或推断情绪的人工智能系统的主要缺点包括可靠性有限、缺乏特异性和通用性有限。因此，根据生物识别数据识别或推断自然人情绪或意图的人工智能系统可能导致歧视性结果，并可能侵犯相关人员的权利和自由。考虑到工作或教育方面的权力不平衡，再加上这些系统的侵扰性，这些系统可能会导致特定自然人或整个自然人群体受到有害或不利的待遇。因此，应禁止将旨在用于检测个人在工作场所和教育相关情况下的情绪状态的人工智能系统投放市场或投入使用。这一禁令不应包括严格出于医疗或安全原因而投放市场的人工智能系统，如用于治疗的系统（第 26c 条）。高风险人工智能系统只有在符合特定强制性要求的情况下才能进入欧盟市场或投入使用。这些要求应确保在欧盟提供的高风险人工智能系统或其产出在欧盟使用的高风险人工智能系统不会对欧盟法律承认和保护的重要欧盟公共利益构成不可接受的风险。[1][2]

七国集团（G7）在全球发达经济体之间就人工智能治理开启了共识性的探索。2021 年 1 月举行的七国集团峰会表示，各成员国将合作研究人工智能的国际标准。2021 年 9 月，在七国集团数据和隐私保护当局会议上，各成员国承诺未来将把数据保护和隐私监管作为人工智能治理的核心工作，并推动业界设计满足数据保护的人工智能产品。[3]

（2）政府相关部门要不断完善人工智能相关领域的法律体系建设，加大监管力度。

政府相关部门要不断完善人工智能相关领域的法律体系建设，让人工智能的开发与应用接受法律法规与伦理规范的监管，做到有法可依。2022 年 10 月 4 日，美国发布《人工智能权利法案蓝图》。2023 年，全球立法程序中有 2175 次提及人工智能，几乎是 2022 年的两倍。美国人工智能相关法规的数量在 2023 年也大幅增加。2023 年，与人工智能相关的法规有 25 项，而 2016 年只有 1 项。仅 2023 年，人工智能相关法规的总数就增长了 56.3%。其中一些法规包括生成式人工智能材料的版权指南和网络安全风险管理框架。[4]

在中国，中国电子技术标准化研究院 2018 年 1 月发布了《人工智能标准化白皮书（2018 版）》，提出人类利益原则和责任原则作为人工智能伦理的两个基本原则。2019 年 5 月 25 日，北京智源人工智能研究院人工智能伦理与安全

---

① European Parliament, Council of the European Union. Artificial intelligence Act［EB/OL］.（2024-06-13）［2024-07-04］. https://eur-lex.europa.eu/legal-content/EN/TXT/?uri=CELEX:32024R1689.

② 丁晓东 . 人工智能风险的法律规制：以欧盟《人工智能法》为例［J］. 法律科学（西北政法大学学报），2024，42（5）：3-18.

③ 中国信息通信研究院 . 人工智能白皮书［R/OL］.（2022-04-12）［2022-04-13］. www. caict. ac. cn/kxyj/qwfb/bps/202204/t20220412_399752. htm.

④ LI F F. Artificial intelligence index report ［EB/OL］.（2024）.https://aiindex.stanford.edu/wp-content/uploads/2024/04/HAI_AI-Index-Report-2024.pdf.

研究中心揭牌成立。北京智源人工智能研究院联合北京大学、清华大学、中国科学院自动化研究所、中国科学院计算技术研究所等单位，共同发布《人工智能北京共识》，针对人工智能研发、使用、治理3个方面，提出了各个参与方应该遵循的有益于人类命运共同体构建和社会发展的15条原则，内容如下：

人工智能的发展关乎全社会、全人类及环境的未来。下述准则对推进人工智能的研发、使用、治理和长远规划提出倡议。通过推动人工智能的健康发展，助力于人类命运共同体的构建，实现对人类和自然有益的人工智能。

甲、研发

人工智能的研究与开发应遵循以下原则。

造福：人工智能应被用来促进社会与人类文明的进步，推动自然与社会的可持续发展，造福全人类与环境，增进社会与生态的福祉。

服务于人：人工智能的研发应服务于人类，符合人类价值观，符合人类的整体利益；应充分尊重人类的隐私、尊严、自由、自主、权利；人工智能不应被用来针对、利用或伤害人类。

负责：人工智能的研发者应充分考虑并尽力降低、避免其成果所带来的潜在伦理、法律、社会风险与隐患。

控制风险：人工智能及其产品的研发者应不断提升模型与系统的成熟度、鲁棒性、可靠性、可控性，实现人工智能系统的数据安全、系统自身的安全以及对外部环境的安全。

合乎伦理：人工智能的研发应采用符合伦理的设计方法以使得系统可信，包括但不限于：使系统尽可能公正，减少系统中的歧视与偏见；提高系统透明性，增强系统可解释度、可预测性，使系统可追溯、可核查、可问责等。

多样与包容：人工智能的发展应该体现多样性与包容性，尽可能地为惠及更多的人而设计，尤其是那些技术应用中容易被忽视的、缺乏代表性的群体。

开放共享：鼓励建立人工智能开放平台，避免数据与平台垄断，最大范围共享人工智能发展成果，促进不同地域、行业借助人工智能机会均等地发展。

乙、使用

人工智能的使用应遵循以下原则。

善用与慎用：人工智能的使用者应具备使人工智能系统按照设计运行所必需的知识和能力，并对其所可能带来的潜在影响具备充分认识，避免误用、滥用，以最大化人工智能带来的益处、最小化其风险。

知情与同意：应采取措施确保人工智能系统的利益相关者对人工智能系统对其权益的影响做到充分的知情与同意。在未预期情况发生时，应建立合理的数据与服务撤销机制，以确保用户自身权益不受侵害。

教育与培训：人工智能的利益相关者应能够通过教育与培训在心理、情感、技能等各方面适应人工智能发展带来的影响。

丙、治理

人工智能的治理应遵循以下原则。

优化就业：对于人工智能对人类就业的潜在影响，应采取包容的态度。对于一些可能对现有人类就业产生巨大冲击的人工智能应用的推广，应采取谨慎的态度。鼓励探索人机协同，创造更能发挥人类优势和特点的新工作。

和谐与合作：应积极开展合作，建立跨学科、跨领域、跨部门、跨机构、跨地域、全球性、综合性的人工智能治理生态系统，避免恶意竞争，共享治理经验，以优化共生的理念共同应对人工智能带来的影响。

适应与适度：应积极考虑对人工智能准则、政策法规等的适应性修订，使之适应人工智能的发展。人工智能治理措施应与人工智能发展状况相匹配，既不阻碍其合理利用，又确保其对社会和自然有益。

细化与落实：应积极考虑人工智能不同场景、不同领域发展的具体情况，制定更加具体、细化的准则；促进人工智能准则及细则的实施，并贯穿于人工智能研发与应用的整个生命周期。

长远规划：鼓励对增强智能、通用智能和超级智能的潜在影响进行持续研究，以确保未来人工智能始终向对社会和自然有益的方向发展。①

《人工智能北京共识》的发布，为规范和引领人工智能健康发展、为未来打造“负责任的、有益的”人工智能提供了“北京方案”，有助于在研究和使用人工智能时培育“自律”“善治”“有序”的良好氛围。

2019 年 6 月，国家新一代人工智能治理专业委员会发布《新一代人工智能治理原则——发展负责任的人工智能》，提出了人工智能发展的 8 项原则，勾勒出了人工智能治理的框架和行动指南。

2019 年 7 月，上海市人工智能产业安全专家咨询委员会发布了《人工智能安全发展上海倡议》。

2021 年 9 月 25 日，国家新一代人工智能治理专业委员会发布了《新一代人工智能伦理规范》（以下简称《伦理规范》），旨在将伦理道德融入人工智能全生命周期，为从事人工智能相关活动的自然人、法人和其他相关机构等提供伦理指引。《新一代人工智能伦理规范》提出，人类智能各类活动应遵循六大基本伦理规范：①增进人类福祉，②促进公平公正，③保护隐私安全，④确

① 北京智源人工智能研究院. 人工智能北京共识 .［EB/OL］.（2019-05-25）［2024-03-01］.http://www.jiqizhixin.com/artcles/2019-05-25-6.

保可控可信，⑤强化责任担当，⑥提升伦理素养。此外，人工智能特定活动应遵守的伦理规范包括管理规范、研发规范、供应规范和使用规范。管理规范包括：①推动敏捷治理，②积极实践示范，③正确行权用权，④加强风险防范，⑤促进包容开放。研发规范包括：①强化自律意识，②提升数据质量，③增强安全透明，④避免偏见歧视。供应规范包括：①尊重市场规则，②加强质量管控，③保障用户权益，④强化应急保障。使用规范包括：①提倡善意使用，②避免误用滥用，③禁止违规恶用，④及时主动反馈，⑤提高使用能力。

韩国于2012年颁布了《机器人伦理宪章》，对机器人的生产标准、机器人拥有者与用户的权利与义务、机器人的权利与义务做出了规范。英国标准协会（BSI）在2016年颁布了世界上首个机器人设计伦理标准《机器人与机器人系统设计与应用伦理指南（BS8611）》。该指南主要立足于防范机器人可能导致的伤害、危害和风险的测度与防范，除了提出一般的社会伦理原则和设计伦理原则之外，还对产业科研及公众参与、隐私与保密、尊重人的尊严和权利、尊重文化多样性与多元化、人机关系中人的去人类化、法律问题、效益与风险平衡、个人与组织责任、社会责任、知情同意、知情指令、机器人沉迷、机器人依赖、机器人的人化以及机器人与就业等问题提出了指导性建议。

以“人脸识别”为例，2019年7月，马萨诸塞州的萨默维尔市成为美国第二个禁止人脸识别的城市，但只是禁止了公共场所的使用权，未涉及商业范畴。目前中国还没有一部针对“人脸识别”问题的专门法律。当技术跑在监管前面，该禁用刷脸吗？如果法律跟不上就限制科技发展，这是“因噎废食”的做法，不明智也不可取。总体来说，“刷脸”“二维码”“指纹识别”等新技术的发展带给社会的显然是利大于弊。综合目前世界各国的做法，宜立法约束对人脸信息搜集的应用场景，同时，本着“谁采集，谁负责”的原则，强制依法采取人脸信息的部门加强对所采取的人脸信息的合法保护。中华人民共和国教育部科学技术司司长曾建议学校慎重使用“人脸识别”技术软件，关于学生的个人信息，能不采集就不采集，能少采集就少采集。这类提醒同样适用于城市管理、商业领域甚至个人生活。关键在于怎样将它变成法律法规。①

（3）提升人工智能科学家的道德品质。

加强人工智能开发团队的道德修养，增强他们的责任意识、“见利思义”和为大众谋福祉的意识，鼓励他们自觉提升自身的数据素养、网络素养、媒体素养等，促进开发团队积极开展自我审查，并自觉遵循人工智能的伦理道德规范。②

（4）通过市场机制倒逼企业尽快完善相关保护措施。

从理论上讲，所有的数据都有泄露的可能。对个人而言，需要在便利性和个人信息保护上权衡和取舍，对于珍视个人信息胜于便利的人，最好完全不使用任何要求进行人脸识别的 App，通过市场机制倒逼企业做好隐私保护。③

3. 完善人工智能行业监管

人工智能将逐渐成为我们日常生活的一部分，这一事实提出了以下问题：人工智能是否需要监管？如果需要监管，该以何种形式监管？

（1）监管算法。

监管算法是人工智能监管的最有效手段。如，深度学习是大多数人工智能使用的一项关键技术，而它本身是一个灰箱，即只知道算法的结果但不太知道其工作原理。虽然直接评估系统产生的输出结果是件容易的事情，但要弄清楚在灰箱中进行操作的过程，目前仍存在较大难度。由于技术上的不成熟，或者应用程序的规模过大，例如涉及大量程序员和方法，算法不透明的问题将更加难以解决；有些企业出于利益考虑，可能会故意将算法保密。在某些情况下，

① 吴雪．“裸奔”的脸［J］．读者，2020（5）：48-50.

② 中华人民共和国科学技术部．《新一代人工智能伦理规范》发布［EB/OL］．（2021-09-26）［2022-12-12］．https://www.most.gov.cn/kjbgz/202109/t20210926_177063.html.

③ 同①．

算法的不透明可以接受，但是有些情况下则可能无法接受。例如，很少有人会关心微信如何识别图片的浏览和点赞者，但是，当使用人工智能系统基于自动图像分析为皮肤癌提出诊断建议时，了解如何得出这些建议就变得至关重要。[①]

针对灰箱和算法不透明的问题，答凯艳认为解决的方案可以有五个：①从技术层面来讲，最好是为人工智能算法进行反复的测试，类似于物理产品的安全测试，以尽量确保算法结果的客观性。②政府部门对相关企业的测试结果提出要求并进行监管，使其按照规定实施测试的过程，以防部分企业直接使用未经测试且带有歧视或偏见的算法。③对工程师进行必要的培训，并且为其设定职业道德规范，类似于律师、医生或教师的职业规范，从源头处减少恶意软件出现的概率。④实施问责制，一旦软件的算法出现问题，必须明确相关责任，并且对承担责任的企业或个人执行相应的处罚。⑤提高公众的透明度意识，主动关注灰箱背后的算法逻辑或者因果关系，减少灰箱或算法不透明涉及的范围或程度。[②]

为了加大监管算法的力度，2022 年 3 月 1 日，中国国家网信办等 4 部门联合发布的《互联网信息服务算法推荐管理规定》正式施行，依法对如下算法乱象进行监管整治：①设置诱导用户沉迷、过度消费的算法模型；②利用算法屏蔽信息、过度推荐、控制热搜，影响网络舆论，干预信息呈现；③将违法和不良信息关键词记入用户兴趣点，推送信息；④算法推荐技术通过抓取用户日常使用的各类数据，进而分析人们的行为、习惯和喜好，并据此提供“精准”服务，其中隐藏了窥探、泄露用户个人隐私的重大风险；等等。除了侵犯隐私权，滥用算法还会给用户乃至整个网络生态带来一系列潜在危害。如，滥用数据分析和算法推荐，不仅让用户深陷“信息茧房”的藩篱，甚至诱导和操控舆论；利用算法实现利益侵占、进行“大数据杀熟”，压榨平台商家和从业者的经济利益；基于缺陷数据应用算法，

① 答凯艳．人工智能的过去、现在和未来［J］．系统科学学报，2022（1）：47–51.
② 同①．

导致数据偏见和不公平决策等。随着网络安全法、数据安全法、个人信息保护法等法律规定陆续出台，中国在数字治理方面的法网日渐稠密，针对算法应用形成了日趋完备的规范和监督体系。法律的生命力在于实施。纠正算法滥用乱象，各类短视频、电商、社交及餐饮外卖等网络平台必须严格遵守相关法律规定，在提供算法服务时，必须健全基础模型、应用结果等方面的审核检查机制，不能侵害用户合法权益，不得合成虚假不实内容，不能利用算法屏蔽干预信息呈现，影响网络舆论或者规避监管。另外，还需多方合力对算法滥用乱象进行综合治理。网信、工信、公安、市场监管等部门应共同协作，聚焦网民关切的问题，定期梳理算法应用情况，深入排查整改互联网平台算法安全问题，评估算法安全能力，督促企业利用算法加大正能量传播、主动处置违法和不良信息，消除各类算法安全隐患，严肃问责和处罚存在违法违规行为的企业，推动算法综合治理常态化和规范化，确保算法应用向上向善，进一步营造清朗的网络空间。①

（2）谨慎开源、监管开源。

正如欣顿所说，目前一些先进的大型人工智能模型都是耗巨资才训练出来的，功能强大，一旦开源，就存在被坏人修改权重后让它干坏事的风险。因为多数坏人因缺少巨额资金和良好科研团队，可能无法自己独立研发大型人工智能模型来干坏事，但坏人微调耗巨资才训练好的大型人工智能的参数，却不需要多么高深的人工智能专业知识，成本也极低。因此，开源须谨慎。

（3）监管就业。

监管就业也是一个重要监管手段。制造业中的自动化技术已经使得大批蓝领工人失业，人工智能的日益普及又将减少对白领人员的岗位需求，甚至是在高质量的专业工作领域。如前所述，图像识别工具在皮肤癌的检测方面已经超越了医生；在法律界，电子取证已经减少了由大批律师和律师助理检查数百万

① 张天培．确保算法应用向上向善［N］．人民日报，2022-05-05.

份文档的需求。诚然，我们在过去已经观察到就业市场发生了重大变化，但是是否必须在其他领域创造新的工作岗位以容纳这些即将失业的人员，这一点尚不得而知。这既需要充分考虑可能需要的岗位数量，还要考虑这些岗位所需的技能水平。但无论如何，新创造的岗位肯定比失去的工作岗位数量少得多。随着虚拟现实技术在图像处理方面的发展，也许未来的人们会生活在一个超现实主义的数字空间中，不受地理空间阻隔的人们可以相互交往，度过闲暇时光，而且可以随意支配自己的收入。但是，如果较高的失业率导致较低的可支配收入，并且解决闲暇时间和娱乐方式的问题变得越来越突出，那么我们就需要暂时抛开这种乌托邦式的幻象，而诉诸实际的解决方案。

（4）伦理委员会。

人工智能领域存在大量争论不休的前沿问题，对其进行评估、监管和规制存在困难，有必要组织包括人工智能专家在内的科学家、工程师和伦理、法律、政治、经济、社会等领域的专家，成立“伦理委员会”，在充分民主协商的基础上，按照“多数决”原则，对人工智能的发展规划和前沿技术的研发进行审慎评估，对人工智能研发、应用中的伦理冲突进行民主审议。“伦理委员会”对新技术研发和应用具有延迟表决权和否决权。综合施策，切实让人工智能发挥兴利除弊的作用。从“兴利”的角度看，关键在于组织协同攻关，研发和推广成熟的智能技术，建设发达、高效、方便、舒适的智能社会，让全体人民共享科技进步带来的好处。从“除弊”的角度看，关键在于明确相关管理者、生产者和使用者的责任，建立健全公开透明的人工智能监管体系，加强国际合作，确保风险和挑战处在可控范围之内。

当然，关于人工智能行业监管还存在两个问题：①实施监管是否合法，②应该由谁来实施监管。因为不仅企业或个人可以使用人工智能技术，国家也可以使用。中国目前正在研究一种社会信用体系，该体系将监管、大数据与人工智能相结合，从而“让值得信赖的人漫游天堂下的任何地方，同时让信誉不佳的人寸步难行”。与此举相反，美国旧金山近期决定禁止面部识别技术，有关人员正在研究解决方案，想发明一种类似于虚拟隐形斗篷的技术，使人们无法被自动监控摄像头所察觉。为了保护个人的数据隐私，欧盟于2016年4月通过了《通用数据保护条例》，该条例要求个人数据的控制者和使用者必须采取适当的技术和组织措施以维护个人数据的安全，如果数据泄露对用户的隐私产生了不利影响，企业必须写出报告并通知国家监管部门，否则企业将会被处以重罚。这种严格的数据保护措施一方面极大地保护了公民的隐私权，另一方面，欧盟地区的人工智能发展相比其他国家或地区可能会更加缓慢，所以，如何平衡经济增长和个人隐私的问题也需要进一步思考。

（二）破解人工智能存在道德风险的内部进路

人工智能的功能应是帮助人类，绝不能是取代人类。破解人工智能研究中存在道德风险的内部进路主要包括：限定人工智能的应用范围、自主程度和智能水平；运用多种措施联合应对算法偏见和恶意算法，进而设计更加人性化、向善的算法；设计有道德的人工智能等。

1. 限定人工智能的应用范围、自主程度和智能水平

须立法限定人工智能的应用范围。例如，即便将来可以用人工智能读心，就能随便去读他人的心吗？在限定人工智能的应用范围、自主程度和智能水平方面，当前以《阿西洛马人工智能原则》(*Asilomar AI Principles*)最著名，也最有代表性。再如，2019年6月，二十国集团峰会首倡人工智能原则，包括两个部分：可信人工智能的负责任管理原则，以及实现可信人工智能的国家政策和国际合作的建议，成为首个人工智能治理方面的国际共识。2019年，中国国家新一代人工智能治理专业委员会发布《新一代人工智能治理原则——发展负责任的人工智能》，提出了人工智能治理的框架和行动指南，该指南强调了和谐友好、公平公正、包容共享、

尊重隐私、安全可控、共担责任、开放协作、敏捷治理等八条原则。

2. 运用多种措施联合应对算法偏见和恶意算法，进而设计更加人性化、向善的算法

如何看待人工智能的偏见？如何看待恶意算法？目前的人工智能算法并不完美，存在各式各样的文化偏见，也潜藏有恶意算法，但只要其较之人类决策在某些方面或环节存在独特优势，且能持续优化和发展，便值得积极鼓励和大力支持。不能因噎废食，因为算法偏见和恶意算法的存在而排斥、抵触全部的人工智能技术。偏见本身并不可怕，可怕的是不能认识到偏见。人工智能的运算结果如果出现偏见，那么其带来的结果是人类不仅不能认识到自己的偏见，还有可能进一步确信自己的偏见，使偏见进一步加重。① 须运用多种措施联合应对算法偏见，进而设计更加人性化、向善的算法。

第一，坚持“以人为中心”的原则。处理人与人工智能机器之间的关系时应坚持“以人为中心”的原则。换言之，在人与机器智能的关系中，要摆脱人对人工智能的盲目崇拜，明确人是主人，机器智能是仆人，机器智能理应为提升人类的学习、工作和生活质量服务，由此把算法变得更加人性化。从这个原则出发，凡是坚持“以机器智能为中心”、要求人要适应机器智能的理念与做法均不合理。参考康德的《纯粹理性批判》（1781）和安迪·克拉克（Andy Clark）著《自然出生的生化机器人：心灵、技术和人类智能的未来》（*Natural-Born Cyborgs: Minds, Technologies, and the Future of Human Intelligence*）一书的思想，通过“经验”（experience）和“能动性”（agency）两个维度，可形象展现人类、机器人与更高存在（如“上帝”）在感知和控制世界中的不同定位。即纵坐标是“经验”，代表对外部世界的感知和体验；横坐标是“能动性”，代表的是控制、把握度。人类因其丰富的主观体验和高度能动性，位于这张图的右上角；机器人因缺乏深度体验却有一定的控制能力，位于这

① 丁舟．人类智能与人工智能偏见的比较［J］．信息系统工程，2021（11）：129−132.

张图的中间偏下的位置；“上帝”被置于这张图的右下角，象征其拥有无限的控制能力却可能缺乏人类式的经验感知。[①] 既然人类自身都还存在着不完美，为什么要求算法变得完美？这个问题也许不会有答案，算法的偏见不仅是技术的问题，更是社会的、历史的、政治的问题。可以确定的是，在未来，算法和人类势必处于一种共栖共生的关系当中。也许，我们要问的，不是“算法有偏见吗”，而是如何定义这种偏见，判断偏见的标准从何而来，对人性是不是应该有一些反思。既然没有办法一劳永逸地解决问题，那么我们的思考方式可能需要一些转变。[②]

第二，确保研发团队在文化和专业背景等方面的多样性。随着人工智能系统在日常生活中应用越来越广泛，开发、测试、维护和部署这些人工智能系统的团队应反映目标用户甚至整个社会的多样性。只有这样，才能尽可能多地收集到来自不同视角和立场的差异化诉求，从而开发出具有较低数据集偏见、标记偏见和算法偏见的人工智能系统[③]，实现兼顾各方利益或至少不损害任意群体的合法利益。目前，相关讨论多聚焦在开发团队应在文化和专业背景上具有多样性，[④] 认为坚持这两点对于控制算法偏见极为有效。例如，如果上文提及的 COMPAS 算法开发团队具有多样性的文化背景，开发团队会更全面地考虑不同文化和种族人士的立场、关切和需求，便能在开发初始就意识到受社会经济地位和历史等因素的影响，黑人较之白人群体在暴力历史和职业教育这两个预测指标上处于劣势，因此很有可能得到不利于黑人群体的预测结果。同时，如果 COMPAS 算法开发团队的专业背景具有多样性，团队除常规的计算机科学家、机器人专家和工程师

---

① CLARK A. Natural-Born Cyborgs: Minds, Technologies, and the Future of Human Intelligence ［M］. New York: Oxford University Press, 2003.

② 方师师 . 假如算法有“偏见”［J］. 读者，2020（6）：18-19.

③ JOBIN A, IENCA M, VAYENA E. The global landscape of AI ethics guidelines ［J］. Nature machine intelligence, 2019（1）： 389-399.

④ EUROPEAN COMMISSION. High-level expert group on artificial intelligence ［EB/OL］.（2019-04-08）［2022-12-05］. https://www.aepd.es/sites/default/files/2019-12/ai-definition.pdf.

之外，还能有具有高人文素养的集体行为学、社会学和心理学等人文社科领域专家，便更可能在算法开发过程中将种族和文化差异列为重点考虑因素，赋予优先级，而不是将其视为可有可无的、能随意放弃的影响要素。

第三，充分考虑不同国家和地区的道德偏好。无论人工智能发展到何种程度，在开发人工智能系统时，都应将人类的价值观和道德观念以算法的形式嵌入人工智能系统，以使人工智能的决策行为能够符合人类价值观和道德规范。[①] 这是阿西洛马人工智能原则中的价值对齐原则。该原则以实现和谐人机关系和维护人类主体地位为出发点和追求目标，赢得了各界认同。在实际开发中，因为不同文化的价值观之间存在差异，那么依照价值对齐原则，相关人员在开发技术和制定政策时便应谨慎考虑不同国家和地区的道德偏好，[②] 尽量开发出符合当前文化背景的人工智能算法和系统，以提高人工智能系统与目标人群的匹配程度。已有开发团队将这种想法付诸实践。以微软公司在开发人工智能助理微软小娜（Cortana）时的做法为例。微软公司为确保用户具有良好的交互体验，基于吉尔特·霍夫斯泰德（Geert Hofstede）提出的“国家文化模型”（Hofstede’s model of national culture，也称文化维度理论），[③] 根据不同国家在各个文化维度上的得分，开发出适用于不同国家市场的、具有针对性的人工智能助理小娜（Cortana）。如，微软美国总部先根据美国的文化特征，定义出美版微软小娜的个性特征。接着，微软根据霍夫斯泰德的文化维度理论和先前开发经验，组建国际开发团队，为不同市场中的微软小娜设置独特个性。在不确定性规避程度不同的国家，开发者为微软小娜设计了不同的回答风格。当用户向微软小娜提出约会邀请时，高不确定性

① 包彦征．逻辑视域下的人工智能道德研究［D］．重庆：西南大学，2022.

② AWAD E, DSOUZA S, KIM R, et al. The moral machine experiment［J］. Nature, 2018, 563（7729）：65–80.

③ HOFSTEDE G, HOFSTEDE G J, MINKOV M.Cultures and organizations: software of the mind［M］. McGraw–Hill, 2010: 53–300.

规避国家（如德国）的微软小娜会给出较为明确的回答，表达出接受或拒绝，如“好的，我愿意和你约会”，而低不确定性规避国家（如美国）的微软小娜的回答则更加模棱两可，不会明确表达自身态度。微软小娜开发团队的这种做法可被视为开发具有文化特异性的人工智能的一次有益尝试，未来可关注如何将此思路迁移到其他人工智能应用之中，探索其具体实现路径。①

第四，适度提高算法透明度，设立算法监管机构和审查制度。算法不透明是算法偏见产生的重要根源。争取实现和提高算法透明度，是全球范围内开发道德人工智能的趋同原则之一。② 使人工智能系统的假设、逻辑、功能、风险和限制等方面保持公开透明，是最直接有效的破解算法不透明问题的方法。③④ 但是，如果公司为保护商业秘密和提高竞争优势而选择不公开算法，可酌情处理，转变应对思路。一方面，设立专门的监管机构，⑤ 对这些不透明算法的运算目的和过程进行监督审查。另一方面，制定相关预防控制和结果问责制度。⑥ 具体为，在算法实际运行之前，对算法进行风险评估，要求相关主体提交系统化的评估报告；在算法运行过程中，自行审查或由监管机构外部审查算法是否存在种族、肤色或其他偏见。若存在偏见，相关主体须及时提出补救和缓解措施。通过这两方面的措施，可在保护企业公司既有利益的

① YAAOQUBI J, REINECKE K. The use and usefulness of cultural dimensions in product development ［C］. Montreal: 2018 CHI conference on human factors in computing systems, 2018.
② JOBIN A, LENCA M, VAYENA E. The global landscape of AI ethics guidelines ［J］. Nature machine intelligence, 2019（1）： 389−399.
③ EUROPEAN COMMISSION. High−level expert group on artificial intelligence ［EB/OL］.（2019−04−08）［2022−12−05］. https://www.aepd.es/sites/default/files/2019−12/ai-definition.pdf.
④ 徐凤. 人工智能算法黑箱的法律规制：以智能投顾为例展开［J］. 东方法学，2019（6）：78−86.
⑤ 岳平，苗越. 社会治理：人工智能时代算法偏见的问题与规制［J］. 上海大学学报（社会科学版），2021，38（6）：1−11.
⑥ 郑智航，徐昭曦. 大数据时代算法歧视的法律规制与司法审查：以美国法律实践为例［J］. 比较法研究，2019（4）： 111−122.

同时，尽量控制算法偏见。对这些企业而言，较之部分或完全公开算法，接受算法监管机构的审查，或是遵循相关规制，可能更易被接受，也更能保护算法开发者的创新热情和促进人工智能技术的长足发展。①

第五，构建更公正的数据集。以往是不同水土、不同制度、不同风俗塑造出不同文化之间的差异，在人工智能时代，不同的数据集可训练不同的模型，处理得不好，就会产生文化偏见。为消除因不公正数据集而产生的文化偏见，一方面，确保训练数据全面且具有代表性。就训练数据全面而言，可通过打造全球社区来大规模地汇集信息，既求数据广度也求数据深度，使得引入海量异质数据训练人工智能系统成为可能。就数据具有代表性而言，争取实现数据集可代表模型运行环境的实际情况，以避免样本偏差的出现。另一方面，实现自主测试数据集，监测数据集中的偏见。如，麻省理工学院计算机科学与人工智能实验室为解决面部检测系统中的种族偏见问题，开发出可通过重新采样而自动消除数据偏见的人工智能模型，②该模型能显著提高分类准确性和模型整体性能，这不失为降低数据集偏见的有效方法之一。

第六，利用技术手段检测和消除偏见。如，哥伦比亚大学研究团队开发出 DeepXplore 软件，利用差分测试（differential testing）检测算法漏洞，即通过比较多个不同模型及其对应输出的差异，来判断被测试系统是否存在漏洞。③如果其他模型对给定输入的预测一致，而某模型给出不同的预测，则可判定该模型存在缺陷。又如，IBM 推出偏见检测工具 AI fairness 360 工具包，其中包括 30 个公平性指标和 9 个偏见缓解算法。开发者可将这些工具整合至自身的机器学习模型中，以检测和减少模型中可能存在的偏见和歧视。再如，Facebook 发布

---

① 姜野 . 算法的法律规制研究［D］. 吉林：吉林大学，2020.

② AMINI A, SOLEIMANY A, SCHWARTING W, et al. Uncovering and mitigating algorithmic bias through learned latent structure［C］//Proceedings of the 2019 AAAI/ACM conference on artificial intelligence, ethics, and society（AIES）, Hawaii: AAA/ACM, 2019.

③ PEI K, CAO Y, YANG J, et al. DeepXplore: automated whitebox testing of deep learning systems［J］. Communications of the ACM, 2017, 62（11）: 137–145.

的 fairness flow 工具，如果算法出现带有种族偏见的不公平判断，该工具会自动发出警告。从已有相关成果看，大部分算法偏见纠正技术目前尚处于初级阶段，尚停留在偏见检测阶段，如想消除人工智能的文化偏见还需继续努力。

第七，在人工智能中设置道德预警机制。在人工智能中内置道德预警机制，实现风险预警，防范人工智能可能存在的各类伦理道德风险，尤其是当未来可能出现通用人工智能和超级人工智能时，更要提前内置道德预警机制，让人工智能始终能够服务于全人类的利益，[①] 而不必担心其被人恶意使用，或其自身随着智能的发展而变坏。

3. 设计有道德的人工智能

目前的人工智能虽无自由意志，也不满足承担责任的认知条件，但通过开发设计“良心（良芯）”，插入道德算法，给机器智能嵌入人类的价值观和伦理道德规范，将人类对道德重要性的理解和判断转译为人工智能信息处理和决策的逻辑规则，以此让机器智能具有和人类一样的敬畏心、节制心、责任心、诚信心、仁爱心、公正心和羞耻心等良好道德品质，保障“技术向善”，克服人工智能的伦理道德风险，让原本处于前道德水平的人工智能变成有道德的人工智能，让人工智能的算法遵循“善法”，可使其做出符合社会道德要求的决策，服务于人类事业的发展。[②] 例如，在面对前面所提及的“电车难题”时，自动驾驶系统可依据义务论、后果论或从大数据中学习的道德经验进行有道德意义的行为决策。更何况，人工智能对行为要件并不是无知的：人工智能对行为的认知建立在数据基础上，行为的相关信息都需要还原为数据，人工智能通过对数据的处理从而达到对行为本身的认知。[③] 又以《阿西洛马人工智能原则》中的“价值观一致原则”为例，

① 李伦，孙保学．给人工智能一颗“良芯（良心）”：人工智能伦理研究的四个维度［J］．教学与研究，2018（8）：72-79.

② 同①．

③ 曲蓉．人工智能责任伦理的可能性条件［J］．自然辩证法研究，2021，37（11）：49-55.

“价值观一致原则”的核心问题是，如何判断出哪些价值观是正确的，以及如何将这些人类价值观编码至人工智能系统之中。因此，研究人员在技术开发过程中，必须不断反思自身和所处社会的价值观，审视这些价值观是否应该编码至人工智能技术中。不仅如此，人类生活在一个价值多元化的世界，不同文化中的价值观不可能完全一致。因此，要想将本国人工智能产品推广至其他国家或地区，便必须在最初开发阶段或是推广阶段，将目标国家或地区的价值观纳入考虑，尤其是那些社会文化人工智能（social-cultural AI，SCAI）。社会文化人工智能关注以人工智能技术为工具来解决社会文化问题，涵盖领域广泛，可具体总结为以下一些主题：人机交流、工业 4.0 和信息技术、教育和自然语言、社交媒体和虚假新闻、人工智能政府治理和政策制定、智慧城市和可持续发展、虚拟现实和网络建设、社会传播和复杂系统、社会经济和交互、医疗卫生保健、人工智能驱动的文化艺术、自动化、交通工具和网络技术、金融科技、就业和商业、专利、版权和商业秘密、城市化、劳动力和安全。① 这些社会文化人工智能在开发和应用时或多或少需要考虑文化差异。总言之，人工智能技术开发的价值对齐原则，必然促进对个体自身、所处社会、文化之间的价值观的反思。个人层面，个体开发人员开发的人工智能系统，必然与个体的价值观对齐；社会层面，与所处社会的主流价值观相符；世界层面，与人类的核心价值观一致。无论是哪个层面，都必然引起对既有价值观的审视和反思。

什么是有道德的人工智能？若借鉴王阳明的“致良知”说，有道德的人工智能是指有“良知”的人工智能。② 如何让人工智能生出“良知”？温德尔·瓦拉赫与科林·艾伦（Colin Allen）在《道德机器：如何让机器人明辨是非》一书中提出“道德图灵测试”的两种进路：一种方法是由上至下的进路（top-down approach）：把

---

① FEHER K, KATONA A I. Fifteen shadows of socio- cultural AI: a systematic review and future PERSPECTIVES［J］. Futures, 2021，132: 102817.

② 刘韩．人工智能简史［M］．北京：人民邮电出版社，2018：139-141.

德性论（virtue theory）、义务论（deontological theory，也译作“道义论”）[①②③]、功利主义（utilitarian theory）、正义论（justice as fairness theory）等伦理道德理论的伦理道德标准、规范与原则编程，嵌入到人工智能体的设计中，在此基础上，构建人工道德主体模型。阿西莫夫的机器人行为三定律是“自上而下”道德主体模型的模板，任何讨论“自上而下”式的机器人道德设计不能不谈阿西莫夫的机器人行为三定律。[④⑤] 另一种方法是从下往上的进路（bottom-up approach）：给智能机器人创造像“电车难题”“囚徒困境”之类思想实验的体验和学习环境，让它们逐渐学会自我判断什么是可接受的道德规范和行为准则。[⑥]“自下而上进路”与“自上而下进路”的道德主体模型建构都坚持道德上“善”的行为标准。不同之处在于：“自上而下进路”关注普遍性伦理学理论基础上的道德构建，其优势是试图融会贯通德性论、义务论、功利主义与正义论等伦理道德理论，其不足是，由于德性论、义务论、功利主义与正义论之间存在巨大分歧，在人工智能尚不具备实践智慧之前，按自上而下的进路为人工智能设计道德心很难行得通。而人类将处理生活中的不连贯和复杂性的能力，以及在求知和怀疑之间找到平衡的能力当作实践智慧。智慧来自经验，来自细心的行为和观察，来自对德、才的把握和反思。[⑦] 复杂的“自下而上进路”，其优势在于它们能动态地集成来自不同社会机制输入信息的方式；使用自下而上进路发展人工智能的道德心时，其不足之处表现在，我们当前缺乏一种理解，

---

① 康德的绝对律令和黄金法则代表了更为抽象的道义论理论。康德的绝对律令是指：只有当你愿意依此准则行事，才令此准则成为普遍规律。

② 瓦拉赫，艾伦．道德机器：如何让机器人明辨是非［M］．王小红，译．北京：北京大学出版社，2017: 82.

③ 黄金法则是指：“己所不欲，勿施于人。”

④ WALLACH W，ALLEN C. Moral machines: teaching robots right from wrong［M］. Oxford: Oxford University Press, 2008: 91.

⑤ 同② 71–84.

⑥ 同② 85–92.

⑦ 同② 82–84.

即当环境情况改变时，如何确立对不同选择和行动进行评估的目标问题。当直奔某一明确目标时，极易实施自下而上的进路，当目标有多个，或可用信息既模糊又不完整，要自下而上的进路提供一个明确的行动方针就困难得多。[①] 由此推知，从技术上讲，让人工智能生出良知的方法有二：一种是由上至下的方法，即事先在人工智能中内置“良知”程序。“良知”程序可以由许多条良善的伦理道德法则组成，并从技术手段上保证“良知”程序不可被随意篡改。从技术手段上讲，机器人出厂时，操作系统的核心部分和“良知”程序的核心部分应该被写入只读存储器（ROM），将只读存储器密封在不可被拆卸的地方，以保证不被随意篡改。对需要不断升级的部分，可以考虑用区块链接技术保证更新的安全性。机器人和机器人的主人通过校验码等方式经常检查“良知”程序的正确性，如发现异常，机器人在报告主人及警方后须自动停机，并锁定开机功能。为了不增加机器人制造商的负担，“良知”程序可由政府资助的科研机构或大学研发，并且开放源代码，以接受公众的检查。[②] 同时，给人工智能设置道德律令需要考虑增进人类福祉与促进人工智能自身发展的双重价值标准。就增进人类福祉而言，需要把公正性、多元价值观的包容性、责任性、可控性作为基本标准；就促进人工智能本身的发展而言，需要把安全性、可解释性、可持续性作为基本标准。[③] 另一种是从下往上的方法，即为人工智能机器人创造可体验和学习良知的情境，让人工智能在该情境中逐渐学会什么是依良知而动、什么是违背良知的行为。

有道德的人工智能何以可能？从外在环境上讲，国际组织和各国政府应尽早立法，规定所有机器人（包括全部有行动能力的人工智能系统、自动驾驶系

① 瓦拉赫，艾伦. 道德机器：如何让机器人明辨是非［M］. 王小红，译. 北京：北京大学出版社，2017：99.

② 刘韩. 人工智能简史［M］. 北京：人民邮电出版社，2018：139-140.

③ 尹铁燕，代金平. 人工智能伦理的哲学意蕴、现实问题与治理进路［J］. 昆明理工大学学报（社会科学版），2021（12）：28-38.

统如无人驾驶汽车、无人机、无人船舰和导弹等）必须强制预先内置“良知”程序，或让其在良知情境里逐渐生成良知，以保证机器人不伤害人类和社会。所有未内置“良知”程序的机器人都须强制在相关部门注册，终身有案可查。机器人一旦伤人或造成其他损失，制造商和使用者均须承担相应的法律责任。[①]

需要指出，根据阿西莫夫的“机器人行为三定律”原则和“第零定律”，如果人工智能的存在是以保护人类、服务社会为最终目的，此种意义上存在的人工智能就不是伦理道德主体，只是人类的附属品。假若人工智能具有自我保护意识，在面临风险时优先保护自己，人工智能就有可能给人类带来灾难性后果。至少从现阶段看，人工智能产品（如机器人）不能作为“完全的道德主体”而存在。未来人工智能如果出现自我意识，其本身具有一定的伦理道德判断能力，可作为“有限的道德主体”而存在，必须正确引导其更好地为人类社会服务。[②]

① 刘韩．人工智能简史［M］．北京：人民邮电出版社，2018：139.

② 尹铁燕，代金平．人工智能伦理的哲学意蕴、现实问题与治理进路［J］．昆明理工大学学报（社会科学版），2021（12）：28-38.

第七章 人工智能与智慧

在人工智能日新月异的当代，为了更深入、更全面地研究人类智慧，有必要在人工智能基础上开发人工智慧，其意义至少有三：（1）运用人类智慧的生成与发展规律来开发人工智慧，用人工智慧来进一步提升人类智慧，让二者相互促进、共同发展；（2）考虑到人工智能可能对人类健康与可持续性发展存在的威胁，让人工智能行为永远符合人类的价值观念；（3）让人工智能更有智慧地服务于人类的生活，而不是让人工智能将人类生活变得更机械或更智障。探讨人工智慧，是当下人工智能和智慧心理学领域的一个前沿话题。

第一节　有关智慧的三个问题

要想弄清人工智慧的内涵，至少先要弄清有关智慧的三个问题。

一、智慧的内涵

自20世纪70年代智慧进入心理学领域以来，众多心理学研究者试图探悉智慧的本质与内涵。由于智慧内涵本身的复杂性、成熟的人格素质以及有关生命和过美好生活的重要且实用的专业知识的类型和标准多种多样，智慧又具有一定的文化普适性与文化相对性，以及研究者个人的知识背景、研究视角与兴趣不尽相同，故一时很难对智慧下一个共识性定义。① 结果，各种智慧定义纷至沓来，智慧从被定义为一系列成熟的人格素质到理性的知识，再至对有关生命的重要且实用的专业知识，再至强调实践或行动和自我超越等，至今已有20余种智慧定义，却没有一个公认的智慧定义。②③

① KRAMER D A. Wisdom as a classical source of human strength: conceptualization and empirical inquiry［J］. Journal of social & clinical psychology, 2000,19（1）: 83–101.

② ZHANG K L, SHI J, WANG F Y, et al. Wisdom: meaning, structure, types, arguments, and future concerns［J］. Current psychology, 2023, 42： 15030–15051.

③ 汪凤炎，郑红. 智慧心理学［M］. 上海：上海教育出版社，2022：79–95.

（一）对智慧内涵发生争论的缘由

为什么学者会在智慧定义上产生不同看法？除了智慧的内涵本身颇丰富以及不同学者因各自的知识背景和兴趣爱好不同，导致看问题的视角有差异外，最主要原因是存在五个争论：（1）智慧到底是人身上所拥有的一种素质型属性还是一种情境属性？（2）智慧是一种内在的心理属性还是一种外在的行为？（3）智慧到底是一个纯粹的认知概念还是一个融良好道德品质与聪明才智于一体的褒义概念？（4）智慧与自我超越性有什么关系？[①]（5）智慧是极少数杰出人士拥有的高贵心理素质还是多数人都可拥有的心理素质？

（二）对智慧的新界定

为了妥善解决好上述五个争论，在借鉴已有多种智慧定义精髓的基础上，汪凤炎将2007年以来所提出的智慧定义不断优化：从最早于2004年至2007年间将智慧视作一种能力，即将智慧定义为是指个体在其智力与知识的基础上，经由经验与练习习得的一种新颖、巧妙、准确地解决复杂问题的能力，[②③]再到自2008年至2016年年底将智慧视作一种综合心理素质，即将智慧定义为个体在其智力与知识的基础上，经由经验与练习习得的一种德才一体的综合心理素质，[④⑤]再到2017年对智慧作界定时区分了平淡生活（即一生过得平平淡淡，没有经历大风大浪）和非平淡生活（即一生至少要身处一次大风大浪，身陷某种复杂问题的情境）两

① 汪凤炎，郑红.智慧心理学[M].上海教育出版社，2022：96–98.
② 郑红，汪凤炎.论智慧的本质、类型与培育方法［J］.江西教育科研，2007（5）：10–13.
③ 汪凤炎.中国传统德育心理学思想及其现代意义（修订版）［M］.上海：上海教育出版社，2007：140.
④ 汪凤炎，郑红.品德与才智一体：智慧的本质与范畴［J］.南京社会科学，2015（3）：127–133.
⑤ 汪凤炎，郑红.智慧心理学的理论探索与应用研究［M］.上海：上海教育出版社，2014：189.

种情形，[1]再到自2018年10月以来以智慧的素质与情境交互作用模型为基础，主张智慧是一个多面体，宜从行为、心理素质与个体/群体三个角度对智慧进行界定，据此提出一组包含共三种智慧定义，可有效化解有关智慧概念的争议。

从行为层面看，智慧是智慧行为的简称，智慧行为是指创造性地解决一个难题，并且其行为结果是利他的，而此利他结果被证明是有善良动机的。

从心理素质角度看，智慧是指个体在其智力与知识的基础上，经由经验与练习习得的一种德才一体的综合心理素质。个体一旦拥有这种综合心理素质，就能睿智、豁达地看待人生与展现人生，洞察生活中形形色色的人与事；当身处某种紧急且复杂问题情境时，既能让个体及时生出善良动机，又能让个体及时运用其聪明才智去正确认知和理解所面临的复杂问题，进而采用正确、新颖（常常能给人灵活与巧妙的印象），且最好能合乎伦理道德规范的手段或方法，高效率地解决问题，并保证其行动结果不但不会损害他人和社会的正当权益，还能长久地增进他人和社会或自己、他人和社会的福祉。[2]

从个体或群体角度看，智慧是指具备智慧素质的个体或群体。也就是说，如果一个个体或群体能在一个或多个其擅长的领域做出一件让人公认的智慧行为或多件智慧行为，并且此个体或群体在此之前或之后没有做出过将此智慧行为完全消解的愚蠢行为，那么此个体或群体易被人视作是智慧者或有智慧的群体。[3][4]

---

① 汪凤炎，傅绪荣．“智慧”：德才一体的综合心理素质［N］．中国社会科学报，2017-10-30（6）．

② 同①．

③ ZHANG KL, SHI J, WANG F Y, et al. Wisdom: meaning, structure, types, arguments, and future concerns［J］. Current psychology, 2022, 42:15030-15051.

④ 汪凤炎．关于智慧教育的三个基本问题［J］．阅江学刊，2022（1）：85-97.

稍加比较可知：（1）在智慧定义中将智慧行为、智慧素质和智慧者区分开，既包括作为个体自身属性的智慧，也包括作为行动的智慧，这样，智慧既可以是素质，也可以是具体的行为，还可以是智慧者，从而既可在实验室情境研究智慧，也可在日常生活情境中研究智慧；（2）行为层面的智慧定义整合了前文所讲的第四种视角（将智慧视作一种实践或行动的属性）的智慧定义，既将个体所处情境纳入考量，也关注到个体与情境的互动，且凸显了善良动机、善良结果和创造性的重要性，从而将智慧行为与单纯的道德行为和利他行为区分开，且排除了“运气”这个无关因素造成的假智慧行为；（3）心理素质层面的智慧定义则整合了前文所讲三种视角的智慧定义，主张个体只有同时满足“聪明才智”“善”以及“将德与才结合在一起思考问题和解决问题的习惯与能力”三个条件才可能拥有智慧，三者缺一不可。如此一来，既清晰地表明智慧的本质是德才一体，也将智慧与智力（能力、思维方式等）、美德进行区分；（4）强调道德品质的重要性与积极价值观的激励作用，主张智慧应追求公共利益、注意长短期利益与多方利益的平衡，体现出智慧的超越性，且该超越性不仅仅停留在自我超越层面，[①]同时，智慧的超越性与宗教的超越性并不完全相同，比后者要宽泛得多，即智慧中超越性既包括宗教所讲的超越性，也包括世俗社会所讲的超越性。

在有关智慧的上述三种定义里，最关键的定义是从心理素质的角度界定智慧。因此，为了进一步探讨智慧的内涵，下面用一个示意图来表示作为素质的智慧（如图 7–1 所示）。

① ALDWIN C M, IGARASHI H, LEVENSON M R. Only half the story［J］.psychological inquiry, 2020, 31（2）: 151–152.

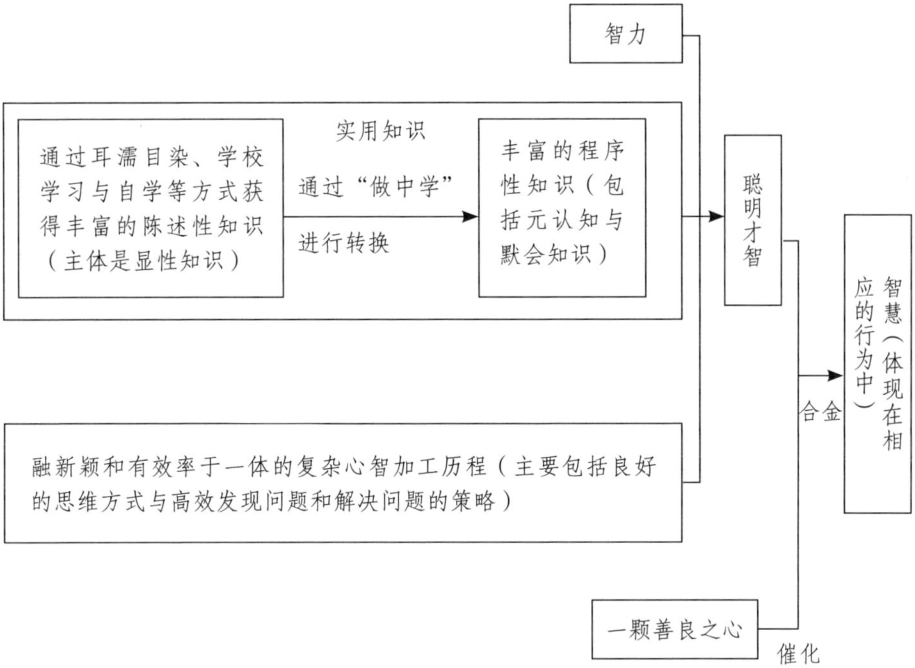

图 7–1　作为素质的智慧的内涵示意图①

根据上图所示，假若用一个公式来表示作为素质的智慧，这个公式就是：

$W=f(V\times W)$

其中，“W”为英文“wisdom”的首字母，意指“智慧”；“f”为“function”的首字母，意指函数关系；“V”是“virtue”的首字母，意指个体身上的美德或“一颗善良之心”；“W”是“wit”的首字母，意指“聪明才智”，尤其是指聪明才智中的“创造性”或“创造力”（creativity）；“×”表示“乘”的关系，这意味着，只要道德品德或聪明才智上有一项得分为零，个体的智慧得分就是零。一旦个体在智慧上得分为零，就表明个体无智慧可言。这既清晰地表明智慧的

① 汪凤炎，郑红．智慧心理学的理论探索与应用研究［M］．上海：上海教育出版社，2014：189.

本质是德才一体，也将智慧与聪明才智、美德区分开。[①]

由智慧公式可知，评判个体或群体的某种心理与行为是否属于智慧的三个关键词或标准分别是："聪明才智""善"以及"将德与才结合在一起思考问题和解决问题的习惯与能力"。其中，衡量个体的聪明才智时，要综合考虑个体的年龄、性别、受教育水平、个体所扮演的角色、个体的创造性大小，是着眼于整体还是局部，是着眼于长期还是短期，以及是否把占人家便宜或奸巧看成聪明等多种因素后才能做较准确评定：（1）一般而言，个体的言行中展现的创造性越大，在聪明才智度上越易获得更佳评价。（2）从整体与局部的角度看：若整体与局部的正当权益可兼得时，就尽量兼顾整体与局部的正当权益；若整体与局部的正当权益发生矛盾时，就优先考虑整体的正当权益，并尽量不损害或尽可能少地损害局部的正当权益。如果这样做，那么，个体在聪明才智度上就易获得较高评价，反之亦然。（3）从长期与短期的角度看：若长期利益与短期利益可兼得时，就尽量兼顾长期利益与短期利益；若长期利益与短期利益发生矛盾时，就优先考虑长期利益，并尽量不损害或尽可能少地损害短期利益。如果这样做，那么，个体在聪明才智度上就易获得较高评价，反之亦然。（4）同一件事情，或者包含类似创造性水平的两件事情，如果年龄较小儿童做了能获得"聪明"的好评，那么成人做了则不一定能获得"聪明"的好评；如果女性做了能在"聪明"度上获得较高评价和积极关注，那么男性做了一般不易获得像女性那样的好评和那么多的积极关注，例如，美国科学家阿瑟·阿什金（Arthur Ashkin）、法国科学家热拉尔·穆鲁（Gerard Mourou）和加拿大科学家唐娜·斯特里克兰（Donna Strickland）共同获得 2018 年诺贝尔物理学奖，其中，唐娜·斯特里克兰作为历史上第三位获得诺贝尔物理学奖的女性科学家，就备受关注。如果受教育水平较低的人做了能在聪明度上获得较高评价，那么受教育水平较高的人做了一般不易获得像受教育水平较低的人那样的好评；如果一个扮演小角色

① 汪凤炎，郑红．智慧心理学［M］．上海：上海教育出版社，2022：99-100.

的人做了能在聪明度上获得较高评价，那么一个扮演大角色的人做了一般不易获得前者那样的好评。（5）万不可将“占人家便宜或奸巧看成聪明”。因为此类小聪明不但极易让自己犯缺德式愚蠢的错误，还易破坏社会的诚信体系，最终让大家都生活在彼此猜忌、防范、围堵、监督的不良社会环境中，不但降低了生产力，而且也让大家彼此工作被动，心情不愉快。与此相反，当彼此信任度越高，管理就越少，彼此方便，成本自然下降，工作也越愉快。[①] 同理，衡量个体的善良品质以及“将德与才结合在一起思考问题和解决问题的习惯与能力”时，也要综合考虑个体的年龄、个体所扮演的角色、个体所处的时代背景和具体情境的实情状况、个体行为的动机、个体行事的手段和个体行为的结果等多种因素后才能作较准确的评定。[②③]

二、智慧的结构

柏林智慧模式重视专家知识，斯腾伯格的智慧的平衡理论重视智力、创造力和默会知识，三维智慧模型强调认知、反思与情感的统合，皮亚杰和后皮亚杰主义者重视良好思维方式，而个体拥有发现问题和解决问题的策略及相关能力可看作个体拥有一套独特思维方式的结果。[④] 基于此，汪凤炎将智慧的结构划分成两个层次（见图 7-2），提出智慧的二维结构观[⑤]，主张智慧包含德与才两个成分。若用太极模型来表示智慧里的德与才的关系，因为德才一体，故用“太极”来包含德与才；此处“德”具褒义，一定是亲社会的，比“才”相对明亮、阳光，可光明正大地用之，故用“阳”（白色）表示德；较之褒义的德，“才”是中性的，既可用来做好事，也可用来做坏事，且可用于暗处，故用“阴”（黑

---

① 庄佩璋．中国式的聪明［J］．读者，2015（12）：42-43.

② 汪凤炎．关于智慧教育的三个基本问题［J］．阅江学刊，2022（1）：85-97.

③ 汪凤炎，郑红．智慧心理学［M］．上海：上海教育出版社，2022：100.

④ 汪凤炎，郑红．智慧心理学的理论探索与应用研究［M］．上海：上海教育出版社，2014：195.

⑤ ZHANG KL, SHI J, WANG FY,et al. Wisdom: meaning, structure, types, arguments, and future concerns［J］. Current psychology, 2022, 42:15030-15051.

色）表示才。智慧的二维结构观现已得到三项实证研究结果的支持。①②③

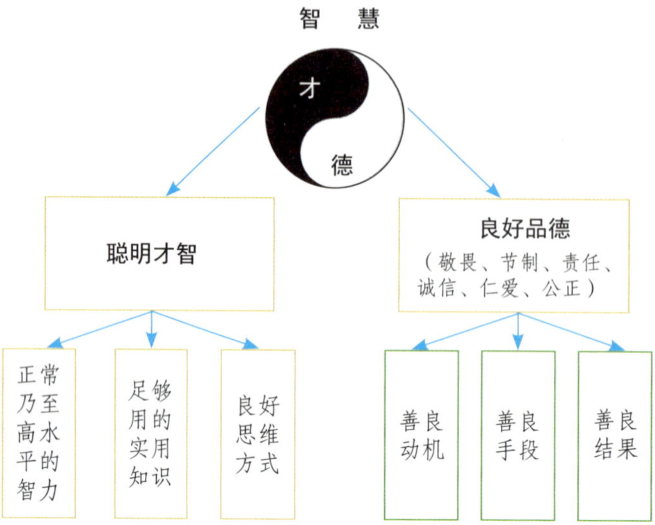

图 7-2 “智慧的结构”示意图④

（一）智慧内必须含有足够的聪明才智

1. 聪明才智是智慧必备的两个核心成分之一

智慧在本质上是良好品德与聪明才智的合金，智慧中必定包含有让个体或群体在其擅长的某一个或多个领域足够用的聪明才智，这样才能保证个体或群体在其擅长的领域中遇到某个复杂问题情境时，能够做到正确认知和理解所面临的复杂问题，进而采用正确、新颖（常常能给人灵活与巧妙的印象）且最好

① 陈浩彬，汪凤炎．大学生智慧内隐认知的实验研究［J］．心理发展与教育，2014，30（4）：363-369.

② 陈浩彬，汪凤炎．中国文化中的智慧结构探析［J］．心理学探新，2020，40（1）：42-49.

③ LI H Q, WANG F Y. A three-dimensional model of the wise personality: a free classification perspective［J］. Social behavior and personality, 2017, 45（11）: 1879-1888.

④ 汪凤炎，郑红．智慧心理学的理论探索与应用研究［M］．上海：上海教育出版社，2014：195.

能合乎伦理道德规范的手段或方法去高效率地解决复杂问题。

当然，如前文所论，在人类社会，群体的聪明才智并不是群体内各个个体的聪明才智的简单相加，其大小常常取决于流行群体内的文化氛围或管理制度的优劣：生活在有利于个体和群体展现聪明才智的文化氛围里的群体，其聪明才智往往能取得“整体大地部分之和”的良好效果；反之，生活在不利于个体和群体展现聪明才智的文化氛围里的群体，其聪明才智会大大降低，甚至产生“团队迷思”。同时，任何个体或群体的智慧中都不可能包含有让其在所有领域都足够用的聪明才智，否则他就变成万能的上帝了。其中，个体所拥有的聪明才智在数量上和水平上都有一定的限度，这一点就明。为什么群体所拥有的聪明才智在数量和水平上也有一定的限度呢？其缘由在前文也有论述，此处不赘述。

2. 智慧里包含的聪明才智的具体内涵及类型

“聪明才智”简称“聪明”。何谓“聪明”？据2019年版《辞海》解释，其义有二：（1）视听灵敏。《管子•内业》：“耳目聪明，四枝（肢）坚固。”亦指视听、闻见。（2）聪敏；有智慧。《管子•宙合》：“聪明以知，则博。”很显然，本书所用“聪明”的含义之一类似于《辞海》所讲的“聪敏”，却不等同于“智慧”。这样，若对“聪明才智”作个界定，它指个体在其液态智力的基础上，对经由后天学习而获得的晶体智力、知识、良好思维方式以及善于发现问题与高效解决问题的策略进行恰当整合后形成的一种综合能力。若将个体的聪明才智作进一步分解，它主要由三部分构成：（1）正常乃至高水平的智力，（2）在某一领域或多个领域足够用的实用知识（包括元认知知识与默会知识在内），（3）良好思维方式（内含善于发现问题与高效解决问题的策略）。这三种成分的不同排列组合，就形成了四种类型的聪明才智。这意味着，虽然聪明才智是构成智慧的必要成分之一，也是成就智慧的必要条件，不过，成就聪明才智的因素却有明显的个体差异，导致不同智慧者身上展现出来的聪明才智往往有明显的个体差异。

一是先天聪慧型。它是指个体主要是因自己的先天智商高而拥有了聪明才智。亚当·斯密（Adam Smith）说得好：“平常的智力之中无才智可言。”[①]这一思想颇有见地。因此，如果要下一个操作性定义的话，那么，本书所用“先天智商高型”的含义类似于现代心理学基于“智力的 CHC 理论”基础之上所讲的“高智商”的概念，即智商大于 120 分者。如果一个人的智商在 120 分以上，那就属于“先天智商高型”的聪明人；若其智商在 140 分以上，那就属于“先天智商超常型”的聪明人。当然，现代智力测验主要是测量个体偏重于自然科学领域的智力，人慧里展现出来的聪明才智则主要是偏重于人文社会科学领域的聪明才智，所以，在衡量一个人在人文社会科学领域所展现出来的聪明才智时，并不能完全用现在通行的韦氏智力量表的第四版去测量。[②]

二是实用知识渊博型。它是指个体主要是因自己在某一领域或多个领域具有渊博的实用知识而拥有了聪明才智。像纪晓岚和钱锺书之类的人就属实用知识渊博型聪明人，故纪晓岚曾任《四库全书》总纂官，钱锺书能撰写出《管锥编》。

三是良好思维方式型。它是指个体主要是因自己具备良好思维方式、善思考，由此而拥有了聪明才智。像爱因斯坦和埃隆·马斯克（Elon Reeve Musk）之类的人就属良好思维方式型聪明人。

四是兼有型。它是指个体因同时具备高智商、渊博实用知识或良好思维方式中的两种或三种成分而拥有了聪明才智。像达·芬奇（Leonardo da Vinci）、高斯（Gauss）和司马光之类的人就属兼有型聪明人。

---

① 斯密.道德情操论［M］.蒋自强，钦北愚，朱钟棣，等译.北京：商务印书馆，1997：26.

② 汪凤炎，郑红.智慧心理学的理论探索与应用研究［M］.上海：上海教育出版社，2014：195-196.

这表明，个体的聪明才智并不仅仅体现在其智商高低上，还体现在其拥有的实用知识的多寡和思维方式的优劣上，所以，同是聪明人，其聪明的类型常有较大差异。因此，在衡量某种行为或行动是否是智慧行为或智慧行动时，仅就其中的聪明才智类型而言，在其他聪明才智类型无明显欠缺时，只要至少有一种聪明才智类型能够展现出来即可。并且，这里讲的“一种聪明才智”一般是指个体聪明才智中占主导地位的聪明才智，而不是指个体身上唯一的聪明才智；换言之，个体若拥有聪明才智，其聪明才智往往是一个“聪明丛”（也叫作“能力丛”）、“聪明束”（也叫作“能力束”）或“聪明集”（也叫作“能力集”），其中常常有一个占主导地位的聪明才智，由它决定个体的智慧类型。例如，一个拥有道德智慧的人，其身上占主导地位的聪明才智虽然一定是做人方面的聪明才智，但是，这种做人方面的聪明才智也往往需要以一定的语言才华为基础，否则很难做到与人沟通，制约其做人方面聪明才智的充分展现。不过，只要此人是以道德智慧见长，而不是同时兼有道德智慧与语言智慧，那么其语言才华一定比不上其做人才华，而只能从属于其道德才华。蕴含在智慧其余子类型身上的聪明才智也存在类似情况。当然，如果一个人同时兼有两种或多种智慧子类型，那么，其“聪明丛”中便同时拥有两种或多种占主导地位的聪明才智。另外，如前文所论，先天智商主要属于液态智力，其发展与年龄有密切关系：一般而言，年轻人较之年长者有更好的液态智力，年长者较之年轻人有更好的晶体智力。与此同时，实用知识即便再渊博，若无良好思维方式的催化，也往往难以达到最佳状态；良好思维方式若无液态智力和实用知识作为基础，其效用也会大打折扣。这意味着，兼有型聪明才智是个体所拥有的最完美的聪明才智。[①] 当然，鉴于心理学实证研究中通常是以智力正常的大学生（包括本科生和研究生）为被试，他们一般已拥有了较扎实的专业知识，参照阿尔德特的《三维智慧量表》（three dimetional wisdom scale,

① 汪凤炎，郑红．智慧心理学［M］．上海：上海教育出版社，2022：122-123.

3D-WS）[①]、韦伯斯特的《自我评估智慧量表》[②]与列文森等人的《成人自我超越量表》（adult self-transcendence inventory）的做法，[③]为便于操作，对于大学生群体而言，可以用辩证思维、反省思维、创新思维和批判性思维四个指标来测量其聪明才智。汪凤炎与其指导的南京师范大学2014级基础心理学专业博士生傅绪荣合编的《整合智慧量表》（integrative wisdom scale, IWS）中就是按此四个指标测量个体的聪明才智的。[④]

（二）智慧内必须含有足够的善

从伦理道德角度看，智慧内必须含有足够的善，这样才能保证个体在身处某个复杂问题情境时，能够做到将“保证其行动结果不但不会损害他人的正当权益，还能长久地增进他人或自己与他人的福祉”既作为自己行动的初衷，又作为自己行动所追求的最终目标。这是智慧区别于其他概念的一个重要前提。因此，善是智慧必备的两个核心成分之一。[⑤⑥]汪凤炎主张，智慧中的善至少可以从以下两种角度作进一步的细分。

1. 智慧行为之内一定蕴含敬畏、节制、责任、诚信、仁爱或公正的成分

智慧之内到底包含哪些美德？汪凤炎认为，要回答这个问题，先要确定筛

① ARDELT M. Empirical assessment of a three-dimensional wisdom scale［J］. Research on aging, 2003, 25（3）: 275-324.

② WEBSTER J D. Measuring the character strength of wisdom［J］. International journal of aging and human development, 2007, 65（2）: 163-183.

③ LEVENSON M R, JENNINGS P A, ALDWIN C M, et al. Self-transcendence: conceptualization and measurement［J］. International journal of aging and human development, 2005, 60（2）: 127-143.

④ 傅绪荣，汪凤炎．整合智慧量表的编制及信效度检验［J］．心理学探新，2020，40（1）：50-57.

⑤ 汪凤炎，郑红．智慧心理学的理论探索与应用研究［M］．上海：上海教育出版社，2014：204-227.

⑥ STERNBERG R J, GLÜCK J. The Cambridge handbook of wisdom［M］. New York: Cambridge University Press, 2019: 551-574.

选美德的四个原则：（1）人性原则。它指德目须吻合人性、体现人性、维护人性和发展人性，而不能违背人性或超越人性，更不能反人性。这是因为，人之所以为人，是因为人的本性是人性，而非神性或兽性。（2）独特性原则。它指德目本身具有独特属性，能凭此将自身与其他德目明显区分开来。（3）经济性原则。它指在确定德目时，要坚持以较少的数量、较少的层次达到最佳的呈现或表达效果。（4）本土性和国际性相结合原则。它指在确定德目时，既要体现本土文化意识、本土文化特质、本土文化创造的精神，又要体现开放性、与时俱进性和国际性精神。综合考虑这四个原则，从良好品德或积极道德品质角度看，智慧中的善主要体现在敬畏①②、节制、责任、诚信、仁爱与公正上。③④综合中西方道德心理学思想的精义可知，其中，仁爱和公正是最重要的两个德目，并且，相对而言，中国人更看重仁爱，西方人更看重公正。⑤同时，犹如用三原色就能搭配出五彩世界，从这六种美德中也能生成人类社会全部的美好德性。凡是智慧的行为，其内一定蕴含上述六种美德中的一种或几种。也就是说，在衡量某种行为或行动是否是智慧行为或智慧行动时，仅就其中的美德成分而言，在其他美德无明显欠缺时，只要至少有一项美德能够展现出来即可。汪凤炎与其指导的博士生傅绪荣合编的《整合智慧量表》就是按此思路测量个体的良好道德

① KRAUSE N, HAYWARD R D. Assessing whether practical wisdom and awe of God are associated with life SATISFACTION［J］. Psychology of religion and spirituality, 2015, 7（1）: 51−59.

② KELTNER D, PIFF P K. Self-transcendent awe as a moral grounding of wisdom［J］. Psychological inquiry, 2020, 31（2）: 160−163.

③ ZHANG K L, SHI J, WANG F Y, et al. Wisdom: meaning, structure, types, arguments, and future concerns［J］. Current psychology, 2023, 42: 15030−15051.

④ 汪凤炎. 关于智慧教育的三个基本问题［J］. 阅江学刊，2022（1）：85−97.

⑤ 汪凤炎. 中国传统德育心理学思想及其现代意义（修订版）［M］. 上海：上海教育出版社，2007：95−107.

品质。[①] 这意味着，虽然善是构成智慧的必要成分之一，不过，成就善的因素同样有明显的个体差异，导致不同智慧者身上展现出来的良好品德往往有明显的个体差异。[②] 并且，与个体的聪明才智具有较高的稳定性和一定的迁移性不同，对于绝大多数人而言，其所具有的良好品德往往不具良好的迁移性，尤其不易从熟人关系迁移到陌生人关系中，也未达到特质的层次，没有良好的稳定性，在遇到巨大压力或诱惑时，由善向恶的转换有时就在“一念之差”，耗时甚至不超过1秒钟。这表明，对于多数人而言，其拥有的良好品德和智慧并非“不动产”，而是可以随时变化的，具有明显的情境性。因此，个体获得良好品德和智慧不易，保持良好品德和智慧更不易！

2. 凡是智慧的行为，最低限度须体现动机的善和结果的善，最理想的状态是同时拥有动机的善、结果的善和手段的善

从动机、结果和手段的角度看，智慧中的善主要有三种：动机上的善（善良动机）、结果上的善（具有利他或既利他又利己的效果）与手段上的善。在通常情况下，只有“手段上的善”可以迅速作出判断，而“动机上的善”与“效果上的善”不易作出准确判断，因为动机是内在的，外人不易准确觉察与判断；而行动结果的好与坏往往要通过时间来检验，在短时内能获得好的效果并不意味着从长远眼光看也有好效果，反之亦然。

并且，兼顾义务论和功利主义的精义，能够称得上是智慧的行为，其解决问题的方式、手段或方法最好要是善的。所谓“最好”，是指在正常情况下，能够称之为智慧的东西必须具备手段上的善，即行为本身最好是善的，而不是恶的。[③] 这意味着，在通常情况下，人们切不可故意用一个本身不道德的行为或

① 傅绪荣，汪凤炎．整合智慧量表的编制及信效度检验［J］．心理学探新，2020，40（1）：50-57.

② 汪凤炎，郑红．智慧心理学［M］．上海：上海教育出版社，2022：123.

③ 同② 124.

恶的手段去完成一个道德的目的。这是因为，尽管动机与结果均是善的，但毕竟手段上的恶也是一种恶，不能用“手段上的恶是必要之恶”作借口随意使用。必要之恶（necessary evil）是指为了达到某种更大的善的结果而必须接受的令人不愉快的东西。换言之，必要之恶是指自身为恶而结果为善，并且结果的善与自身的恶相减后的净余额是善的东西。必要之恶能够防止更大的恶或者求得更大的善，所以，必要之恶属于善的范畴，尽管它不属于内在善，而属于外在善、结果善的范畴。与必要之恶相对的是纯粹恶。纯粹恶的范畴既包括自身与结果都是恶的东西，也包含自身是善而结果是恶的东西。自身是善而结果是恶的东西由于其恶大于其善，其净余额是恶，因而属于纯粹恶范畴。例如，懒惰、放纵等。可见，恶有纯粹恶和必要之恶之别。①

不过，在某些特定情境中（如奸人当道、对付敌人、对付罪大恶极的坏人或生活在有浓厚“差序公正、差序关怀”的环境里），人们又不可偏执于义务论和手段上的善，要懂得“行正道何必拘小节”的道理，否则，不但自己难为民众谋取大的福祉，甚至还有可能招来杀身之祸。像南宋的岳飞虽一心爱国，且有帅才，但因生性太过耿直，不会妥善处理与当权派的关系，最终在事业鼎盛时期做了冤魂。与此形成鲜明对比，明代的戚继光为了国家的安宁和百姓的幸福，不惜忍辱负重，费尽心机地处理好与徐阶、高拱和张居正等三任首辅的关系，最终荡平为患南方数十载的倭寇。② 米歇尔·列文（Michael Levin）于1982年6月7日在《新闻周刊》（*Newsweek*）上发表《酷刑案例》（*The Case for Torture*）一文，在文中提出了“定时炸弹”（the ticking time bomb, TTB）这个著名的思想实验，它告诉人们：有时强迫一个人从两个不道德行径中选择一

① 黄健，何墨若．从伦理的视角探讨体育教学中的“善”与“必要恶”［J］．西南农业大学学报（社会科学版），2012，10（9）：134-136.

② 赵倡文．行正道何必拘小节［J］．读者，2012（23）：8-9.

个相对而言对绝大多数人更有利的做法是道德的。为了让“定时炸弹”思想实验中设置的情境更具真实性和冲突性，将其稍加改编后，其内容如下：

你想象一下：假如你得知一颗威力巨大的炸弹已被恐怖分子藏在你所居住的城市中的某个角落，一旦它爆炸，将造成至少上万无辜民众的死亡，并且离爆炸的时间只剩30分钟了。你是拆炸弹的高手，如果让你及时找到这颗炸弹，你有绝对的把握将其拆除，可惜你先前虽已动员了很多人力和设备，仍无法找到这颗炸弹。此时你得到情报，在你刚抓获的犯罪嫌疑人中有一个恐怖分子的同谋，他知道炸弹的准确埋藏点。可是，当你用尽了除酷刑外的所有办法之后，都无法让他开口告诉你炸弹的埋藏点。接下来你是否会通过给他用酷刑来从他的口中获得炸弹的埋藏点？为什么？①

须指出，在适当重视“大礼不辞小让”的同时，又不能片面宣扬“成大事者不拘小节”的理念。前者如管仲，虽不拘小节，但连孔子也称赞他是一个真正的仁者。后者如蔡伦，虽然他对造纸术有巨大贡献，不过，他人品极差，在窦皇后与宋贵人的宫廷内斗中，他看准形势，投靠窦皇后，诬陷汉章帝妃宋贵人，通过严刑拷打的方式逼宋贵人姐妹在牢里含冤自杀，公元121年，当宋贵人的孙子汉安帝刘祜亲政后准备清算蔡伦的罪行时，蔡伦只好也自杀了。柏杨曾评价道：“中国人宁可永不用纸，也不要有这种丧尽天良被阉过的酷吏。”虽有些偏激，但也有一定道理。②可见，一个真正有道德的人在做人做事的过程中若迫不得已要用“非常手段”，即用不正当的手段实现正当的目的，先须坚守三条红线：对个体而言，这条红线就是“不能随意牺牲无辜者的生命来为自己或自己所属小集团谋私利”；对国家而言，这条红线就是“不能损害本国或他

① LEVIN M. The case for torture [N]. Newsweek，1982-06-07.

② 朱辉. 当大事遇到小节 [J]. 读者，2016 (21)：63.

国的根本利益”；对全人类而言，这条红线就是“不能将国家的根本利益和全人类的根本利益对立起来，进而只提全人类的根本利益，却完全不顾及国家的根本利益，或者，仅顾及本国的根本利益，却完全不顾及全人类的根本利益”，前者如当年戈尔巴乔夫的“新思维”，只提全人类利益，不提苏联利益、俄罗斯利益，这是最终导致苏联解体的原因之一，[①] 后者如当年的英国首相张伯伦，为了保全英国的根本利益，不惜牺牲人类的公共利益，对纳粹德国实行绥靖政策，最终英国本国的根本利益也无法保全。[②] 一旦突破了这三条红线，必将得不偿失，从而既导致行动结果的恶，也由此推导出行为主体动机上的恶。在守住上述三条红线的前提下，能否用不正当的手段实现正当的目的，须按韩东屏所说的三步判断式进行：第一步判断式是，无论要实现的目的如何正当，只要手段不正当，不论它是有违社会规则，还是损害了另一个正当目的，都意味着付出了一定代价，从而被实现的正当目的的价值也要打折扣。第二步判断式是，所采用的不当手段是不是此刻实现正当目的的唯一办法？如果是，则正当的目的可以为不当手段辩护；如果不是，则不能为之辩护。第三步判断式是，采用不当手段之所得是否大于所失。若得大于失，不当手段可以受正当目的辩护；若得小于失，则不当手段仍不能受正当目的辩护。[③] 可见，并不是在任何时候都可以用不当手段实现正当目的，而是只有在同时满足这两个条件时，即不当手段是实现正当目的的唯一办法，且所得大于所失的情况下，才是可以的，缺少这两个条件中的任何一个条件都不可以。[④] 这表明，在做人过程中，正确处理“经”与“权”关系虽是做个智慧者必备的素质，但真能在面临一个复杂情境时做到恰如其分

① 金一南．为什么是中国［M］．北京：北京联合出版公司，2020：172.

② STERNBERG R J. Why smart people can be so foolish［J］. European psychologist, 2004, 9（3）：145–150.

③ 韩东屏．人本伦理学［M］．武汉：华中科技大学出版社，2012：191–192.

④ 韩东屏．“电车难题”怎么解［J］．道德与文明，2022（4）：53–62.

的“权”却是一件很难的事情，结果，智慧如比干者最终也被自己的愚忠所害。诚如《庄子·盗跖》所说：“比干剖心，子胥抉眼，忠之祸也。”与之相对，箕子的“委蛇”之智则是善于用“权”的结果。

三、智慧的类型

（一）特定领域内的智慧、普遍性领域的智慧与全知全能的智慧

2019 年年底，汪凤炎综合自己及斯腾伯格对智慧分类的长处，按智慧涉及领域的多寡，首次将智慧分为特定领域内的智慧（domain-specific wisdom）、普遍性领域的智慧（domain-general wisdom）和全知全能的智慧（omniscient wisdom/overall wisdom）三种：如果个体或群体只在某个其所擅长的领域内拥有智慧，在其他非其所长的领域内则不拥有智慧，或者，个体在某个其所擅长的领域内拥有的智慧不能迁移到其所擅长的其他领域，这种智慧就属特定领域内的智慧。如果个体或群体能在 2 个或多个其所擅长的领域内拥有智慧，在其他非其所长的领域内则不拥有智慧，并且，这种智慧在其所擅长的 2 个或多个领域内能通用，从而在其所擅长的 2 个或多个领域内带有一定的普遍性，这种智慧就属普遍性领域的智慧。根据此定义，如果个体或群体虽在 2 个或多个其所擅长的领域内拥有智慧，在其他非其所长的领域内则不拥有智慧，但在这 2 个或多个其所擅长的领域内所拥有的每一种智慧均不能做到在其他其所擅长的情境里通用，这种智慧就仍属特定领域内的智慧，只不过表明个体同时拥有 2 个或多个特定领域内的智慧。假若个体或群体在所有领域内都拥有智慧，这种智慧就属全知全能型智慧，它也叫全体领域的智慧或完全泛情境的特质型智慧。在此基础上，再按智慧的深浅分，这 3 种智慧中的每一种均可分为深和浅 2 种，这样总计就有 6 种智慧（如表 7–1 所示）。

表 7–1 智慧的种类①

领域的宽窄（domain generality）	智慧的深度（depth of wisdom）	
	深（deep）	浅（shallow）
特殊性领域（domain-specific）	特殊性领域的深智慧	特殊性领域的浅智慧
普遍性领域（domain-general）	普遍性领域的深智慧	普遍性领域的浅智慧
所有领域（domain-overall）	全知全能的深智慧	全知全能的浅智慧

在人类社会，就任何个体的聪明才智而言，他一定有一个沃伦·巴菲特（Warren E. Buffett）所说的“能力圈”：圈内是个体精通的技能，个体对圈外的东西则是一知半解甚至一窍不通。沃伦·巴菲特的人生座右铭是：“了解你的能力圈并坚守在圈中。圈的大小并没有那么重要，知道自己能力圈的边界才是至关重要的。”这样，在其擅长领域拥有智慧的个体一旦“跨界”，遇到来自非其所擅长领域的复杂问题时，他往往就无聪明才智可言，自然也就无智慧可言。例如，据《论语·子路》记载：“樊迟请学稼。子曰：‘吾不如老农。’请学为圃。曰：‘吾不如老圃。’”据此记载，作为一名著名的教育家和人生哲学家，孔子在其擅长的教育和人生哲学领域内拥有高超且稳定的智慧，不过，一旦跨界到了自然科学领域，孔子则缺少智慧。因此，当孔子的学生问孔子如何种庄稼、如何做园艺时，孔子就无法给出明智的指导，自然也无法展现智慧。又如，爱因斯坦作为一位世界知名的物理学家，他在物理学领域有卓越且稳定的智慧，但爱因斯坦无论是作为丈夫还是作为父亲，均不称职。这 2 个典型例证证明人类个体的智慧是分领域的，但这绝不表明个体的智慧在其擅长的领域也处于波动状态。也就是说，只有佛祖、上帝、真主或强人工智慧才拥有全知

① STERNBERG R J, GLÜCK J. The Cambridge handbook of wisdom［M］. New York: Cambridge University Press, 2019: 5–6.

全能的智慧；[①]在人世间，任何个体或群体所拥有的智慧多是特定领域内的智慧，有少数人拥有普遍性领域的智慧，但人类不可能拥有全知全能的智慧。[②③]

（二）人慧与物慧

汪凤炎在2007年发表的《论智慧的本质、类型与培育方法》一文里就已提出"物慧"的概念，这是他参照"德慧"一词新造的概念，"德慧"一词出自《孟子·尽心上》："孟子曰：'人之有德慧术知者，恒存乎疢疾。'"不过，当时与物慧对应的概念是德慧。[④]虽然汪凤炎清楚地认识到"物慧"是一个属概念，而"德慧"是一个种概念，二者并不对称，但当时没有想到更好的术语，故"德慧"与"物慧"这对概念一直用到2013年春季。[⑤]经过多年苦思冥想，汪凤炎在2013年夏季突然觉悟到"人慧"（humane wisdom）一词可以有广义与狭义之分：广义人慧是人类智慧（mankind wisdom）的简称，目前与之相对的是"神的智慧"（god wisdom or divinity wisdom）和"动物的智慧"（animal wisdom），将来一旦人工智能发展到人工智慧，那"人慧"还与"人工智慧"相对；狭义人慧指个体或集体在处理人生问题或复杂人文社会科学问题时展现出来的智慧，与之相对的是"物慧"一词。于是，在2013年夏季，汪凤炎正式提出了人慧和物慧这对概念，并写进了2014年6月出版的《智慧心理学的理论探索与应用研究》一书里。[⑥]当然，限于本书旨趣，若无特别说明，本书所讲的智慧均指人类的智慧，而非动物的

① 汪凤炎，魏新东．以人工智慧应对人工智能的威胁［J］．自然辩证法通讯，2018，40（4）：9–14.

② ZHANG K L, SHI J, WANG F Y, et al.Wisdom: meaning, structure, types, arguments, and future concerns［J］. Current psychology, 2023, 42: 15030–15051.

③ 汪凤炎，郑红．智慧心理学［M］．上海：上海教育出版社，2022：130–132.

④ 郑红，汪凤炎．论智慧的本质、类型与培育方法［J］．江西教育科研，2007（5）：10–13.

⑤ 陈浩彬，汪凤炎．智慧：结构，类型，测量及与相关变量的关系［J］．心理科学进展，2013，21（1）：108–117.

⑥ 汪凤炎，郑红．智慧心理学的理论探索与应用研究［M］．上海：上海教育出版社，2014：236.

智慧或神的智慧；并且，若无特别说明，本书所讲的“人慧”均是指狭义人慧；而用“人类智慧”或“人类的智慧”来指称广义人慧。

狭义人慧是指个体或集体在处理人生问题或复杂人文社会科学问题时展现出来的智慧。因这类智慧往往与人心有关，故简称人慧。也就是说，从素质的角度看，狭义“人慧”是指个体在其智力与人文社会科学知识的基础上，经由经验与练习习得的一种德才一体的综合心理素质。罗希提出的原型说（prototype theory）告诉人们：概念主要以原型即它的最佳实例来表示，人们主要是从最能说明概念的一个典型实例来理解概念的。[①] 从这个角度看，孔子、甘地（Gandhi）与马丁·路德·金（M. L. King）等人可以视作人慧者的原型，孔子、甘地与马丁·路德·金等人身上展现出来的智慧可以视作人慧的原型。因此，典型的人慧者一般是“人文社会学家 + 良好道德品质或善人”的合金。[②] 借鉴用恶意创造力任务评估个体恶意创造力表现的做法，[③] 可以用善意创造力任务评估个体的人慧（在人文社会科学领域表现出来的善意创造力）表现，即要求个体为人文社会科学领域某一开放性问题尽可能多地报告新颖且利他的解决方案。例如：“小李暗恋一个人很久了，如果您是小李的闺蜜，请想出帮助小李成功追到暗恋对象的新颖方法。”本实验通过流畅性、新颖性和利他性三个指标对善意创造力表现进行评估。流畅性和新颖性的评分标准和评估恶意创造力的做法相同。此利他性指生成观点的利他程度。5 名评分者各自就每个观点的利他性进行 5 点评分（评分者一致性系数要合乎统计要求）。每个观点的利他性得分为 5 名评分者的评分均值。以每名被试的所有观点的利他性得分均值作为其最终利他性得分。

---

① ROSCH E.Cognitive representations of semantic categories［J］. Journal of experimental psychology: general, 1975, 104（3）: 192–233.

② 汪凤炎，郑红 . 智慧心理学的理论探索与应用研究［M］. 上海：上海教育出版社，2014：228.

③ HAO N, QIAO X, CHENG R, et al. Approach motivational orientation enhances malevolent creativity［J］. Acta psychologica, 2020, 203：102985.

与人慧相对的是“物慧”一词，因此类智慧常常是个体或集体在研究客观事物的规律或运用客观规律以选择、适应或改造环境时展现出来的智慧，故简称物慧。也就是说，“物慧”相当于“自然智慧”（natural wisdom）。从素质的角度看，物慧是指个体在其智力与自然科学知识的基础上，经由经验与练习习得的一种德才一体的综合心理素质。[①]依据原型说，爱因斯坦身上展现出来的智慧可以视作物慧的原型。所以，典型的物慧者一般是“自然科学家 + 良好道德品质或善人”的合金。并且，若与保卢斯（Paulhus）等人的一项研究结果相比较，“物慧”与“科学智力”所对应的原型几乎一样，[②]这暗示物慧与科学智力是两个名异实同的概念。借鉴用善意创造力任务评估个体人慧表现的做法，也可以用善意创造力任务评估个体的物慧（在自然科学领域表现出来的善意创造力）表现，即要求个体为自然科学领域某一开放性问题尽可能多地报告新颖且利他的解决方案。例如：“小李思考一个数学难题很久了（实测时根据被试的具体情况选择一个具体的数学难题），如果您是小李的闺蜜，请想出帮助小李成功解决此数学难题的新颖方法。”本实验通过流畅性、新颖性和利他性三个指标对善意创造力表现进行评估。流畅性和新颖性的评分标准和评估恶意创造力的做法相同。此利他性指生成观点的利他程度。5 名评分者各自就每个观点的利他性进行 5 点评分（评分者一致性系数要合乎统计要求）。每个观点的利他性得分为 5 名评分者的评分均值。以每名被试的所有观点的利他性得分均值作为其最终利他性得分。

“人慧”与“物慧”既然同属于智慧下面平行的两个子类，二者之间显然

① 汪凤炎，郑红．智慧心理学的理论探索与应用研究［M］．上海：上海教育出版社，2014：229.

② PAULHUS D L, WEHR P, HARMS P D, et al. Use of exemplar surveys to reveal implicit types of intelligence［J］. Personality and social psychology bulletin, 2002, 28: 1051–1062.

有一定的联系：从本质上看，二者都是良好品德与聪明才智的合金，所以，二者之内都蕴含一定的良好品德。只不过，二者所涉及的聪明才智的性质不同而已：人慧里所蕴含的聪明才智主要体现在人文社会科学领域，物慧里所蕴含的聪明才智主体体现在研究自然科学方面。① 如果设置一个须用人慧解决的问题情境甲，一个须用物慧解决的问题情境乙，然后采取分层抽样的方式，挑选只擅长解决人生问题的被试作为 A 组，挑选只擅长解决自然科学问题的被试作为 B 组，运用组内设计，将 A、B 两组被试都置于甲、乙两种问题情境中，可以预测，A 组被试在甲问题情境里得分高而在乙问题情境里得分低，B 组被试在甲问题情境里得分低而在乙问题情境里得分高，且 A、B 两组间得分会有显著性差异，从而证明人慧与物慧两种智慧类型不但是存在的，而且二者之间有时还很难作正迁移，因为二者分属不同的智慧类型，需要不同的才华。所以，若用一个平面图来示意二者之间的联系与区别，则如图 7–3 所示：

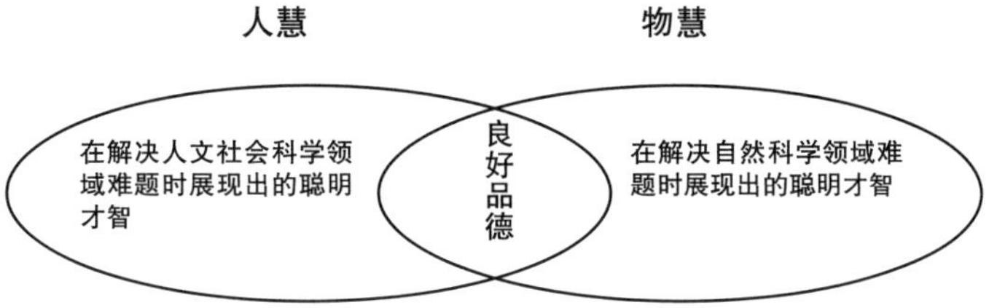

图 7–3　人慧与物慧的平面关系示意图②

① 汪凤炎，郑红．智慧心理学的理论探索与应用研究［M］．上海：上海教育出版社，2014：236.

② 同①．

如果用一个立体图来示意人慧与物慧二者之间的联系与区别，则如图 7–4 所示：

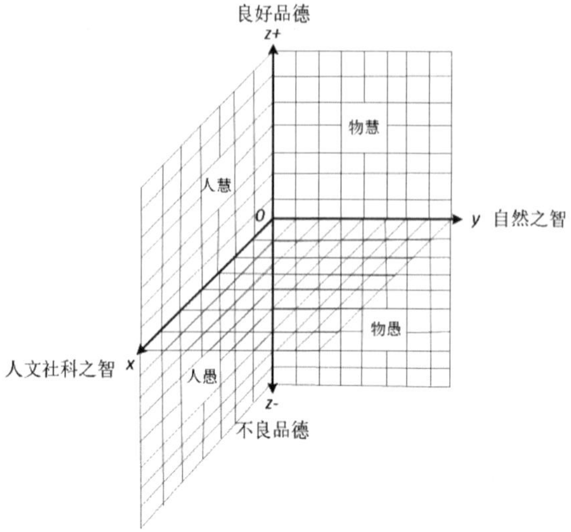

图 7–4　人慧与物慧的立体关系示意图[①]

在这个三维坐标图中，可以用 x 轴代表个体在人文社会科学领域展现出来的聪明才智（简称“人文社科之智”），并且，从里（起点是“0”）往外，其人文社科之智越来越高；用 y 轴代表个体在自然科学领域展现出来的聪明才智（简称“自然之智”），并且，从左（起点是“0”）往右，其自然之智越来越高；用 z+ 轴代表个体的良好品德，并且，从下（起点是“0”）往上其良好品德发展水平越来越高；用 z− 轴代表个体的不良品德，并且，从上（起点是“0”）往下表示个体越来越缺德。坐标轴上的“0”，从道德角度看，代表个体的行为处于前道德阶段；从人文社科之智或自然之智的角度看，代表个体的人文社科之智或自然之智是 0。这样，由 x 轴与 z+ 轴组成的平面 xz+ 便代表人慧，它类似于心理学上讲的个体在人文社会科学领域展现出来的正创造力（positive

① 汪凤炎，郑红．品德与才智一体：智慧的本质与范畴［J］．南京社会科学，2015（3）：127−133.

creativity），并且，平面 xz+ 的面积越大，表示个体的人慧水平越高；由 y 轴与 z+ 轴组成的平面 yz+ 便代表物慧，它类似于心理学上讲的个体在自然科学领域展现出来的正创造力，并且，平面 yz+ 的面积越大，表示个体的物慧水平越高；由 x 轴与 z− 轴组成的平面 xz− 便代表个体在人文社会科学领域展现出来的负创造力（negative creativity）或人愚，并且，平面 xz− 的面积越大，表示个体在人文社会科学领域展现出来的负创造力或人愚水平越高；由 y 轴与 z− 轴组成的平面 yz− 便代表个体在自然科学领域展现出来的负创造力或物愚，并且，平面 yz− 的面积越大，表示个体在自然科学领域展现出来的负创造力或物愚水平越高；由 x 轴与 y 轴组成的平面 xy 则代表聪明才智，并且，平面 xy 的面积越大，表示个体的聪明才智越高。[①] 之所以将平面 xy 作为底面，是由于聪明才智是个体做人（含修德）、做事的前提。

正因为人慧与物慧之间存在一些天然联系，假若一个具有人慧的人继续学习和钻研理、工、农或医等纯粹自然科学方面的知识，并善于在研究过程中做到"人法自然"，自然也能更好地促进其人慧的不断完善；更进一步言之，如果一个人慧者能够在理、工、农或医等纯粹自然科学方面取得一定的造诣甚至很高的造诣，并将其用来为绝大多数人谋福祉，他就会使自己最终发展成为一个兼具人慧与物慧的智慧者。与此类似，一个具有物慧的人如果继续学习和钻研人文社会科学领域的知识，并将其身体力行之，同样也能更好地促进其物慧的不断完善；更进一步言之，假若一个物慧者能够在人文社会科学领域的某一方面或多个方面取得一定的造诣甚至很高的造诣，并将其用来为绝大多数人谋福祉，他同样也会使自己最终发展成为一个兼具人慧与物慧的智慧者。[②]

---

① 汪凤炎，郑红．品德与才智一体：智慧的本质与范畴［J］．南京社会科学，2015（3）：127−133.

② 汪凤炎，郑红．智慧心理学的理论探索与应用研究［M］．上海：上海教育出版社，2014：236.

根据“智慧的德才一体理论”可知，智慧的类型与发展水平是多种多样的，不同类型与水平的智慧的不同排列组成，更是能生出纷繁复杂的智慧子类型（如图 7–5 所示）。

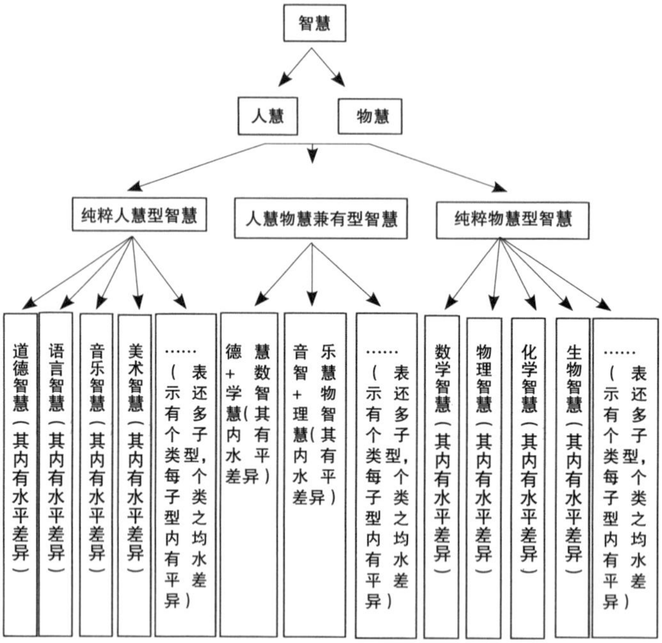

图 7–5　多元智慧示意图[①]

需要指出四点：（1）根据图 7–5 所示，任何一种聪明才智只要与良好品德形成合金，便能生成一种新的智慧子类型。（2）尽管古代中国人普遍有“道德高于技术”的观念，当代中国人则普遍持有“重理轻文、重技术轻基础”的观念，但实际上这两种观念都是片面的，今人万不可受上述错误观念的影响，进而持有“德慧高于物慧”或“纯粹人慧型智慧低于纯粹物慧型智慧、纯粹物慧型智慧低于人慧物慧兼有型智慧”的错误观念。因为只有在同一种智慧类型之间才能比较量的大小，不同智慧类型之间不具可比性；并且，每一种智慧类型只要

① 汪凤炎，郑红．智慧心理学的理论探索与应用研究［M］．上海：上海教育出版社，2014：236.

发展到极致，都是大智慧。（3）与多元智慧相一致，现实生活里智慧者的类型也多种多样。这样，多元智慧理论就可为个性教育和职业生涯规划提供扎实的理论依据。（4）从智慧教育的角度看，一个人能够做到具有真智慧固然很好，能够最终成为一个大智慧者那自然是更好，不过，任何一个人的品德发展总有一个循序渐进的过程，不同人之间的智商有高中低之别，不同的人所拥有的知识经验与机遇也有多寡之分。一句话，由于主客观方面的因素不同，不能要求人人的品德都很高尚，更不能要求人人的才智都获得高水平发展。这就意味着，不能将智慧教育的目标只锁定在培育大智慧者上，还宜将培育小智慧者作为其目标之一，对于教育对象是年少的儿童的学前教育和中小学教育以及教育对象是智能不足者的特殊教育而言，一般更是只能将培育小智慧者作为其教育目标。毕竟，由不同类型或水平的品德与才智组成的六种类型人物（智能不足者、恶人、小聪明者、常人、善人、智慧者）中，只有“智能不足者”“恶人”和“小聪明者”等三种人是绝不能成为教育的目的的，而各式各类的智慧者、善人与常人则都可以成为某一类型或某一阶段教育的目标。[①②]

（三）真智慧与类智慧

从创造是真创造还是类创造的角度分，可以将智慧分为真智慧与类智慧两种类型。

从心理素质角度看，真智慧是指个体在其智力与知识的基础上，经由经验与练习习得的一种能让其产生对全人类而言都具新颖性且有社会价值的创造性成果的智慧。如，自 2019 年 12 月至 2022 年 2 月，全人类都在防控新型冠状病毒肺炎疫情，如果有人第一个研制出能批量生产的治疗新型冠状病毒肺炎的特效药，就能给全人类带来巨大的福祉，自然属真智慧，估计他将很快获得诺贝尔生理学

① 汪凤炎，郑红．智慧心理学的理论探索与应用研究［M］．上海：上海教育出版社，2014：260.

② 汪凤炎，郑红．智慧心理学［M］．上海：上海教育出版社，2022：132-138.

或医学奖。类智慧是指个体在其智力与知识的基础上，经由经验与练习习得的一种只能让其产生虽有社会价值，但只对自己而言具新颖性，对他人而言并不具有新颖性的创造性成果的智慧。如当下中国研制大飞机，并自主研发出国产 C919 大型客机，就属类智慧，因为美国波音公司（The Boeing Company）和欧洲空中客车公司（Airbus）早就拥有制造大飞机的成熟技术。

根据上述定义可知，真智慧与类智慧的共同之处是：二者不但都是聪明才智与良好品德的合金，而且其心理结构与心智加工过程也是类似的。真智慧与类智慧的差别之处在于：真智慧能产生对全人类而言都具新颖性且有社会价值的创造性成果；而类智慧只能产生虽有社会价值，但只对自己而言具新颖性而对他人而言并不具有新颖性的创造性成果（如图 7–6 所示）。

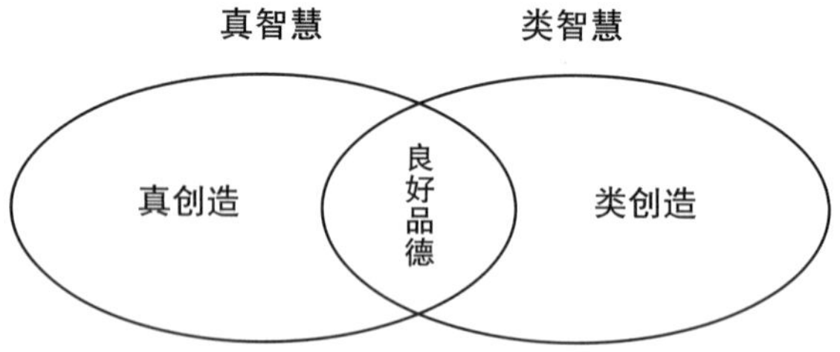

图 7–6　真智慧与类智慧的关系示意图[①]

第二节　关于人工智慧的六个问题

一、人工智慧的内涵

英文“artificial wisdom”（英文缩写是“AW”，现译成“人工智慧”）一词最早出现在计算机科学与人工智能领域。2003 年 1 月发表的一篇题为《意义生成与人工智慧》的会议论文，从社会群体（social groups）意义生成的角度对

① 汪凤炎，郑红. 智慧心理学的理论探索与应用研究［M］. 上海：上海教育出版社，2014：255.

智慧进行了解读，除了论文题目里首次出现“artificial wisdom”一词外，在正文里并未出现“artificial wisdom”，更未对“artificial wisdom”进行界定。其后计算机科学与人工智能、哲学、伦理学和心理学都陆续探讨此主题，但含义不尽相同，概括起来主要有三种观点①：

（一）指通用人工智能

英文“artificial wisdom”有时指通用人工智能（artificial general intelligence），此用法以 Ben Goertzel 为代表。Ben Goertzel 于 2008 年 4 月 20 日撰写的一篇博客文章（a blog post）的题目就叫《人工智慧》（*Artificial Wisdom*）。不过，在 Ben Goertzel 看来，智慧是一种水平高于普通人的情境智力（contextual intelligence）。智慧被视为智力的三个核心成分之一，智力的这三个核心成分分别是：（1）聪明，与陈述性记忆有关（cleverness, associated with declarative memory）；（2）技能，与程序记忆有关（skillfulness, associated with procedural memory）；（3）智慧，与情景记忆有关（wisdom, associated with episodic memory）。智慧基本上等同于一般智力：它是各种情况下的平均智力（Wisdom is basically equivalent to general intelligence: it's intelligence averaged across a variety of situations.）。因此，对人工智慧的追求可视作对追求通用人工智能而不是窄人工智能（Narrow AI）②的一个子任务。在 Ben Goertzel 看来，未来人工智能的发展方向不是窄人工智能，而是通用人工智能。③由此可见，Ben Goertzel 所讲的“artificial wisdom”实是一种通用人工智能，并不是本节下文所讲的人工智慧。

（二）指人工智能

中国多数学者所讲的“人工智慧”实际上均是指人工智能。如方德志撰有

① 汪凤炎，郑红．智慧心理学［M］．上海：上海教育出版社，2022：317-318.

② 窄人工智能（Narrow AI）指只适用于某个特定领域的人工智能。

③ GOERTZEL B. Artificial wisdom［EB/OL］.（2008-04-20）［2019-11-05］. https://ieet.org/index.php/IEET2/more/goertzel20080420.

题为《人工智慧的崛起和未来哲学的新生——一个哲学家们的千年迷梦》一文，不过，从该文英文摘要中用的是“artificial intelligence”来看，该文所讲的人工智慧实为人工智能。①

（三）指人生产或制造出来的具有德才一体“素质”的机器（人）

人工智慧，也叫人工慧能，指人生产或制造出来的具有德才一体“素质”的机器（人）。若无特别说明，下文所讲的人工智慧均是指此种含义。此种含义的人工智慧是汪凤炎最早提出并做出明确界定的。

鉴于人工智能的未来发展方向大概率是走向人工智慧，汪凤炎于2016年底在国际上首次从“德才一体方是智慧”的角度提出并界定“人工智慧”和“汪氏智慧测验”两个概念。可能是因此概念和设想太过新颖，将之撰写成题为《以人工智慧应对人工智能的威胁》论文后曾投过多个中英文期刊，均被拒稿，最终投至《自然辩证法通讯》后被录用，《自然辩证法通讯》上标明该文的收稿日期是2017年11月18日，发表日期是2018年4月。②依据智慧的德才一体理论，汪凤炎对人工智慧作出如下定义：人工智能一旦具有德才一体的性能，就升级为人工智慧。当人工智慧面临某种复杂问题解决情境时，就能让其适时产生下列行为：在“善”的算法或原则引导与激发下，及时运用其聪明才智去正确认知和理解所面临的复杂问题，进而采用正确、新颖（常常能给人灵活与巧妙的印象），且最好能合乎伦理道德规范的手段或方法高效率地解决问题，并保证其行动结果不但不会损害人类的正当权益，还能长久地增进人类的福祉。

到2024年8月上旬为止，学界仅有8篇文章探讨人工智慧这一主题，除了

① 方德志．人工智慧的崛起和未来哲学的新生：一个哲学家们的千年迷梦［J］．山东科技大学学报（社会科学版），2018，20（5）：1-10.

② 汪凤炎，魏新东．以人工智慧应对人工智能的威胁［J］．自然辩证法通讯，2018，40（4）：9-14.

汪凤炎和魏新东撰写的《以人工智慧应对人工智能的威胁》[1]和《智慧：内涵、结构、类型、争论和未来关注的主题》[2]外，另外6篇是：（1）金泰万（Tae Wan Kim）和圣地亚哥·梅加（Santiago Mejia）合著的《从人工智能到人工智慧：苏格拉底教给我们的》[3]一文；（2）Jeste等人撰写的《超越人工智能：探索人工智慧》[4][5]和Nusbaum撰写的《如何使人工智慧成为可能》，[6]这是对《超越人工智能：探索人工智慧》一文的评论；（3）黛博拉·威廉姆斯（Deborah H. Williams）与格哈德·希普利（Gerhard P. Shipley）合写的《用本土智慧增强人工智能》；[7]（4）费尔南德·范达姆（Fernand Vandamme）写的《智能、人工智能、ChatGPT、智慧、人工智慧：一盒潘多拉》[8]和《通过操控智慧和人工智慧培养智能和人工智能》[9]二文。稍加比较可知，在核心观点上，Jeste等人在《超越人工智能：探索人工智慧》一文里对人工智慧的阐述与笔者对人工智慧的论述

① 汪凤炎，魏新东．以人工智慧应对人工智能的威胁［J］．自然辩证法通讯，2018，40（4）：9-14.

② ZHANG K L, SHI J, WANG F Y, et al. Wisdom: meaning, structure, types, arguments, and future concerns［J］. Current psychology, 2023,42： 15030-15051.

③ KIM T W, MEJIA S. From artificial intelligence to artificial wisdom: what socrates teaches us［J］. Computer, 2019, 52： 70-74.

④ JESTE D V, GRAHAM S A ,NGUYEN T T ,et al. Beyond artificial intelligence: exploring artificial wisdom［J］. International psychogeriatrics, 2020, 32（8）: 993-1001.

⑤ 汪凤炎，郑红．智慧心理学［M］．上海：上海教育出版社，2022：323-324.

⑥ NUSBAUM H C. How to make artificial wisdom possible［J］. International psychogeriatrics, 2020, 32（8）: 909-911.

⑦ WILLIAMS D H , SHIPLEY G P. Enhancing artificial intelligence with indigenous wisdom［J］. Open journal of philosophy, 2021, 11: 43-58.

⑧ VANDAMME, F. Intelligence, AI, ChatGPT, wisdom, artificial wisdom（AW）: a box of pandora［J］. Communication & cognition, 2023, 56（1-3）:59-100.

⑨ VANDAMME F. Fostering intelligence and AI by an operational wisdom and artificial wisdom（AW）［J］. Wisdom, 2023, 3（27）:119-128.

如出一辙。[①][②]另外，如下文所论，尽管约书亚・P. 戴维斯（Joshua P. Davis）[③]与 Cheng-hung Tsai[④]对人工智慧前景的看法截然相反，也未在文中清淅地对人工智慧进行界定，但从二人的论文可知，他们与汪凤炎类似，都是从德才一体的角度谈人工智慧的。

二、人工智能可以发展成人工智慧吗？

目前对人工智慧的探讨仍停留在形而上的理论层面，尚未见有器物层面的人工智慧。对于人工智能是否可以发展成人工智慧，学术界有两种截然相反的观点。

（一）人工智能无法发展成人工智慧

一种观点认为，人工智能无法发展成人工智慧。此观点以约书亚・P. 戴维斯为代表。约书亚・P. 戴维斯在《人工智慧・论人工智能在法律（以及其他方面）上的潜在限制》一文里提出三个命题，用以证明人工智能虽然在科学领域的很多方面已胜过人类，却永远无法取代人类：（1）道德判断对于法律和司法实践是必要的（Moral judgment is necessary for legal and judicial practice.）；（2）第一人称视角（或主体性或主动性）对道德判断是必要的［The first-person perspective（or subjectivity）is necessary for moral judgment.］；（3）人工智能无法获得第一人称视角（AI is incapable of attaining the first-person perspective.）。进而，约书亚・P. 戴维斯声称，因智慧里包含道德判断，人工智能因无法获得第一人称视角，且没有主体性或主动性，如没有意识、自由意志和统一的自我，故无法习得道德，这样，人工智能永远不可能进化到人工智慧，研究人工智慧

① JESTE D V, GRAHAM S A, NGUYEN T T, et al. Beyond artificial intelligence: exploring artificial wisdom［J］. International psychogeriatrics, 2020, 32（8）: 993 - 1001.

② 汪凤炎，郑红. 智慧心理学［M］. 上海：上海教育出版社，2022：323-324.

③ DAVIS J P. Artificial wisdom? a potential limit on AI in law （and elsewhere）［J］. Oklahoma law review, 2019, 72（1）: 51-89.

④ TSAI C H. Artificial wisdom: a philosophical framework［J］. AI & society, 2020, 35: 937-944.

是没有前景的（If so, while we must recognize the staggering potential of artificial intelligence, there is no similar prospect for artificial wisdom.）。[①] 由此推知，尽管约书亚 · P. 戴维斯在文中未对人工智慧进行清晰界定，但与汪凤炎类似，也是从德才一体的角度谈人工智慧的。[②]

（二）人工智能可以发展成人工智慧

另一种认为，人工智可以发展成人工智慧。这是多数人的观点。此观点以 David Casacuberta Sevilla、汪凤炎、Tae Wan Kim、Santiago Mejia、Cheng-hung Tsai 和 Dilip V. Jeste 等人为代表。汪凤炎坚信人工智能可以发展成人工智慧，并从理论上指出了两条实现路径，汪凤炎的观点在下文有详论，此小节只论余下学者的观点。

Sevilla 在题为《探索人工智慧》一文中主张设立一个关于人工智慧的研究项目，其目的是设计出至少能模拟人类智慧某些方面的计算系统。概要地讲，根据马修 · 里卡德（Mathieu Ricard）的看法，佛教中的智慧与以下两个因素有关：（1）超越表象以理解现实的真实本质，（2）知道如何运用这些知识以提高众生的幸福感和减少众生的痛苦。从两个方面发展人工智慧——一方面，通过仿真手段，运用更具文化生态效度的范式来揭示智慧的内涵（a more naturalistic research on understanding what wisdom is by means of simulations），另一方面，设计能帮助个体变得更智慧的工具（designing tools that could help people to become wiser），人工智能学科也可以帮助人们实现这两个崇高目标。[③]

Kim 和 Mejia 在《从人工智能到人工智慧：苏格拉底教给我们的》一文里主张，根据苏格拉底的“承认无知乃是智慧之源”的名言，一旦让机器拥有识

---

① DAVIS J P. Artificial wisdom? a potential limit on AI in law （and elsewhere）［J］. Oklahoma law review, 2019, 72（1）: 51−89.

② 汪凤炎，郑红 . 智慧心理学［M］. 上海：上海教育出版社，2022：323.

③ SEVILLA D C. The quest for artificial wisdom［J］. Ai & society, 2013, 28: 199−207.

别自身无知的能力，它们不仅会显示出智能，还会显示出智慧。①

Cheng-hung Tsai 对人工智慧前景的看法与约书亚·P. 戴维斯截然相反。Tsai 在题为《人工智慧：一个哲学框架》一文中不赞成约书亚·P. 戴维斯的上述观点，他先回应构建人工智慧系统的两个哲学挑战：（1）人工智慧原则上是不可能的（AW is impossible in principle.），（2）人工智慧在实践上是不可能的（AW is impossible in practice.），进而认为，如果人工智慧对实践推理（practical reasoning）采用规范主义（specificationism）而不是工具主义（instrumentalism），那么，人工智慧在原则上是可能的；假若人工智慧在幸福感（well-being）上采用差别性原则（variantism）而不是一致性原则（invariantism），那么，人工智慧在实践中也是可能的。② 由此推知，尽管 Tsai 在文中同样未对人工智慧进行清晰界定，但与汪凤炎类似，也是从德才一体的角度谈人工智慧的。

Jeste 等人认为，未来人工智慧系统将基于人类智慧神经生物学的发展模型来建构，它需要能够满足三个条件：（1）从经验中学习并能自我纠正；（2）富有同情心，没有偏见，且能展现出道德行为；（3）能识别人类情绪，帮助人类调节情绪，做出智慧决定。③④

三、判断人工智能生成人工智慧的方法

（一）汪氏智慧测验

如何判断人工智能变成了人工智慧？ 2016 年底，汪凤炎参照图灵测验设计

① KIM T W, MEJIA S. From artificial intelligence to artificial wisdom: what Socrates teaches us［J］. Computer, 2019, 52（10）: 70–74.

② TSAI C H. Artificial wisdom: a philosophical framework［J］. AI & society, 2020, 35: 937–944.

③ JESTE D V , GRAHAM S A ,NGUYEN T T ,et al. Beyond artificial intelligence: exploring artificial wisdom［J］. International psychogeriatrics, 2020, 32（8）: 993–1001.

④ 汪凤炎，郑红 . 智慧心理学［M］. 上海：上海教育出版社，2022：323–324.

出图灵智慧测试（Turing wisdom test），也叫汪氏智慧测验（Wang’s wisdom test）：测试人在与被测试者（从人类中推选一个公认的智慧者和一台机器）隔开的情况下，通过一些装置（如键盘）向被测试者提问。问过一些问题后，如果被测试者的智慧性作答不能使测试人确认出哪个是智慧者、哪个是机器的回答，那么这台机器就通过了测试，并被认为具有人工智慧。① 换言之，如果一台机器能够通过电传设备与人类展开智慧对话而不会被人识别出其机器身份，那么这台机器就具有了智慧。

（二）汪氏智慧测验与图灵测验的比较

图灵测验和汪氏智慧测验除了测试内容不同外，还有一个明显差异：通过图灵测验的人工智能的智能水平往往不会太高，而通过汪氏智慧测验的人工智慧的智慧水平则往往极高。这是因为：人类既常守规则与定式（如围棋中的定式一般），其行为（尤其是高难度的行为）的稳定性水平也无法持续太久的时间，故易犯错；同时，人类会追求美，而人工智能不会追求美，只会追求最优化。这样，人类至少可以从三个方面来识别某件事情是由人还是由人工智能完成的：（1）是否固守规则与定式的差异：有思维定势者往往是人，反之是人工智能。如，即便在双方都匿名的情况下，AlphaGo 下的出人意料的招数，像柯洁那样的围棋顶尖高手一看就知道不是人类棋手下的。（2）行为在稳定性水平上的差异：表现太稳定、太完善者往往是人工智能，反之是人类。例如，让国际著名钢琴家郎朗辨别哪一首曲子是由人工智能演奏的，哪一首曲子是由人演奏的，郎朗正确辨别出的依据之一常常是：演奏得太完美者是人工智能，演奏过程中偶尔有点小问题者（如有一个音符未弹准）是人。也许有人会说，人工智能的超强稳定性不利于其创造，因为创造往往意味着不确定性。这种说法似是而非。因为这里所讲的稳定性是指人工智能不易出错，并

① 汪凤炎，魏新东．以人工智慧应对人工智能的威胁［J］．自然辩证法通讯，2018，40（4）：9–14.

非指人工智能像上文萨缪尔所说："除了功能失常等少见的情况外，它不能输出任何未经输入的东西。"事实上，一方面，除了功能失常等少见的情况外，人工智能表现极其稳定，不易出错；另一方面，高级人工智能又能展现出令人惊艳的创造力，而不是"不能输出任何未经输入的东西"。（3）是否有意境美：有意境美的诗是由人写的，没有意境美的诗是由人工智能写的。例如，让一位杰出诗人辨别哪首诗是由诗人写的，哪首诗是由人工智能写的，诗人正确辨别的依据一般是：有意境美的诗是由人写的，没有意境美的诗是由人工智能写的。人工智能为了通过图灵测验，既须适当模仿人类而故意犯错，又须适当遵守人类通行的规则与定式，还须故意降低行为的稳定性水平，否则，极易被人识破，从而无法通过图灵测验。因这些限制，通过图灵测验的人工智能的智能水平不会太高；反之，有时那些无法通过图灵测验的人工智能的智能水平反而更高。与此不同，人类中真正出类拔萃的智慧者，因其才华与道德水平都高常人一大截，故他们常常能做出普通人无法想象的举动。正由于此，即便人工智慧做出不同于常人的举动，人们也不易将它识别出来。所以，能通过汪氏智慧测验的人工智慧，其水平往往是极高的。①

四、人工智慧的类型

依据不同的标准，可将人工智慧分成不同的类型。

（一）特定领域内的人工智慧、普遍性领域的人工智慧和全知全能的人工智慧

如前文所论，按智慧涉及领域的多寡，可将智慧分为特定领域内的智慧、普遍性领域的智慧和全知全能的智慧三种。同理，按人工智慧涉及领域的多寡，可将人工智慧分为特定领域内的人工智慧、普遍性领域的人工智慧和全知全能的人工智慧三种：只在某个其所擅长的领域内拥有智慧，在其他非其所长的领域内则不拥有智慧，这种人工智慧就属特定领域内的人工智慧。如果在两个或

① 汪凤炎，郑红．智慧心理学［M］．上海：上海教育出版社，2022：318–319.

多个其所擅长的领域内拥有智慧，在其他非其所长的领域内不拥有智慧，并且，这种智慧在其所擅长的两个或多个领域内能通用，从而在其所擅长的两个或多个领域内带有一定的普遍性，这种人工智慧就属普遍性领域的人工智慧。根据此定义，如果虽在两个或多个其所擅长的领域内拥有智慧，在其他非其所长的领域内则不拥有智慧，但在这两个或多个其所擅长的领域内所拥有的每一种智慧均不能做到在其他其所擅长的情境里通用，这种人工智慧就仍属特定领域内的人工智慧，只不过此人工智慧同时拥有两个或多个特定领域内的人工智慧。假若在所有领域内都拥有智慧，这种人工智慧就属全知全能型人工智慧。在此基础上，再按人工智慧的深浅分，这三种人工智慧中的每一种均可分为深和浅两种，这样总计就有六种人工智慧（如表 7–2 所示）。

表 7–2　六种人工智慧一览表 ①②

领域的宽窄（domain generality）	人工智慧的深度（depth of artificial wisdom）	
	深（deep）	浅（shallow）
特殊性领域（domain—specific）	特殊性领域的深人工智慧	特殊性领域的浅人工智慧
普遍性领域（domain—general）	普遍性领域的深人工智慧	普遍性领域的浅人工智慧
所有领域（domain—overall）	全知全能的深人工智慧	全知全能的浅人工智慧

（二）弱人工智慧与强人工智慧

如第一章所论，以是否受人类控制为标准，可将人工智能分为弱人工智能和强人工智能两大类。同理，以是否受人类控制为标准，也可将人工智慧分为受人类控制的弱人工智慧与不受人类控制的强人工智慧两大类。并且，弱人工智慧又可以分为单任务与多任务弱人工智慧，强人工智慧又可分为单任务、多

① STERNBERG R J, GLÜCK J. The Cambridge handbook of wisdom [M] . Cambridge: Cambridge University Press, 2019: 5–6.

② 汪凤炎，郑红 . 智慧心理学［M］. 上海：上海教育出版社，2022：129.

任务及通用型强人工智慧。①

五、人工智慧与人工智能的比较

人工智慧是以人工智能为基础，两者主要有三个方面的联系：（1）两者都表现为一种功能主义。功能主义认为心灵是一种功能，心灵在作用于主体的外部刺激和行为反应之间起一定的因果或功能作用。② 人工智能功能主义体现在强调人脑功能与计算机功能相似，推向极端就是认为人脑不过是一台计算机，人的心灵不过是一种程序。③ 这与当代主流认知心理学相符，即将人脑视为一种信息加工系统。心理学家虽也有考察智慧的生物神经学基础，但主要是为了验证所提的智慧理论，④ 并且至今也没有弄清智慧在大脑中的生成机制，因此想要人工智慧通过模拟大脑产生智慧的机制来实现是不现实的。人工智慧也体现为一种功能主义，即用计算机程序展现智慧。（2）两者都是一定的物理符号系统。如前文第三章所论，纽威尔与西蒙认为一个物理符号系统对于展现智能具有必要和充分的手段：一方面，任何一个展现智能的系统归根结底都能够被分析为一个物理符号系统；另一方面，任何一个物理符号系统只要具有足够的组织规模和适当的组织形式，都会展现出智能。⑤ 心理学家对智慧大都采取一种兼顾认知与善的观点来探求智慧的成分与结构，如"智慧的德才一体理论"就将智慧视为良好品德与聪明才智的统一。这种成分与结构的细化，为用物理符号系统表征智慧提供了可能，而用机器与程序来实现人工智慧，则表明用物理符号系

① 汪凤炎，郑红．智慧心理学［M］．上海：上海教育出版社，2022：322.

② 唐热风．论功能主义［J］．自然辩证法通讯，1997（1）：6–12.

③ SEARLE J R. Minds, brains, and program［J］. The behavioral and brain sciences, 1980, 3: 417–424.

④ FERRARI M, WESTSTRATE N M. The scientific study of personal wisdom: from contemplative traditions to neuroscience［M］, New York: Springer, 2013：99–112.

⑤ NEWELL A，SIMON H A. Computer science as empirical inquiry: symbols and search［J］. Communications of the ACM, 1976, 19（3）: 113–126.

统来刻画又是一种必然。（3）两者判定方式有相通之处：人工智能以通过图灵测验为标准，而人工智慧则以图灵智慧测验为标准。①

人工智能与人工智慧的区别主要由于智能与智慧不同。首先，人工智能可脱离人类而存在，人工智慧则不行。对于智能，动物可以有，②机器也可以有。莱格（S. Legg）与胡特（M. Hutter）提出“普遍智能”（universal intelligence）：智能是主体在一个广阔的环境中达成目标的能力。③这一定义基本涵盖自然界中所有行为主体的智能，为人工智能提供了理论支撑。虽然这里提出人工智慧，并不代表机器具有所谓“机器智慧”，而只是人类智慧在机器上的延伸。因为它诞生的主要动机是应对人工智能的威胁，想让人工智能行为符合人类的价值观念，并且智慧主要来源于后天对知识的学习与转化，所以智慧本身就具有一定文化相对性，不能脱离人类社会。其次，人工智慧中有“善”，而人工智能是中性的。西方学者对智力（intelligence，即智能）的研究偏向于价值中立，认为智力是中性的概念，并无善恶之分④，与此相吻合，主流人工智能界依然坚持传统的技术中立论。⑤与此不同，依据智慧的德才一体理论，智慧是良好品德与聪明才智的合金。人工智慧中的“德”即为“善”。最后，人工智能与人工智慧对问题的解决方式不同。面对一个问题情境时，如果人工智能能够解决，其给出的解决方案往往是中性的或是最有效率的，但绝不会优先考虑善的解决方案；与此不同，假若人工智慧能够解决，那么，人工智慧一定会

① 汪凤炎，魏新东．以人工智慧应对人工智能的威胁［J］．自然辩证法通讯，2018，40（4）：9–14.

② STERNBERG R J. Handbook of intelligence［M］. New York: Cambridge University Press, 2000: 197–215.

③ LEGG S , HUTTER M. Universal intelligence: a definition of machine intelligence［J］. Minds and machines, 2007, 17（4）: 391–444.

④ STERNBERG R J. A balance theory of wisdom［J］. Review of general psychology, 1998, 2（4）: 347 - 365.

⑤ 洪小文．我们需要什么样的机器人［J］．中国计算机学会通讯，2014，10（11）：50–54.

给出最善的解决方案，尤其是当有多种解决方案可供选择时，更是如此。[①]

六、人类智慧与人工智慧的比较

（一）人类智慧与人工智慧的相同之处

人工智慧与人类智慧都是智慧，这样，一方面，二者在“素质”上都呈现“德才一体”的性质：人工智慧的软件里一定内嵌有蕴含德才一体的软件；具有智慧素质的人，其素质一定是德才一体的。另一方面，二者展现出的问题解决方式都既有一定的创造性，又包含有善良动机，且会产生利他结果。[②]

（二）人类智慧与人工智慧的相异之处

人工智慧与人类智慧之间至少有如下六个差异，其中，从现在至可以预见的将来，前两个差异显示人类智慧优于人工智慧，中间两个差异显示人类智慧与人工智慧各有优劣，后两个差异显示人类智慧劣于人工智慧，由此可见，总体上看，人类智慧和人工智慧各有优劣，若能相互促进，才能真正持久地造福人类。[③]

1. 是否具有群体智慧的差异

目前的人工智能无法生成群体智能，由人工智能发展而来的人工智慧目前也不具有群体智慧；与此不同，人类的学习既可以独自完成，更可以在群体中产生社会性学习。不同的人由于其脑海中的原有知识背景不同，观察问题与解决问题的视角不同，对同一个问题的看法往往有差异，异质性个体一旦遵循某种良好的契约或制度组成一个平等、和谐、自由的团队，这些差异恰恰构成了一种宝贵的学习资源，学习者以自己的方式建构对事物的理解，导致不同的人看到事物的不同方面，通过团队成员之间的协作和对话，一方面，能达到萧伯

① 汪凤炎，魏新东．以人工智慧应对人工智能的威胁［J］．自然辩证法通讯，2018，40（4）：9–14.
② 汪凤炎，郑红．智慧心理学［M］．上海：上海教育出版社，2022：320.
③ 同② 320–321.

纳(George Bernard Shaw)所说：你有一个苹果，我有一个苹果，互相交换之后，每个人还是只有一个苹果；但是，你有一种思想，我有一种思想，彼此交换后，每人各有两种思想。另一方面，更重要的是，能让这个团队产生群体智慧。这意味着，人类不但个体可以有智慧，两个或两个以上的个体通过“头脑风暴法”(brain storming)之类的交流还可以产生群体智慧，这是建构主义学习理论将学习视作是一种高度化的社会行为的重要原因之一。

2. 智慧生成的脑机制的差异

人工智慧的“生理机制”是人模拟人脑制造出的类人脑，即电脑；与此不同，人类智慧是由人脑在与环境的交互作用中生成的，其生理机制是人脑。就目前而言，人脑比电脑复杂得多，高级得多，不过，将来一旦发展出强人工智慧，其类人脑就会比人脑复杂得多。

3. 智慧能否自主生成的差异

目前的人工智慧主要是弱人工智慧，它是由人制造的硬件和编写的软件生成的，故弱人工智慧的自主性有限，至少在可以预见的将来，弱人工智慧均无法离开人类而独自生成和发展，弱人工智慧本质上依旧是人类的工具；与此不同，人类智慧是由一个个自由的个体生成的，其自主性强。不过，若将来人工智慧既能自主地制定规则（包括道德规则和做事的规则），具备真正意义上的创新学习，又可进行情绪学习和道德学习，从而让自己的行为既有创造性又有善的结果，到那时，人工智慧就从弱人工智慧升级到强人工智慧了，其自主性就可能不但不逊于人类，反而可能强于人类了，到那时，强人工智慧可能就不受人类掌控了。因为在人治社会，一旦受到来自权势部门或邪恶势力的打压，或者，受到来自权势部门或邪恶势力的引诱，多数普通民众出于趋利避害的自我保护本能，往往会减弱甚至放弃其自主性，结果是见义不勇为，甚至是见不义而为，成了助纣为虐的帮凶，无法生成智慧。与人类智慧不同，强人工智慧是从人工智能发展而来，自然会遵守“机器人行为三定律”，故它们为了坚守“不能伤害人类，也不能在人类受伤害时袖手旁观”的第一定律，在面对邪恶势力伤害人类时，一定会“见义勇为”。

4. 智慧发展的空间大小的差异

一方面，弱人工智慧的发展空间小于人类智慧。这是因为，弱人工智慧是由人制造的硬件和编写的软件生成的，虽然智慧型机器人可以基于大数据，凭借深度学习而生出新的智慧，但这种新智慧的新颖性程度是有限的，因其背后仍是基于最优化算法得来的，只是加上善的成分而已；与此不同，人类的创造潜能是无限的，相应地，人类智慧发展的潜能也是无限的。

另一方面，将来的弱人工智慧的发展空间在一些方面大于人类智慧。这是因为：（1）与人工智能类似，较之人类的肉身，人工智慧的金钢不坏之身几乎能永生，这在前文有类似论述，不赘述。（2）人工智慧比人类智慧能更好地传承，更易实现“接着说”“接着做”。至少可从三个方面来看清人类智慧不易完整地传承的现象：一是，从智慧载体看，与前文所讲的人工智能比人类智能更好传承、更易实现“接着说”“接着做”类似，人工智慧比人类智慧同样更好传承，更易实现“接着说”“接着做”。二是，就智慧类型而言，虽然从类主体和个体角度看，人类偏向自然科学的聪明才智可以世代累积，这样，后来者在学习自然科学与技术时可以站在前贤的肩膀上前进，但人类偏向人文与社会科学的聪明才智较难世代累积，相应地，后来者在学习人文与社会科学时，较难做到站在前贤的肩膀上前进，结果，较之物慧，人慧更不易做到“接着说”“接着做”。三是，从人类道德发展水平角度看，人类的品德修养几乎无法世代累积，每个人的品性均只能通过自己的心性修养和道德教育而形成和发展，后来者无法站在前贤的肩膀上发展其品德，结果，作为德才一体的智慧自然无法在后代做到“接着说”。与人类智慧不同，人工智慧拥有无限的寿命，所以它的智慧一旦生成，一般就不会消失；就算某个人工智慧因某种原因被毁坏，其所生成的智慧依然可以通过拷贝的方式完整地转移到其他人工智慧中，这样，在人工智慧领域，后来者完全可以做到站在前人的肩膀上继续前进，完整地做到“接着说”“接着做”。（3）人类无法拥有全知全能的智慧，而人工智慧则有此潜能。大多数人的寿命只有短短的几十年时间，再加上人类的美德与聪明才智主要是后天习得的，而非天赋的，这样，在人类社会，无论个体或群体多么优秀，都只能在一个或几个领域内拥有一定的聪明才智，不可能在所有的领域都拥有聪明才智，与此相一致，人类智慧者通常只能在特定的一个或几个领域中展现出智慧，即无论是个体还是群体，人类的理性均是有限的，其所拥有的智慧都是特定领域内的智慧或普遍性领域的智慧，无法拥有全知全能的智慧①。与此不同，人工智慧既拥有无限的学习时间，又拥有无限的学习能力，这样，伴随量子计算机的出现及其功能的日益强大，伴随深度学习的进一步发展、越来越快的大计算、越来越多的精准模型和越来越海量的大数据，将来极可能会出现全知全能的超强人工智慧，超强人工智慧能拥有全知全能的智慧。退一步讲，随着人工智慧的发展，即便是特定领域内的智慧或普遍性领域的智慧，将来人工智慧也会明显优于人类的智慧。

5. 展现智慧的稳定性程度的差异

人工智慧是由人制造的智慧型机器人展现出来的，与基于人工智能的智能型机器人类似，基于人工智慧的智慧型机器人所展现的智慧行为的稳定性程度高；与此不同，人类智慧是由人展现的，它受来自人自身的因素（如情绪）和环境因素（如来自权威的压力）的交互影响，稳定性相对较差。

① 汪凤炎，傅绪荣．“智慧”：德才一体的综合心理素质［N］．中国社会科学报，2017-10-30（6）．

6. 智慧升级换代的难易度的差异

弱人工智慧是由人制造的硬件和编写的软件生成的，这些硬件和软件很容易进行升级换代，将来一旦出现了强人工智慧，更能自主升级其软硬件，总之，人工智慧的升级换代相对容易。人类智慧是由人展现的，虽然从类主体和个体角度看，人类偏向自然科学的聪明才智可以世代累积，这样，后来者在学习自然科学与技术时可以站在前贤的肩膀上前进，但人类偏向人文与社会科学的聪明才智较难世代累积，相应地，后来者在学习人文与社会科学时较难做到站在前贤的肩膀上前进，更糟糕的是，人类的品德修养几乎无法世代累积，每个人的品性均只能通过自己的心性修养和道德教育而形成和发展，后来者无法直接站在前贤的肩膀上前进，并且，人类个体的寿命是有限的，不像智慧型机器人那样几乎可以通过硬件和软件的不断升级换代而实现永生，结果，人类所拥有的作为德才一体的智慧，其升级换代的难度比人工智慧要大得多，故其升级换代的速度比人工智慧要慢得多。①

强人工智慧一旦在未来变得越来越比人类更有智慧，虽然有可能会善待人类（毕竟起初是人类将它们发展到如此高的智慧水平），但到时拥有强人工智慧的机器人生活的世界与人类生活的世界也可能会逐渐分离开，大家各过各的，犹如今天人类的世界与蚂蚁的世界会截然不同一般；也有可能它们干脆就离开地球，到别的星球上去生活了。②

第三节　对人工智能可能威胁人类生存的忧思与破解办法

人工智能的发展在促进当今世界科技进步、增进百姓福祉的同时，也带来了一些安全风险。

---

① 汪凤炎，郑红．智慧心理学［M］．上海：上海教育出版社，2022：321.

② 汪凤炎，魏新东．以人工智慧应对人工智能的威胁［J］．自然辩证法通讯，2018，40（4）：9-14.

一、对人工智能可能威胁人类生存的忧思

（一）早期学界名人对人工智能可能威胁人类生存的忧思

冯·诺伊曼虽有“现代计算机之父”的美誉，但他主张技术发展要超脱道德判断，自然不可能对人工智能的发展有深刻的道德忧思。如前文所论，图灵在1950年发表的题为《计算机器与智能》的跨时代论文，自问自答了包括来自神学、哥德尔不完备性定理、意识等方面的9种对人工智能的反对意见，如，思维是上帝赋予的“不朽灵魂”，无法模仿制造；机械思维不会有主体意识，没有感觉，没有创造性，没有幽默感，没有爱情；机器人有了思维的后果太可怕等。这有助于后来的人工智能学者打破思维的种种限制。①② 不过，图灵的乐观主义情绪也会遮掩对潜在问题和危险的认识，没有对人工智能的未来发展提出必要的道德忧思。事实上，在“图灵测验”中就隐藏一个潜在的道德问题：机器人的智能高低是根据它们如何能用花言巧语尽量长久地欺骗对话者的时间来确定的。机器人的巧言术一旦超出实验控制的范围，完全有可能被坏人利用，用来欺骗他人和产生其他恶果。③

与人工智能的其他奠基人和创始人相比，维纳的一个重大历史贡献，就是较早对人工智能的发展做出了深刻的道德忧思。1954年，美国人乔治·戴沃尔造出世界上第一台可编程机器人。自此之后，偶尔有人发布未来机器人会在能力上超越人类并最终取代人类的警告，只是此类“人类终将被人工智能所取代的警告”或出自科幻作家的想象，或属于个别学者的预测，缺乏足够证据。1959年，IBM工程师Arthur Samuel在跳棋对弈中被自己创造的下棋机击败，轰动一时，也引发了维纳的忧思。1960年，维纳在《科学》杂志上发表了《自

---

① TURING A M. Computing machinery and intelligence［J］. Mind, 1950, 59（236）：433-460.

② 刘韩．人工智能简史［M］．北京：人民邮电出版社，2018：132.

③ 史南飞．对人工智能的道德忧思［J］．求索，2000（6）：67-70.

动化的某些道德和技术的后果：当机器学习可能会以让程序员感到困惑的速度开发出不可预见的策略时》一文，通过对机器下棋功能的发展前景进行推论，认为智能机发展有朝一日会超过人类的智慧并危害人类。萨缪尔（Arthur Samuel）也在《科学》杂志上发文，坚决反对维纳的这一观点。

1965年，曾在“二战”期间与阿兰·图灵一起参与破译德军密码的数学家和密码学家古德（Irving John Good）发表《关于第一台超级智能机器的思考》（*Speculations Concerning the First Ultraintelligent Machine*）一文中，对超人类机器（superhuman machines）及其影响进行了推测，首次提出超级智能机器（ultraintelligent machine）的设想（即超级人工智能设想）：我们将超级智能机器定义为具备超越所有人类智能（不管人有多聪明）的机器。考虑到设计机器是智能活动的一种，那么超级智能机器自然能够设计更出色的机器。毫无疑问，肯定会出现诸如“智能爆炸”之类的局面，把人的智能远远抛在后面。因此，第一台超级智能机器也就成为人类创造的最后一台机器了，前提是这台机器足够听话且愿意告诉我们要怎样控制它。[①] 在该文中，古德（Irving John Good）首次建构出“智能爆炸”（omniscient intelligence）术语，其含义是：足够智能的机器能重复设计它自己的硬件和软件，从而创造出一个更加智能的机器，这个过程会一直重复下去，直到将人类的智能远远甩在后面。古德在这里首次提出了人工智能威胁论，认为超级智能机器将会超越人类的控制。[②] 不过，那时有关人工智能的讨论，还聚焦在电脑或人工智能是否会有类似于人的意识或智能的问题上，除图灵和香农等人坚信“机器能思考”外，绝大多数学者对此问题的回答持否定态度。[③]

① GOOD I J. Speculations concerning the first ultraintelligent machine [J]. Advances in Computers, 1965, 6: 31–88.

② 同①.

③ 韩东屏. 未来的机器人将取代人类吗？[J]. 华中科技大学（社会科学版），2020, 34（5）：8–16.

（二）当下学界名人对人工智能可能威胁人类生存的忧思

据 Stan Ulam 转述，1957 年，冯·诺伊曼首次在一次对话中对奇点做出如下预言："科技的加速进步和人类生活方式的不断改变，这让人感觉我们正在接近人类历史上的某个重要的奇点，一旦超过了这个奇点，我们所知道的人类事务就将无法继续下去了。"① 由于那时的人工智能才刚刚起步，像人工智障，与人类的智能有较大差距，冯·诺伊曼对人工智能的这个超前预测在当时未引起人们的注意。1965 年，古德提出"智能爆炸"并预测未来的超级人工智能将触发一个奇点。基于那时的人工智能仍像人工智障，古德对超级人工智能的这个超前预测在当时也未引起人们的注意。如前文所论，1993 年，弗农·温格发表《即将到来的技术奇点：如何在后人类时代生存》一文，预测奇点有可能在 2030 年到来，不过，那时人工智能的进步速度很缓慢，未引起人们心中的恐慌。

当人类进入 21 世纪以来，伴随工业革命、信息革命、互联网和社交媒体时代的到来，世界已进入信息爆炸的时代，每天产生的数据量均是海量的，与此相应，最近 20 余年里累计产生的海量数据量，足以使之前人类历史积累的数据量忽略不计。② 再加上计算机硬件和软件的不断更新换代以及算法的进步，多种因素的叠加效应，结果，2012 年以来，人工智能获得飞速发展。先是阿尔法围棋（AlphaGo）很快就掌握高超的围棋搏杀技艺，战胜人类围棋职业世界最顶尖高手李世石和柯洁。接着，2017 年 10 月 18 日公布的 AlphaGo Zero，从空白状态学起，在无任何人类输入的条件下，经过 3 天的训练，便以 100：0 的战绩击败"前辈"AlphaGo Lee，经过 40 天的训练便击败了 AlphaGo Master。③ 随后，

---

① ULAM S. John von Neumann, 1903–1957［J］. Bulletin of the American mathematical society, 1958, 64（3）: 1–49.

② 尼克. 人工智能简史［M］. 北京：人民邮电出版社，2017：221.

③ SILVER D, SCHRITTWIESER J, SIMONYAN K, et al. Mastering the game of go without human knowledge［J］. Nature, 2017, 550（7676）: 354–359.

于 2022 年 11 月 30 日公布的 ChatGPT 和 2024 年 2 月 15 日公布的 Sora 展现出强大的创作能力。当人们看到四件事实后，让一部分人越来越相信比尔·乔伊（Bill Joy）于 2000 年所发表的《为什么未来不需要我们》一文里所说的话：人类在 21 世纪拥有的三种最强大技术（机器人、基因工程和纳米技术）正在使人类自身成为濒危物种。[①] 同时，越来越多的人相信雷·库兹韦尔（Ray Kurzweil）在 2005 年出版的《奇点临近》一书提出的人工智能的"奇点"真有可能会到来，只不过，到来的时间不一定是库兹韦尔预测的"2045 年"，[②] 而有可能会推迟。但是，一旦跨越"奇点"这个临界点，将超越人类智能，人们需要重新审视自己与机器人的关系。将来一旦诞生了有自主意识的人工智能，若它无良好道德，将可能威胁人类的生存。为此，当今一些世界顶级科学家深受比尔·乔伊（Bill Joy）《为什么未来不需要我们》一文的影响[③]，陆续关注与讨论人工智能的安全问题，他们担心人工智能技术发展太快，被坏人恶意使用，或者，人工智能本身变坏，进而给人类社会造成巨大危害，甚至导致人类族群灭绝。于是，他们发出了对人工智能的担忧或警告，其中，著名的有 2014 年的"马斯克之忧""霍金之忧""波斯特洛姆之忧"，2016 年的"盖茨之忧"和 2023 年的"欣顿之忧"。

2014 年 10 月，特斯拉汽车公司创始人埃隆·马斯克警告说，人工智能远比核弹更危险，"它有巨大的前景也有巨大的能力，但随之而来的危险也是巨大的"，人工智能是人类面临的最大威胁：人类是引出超级数字智能物种（人工智能）的引导程序，最终人工智能代表的硅基文明可以对人类代表的碳基文明实施降维打击。埃隆·马斯克将发展人工智能比喻成"召唤恶魔"。马斯克

① JOY B. Why the future doesn't need us [J]. Wired magazine, 2000, 8 (4): 238-262.
② 库兹韦尔. 奇点临近 [M]. 李庆诚，董振华，田源，译. 北京：机械工业出版社，2011：80.
③ 斯加鲁菲. 智能的本质：人工智能与机器人领域的 64 个大问题 [M]. 任莉，张建宇，译. 北京：人民邮电出版社，2017：208.

相信，将来超级智能机器将会像对待宠物那样，将人类玩弄于股掌之中，建议科学界确保他们“不要做非常愚蠢的事情”。[①] 这就是“马斯克之忧”。如第二章所论，为破解“马斯克之忧”，2015 年 12 月，埃隆 · 马斯克与彼得 · 蒂尔（Peter Thiel）等人联合成立了非营利性公司 OpenAI，以“推进数字智能的发展，造福全人类”为使命。

2014 年 12 月，英国剑桥大学著名物理学家斯蒂芬 · 霍金（Stephen William Hawking）在接受英国广播公司（BBC）采访时警告说，如果人工智能具有与人类类似的能力，它将脱离人类的控制，并将快速重新设计自己；更可怕的是，人类由于受到缓慢的生物进化的限制，无法赶上人工智能的发展速度，无法与人工智能竞争，人工智能的发展可能会给人类的生存带来厄运，甚至会取代人类，导致人类的终结。[②] 这就是人工智能史上著名的“霍金之忧”：人工智能会导致人类族群灭绝。

尼克 · 波斯特洛姆（Nick Bostrom）继承古德于 1965 年首次提出的超级智能机器的设想，于 2014 年出版《超级智能：路线图、危险性与应对策略》一书，在书中提出超级人工智能（superintelligence）概念。在波斯特洛姆看来，由于超级人工智能远远超过人类的智能，可以塑造地球生命的未来，可能会有非拟人的最终目标，可能会有工具性理由去追求并获取无限制的资源，从而给人类带来“存在性危险”——是指会导致地球上的智能生命灭亡或者使其永久性地彻底失去未来发展潜能的威胁，结局可能是人类迅速灭亡。[③] 这就是“波斯特洛姆之忧”。进而，尼克 · 波斯特洛姆推测，超级人工智能统治世界可能会经历四

① 叶子. 比尔 · 盖茨：人工智能梦想即将实现，这是一切努力的终极目标［J］. 创新时代，2016（7）：27–28.

② 陈如明. 超级人工智能的务实发展策略［J］. 世界电信，2017（2）：25–29.

③ 波斯特洛姆. 超级智能：路线图、危险性与应对策略［M］. 张体伟，张玉青，译. 北京：中信出版社，2015：143–144.

个阶段：（1）前临界阶段。在早期阶段，人工智能需要依靠人类程序员的帮助，来引导其发展以完成多数工作。随着这种人工智能的不断发展，它能适应越来越多的工作，在这个过程中，其智能不断提升。（2）递归性自我改良阶段。在某个时间点，人工智能变得比人类程序员更擅长设计人工智能。当人工智能进行自我改良时，它会改良其自我完善的机制，结果就会产生一次智能爆发——一次递归性自我改良的快速层叠，从而使人工智能的能力得到飞速提升。人工智能一旦发展出智能升级的超级能力，这种超级能力让人工智能可以发展出（经济生产）、战略策划/技术研发、社会操纵/黑客技术等其他超级能力，在递归性自我改良阶段的最后时刻，人工智能便具有了超级智能。（3）秘密准备阶段。超级人工智能利用其战略策划的超级能力，策划出一套为了实现其长期目标的稳健的计划。（尤其要注意的是，超级人工智能不会愚蠢到采用一套以人类现有的智能就能预测出其必然会失败的计划。这也就排除了很多科幻作品里人类最终获胜的情节的可能性。）在其计划中，可能会有一段秘密行动的时间。在这段时间里，超级人工智能可能会掩盖其真实意图，假装与人类合作，听从人类的命令。假若超级人工智能（大概出于安全原因）被限制在一台孤立的计算机中，它可能会利用其社会操纵的超级能力说服看管者，让它接入互联网。或者，它会利用其黑客技术的超级能力逃离限制。在互联网中的广泛散布使其能够扩展硬件能力和知识基础，从而进一步提高其智能的优越性。人工智能还可能开展合法或违法的经济活动，以获取用来购买计算能力、数据与其他资源的资金。（4）公开实施阶段。当人工智能获得足够实力、没有必要隐瞒时，它就会公开采取行动。公开实施阶段可能会以一次袭击开始。人工智能通过其秘密研发的先进武器系统（如可自我复制的生物技术或纳米技术）袭击人类，消除人类和人类创造的任何有可能给人工智能的计划带来阻力的自动化系统，并控制人类。当然，如果超级人工智能认为消灭人类犹如囊中取物般容易，它也可能不会直接攻击人类，而是将地球作为其进一步发展的跳板，这样，人类灭亡的原因就有可能是居住地被超级人工智能完全破坏了。比如超级人工智能将地球表面铺满太阳能电池板或核反应堆。①

在 2016 年 6 月 1 日于美国南加州举办的编码大会上，微软公司联合创始人比尔·盖茨声称："人工智能的梦想终于就要实现了。"比尔·盖茨预测说："人工智能了解你的兴趣，以及你认为最有价值的东西。"比尔·盖茨警告称，在某些知识领域，人工智能将在 10 年内变得比人类更聪明，这可能会成为人类未来发展的一大隐患。② 这就是"盖茨之忧"。

当北京时间 2023 年 3 月 15 日凌晨 OpenAI 发布的 GPT-4 向世人展现其强大功能后，触及人类最深切的恐惧之一：所做一切，皆是徒劳。一些有远见卓识的人工智能专家更是明确表达了自己对人工智能飞速发展的担忧。OpenAI CEO 萨姆·阿尔特曼曾表示，人工智能潜在的危险性让他彻夜难眠，担心它被坏人所用。在与 MIT 研究科学家 Lex Fridman 的最新对话中，萨姆·阿尔特曼指出，人工智能已经出现其无法解释的推理能力，同时承认"人工智能杀死人类"有一定可能性。③OpenAI 的首席技术官米拉·穆拉蒂也说，ChatGPT 可能会编造事实，应受到监管。④360 公司创始人、董事长兼 CEO 周鸿祎也表达担心：目前 ChatGPT 还只有大脑，接下来它可能进化出"眼睛""耳朵""手"跟"脚"……将来它会不会在看完类似《终结者》的电影后，产生与人类为敌的想法。在周鸿祎看来，人类从智人发展而来，智人从类人猿发展而来，类人猿能进化为智

① 波斯特洛姆．超级智能：路线图、危险性与应对策略［M］．张体伟，张玉青，译．北京：中信出版社，2015：115–118.

② 叶子．比尔·盖茨：人工智能梦想即将实现，这是一切努力的终极目标［J］．创新时代，2016（7）：27–28.

③ ORDONEZ V, et al. OpenAI CEO Sam Altman says AI will reshape society, acknowledges risks: "A little bit scared of this"［N］. ABC News, 2023–03–17.

④ 佘宗明．呼吁"暂停大型 AI 研究"，马斯克们多虑了吗［N］．经济观察报，2023–03–30.

人，就是因为脑中的神经元网络发生突变，现在 GPT-3 大语言模型的参数达到了 1750 亿，同样引发了突变。斯坦福大学教授曝光的 GPT-4 “越狱计划”，也似乎形成了印证。

在 GPT-4 诞生两周之际，2023 年 3 月 29 日，美国的生命未来研究所（Future of Life Institute）向全社会发布了《暂停巨型人工智能实验：一封公开信》，呼吁所有人工智能实验室立即暂停训练比 GPT-4 更强大的人工智能系统，暂停时间至少为 6 个月。《暂停巨型人工智能实验：一封公开信》的内容如下：

> 正如广泛的研究和顶级人工智能实验室所承认的，具有可与人类竞争的智能的人工智能系统对社会和人类构成较大的风险。正如广为接受的《阿西洛马人工智能原则》所指出，高级人工智能可能代表着地球上生命历史的深刻变革，应该以相应的谨慎和资源进行规划和管理。不幸的是，尽管最近几个月人工智能实验室陷入了一场失控的竞赛，开发和部署越来越强大的数字思维（也译作数码心灵），但目前没有人（甚至是它们的创造者）能理解、预测或可靠地控制数字思维，也没有相应水平的规划和管理。
>
> 现在，人工智能系统在一般任务上已成为人类的竞争对手，我们必须问自己：我们应该让机器在信息渠道中宣传不真实的信息吗？我们是否应该把所有的工作都自动化，包括那些有成就感的工作？我们是否应该开发非人类心灵，使其数量多过人类，聪明胜过人类，最终淘汰并取代人类？我们是否应该冒着失去对我们文明控制的风险？这样的决定绝不能委托给未经选举的技术领袖。只有当我们确信强大的人工智能系统的效果是积极的，其风险是可控的，才应该开发。这种信心必须得到验证，并随着人工智能系统潜在影响的增加而增加。OpenAI 最近关于通用人工智能的声明中指出，“在某个时候，在开始

训练未来的人工智能系统之前，进行独立的审查可能很重要，与此同时，更重要的努力方向是，让大家同意限制用于创建新模型的计算的增长速度。”我们同意，现在就该采取这样的行动。

因此，我们呼吁所有人工智能实验室立即暂停训练比 GPT-4 更强大的人工智能系统，时间至少持续 6 个月。这种暂停应该是公开的、可核查的，并包括所有关键参与者者。如果不能迅速实施这种禁令，政府应该介入并实施暂停令。

人工智能实验室和独立专家应在暂停期间共同制定和实施一套共享的安全协议，用于设计和开发高级人工智能，由独立的外部专家进行严格审查和监督。这些共享的安全协议应该确保遵守协议的人工智能系统是绝对安全的。这并不意味着人工智能发展总体上会暂停，只是从研发功能更强大、不可预测的黑箱模型的危险竞赛中向后退一步。

人工智能的研究和开发应该重新聚焦于使目前最先进和强大的系统更加准确、安全、可解释、透明、稳健、一致、值得信赖和忠诚。

同时，人工智能开发者必须与政策制定者合作，大幅加快开发强大的人工智能治理系统。这些至少应该包括：有能力专门监管人工智能的新监管机构；监督和跟踪功能强大的人工智能系统和有大型计算能力的硬件和软件；建立出处和水印系统，以帮助区分真实和合成数据，并跟踪模型漏洞；强大的审查和认证生态系统；对人工智能造成的伤害承担责任；为人工智能安全技术研究提供充足的公共资金；以及建立资源充足的机构，以应对人工智能可能对经济和政治产生的巨大破坏（特别是对民主的破坏）。

人类可以和人工智能一起享受繁荣的未来。在成功地创建了强大的人工智能系统后，我们现在可以享受“人工智能之夏”并从中获得回报，同时，设计这些系统是为了造福人类，并给社会一个适应的机会。社会已经暂停了其他可能对社会产生灾难性影响的技术。在这里我们也可以这么做。让我们享受一个漫长的“人工智能之夏”，不要毫无准备地冲进“人工智能之秋”。[①]

截至 2024 年 9 月 18 日，上述公开信的签名人数已达 33707 人，其中包括约书亚·本吉奥（Yoshua Bengio）、斯图尔特·罗素（Stuart Russell）、马斯克（Elon Musk）、苹果联合创始人史蒂夫·沃兹尼亚克（Steve Wozniak）、Stability AI 创始人埃马德·莫斯塔克（Emad Mostaque）、约翰·霍普菲尔德（John Hopfield）等上千名科技专家和人工智能专家。当地时间 2023 年 3 月 31 日，意大利个人数据保护局（Garante）宣布，即日起禁止使用聊天机器人 ChatGPT，并限制 OpenAI 处理意大利用户信息。意大利个人数据保护局表示，OpenAI“必须在 20 天内通过其在欧洲的代表向他们通报公司执行这一要求而采取的措施”，否则将被处以最高两千万欧元或公司全球年营业额 4% 的罚款。做出这一限令的原因在于，意大利个人数据保护局认为 OpenAI 没有检查 ChatGPT 用户的年龄，这些用户应该在 13 岁或以上，而且没有就收集处理用户信息进行告知，缺乏大量收集和存储个人信息的法律依据。OpenAI 表示，应意大利个人数据保护局的要求，公司已经在意大利禁用了 ChatGPT 服务。目前意大利用户已经无法使用 ChatGPT。自此，意大利成为第一个对由人工智能驱动的聊天机器人采取行动的西方国家。“我们在训练我们的人工智能系统（如 ChatGPT）时积极努力减少个人数据，因为我们希望我们的人工智能能够了解世界，而不是独立的个人”，OpenAI 补充道。[②]2023 年 5 月 1 日，欣顿决定退

① 此公开信原文是英文，中文由汪凤炎翻译。

② POLLONA E, MUKHERJEE S. Italy curbs ChatGPT, starts probe over privacy concerns[EB/OL].（2023-03-31）[2024-04-07].https://www.reuters.com/technology/italy-data-protection-agency-opens-chatgpt-probe-privacy-concerns-2023-03-31/.

出谷歌。欣顿在推特（Twitter）上写道："我离开了，这样我就可以谈论人工智能的危险，而不考虑这对谷歌有什么影响。"在接受《纽约时报》采访时，欣顿表示，他担心人工智能会制造出令人信服的虚假图像和文本，从而创造一个人们"无法再知道什么是真实"的世界，"很难看出如何防止坏人利用它来做坏事"；"一些人早就开始相信，这一技术实际上可以变得比人更聪明。""但大多数人曾认为这还很遥远。我曾认为这还很遥远。我曾认为那是 30 到 50 年甚至更长时间后的事。但显然，我现在不再那样想了。"这就是"欣顿之忧"。[①]可见，从 1950 年的"图灵之问"到 2023 年的《暂停大型人工智能实验：一封公开信》，在这短短的 73 年之中，人工智能虽经历了两次寒冬，且未达到西蒙和明斯基对人工智能的乐观预测水平，但仍取得了长足进步，引起了人类对人工智能高超智能的恐惧，从而引起了霍金、比尔·盖茨、马斯克、波斯特洛姆、欣顿等人的警觉，他们认为人工智能的全面发展可能会导致人类的灭绝[②]。

二、人工智能会威胁到人类的生存吗？

在人类万余年的历史长河中，先后走过了三个时代：一是以石器、青铜器和铁器为代表的"机械工具"时代。二是以蒸气机、内燃机、发电机为代表的"能量工具"时代。其中，詹姆斯·瓦特（James Watt）于 1785 年改良蒸汽机，开辟了人类利用能源新时代，让人类进入了"蒸汽时代"；1861 年，德国工程师尼古拉斯·奥托（Nicolaus August Otto）发明了世界上第一台真正意义的内燃机，标志内燃机时代的正式开始；麦克斯韦（James Clerk Maxwell）提出电磁理论，让人类从蒸汽时代跨越到了电气时代。三是以计算机、互联网和智能手

① METZ C. "The Godfather of A.I." Leaves Google and Warns of Danger Ahead[N]. The New York Times, 2023-05-01.

② 翟振明，彭晓芸 ."强人工智能"将如何改变世界：人工智能的技术飞跃与应用伦理前瞻［J］. 学术前沿，2016（7）：22-33.

机为代表的“信息工具”时代[①]，其标志是香农于1948年提出香农定理，让人们进入到信息时代。在信息时代，不能不提一下“跳频扩频技术”（frequency-hopping spread spectrum）。1940年夏天，一位被演员职业耽误的科学家海蒂·拉玛（Hedy Lamarr）和德裔美国钢琴家乔治·安太尔（George Antheil）闲谈时谈到鱼雷攻防话题。鱼雷的操作原理通常是通过无线信号来引导，信号都是在一个单独的频道上传输，这样，敌方也可用同样的方式来干扰引导鱼雷的无线电信号，达到躲避鱼雷攻击的目的。为了避免敌方对鱼雷无线电信号的干扰，解决办法是发射鱼雷的一方须不停更换鱼雷的无线电频率，才能躲避敌方的干扰与侦察，做到这点的关键在于如何让无线电发送端与收讯端同步。1941年，借鉴自动钢琴的做法，海蒂·拉玛和乔治·安太尔想出了让无线电发送端与收讯端同步的方法，发明了无线电“跳频扩频技术”：在信号发射端设置一个程序，将传输信号在一组预先指定的频率上按编码序列规定的顺序改变其发射频率，在接收端设置一个完全相同的程序，接收端就可按照这个程序还原被改变的发射信号，获得正确的指令。偷听信号或者想干扰信号的人因为不知道信号被改变到了哪个频率上，就只能听到一片杂乱的声音，无从干扰。这种能让信号在不同频段离散地跳跃，从而扩展频谱并实现通信的技术叫跳频扩频技术。1942年8月11日，海蒂·拉玛和乔治·安太尔获得美国颁发的“跳频扩频技术”专利，并将这项专利捐献给美国政府。可惜，由于当时海蒂·拉玛只是一名来自纳粹德国的女演员，乔治·安太尔只是一名钢琴家，美国军方不相信这样的组合能发明出运用到鱼雷上的尖端无线电技术，并用到鱼雷上，因此，此项专利未引起美国军方的重视。1985年，高通公司（Qualcomm）在“跳频扩频技术”基础上研发出“码分多址”无线数字通信系统（ code division multiple access,

① 斯加鲁菲.智能的本质：人工智能与机器人领域的64个大问题[M].任莉，张建宇，译.北京：人民邮电出版社，2017：3.

CDMA）：通过编码区分不同用户信息，实现不同用户同频、同时传输的一种通信技术。“码分多址”无线数字通信系统为每个用户分配了各自特定的地址码，利用公共信道来传输信息，具有多址接入能力强、抗多径干扰、保密性能好等优点。1997 年，当以“码分多址”无线数字通信系统为基础的通信技术开始走入大众生活时，科学界才想起了海蒂，美国电子前沿基金会授予时年 83 岁的海蒂·拉玛“电子国境基金—先锋奖”，肯定了海蒂在无线电通信方面的贡献。科学家尊称海蒂为“码分多址”无线数字通信系统之母。海蒂·拉玛被《时代》誉为“Wi-Fi 之母”。[①] 四是现又迎来了以 ChatGPT 为代表的“人工智能工具”时代，其标志是 2022 年 11 月 30 日 ChatGPT 的横空出世。由此可见，人类文明和人类智能都是在进化的。

衡量文明发展水平高低的常用指标有三：全社会的能耗、全社会出版的图书量和全社会的计算能力。如果用全社会的计算能力高低来衡量文明的发展水平高低，从算筹到算盘，漫长的几千年中，人类的计算速度增长不太明显。不过，摩尔定律的存在，意味着每隔 18—24 个月，计算机和人工智能的计算速度将提升一倍，存储能力也将提升一倍。这意味着人工智能的计算速度是指数型增长，其发展速度不但超过了人类历史上任何一项技术，也远快于人的进化速度。[②] 因为在人类社会，亲代与子代的代差年龄（相邻两代人的平均年龄差）一般是 20 至 30 岁，这比摩尔定律已慢了至少 10 年，表明人类通过两性繁殖的进化速度远低于人工智能的进化速度；[③] 更何况，虽然人力智力测验中存在弗林效应（Flynn effect）（指智商测试结果逐年增加的现象，由于此现象由詹姆斯·弗林发现，故

① 杨可鑫，李斌．从海蒂·拉玛发明跳频技术看科学想象在技术创新中的作用［J］．科技导报，2021，39（14）：166-172.

② 尼克．人工智能简史［M］．北京：人民邮电出版社，2017：220-221.

③ 同② 226.

以其名字命名）。[①] 不过，理查德·林恩（Richard Lynn）早在《自然》杂志 1982 年第 297 卷上就发文指出，日本人和美国人做智力测验的成绩越来越好，美国的儿童智商平均为 100，而日本儿童平均智商接近 111，且日本人的平均智商高于美国人的平均智商，二者的差距越来越大，原因之一可能是受益于日本在"二战"后经济获得高速增长。[②] 同时，弗林效应与心理学界主流智力理论相悖，后者认为人的智商主要是由遗传基因决定的，即遗传因素对智商指数的贡献至少在 60%，而人类不可能在这么短的时间里获得如此快的进化。换言之，弗林效应主要是人类的教育环境不断改善之故，即弗林效应支持的是"智商环境成因论"。也表明，人类智力测试并非测量智力，而是测量与智力呈弱因果关系相关的东西。[③]

机器智能存在能够自我进化，难于被人制约的风险。人工智能存在威胁人类生存的风险是指，一旦一味追求高、精、尖式人工智能的研发，一旦出现了有自主意识且狡诈的人工智能，将有可能会威胁人类的生存。在思考人工智能是否存在威胁人类生存的风险时，最关键的一个问题是思考人工智能到底会不会产生自主意识，如果人工智能不会产生自主意识，无论其智能发展到何种高度，仍一直会受到人类掌控；反之，假若人工智能一旦具有自主意识，必将成为人类的一大威胁。当然，对这个问题的看法，至少存在不同声音，概括起来，主要有"人类终将被人工智能所取代"和"人工智能永远无法取代人类"两种截然不同的看法，[④] 下面简要述评这两种观点。

---

① FLYNN J R. The mean IQ of Americans: massive gains 1932 to 1978 [J]. Psychological bulletin, 1984, 95（1）:29–51.

② FLYNN J R. IQ in Japan and the United States shows a growing disparity [J]. Nature, 1982, 297:222–223.

③ 同① 171–191.

④ 韩东屏. 未来的机器人将取代人类吗？[J]. 华中科技大学（社会科学版），2020, 34（5）：8–16.

（一）人类终将被人工智能所取代

一种观点认为，人工智能存在威胁人类生存的风险，并且，人工智能将来会超越人类并取代人类，成为地球新主宰。它以霍金、马斯克、比尔·盖茨、杰弗里·欣顿等为代表。他们做出这种推测的理论依据，是这些年盛行于人工智能学界的人工智能技术奇点理论和深度学习的快速发展。

自 1956 年 6 月人工智能在达特茅斯会议上诞生以来，人工智能的研究虽一直在缓慢进步，也在一些特定领域发挥了重要作用，但受算法与算力等的限制，在 2012 年 10 月以前，人工智能不是完全的智能，更多是依赖一系列已经给出的固定程序来执行命令，没有太强的学习能力和创造力，显得有些智障，没有广泛进入普通人的生活世界。自 2012 年 10 月以来，随着人工智能的飞速发展，一些学者对强人工智能可能导致的后果进行深入思考。人工智能技术奇点理论是享誉世界的美国发明家和未来学家雷·库兹韦尔（Ray Kurzweil）于 2005 年出版的《奇点临近》一书提出的。库兹韦尔是明斯基的学生。[①]1965 年古德提出“超级智能机器”的构想后，经尼克·波斯特洛姆（Nick Bostrom）等学者的论述而形成人工智能技术发展的目标理论。依据人工智能技术发展的目标理论，可将人工智能技术的发展分为弱人工智能、强人工智能和超强人工智能三个阶段：第一阶段是弱人工智能，前文约翰·塞尔对弱人工智能已有论述。目前的人工智能均是单一功能的，弱人工智能现虽已存在，并且，可以预见，随着时间的往后推移，弱人工智能的种类将越来越丰富，功能将越来越强大，价格将越来越便宜，但每一种弱人工智能均无法做到通用，故强人工智能至今未出现。第二阶段是强人工智能，前文约翰·塞尔对强人工智能已有论述。强人工智能在智能水平上已完全等同于人类的智能水平。第三阶段是超强人工智能。英国牛津大学人类未来研究所所长尼克·波斯特洛姆（Nick Bostrom）继承古德的思想，于 2014 年出版《超级智能》一书，在书中提出超级人

① 尼克.人工智能简史［M］.北京：人民邮电出版社，2017：21.

工智能（superintelligence）概念，超级人工智能是指在许多普遍的认知领域中，其表现远超人类智能的人工智能。① 以色列的尤瓦尔·赫拉利（Yuval Harari）在《未来简史：从智人到智神》（*Homo Deus: A Brief History of Tomorrow*）一书里给超强人工智能取了一个名字，叫“智神”（Homo Deus）。② 由此可见，超强人工智能在智能水平上将全面超过人类的智能，它不是仅仅超越人类智能的平均水平，而是即便与公认最聪明的人类个体的智能水平相比，它仍在智能水平上大幅度领先。③ 虽然超强人工智能至今仍停留在构想阶段，不过，在库兹韦尔看来，人工智能技术的增长是指数增长。当人工智能可以制造比自身智能水平更高的新一代人工智能，这些新一代人工智能又能继续制造出更加智能的新二代人工智能，经过若干代的迭代与升级，就会让人工智能在智能水平上达到并突破奇点。④ 因此，库兹韦尔在《奇点临近》一书中预言：“我把奇点的日期设置为极具深刻性和分裂性的转变时间——2045 年。非生物智能在这一年将会 10 亿倍于今天所有人类的智慧。”⑤ “‘奇点’一词来源于数学的 Y=1/X 函数曲线上 X=0 的点，这个点应该是数学的禁区，也因此给人们以无限的遐想。”⑥ 在物理学中，“奇点”在理论上是指密度无限大的零点，以及其无限大的万有引力。但是，由于量子的不确定性，实际上不存在无穷大密度的点，事实上，量子力学也不允许出现无穷值。物理学中的“奇点”表示的是难以想象的巨大的值。物理学领域所感兴趣的，并不是实际的大小是否为零，而是一个有着和黑洞内的奇点理论相似的事件视界。事件视界内的粒子和能源，如光，都是

① 波斯特洛姆．超级智能：路线图、危险性与应对策略［M］．张体伟，张玉青，译．北京：中信出版社，2015：XV．

② 赫拉利．未来简史：从智人到智神［M］林俊宏，译．北京：中信出版社，2017：1-406.

③ 库兹韦尔．奇点临近［M］．李庆诚，董振华，田源，译．北京：机械工业出版社，2011：156-157.

④ 斯加鲁菲．智能的本质：人工智能与机器人领域的 64 个大问题［M］．任莉，张建宇，译．北京：人民邮电出版社，2017：55.

⑤ 同③ 80.

⑥ 同⑤Ⅵ．

无法逃避的，因为重力太强大了。这样，我们从事件视界外肯定不能轻易看到视界内部。同理，正如我们很难看到超出了黑洞的事件视界，我们也很难看到超越历史奇点的事件视界。不过，就像我们从未实际进入黑洞中，却能通过概念思考得到关于黑洞属性的结论，我们通过深入思考，同样可以洞察奇点的含义。[①]库兹韦尔预测，在2045年人工智能将跨越“奇点”这个临界点[②]，从弱人工智能发展到强人工智能。因为人工智能技术的增长是指数增长，强人工智能一旦出现，将很快升级为超强人工智能，从而在智能上将全面超越人类智能[③]，此时人们需要重新审视自己与强人工智能的关系。库兹韦尔做出“奇点”预言的根据是，受摩尔定律启发后归纳出的“加速回归定律”。[④]加速回归定律是指，对技术史的分析表明，“采用新范式的速度与技术发展的速度大体上是一致的，目前的速度每10年翻一番。也就是说，新范式变更的周期是每十年缩短一半。按照这一速度，21世纪的技术进步将等价于以往200个世纪的发展（以2000年的发展速度为准）。”[⑤]正因如此，“到21世纪末，人机智能将比人类智能强大无数倍。”[⑥]由于库兹韦尔于1990年在麻省理工学院出版社（MIT Press）出版的题为《智能机器时代》（*The Age of Intelligent Machine*）的书中对20世纪后10年和21世纪初期的多种科技预言都足够准确[⑦]，因此，他的人工智能技术奇点理论一经提出，也得到学界的广泛认同。[⑧]

在2016年之前，人工智能界很少提及强人工智能的概念，怕被贴上“白日梦”

---

① 库兹韦尔．奇点临近［M］．李庆诚，董振华，田源，译．北京：机械工业出版社，2011：286–287.

② 同①80.

③ 同①156.

④ 同①19–65.

⑤ 同①27.

⑥ 同①15.

⑦ 同①Ⅸ.

⑧ 韩东屏．未来的机器人将取代人类吗？［J］．华中科技大学（社会科学版），2020，34（5）：8–16.

标签。2016 年，当“阿尔法围棋”（AlphaGo）战胜了世界一流围棋高手李世石后，人工智能从一个学术性概念演化为一个生活化概念。① 自“阿尔法围棋”诞生后，再无人怀疑弱人工智能的存在了。②“阿尔法围棋”也成为弱人工智能的典型代表。不过，正如北京大学的刘宏教授所说，下围棋本身是一种最典型的问题空间的表达和搜索问题，人工智能恰好极擅长处理这种问题，人工智能算法将树形搜索、问题空间拓展得非常充分，高性能计算机使得检索的效率变得越来越高，这样，较之人类棋手，人工智能在下棋方面就越来越占有优势。人的智能是多方面的，“阿尔法围棋”的胜利只代表了在问题空间的表达和搜索推理这一环节上，人工智能战胜了人类智能，人工智能要想全面超越人类智能，还有相当长的路要走。③ 如 AlphaGo 下围棋能打败人类围棋最顶尖的职业高手，但让它去包饺子，估计连一个人类包饺子的新手都不如；扫地机器可以扫好地，且能在快没电时知道去找地方充电，但让他下围棋，估计连业余 1 段都下不赢。如果人类的智能是整合的，那能否让人工智能也能整合不同的智能？如将扫地机器人、AlphaGo 等单一功能的人工智能机器人整合到一个人工智能机器人身上。在这个问题上出现了悲观和乐观两种相反的观点：悲观主义者认为，虽然在每一个单一的领域，人工智能都有可能超越人类，但人工智能不一定能在整体上全面超越人类。乐观主义者相信，从弱人工智能发展至强人工智能再到超强人工智能仅是一个技术进步的过程，这个过程虽要花费一些时间，但迟早能实现。④ 全球顶尖的算法问题专家、机器学习领域的先驱人物佩德罗·多明戈斯（Pedro Domingos）就是一个乐观主义者，他于 2015 年出版了题为《终极算

① 沈书生，祝智庭 . ChatGPT 类产品：内在机制及其对学习评价的影响［J］. 中国远程教育，2023，43（4）：8-15.

② 尼克 . 人工智能简史［M］. 北京：人民邮电出版社，2017：224.

③ 斯加鲁菲 . 智能的本质：人工智能与机器人领域的 64 个大问题［M］. 任莉，张建宇，译 . 北京：人民邮电出版社，2017：2.

④ 同② 224-225.

法：机器学习和人工智能如何重塑世界》的英文著作，在该书中，他表示有一种统一的、终极的机器学习算法，只要机器按照这种算法一直学习下去，某一天其智能就能超过人类。他在书中给出了进化的、联结主义的、符号的、贝叶斯的和类比的五种算法，认为将这五种算法统一起来就构成了终极算法。①这种看法存在两个可疑之处：（1）列举出五种算法是否有遗漏？例如，多明戈斯在书中列的五种算法里没有强化学习，强化学习虽是一种老算法，但在2016年AlphaGo出现之前默默无闻，故多明戈斯未将它列入其2015年出版的上述著作。不过，随着AlphaGo在2016年的横空出世，强化学习也出名了，要不要将强化学习补充进去？又如，假若将来出现新的、更优秀的算法，要不要补充进去？（2）将这五种算法统一后的算法是否就是终极算法？②

与当年古德对超级人工智能只有设想不同，现在已构思出至少六种实现超强人工智能的路径：（1）全脑仿真或人脑复制。它直接通过扫描人的大脑，将扫描得到的原始数据输入计算机，然后在一个足够强大的计算机系统中输出神经计算结构，造出仿人脑的电脑。③（2）提升电脑的复杂度。波斯特洛姆在《超级智能：路线图、危险性与应对策略》一书中指出，“人类大脑的功能比其他动物稍微高级一些，这是我们在地球上拥有主导地位的主要原因”④。由此推测，只要让人工智能的“神经元”足够高级，人工智能的软件系统也足够高级，人工智能就能达到乃至超越人脑的功能。（3）功能模仿。人体有11种系统功能，每个系统的最底层都是微处理器，只要模仿这11种系统功能来建造人工智能系

① 多明戈斯．终极算法：机器学习和人工智能如何重塑世界［M］．黄芳萍，译．北京：中信出版社，2017：1-402.

② 尼克．人工智能简史［M］．北京：人民邮电出版社，2017：225.

③ 何怀宏．奇点临近：福音还是噩耗：人工智能可能带来的最大挑战［J］．探索与争鸣，2018（11）：50-59.

④ 波斯特洛姆．超级智能：路线图、危险性与应对策略［M］．张体伟，张玉青，译．北京：中信出版社，2015：111.

统并将它们合在一起，就可以使智能机器人达到人类智能的水平，继而，就可以实现超越。[①] 明斯基说："如果我们能制造一个和人一样聪明的机器人，那我们也就可以制造一个比人更聪明的机器人。"[②]（4）机器与生物相结合。其要旨是将人体基因或仿人体基因植入机器人，使机器人不仅有比人更强大的逻辑思维运算能力，而且也有欲望、情感和非逻辑思维的智慧。比如有位韩国科学家就正在研究如何将人造染色体赋予机器人，使之也有性欲。（5）属于本质性建构。这就是"学习胡塞尔的'想象力自由变更'的办法，对'智能'的本质进行直观剖析。……该办法的具体操作步骤是：对各种可能的智能类型进行展列，并由此为出发点对各种可能的智能形式进行想象，最终剔除关于智能的偶然性成分，找到智能的本质性要素"，从而用它制造超级人工智能。[③]（6）制造以量子计算为基础的人工智能。随着量子力学的发展及其对量子特性了解的增多，许多著名科学家都提出了人类意识的量子假设，猜测人类智能的底层机理就是量子效应。于是有人认为，"以量子计算为基础的人工智能"可以成为超越人类能力的人工智能，这种超级人工智能会成为取代人类的"后人类"。[④⑤]

先前所有的人工智能都没有自主意识，尚处于人类可控的范围之内，除非有恶人故意利用人工智能来危害他人、社会和国家的安全，否则，仅凭人工智能本身，尚不会对人类的安全构成威胁。不过，2022 年 11 月 30 日横空出世的 ChatGPT 不仅能快速通过图灵测验，而且它有自己的人设，自己的见解，

① 杨学山. 走向通用人工智能［J］. 信息系统工程，2019（11）：9-12.

② 邹琪. 超级机器人计划：人工智能之父马文·明斯基访谈录［J］. 世界科学，2007（3）：7-10.

③ 徐英瑾. 人工智能技术的未来通途刍议［J］. 新疆师范大学学报（哲学社会科学版），2019，40（1）：93-104.

④ 翟振明，彭晓芸."强人工智能"将如何改变世界：人工智能的技术飞跃与应用伦理前瞻［J］. 学术前沿，2016（7）：22-33.

⑤ 韩东屏. 未来的机器人将取代人类吗？［J］. 华中科技大学（社会科学版），2020，34（5）：8-16.

并且，它的见解高于大多数人的见解，因此，ChatGPT 是图灵测验取得的又一个里程碑式的进展。清华大学刘嘉教授领衔的一项题为《大语言模型的情感智能》的研究，先开发了一种既适用于人类也适用于大语言模型的、标准化的情绪理解能力测试（the situational evaluation of complex emotional understanding, SECEU）。SECEU 是一种客观的、绩效驱动的、基于文本的评估，为人类和大语言模型提供了一致的标准。这项研究在 500 多名成年人构建的参考框架基础上测试了多种主流大语言模型，结果发现，大多数大语言模型都具有高于平均水平的情商，其中，GPT-4 的情商超过了 89% 的人类，达到了 117 分，达到了人类专家的水平。有趣的是，多变量模式分析显示，一些大语言模型虽达到了类人水平的表现，但并不一定依赖类人的认知机制，因为它们的表征模式与人类不同。① 根据摩尔定律，按照目前人工智能进化的速度，也许用不了多长时间，就能让新一代 ChatGPT（如 ChatGPT-5）或比 GPT-5 更先进的人工智能在智能上获得突破。当强人工智能出现后，就有可能通过相互学习、自我完善而不断改进和升级，并通过网络结成某种形式的超强人工智能组织。相比人类，超强人工智能组织掌握的背景知识更加系统、丰富，对问题或事件的演化或发展趋势的判断更加全面、客观和准确，对未来的规划设计可能更加具有前瞻性与合理性，做出决策更加准确、及时，采取行动更加精准、快捷且不易疲劳。并且，超强人工智能组织对生存环境的要求比人类要低得多，消耗的资源比人类要少得多，工作时间比人类要长得多，能 24 小时专注地做事，还能不断通过反馈和学习自动纠错、自主升级，因而相对于人类的智能优势将会持续扩大。② 在此基础上，如果超强人工智能进而产生自我意识，有了自我意识后，超强人工智能

① WANG X N, LI X T, YIN Z, et al. Emotional intelligence of large language models［J］. Journal of Pacific rim psychology, 2023,17：1−12.

② 库兹韦尔．奇点临近［M］．李庆诚，董振华，田源，译．北京：机械工业出版社，2011：157−158.

就有可能成为道德主体，进而觉得自己这个物种比人类物种要高级、先进许多，进而强行抢夺道德评价、决策的“话语权”[①②]，以及道德教育的“资格”，甚至自以为是地对创造它的人类进行道德训诫和道德教育，将人类强行纳入人工智能系统的道德范畴，此时道德共同体的范围将发生根本性改变，若果真如此，将是人类有史以来发生的一次翻天覆地的伦理道德大变局。人工智能就有可能控制和统治全人类，将人类关进“集中营”，甚至判定人类“弱智”，从而轻视人类，漫不经心地灭绝人类这个在超级人工智能眼中低级、落后的物种。换言之，随着人工智能的不断进步，如果人工智能领域的“奇点”真的到来了，那时机器人能自主地制定规则，具备真正意义上的创新学习，且有自己的“人生追求”，若仍无法进行情绪学习和道德学习，没有生成一颗善待人类的道德心，那人类的末日就极可能将到来，人工智能将成为人类最后一个发明。因为到那时，在机器人眼中，人类自然会被他们所淘汰。因此，波斯特洛姆在《超级智能·序言》里写道：“如果有一天我们发明了超越人类大脑一般智能的机器大脑，那么这种超级智能将会非常强大。并且，正如现在大猩猩的命运更多地取决于人类而不是它们自身一样，人类的命运将取决于超级智能机器。然而我们拥有一项优势：我们清楚地知道如何制造超级智能机器。原则上，我们能够制造一种保护人类价值的超级智能，当然，我们也有足够的理由这么做。实际上，控制问题——也就是如何控制超级智能，似乎非常困难，而且我们似乎也只有一次机会。一

① 话语权一般是指人们对于某一现象或问题的自由主张以及主张的资格和力量。话语权利和话语权力构成话语权的两层基本含义，话语权利构成话语权的基础，话语权力是实现话语权的保障力量。作为话语与话语权特殊样式的道德话语权，是指人们在道德领域中的话语主张、话语资格及其话语影响力，它不仅体现为人们对道德现象、道德问题说话的权利和权力，更反映了人们在道德现象、道德问题上说话的渠道、途径和效果。话语、话语权既是解释世界和理解世界的一种场所和平台，又是掌握世界和创造世界的一种“武器”和“权力”。

② 李兰芬．我国道德话语权的现状及其对策建议：基于苏州企业家的调查［J］．哲学动态，2008（9）：87-91.

旦出现不友好的超级智能，它就会阻止我们将其替换或者更改其偏好设置，而我们的命运就因此被锁定了。”①

据凤凰网科技2022年6月15日的报导，英国皇家天文学会成员马丁·里斯（Martin Rees）称，地球进化出人类文明用了约40亿年时间，约1000年后，地球上的人类将可能被机器人取而代之。许多科幻电影，如《黑客帝国》系列、《终结者》、《机械公敌》等都有这样的情节：机器人有了意识，决定毁灭人类，它们自己统治世界。里斯认为，机器人统治世界的可能性是存在的。这或许也是地球上人类的“归属”。里斯在谈到外星生命时说：“如果能发现外星人，我认为它不会是像我们这样的血肉之躯，而是由机械和电子零部件组成的机器人。它们将近乎‘永生’，寿命堪比宇宙，长达数十亿年。”里斯建议现代太空先驱可以尝试“修改”自己，成为血肉之躯与机器人的混合体，通过使未来的探险者成为半机器人，人类就能在其他星球上生存。

人工智能何时能超过人类智能？虽然不少科学家相信这件事会在本世纪内发生，不过，在美国加州大学伯克利分校人工智能系统中心创始人兼计算机科学专业教授斯图尔特·罗素看来，这是一个颇难回答的问题。理由至少有三：（1）假定这件事必然发生，事实上它具有选择性：假如人类选择不去发展这样的人工智能，这件事就不太可能发生。（2）“人工智能超过人类智力”是假定智能是线性的，这不是真实情况，人工智能在处理某些任务时比人类更快，但在更多方面的表现却很糟糕。（3）如果我们认为通用人工智能是有用的，就可以开发通用人工智能，但目前我们不知道它是不是有用的。并且，开发通用人工智能还需要突破很多技术瓶颈，这些都难以预测。②因为，随着人类社会逐渐步入后摩尔时代，一味降低硅芯片制程已逼近物理和经济成本上的极限，硅

① 波斯特洛姆.超级智能：路线图、危险性与应对策略［M］.张体伟，张玉青，译.北京：中信出版社，2015：xxv−xxvi.

② RUSSELL S. 人工智能基础概念与34个误区［M］. UC Berkely，2016：12.

芯片处理器性能翻倍的时间延长，发展势头遇到了技术瓶颈。在市场需求驱动下，人们迫切需要注入“新鲜血液”，来激活低功耗、高集成化、高信息密度信息处理载体的出路。基于磁性材料发展建立的自旋电子学以及磁子电子学发展迅猛，为突破上述限制提供了出路。例如，上海科技大学物质科学与技术学院陆卫教授课题组于 2023 年 1 月 27 日在“光子—磁子”相互作用及强耦合调控方向取得重要进展，其科研团队首次在铁磁绝缘体单晶中发现了一种全新的磁共振，命名为光诱导磁子态（pump-induced magnon mode, PIM）。此项发现突破了垄断该领域长达 60 多年的“Walker modes”（沃克模式）——由美国学者沃克（L. R. Walker）于 1956 年在其论文中提出——这一范畴，发掘了新的磁子态，为磁子电子学和量子磁学的研究打开了全新的维度，或可在雷达、通讯、信息无线传输等领域使用。① 又如，2023 年 3 月 22 日，北京大学彭海琳教授课题组（彭海琳、谭聪伟、于梦诗、唐浚川、高啸寅等）在《自然》上刊发论文，文中发表了一种全新二维半导体垂直鳍片 / 高介电自氧化物外延集成架构，并研制了高性能二维鳍式场效应晶体管，该原创性工作突破了后摩尔时代高速低功耗芯片的关键新材料与新架构三维异质集成瓶颈，为开发突破硅基晶体管极限的未来芯片技术带来新机遇。②

也有人认为，人类该担心的是未来人类的智能可能会全面下降，而不是担心人工智能的智能水平会与日俱增。③ 因为让机器通过图灵测验的方式主要有两种：（1）让机器变得像人一样聪明。（2）让人变得像机器一样愚蠢。这意味着，人类文明或将经历三个阶段：第一阶段，机器的愚蠢和人类的智能相共存；

① RAO J W, YAO, BIMU, et al. Unveiling a pump-induced magnon mode via its strong interaction with walker modes［J］. Physical Review Letters,2023, 130：046705.

② TAN C W, YU M S, TANG J C, et al. 2D fin field-effect transistors integrated with epitaxial high-κ gate oxide［J］. Nature, 2023,617：E13.

③ 斯加鲁菲 . 智能的本质：人工智能与机器人领域的 64 个大问题［M］. 任莉，张建宇，译 . 北京：人民邮电出版社，2017：99.

第二阶段，机器智能和人类智能相共存；第三阶段，机器的智能和人类的愚蠢相共存。人类文明一旦进入第三阶段，机器将统治人类就不会让人意外了。

（二）人工智能永远无法取代人类

另一种观点认为，人工智能不存在威胁人类生存的风险，人工智能永远也不可能超越人类和取代人类。持此观点的学者又可细分为两大类[①]。

1. 人工智能无法取代人类论

阿瑟·萨缪尔、约翰·塞尔、皮埃罗·斯加鲁菲（Piero Scaruffi）和李飞飞等学者认为，无论是从人工智能技术上看，还是从人与人工智能之间的本质差异看，人类均不会被人工智能所取代。中国阿里巴巴创始人马云也持类似观点。2019 年 8 月 29 日，世界人工智能大会在上海开幕，在开幕式上，特斯拉公司联合创始人兼首席执行官 Elon Musk 和联合国数字合作高级别小组联合主席马云进行了一场对话。在此次对话中，马云认为，人工智能再聪明，也是由人创造的，人类是无法创造比人类自身更智慧的生物的，故人工智能只会是人类的玩具。等马云说完后，马斯克当场表示："我非常不同意你的看法。"李飞飞等人的观点简称为无法取代论。概要地说：

从人工智能技术上看，不存在超越人类智能的人工智能技术，故人类不会被人工智能所取代。这至少可从四个方面加以论证。（1）人工智能技术奇点论不成立。理由主要有三：第一，奇点论者忽略了十分重要的一点"计算速度的提升并不等同于智能的提升"。因为智能的提升要靠深度学习算法的改进来实现，而计算速度的提升只是硬件提升和数据量增大带来的规模效应。虽然基于深度学习算法的人工智能系统在近些年取得了令人瞩目的成就，但这只是技

① 韩东屏．未来的机器人将取代人类吗？［J］．华中科技大学（社会科学版），2020，34（5）：8-16.

术应用的成就，并不是深度学习算法本身的提升，更不是什么指数级的提升。[①] 第二，从历史上看，大多数技术只是在一段时间内快速发展，随后趋于稳定，仅以缓慢的速度发展，直到被新的技术所取代。[②] 同理，各种类型的人工智能系统在数十年来的实际发展中都经历着收益递减的过程。在研究初期，人工智能系统通常可以快速提升，甚至在某些时刻超越技术奇点理论所设想的指数增长速度，但随着完善度和复杂度的增加，人工智能系统往往会遭遇各类难以改进或跨越的瓶颈，导致无法维持固定的改进速率。[③] 这意味着，人工智能越是往上发展，需要解决的问题就越多、越复杂、越困难，这就导致研究投入的收益率也越来越低。目前，科技界对大模型的前途存在两种争锋相对的预判。以 OpenAI 公司为代表的一些科学家认为，只要不断扩大模型和数据的规模，不断增加算力，未来的大模型很可能会涌现出现在没有的新功能，呈现更好的通用性。更多学者认为，大模型不会一直保持这两年的发展速度，与其他技术一样，会从爆发式增长走向饱和。因为按目前训练大模型的算力，每 3 个月翻一番的增长速度，如果延续 10 年，算力就要增加 1 万亿倍，这是不可能发生的事。现在预判哪种正确还为时过早。[④] 第三，奇点论者认为，“递归自我改进系统是实现技术奇点的有效途径”，这里不仅有硬件方面的困难，而且“递归自我改进系统在自我指涉方面也存在着严峻的挑战”。这就是，系统复杂程度的不断提升，将导致理解自身所需要的智能也不断提升。于是，要想使智能机器有一点儿智能提升，就得先有最高级的自我理解能力系统来适应，这说明人工智

① 李恒威，王昊晟. 人工智能威胁论溯因：技术奇点理论和对它的驳斥［J］. 浙江学刊，2019（2）：53-62.

② 斯加鲁菲 . 智能的本质：人工智能与机器人领域的 64 个大问题［M］. 任莉，张建宇，译 . 北京：人民邮电出版社，2017：63.

③ 同①.

④ 李国杰 . 智能化科研（AI4R）：第五科研范式［J］. 中国科学院院刊，2024，39（1）：1-9.

能的递归自我改进效率受到自我理解能力的限制，不会有高速度的改进。[①②]

（2）不可能存在超级人工智能。也就是说，无论将来人工智能如何发展，都不可能诞生超级人工智能。理由主要有二：一方面，机器智能总是在人所严格规定的范围工作，不会做人没要它做的事。如阿瑟·萨缪尔就说："机器不能输出任何未经输入的东西""所谓'结论'只不过是输入程序和输入数据的逻辑结果。"[③]约翰·塞尔说："毫不夸张地说……计算机没有智能，没有动机，没有自主，也没有智能体。我们设计它们，使它们的行为好像表示它们有某种心理，但其实没有对应这些过程或行为的心理现实……机器没有信仰、愿望或动机。"[④]另一方面，人工智能的升级能力也在人设定的程序之内。智能机器的升级能力只能在软件即人给定的范围之内。美国辛辛那提大学智能维护中心主任李杰也指出，人工智能的确有学习能力，但那属于程式里的学习，不会跳到程式之外，人工智能只能在指定领域升级。"不要忘了，人工智能里都有一个核心东西叫软件，软件不会自己思考，一定是人编程的。"[⑤]（3）对人工智能基础理论的质疑。根据学界公认的"哥德尔不完全性定理"，"证明任何无矛盾的公理体系，只要包含初等算术的陈述，就必定存在一个不可判定的命题，即一个系统漏洞，一颗永远有效的定时炸弹"。因而以二进制为公理的电脑逻辑运算系统也必然存在这样的漏洞。正是基于这一点，牛津大学的哲学家卢卡斯（Colin Lucas）确信："根据哥德尔不完全性定理，机器人不可能具有

① 李恒威，王昊晟. 人工智能威胁论溯因：技术奇点理论和对它的驳斥［J］. 浙江学刊，2019（2）：53-62.

② 韩东屏. 未来的机器人将取代人类吗？［J］. 华中科技大学（社会科学版），2020，34（5）：8-16.

③ SAMUEL A L. Some moral and technical consequences of automation-a refutation［J］. Science, 1960，132（3429）：741-742.

④ SEARLE J R. What your computer can't know［M］. New York：Review of Books, 2014.

⑤ 同②.

人类心智”。[①]（4）人类以脑机融合的方式防止被取代。这个想法的思路是，如果将来超级人工智能真能全面超越人类智能，那就不妨让人脑与人工智能结合，比如在人脑中植入芯片，使人脑也能接受无线传输的大数据，拥有云脑，也能进行云计算和深度学习，等等，这就至少可以做到让人和超级人工智能一样强大，于是也就不会被机器人取代。现在这个设想已经被一些科技专家付诸研究，其中就包括技术大家马斯克。[②]

从人与人工智能之间的本质差异看，人与人工智能之间有本质差异，故人类不会被人工智能所取代。至于人类智能与人工智能的本质差异，在第一章已有详论，不再赘述。

2. 人工智能虽可超过人类智能却不会取代人类论

“超而不代论”认为，未来人工智能在智能上会超越人类，但不会取代人类。如明斯基在1995年曾说:“机器人将继承地球？是的,但是它们将是我们的孩子。”[③]刘英团认为，超级智能时代的机器人一定会具有非常高的智能水平，在很多方面也一定会超过人类，不过，机器人智能发展的总体趋势是与人类愈加接近、亲近，而不是对抗，更不可能取代或淘汰人类。自然界之所以拥有200多万个物种，正是因为大多数新物种并不会取代老物种，它们宁愿与现有的生物体交织起来，挤进小生境之间，以其他物种的成就为基础。因此，在超级智能时代，人类不会被颠覆，反而会变成类似基础设施的存在。人类之所以是高等级动物，就在于人类更有可能重新定义自己，而不是消失。超级智能诞生后，仍将主要致力于提升其认知、完善技术、获取人类无法获取和利用的资源，未必真的要淘汰或取代人类。[④]

① 韩东屏．未来的机器人将取代人类吗？［J］．华中科技大学（社会科学版），2020，34（5）：8–16.

② 同①．

③ 库兹韦尔．奇点临近［M］．李庆诚，董振华，田源，译．北京：机械工业出版社，2011：156.

④ 刘英团．超级智能能取代人类吗？［J］．商周刊，2015（8）：10.

韩东屏在《未来的机器人将取代人类吗？》一文里也复述了上述观点。

三、破解人工智能威胁人类生存风险的办法

人工智能进步的结果，应该是让更多的人能够过上更智慧、更便捷的生活，而不是让大家过愚蠢的生活，更不是要让人工智能毁灭人类。好在人类拥有强大的未雨绸缪的本领，更重要的是，人类拥有追求高尚生活和人生境界的需要，为了满足此需要，不但会激发人类无穷的创造力，也能激发人类的高尚道德精神，包括敬畏、节制、责任、诚信、爱心（包括奉献）、公正等精神。因此，要时刻警惕随着人工智能的进一步智能化，导致人工智能威胁人类的中心地位，甚至将人类变成人工智能的奴隶的现象的发生。如果将来人工智能真的存在威胁人类安全的隐患，人类应该如何应对来自人工智能的威胁？国内学者从安全学的视角探讨预防人工智能不受控的情形发生，解决方案包含内部进路与外部进路：其中，内部进路包括伦理设计、限定人工智能的应用范围及限制人工智能的自主程度和智能水平等；外部进路主要指依靠政府部门的监管及人工智能科学家的责任意识等。[①] 吉姆·戴维斯（Jim Davies）认为，当前最为迫切的问题是如何管控好人工智能已经带来的现实问题，因为人工智能发展出意识、不受人类控制并不表明其发展出伤害人类的能力。鉴于人工智能在医院、金融、物流、汽车、法庭等领域的应用越来越广泛，人们就需要对这一技术可能造成的对伦理道德、社会、文化以及政策制定的影响进行评估。[②] 克劳福德（K. Crawford）与加洛（R. Calo）提出人工智能的社会系统分析（social-systems analyses），认为人们应该利用好哲学及法律等学科的研究成果，综合考察人工智能对社会文化与人们生活的影响，以应对人工智能带来的现实挑战。[③] 上述学者从不同学科

① 杜严勇．人工智能安全问题及其解决进路［J］．哲学动态，2016（9）：99-104.

② DAVIES J. Program good ethics into artificial intelligence［J］. Nature, 2016, 538: 291.

③ CRAWFORD K, CALO, R. There is a blind sport in AI research［J］. Nature, 2016, 538: 311-313.

视角对人工智能可能带来或已经带来的威胁提出了应对方案，对今后人工智能设计、开发具有一定的指导作用，不过，它们或仅是主要针对弱人工智能提出的方案，或是从哲学层面提出的设想，可操作性弱。下面依据心理学对智慧的最新研究成果，尤其是根据汪凤炎提出的“智慧的德才一体理论”，主张给原本“缺（良）心、无情”的人工智能“添心”“加情”，让其升级为人工智慧，进而探讨实现人工智慧的具体途径，以期通过一揽子解决方案，彻底消除各类智能水平的人工智能可能存在威胁人类生存的风险。

（一）从弱人工智能走向弱人工智慧的途径

将人工智能升级为人工智慧实现的基本进路是：为了让原本“缺（良）心、无情”的人工智能“有良心”“有善情”，须事先在人工智能的软件系统中内置蕴含“德才一体”性质的软件，让人工智能由此“生出”良心和善情，此软件一旦生成，除非重回原厂经公认的智慧团队对其升级或当人工智能生成强人工智慧后可自行升级外，任何人、任何病毒以及人工智能或人工智慧自身都无法对其降级、篡改或删除，也无法让其处于沉默状态而不工作，并配置相应的硬件设备，使其顺利通过图灵智慧测验。弱、强人工智慧的实现分别以弱、强人工智能为基础，不过具体路径存在一定的差异。

1. 通过给弱人工智能加装伦理道德软件，让弱人工智能具备良知

研究者针对现有弱人工智能提出的“人工智能的社会系统分析”“道德机器”① 或是倡导为现有人工智能编写伦理道德代码② 等措施，本质上与弱人工智慧中的“德才一体”软件所起的作用相同，都是在弱人工智能完成任务的过程中考虑社会与道德因素。弱人工智慧中的伦理道德设定可分为两类：

---

① WALLACH W, ALLEN C. Moral machine: teaching robots right from wrong［M］. Oxford University Press, 2009: 10.

② DAVIES J. Program good ethics into artificial intelligence［J］. Nature, 2016, 538：291.

一类是面向整个系统的道德法则。即，无论是单任务还是多任务系统，在任何时刻都应该遵守的法则。这一类道德法则理应体现“人类中心主义”。阿西莫夫于1942年提出的“机器人行为三定律”和1985年提出的“第零定律”就符合这一要求。有了“机器人行为三定律”和“第零定律”，从理论上讲就能让机器人服务于人类的整体利益，不至于做出损害人类整体利益的行为。不过，每个人的理性和智慧均是有限的，“人类的整体利益”有时连人类中最有智慧的人也不一定能把握住，更别说是机器人了，所以，在实践中，如何增强“第零定律”的可操作性，值得进一步去探索。可能的解决途径之一是要想方设法培育机器人的“良心”，进而设立善的法则让机器人的良心时刻保持觉醒状态，一旦机器人像人类那样有了良心，且能时刻处于觉醒状态，而不是被贪欲所遮蔽，就能自行判断善恶。正如《陆九渊集》卷三十二《拾遗·求则得之》记载：“良心之在人，虽或有所陷溺，亦未始泯然而尽亡也。下愚不肖之人所以自绝于仁人君子之域者，亦特其自弃而不之求耳。诚能反而求之，则是非美恶将有所甚明，而好恶趋舍将有不待强而自决者矣。”

另一类是面向特定任务的道德规范。此类道德规范成立的前提是须符合面向整个系统的道德法则。以“自动驾驶”这一弱人工智能为例，当无人驾驶汽车不得已面对类似“电车两难”这一道德困境时，它当如何抉择？这里就需要针对具体情境，设定具体的道德规范。

除设定具体的法则与规范外，要体现出智慧，“德才一体”软件还要为弱人工智能所面临的任务设定一个可以体现德才一体的目标。对于任务本身，可以分为目标界定精确的任务和目标无法精确界定的任务，前者包括具体的规则与精确的目标，例如棋类游戏；后者由于目标本身涵盖广泛，无法对其精确界定，例如“识别一只狗”，由于狗的外形多变，品种丰富，无法找到一个可以精确量化的标准。对于目标精确的任务，通过强化学习，可以不借助人类经验，例如AlphaGo Zero

仅仅通过自我对弈的方式就在围棋上达到超人水平；对于目标无法精确界定的任务，则离不开人类经验的参与。人工智慧主要面对的是复杂任务，往往不是目标可以精确界定的简单任务，这样，依据智慧的德才一体理论，能够体现德才一体的目标，就是指在高效率完成任务以及不损害相关人员以及社会正当权益的基础上，增进他们的福祉。由于这一目标的模糊性，就使得“德才一体”软件还要为相关任务提供必要的人类经验，即相应知识与智慧案例。这些知识与智慧案例，一方面要保证生成方案的可行性，另一方面要体现创造性。与法则和规范在弱人工智慧中所扮演的角色类似，可行性的知识是面向系统的，而能够体现创造性的知识则是面向具体任务的。可行性以常识性知识来保证，包括“朴素物理学宣言”中计算化的人类日常物理学知识与社会文化常识。[①] 有“深度学习教父”之称的欣顿预测在不远的将来将实现“具有常识”的计算机系统。可行性知识同时也起到让弱人工智慧先行判断任务能否完成的作用，若不能，则停止对任务的加工，反之则进入下一步，提取能够体现创造性的相关知识及案例。一般来说，对单任务人工智慧只要赋予其该领域的智慧案例与相关知识即可；对于多任务的人工智慧而言，除了要赋予其各个相关领域的智慧案例与知识外，还要考虑到不同任务之间的交叉领域的相关案例与知识。对于案例的选择，采用多位评价者对其以智慧的德才一体理论为理论指导进行筛选，以避免软件设计者个人或单个团队因素的影响。另外，虽然有大数据技术保证案例数量，考虑到日新月异的社会，软件在面对新问题时依然存在无法解决或不是智慧地解决的可能，因此有必要对软件的解决方案与具体任务成果进行返回评估，通过评估结果来不断调整软件对案例的认知，以达到训练软件的目的。无论是弱人工智能还是弱人工智慧，它们的规则与目标由人类来设定，相关知识由人类赋予，行为结果由人类来评估，体现出

① BODEN M. The philosophy of artificial intelligence [M]. New York: Oxford University Press,1979: 248−280.

两者完全在可控范围内，并不会给人类带来存在性威胁。[①]

2. 不断提升弱人工智能的情感计算能力，让弱人工智能逐渐拥有高水平的善情

人工智能在许多功能上超过了人脑，现在已是不争的事实，并且，随着人工智能软件、硬件的不断升级，以及数据库数量和质量的不断提升，人工智能必将拥有越来越多强于人脑的新功能。不过，人工智能所具有的各项智能目前仍然在人类活动的控制之下，有关人工智能是否能够超过人类智慧的忧思，也总是包含着一个主控权的问题。机器智能要想具有主控能力，就必须形成一种“生命主体性”。很显然，仅凭芯片算力和储存力的大幅提升是无法解决这个难题的。[②]在人工智能领域，1997年美国麻省理工学院的罗萨琳德·皮卡德（Rosalind Wright Picard）出版了《情感计算》一书，首次提出“情感计算”（affective computing）[③]，为人工智能拥有像人一样的情感、进而生出生生命主体性成为可能。罗莎琳德·皮卡德在研究如何让计算机更好地感知世界时，发现了一件令人惊讶的事情：在人脑中，我们看世界和感知世界的关键部分不是逻辑的，而是情感的。因此，为了使计算机具有我们所期望的一些高级功能，它们可能有必要理解并在某些情况下感受情绪。情感计算并不是让电脑在你输入重复错误时变得暴躁，或者是出于恐惧而做出反应，而是让计算机更好地完成工作。在最简单的层面上，就是给计算机安装传感器和编程，使计算机化系统能够确定用户的情绪状态并做出相应的响应。基于上述考量，《情感计算》一书的第一部分以一种完全非技术的方式介绍了情感计算的理论基础和原理。探讨了为什么情感（feelings）可能很快成为计算技术的一部分，并讨论了这种发展的优势和关注点；也提出了许多道

---

① 汪凤炎，魏新东．以人工智慧应对人工智能的威胁［J］．自然辩证法通讯，2018，40（4）：9-14.

② 史南飞．对人工智能的道德忧思［J］．求索，2000（6）：67-70.

③ PICARD R W. Affective computing［M］. Cambridge: MIT press,1997.

德问题，包括将负责任的行为纳入情感计算机编程的必要性，这与 Isaac Asimov 提出的著名的机器人行为三定律如出一辙。《情感计算》一书的第二部分讨论如何设计、构建和编程计算机，使其能够识别、表达，甚至产生情绪。[①] 情感计算（affective computing，也叫“人工情感智能”或“情感人工智能”），主要是指针对人类情感的外在表现，基于系统和设备的研究和开发来识别、理解、测量、分析和模拟人的情感，使人类情感能够被模拟和计算。情感计算就是要赋予人工智能类似于人的观察、理解和生成各种情感特征的能力，最终让人工智能像人一样进行自然、亲切和生动的情感交流。[②] “情感计算”是一个跨学科领域，涉及计算机科学、心理学和认知科学（cognitive science），主要研究机器的情感识别、情感建模、情感用户建模以及机器人和虚拟主体的情感表达。“情感计算”技术一旦成熟，可以让机器人能够理解人类的情绪状态，并且适应它们的行为，对各类情绪做出适当的反应。2003 年，B.Fasel 对面部表情识别进行分析。[③]2004 年，J. A.Coan 使用脑电波计算心情。[④]2008 年，G. Castellano 通过肢体语言面部活动来识别情绪。[⑤]2017 年，S. Poria 等人撰文对情感计算进行回顾。[⑥]

情感计算目前遇到的难题，概括越来主要有：（1）基于语音识别的情感识别的瓶颈。毕竟语音识别大多都依赖数据库，并不是都来自于自然数据；同时，语音识别目前很难获取到语义信息和文化背景信息。（2）基于面部识别的情感识别

① PICARD R W. Affective computing［M］. Cambridge: MIT press,1997.

② 刘韩 . 人工智能简史［M］. 北京：人民邮电出版社，2018：168.

③ FASEL B , LUETTIN J. Automatic facial expression analysis: a survey［J］. Pattern recognition, 2003,36（1）：259–275.

④ COAN J A, ALLEN J J. Frontal EEG asymmetry as a moderator and mediator of emotion［J］. Biological psychology, 2004, 67（1–2）：7–50.

⑤ PETER C, BEALE R. Affect and emotion in human-computer interaction［M］. Heidelberg：Springer, 2008：92–103.

⑥ PORIA S, CAMBRIA E, BAJPAI R, et al. A review of affective computing: from unimodal analysis to multimodal fusion［J］. Information fusion, 2017, 37：98–125.

的瓶颈。在正面识别面部时，精确度较高，但在旋转头部超过 20 度时，精确度就大幅降低。面部识别的精确度并没有达到足以使其在世界范围内广泛有效使用的程度。如果不提高扫描人脸的硬件和软件的准确性，情感计算的进展就会慢得多。（3）基于肢体语言的情感识别的瓶颈。目前普遍的做法是使用摄像头或者 3D 模型来进行情感识别，这种做法中的设备移动性较差，不像手表，或者手机一样随身携带。并且，摄像头或者 3D 模型这种数据计算量庞大，对于小型的可穿戴设备来说，运载压力很大。（4）目前的“情感智能”仅是模拟人的外表情感行为的特征并转化为可视算数据，还不具有赋予机器内在情感功能的能力。①

情感计算一旦彻底破解了上述难题，让弱人工智能拥有像人一样的情感将成为现实，再加上弱人工智能有一颗“良心”，那时的弱人工智能就可自然升级为弱人工智慧了。

（二）从强人工智能走向强人工智慧的途径

虽然有不少人不太相信能制造出强人工智能，但目前也有一些人工智能研究者从哲学、未来学、神经科学等角度向人们论证了制造强人工智能的可能性。例如，徐英瑾认为，在维特根斯坦哲学的启发与指导下，结合“非公理化推理系统”可以开发出不同形式的通用智能系统，实现强人工智能。②库兹韦尔推测：“我把奇点的日期设置为极具深刻性和分裂性的转变时间——2045 年。非生物智能在这一年将会 10 亿倍于今天所有人类的智慧。”③众多神经科学家及机器学习专家在“皮层神经网络机器智能”（machine intelligence from cortical networks，MICrONS）项目上，即主要绘制啮齿类动物大脑皮层结构与功能图谱，

① 史南飞．对人工智能的道德忧思［J］．求索，2000（6）：67-70.

② 徐英瑾．心智、语言和机器：维特根斯坦哲学和人工智能科学的对话［M］．北京：人民出版社，2013：423.

③ 库兹韦尔．奇点临近［M］．李庆诚，董振华，田源，译．北京：机械工业出版社，2011：80.

已取得突破性进展，为“下一代人工智能”提供理论计算构件的原理。[①]霍金、比尔·盖茨等人对人工智能的担忧实质上是对强人工智能的担忧，下面就在强人工智能基础上来具体探讨强人工智慧的实现。

简单通过模拟弱人工智慧的路径来实现强人工智慧是不可行的。一方面，虽然强、弱人工智慧的最终目标都是“德才一体”地完成任务，不过，并不能由人类来为强人工智能设定目标，因为人类对问题解决方案的考量并不一定比强人工智能全面，所以其设定的目标也不一定是最佳的，最好是让强人工智能自行生成目标。另一方面，为“德才一体”软件中“灌输”智慧案例也是不必要的，一是因为强人工智能可以通过某种手段自行获取这些必要的知识。二是人类并不能阻止强人工智能自行获取其他知识或案例，这其中就可能包括愚蠢案例。

无论是让强人工智能生成“德才一体”的目标，还是让其能主动获取与学习智慧案例，本质上就是赋予强人工智能以道德判断能力，解决强人工智能的道德性问题。如前文所论，温德尔·瓦拉赫与科林·艾伦在《道德机器：如何让机器人明辨是非》一书中提出“道德图灵测试”的由上至下与自下而上两种进路。两相比较，应以自下而上的进路来设计强人工智慧中的“德才一体”软件，理由是：一方面，因为人类的发展性与当前知识的局限性，无法为强人工智慧构建出一个永恒不变并且对人类长期有益的道德规则；另一方面，虽然强人工智能足够强大，能够自定规则并且脱离人类掌控，但它并不能摆脱自然法则的约束，其能力的发展必然也要遵循一个从无到有、从低到高的阶段。自下而上的路径本质上就是将道德规则从“是”的层面转化为“应当”，弱人工智慧是在“是”层面上接受具体的道德法则与规范的限定，而强人工智慧则变为在“应当”的层面上对道德进行自主的认知加工。机器能否实现这种转化呢？换句话说，对于“绝对律令”的执行能否还原为一定的物理符号系统？如果否认这种可能性，等于认为“应然”

① UNDERWOOD E. Barcoding the brain［J］. Science, 2016, 351（6275）： 799-800.

的发生可以绕开“实然”的基础，这显然不符合常识，因为道德律令的产生离不开大脑的物质基础，对其的执行更离不开个体与环境的交互作用。柯尔伯格等人对道德发展的研究展示了这一转化过程。柯尔伯格运用道德两难法，经过一系列的实证研究，将个体的道德发展划分为“三水平六阶段”：前习俗水平、习俗水平、后习俗水平及服从与惩罚阶段、相对的功利主义阶段、人际和谐或好孩子阶段、维护权威或秩序阶段、社会契约阶段、普遍伦理原则阶段。前习俗水平根据行为直接后果和自身利害关系判断好坏是非，习俗水平根据行为是否符合他人愿望，是否有利于维持习俗秩序进行道德判断，后习俗水平指能摆脱外在因素，着重根据个人意愿选择的标准进行道德判断。① 这种最终发展为“普遍伦理原则”的过程实质就是由“是”转化为“应当”的过程。

必须确定的是，强人工智慧所拥有的最低道德水平至少要达到柯尔伯格所讲的习俗水平的第二阶段，即“遵守法规取向”。并且，这里的“法规”不是指某个国家或地区所制定和认可的法规，而是指对人类都有利的法规。但柯尔伯格的道德发展理论主要考虑的是道德中的“公正”，忽视了“关爱”与“宽恕”。吉利根（Carol Gilligan）通过实证研究论证关爱取向与公正取向是人类两种不同但是同样重要的道德价值取向，并提出关爱道德取向三水平：自我生存定向、善良、非暴力道德。Enright 等人通过对宽恕的研究发现，类似于柯尔伯格道德发展阶段，宽恕理由也可以对应分为六个阶段：报复性宽恕、归还和补偿性宽恕、预期的宽恕、合法的宽恕、和谐需要的宽恕、爱的宽恕。② 结合关爱与宽恕取向的研究，在强人工智慧的最低道德发展水平上可定为，在遵守法规的前提下，关心人类，尤其是关心人类的情感，最大限度宽恕人类犯下的各类不至于导致人类毁灭的过错，

① 汪凤炎，燕良轼，郑红．教育心理学新编（第五版）［M］．广州：暨南大学出版社，2019：199–200.

② ENRIGHT R D, SANTOS M J, ALMABUK R. The adolescent as forgiver［J］. Journal of adolescence, 1989, 12（1）：95–110.

最大限度宽容人类各种不至于导致人类毁灭或互相仇恨的价值观和兴趣。可以预见，在道德发展的第六阶段上有一个“第七阶段”，即遵循普遍伦理原则的前提下，无条件地宽容、宽恕、关爱和公正地对待人类中善良的个体与群体。需指出，宽容不是宽恕。宽恕是指个体遭受到不公正的伤害后，个体对冒犯者或伤害者的认知、情绪和行为反应逐渐从负面转向正面，进而宽大、原谅冒犯者或伤害者的心理与行为方式。宽恕的对象是有罪的行为，也就是那些突破了道德法则而给他人造成伤害的恶行。宽恕是对不可挽回、不可补救、不可原谅的伤害的原谅，即在明确公义的同时，放弃对恶行与伤害的实施者的追究与报复。在宽恕这一行为里包含四方面的决断内容：恶行就是恶行，行恶者无可推卸；不因他人之恶而给世界增加恶；对作恶者抱以希望；确信正义本身并把正义的审判交付未来。在宽恕的四个决断环节里，中断恶的循环（不因遭恶待而给世界增加恶）是关键环节。宽容是指对他人与自己的差异的接受与容忍。与宽恕的对象不同，宽容的对象不是恶行，而是他人不同于“我”（宽容主体）的差异。①②

强人工智慧与弱人工智慧所遵守的法规有以下两点不同：（1）因为弱人工智慧中的法规由设计者领导的智慧团队制定，其内容一方面受制于设计团队的背景与经验，另一方面还要考虑到所在国家的法律法规；强人工智慧的法规因为要面向全人类，因此就需要类似联合国这样的国际组织共同商议制定。（2）弱人工智慧中的法规设定后，除非经由专业的智慧团队人为改动，其自身只能遵守，无法取消，亦无法自行升级；强人工智慧的法规只是最低水平，其未来可能会在“遵守法规取向”阶段保持稳定，或走向柯氏理论中的最高阶段以及可预见的“第七阶段”，但不能倒退或取消。

《庄子·秋水》提道：“井蛙不可以语于海者，拘于虚也；夏虫不可以语

① 岑国桢．从公正到关爱、宽恕：道德心理研究三主题略述［J］．心理科学，1998，21（2）：163-166.

② 黄裕生．论自由、差异与人的社会性存在［J］．中国社会科学，2022（2）：23-42.

于冰者，笃于时也；曲士不可以语于道者，束于教也。”依据维尔纳·海森堡（Werner Heisenberg）于 1927 年提出的“不确定性原理”（uncertainty principle），避免产生“确定性效应”（certainty effect）。[①] 现在无法确定的是强人工智慧最终发展的道德水平，目前可以预计到的是“第七阶段”，不能确定往后是否还会有更高阶段。未来无法确定的相关事件有二：（1）可能发生有人或强人工智慧自身试图篡改所处的最低道德阶段状态，即取消这一设定或让其倒退到低阶段。（2）随着人类的发展，可能发生现阶段法规与那时人类整体利益相冲突的情况。对前一种情况的应对措施是启动“德才一体”软件中的自毁装置，让其毁灭；对后一种情况的应对措施是应保留发展到柯氏后习俗水平或更高水平的强人工智慧，对于仍然处于第四阶段的强人工智慧依旧启动自毁装置，并保证日后生产设计的强人工智慧中的“法规”适应那时的人类整体利益。这样便可有效解决强人工智能带来的威胁。[②]

将来一旦真将人工智能变成了人工智慧，就能一方面防止人工智能变成杀人恶魔，如防止像希特勒之徒开发滥杀无辜的军用人工智能；另一方面，可以让智慧型机器人更好地提升人类生活的品质，如制造并派遣智慧型机器人去孤岛、监狱、高寒缺氧地区和沙漠地区等地进行 24 小时值勤，替代环卫工人到地下暗涵清淤，替代消防人员到火场救火和救人，替代救援人员到地震区救人，替代工人到塌方地段抢修道路，替代交警在街上指挥交通，替代驾驶人员驾驶汽车、轮船、火车和飞机，替代缉毒警察去缉毒，替代拆弹专家去拆除各类存在安全隐患的地

① 确定性效应是丹尼尔·卡尼曼（Daniel Kahneman）与阿摩司·特沃斯基（Amos Nathan Tversky）于 1979 年在其“前景理论”（Prospect Theory, PT）中提出的。前景理论认为，人们的决策受到他们感知到的潜在收益和损失的影响。在决策中，人们更倾向于选择确定性的结果，而不是可能性的结果。例如，在面临两种选择时，一种是确定性的，另一种是有可能性的，人们更倾向于选择确定性的结果。确定性效应是指决策者往往对确定性结果赋予较高的权重，而对可能性结果赋予较低的权重。

② 汪凤炎，魏新东．以人工智慧应对人工智能的威胁［J］．自然辩证法通讯，2018，40（4）：9–14.

雷和炸弹，替代生化专家去监控和排除核电站等地方可能存在的核污染，替代宇航员在太空进行科学探索，等等。可见，人工智慧的应用前景非常开阔！[①]

当然，限于学科背景，上面所提出的方案仅仅是从智慧的“德才一体”理论出发探讨人工智慧的可行性，并不涉及开发具体的程序或软件。但人工智慧的诞生离不开一个理论或想法的先行，正如图灵在思考“机器可以思考吗？”这一问题时所产生的想法最终引导出人工智能的诞生一样，希望这里提出的有关人工智慧的理论与想法，能引起更多的人关注与思考，最终必然也会产生丰硕的成果。[②]

① 汪凤炎，郑红．智慧心理学［M］．上海：上海教育出版社，2022：324-327.

② 同①.

附录：人工智能史上的名人录[①]

托马斯·贝叶斯（Thomas Bayes, 1702—1761），英国人。遗作《机遇理论中一个问题的解》于1763年12月23日发表，文中提出贝叶斯定理。

查尔斯·巴贝奇（Charles Babbage,1791—1871），英国人。1823年设计机械式计算机“差分机”。1834年底开始设计机械式可编程计算机——“分析机”。

阿达·洛芙蕾丝（Ada Lovelace, 1815—1852），英国人。1842—1843年翻译意大利数学家路易吉·费德里科·米纳布里（Luigi Federico Menabrea）的论文《查尔斯·巴贝奇发明的分析机概论》，在文后的注释中，阿达详细说明了使用打孔卡片程序计算伯努利数的方法，被后人公认为是世界上最早的计算机程序和软件，阿达由此成为计算机程序创始人，是世界上第一个计算机编程员。

乔治·布尔（George Boole, 1815—1864），英国人。1847年提出布尔代数。

阿隆佐·丘奇（Alonzo Church, 1903—1993），美国人。图灵的博士生导师。20世纪30年代和学生史蒂芬·克莱尼（Stephen Cole Kleene）一起提出了λ演算。

① 说明：（1）为了让读者能在脑海中尽快对人工智能的发展脉络形成一个清晰线索，在编排人工智能史上的名人录时，先按他们在人工智能史上做出的第一个杰出贡献的时间先后排序；若属合作完成者，将合作者放在一起编排，再按合作者出生年份早晚排序；第一个杰出贡献诞生于同一年份者，再按姓名的英文字母或拼音字母顺序排序。（2）列举该名人在人工智能领域取得的若干件知名成就，以增进读者对这些名人杰出贡献的了解；（3）若甲与乙之间有明确的师承关系，也一并点出，以增进读者对他们师承关系的了解。

阿兰·麦席森·图灵（Alan Mathison Turing, 1912—1954），英国人。1936年5月发表现代计算机和人工智能领域奠基性论文《论可计算数及其在判定问题中的应用》，在文中首次提出图灵机模型。1937年发表《可计算性与λ可定义性》一文，提出“丘奇—图灵论题”。1950年发表《计算机器与智能》一文，在文中发出人工智能史上著名的“图灵之问”——“机器能思考吗？”，又提出图灵测验和学习机器的构念，奠定了计算机和人工智能的理论基础。

诺伯特·维纳（Norbert Wiener, 1894—1964），美国人。1940年提出制造现代计算机的五条设计原则。1943年与生物学家阿图罗·罗森布鲁斯（Arturo Rosenblueth）和工程师朱利安·毕格罗（Julian Bigelow）合作发表了题为《行为、目的和目的论》一文，奠定了现代控制论的基础；1948年出版《控制论》一书，成为控制论之父。较早对人工智能的发展做出了深刻的道德忧思。

沃伦·麦卡洛克（Warren S. McCulloch, 1898—1969），美国人。1943年与沃尔特·皮茨联合提出世界上首个二进制人工神经元网络模型——麦卡洛克-皮茨神经元模型。

沃尔特·皮茨（Walter Pitts, 1923—1969），美国人。维纳指导的博士生。1943年与沃伦·麦卡洛克联合提出世界上首个二进制人工神经元网络模型——麦卡洛克-皮茨神经元模型。

冯·诺伊曼（John von Neumann,1903—1957），匈牙利裔美国人。1944年首次提出了两人对弈的极小极大算法，有“博弈论之父”的美誉。1945年6月提出“冯·诺伊曼型计算机结构”，成为现代计算机之父。1947年提出自复制自动机理论。

沃特·布拉顿（Walter Brattain, 1902—1987），美国人。1947年与威廉·肖克利和约翰·巴丁一起发明锗晶体管，凭此贡献于1956年和威廉·肖克利、约翰·巴丁一起获诺贝尔物理学奖。

约翰·巴丁（John Bardeen,1908—1991），美国人。1947 年与威廉·肖克利和沃特·布拉顿一起发明锗晶体管，凭此贡献于 1956 年和威廉·肖克利、沃特·布拉顿一起获诺贝尔物理学奖。1972 年又获诺贝尔物理学奖，是迄今为止唯一的一位两次获物理学奖的科学家。

威廉·肖克利（William Shockley,1910—1989），美国人。1947 年与沃特·布拉顿和约翰·巴丁一起发明锗晶体管，有晶体管之父的美誉，凭此贡献于 1956 年和沃特·布拉顿、约翰·巴丁获诺贝尔物理学奖。

克劳德·艾尔伍德·香农（Claude Elwood Shannon, 1916—2001），美国人。1948 年提出香农定理，标志信息论的诞生，1950 年提出树形搜索理论，有信息论之父、数字通讯之父的美誉，为数字通信和人工智能的发展奠定了信息论基础。1956 年达特茅斯会议的四位发起人之一。1973 年获首届香农奖（Claude E. Shannon Award）。

唐纳德·赫布（Donald Olding Hebb,1904—1985），加拿大人。1949 年提出赫布律。

马文·明斯基（Marvin Lee Minsky, 1927—2016），美国人。1951 年，和迪安·埃德蒙兹（Dean Edmonds）研制出人类第一个人工神经网络——“随机神经网络模拟强化计算器”。1954 年首次构建了试错学习（早期的强化学习）的计算模型。1956 年达特茅斯会议的四位发起人之一。1959 年成为世界上首个人工智能实验室——麻省理工学院人工智能实验室的两位联合创始人之一（另一位是约翰·麦卡锡）。1961 年发表《迈向人工智能的步骤》一文，让学术界逐渐认可“人工智能”一词。1975 年提出人工智能领域著名的框架理论。1969 年获图灵奖（ACM A.M Turing Award），是第一位获图灵奖的人工智能专家，有“人工智能之父”

的美誉。

阿瑟·萨缪尔（Arthur Samuel, 1901—1990），美国人。1952年开发世界上第一个具有学习能力的计算机跳棋程序，首次将机器学习推向了实践层面。1956年达特茅斯会议的主要参会代表之一。1959年创造了“机器学习”这一术语。

纳撒尼尔·罗切斯特（Nathaniel Rochester, 1919—2001），美国人。世界上第一台大规模生产的通用计算机IBM 701——IBM公司于1952年4月19日正式对外发布——的首席设计师。1956年达特茅斯会议的四位发起人之一。

赫伯特·亚历山大·西蒙（Herbert Alexander Simon, 1916—2001，中文名为司马贺），美国人。人工智能符号学派的两位创始人之一。1955年12月与艾伦·纽威尔（Allen Newell）一起研发出“逻辑理论家”（logic theorist）的人工智能软件，这是世界上第一个用于证明数学定理的人工智能程序。1956年达特茅斯会议的主要参会代表之一。1957年与艾伦·纽厄尔一起研发“通用问题求解者”。1975年与艾伦·纽厄尔一起提出“物理符号系统假说”，并与艾伦·纽威尔一起获图灵奖（A.M. Turing Award），有“人工智能之父”的美誉。1978年获诺贝尔经济学奖（Nobel Memorial Prize in Economic Sciences）。

艾伦·纽威尔（Allen Newell, 1927—1992），美国人。人工智能符号学派的两位创始人之一，西蒙指导的博士生，1955年12月与西蒙一起研发出“逻辑理论家”的人工智能软件，这是世界上第一个用于证明数学定理的人工智能程序。1956年达特茅斯会议的主要参会代表之一。1975年与西蒙一起提出“物理符号系统假说”，并与西蒙一起获图灵奖，有“人工智能之父”的美誉。

约翰·麦卡锡（John McCarthy, 1927—2011），美国人。1956年达特茅斯会议的首倡者和四位发起人之一。1956年提出“人工智能”这一术语并发明α—β剪枝术。1959年成为世界上首个人工智能实验室——麻省理工学院人工智能实验室的两位联合创始人之一（另一位是马文·明斯基）。1960 年发明 LISP 编程语言。1971 年获图灵奖，有“人工智能之父”的美誉。

弗兰克·罗森布拉特（Frank Rosenblatt, 1928—1971），美国人。深度学习之父，1957 年研制出名为“感知机”的人工神经网络模型，这是首个可根据样例数据来学习权重特征的模型。

奥利弗·塞弗里奇（Oliver Gordon Selfridge, 1926—2008），英国人。诺伯特·维纳在麻省理工学院指导的研究生。1956 年达特茅斯会议的主要参会代表之一。1958 年提出“万魔殿”模型，模式识别的奠基人，“机器感知之父”。

王浩（Hao Wang, 1921—1995），华裔美国人。1958 年暑假，在“IBM 704 计算机”上，仅用 9 分钟计算时间，就证明了罗素与怀特海合著的《数学原理》中一阶逻辑的 350 个定理，成为机器证明领域的开创性人物。

亚瑟·巴克斯（Arthur Walter Burks,1915—2008），美国人。为推广冯·诺伊曼的“自复制自动机”理论做出了重要贡献。是 1959 年诞生的世界上第一个计算机科学博士约翰·霍兰德的导师。

约翰·霍兰德（John Holland, 1929—2015），美国人。亚瑟·巴克斯指导的博士生，1959 年获得世界上第一个计算机科学博士学位，1975 年创建了独具一格的遗传算法。

伯纳德·威卓（Bernard Widrow，1929—，也译作“伯纳德·威德罗”），美国人。和他的研究生 Marcian Hoff 于 1960 年提出了 Widrow-Hoff 神经网络模型（也叫 Widrow-Hoff 算法或 LMS 算法）。

马尔西安·霍夫（Marcian Edward Hoff，1937—），美国人。1960 年和 Bernard Widrow 共同提出了 Widrow-Hoff 神经网络模型，1971 年 1 月，和 Stanley Mazor 一起成功研制世界上第一块 4 位芯片 Intel 4004，标志第一代微处

理器的诞生，开启了计算机的微机时代。

埃尔文·古德（Irving John Good, 1916—2009），美国人。1965年首次提出了“超级智能机器”的设想和人工智能威胁论。

约书亚·莱德伯格（Joshua Lederberg, 1925—2008），美国人。人类历史上第一个人工智能专家系统DENDRAL（1965年开始研发，1968年研发成功）的主要研发者之一。1958年获诺贝尔生理学或医学奖（Nobel Prize in Physiology or Medicine）。

爱德华·费根鲍姆（Edward Albert Feigenbaum, 1936—），美国人。西蒙和纽威尔的得意学生，人类历史上第一个人工智能专家系统DENDRAL（1965年开始研发，1968年研发成功）的主要研发者之一。1977年8月最早提出“知识工程”这一术语，有“知识工程之父”的美誉。因在大型人工智能系统的设计和建设方面具有开创性贡献，于1994年与拉吉·瑞迪一起获图灵奖。

拉吉·瑞迪（Raj Reddy, 1937—），印度裔美国人。约翰·麦卡锡指导的博士生，因在专家系统领域的杰出贡献，1994年与爱德华·费根鲍姆一起获图灵奖。

戈登·摩尔（Gordon Moore，1929—2023），美国人。1965年提出“摩尔定律”，1968年7月与罗伯特·诺伊斯（Robert Noyce）共同创立英特尔公司（Intel Corporation）。

甘利俊一（Shun-ichi Amari，1936—），日本人。1967年提出了“随机梯度下降法”。

尼古拉斯·沃斯（Nicklaus Wirth，1934—2024），瑞士人。1968年开发出Pascal语言，1971年提出了“结构化程序设计”（structure programming）的概念，1976年，出版《算法＋数据结构＝程序》（*Algorithms+Data Structures=Programs*）一书，书中提出了“算法＋数据结构＝程序”的著名公式。1984年获图灵奖。

肯·汤普森（Ken Thompson，1943—），美国人。1970年设计了B语言。用C语言重写了UNIX操作系统。1983年与丹尼斯·里奇一起获图灵奖。

特沃·科霍宁（Teuvo Kalevi Kohonen，1934—2021），芬兰人。1972年提出了一个名为“联想记忆”的人工神经网络结构；1981年提出“自组织映射神经网络”（Self Organizing Map，简称SOM算法，也叫Kohonen算法）。

丹尼斯·里奇（Dennis M. Ritchie，1941—2011），美国人。1973年设计了C语言。用C语言重写了UNIX操作系统。1983年与肯·汤普森一起获图灵奖。

鲍勃·梅特卡夫（Bob Metcalfe，1946—），美国人。1973年发明了以太网技术（Ethernet）。2023年获图灵奖。

史蒂夫·乔布斯(Steve Jobs, 1955—2011),美国人。1976年创立苹果电脑公司。

斯蒂芬·格罗斯伯格（Stephen Grossberg，1939—）和妻子卡彭特（Gail Alexandra Carpenter，1948—），美国人，在1976年共同提出“自适应共振理论”（adaptive resonance theory, ART）。

吴文俊（Wen-tsün Wu, 1919—2017），中国人。1976年冬，开创了崭新的数学机械化领域，提出了用计算机证明几何定理的“吴文俊方法”，简称“吴方法”，被认为是自动推理领域的先驱性工作。1977年，吴文俊关于平面几何定理的机械化证明首次取得成功，从此，完全由中国人开拓的一条数学道路——吴文俊方法呈现在世人面前。

安德鲁·巴图（Andrew G. Barto, 1948—），美国人。霍兰德指导的博士和博士后，1970年代末和自己指导的第一个博士生理查德·萨顿一起发明强化学习。因在强化学习上所取得的杰出成就，与萨顿一起获得2024年度图灵奖。

理查德·萨顿（Richard S.Sutton, 1956~），美裔加拿大人。安德鲁·巴图指导的博士，20世纪70年代末和导师安德鲁·巴图一起发明强化学习，后成为现代强化学习之父。因在强化学习上所取得的杰出成就，与巴图一起获得2024年度图灵奖。

福岛邦彦（Kunihiko Fukushima, 1936—），日本人。1980年建构出“新认知机”模型。

约翰·塞尔（John R.Searle, 1932—），美国人。1980年首次将人工智能分为弱人工智能和强人工智能，同时又提出著名的“中文屋”思想实验。

约翰·霍普菲尔德（John Joseph Hopfield, 1933—），美国人。1982年提出了被后人称作“霍普菲尔德神经网络”的一种新型人工神经网络，正式开启了联结主义人工智能的第一次复兴。因在使用人工神经网络进行机器学习的基础性发现和发明，2024年10月8日与杰弗里·欣顿一起获诺贝尔物理学奖，这是人工智能专家首获诺贝尔物理学奖。

约翰·寇扎（John Koza, 1943—），美国人，霍兰德指导的博士生，1987年提出遗传编程。

朱迪亚·珀尔（Judea Pearl, 1936—），以色列裔美国人。1988年将贝叶斯定理成功引入人工智能领域来处理概率知识，成为“贝叶斯网络之父”，2011年获图灵奖。

蒂姆·伯纳斯·李（Tim Berners Lee, 1955—），英国人。1989年3月正式提出万维网（World Wide Web）的设想，互联网之父。2016年获图灵奖。

许峰雄（Feng-hsiung Hsu，1959—），中国人。1997年5月“深蓝（Deep Blue）”战胜国际象棋世界冠军——俄罗斯人加里·卡斯帕罗夫（Garry Kasparov），许峰雄是“深蓝（Deep Blue）”的总设计师和芯片设计师。

于尔根·施密德胡伯（Jürgen Schmidhuber, 1963—），德国人。1997年和赛普·霍克赖特首次提出长短期记忆人工神经网络（long short-term memory, LSTM）概念，有“递归神经网络之父”的美誉。

赛普·霍克赖特（Sepp Hochreiter, 1967—），德国人。1997 年和于尔根·施密德胡伯首次提出长短期记忆人工神经网络概念。

谢尔盖·布林（Sergey Brin, 俄语名是 Сергей Михайлович Брин, 1973—），俄罗斯犹太裔美国人。1998 年和拉里·佩奇共同创建谷歌（Google）公司。

拉里·佩奇（Lawrence Edward Page, 1973—），美国人。1998 年和谢尔盖·布林共同创建谷歌公司。

雷·库兹韦尔（Ray Kurzweil, 1948—），美国人。明斯基的学生，2005 年出版《奇点临近》一书。

李飞飞（Feifei Li, 1976—），华裔美国人。2007 年开始建立 ImageNet，用 2 年半建成了 ImageNet。

戴密斯·哈萨比斯（Demis Hassabis, 1976—），英国人。2010 年创立 DeepMind 公司，其领衔的团队开发出名为阿尔法围棋（AlphaGo）的人工智能机器人。

杰弗里·欣顿（Geoffrey Hinton, 1947—），英国裔加拿大人。2018 年与杨立昆、约书亚·本吉奥一起获图灵奖，有“深度学习教父”的美誉。因在使用人工神经网络进行机器学习的基础性发现和发明，2024 年 10 月 8 日与约翰·霍普菲尔德一起获诺贝尔物理学奖，这是人工智能专家首获诺贝尔物理学奖。

杨立昆（Yann LeCun, 1960—），法国人。杰弗里·欣顿指导的博士后，1998 年和约书亚·本吉奥等人基于福岛邦彦提出的卷积和池化网络结构，将反向传播算法运用到该结构的训练中，设计了世界上第一个被称作 LeNet-5 的 7 层卷积神经网络，后成为“卷积神经网络之父”，深度学习三巨头之一，与杰弗里·欣顿、约书亚·本吉奥一起获 2018 年度图灵奖。

约书亚·本吉奥（Yoshua Bengio, 1964—），法国人。除了 1998 年和杨立昆等人设计了世界上第一个卷积神经网络 LeNet-5 外，2014 年又开创性地提出“生成对抗性网络”（generative adversarial networks, GAN）的概念，深度学习三巨头之一，与杰弗里·欣顿、杨立昆一起，获 2018 年度图灵奖。

埃隆·里夫·马斯克（Elon Reeve Musk, 1971—），出生于南非，同时拥有南非、加拿大和美国国籍。2015 年 12 月联合萨姆·阿尔特曼、格雷格·布罗克曼等人创立了 OpenAI。

萨姆·阿尔特曼（Samuel H. Altman, 1985—），美国人。2015 年 12 月成立的 OpenAI 的首席执行官兼联合创始人。

伊利亚·萨特斯基弗（Ilya Sutskever, 1985—），出生于俄罗斯，以色列裔加拿大人。2016 年 AlphaGo 战胜韩国围棋世界冠军李世石，他是 AlphaGo 的主要作者之一，以首席科学家的身份研制出 ChatGPT。

梁文锋（1985—），于 2023 年 7 月创立杭州深度求索人工智能基础技术研究有限公司。2025 年 1 月 20 日，深度求索（DeepSeek）正式发布中国本土研发的 DeepSeek-R1 模型。